JN298372

JIS C 0617 シリーズ

新版

JIS電気用図記号
ハンドブック Ⅰ

日本規格協会

まえがき

1. はじめに

　各国の規格・基準の国際的整合化と透明性の確保は，貿易上の技術的障害を除去又は低減し，世界的な貿易の自由化と拡大化を図るためには必要不可欠である。

　このため，日本は従来のGATT / TBT協定に代わるWTO（世界貿易機構）/ TBT協定（貿易の技術的障害に関する協定）に加盟・締結し，世界的な規模での協力体制を宣言している。また，WTO / TBT協定の付属書3では，"標準化機関は，国際規格が存在するとき又はその仕上がりが目前であるときは，当該国際規格又はその関連部分を任意規格の基礎として用いる"との規定があり，国際規格（又は最終案）の採用を強調している。

　政府は，"規制緩和推進計画"を1995年3月31日に閣議決定し，その具体策の一つとして，JISの国際的整合化，すなわち，ISO，IEC規格への整合の推進が盛り込まれた。さらに1995年4月14日の経済対策閣僚会議で策定した"緊急円高・経済対策"において，その実施の前倒しが決定され，1997年度までの3年間で整合化を図ることになった。

　電気関係の図記号規格は，1949年6月15日制定のJES電気0301（一般電気用シンボル），1951年9月18日制定のJIS C 0302（電気通信用シンボル）を経て，JIS C 0301（電気用図記号）が，1952年4月に制定された。

　その後，技術の進歩に従い，1975年11月に第1回改正，さらに，JISの国際規格との整合化の一貫として1982年2月に第2回改正が行われた。

　その後8年間にIEC 60117（Recommended graphical symbols）が改正され，新たにIEC 60617（Graphical symbols for diagrams）として制定されたため，1990年10月1日に全面的な見直しを行って第3回改正が行われた。しかし，従来の慣習上削除すると不都合のあるものは残してあった。そのため，一部分に図記号系列1（IEC系），系列2（我が国独自のもの）が存在し，完全整合性については猶予期間を考慮していた。

　一方，IEC 60617については，1992年と1994年に2値論理素子の修正が行われ，

1997年12月に改正されて第3版が発行され,1993年2月にはアナログ素子の第2版が発行された。また,1996年5月にはこれ以外のIEC 60617主要部分の全面的改正が行われ,電気・電子工業製品の設計・製造用のための,図面を含む情報の世界規模での交換への対応を意識したものとなっている。

IEC 60617シリーズの改正版が発行されたのを機に,JIS C 0301:1990は,IEC規格に整合したものに改正されなければならないとされ,IEC 60617シリーズで採用している図記号との整合性を考慮し,またJIS C 0301の系列2(我が国独自のもの)をWTO/TBT協定によって国際性を図る見地から,系列1(IEC方式)に一本化すべく全面的な見直しを行った結果,1999年に,第1部~第13部からなるJIS C 0617シリーズが制定された。このとき,この規格は,IEC 60617-1:1985を基に制定された(以下,旧規格という)。

旧規格の制定に前後して,IECにおいては,IEC 60617-2:1996~IEC 60617-11:1996が統合され,2001年11月にIEC 60617データベースとして出版され,IEC 60617-12:1997及びIEC 60617-13:1993は,2004年にIEC 60617データベースに吸収された。

このような経緯を経て,現在ではIEC 60617は,部構成をとらずにすべてデータベース形式で出版され,改正の方式も逐次改正の方式がとられ,今日まで連続的にメンテナンスされている。IEC 60617-1:1985は2002年に廃止されているが,IEC 60617-1:1985に対応する旧規格は,我が国では存続させることとしてきた。

2. JIS改正の基本方針及びIEC規格との相違点

JIS改正にあたって,下記の点を考慮した。

a) IECのデータベースの形を踏襲してJISとして制定することは,制度上難しいため,調査研究では紙数が大量になるとの問題点が出されたが,紙媒体で作成する。

b) 現在の13部構成は変えないこととし,既に13部に割り付けた図記号を他の部に移すことは,検討しない。

c) JIS C 0617シリーズの構成(IEC規格との相違点を含む)は,従来の規格票に準じた形態とし,部ごとの部編成とし,各部には,可能な限りIEC 60617の情報項目を反映するが,データベース形式出版におけるハイパーリンク関係

は基本的に階層を1段として,それ以上には展開しない。

また,新たに追加となっている図記号は,関連の部の最後に配置し,既に廃止されている図記号は収録せず,IEC 60617で新たに廃止となった図記号には,特別な番号を付して,参考情報として収録することとした。

その他,個々の情報項目のうち,従来規格,他の出版物及び参照元については,原則的に反映しないが,例外的に存在する参照元情報は,注記に記載することにした。

JIS C 0617シリーズは,IEC規格と構成が異なるため,この規格と対応国際規格との対応の程度を表す記号は,"MOD"とした。"MOD"は,ISO / IEC Guide 21-1に基づき,"修正している"であるが,実質的に技術的内容は一致している。

3. 謝意

最後に,JIS C 0617シリーズの制定に際し,多大なご尽力を賜った経済産業省基準認証ユニットはじめ多くの関係団体,関係者の方々に厚く謝意を表す。

2011年9月

日本規格協会

＜ご利用いただく前に＞

☐ 2019年7月1日のJIS法改正により名称が変わりました。まえがきを除き，JIS規格中の「日本工業規格」を「日本産業規格」に読み替えてください。

☐ 本書では，収録JISの"まえがき"，"解説"の掲載を省略しています。

☐【著作権について】収録JISは，著作権法で保護対象となっている著作物です。無断での複製，転載等は禁止されています。

☐【特許権等について】JIS規格票（原本）の"まえがき"には，特許権等についての注意事項が，次のように記されています。

「この規格の一部が，特許権，出願公開後の特許出願又は実用新案権に抵触する可能性があることに注意を喚起する。経済産業大臣及び日本工業標準調査会は，このような特許権，出願公開後の特許出願及び実用新案権に関わる確認について，責任はもたない。」

☐ JISの内容を詳しく確認したい場合は，JIS規格票（原本）をご参照ください。

・本書では，JIS規格票（原本）を，70％に縮尺しています。

・JIS C 0617-1（p.1～）については，編集の都合上，JIS規格票（原本）とはレイアウトを変更して収録しています。また，附属書A～附属書Dは掲載を省略しますが，附属書A，附属書B，附属書Dの内容をもとに作成した索引を，巻末に収録しています。

目　次

まえがき

JIS C 0617-1：2011
第1部：概　説
Part 1: General information, general index. Cross-reference tables

1　適用範囲	1
2　引用規格	1
3　構　成	1
4　図記号の概念	2
4.1　一　般	2
4.2　図記号の規定に用いる項目名の説明	2
4.3　図記号の番号付け	2
4.4　適用分類	4
4.5　機能分類	4
4.6　図記号の選択	4
4.7　図記号の大きさ	5
4.8　図記号の向き	5
4.9　端子の表現	5
4.10　既存の図記号を組み合わせた組合せ図記号	5
附属書A（参考）　索引（五十音順）*	
附属書B（参考）　索引（アルファベット順）*	
附属書C（参考）　番号対応表（図記号番号順）　　　　　　（省略）	
附属書D（参考）　番号対応表（識別番号順）*	
附属書E（参考）　参考文献	6

解　説　　　　　　　　　　　　　　　　　　　　　　　　（省略）

* 本書では，附属書A，附属書B，附属書Dの内容をもとに作成した索引を，巻末に収録しています。

JIS C 0617-2：2011
第2部：図記号要素，限定図記号及びその他の一般用途図記号
Part 2: Symbol elements, qualifying symbols and other symbols having general application

序　文 ··· 7
1 適用範囲 ·· 7
2 引用規格 ·· 7
3 概　要 ··· 8
4 電気用図記号及びその説明 ·· 10
　第I章　図記号要素 ·· 12
　　第1節　輪郭及び囲い ··· 12
　第II章　限定図記号 ··· 20
　　第2節　電圧及び電流の種類 ·· 20
　　第3節　調整，変換及び自動制御 ··· 33
　　第4節　力及び運動方向 ·· 46
　　第5節　流れの方向 ·· 53
　　第6節　特性量への作動依存性 ··· 61
　　第7節　材料の種類 ·· 66
　　第8節　効果又は依存性 ·· 73
　　第9節　放　射 ·· 80
　　第10節　信号波形 ··· 85
　　第11節　印刷，さん孔及びファクシミリ ··· 91
　第III章　その他の一般用途図記号 ·· 93
　　第12節　機械制御及びその他の制御 ··· 93
　　第13節　操作機器・操作機構—1 ·· 118

第14節 操作機器・操作機構—2	144
第15節 接地及びフレーム接続又は等電位	149
第16節 理想回路素子	155
第17節 その他	158

5 注釈 ……………………………………………………………… 167

附属書A（参考） 旧図記号 ……………………………………… 173

附属書B（参考） 参考文献 ……………………………………… 188

解　説　　　　　　　　　　　　　　　　　　　　　　（省略）

JIS C 0617-3：2011
第3部：導体及び接続部品
Part 3: Conductors and connecting devices

序　文 ……………………………………………………………… 189

1 適用範囲 ………………………………………………………… 189

2 引用規格 ………………………………………………………… 189

3 概　要 …………………………………………………………… 190

4 電気用図記号及びその説明 …………………………………… 192

　第1節 接　続 …………………………………………………… 193

　第2節 接続点，端子及び分岐 ………………………………… 212

　第3節 接続部品 ………………………………………………… 229

　第4節 ケーブル取付部品 ……………………………………… 248

　第5節 ガス絶縁母線 …………………………………………… 255

5 注　釈 …………………………………………………………… 267

附属書A（参考） 参考文献 ……………………………………… 271

解　説　　　　　　　　　　　　　　　　　　　　　　（省略）

JIS C 0617-4：2011
第4部：基礎受動部品
Part 4: Passive components

序文	273
1 適用範囲	273
2 引用規格	273
3 概要	274
4 電気用図記号及びその説明	276
第Ⅰ章　抵抗器，コンデンサ（キャパシタ），インダクタ	277
第1節　抵抗器	277
第2節　コンデンサ（キャパシタ）	288
第3節　インダクタ	297
第Ⅲ章　圧電結晶，エレクトレット，遅延線	306
第7節　圧電結晶，エレクトレット	306
第8節　遅延線	311
第9節　遅延線及び遅延素子のブロック図記号	315
5 注釈	320
附属書A（参考）旧図記号	322
附属書B（参考）参考文献	330
解説	（省略）

JIS C 0617-5：2011
第5部：半導体及び電子管
Part 5: Semiconductors and electron tubes

序文	331
1 適用範囲	331
2 引用規格	331
3 概要	332

4　電気用図記号及びその説明 ·· 334
　第Ⅰ章　半導体素子 ·· 335
　　第1節　図記号要素 ·· 335
　　第2節　半導体素子に特有な限定図記号 ·· 358
　　第3節　半導体ダイオードの例 ·· 363
　　第4節　サイリスタの例 ·· 372
　　第5節　トランジスタの例 ·· 386
　　第6節　光電素子及び磁界感応素子の例 ·· 407
　第Ⅱ章　電子管 ··· 416
　　第7節　一般的な図記号要素 ·· 416
　　第8節　主としてブラウン管及びテレビジョン撮像管に
　　　　　　適用する図記号要素 ·· 425
　　第9節　主としてマイクロ波管に適用する図記号要素 ································ 430
　　第10節　水銀整流器を含むその他の電子管に適用する図記号要素 ············· 433
　　第11節　電子管の例 ·· 434
　　第12節　ブラウン管の例 ··· 437
　　第13節　マイクロ波管の例 ·· 439
　　第14節　水銀整流器を含むその他の電子管の例 ·· 440
　第Ⅲ章　放射線検出器及び電気化学デバイス ·· 442
　　第15節　電離放射線検出器の例 ··· 442
5　注　釈 ·· 444
附属書A（参考）　旧図記号 ·· 446
附属書B（参考）　参考文献 ·· 521
　解　説 ···（省略）

JIS C 0617-6：2011
第6部：電気エネルギーの発生及び変換
Part 6: Production and conversion of electrical energy

序　文 ·· 523

1 適用範囲	523
2 引用規格	523
3 概要	524
4 電気用図記号及びその説明	526
第 I 章　巻線の相互接続に用いる限定図記号	527
第 1 節　分離した巻線	527
第 2 節　内部で接続した巻線	533
第 II 章　回転機	546
第 3 節　回転機の要素	546
第 4 節　回転機の種類	547
第 5 節　直流機の例	550
第 6 節　交流整流子機の例	555
第 7 節　同期機の例	558
第 8 節　誘導機（非同期機）の例	563
第 III 章　変圧器及びリアクトル	568
第 9 節　変圧器及びリアクトル（一般図記号）	568
第 10 節　別個の巻線を用いる変圧器の例	581
第 11 節　単巻変圧器の例	601
第 12 節　誘導電圧調整器の例	607
第 13 節　計器用変成器及びパルス変成器の例	609
第 IV 章　電力変換装置	627
第 14 節　電力変換装置に用いるブロック図記号	627
第 V 章　一次電池及び二次電池	632
第 15 節　一次電池及び二次電池	632
第 VI 章　発電装置	635
第 16 節　非回転式発電装置（一般図記号）	635
第 17 節　熱源	637
第 18 節　発電装置の例	640
第 19 節　閉ループ制御装置	646
5 注釈	647

附属書 A（参考）	旧図記号	653
附属書 B（参考）	参考文献	658
解　説		（省略）

JIS C 0617-7：2011
第 7 部：開閉装置，制御装置及び保護装置
Part 7: Switchgear, controlgear and protective devices

序　文		659
1	適用範囲	659
2	引用規格	659
3	概　要	660
4	電気用図記号及びその説明	662
	第 I 章　一般的規定	664
	第 1 節　限定図記号	664
	第 II 章　接　点	671
	第 2 節　2 位置又は 3 位置接点	671
	第 3 節　2 位置の瞬時接点	680
	第 4 節　早期作動及び遅延動作接点	683
	第 5 節　限時動作接点	687
	第 III 章　スイッチ，開閉装置及び始動器	693
	第 7 節　単極スイッチ	693
	第 8 節　リミットスイッチ	699
	第 9 節　温度感知スイッチ	703
	第 11 節　制御スイッチを含む多段スイッチの例	707
	第 12 節　複合スイッチに用いるブロック図記号	710
	第 13 節　電力用開閉装置	715
	第 14 節　電動機始動器に用いるブロック図記号	730
	第 IV 章　補助継電器	737
	第 15 節　作動装置	737

第 V 章　保護継電器及び関連装置 ……………………………… 755
　　第 16 節　ブロック図記号及び限定図記号 ……………… 755
　　第 17 節　保護継電器の例 ………………………………… 766
　　第 18 節　その他の装置 …………………………………… 780
第 VI 章　近接装置及び触れ感応装置 …………………………… 783
　　第 19 節　センサ及び検出器 ……………………………… 783
　　第 20 節　スイッチ ………………………………………… 787
第 VII 章　保護装置 ………………………………………………… 791
　　第 21 節　ヒューズ及びヒューズスイッチ ……………… 791
　　第 22 節　放電ギャップ及び避雷器 ……………………… 800
第 VIII 章　その他の図記号 ……………………………………… 805
　　第 25 節　静止形スイッチ ………………………………… 805
　　第 26 節　静止形開閉装置 ………………………………… 808
　　第 27 節　結合装置及び静止形継電器のブロック図記号 …… 812
5　注　釈 …………………………………………………………… 814
附属書 A（参考）　旧図記号 ……………………………………… 825
附属書 B（参考）　参考文献 ……………………………………… 854
解　説　　　　　　　　　　　　　　　　　　　　　　（省略）

JIS C 0617-8：2011
第 8 部：計器，ランプ及び信号装置

Part 8: Measuring instruments, lamps and signalling devices

序　文 ……………………………………………………………… 855
1　適用範囲 ………………………………………………………… 855
2　引用規格 ………………………………………………………… 855
3　概　要 …………………………………………………………… 856
4　電気用図記号及びその説明 …………………………………… 858
　　第 1 節　指示計器，記録計及び積算計（一般図記号） …… 859
　　第 2 節　指示計器の例 …………………………………… 862

第 3 節　記録計の例 ……………………………………………… 877
　　　第 4 節　積算計の例 ……………………………………………… 880
　　　第 5 節　計数装置 ………………………………………………… 895
　　　第 6 節　熱電対 …………………………………………………… 901
　　　第 8 節　電気時計 ………………………………………………… 904
　　　第 10 節　ランプ及び信号報知装置 …………………………… 907
　5　注　釈 ………………………………………………………………… 915
　附属書 A（参考）　旧図記号 ……………………………………………… 918
　附属書 B（参考）　参考文献 ……………………………………………… 929
　解　説　　　　　　　　　　　　　　　　　　　　　　（省略）

日本語索引……………………………………………………………………… 931
英語索引………………………………………………………………………… 981
識別番号索引…………………………………………………………………… 1037

＜参考＞　Ⅱ巻　収録規格
・JIS C 0617-9:2011　　電気用図記号―第 9 部：電気通信―交換機器及び周辺機器
・JIS C 0617-10:2011　電気用図記号―第 10 部：電気通信―伝送
・JIS C 0617-11:2011　電気用図記号―第 11 部：建築設備及び地図上の設備を示す設置平面図及び線図
・JIS C 0617-12:2011　電気用図記号―第 12 部：二値論理素子
・JIS C 0617-13:2011　電気用図記号―第 13 部：アナログ素子

日本工業規格　　　　　　　　　　　　　　　　　　　JIS
　　　　　　　　　　　　　　　　　　　　　　　　　C 0617-1：2011

電気用図記号－第1部：概説

Graphical symbols for diagrams−
Part 1: General information, general index. Cross-reference tables

1　適用範囲

この規格は，JIS C 0617の規格群に規定する電気用図記号の概説について規定する。

注記　JIS C 0617規格群を構成する各部の図記号の索引及び番号対応表を，**附属書A～附属書D**に示す。

2　引用規格

次に掲げる規格は，この規格に引用されることによって，この規格の規定の一部を構成する。これらの引用規格は，その最新版（追補を含む。）を適用する。

JIS C 0452-2　電気及び関連分野－工業用システム，設備及び装置，並びに工業製品－構造化原理及び参照指定－第2部：オブジェクトの分類（クラス）及び分類コード

JIS C 0617（規格群）　電気用図記号

JIS C 1082-1　電気技術文書－第1部：一般要求事項

JIS Z 8222-1　製品技術文書に用いる図記号のデザイン－第1部：基本規則

JIS Z 8222-2　製品技術文書に用いる図記号のデザイン－第2部：参照ライブラリ用図記号を含む電子化形式の図記号の仕様，及びその相互交換の要求事項

IEC 60617，Graphical symbols for diagrams−12-month subscription to online database comprising parts 2 to 13 of IEC 60617

3　構成

JIS C 0617の規格群は，次のように複数の部によって構成する。

第1部：概説

第2部：図記号要素，限定図記号及びその他の一般用途図記号

　例1　囲い及び囲み込み　電流及び電圧の種類に関する限定図記号　可変性　力，運動，流れなどの方向　機械的制御装置　接地及びフレーム接続　理想回路素子

第3部：導体及び接続部品

　例2　導線，可とうケーブル　遮蔽付きのケーブル又はより合わせケーブル，同軸ケーブル　端子の分岐　プラグ及びジャック　ケーブルヘッド

第4部：基礎受動部品

　例3　抵抗器　コンデンサ（キャパシタ）インダクタ　圧電結晶　エレクトレット　遅延線

第5部：半導体及び電子管

　例4　ダイオード　トランジスタ　サイリスタ　電子管　検出器

第6部：電気エネルギーの発生及び変換

　例5　巻線　発電装置　電動機　変圧器　電力変換装置

第7部:開閉装置,制御装置及び保護装置
　　例6　接点　スイッチ　温度スイッチ,近接スイッチ及び触れ感応スイッチ　開閉装置及び制御装置　電動機始動器　補助継電器　保護継電器　ヒューズ　ギャップ　避雷器
第8部:計器,ランプ及び信号装置
　　例7　指示計器　積算計及び記録計　熱電対　時計　位置変換器及び圧力変換器　ランプ　警報　ベル
第9部:電気通信－交換機器及び周辺機器
　　例8　交換機　セレクタ　電話機　電信装置及びデータ通信装置　変換器　記録機及び再生機
第10部:電気通信－伝送
　　例9　アンテナ　無線局　導波管　1ポート,2ポート又は多ポート装置　メーザ　レーザ　信号発生器　切換器　スレショルドデバイス　変調器　復調器　弁別器　集線機　多重化装置　周波数スペクトラム図　光ファイバケーブル使用の伝送線及び装置
第11部:建築設備及び地図上の設備を示す設置平面図及び線図
　　例10　発電所及び変電所　ネットワーク　ケーブルによる音声及び映像の流通システム　スイッチ器具用ソケット,照明用ソケットなどの取付図記号
第12部:二値論理素子
　　例11　限定図記号　依存性の表示　バッファ,ドライバ,コーダなどの組合せ素子及び順次素子　演算素子の遅延素子　双安定素子　単安定素子及び非安定素子　送りレジスタ及び送りカウンタメモリ
第13部:アナログ素子
　　例12　限定図記号付き増幅器　関数発生器　座標変換器　電子スイッチ

4　図記号の概念
4.1　一般
JIS C 0617の規格群の中で,図記号化されたデバイス及び概念の名称は,IEC 60617と一致させている。
4.2　図記号の規定に用いる項目名の説明
JIS C 0617の規格群に用いる項目名の説明を**表1**に示す。
なお,英文の項目名はIEC 60617に対応した名称で,参考として示す。
4.3　図記号の番号付け
各々の図記号には,図記号番号を付ける。この番号は,次の三つのグループで構成する。
－　第1のグループ(2桁の数字)は,JIS C 0617(規格群)の部の番号。
－　第2のグループは,JIS C 0617(規格群)の節の番号。
－　第3のグループ(2桁の数字)は,該当する節の番号中の一連番号。
　　この3グループの各々は,ハイフンで区切る。

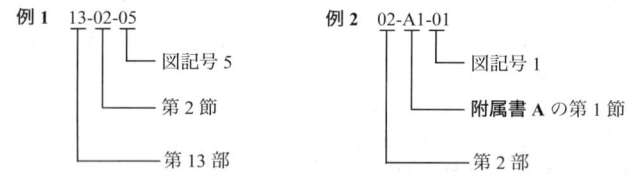

例1　13-02-05
　　　　│　│　└── 図記号5
　　　　│　└────── 第2節
　　　　└──────── 第13部

例2　02-A1-01
　　　　│　│　└── 図記号1
　　　　│　└────── 附属書Aの第1節
　　　　└──────── 第2部

表1－図記号の規定に用いる項目名の説明

項目名	説明
図記号番号	図記号の分類番号。xx-yy-zz の形式で示し，x，y，z は 0～9 の整数と A とで表す。 xx：部の番号 yy：節の番号 zz：節の番号中の図記号番号 注記　節番号に A が付いた図記号は，旧規格に規定されていたが，現在は削除されている。
識別番号 （Symbol identity number）	図記号の識別番号。Snnnnn の形式で示し，n は 0～9 の整数である。この番号は IEC 60617 の固有番号である識別番号（Symbol identity number）に対応しており，番号付けには意味はない。
名称（Name）	当該図記号の概念を表す名称。
別の名称 （Alternative names）	当該図記号の名称に対する別な名称。ほぼ同意語で，従属的な特定の名称など。
様式（Form）	当該図記号と同一の名称（意味）。形状の異なる図記号がある場合，様式 1，様式 2…として記載する。
別様式（Alternative forms）	当該図記号と同一名称でほかの様式の図記号がある場合，その図記号の図記号番号。
注釈（Application notes）	当該図記号の説明又は付加的な関連規定。注釈は通常，複数の図記号で共有されるため，注釈番号を記した別のページに記載されている。 注釈番号は Annnnn の形式で示し，n は 0～9 の整数で表す。この番号は IEC 60617 の注釈（Application notes）に対応しており，番号付けには意味はない。
適用分類 （Application class）	当該図記号が適用される文書の種類。JIS C 1082-1 で定義されている。
機能分類（Function class）	当該図記号が属する一つ又は複数の分類。JIS C 0452-2 で定義されている。括弧内に示したものは，分類コード。
形状分類（Shape class）	当該図記号を特徴付ける基本的な形状。
制限事項 （Symbol restrictions）	当該図記号の適用方法に関する制限事項。
補足事項（Remarks）	当該図記号の付加的な情報。
適用図記号（Applies）	当該図記号を構築するために用いている図記号（図記号要素，限定図記号及び一般図記号）の識別番号。
被適用図記号（Applied in）	当該図記号を要素として用いている図記号の識別番号。
キーワード（Keywords）	検索を容易にするキーワードの一覧。
注記	図記号などに関連する事柄を補足する参考情報。 なお，IEC 60617 だけの参考情報としては，次の項目がある。
	Status level： IEC 60617 連続メンテナンスに関する当該図記号の状態。当該図記号が承認された場合，そのステータスレベルは "Standard" に設定される。当該図記号が後に別の図記号で置き換えられた場合，又は技術的に旧式であると判断された場合，そのステータスレベルは参考としての "旧形式（Obsolete）" となる。技術的に旧式になった場合，当該図記号は用いられるが，今後メンテナンスは行われない。
	Released on： IEC 60617 の一部として発行された年月日。
	Obsolete from： IEC 60617 に対して旧形式となった年月日。

4.4 適用分類

JIS C 0617 の規格群で規定する図記号は，各種の電気用回路図で，必要とされる情報を詳細に又は簡略に示す目的で使用する。表1に示した属性要素の中の図記号ごとの"適用分類"は，その図記号をどのような用途に使用するかを示す。電気用図記号は，JIS C 1082-1 の定義に基づき，表2のように分類する。

表2−電気用図記号の適用分類

適用分類	説明
概要図（Overview diagram）	単線表示を用いた比較的単純な線図。これにはブロックダイヤグラム又は単線図，システム，サブシステム，設備，部品，装置，ソフトウェアなどの項目間の主要な相互関係又は接続を示す。回路図又は機能線図に関する異なるレベルの全体図用として用いる。
機能図（Function diagram）	システム，サブシステム，設備，部品，装置，ソフトウェアなどの理論的又は理想的な動作を示す線図。論理的又は理想的な回路による表現で，実現手段は必ずしも考慮していない。これには論理機能線図又は等価回路図を含む。
回路図（Circuit diagram）	システム，サブシステム，設備，部品，装置，ソフトウェアなどの回路を示す線図。各項目の物理的寸法，形状又は位置を必ずしも考慮せずに，機能を表現するために複数の図記号の相互接続を示したもの。各項目の物理的寸法，形状又は位置を必ずしも考慮に入れる必要はない。これには端子機能線図（Terminal-function diagrams）又は概念図（Schematic diagrams）が含まれる。
接続図（Connection diagram）	据付け又は装置の接続を示す図面。これにはユニット接続図（Unit connection diagrams），端子接続図（Terminal-connection diagrams），ケーブル線図（Cable diagrams）も含まれる。
据付図（Installation diagram）	関連各項目の接続を示す据付図。
ネットワークマップ（Network map）	例えば，発変電所及び電力線，電気通信装置及び通信線などのネットワークをマップ状（据付けへの図形表示で，据付けの周囲の描写に関するもの）に示す全体図として用いる。
限定図記号（Qualifiers only）	追加情報を表示するために他の図記号に追加される図記号。

4.5 機能分類

図記号の機能分類は，JIS C 0452-2 の定義に基づき，次のように1文字コードで表す。

- 機能属性だけ（–）
- 変量を信号に変換（B）
- 貯蔵，保存，蓄電又は記憶（C）
- 放射又は熱エネルギーの供給（E）
- 防護（F）
- 流れの発生（G）
- 信号又は情報の処理（K）
- 力学的エネルギーの供給（M）
- 情報の提示（P）
- 制御による切替え又は変更（Q）
- 限定又は安定化（R）
- 手動操作を信号に変換（S）
- 同種の変換（T）
- 所定位置での保持（U）
- 材料又は製品の処理（V）
- 案内又は輸送（W）
- 接続（X）

注記　関連図記号は，規格化されていない。

4.6 図記号の選択

同一の概念に複数の図記号様式が様式1，様式2，簡単化様式のように規定されている場合，その中の一つを選択する規則は，次のとおりである。

a) 可能な限り推奨様式を選択する。
b) 目的とする適用分類に適切な様式を選択する。

図記号の中には，その名称の一部として一般図記号という修飾子を含むものがある。それは，通常，より具体的な内容を示す複数の関連図記号全体の元となっている図記号である。この種の一般図記号を単独で使うのは，使用目的に見合う具体的な図記号が規格化されていない場合だけにするのがよい。

4.7 図記号の大きさ

図記号の意味は，その形及び文脈で決まるのであって，その大きさ又は線の太さによって変わらない。しかし，図記号の最小の大きさは，線の太さ，平行する線の間の隙間及び書き方に関する規則に基づいて決めるのがよい。この制約条件の下で，据付図及びネットワークマップに使う図記号は，そのスケールに応じて拡大したり，又は縮小したりしてもよい。

JIS C 0617 の規格群では，モジュール M＝5 mm である。可読性を確保するため，モジュール M はレタリングの高さ（文字の高さ）以上でなければならない。

次の場合は，図記号の大きさを調整する方がよいとしている。
− 入力数・出力数を増やす場合
− 追加情報を含めたい場合
− 強調したい側面がある場合
− 限定図記号として使うことを可能とする場合

図記号の大きさを調整した場合でも，その図記号の基本的な形及び可能なら図記号間の相対的な大きさは変えない方がよい。

図記号のデザイン及び CAD 環境での使用に関する詳細は，**JIS Z 8222-1** 及び **JIS Z 8222-2** による。

4.8 図記号の向き

JIS C 0617 の規格群の多くの図記号は，信号の流れが左から右になるようにデザインされている。この原則は全ての線図で維持することが望ましい。図記号の基本的な向きを変更しなければならない場合には，本来の意味が維持される限り，図記号を回転したり，又は鏡像としたりしてもよい。場合によっては，図記号の向きを変えるために，再デザインしなければならないこともある。

ブロック図記号，二値論理素子用図記号，アナログ素子用図記号及びハイブリッド素子用図記号で，文字，限定図記号，グラフ又は入出力ラベルを含む場合は，底辺から右上方向に線図を見たとき，可読とするように方向を決めなければならない。

4.9 端子の表現

多くの図記号は，端子を明確に表現せずに規格化されている。一般に，素子を表す図記号には，必ずしも端子又はブッシングを示す図記号を追加する必要がない。まれに，端子が図記号の一部であるような図記号が JIS C 0617 の規格群に登録されているが，その図記号を線図に使う場合には，そのまま使わなければならない。

4.10 既存の図記号を組み合わせた組合せ図記号

必要な図記号が JIS C 0617 の規格群にない場合は，既に規格化されている図記号を組み合わせて新しい図記号を作成してもよい。このような場合，基本的な概念を表す図記号を選択し，それに補足的な図記号（supplementary symbol）を追加し，合成する。補足的な図記号には，次のようなものがある。
− 適用分類で限定図記号と分類されている基本図記号
− 登録されている他の図記号で，必要に応じてその大きさを修正した一般図記号

補足的な図記号は，基本図記号の内部に，外部に，又は重ねて配置してよい。配置方法は単純ではない

ため，これに関する規則はない。これは図記号の形又は基本図記号との関係で，許容できるスペースなどに依存するからである。しかし，補足的な図記号は，多数の補足的な図記号を合成しないで必要な概念を単純に表現できるのがよい。

図記号の組合せの例が **JIS C 0617** の規格群に記載されている。複雑な図記号を取り上げ，それがより単純な，どのような図記号の組合せであるかを，"適用図記号"（**表 1** 参照）によって知ることができる。

附属書 E
（参考）
参考文献

JIS C 0452-1　電気及び関連分野－工業用システム，設備及び装置，並びに工業製品－構造化原理及び参照指定－第 1 部：基本原則
　注記　対応国際規格：**IEC 61346-1**, Industrial systems, installations and equipment and industrial products －Structuring principles and reference designations－Part 1: Basic rules（IDT）

JIS C 0456　電気及び関連分野－電気技術文書に用いる符号化図形文字集合
　注記　対応国際規格：**IEC 61286**, Information technology－Coded graphic character set for use in the preparation of documents used in electrotechnology and for information interchange（IDT）

JIS X 0221　国際符号化文字集合（UCS）
　注記　対応国際規格：**ISO/IEC 10646**, Information technology－Universal Multiple-Octet Coded Character Set (UCS)（IDT）

JIS Z 8202（規格群）　量及び単位
　注記　対応国際規格：**ISO 31**, Quantities and units（IDT）

JIS Z 8222-3　製品技術文書に用いる図記号のデザイン－第 3 部：接続ノード，ネットワーク及びそのコード化の分類
　注記　対応国際規格：**ISO/IEC 81714-3**, Design of graphical symbols for use in the technical documentation of products－Part 3: Classification of connect nodes, networks and their encoding（IDT）

JIS Z 8313-1　製図－文字－第 1 部：ローマ字，数字及び記号
　注記　対応国際規格：**ISO 3098-1**, Technical drawing－Lettering－Part 1: Currently used characters（IDT）

IEC 60027 (all parts), Letter symbols to be used in electrical technology (partly being replaced by ISO/IEC 80000)

IEC 60445, Basic and safety principles for man-machine interface, marking and identification－Identification of equipment terminals, conductor terminations and conductors

IEC/TR 61352, Mnemonics and symbols for integrated circuits

IEC/TR 61734, Application of symbols for binary logic and analogue elements

日本工業規格　　　　　　　　　　　　　　　　JIS
　　　　　　　　　　　　　　　　　　　　　　　　C 0617-2：2011

電気用図記号－第2部：図記号要素，
限定図記号及びその他の一般用途図記号

Graphical symbols for diagrams－Part 2: Symbol elements,
qualifying symbols and other symbols having general application

序文

この規格は，2001年にデータベース形式規格として発行されメンテナンスされているIEC 60617の2008年時点での技術的内容を変更することなく作成した日本工業規格である。

なお，IEC 60617は，部編成であった規格の構成を一つのデータベース形式規格としたが，JISでは，規格の利便性も考慮し，これまでどおり部ごとの分冊構成とし，構成方法を変更している。

1 適用範囲

この規格は，電気用図記号のうち，図記号要素，限定図記号及びその他の一般用途図記号に関する図記号について規定する。

注記1　この規格はIEC 60617のうち，従来の図記号番号が02-01-01から02-17-09までのもので構成されている。附属書Aは参考情報である。

注記2　この規格の対応国際規格及びその対応の程度を表す記号を，次に示す。

IEC 60617, Graphical symbols for diagrams（MOD）

なお，対応の程度を表す記号"MOD"は，ISO/IEC Guide 21-1に基づき，"修正している"ことを示す。

2 引用規格

次に掲げる規格は，この規格に引用されることによって，この規格の規定の一部を構成する。これらの引用規格のうちで，西暦年を付記してあるものは，記載の年の版を適用し，その後の改正版（追補を含む。）は適用しない。西暦年の付記がない引用規格は，その最新版（追補を含む。）を適用する。

JIS C 0452-2　電気及び関連分野－工業用システム，設備及び装置，並びに工業製品－構造化原理及び参照指定－第2部：オブジェクトの分類（クラス）及び分類コード

注記　対応国際規格：IEC 61346-2, Industrial systems, installations and equipment and industrial products－Structuring principles and reference designations－Part 2: Classification of objects and codes for classes（IDT）

JIS C 0456　電気及び関連分野－電気技術文書に用いる符号化図形文字集合

注記　対応国際規格：IEC 61286, Information technology－Coded graphic character set for use in the preparation of documents used in electrotechnology and for information interchange（IDT）

JIS C 0617-1　電気用図記号－第1部：概説

注記　対応国際規格：**IEC 60617**, Graphical symbols for diagrams（MOD）
JIS C 1082-1:1999　電気技術文書－第1部：一般要求事項
　　注記　対応国際規格：**IEC 61082-1**, Preparation of documents used in electrotechnology－Part 1: Rules（MOD）
JIS C 60364-1　低圧電気設備－第1部：基本的原則，一般特性の評価及び用語の定義
　　注記　対応国際規格：**IEC 60364-1**, Low-voltage electrical installations－Part 1: Fundamental principles, assessment of general characteristics, definitions（IDT）
JIS X 0201　7ビット及び8ビットの情報交換用符号化文字集合
　　注記　対応国際規格：**ISO/IEC 646**, Information technology－ISO 7-bit coded character set for information interchange（MOD）
JIS X 0221　国際符号化文字集合（UCS）
　　注記　対応国際規格：**ISO/IEC 10646**, Information technology－Universal Multiple-Octet Coded Character Set (UCS)（IDT）
JIS Z 8222-1　製品技術文書に用いる図記号のデザイン－第1部：基本規則
　　注記　対応国際規格：**ISO 81714-1**, Design of graphical symbols for use in the technical documentation of products－Part 1: Basic rules（IDT）
JIS Z 8316　製図－図形の表し方の原則
　　注記　対応国際規格：**ISO 128**, Technical drawings－General principles of presentation（MOD）
IEC 60050 (all parts), International Electrotechnical Vocabulary
IEC 60375, Conventions concerning electric and magnetic circuits
IEC 60445, Basic and safety principles for man-machine interface, marking and identification－Identification of equipment terminals and conductor terminations
IEC 61293, Marking of electrical equipment with ratings related to electrical supply－Safety requirements

3　概要

JIS C 0617の規格群は，次の部によって構成されている。
　第1部：概説
　第2部：図記号要素，限定図記号及びその他の一般用途図記号
　第3部：導体及び接続部品
　第4部：基礎受動部品
　第5部：半導体及び電子管
　第6部：電気エネルギーの発生及び変換
　第7部：開閉装置，制御装置及び保護装置
　第8部：計器，ランプ及び信号装置
　第9部：電気通信－交換機器及び周辺機器
　第10部：電気通信－伝送
　第11部：建築設備及び地図上の設備を示す設置平面図及び線図
　第12部：二値論理素子
　第13部：アナログ素子

図記号は，JIS Z 8222-1 に規定する要件に従って作成している。基本単位寸法として M＝5 mm を用いた。小さな図記号は，見やすくするため 2 倍に拡大し，図記号欄に 200 ％と付けた。

多数の端子を表示する必要，又はその他の配置要件に応じてスペースをとる必要がある場合は，**JIS Z 8222-1** の **7.**［比率（proportion）の変更］に従い，図記号の寸法（高さなど）を変更してもよい。

拡大，縮小したり寸法を変更した場合も，線の太さは，拡縮せず，元のままとする。

図記号は，関連線間の間隔が基本単位の倍数になるよう描かれている。端子表示が必要な場合のスペースがとれるように基本単位 2M を選択した。図記号は同じグリッドを用い，分かりやすい大きさに描かれている。

図記号は，全てコンピュータ支援製図システムのグリッド内に描かれている（図記号の背景にグリッドを表示した。）。

JIS C 0617-2:1997 に規定されていたが，現在は削除された図記号を，旧図記号として，**附属書 A** に示している。

JIS C 0617 規格群で規定する全ての図記号の索引を，**JIS C 0617-1** に示す。

この規格に用いる項目名の説明を，**表 1** に示す。

なお，英文の項目名は，**IEC 60617** に対応した名称である。

表 1－図記号の規定に用いる項目名の説明

項目名	説明
図記号番号	図記号の分類番号。xx-yy-zz の形式で示し，x，y，z は 0〜9 の整数と A とで表す。 xx：部番号 yy：節番号 zz：節番号中の図記号番号 注記　節番号に A が付いた図記号は，旧規格に規定されていたが，現在は削除されている（附属書 A 参照）。
識別番号 (Symbol identity number)	図記号の識別番号。Snnnnn の形式で示し，n は 0〜9 の整数である。この番号は IEC 60617 の固有番号である識別番号（Symbol identity number）に対応しており，番号付けには意味はない。
名称 (Name)	当該図記号の概念を表す名称。
別の名称 (Alternative names)	当該図記号の名称に対する別の名称。ほぼ同意語で，従属的な特定の名称など。
様式 (Form)	当該図記号と同一の名称（意味）。形状の異なる図記号がある場合，様式 1，様式 2...として記載する。
別様式 (Alternative forms)	当該図記号と同一名称でほかの様式の図記号がある場合，その図記号の図記号番号。
注釈 (Application notes)	当該図記号の説明又は付加的な関連規定。注釈は通常，複数の図記号で共有されるため，注釈番号を記した別のページに記載されている。 注釈番号は Annnnn の形式で示し，n は 0〜9 の整数で表す。この番号は IEC 60617 の注釈（Application notes）に対応しており，番号付けには意味はない。
適用分類 (Application class)	当該図記号が適用される文書の種類。JIS C 1082-1 で定義されている。
機能分類 (Function class)	当該図記号が属する一つ又は複数の分類。JIS C 0452-2 で定義されている。括弧内に示したものは，分類コード。
形状分類 (Shape class)	当該図記号を特徴付ける基本的な形状。

表 1 – 図記号の規定に用いる項目名の説明（続き）

項目名	説明
制限事項 （Symbol restrictions）	当該図記号の適用方法に関する制限事項。
補足事項 （Remarks）	当該図記号の付加的な情報。
適用図記号 （Applies）	当該図記号を構築するために用いている図記号（図記号要素，限定図記号及び一般図記号）の識別番号。
被適用図記号 （Applied in）	当該図記号を要素として用いている図記号の識別番号。
キーワード （Keywords）	検索を容易にするキーワードの一覧。
注記	この規格に関する注記を示す。 なお，IEC 60617 だけの参考情報としては，次の項目がある。
	Status level : IEC 60617 連続メンテナンスに関する当該図記号の状態。 当該図記号が承認された場合，そのステータスレベルは"Standard"に設定される。 当該図記号が後に別の図記号で置き換えられた場合，又は技術的に旧式であると判断された場合，そのステータスレベルは参考としての"旧形式（Obsolete）"となる。 技術的に旧式になった場合，当該図記号は用いられるが，今後メンテナンスは行われない。
	Released on : IEC 60617 の一部として発行された年月日。
	Obsolete from : IEC 60617 に対して旧形式となった年月日。

4 電気用図記号及びその説明

この規格の章及び節の構成は，次のとおりとする。英語は，IEC 60617 によるもので，参考として示す。

第 I 章　図記号要素
　第 1 節　輪郭及び囲い
第 II 章　限定図記号
　第 2 節　電圧及び電流の種類
　第 3 節　調整，変換及び自動制御
　第 4 節　力及び運動方向
　第 5 節　流れの方向
　第 6 節　特性量への作動依存性
　第 7 節　材料の種類
　第 8 節　効果又は依存性
　第 9 節　放射
　第 10 節　信号波形
　第 11 節　印刷，さん孔及びファクシミリ
第 III 章　その他の一般用途図記号
　第 12 節　機械制御及びその他の制御
　第 13 節　操作機器・操作機構－1
　第 14 節　操作機器・操作機構－2

第 15 節　接地及びフレーム接続又は等電位
第 16 節　理想回路素子
第 17 節　その他

第Ⅰ章 図記号要素
第1節 輪郭及び囲い

図記号番号 (識別番号)	図記号 (Symbol)		
02-01-01 (S00059)			

項目	説明	IEC 60617 情報 (参考)	
名称	対象	Object	
別の名称	装置, デバイス, 機能部品, 構成部品, 機能	Equipment; Device; Functional unit; Component; Function	
様式	様式1	Form 1	
別様式	02-01-02, 02-01-03	S00060; S00061	
注釈	A00013		
適用分類	限定図記号	Qualifiers only	
機能分類	機能属性だけ (−)	−Functional attribute only	
形状分類	正方形	Squares	
制限事項	−	−	
補足事項	−	−	
適用図記号	−		
被適用図記号	S00385, S00386, S00393, S00391, S00392, S00394, S00396, S00397, S00398, S00395, S00399, S00401, S00402, S00404, S00403, S00400, S00443, S00442, S01421, S01465, S01463, S01464, S01655, S01031, S01176, S00515, S01078, S01136, S00900, S01030, S01035, S00992, S01076, S01181, S01175, S00896, S00781, S00894, S00519, S00608, S01184, S01037, S00533, S00993, S00492, S00893, S00785, S01032, S01167, S00899, S00549, S01036, S01244, S01075, S01125, S01225, S01079, S01029, S00552, S00494, S01174, S01177, S01130, S00897, S01033, S00548, S01034, S00783		
キーワード	囲い, 輪郭	envelopes, outlines	
注記	−	Status level	Standard
		Released on	2001-07-01
		Obsolete from	−

第1節 輪郭及び囲い

図記号番号 （識別番号）	図記号 （Symbol）		
02-01-02 （S00060）	（長方形の図記号）		
項目	説明	IEC 60617 情報（参考）	
名称	対象	Object	
別の名称	装置，デバイス，機能部品，構成部品，機能	Equipment; Device; Functional unit; Component; Function	
様式	様式 2	Form 2	
別様式	02-01-01，02-01-03	S00059; S00061	
注釈	A00013		
適用分類	限定図記号	Qualifiers only	
機能分類	機能属性だけ（－）	－Functional attribute only	
形状分類	長方形	Rectangles	
制限事項	－	－	
補足事項	－	－	
適用図記号	－		
被適用図記号	S00388，S00387，S00455，S00456，S01420，S01419，S00516，S00479，S01328，S00609，S00495，S01327，S00994，S00784，S00478，S01326，S00480		
キーワード	囲い，輪郭	envelopes, outlines	
注記	－	Status level	Standard
		Released on	2001-07-01
		Obsolete from	－

第1節 輪郭及び囲い

図記号番号 (識別番号)	図記号 (Symbol)		
02-01-03 (S00061)			
項目	説明	IEC 60617 情報 (参考)	
名称	対象	Object	
別の名称	装置, デバイス, 機能部品, 構成部品, 機能	Equipment; Device; Functional unit; Component; Function	
様式	様式 3	Form 3	
別様式	02-01-01, 02-01-02	S00059; S00060	
注釈	A00013		
適用分類	限定図記号	Qualifiers only	
機能分類	機能属性だけ (-)	-Functional attribute only	
形状分類	円	Circles	
制限事項	-	-	
補足事項	-	-	
適用図記号	-		
被適用図記号	S00389, S00390, S00405, S00406, S00428, S00429, S00436, S00453, S01133, S00534, S00493, S01844, S01845		
キーワード	囲い, 輪郭	envelopes, outlines	
注記	-	Status level	
		Released on	
		Obsolete from	-

第1節 輪郭及び囲い

図記号番号 (識別番号)	図記号 (Symbol)		
02-01-04 (S00062)	(円の図記号)		
項目	説明	IEC 60617 情報 (参考)	
名称	囲い	Envelope	
別の名称	－	－	
様式	様式1	Form 1	
別様式	02-01-05	S00063	
注釈	A00014, A00015, A00016, A00017		
適用分類	限定図記号	Qualifiers only	
機能分類	機能属性だけ (－)	－Functional attribute only	
形状分類	円	Circles	
制限事項	－	－	
補足事項	－	－	
適用図記号	－		
被適用図記号	S00266, S00421, S00776, S00790, S00789, S00777, S00744, S00742, S00731, S00694, S00780, S00693, S00772, S00769, S00791, S00771, S00664, S00743, S00778		
キーワード	囲い, 輪郭	envelopes, outlines	
注記	－	Status level	Standard
		Released on	2001-07-01
		Obsolete from	－

第1節 輪郭及び囲い

図記号番号 (識別番号)	図記号（Symbol）		
02-01-05 （S00063）			

項目	説明	IEC 60617 情報（参考）	
名称	囲い	Envelope	
別の名称	−	−	
様式	様式2	Form 2	
別様式	02-01-04	S00062	
注釈	A00014，A00015，A00016，A00017		
適用分類	限定図記号	Qualifiers only	
機能分類	機能属性だけ（−）	−Functional attribute only	
形状分類	たる（樽）形，だ円又は長円	Barrels, Ovals	
制限事項	−	−	
補足事項	−	−	
適用図記号			
被適用図記号	S01391，S00752，S00751，S00746，S00745，S00773，S00734，S00764，S00779，S00793，S00792，S00732，S00755，S00763，S00770，S00761，S00735，S00762，S00757，S00774，S00756，S00733，S00747，S00759，S00758，S00767，S00753，S00760，S00754，S00794		
キーワード	囲い，輪郭	envelopes, outlines	
注記	−	Status level	Standard
		Released on	2001-07-01
		Obsolete from	−

第1節 輪郭及び囲い

図記号番号 (識別番号)	図記号（Symbol）		
02-01-06 (S00064)	. . . . ━━━ . ━━━ . ━━━ . ━━━		
項目	説明	**IEC 60617** 情報（参考）	
名称	境界線	Boundary	
別の名称	－	－	
様式	－	－	
別様式	－	－	
注釈	A00018, A00019		
適用分類	限定図記号	Qualifiers only	
機能分類	機能属性だけ（－）	－Functional attribute only	
形状分類	線	Lines	
制限事項	－	－	
補足事項	－	－	
適用図記号	－		
被適用図記号	－		
キーワード	囲い，輪郭	envelopes, outlines	
注記	－	Status level	Standard
		Released on	2001-07-01
		Obsolete from	－

第1節　輪郭及び囲い

図記号番号 (識別番号)	図記号 (Symbol)		
02-01-07 (S00065)	(破線による長方形の囲い図記号)		

項目	説明	IEC 60617 情報 (参考)	
名称	仕切り	Screen	
別の名称	遮へい（シールド）	Shield	
様式	－	－	
別様式	－	－	
注釈	A00020		
適用分類	限定図記号	Qualifiers only	
機能分類	機能属性だけ（－）	－Functional attribute only	
形状分類	線	Lines	
制限事項	－	－	
補足事項	例えば，電界又は電磁界の透過を減少させるためのもの。	For example for reducing penetration of electric or electromagnetic fields	
適用図記号	－		
被適用図記号	S00694, S00853, S00852		
キーワード	囲い，輪郭，仕切り，遮へい（シールド）	envelopes, outlines, screens, shields	
注記	－	Status level	Standard
		Released on	2001-07-01
		Obsolete from	－

第1節 輪郭及び囲い

図記号番号 (識別番号)	図記号 (Symbol)	
02-01-08 (S00066)	200 %	
項目	説明	IEC 60617 情報 (参考)
名称	偶発的な直接接触に対する保護 (一般図記号)	Protection against unintentional direct contact, general symbol
別の名称	－	－
様式	－	－
別様式	－	－
注釈	A00021	
適用分類	限定図記号	Qualifiers only
機能分類	機能属性だけ (－)	－Functional attribute only
形状分類	文字, 線	Characters, Lines
制限事項	－	－
補足事項	－	－
適用図記号	－	
被適用図記号	S00168	
キーワード	囲い, 輪郭, 接触に対する保護	envelopes, outlines, protections against contact
注記	－	Status level / Standard Released on / 2001-07-01 Obsolete from / －

第II章　限定図記号
第2節　電圧及び電流の種類

図記号番号 (識別番号)	図記号 (Symbol)		
02-02-04 (S01403)	∼		

項目	説明	IEC 60617 情報 (参考)	
名称	交流	Alternating current	
別の名称	−	−	
様式	−	Form 1	
別様式	−	S01404	
注釈	A00258, A00260		
適用分類	限定図記号	Qualifiers only	
機能分類	機能属性だけ (−)	−Functional attribute only	
形状分類	具象的形状又は描写的形状	Depicting shapes	
制限事項	−	−	
補足事項	この図記号の形状は, **JIS C 0456** に従う **JIS X 0221** "国際符号化文字集合" の UCS 2248 (**表 60**) と同等である.	The shape of this symbol is defined as character 5/13 of **IEC 61286** "ALTERNATING CURRENT SYMBOL LOW-FREQUENCY RANGE", equivalent to UCS 2248 (Table 60) of **ISO/IEC 10646** "TILDE OPERATOR" according to **IEC 61286**.	
適用図記号	-		
被適用図記号	S00005, S00069, S00316, S00405, S00406, S00417, S00443, S00830, S00828, S00896, S00894, S00837, S01219, S00840, S00829, S01229, S00800, S00799, S00831, S00836, S00838, S01226, S00832, S00897, S00835		
キーワード	電流, 電流及び電圧の種類, 電圧	current, kind of current and voltage, voltage	
注記	−	Status level	Standard
		Released on	2001-09-15
		Obsolete from	-

第2節　電圧及び電流の種類

図記号番号 (識別番号)	図記号 (Symbol)		
02-02-05 (S00069)	∼ 50 Hz		
項目	説明	IEC 60617 情報 (参考)	
名称	交流 (周波数の表示)	Alternating current (indication of frequency)	
別の名称	−	−	
様式	−	−	
別様式	−	−	
注釈	A00023		
適用分類	限定図記号	Qualifiers only	
機能分類	機能属性だけ (−)	−Functional attribute only	
形状分類	文字，具象的形状又は描写的形状	Characters, Depicting shapes	
制限事項	交流 50 Hz の場合を示してある。	Shown for alternating current of 50 Hz.	
補足事項	−	−	
適用図記号	S01403		
被適用図記号		−	
キーワード	電流，電流及び電圧の種類，電圧	current, kind of current and voltage, voltage	
注記	−	Status level	Standard
		Released on	2001-07-01
		Obsolete from	−

第2節　電圧及び電流の種類

図記号番号 （識別番号）	図記号（Symbol）		
02-02-09 （S00073）	： ～ ：		
項目	説明	IEC 60617 情報（参考）	
名称	交流（低周波数）	Alternating current (indication of frequency range: low)	
別の名称	複数の周波数範囲。比較的低い周波数（商用周波数又は低可聴周波数）。	Different frequency ranges. Relatively low frequencies (power frequencies or sub-audio frequencies)	
様式	－	－	
別様式	－	－	
注釈	A00027		
適用分類	限定図記号	Qualifiers only	
機能分類	機能属性だけ（－）	－Functional attribute only	
形状分類	具象的形状又は描写的形状	Depicting shapes	
制限事項	－	－	
補足事項	－	－	
適用図記号		－	
被適用図記号		－	
キーワード	電流，電流及び電圧の種類，電圧	current, kind of current and voltage, voltage	
注記	－	Status level	Standard
		Released on	2001-07-01
		Obsolete from	－

第2節　電圧及び電流の種類

図記号番号 (識別番号)	図記号 (Symbol)	
02-02-10 (S00074)	$\sim$	
項目	説明	IEC 60617 情報 (参考)
名称	交流（中間周波数）	Alternating current (indication of frequency range: medium)
別の名称	複数の周波数範囲。中間周波数（可聴周波数）	Different frequency ranges. Medium frequencies (audio)
様式	－	－
別様式	－	－
注釈	A00027	
適用分類	限定図記号	Qualifiers only
機能分類	機能属性だけ（－）	－Functional attribute only
形状分類	具象的形状又は描写的形状	Depicting shapes
制限事項	－	－
補足事項	－	－
適用図記号	－	
被適用図記号	S01280，S01279，S01281	
キーワード	電流，電流及び電圧の種類，電圧	current, kind of current and voltage, voltage
注記	－	Status level — Standard Released on — 2001-07-01 Obsolete from — －

第2節　電圧及び電流の種類

図記号番号 (識別番号)	図記号 (Symbol)		
02-02-11 (S00075)			
項目	説明	IEC 60617 情報 (参考)	
名称	交流（高周波数）	Alternating current (indication of frequency range: high)	
別の名称	複数の周波数範囲。比較的高い周波数（超音波，搬送無線周波数）	Different frequency ranges. Relatively high frequencies (super audio, carrier)	
様式	－	－	
別様式	－	－	
注釈	A00027		
適用分類	限定図記号	Qualifiers only	
機能分類	機能属性だけ（－）	－Functional attribute only	
形状分類	具象的形状又は描写的形状	Depicting shapes	
制限事項	－	－	
補足事項	－	－	
適用図記号	－		
被適用図記号	S01829，S01173，S01279，S01281		
キーワード	電流，電流及び電圧の種類，電圧	current, kind of current and voltage, voltage	
注記	－	Status level	Standard
		Released on	2001-07-01
		Obsolete from	－

第 2 節　電圧及び電流の種類

図記号番号 (識別番号)	図記号（Symbol）	
02-02-12 (S00076)	～～	

項目	説明	IEC 60617 情報（参考）	
名称	交流部分から整流された電流	Rectified current with alternating component	
別の名称	－	－	
様式	－	－	
別様式	－	－	
注釈		－	
適用分類	限定図記号	Qualifiers only	
機能分類	機能属性だけ（－）	－Functional attribute only	
形状分類	具象的形状又は描写的形状，線	Depicting shapes, Lines	
制限事項			
補足事項	整流電流とフィルタリングされた電流とを区別する必要がある場合。	If it is necessary to distinguish from a rectified and filtered current.	
適用図記号	－	－	
被適用図記号	－	－	
キーワード	電流，電流及び電圧の種類，電圧	current, kind of current and voltage, voltage	
注記	－	Status level	Standard
		Released on	2001-07-01
		Obsolete from	－

第2節　電圧及び電流の種類

図記号番号 (識別番号)	図記号（Symbol）		
02-02-13 （S00077）	＋		
項目	説明	IEC 60617 情報（参考）	
名称	陽極	Positive polarity	
別の名称	－	－	
様式	－	－	
別様式	－	－	
注釈	－		
適用分類	限定図記号	Qualifiers only	
機能分類	機能属性だけ（－）	－Functional attribute only	
形状分類	文字	Characters	
制限事項	－	－	
補足事項	－	－	
適用図記号	－		
被適用図記号	S00582，S00571，S00952，S00581		
キーワード	電流，電流及び電圧の種類，電圧	current, kind of current and voltage, voltage	
注記	－	Status level	Standard
		Released on	2001-07-01
		Obsolete from	－

第2節 電圧及び電流の種類

図記号番号 (識別番号)	図記号 (Symbol)		
02-02-14 (S00078)	―		
項目	説明	IEC 60617 情報（参考）	
名称	陰極	Negative polarity	
別の名称	―	―	
様式	―	―	
別様式	―	―	
注釈	―		
適用分類	限定図記号	Qualifiers only	
機能分類	機能属性だけ（－）	－Functional attribute only	
形状分類	文字	Characters	
制限事項	―	―	
補足事項	―	―	
適用図記号	―		
被適用図記号	S00952		
キーワード	電流，電流及び電圧の種類，電圧	current, kind of current and voltage, voltage	
注記	―	Status level	Standard
		Released on	2001-07-01
		Obsolete from	―

第2節 電圧及び電流の種類

図記号番号 (識別番号)	図記号 (Symbol)		
02-02-15 (S00079)	N		
項目	説明	IEC 60617 情報 (参考)	
名称	中性線	Neutral	
別の名称	—	—	
様式	—	—	
別様式	—	—	
注釈	—	—	
適用分類	限定図記号	Qualifiers only	
機能分類	機能属性だけ (−)	−Functional attribute only	
形状分類	文字	Characters	
制限事項	—	—	
補足事項	この図記号は，IEC 60445 で中性線として規定している。	This symbol for neutral is given in IEC 60445.	
適用図記号	—		
被適用図記号	—		
キーワード	電流，電流及び電圧の種類，電圧	current, kind of current and voltage, voltage	
注記	—	Status level	Standard
		Released on	2001-07-01
		Obsolete from	—

第2節 電圧及び電流の種類

図記号番号 (識別番号)	図記号 (Symbol)		
02-02-16 (S00080)	M		
項目	説明	IEC 60617 情報 (参考)	
名称	中間線	Mid-wire	
別の名称	－	－	
様式	－	－	
別様式	－	－	
注釈		－	
適用分類	限定図記号	Qualifiers only	
機能分類	機能属性だけ（－）	－Functional attribute only	
形状分類	文字	Characters	
制限事項	－	－	
補足事項	この図記号は，IEC 60445 で中間線として規定している。	This symbol for mid-wire is given in **IEC 60445**.	
適用図記号		－	
被適用図記号		－	
キーワード	電流，電流及び電圧の種類，電圧	current, kind of current and voltage, voltage	
注記	－	Status level	Standard
		Released on	2001-07-01
		Obsolete from	－

第2節 電圧及び電流の種類

図記号番号 （識別番号）	図記号（Symbol）	
02-02-17 （S01401）	・ ・ ・ ・ ・ ━━ ━━ ━━ ・ ・ ・ ・ ・	

項目	説明	IEC 60617 情報（参考）	
名称	直流	Direct current	
別の名称	—	—	
様式	様式1	Form 1	
別様式	02-02-18	S01402	
注釈	A00259		
適用分類	限定図記号	Qualifiers only	
機能分類	機能属性だけ（−）	−Functional attribute only	
形状分類	線	Lines	
制限事項	—	—	
補足事項	この図記号の形状は、**JIS C 0456** に従う **JIS X 0221** "国際符号化文字集合" の UCS 2393（**表80**）と同等である。	The shape of this symbol is defined as character 3/15 of **IEC 61286** "DIRECT CURRENT SYMBOL FORM TWO", equivalent to UCS 2393 (Table 63) of **ISO/IEC 10646** "DIRECT CURRENT SYMBOL FORM TWO", according to **IEC 61286**.	
適用図記号		—	
被適用図記号	S00004、S00405、S00406、S00418、S00896、S00894、S00834、S00823、S00825、S00893、S00824、S00827、S00833、S00832、S00826、S00897、S00835		
キーワード	電流，電流と電圧の種類，電圧	current, kind of current and voltage, voltage	
注記	—	Status level	Standard
		Released on	2001-09-15
		Obsolete from	—

第2節 電圧及び電流の種類

図記号番号 (識別番号)	図記号（Symbol）	
02-02-18 (S01402)	**DC**	
項目	説明	IEC 60617 情報（参考）
名称	直流	Direct current
別の名称	－	－
様式	様式2	Form 2
別様式	02-02-17	S01401
注釈	A00259	
適用分類	限定図記号	Qualifiers only
機能分類	機能属性だけ（－）	－Functional attribute only
形状分類	文字	Characters
制限事項	－	－
補足事項	"DC"（コンマなしの大文字）は，IEC 61293 に従った文字図記号であることに留意する。一方，"直流"の正式な短縮形は"d.c."である（コンマ付きの小文字）。	Note that "DC" (written with uppe-case letters, without any dots and language independent) is a letter symbol in accordance with IEC 61293. The established abbreviation, on the other hand, for "direct current" is "d.c." (with lower-case letters and dots).
適用図記号	－	
被適用図記号	－	
キーワード	電流，電流と電圧の種類，電圧	current, kind of current and voltage, voltage
注記	－	Status level / Standard
		Released on / 2001-09-15
		Obsolete from / －

第2節　電圧及び電流の種類

図記号番号 （識別番号）	図記号（Symbol）	
02-02-19 （S01404）	AC	
項目	説明	IEC 60617 情報（参考）
名称	交流	Alternating current
別の名称	—	—
様式	様式2	Form 2
別様式	02-02-04	S01403
注釈	A00258	
適用分類	限定図記号	Qualifiers only
機能分類	機能属性だけ（−）	−Functional attribute only
形状分類	文字	Characters
制限事項	—	—
補足事項	"AC"（コンマなしの大文字）は，IEC 61293 に従った文字図記号であることに留意する。一方，"交流"の正式な短縮形は"a.c."である（コンマ付きの小文字）。	Note that "AC" (written with uppe-case letters, without any dots and language independent) is a letter symbol in accordance with IEC 61293. The established abbreviation, on the other hand, for "alternating current" is "a.c." (with lower-case letters and dots).
適用図記号		—
被適用図記号		—
キーワード	電流，電流と電圧の種類，電圧	current, kind of current and voltage, voltage
注記	—	Status level	Standard
		Released on	2001-09-15
		Obsolete from	—

第3節 調整,変換及び自動制御

図記号番号 (識別番号)	図記号 (Symbol)		
02-03-01 (S00081)			
項目	説明		IEC 60617 情報（参考）
名称	可変調整（一般図記号）		Adjustability, general symbol
別の名称	－		－
様式	－		－
別様式	－		－
注釈	A00261		
適用分類	限定図記号		Qualifiers only
機能分類	機能属性だけ（－）		－Functional attribute only
形状分類	矢印		Arrows
制限事項	－		－
補足事項	－		－
適用図記号	－		
被適用図記号	S00082, S00088, S00299, S00441, S01430, S01429, S00874, S00751, S00565, S00557, S01157, S01099, S00527, S00857, S00856, S00768, S01241, S00577, S00877, S00590, S01097, S01229, S00865, S00579, S00875, S00587, S00864, S01245, S00753, S00573, S00876		
キーワード	調整, 可変		adjustability, variability
注記	－	Status level	Standard
		Released on	2001-07-01
		Obsolete from	－

第3節 調整,変換及び自動制御

図記号番号 (識別番号)	図記号 (Symbol)		
02-03-02 (S00082)			
項目	説明	IEC 60617 情報 (参考)	
名称	非線形調整	Adjustability, non-linear	
別の名称	－	－	
様式	－	－	
別様式	－	－	
注釈	A00261		
適用分類	限定図記号	Qualifiers only	
機能分類	機能属性だけ (－)	－Functional attribute only	
形状分類	矢印,線	Arrows, Lines	
制限事項	－	－	
補足事項	－	－	
適用図記号	S00081		
被適用図記号		－	
キーワード	調整,可変	adjustability, variability	
注記	－	Status level	Standard
		Released on	2001-07-01
		Obsolete from	－

第3節 調整, 変換及び自動制御

図記号番号 (識別番号)	図記号 (Symbol)		
02-03-03 (S00083)			
項目	説明	IEC 60617 情報 (参考)	
名称	可変 (一般図記号)	Variability, general symbol	
別の名称	ー	ー	
様式	ー	ー	
別様式	ー	ー	
注釈	A00031, A00032, A00261		
適用分類	限定図記号	Qualifiers only	
機能分類	機能属性だけ (ー)	ーFunctional attribute only	
形状分類	線	Lines	
制限事項	ー	ー	
補足事項	ー	ー	
適用図記号	ー		
被適用図記号	S00084, S00689		
キーワード	調整, 可変	adjustability, variability	
注記	ー	Status level	Standard
		Released on	2001-07-01
		Obsolete from	ー

第3節　調整，変換及び自動制御

図記号番号 (識別番号)	図記号 (Symbol)		
02-03-04 (S00084)			
項目	説明	IEC 60617 情報（参考）	
名称	非線形可変	Variability, non-linear	
別の名称	－	－	
様式	－	－	
別様式	－	－	
注釈	A00031，A00032，A00261		
適用分類	限定図記号	Qualifiers only	
機能分類	機能属性だけ（－）	－Functional attribute only	
形状分類	線	Lines	
制限事項	－	－	
補足事項	－	－	
適用図記号	S00083		
被適用図記号	S00582，S00558，S00581，S00690		
キーワード	調整，可変	adjustability, variability	
注記	－	Status level	Standard
		Released on	2001-07-01
		Obsolete from	－

第3節 調整, 変換及び自動制御

図記号番号 (識別番号)	図記号（Symbol）		
02-03-05 (S00085)			
項目	説明	IEC 60617 情報（参考）	
名称	半固定調整	Adjustability, pre-set	
別の名称	－	－	
様式	－	－	
別様式	－	－	
注釈	A00031, A00032, A00033, A00261		
適用分類	限定図記号	Qualifiers only	
機能分類	機能属性だけ（－）	－Functional attribute only	
形状分類	線	Lines	
制限事項	－	－	
補足事項	－	－	
適用図記号	－		
被適用図記号	S00086, S00090, S00343, S00575, S00562		
キーワード	調整, 可変	adjustability, variability	
注記	－	Status level	Standard
		Released on	2001-07-01
		Obsolete from	－

第3節 調整, 変換及び自動制御

図記号番号 (識別番号)	図記号 (Symbol)		
02-03-06 (S00086)	$I=0$ の記号図		
項目	説明	IEC 60617 情報 (参考)	
名称	半固定調整	Pre-set adjustability	
別の名称	－	－	
様式	－	－	
別様式	－	－	
注釈	A00031, A00032, A00033, A00261		
適用分類	限定図記号	Qualifiers only	
機能分類	機能属性だけ (－)	－Functional attribute only	
形状分類	文字, 線	Characters, Lines	
制限事項	－	－	
補足事項	ゼロ電流の条件だけで半固定調整を許す場合。	Pre-set adjustment permitted only at zero current.	
適用図記号	S00085, S00111		
被適用図記号		－	
キーワード	調整, 可変	adjustability, variability	
注記	－	Status level	Standard
		Released on	2001-07-01
		Obsolete from	－

第3節 調整，変換及び自動制御

図記号番号 (識別番号)	図記号（Symbol）	
02-03-07 (S00087)		

項目	説明	IEC 60617 情報（参考）	
名称	ステップ動作	Action in steps	
別の名称	－	－	
様式	－	－	
別様式	－	－	
注釈	A00034		
適用分類	限定図記号	Qualifiers only	
機能分類	機能属性だけ（－）	－Functional attribute only	
形状分類	線	Lines	
制限事項	－	－	
補足事項	－	－	
適用図記号	－		
被適用図記号	S00088, S00298, S00589, S00524, S00865, S00821, S00864		
キーワード	調整，自動制御，可変	adjustability, automatic control, variability	
注記	－	Status level	Standard
		Released on	2001-07-01
		Obsolete from	－

第3節　調整，変換及び自動制御

図記号番号 （識別番号）	図記号（Symbol）		
02-03-08 （S00088）			
項目	説明	IEC 60617 情報（参考）	
名称	ステップ調整	Adjustability step by step	
別の名称	－	－	
様式	－	－	
別様式	－	－	
注釈	A00031，A00034，A00261		
適用分類	限定図記号	Qualifiers only	
機能分類	機能属性だけ（－）	－Functional attribute only	
形状分類	矢印，文字，線	Arrows, Characters, Lines	
制限事項	－		
補足事項	5ステップを示してある。	5 steps shown.	
適用図記号	S00081，S00087		
被適用図記号	－		
キーワード	調整，可変	adjustability, variability	
注記	－	Status level	Standard
		Released on	2001-07-01
		Obsolete from	－

第3節　調整，変換及び自動制御

図記号番号 (識別番号)	図記号（Symbol）		
02-03-09 (S00089)			
項目	説明	IEC 60617 情報（参考）	
名称	連続可変	Continuous variability	
別の名称	－	－	
様式	－	－	
別様式	－	－	
注釈	A00031，A00261		
適用分類	限定図記号	Qualifiers only	
機能分類	機能属性だけ（－）	－Functional attribute only	
形状分類	線	Lines	
制限事項	－	－	
補足事項	－	－	
適用図記号	－		
被適用図記号	S00090		
キーワード	調整，自動制御，可変	adjustability, automatic control, variability	
注記	－	Status level	Standard
		Released on	2001-07-01
		Obsolete from	－

第3節　調整，変換及び自動制御

図記号番号 （識別番号）	図記号（Symbol）		
02-03-10 （S00090）			
項目	説明	IEC 60617 情報（参考）	
名称	連続可変（半固定）	Continuous variability, pre-set	
別の名称	半固定連続可変	Pre-set adjustment, continuously variable	
様式	－	－	
別様式	－	－	
注釈	A00031, A00261		
適用分類	限定図記号	Qualifiers only	
機能分類	機能属性だけ（－）	－Functional attribute only	
形状分類	線	Lines	
制限事項	－	－	
補足事項	－	－	
適用図記号	S00085, S00089		
被適用図記号		－	
キーワード	調整，可変	adjustability, variability	
注記	－	Status level	Standard
		Released on	2001-07-01
		Obsolete from	－

第3節　調整，変換及び自動制御

図記号番号 (識別番号)	図記号 (Symbol)		
02-03-11 (S00091)			

項目	説明	IEC 60617 情報（参考）	
名称	自動制御	Automatic control	
別の名称	－	－	
様式	－	－	
別様式	－	－	
注釈	A00031，A00035，A00261		
適用分類	限定図記号	Qualifiers only	
機能分類	機能属性だけ（－）	－Functional attribute only	
形状分類	矢印	Arrows	
制限事項	－	－	
補足事項	－	－	
適用図記号		－	
被適用図記号	S00092		
キーワード	調整，自動制御，可変	adjustability, automatic control, variability	
注記	－	Status level	Standard
		Released on	2001-07-01
		Obsolete from	－

第3節　調整，変換及び自動制御

図記号番号 (識別番号)	図記号（Symbol）		
02-03-12 (S00092)	（AGC付増幅器の図記号：矢印と三角形を含む正方形、Gのラベル付き）		
項目	説明	IEC 60617 情報（参考）	
名称	AGC付増幅器	Amplifier with automatic gain control	
別の名称	−	−	
様式	−	−	
別様式	−	−	
注釈	A00031，A00035，A00261		
適用分類	回路図，機能図，概要図	Circuit diagrams, Function diagrams, Overview diagrams	
機能分類	同種の変換（T）	T Converting but maintaining kind	
形状分類	矢印，文字，三角形，正方形	Arrows, Characters, Equilateral triangle, Squares	
制限事項	−	−	
補足事項	AGC付増幅器を示してある。	Amplifier with automatic gain control shown.	
適用図記号	S00091，S01240		
被適用図記号	−		
キーワード	調整，増幅器，自動制御，可変	adjustability, amplifiers, automatic control, variability	
注記	−	Status level	Standard
		Released on	2001-07-01
		Obsolete from	−

第3節 調整,変換及び自動制御

図記号番号 (識別番号)	図記号(Symbol)		
02-03-13 (S01407)			

項目	説明	IEC 60617 情報(参考)	
名称	電気的分離を伴う変換	Conversion with electrical separation	
別の名称	－	－	
様式	－	－	
別様式	－	－	
注釈	－		
適用分類	限定図記号	Qualifiers only	
機能分類	機能属性だけ(－)	－Functional attribute only	
形状分類	線	Lines	
制限事項	－	－	
補足事項	－	－	
適用図記号	S00214		
被適用図記号	S01788,S01791		
キーワード	変換,変換器,電力変換器,信号変換器	conversion, converters, power converters, signal converters	
注記	－	Status level	Standard
		Released on	2001-10-13
		Obsolete from	－

第4節 力及び運動方向

図記号番号 (識別番号)	図記号（Symbol）	
02-04-01 (S00093)	→	
項目	説明	IEC 60617 情報（参考）
名称	直線運動（一方向）	Rectilinear motion (unidirectional)
別の名称	力，矢印の向きに一方向	Force; Unidirectional, in the direction of the arrowhead
様式	－	－
別様式	－	－
注釈	A00036，A00037	
適用分類	限定図記号	Qualifiers only
機能分類	機能属性だけ（－）	－Functional attribute only
形状分類	矢印	Arrows
制限事項	－	－
補足事項	－	－
適用図記号	－	
被適用図記号	S00145，S00187，S01453，S01452，S00949，S01176，S01175，S00948，S00840，S00474，S01177	
キーワード	方向，力，運動	direction, force, motion
注記	－	Status level: Standard Released on: 2001-07-01 Obsolete from: －

第4節 力及び運動方向

図記号番号 (識別番号)	図記号 (Symbol)	
02-04-02 (S00094)	←→	
項目	説明	IEC 60617 情報 (参考)
名称	直線運動(双方向)	Rectilinear motion (bidirectional)
別の名称	力	Force
様式	−	−
別様式	−	−
注釈	A00036, A00037	
適用分類	限定図記号	Qualifiers only
機能分類	機能属性だけ (−)	−Functional attribute only
形状分類	矢印	Arrows
制限事項	−	−
補足事項	−	−
適用図記号	−	
被適用図記号	S00122, S00188, S01179, S01211, S01222, S01218, S01220, S00523, S01158, S01221	
キーワード	方向, 力, 運動	direction, force, motion
注記	−	Status level	Standard
		Released on	2001-07-01
		Obsolete from	−

第4節　力及び運動方向

図記号番号 (識別番号)	図記号（Symbol）	
02-04-03 (S00095)		
項目	説明	IEC 60617 情報（参考）
名称	円運動（一方向）	Circular motion (unidirectional)
別の名称	回転，トルク	Rotation; Torque
様式	－	－
別様式	－	－
注釈	A00035, A00036	
適用分類	限定図記号	Qualifiers only
機能分類	機能属性だけ（－）	－Functional attribute only
形状分類	矢印，円弧	Arrows, Circle segments
制限事項	－	－
補足事項	矢印の向きは円運動，回転又はトルクの方向を表す。	Circular motion, rotation or torque in the direction of the arrowhead.
適用図記号		－
被適用図記号	S00146, S00162, S01197, S01199, S00964, S01196, S00767	
キーワード	方向，力，運動	direction, force, motion
注記	－	Status level	Standard
		Released on	2001-07-01
		Obsolete from	－

第4節 力及び運動方向

図記号番号 (識別番号)	図記号（Symbol）		
02-04-04 （S00096）			

項目	説明	IEC 60617 情報（参考）	
名称	円運動（双方向）	Circular motion (bidirectional)	
別の名称	回転，トルク	Rotation; Torque	
様式	－	－	
別様式	－	－	
注釈	A00036，A00037		
適用分類	限定図記号	ceptual elements or qualifiers	
機能分類	機能属性だけ（－）	－Functional attribute only	
形状分類	矢印，円弧	Arrows, Circle segments	
制限事項	－	－	
補足事項	－	－	
適用図記号		－	
被適用図記号	S00162，S00301，S01200，S01152，S01201，S01198，S01202		
キーワード	方向，力，運動	direction, force, motion	
注記	－	Status level	Standard
		Released on	2001-07-01
		Obsolete from	－

第4節　力及び運動方向

図記号番号 （識別番号）	図記号（Symbol）	
02-04-05 （S00097）	（円弧に双方向矢印の図）	
項目	説明	IEC 60617 情報（参考）
名称	円運動（双方向，回転制約あり）	Circular motion (bidirectional and limited)
別の名称	回転，トルク	Rotation; Torque
様式	－	－
別様式	－	－
注釈	A00035，A00036	
適用分類	限定図記号	Qualifiers only
機能分類	機能属性だけ（－）	－Functional attribute only
形状分類	矢印，円弧，線	Arrows, Circle segments, Lines
制限事項	－	－
補足事項	円運動，回転又はトルク（双方向とも回転制約あり）。	Circular motion, rotation or torque limited in both directions.
適用図記号		－
被適用図記号		－
キーワード	方向，力，運動	direction, force, motion
注記	－	Status level / Standard Released on / 2001-07-01 Obsolete from / －

第4節　力及び運動方向

図記号番号 （識別番号）	図記号（Symbol）		
02-04-06 （S00098）			
項目	説明	IEC 60617 情報（参考）	
名称	振動運動	Oscillating motion	
別の名称	－	－	
様式	－	－	
別様式	－	－	
注釈	A00035，A00036		
適用分類	限定図記号	Qualifiers only	
機能分類	機能属性だけ（－）	－Functional attribute only	
形状分類	具象的形状又は描写の形状	Depicting shapes	
制限事項	－	－	
補足事項	－	－	
適用図記号	－		
被適用図記号	S00317，S01109		
キーワード	方向，力，運動	direction, force, motion	
注記	－	Status level	Standard
		Released on	2001-07-01
		Obsolete from	－

第4節　力及び運動方向

図記号番号 （識別番号）	図記号（Symbol）		
02-04-07 （S01846）			
項目	説明	IEC 60617 情報（参考）	
名称	移相	Phase-shifting	
別の名称	－	－	
様式	－	－	
別様式	－	－	
注釈	－		
適用分類	限定図記号	Qualifiers only	
機能分類	機能属性だけ（－）	－Functional attribute only	
形状分類	矢印，線	Arrows, Lines	
制限事項	－	－	
補足事項	－	－	
適用図記号	－		
被適用図記号	S01837，S01838		
キーワード	移相	phase-shifting	
注記	－	Status level	Standard
		Released on	2005-11-15
		Obsolete from	－

第5節 流れの方向

図記号番号 (識別番号)	図記号(Symbol)		
02-05-01 (S00099)	→		

項目	説明	IEC 60617 情報(参考)	
名称	伝搬(一方向)	Propagation (one way)	
別の名称	エネルギーの流れ,信号の流れ,情報の流れ	Energy flow; Signal flow; Information flow	
様式	ー	ー	
別様式	ー	ー	
注釈	ー		
適用分類	限定図記号	Qualifiers only	
機能分類	機能属性だけ(ー)	ーFunctional attribute only	
形状分類	矢印,線	Arrows, Lines	
制限事項	ー	ー	
補足事項	ー	ー	
適用図記号	ー		
被適用図記号	S00104, S00105, S01738, S01596, S01603, S01599, S01713, S01716, S01739, S01746, S00940, S00985, S00942, S01280, S01254, S01279, S01038, S01040, S00941, S01281, S00934, S01041, S01252, S01377, S01378, S01253, S01251		
キーワード	方向,流れ	direction, flow	
注記	ー	Status level	Standard
		Released on	2001-07-01
		Obsolete from	ー

第5節 流れの方向

図記号番号 (識別番号)	図記号 (Symbol)	
02-05-02 (S00100)	→←	
項目	説明	IEC 60617 情報 (参考)
名称	伝搬, 双方向, 同時	Propagation, both ways, simultaneously
別の名称	同時伝送及び受信	Simultaneous transmission and reception
様式	−	−
別様式	−	−
注釈		−
適用分類	限定図記号	Qualifiers only
機能分類	機能属性だけ (−)	−Functional attribute only
形状分類	矢印, 線	Arrows, Lines
制限事項	−	−
補足事項	同時伝送及び受信	Simultaneous transmission and reception.
適用図記号		−
被適用図記号	S01803, S01126, S01039	
キーワード	方向, 流れ	direction, flow
注記	−	Status level	Standard
		Released on	2001-07-01
		Obsolete from	−

第5節 流れの方向

図記号番号 (識別番号)	図記号（Symbol）		
02-05-03 (S00101)	←→		
項目	説明	IEC 60617 情報（参考）	
名称	伝搬，双方向，同時でない	Propagation, both ways, not simultaneously	
別の名称	非同時伝送及び受信	Alternate transmission and reception	
様式	−	−	
別様式	−	−	
注釈	−		
適用分類	限定図記号	Qualifiers only	
機能分類	機能属性だけ（−）	−Functional attribute only	
形状分類	矢印，線	Arrows, Lines	
制限事項	−	−	
補足事項	同時でない伝送及び受信	Alternate transmission and reception.	
適用図記号			
被適用図記号	S01547, S01603, S01629, S01628, S01635, S01713, S01716, S01031, S01030, S01129, S00497, S01131, S00897		
キーワード	方向, 流れ	direction, flow	
注記	−	Status level	Standard
		Released on	2001-07-01
		Obsolete from	−

第5節　流れの方向

図記号番号 (識別番号)	図記号 (Symbol)	
02-05-04 (S00102)	→（矢印と黒丸）	

項目	説明	IEC 60617 情報（参考）	
名称	送信	Transmission	
別の名称	－	－	
様式	－	－	
別様式	－	－	
注釈	A00038		
適用分類	限定図記号	Qualifiers only	
機能分類	機能属性だけ（－）	－Functional attribute only	
形状分類	矢印，黒丸（点），線	Arrows, Dots (points), Lines	
制限事項	－	－	
補足事項	図記号 10-06-04（S01128）は，黒丸を削除してもよい例を示している．	Symbol S01128 shows an example where the dot may be omitted.	
適用図記号		－	
被適用図記号	S01035，S01037，S01036，S01029，S01128，S01034		
キーワード	方向，流れ	direction, flow	
注記	－	Status level	Standard
		Released on	2001-07-01
		Obsolete from	－

第5節　流れの方向

図記号番号 （識別番号）	図記号（Symbol）	
02-05-05 （S00103）	・　・　・　・　・　・　・　・ ・────▶●────・ ・　・　・　・　・　・　・　・	

項目	説明	IEC 60617 情報（参考）	
名称	受信	Reception	
別の名称	－	－	
様式	－	－	
別様式	－	－	
注釈	A00039		
適用分類	限定図記号	Qualifiers only	
機能分類	機能属性だけ（－）	－Functional attribute only	
形状分類	矢印，黒丸（点），線	Arrows, Dots (points), Lines	
制限事項	－		
補足事項	図記号 10-06-03（S01127）は，黒丸を削除してもよい例を示してある。	Symbol S01127 shows an example where the dot may be omitted.	
適用図記号		－	
被適用図記号	S01037，S01032，S01036，S01127，S01033		
キーワード	方向，流れ	direction, flow	
注記	－	Status level	Standard
		Released on	2001-07-01
		Obsolete from	－

第5節　流れの方向

図記号番号 (識別番号)	図記号 (Symbol)		
02-05-06 (S00104)	⊢→		

項目	説明	IEC 60617 情報（参考）	
名称	母線からのエネルギーの流れ	Energy flow from the busbars	
別の名称	－	－	
様式	－	－	
別様式	－	－	
注釈		－	
適用分類	限定図記号	Qualifiers only	
機能分類	機能属性だけ（－）	－Functional attribute only	
形状分類	矢印，線	Arrows, Lines	
制限事項	－	－	
補足事項	－	－	
適用図記号	S00099		
被適用図記号	S00935		
キーワード	母線，方向，流れ	busbars, direction, flow	
注記	－	Status level	Standard
		Released on	2001-07-01
		Obsolete from	－

第5節　流れの方向

図記号番号 (識別番号)	図記号（Symbol）		
02-05-07 (S00105)	⊢←		
項目	説明	IEC 60617 情報（参考）	
名称	母線へのエネルギーの流れ	Energy flow towards the busbars	
別の名称	—	—	
様式	—	—	
別様式	—	—	
注釈		—	
適用分類	限定図記号	Qualifiers only	
機能分類	機能属性だけ（−）	−Functional attribute only	
形状分類	矢印，線	Arrows, Lines	
制限事項	—	—	
補足事項	—	—	
適用図記号	S00099		
被適用図記号	S00343，S00936		
キーワード	母線，方向，流れ	busbars, direction, flow	
注記	—	Status level	Standard
		Released on	2001-07-01
		Obsolete from	—

第5節 流れの方向

図記号番号 (識別番号)	図記号 (Symbol)		
02-05-08 (S00106)			

項目	説明	IEC 60617 情報 (参考)	
名称	エネルギーの流れ,双方向(母線へ及び母線から)	Energy flow, bidirectional (towards and from the busbars)	
別の名称	—	—	
様式	—	—	
別様式	02-05-05	S00103	
注釈		—	
適用分類	限定図記号	Qualifiers only	
機能分類	機能属性だけ(—)	—Functional attribute only	
形状分類	矢印,線	Arrows, Lines	
制限事項	—	—	
補足事項	—	—	
適用図記号		—	
被適用図記号	S00937		
キーワード	母線,方向,流れ	busbars, direction, flow	
注記	—	Status level	Standard
		Released on	2001-07-01
		Obsolete from	—

第6節　特性量への作動依存性

図記号番号 (識別番号)	図記号（Symbol）	
02-06-01 (S00108)	>	
項目	説明	IEC 60617 情報（参考）
名称	作動（超過した場合）	Actuating (higher than)
別の名称	－	－
様式	－	－
別様式	－	－
注釈	－	
適用分類	限定図記号	Qualifiers only
機能分類	機能属性だけ（－）	－Functional attribute only
形状分類	文字	Characters
制限事項	－	－
補足事項	作動，特性量が設定値を超過した場合に作動。**JIS X 0201** も参照。	Actuating when the characteristic quantity is higher than the setting value. See also **ISO/IEC 646**.
適用図記号	－	
被適用図記号	S00341，S00343，S00345，S00350	
キーワード	量への依存性，量依存性	dependence on a quantity, quantity dependency
注記	－	Status level	Standard
		Released on	2001-07-01
		Obsolete from	－

第 6 節　特性量への作動依存性

図記号番号 (識別番号)	図記号 (Symbol)		
02-06-02 (S00109)	<		

項目	説明	IEC 60617 情報 （参考）	
名称	作動（下回った場合）	Actuating (lower than)	
別の名称	－	－	
様式	－	－	
別様式	－	－	
注釈	－		
適用分類	限定図記号	Qualifiers only	
機能分類	機能属性だけ（－）	－Functional attribute only	
形状分類	文字	Characters	
制限事項	－	－	
補足事項	作動，特性量が設定値を下回った場合に作動。**JIS X 0201** も参照。	Actuating when the characteristic quantity is lower than the setting value. See also **ISO/IEC 646**.	
適用図記号	－		
被適用図記号	S00340, S00345, S00347, S00344, S00346, S00351, S00349		
キーワード	量への依存性，量依存性	dependence on a quantity, quantity dependency	
注記	－	Status level	Standard
		Released on	2001-07-01
		Obsolete from	－

第6節 特性量への作動依存性

図記号番号 (識別番号)	図記号 (Symbol)		
02-06-03 (S00110)	$>$ $<$		
項目	説明	IEC 60617 情報 (参考)	
名称	作動(超過した場合,又は下回った場合)	Actuating (either higher than or lower than)	
別の名称	－	－	
様式	－	－	
別様式	－	－	
注釈		－	
適用分類	限定図記号	Qualifiers only	
機能分類	機能属性だけ(－)	－Functional attribute only	
形状分類	文字	Characters	
制限事項	－	－	
補足事項	作動,特性量が高位設定値を超過した場合,又は低位設定値を下回った場合に作動。	Actuating when the characteristic quantity is either higher than a given high setting or lower than a given low setting.	
適用図記号		－	
被適用図記号		－	
キーワード	量への依存性,量依存性	dependence on a quantity, quantity dependency	
注記	－	Status level	Standard
		Released on	2001-07-01
		Obsolete from	－

第 6 節　特性量への作動依存性

図記号番号 （識別番号）	図記号（Symbol）		
02-06-04 （S00111）	= 0		
項目	説明	IEC 60617 情報（参考）	
名称	作動（ゼロ値になった場合）	Actuating (equal to zero)	
別の名称	—	—	
様式	—	—	
別様式	—	—	
注釈	—		
適用分類	限定図記号	Qualifiers only	
機能分類	機能属性だけ（—）	—Functional attribute only	
形状分類	文字	Characters	
制限事項	—	—	
補足事項	作動，特性量がゼロ値になった場合に作動。	Actuating when the value of the characteristic quantity is equal to zero.	
適用図記号	—		
被適用図記号	S00086，S00338		
キーワード	量への依存性，量依存性	dependence on a quantity, quantity dependency	
注記	—	Status level	Standard
		Released on	2001-07-01
		Obsolete from	—

第6節 特性量への作動依存性

図記号番号 (識別番号)	図記号(Symbol)		
02-06-05 (S00112)	≈ 0		
項目	説明	IEC 60617 情報(参考)	
名称	作動(ほぼゼロ値の場合)	Actuating (approximately equal to zero)	
別の名称	−	−	
様式	−	−	
別様式	−	−	
注釈		−	
適用分類	限定図記号	Qualifiers only	
機能分類	機能属性だけ(−)	−Functional attribute only	
形状分類	文字	Characters	
制限事項	−	−	
補足事項	特性量がほぼゼロ値である場合作動。	Actuating when the value of the characteristic quantity is approximately equal to zero.	
適用図記号		−	
被適用図記号	S00350, S01832		
キーワード	量への依存性,量依存性	dependence on a quantity, quantity dependency	
注記	−	Status level	Standard
		Released on	2001-07-01
		Obsolete from	−

第7節　材料の種類

図記号番号 （識別番号）	図記号（Symbol）		
02-07-01 （S00113）			

項目	説明	IEC 60617 情報（参考）	
名称	材料（非指定）	Material, unspecified	
別の名称	－	－	
様式	－	－	
別様式	－	－	
注釈	A00040		
適用分類	限定図記号	Qualifiers only	
機能分類	機能属性だけ（－）	－Functional attribute only	
形状分類	長方形	Rectangles	
制限事項	－		
補足事項	－		
適用図記号		－	
被適用図記号		－	
キーワード	材料	material	
注記	－	Status level	Standard
		Released on	2001-07-01
		Obsolete from	－

第7節　材料の種類

図記号番号 (識別番号)	図記号（Symbol）		
02-07-02 （S00114）			

項目	説明	IEC 60617 情報（参考）	
名称	材料（固体）	Material, solid	
別の名称	－	－	
様式	－	－	
別様式	－	－	
注釈	A00040		
適用分類	限定図記号	Qualifiers only	
機能分類	機能属性だけ（－）	－Functional attribute only	
形状分類	線，長方形	Lines, Rectangles	
制限事項	－	－	
補足事項	－	－	
適用図記号		－	
被適用図記号	S00356，S00607，S01217，S01216		
キーワード	材料	material	
注記	－	Status level	Standard
		Released on	2001-07-01
		Obsolete from	－

第7節 材料の種類

図記号番号 （識別番号）	図記号（Symbol）		
02-07-03 （S00115）			
項目	説明	IEC 60617 情報（参考）	
名称	材料（液体）	Material, liquid	
別の名称	－	－	
様式	－	－	
別様式	－	－	
注釈	A00040		
適用分類	限定図記号	Qualifiers only	
機能分類	機能属性だけ（－）	－Functional attribute only	
形状分類	円弧，長方形	Circle segments, Rectangles	
制限事項	－	－	
補足事項	－	－	
適用図記号	－		
被適用図記号	S00408，S00793，S00792，S00795，S00794		
キーワード	材料	material	
注記	－	Status level	Standard
		Released on	2001-07-01
		Obsolete from	－

第7節 材料の種類

図記号番号 (識別番号)	図記号（Symbol）		
02-07-04 (S00116)			
項目	説明	IEC 60617 情報（参考）	
名称	材料（気体）	Material, gas	
別の名称	−	−	
様式	−	−	
別様式	−	−	
注釈	A00040		
適用分類	限定図記号	Qualifiers only	
機能分類	機能属性だけ（−）	−Functional attribute only	
形状分類	黒丸（点），長方形	Dots (points), Rectangles	
制限事項	−	−	
補足事項	−	−	
適用図記号	−		
被適用図記号	S00199, S00198, S00266, S00745, S00790, S00773, S00781, S00780, S00693, S00772, S00770, S00769, S00791, S00771, S00774, S00782, S00784, S00775, S00783		
キーワード	材料	material	
注記	−	Status level	Standard
		Released on	2001-07-01
		Obsolete from	−

第7節 材料の種類

図記号番号 (識別番号)	図記号 (Symbol)		
02-07-05 (S00117)	(図記号)		
項目	説明	IEC 60617 情報（参考）	
名称	材料（エレクトレット）	Material, electret	
別の名称	－	－	
様式	－	－	
別様式	－	－	
注釈	A00040		
適用分類	限定図記号	Qualifiers only	
機能分類	機能属性だけ（－）	－Functional attribute only	
形状分類	正三角形, 長方形	Equilateral triangles, Rectangles	
制限事項	－	－	
補足事項	－	－	
適用図記号	－		
被適用図記号	S00603		
キーワード	材料	material	
注記	－	Status level	Standard
		Released on	2001-07-01
		Obsolete from	－

第7節 材料の種類

図記号番号 (識別番号)	図記号（Symbol）		
02-07-06 (S00118)			
項目	説明	IEC 60617 情報（参考）	
名称	材料（半導体）	Material, semiconducting	
別の名称	－	－	
様式	－	－	
別様式	－	－	
注釈	A00040		
適用分類	限定図記号	Qualifiers only	
機能分類	機能属性だけ（－）	－Functional attribute only	
形状分類	正三角形，線，長方形	Equilateral triangles, Lines, Rectangles	
制限事項	－	－	
補足事項	－	－	
適用図記号		－	
被適用図記号	S00785		
キーワード	材料	material	
注記	－	Status level	Standard
		Released on	2001-07-01
		Obsolete from	－

第7節 材料の種類

図記号番号 (識別番号)	図記号 (Symbol)		
02-07-07 (S00119)			
項目	説明	IEC 60617 情報 (参考)	
名称	材料（絶縁体）	Material, insulating	
別の名称	－	－	
様式	－	－	
別様式	－	－	
注釈	A00040		
適用分類	限定図記号	Qualifiers only	
機能分類	機能属性だけ（－）	－Functional attribute only	
形状分類	線，長方形	Lines, Rectangles	
制限事項	－	－	
補足事項	－	－	
適用図記号		－	
被適用図記号		－	
キーワード	材料	material	
注記	－	Status level	Standard
		Released on	2001-07-01
		Obsolete from	－

第8節 効果又は依存性

図記号番号 (識別番号)	図記号（Symbol）		
02-08-01 (S00120)			

項目	説明	IEC 60617 情報（参考）	
名称	熱効果	Thermal effect	
別の名称	−	−	
様式	−	−	
別様式	−	−	
注釈		−	
適用分類	限定図記号	Qualifiers only	
機能分類	機能属性だけ（−）	−Functional attribute only	
形状分類	線	Lines	
制限事項	−	−	
補足事項	−	−	
適用図記号		−	
被適用図記号	S00191，S00266，S00265，S00325，S00381		
キーワード	依存性，効果，熱	dependence, effect, thermal	
注記	−	Status level	Standard
		Released on	2001-07-01
		Obsolete from	−

第8節 効果又は依存性

図記号番号 (識別番号)	図記号（Symbol）		
02-08-02 (S00121)			
項目	説明	IEC 60617 情報（参考）	
名称	電磁効果	Electromagnetic effect	
別の名称	－	－	
様式	－	－	
別様式	－	－	
注釈	－		
適用分類	限定図記号	Qualifiers only	
機能分類	機能属性だけ（－）	－Functional attribute only	
形状分類	半円，線	Half-circles, Lines	
制限事項	－	－	
補足事項	－	－	
適用図記号	－		
被適用図記号	S00190		
キーワード	依存性，効果，電磁	dependence, effect, electromagnetic	
注記	－	Status level	Standard
		Released on	2001-07-01
		Obsolete from	－

第8節　効果又は依存性

図記号番号 (識別番号)	図記号 (Symbol)	
02-08-03 (S00122)		

項目	説明	IEC 60617 情報 (参考)	
名称	磁わい (歪) 効果	Magnetostrictive effect	
別の名称	—	—	
様式	—	—	
別様式	—	—	
注釈	—		
適用分類	限定図記号	Qualifiers only	
機能分類	機能属性だけ (－)	－Functional attribute only	
形状分類	矢印，半円	Arrows, Half-circles	
制限事項	—	—	
補足事項	—	—	
適用図記号	S00094		
被適用図記号	S00604，S00609，S00605		
キーワード	依存性，効果，磁わい (歪)	dependence, effect, magnetostrictive	
注記	—	Status level	Standard
		Released on	2001-07-01
		Obsolete from	—

第8節 効果又は依存性

図記号番号 (識別番号)	図記号 (Symbol)		
02-08-04 (S00123)	✕		
項目	説明	IEC 60617 情報 (参考)	
名称	磁界効果又は依存性	Magnetic field effect or dependence	
別の名称	−	−	
様式	−	−	
別様式	−	−	
注釈	−		
適用分類	限定図記号	Qualifiers only	
機能分類	機能属性だけ (−)	−Functional attribute only	
形状分類	線	Lines	
制限事項	−	−	
補足事項	−	−	
適用図記号	−		
被適用図記号	S00688, S00689, S00690		
キーワード	依存性, 効果, 磁気	dependence, effect, magnetic	
注記	−	Status level	Standard
		Released on	2001-07-01
		Obsolete from	−

第8節　効果又は依存性

図記号番号 （識別番号）	図記号（Symbol）		
02-08-05 （S00124）			

項目	説明	IEC 60617 情報（参考）	
名称	遅延	Delay	
別の名称	－	－	
様式	－	－	
別様式	－	－	
注釈	Application notes		
適用分類	限定図記号	Qualifiers only	
機能分類	機能属性だけ（－）	－Functional attribute only	
形状分類	線	Lines	
制限事項	－	－	
補足事項	－	－	
適用図記号	－		
被適用図記号	S00341, S00337, S00343, S00353, S01655, S00604, S00607, S00608, S00609, S01266, S00605		
キーワード	遅延動作，依存性，効果	delayed operation, dependence, effect	
注記	－	Status level	Standard
		Released on	2001-07-01
		Obsolete from	－

第8節　効果又は依存性

図記号番号 (識別番号)	図記号 (Symbol)		
02-08-06 (S00125)			

項目	説明	IEC 60617 情報 (参考)	
名称	半導体効果	Semiconductor effect	
別の名称	－	－	
様式	－	－	
別様式	－	－	
注釈	－		
適用分類	限定図記号	Qualifiers only	
機能分類	機能属性だけ (－)	－Functional attribute only	
形状分類	線	Lines	
制限事項	－	－	
補足事項	－	－	
適用図記号	－		
被適用図記号	S00194，S00326，S00382		
キーワード	依存性，効果，半導体	dependence, effect, semiconductors	
注記	－	Status level	Standard
		Released on	2001-07-01
		Obsolete from	－

第8節　効果又は依存性

図記号番号 （識別番号）	図記号（Symbol）		
02-08-07 （S00126）	//		
項目	説明	IEC 60617 情報（参考）	
名称	電気的隔離による結合効果	Coupling effect with electrical separation	
別の名称	－	－	
様式	－	－	
別様式	－	－	
注釈	－		
適用分類	限定図記号	Qualifiers only	
機能分類	機能属性だけ（－）	－Functional attribute only	
形状分類	線	Lines	
制限事項	－	－	
補足事項	－	－	
適用図記号	－		
被適用図記号	S00384，S00383		
キーワード	結合器，依存性，効果	couplers, dependence, effect	
注記	－	Status level	Standard
		Released on	2001-07-01
		Obsolete from	－

第9節 放射

図記号番号 (識別番号)	図記号 (Symbol)		
02-09-01 (S00127)			

項目	説明	IEC 60617 情報（参考）	
名称	非電離電磁放射	Radiation, electromagnetic, non-ionizing	
別の名称	光	Light	
様式	—	—	
別様式	—	—	
注釈	A00041, A00042		
適用分類	限定図記号	Qualifiers only	
機能分類	機能属性だけ（−）	−Functional attribute only	
形状分類	矢印	Arrows	
制限事項	—	—	
補足事項	例えば，無線波又は可視光	For example radio waves or visible light.	
適用図記号		—	
被適用図記号	S00130, S00384, S01431, S00685, S01078, S00488, S00489, S00786, S00684, S00686, S01318, S01063, S01327, S00787, S00904, S01079, S00908, S00788, S00642, S00906, S00687, S01216, S01326		
キーワード	放射	radiation	
注記	—	Status level	Standard
		Released on	2001-07-01
		Obsolete from	—

第9節　放射

図記号番号 （識別番号）	図記号（Symbol）		
02-09-02 （S00128）			

項目	説明	IEC 60617 情報（参考）	
名称	非電離コヒーレント放射	Radiation, coherent, non-ionizing	
別の名称	光	Light	
様式	−	−	
別様式	−	−	
注釈	A00041, A00042		
適用分類	限定図記号	Qualifiers only	
機能分類	機能属性だけ（−）	−Functional attribute only	
形状分類	矢印，線	Arrows, Lines	
制限事項	−	−	
補足事項	例えば，コヒーレント光	For example coherent light.	
適用図記号		−	
被適用図記号	S00131, S01328, S01214, S01215		
キーワード	放射	radiation	
注記	−	Status level	Standard
		Released on	2001-07-01
		Obsolete from	−

第9節 放射

図記号番号 (識別番号)	図記号 (Symbol)		
02-09-03 (S00129)			

項目	説明	IEC 60617 情報 (参考)	
名称	電離放射	Radiation, ionizing	
別の名称	―	―	
様式	―	―	
別様式	―	―	
注釈	A00041, A00042, A00043		
適用分類	限定図記号	Qualifiers only	
機能分類	機能属性だけ (―)	―Functional attribute only	
形状分類	矢印	Arrows	
制限事項	―	―	
補足事項	―	―	
適用図記号	―		
被適用図記号	S00790, S00901, S00789, S00781, S00786, S00785, S00907, S00791, S00787, S00782, S00784, S00788, S00905, S00783		
キーワード	放射	radiation	
注記	―	Status level	Standard
		Released on	2001-07-01
		Obsolete from	―

第9節 放射

図記号番号 (識別番号)	図記号 (Symbol)		
02-09-04 (S00130)			

項目	説明	IEC 60617 情報（参考）	
名称	双方向非電離電磁放射	Radiation, electromagnetic, non-ionizing, bidirectional	
別の名称	－	－	
様式	－	－	
別様式	－	－	
注釈	A00041		
適用分類	限定図記号	Qualifiers only	
機能分類	機能属性だけ（－）	－Functional attribute only	
形状分類	矢印	Arrows	
制限事項	－	－	
補足事項	例えば，レーダ又は鏡面反射による光リレーによって生じる。	For example radiation produced by radar or photorelay with mirror reflector.	
適用図記号	S00127		
被適用図記号	S00131		
キーワード	放射	radiation	
注記	－	Status level	Standard
		Released on	2001-07-01
		Obsolete from	－

第9節　放射

図記号番号 (識別番号)	図記号 (Symbol)	
02-09-05 (S00131)		

項目	説明	IEC 60617 情報 (参考)	
名称	双方向非電離コヒーレント放射	Radiation, coherent, non-ionizing, bidirectional	
別の名称	―	―	
様式	―	―	
別様式	―	―	
注釈	A00041		
適用分類	限定図記号	Qualifiers only	
機能分類	機能属性だけ (―)	―Functional attribute only	
形状分類	矢印，線	Arrows, Lines	
制限事項	―	―	
補足事項	―	―	
適用図記号	S00128，S00130		
被適用図記号		―	
キーワード	放射	radiation	
注記	―	Status level	Standard
		Released on	2001-07-01
		Obsolete from	―

第 10 節　信号波形

図記号番号 (識別番号)	図記号 (Symbol)		
02-10-01 (S00132)			
項目	説明	IEC 60617 情報 (参考)	
名称	パルス（正極性）	Pulse, positive-going	
別の名称	－	－	
様式	－	－	
別様式	－	－	
注釈	A00044		
適用分類	限定図記号	Qualifiers only	
機能分類	機能属性だけ（－）	－Functional attribute only	
形状分類	線	Lines	
制限事項	－	－	
補足事項	－	－	
適用図記号	－		
被適用図記号	S01675, S01674, S01237, S01235, S00546, S01238, S01223, S01222, S01218, S01219, S01220, S00551, S01263, S00966, S00550, S01221, S01228, S00545		
キーワード	波形図記号	signal waveform	
注記	－	Status level	Standard
		Released on	2001-07-01
		Obsolete from	－

第10節 信号波形

図記号番号 (識別番号)	図記号（Symbol）		
02-10-02 (S00133)			
項目	説明	IEC 60617 情報（参考）	
名称	パルス（負極性）	Pulse, negative-going	
別の名称	－	－	
様式	－	－	
別様式	－	－	
注釈	A00044		
適用分類	限定図記号	Qualifiers only	
機能分類	機能属性だけ（－）	－Functional attribute only	
形状分類	線	Lines	
制限事項	－	－	
補足事項	－	－	
適用図記号	－		
被適用図記号	S01235		
キーワード	波形図記号	signal waveform	
注記	－	Status level	Standard
		Released on	2001-07-01
		Obsolete from	－

第 10 節　信号波形

図記号番号 (識別番号)	図記号（Symbol）		
02-10-03 (S00134)			

項目	説明	IEC 60617 情報（参考）	
名称	パルス（交流）	Pulse, alternating current	
別の名称	－	－	
様式	－	－	
別様式	－	－	
注釈	A00044		
適用分類	限定図記号	Qualifiers only	
機能分類	機能属性だけ（－）	－Functional attribute only	
形状分類	具象的形状又は描写的形状	Depicting shapes	
制限事項	－	－	
補足事項	－	－	
適用図記号	－		
被適用図記号	－		
キーワード	波形図記号	signal waveform	
注記	－	Status level	Standard
		Released on	2001-07-01
		Obsolete from	－

第10節 信号波形

図記号番号 (識別番号)	図記号 (Symbol)		
02-10-04 (S00135)			

項目	説明	IEC 60617 情報 (参考)	
名称	ステップ関数（正極性）	Step function, positive going	
別の名称	－	－	
様式	－	－	
別様式	－	－	
注釈	A00044		
適用分類	限定図記号	Qualifiers only	
機能分類	機能属性だけ（－）	－Functional attribute only	
形状分類	線	Lines	
制限事項	－	－	
補足事項	－	－	
適用図記号	－		
被適用図記号	S01257, S00792, S01038		
キーワード	波形図記号	signal waveform	
注記	－	Status level	Standard
		Released on	2001-07-01
		Obsolete from	－

第10節　信号波形

図記号番号 （識別番号）	図記号（Symbol）		
02-10-05 （S00136）			
項目	説明	IEC 60617 情報（参考）	
名称	ステップ関数（負極性）	Step function, negative going	
別の名称	−	−	
様式	−	−	
別様式	−	−	
注釈	A00044		
適用分類	限定図記号	Qualifiers only	
機能分類	機能属性だけ（−）	−Functional attribute only	
形状分類	線	Lines	
制限事項	−	−	
補足事項	−	−	
適用図記号	−		
被適用図記号	−		
キーワード	波形図記号	signal waveform	
注記	−	Status level	Standard
		Released on	2001-07-01
		Obsolete from	−

第 10 節　信号波形

図記号番号 (識別番号)	図記号 (Symbol)	
02-10-06 (S00137)		
項目	説明	IEC 60617 情報（参考）
名称	のこぎり（鋸）歯状波	Saw-tooth wave
別の名称	－	－
様式	－	－
別様式	－	－
注釈	A00044	
適用分類	限定図記号	Qualifiers only
機能分類	機能属性だけ（－）	－Functional attribute only
形状分類	線	Lines
制限事項	－	－
補足事項	－	－
適用図記号	－	
被適用図記号	S01227	
キーワード	波形図記号	signal waveform
注記	－	Status level: Standard Released on: 2001-07-01 Obsolete from: －

第11節　印刷，さん孔及びファクシミリ

図記号番号 （識別番号）	図記号（Symbol）		
02-11-01 （S00138）	・・・・・ ――――― ・・・・・		

項目	説明	IEC 60617 情報（参考）	
名称	印刷（テープ）	Printing, tape	
別の名称	テープ印刷	Tape printing	
様式	－	－	
別様式	－	－	
注釈		－	
適用分類	限定図記号	Qualifiers only	
機能分類	機能属性だけ（－）	－Functional attribute only	
形状分類	線	Lines	
制限事項	－	－	
補足事項	－	－	
適用図記号		－	
被適用図記号	S01031，S00942，S00495		
キーワード	ファクシミリ，さん孔，印刷	facsimile, perforating, printing	
注記	－	Status level	Standard
		Released on	2001-07-01
		Obsolete from	－

第11節 印刷,さん孔及びファクシミリ

図記号番号 (識別番号)	図記号(Symbol)		
02-11-06 (S00143)			
項目	説明	**IEC 60617 情報(参考)**	
名称	ファクシミリ	Facsimile	
別の名称	－	－	
様式	－	－	
別様式	－	－	
注釈	－		
適用分類	限定図記号	Qualifiers only	
機能分類	機能属性だけ(－)	－Functional attribute only	
形状分類	長方形	Rectangles	
制限事項	－	－	
補足事項	－	－	
適用図記号		－	
被適用図記号	S01033		
キーワード	ファクシミリ,さん孔,印刷	facsimile, perforating, printing	
注記	－	Status level	Standard
		Released on	2001-07-01
		Obsolete from	－

第 III 章　その他の一般用途図記号
第 12 節　機械制御及びその他の制御

図記号番号 (識別番号)	図記号（Symbol）		
02-12-01 (S00144)	･ ･ ･ ･ ･ ━　━　━ ･ ･ ･ ･ ･		
項目	説明	IEC 60617 情報（参考）	
名称	連結	Link	
別の名称	機械的連結，気圧式連結，水圧／油圧式連結，光学的連結，機能的連結，無線連結	Mechanical link, pneumatic link, hydraulic link, optical link, functional link, radio link	
様式	様式 1	Form 1	
別様式	02-12-04	S00147	
注釈	A00045		
適用分類	限定図記号	Qualifiers only	
機能分類	機能属性だけ（－）	－Functional attribute only	
形状分類	線	Lines	
制限事項	－	－	
補足事項	－	－	
適用図記号	－		
被適用図記号	S00034，S00145，S00146，S00165，S00164，S00190，S00191，S00248，S00261，S00268，S00267，S00269，S00364		
キーワード	連結，機械制御，その他の制御	links, mechanical control, other control	
注記	－	Status level	Standard
		Released on	2001-07-01
		Obsolete from	－

第 12 節　機械制御及びその他の制御

図記号番号 (識別番号)	図記号 (Symbol)		
02-12-02 (S00145)			
項目	説明	IEC 60617 情報 (参考)	
名称	機械的連結（力又は動き）	Mechanical link (force or motion)	
別の名称	連結，機械的，力又は動きの方向を表示した機械的連結	Link, mechanical ; Mechanical link with indication of direction of force or motion	
様式	－	－	
別様式	－	－	
注釈	A00045		
適用分類	限定図記号	Qualifiers only	
機能分類	機能属性だけ（－）	－Functional attribute only	
形状分類	矢印，線	Arrows, Lines	
制限事項	－	－	
補足事項	－	－	
適用図記号	S00093，S00144		
被適用図記号	S00294，S00295		
キーワード	連結，機械制御，その他の制御	links, mechanical control, other control	
注記	－	Status level	Standard
		Released on	2001-07-01
		Obsolete from	－

第12節 機械制御及びその他の制御

図記号番号 (識別番号)	図記号(Symbol)		
02-12-03 (S00146)			

項目	説明	IEC 60617 情報(参考)	
名称	機械的連結(回転)	Mechanical link (rotation)	
別の名称	連結, 機械的, 回転方向付き機械的連結	Link, mechanical; Mechanical link with indication of direction of rotation.	
様式	－	－	
別様式	－	－	
注釈	A00045, A00046		
適用分類	限定図記号	Qualifiers only	
機能分類	機能属性だけ(－)	－Functional attribute only	
形状分類	矢印, 線	Arrows, Lines	
制限事項	－	－	
補足事項	－	－	
適用図記号	S00095, S00144		
被適用図記号		－	
キーワード	連結, 機械制御, その他の制御	links, mechanical control, other control	
注記	－	Status level	Standard
		Released on	2001-07-01
		Obsolete from	－

第 12 節 機械制御及びその他の制御

図記号番号 (識別番号)	図記号 (Symbol)		
02-12-04 (S00147)			

項目	説明	IEC 60617 情報 (参考)	
名称	連結	Link	
別の名称	−	−	
様式	様式 2	Form 2	
別様式	02-12-01	S00144	
注釈	A00045		
適用分類	限定図記号	Qualifiers only	
機能分類	機能属性だけ (−)	−Functional attribute only	
形状分類	線	Lines	
制限事項	−	−	
補足事項	−	−	
適用図記号		−	
被適用図記号	S00149, S00148, S01200, S00822, S01202		
キーワード	連結, 機械制御, その他の制御	links, mechanical control, other control	
注記	−	Status level	Standard
		Released on	2001-07-01
		Obsolete from	−

第12節　機械制御及びその他の制御

図記号番号 (識別番号)	図記号 (Symbol)		
02-12-05 (S00148)			
項目	説明	IEC 60617 情報（参考）	
名称	遅延動作	Delayed action	
別の名称	動作，遅延	Action, delayed	
様式	様式1	Form 1	
別様式	02-12-06	S00149	
注釈	A00047		
適用分類	回路図	Circuit diagrams	
機能分類	機能属性だけ（－）	－Functional attribute only	
形状分類	半円，線	Half-circles, Lines	
制限事項	－	－	
補足事項	－	－	
適用図記号	S00147		
被適用図記号	S00245，S00243，S00247		
キーワード	連結，機械制御，その他の制御	links, mechanical control, other control	
注記	－	Status level	Standard
		Released on	2001-07-01
		Obsolete from	－

第 12 節　機械制御及びその他の制御

図記号番号 （識別番号）	図記号（Symbol）		
02-12-06 （S00149）			
項目	説明	IEC 60617 情報（参考）	
名称	遅延動作	Delayed action	
別の名称	動作，遅延	Action, delayed	
様式	様式 2	Form 2	
別様式	02-12-05	S00148	
注釈	A00047		
適用分類	回路図	Circuit diagrams	
機能分類	機能属性だけ（－）	－Functional attribute only	
形状分類	半円，線	Half-circles, Lines	
制限事項	－	－	
補足事項	－	－	
適用図記号	S00147		
被適用図記号	S00244，S00246，S00247		
キーワード	連結，機械制御，その他の制御	links, mechanical control, other control	
注記	－	Status level	Standard
		Released on	2001-07-01
		Obsolete from	－

第 12 節　機械制御及びその他の制御

図記号番号 （識別番号）	図記号（Symbol）	
02-12-07 （S00150）	— ◁ —	

項目	説明	IEC 60617 情報（参考）	
名称	自動復帰	Automatic return	
別の名称	自動，復帰	Return, automatic	
様式	−	−	
別様式	−	−	
注釈	A00048		
適用分類	回路図	Circuit diagrams	
機能分類	機能属性だけ（−）	−Functional attribute only	
形状分類	三角形，線	Equilateral triangles, Line	
制限事項	−	−	
補足事項	−	−	
適用図記号	−		
被適用図記号	S00267，S00294，S00295		
キーワード	連結，機械制御，その他の制御	links, mechanical control, other control	
注記	−	Status level	Standard
		Released on	2001-07-01
		Obsolete from	−

第 12 節　機械制御及びその他の制御

図記号番号 (識別番号)	図記号（Symbol）		
02-12-08 (S00151)			
項目	説明	IEC 60617 情報（参考）	
名称	戻り止め	Detent	
別の名称	非自動復帰，所定位置維持装置	Non-automatic return; Return, non-automatic; Device for maintaining a given position	
様式	－	－	
別様式	－	－	
注釈	－		
適用分類	回路図	Circuit diagrams	
機能分類	機能属性だけ（－）	－Functional attribute only	
形状分類	線	Lines	
制限事項	－	－	
補足事項	－	－	
適用図記号	－		
被適用図記号	S00153，S00152，S00258，S00267，S00294		
キーワード	連結，機械制御，その他の制御	links, mechanical control, other control	
注記	－	Status level	Standard
		Released on	2001-07-01
		Obsolete from	－

第 12 節 機械制御及びその他の制御

図記号番号 (識別番号)	図記号 (Symbol)		
02-12-09 (S00152)			

項目	説明	IEC 60617 情報 (参考)	
名称	戻り止め（掛かりなし状態）	Detent, disengaged	
別の名称	－	－	
様式	－	－	
別様式	－	－	
注釈	－		
適用分類	回路図	Circuit diagrams	
機能分類	機能属性だけ（－）	－Functional attribute only	
形状分類	線	Lines	
制限事項	－	－	
補足事項	－	－	
適用図記号	S00151		
被適用図記号		－	
キーワード	連結，機械制御，その他の制御	links, mechanical control, other control	
注記	－	Status level	Standard
		Released on	2001-07-01
		Obsolete from	－

第 12 節　機械制御及びその他の制御

図記号番号 (識別番号)	図記号（Symbol）	
02-12-10 (S00153)		

項目	説明	IEC 60617 情報（参考）	
名称	戻り止め（掛かり状態）	Detent, engaged	
別の名称	－	－	
様式	－	－	
別様式	－	－	
注釈	－		
適用分類	回路図	Circuit diagrams	
機能分類	機能属性だけ（－）	－Functional attribute only	
形状分類	線	Lines	
制限事項	－	－	
補足事項	－	－	
適用図記号	S00151		
被適用図記号		－	
キーワード	連結，機械制御，その他の制御	links, mechanical control, other control	
注記	－	Status level	Standard
		Released on	2001-07-01
		Obsolete from	－

第12節 機械制御及びその他の制御

図記号番号 (識別番号)	図記号（Symbol）		
02-12-11 (S00154)	$-\!\!-\!\!\triangledown\!\!-\!\!-$		
項目	説明	IEC 60617 情報（参考）	
名称	機械的インターロック	Mechanical interlock	
別の名称	機械的インターロック，二つの装置間機械的インターロック	Interlock, mechanical; Mechanical interlock between two devices	
様式	－	－	
別様式	－	－	
注釈	－		
適用分類	回路図	Circuit diagrams	
機能分類	機能属性だけ（－）	－Functional attribute only	
形状分類	三角形，線	Equilateral triangles, Lines	
制限事項	－	－	
補足事項	－	－	
適用図記号	－		
被適用図記号	－		
キーワード	連結，機械制御，その他の制御	links, mechanical control, other control	
注記	－	Status level	Standard
		Released on	2001-07-01
		Obsolete from	－

第 12 節　機械制御及びその他の制御

図記号番号 （識別番号）	図記号（Symbol）		
02-12-12 （S00155）			
項目	説明	IEC 60617 情報（参考）	
名称	掛け金（掛かりなし状態）	Latching device, disengaged	
別の名称	－	－	
様式	－	－	
別様式	－	－	
注釈	－		
適用分類	回路図	Circuit diagrams	
機能分類	機能属性だけ（－）	－Functional attribute only	
形状分類	線，直角三角形	Lines, Right-angled triangle	
制限事項	－	－	
補足事項	－	－	
適用図記号		－	
被適用図記号		－	
キーワード	連結，機械制御，その他の制御	links, mechanical control, other control	
注記	－	Status level	Standard
		Released on	2001-07-01
		Obsolete from	－

第12節 機械制御及びその他の制御

図記号番号 (識別番号)	図記号 (Symbol)		
02-12-13 (S00156)			

項目	説明	IEC 60617 情報 (参考)	
名称	掛け金 (掛かり状態)	Latching device, engaged	
別の名称	－	－	
様式	－	－	
別様式	－	－	
注釈		－	
適用分類	回路図	Circuit diagrams	
機能分類	機能属性だけ (－)	－Functional attribute only	
形状分類	線，直角三角形	Lines, Right-angled triangle	
制限事項	－	－	
補足事項	－	－	
適用図記号		－	
被適用図記号		－	
キーワード	連結，機械制御，その他の制御	links, mechanical control, other control	
注記	－	Status level	Standard
		Released on	2001-07-01
		Obsolete from	－

第 12 節 機械制御及びその他の制御

図記号番号 (識別番号)	図記号 (Symbol)	
02-12-14 (S00157)		
項目	説明	IEC 60617 情報 (参考)
名称	閉塞装置	Blocking device
別の名称	−	−
様式	−	−
別様式	−	−
注釈	−	
適用分類	回路図	Circuit diagrams
機能分類	機能属性だけ (−)	−Functional attribute only
形状分類	線, 長方形	Lines, Rectangles
制限事項	−	−
補足事項	−	−
適用図記号	−	
被適用図記号	S00158	
キーワード	連結, 機械制御, その他の制御	links, mechanical control, other control
注記	−	Status level	Standard
		Released on	2001-07-01
		Obsolete from	−

第12節 機械制御及びその他の制御

図記号番号 (識別番号)	図記号 (Symbol)		
02-12-15 (S00158)	_|⊓_		
項目	説明	IEC 60617 情報 (参考)	
名称	閉塞装置（掛かり状態）	Blocking device, engaged	
別の名称	左側への動き閉塞の閉塞装置（掛かり状態）	Blocking device engaged, movement to the left blocked	
様式	－	－	
別様式	－	－	
注釈	－		
適用分類	回路図	Circuit diagrams	
機能分類	機能属性だけ（－）	－Functional attribute only	
形状分類	線，長方形	Lines, Rectangles	
制限事項	－	－	
補足事項	－	－	
適用図記号	S00157		
被適用図記号	S00292		
キーワード	連結，機械制御，その他の制御	links, mechanical control, other control	
注記	－	Status level	Standard
		Released on	2001-07-01
		Obsolete from	－

第12節 機械制御及びその他の制御

図記号番号 (識別番号)	図記号 (Symbol)		
02-12-16 (S00159)	⋯⋯⋯⋯ ⋯⋯⋯ ＿」L＿ ⋯⋯⋯⋯		
項目	説明	IEC 60617 情報 (参考)	
名称	クラッチ，機械的結合	Clutch; Mechanical coupling	
別の名称	－	－	
様式	－	－	
別様式	－	－	
注釈	－		
適用分類	回路図	Circuit diagrams	
機能分類	接続 (X)	X Connecting	
形状分類	線	Lines	
制限事項	－	－	
補足事項	－	－	
適用図記号	－		
被適用図記号	S00160，S00161		
キーワード	連結，機械制御，その他の制御	links, mechanical control, other control	
注記	－	Status level	Standard
		Released on	2001-07-01
		Obsolete from	－

第12節 機械制御及びその他の制御

図記号番号 (識別番号)	図記号(Symbol)		
02-12-17 (S00160)			
項目	説明	IEC 60617 情報（参考）	
名称	機械的結合（非結合状態）	Mechanical coupling, disengaged	
別の名称	−	−	
様式	−	−	
別様式	−	−	
注釈	−		
適用分類	回路図	Circuit diagrams	
機能分類	接続 (X)	X Connecting	
形状分類	線	Lines	
制限事項	−	−	
補足事項	−	−	
適用図記号	S00159		
被適用図記号	−		
キーワード	連結，機械制御，その他の制御	links, mechanical control, other control	
注記	−	Status level	Standard
		Released on	2001-07-01
		Obsolete from	−

第 12 節　機械制御及びその他の制御

図記号番号 （識別番号）	図記号（Symbol）		
02-12-18 （S00161）			

項目	説明	IEC 60617 情報（参考）	
名称	機械的結合（結合状態）	Mechanical coupling, engaged	
別の名称	−	−	
様式	−	−	
別様式	−	−	
注釈		−	
適用分類	回路図	Circuit diagrams	
機能分類	接続（X）	X Connecting	
形状分類	線	Lines	
制限事項	−	−	
補足事項	−	−	
適用図記号	S00159		
被適用図記号	S00162		
キーワード	連結，機械制御，その他の制御	links, mechanical control, other control	
注記	−	Status level	Standard
		Released on	2001-07-01
		Obsolete from	−

第 12 節　機械制御及びその他の制御

図記号番号 （識別番号）	図記号（Symbol）		
02-12-19 （S00162）			
項目	説明	IEC 60617 情報（参考）	
名称	一方向回転結合装置	Unidirectional coupling device for rotation	
別の名称	フリーホイール	Free wheel	
様式	－	－	
別様式	－	－	
注釈		－	
適用分類	回路図	Circuit diagrams	
機能分類	接続（X）	X Connecting	
形状分類	矢印，線	Arrows, Lines	
制限事項	－	－	
補足事項	結合状態	The coupling shown in engaged position.	
適用図記号	S00095，S00096，S00161		
被適用図記号		－	
キーワード	連結，機械制御，その他の制御	links, mechanical control, other control	
注記	－	Status level	Standard
		Released on	2001-07-01
		Obsolete from	－

第 12 節　機械制御及びその他の制御

図記号番号 (識別番号)	図記号（Symbol）		
02-12-20 (S00163)			
項目	説明	IEC 60617 情報（参考）	
名称	ブレーキ	Brake	
別の名称	－	－	
様式	－	－	
別様式	－	－	
注釈	－		
適用分類	回路図	Circuit diagrams	
機能分類	限定又は安定化（R）	R Restricting or stabilizing	
形状分類	台形	Trapezoids	
制限事項	－	－	
補足事項	－	－	
適用図記号	－		
被適用図記号	S00165，S00164		
キーワード	連結，機械制御，その他の制御，ブレーキ	links, mechanical control, other control, brakes	
注記	－	Status level	Standard
		Released on	2001-07-01
		Obsolete from	－

第 12 節　機械制御及びその他の制御

図記号番号 (識別番号)	図記号（Symbol）		
02-12-21 (S00164)			

項目	説明	IEC 60617 情報（参考）	
名称	ブレーキ（掛かり状態）	Brake, applied	
別の名称	ブレーキ掛かり電動機	Electric motor with brake applied	
様式	—	—	
別様式	—	—	
注釈	—		
適用分類	回路図	Circuit diagrams	
機能分類	限定又は安定化（R）	R Restricting or stabilizing	
形状分類	文字，具象的形状又は描写的形状，線	Characters, Depicting shapes, Lines	
制限事項	—	—	
補足事項	—	—	
適用図記号	S00144，S00163，S00819		
被適用図記号	—		
キーワード	ブレーキ，連結，機械制御，その他の制御	brakes, links, mechanical control, other control	
注記	—	Status level	Standard
		Released on	2001-07-01
		Obsolete from	—

第12節 機械制御及びその他の制御

図記号番号 (識別番号)	図記号（Symbol）	
02-12-22 (S00165)		
項目	説明	IEC 60617 情報（参考）
名称	ブレーキ（解放状態）	Brake, released
別の名称	ブレーキ解放状態電動機	Electric motor with brake released
様式	－	－
別様式	－	－
注釈	－	
適用分類	回路図	Circuit diagrams
機能分類	限定又は安定化（R）	R Restricting or stabilizing
形状分類	文字，具象的形状又は描写的形状，線	Characters, Depicting shapes, Lines
制限事項	－	－
補足事項	－	－
適用図記号	S00144, S00163, S00819	
被適用図記号	－	
キーワード	ブレーキ，連結，機械制御，その他の制御	brakes, links, mechanical control, other control
注記	－	Status level	Standard
		Released on	2001-07-01
		Obsolete from	－

第 12 節　機械制御及びその他の制御

図記号番号 (識別番号)	図記号 (Symbol)		
02-12-23 (S00166)			

項目	説明	IEC 60617 情報 (参考)	
名称	歯車のかみ合い	Gearing	
別の名称	−	−	
様式	−	−	
別様式	−	−	
注釈	−		
適用分類	回路図	Circuit diagrams	
機能分類	接続 (X)	X Connecting	
形状分類	円，線	Circles, Lines	
制限事項	−	−	
補足事項	−	−	
適用図記号	−		
被適用図記号	−		
キーワード	連結，機械制御，歯車のかみ合い	links, mechanical control, gearings	
注記	−	Status level	Standard
		Released on	2001-07-01
		Obsolete from	−

第12節　機械制御及びその他の制御

図記号番号 (識別番号)	図記号（Symbol）		
02-12-24 (S01406)			
項目	説明	IEC 60617 情報（参考）	
名称	ばね操作式デバイス	Spring-operated device	
別の名称	―	―	
様式	―	―	
別様式	―	―	
注釈		―	
適用分類	回路図，機能図，概要図	Circuit diagrams, Function diagrams, Overview diagrams	
機能分類	貯蔵，保存，蓄電又は記憶（C）	C Storing	
形状分類	線，正方形	Lines, Squares	
制限事項	―	―	
補足事項	―	―	
適用図記号	S00186		
被適用図記号	S00295		
キーワード	機械的制御，その他の制御，ばね	mechanical control, other control, springs	
注記	―	Status level	Standard
		Released on	2001-10-13
		Obsolete from	―

第 12 節 機械制御及びその他の制御

図記号番号 (識別番号)	図記号（Symbol）		
02-12-25 (S01808)	Φ		

項目	説明	IEC 60617 情報（参考）	
名称	複合機能	Complex function	
別の名称	－	－	
様式	－	－	
別様式	－	－	
注釈		－	
適用分類	限定図記号	Qualifiers only	
機能分類	機能属性だけ（－）	－Functional attribute only	
形状分類	文字	Characters	
制限事項	－	－	
補足事項	この文字は，短縮形の機能表示記号を付加することが望ましい。 図記号は，**JIS C 0456** "CAPITAL LETTER SYMBOL PHI"の文字 5/6 として定義されている。**JIS X 0221** "GREEK CAPITAL LETTER PHI"の UCS 03A6（**表 10**）と同等である。	The letter shall be supported by an indication, preferably short, of the function. "Φ" is defined as character 5/6 of **IEC 61286** "CAPITAL LETTER SYMBOL PHI", equivalent to UCS 03A6 (Table 10) of **ISO/IEC 10646** "GREEK CAPITAL LETTER PHI".	
適用図記号		－	
被適用図記号	S01454，S01731		
キーワード	複合機能	complex functions	
注記	－	Status level	Standard
		Released on	2003-07-20
		Obsolete from	－

第13節 操作機器・操作機構－1

図記号番号 （識別番号）	図記号（Symbol）		
02-13-01 （S00167）	⊢ ─ ─		

項目	説明	IEC 60617 情報（参考）	
名称	作動装置（手動）（一般図記号）	Actuator, manual, general symbol	
別の名称	－	－	
様式	－	－	
別様式	－	－	
注釈	－		
適用分類	回路図，限定図記号	Circuit diagrams, Qualifiers only	
機能分類	機能属性だけ（－）	－Functional attribute only	
形状分類	線	Lines	
制限事項	－	－	
補足事項	－	－	
適用図記号	－		
被適用図記号	S00168, S00253, S00273, S00292, S00294, S00295, S00948		
キーワード	作動装置	actuators	
注記	－	Status level	Standard
		Released on	2001-07-01
		Obsolete from	－

第13節　操作機器・操作機構－1

図記号番号 (識別番号)	図記号（Symbol）		
02-13-02 （S00168）			

項目	説明	IEC 60617 情報（参考）	
名称	作動装置（保護付手動）	Actuator, manual (protected)	
別の名称	意図しない動作から保護されている手動作動装置	Manual actuator protected against unintentional operation	
様式	－	－	
別様式	－	－	
注釈	－		
適用分類	回路図	Circuit diagrams	
機能分類	機能属性だけ（－）	－Functional attribute only	
形状分類	線	Lines	
制限事項	－	－	
補足事項	－	－	
適用図記号	S00066，S00167		
被適用図記号	S00477		
キーワード	作動装置	actuators	
注記	－	Status level	Standard
		Released on	2001-07-01
		Obsolete from	－

第 13 節　操作機器・操作機構－1

図記号番号 （識別番号）	図記号（Symbol）		
02-13-03 （S00169）	⊐ - -		

項目	説明	IEC 60617 情報（参考）	
名称	作動装置（引き操作）	Actuator (operated by pulling)	
別の名称	－	－	
様式	－	－	
別様式	－	－	
注釈		－	
適用分類	回路図	Circuit diagrams	
機能分類	機能属性だけ（－）	－Functional attribute only	
形状分類	線	Lines	
制限事項	－	－	
補足事項	－	－	
適用図記号		－	
被適用図記号	S00255		
キーワード	作動装置	actuators	
注記	－	Status level	Standard
		Released on	2001-07-01
		Obsolete from	－

第13節　操作機器・操作機構-1

図記号番号 （識別番号）	図記号（Symbol）		
02-13-04 （S00170）	⊢		

項目	説明	IEC 60617 情報（参考）	
名称	作動装置（回転操作）	Actuator (operated by turning)	
別の名称	－	－	
様式	－	－	
別様式	－	－	
注釈	－		
適用分類	回路図	Circuit diagrams	
機能分類	機能属性だけ（－）	－Functional attribute only	
形状分類	線	Lines	
制限事項	－	－	
補足事項	－	－	
適用図記号	－		
被適用図記号	S00256, S00268, S00269		
キーワード	作動装置	actuators	
注記	－	Status level	Standard
		Released on	2001-07-01
		Obsolete from	－

第13節 操作機器・操作機構－1

図記号番号 (識別番号)	図記号（Symbol）		
02-13-05 (S00171)	⊢		
項目	説明	IEC 60617 情報（参考）	
名称	作動装置（押し操作）	Actuator (operated by pushing)	
別の名称	－	－	
様式	－	－	
別様式	－	－	
注釈	－		
適用分類	回路図	Circuit diagrams	
機能分類	機能属性だけ（－）	－Functional attribute only	
形状分類	線	Lines	
制限事項	－	－	
補足事項	－	－	
適用図記号	－		
被適用図記号	S00254，S00268，S00269		
キーワード	作動装置	actuators	
注記	－	Status level	Standard
		Released on	2001-07-01
		Obsolete from	－

第13節 操作機器・操作機構-1

図記号番号 (識別番号)	図記号 (Symbol)		
02-13-06 (S00172)			
項目	説明	IEC 60617 情報 (参考)	
名称	作動装置(近隣効果操作)	Actuator (operated by proximity effect)	
別の名称	-	-	
様式	-	-	
別様式	-	-	
注釈	-		
適用分類	回路図	Circuit diagrams	
機能分類	機能属性だけ (-)	-Functional attribute only	
形状分類	線, 正方形	Lines, Squares	
制限事項	-	-	
補足事項	-	-	
適用図記号	-		
被適用図記号	S00359, S00361		
キーワード	作動装置	actuators	
注記	-	Status level	Standard
		Released on	2001-07-01
		Obsolete from	-

第13節　操作機器・操作機構－1

図記号番号 (識別番号)	図記号（Symbol）		
02-13-07 (S00173)			
項目	説明	IEC 60617 情報（参考）	
名称	作動装置（接触操作）	Actuator (operated by touching)	
別の名称	－	－	
様式	－	－	
別様式	－	－	
注釈	－		
適用分類	回路図	Circuit diagrams	
機能分類	機能属性だけ（－）	－Functional attribute only	
形状分類	線，正方形	Lines, Squares	
制限事項	－	－	
補足事項	－	－	
適用図記号	－		
被適用図記号	S00358		
キーワード	作動装置	actuators	
注記	－	Status level	Standard
		Released on	2001-07-01
		Obsolete from	－

第13節 操作機器・操作機構－1

図記号番号 (識別番号)	図記号（Symbol）		
02-13-08 (S00174)			
項目	説明	IEC 60617 情報（参考）	
名称	作動装置（非常操作）	Actuator, emergency	
別の名称	非常操作機構，マッシュルームヘッド型	Emergency actuator, type "mushroom-head"	
様式	－	－	
別様式	－	－	
注釈		－	
適用分類	回路図	Circuit diagrams	
機能分類	機能属性だけ（－）	－Functional attribute only	
形状分類	円弧，線	Circle segments, Lines	
制限事項	－	－	
補足事項			
適用図記号		－	
被適用図記号	S00258		
キーワード	作動装置，非常操作	actuators, emergency actuators	
注記	－	Status level	Standard
		Released on	2001-07-01
		Obsolete from	－

第 13 節　操作機器・操作機構－1

図記号番号 （識別番号）	図記号（Symbol）		
02-13-09 （S00175）			
項目	説明	IEC 60617 情報（参考）	
名称	作動装置（ハンドル操作）	Actuator (operated by handwheel)	
別の名称	－	－	
様式	－	－	
別様式	－	－	
注釈	－		
適用分類	回路図	Circuit diagrams	
機能分類	機能属性だけ（－）	－Functional attribute only	
形状分類	円，線	Circles, Lines	
制限事項	－	－	
補足事項	－	－	
適用図記号	－		
被適用図記号	－		
キーワード	作動装置	actuators	
注記	－	Status level	Standard
		Released on	2001-07-01
		Obsolete from	－

第13節 操作機器・操作機構－1

図記号番号 (識別番号)	図記号（Symbol）		
02-13-10 (S00176)			

項目	説明	IEC 60617 情報（参考）	
名称	作動装置（足踏み操作）	Actuator (operated by pedal)	
別の名称	－	－	
様式	－	－	
別様式	－	－	
注釈		－	
適用分類	回路図	Circuit diagrams	
機能分類	機能属性だけ（－）	－Functional attribute only	
形状分類	線	Lines	
制限事項	－	－	
補足事項	－	－	
適用図記号		－	
被適用図記号		－	
キーワード	作動装置	actuators	
注記	－	Status level	Standard
		Released on	2001-07-01
		Obsolete from	－

第13節 操作機器・操作機構－1

図記号番号 (識別番号)	図記号 (Symbol)		
02-13-11 (S00177)			

項目	説明	IEC 60617 情報 (参考)	
名称	作動装置（てこ操作）	Actuator (operated by lever)	
別の名称	－	－	
様式	－	－	
別様式	－	－	
注釈	－		
適用分類	回路図	Circuit diagrams	
機能分類	機能属性だけ（－）	－Functional attribute only	
形状分類	円，線	Circles, Lines	
制限事項	－	－	
補足事項	－	－	
適用図記号	－		
被適用図記号	S00272		
キーワード	作動装置	actuators	
注記	－	Status level	Standard
		Released on	2001-07-01
		Obsolete from	－

第 13 節　操作機器・操作機構－1

図記号番号 （識別番号）	図記号（Symbol）		
02-13-12 （S00178）	◇—		
項目	説明	IEC 60617 情報（参考）	
名称	作動装置（着脱可能ハンドル操作）	Actuator (operated by removable handle)	
別の名称	－	－	
様式	－	－	
別様式	－	－	
注釈	－		
適用分類	回路図	Circuit diagrams	
機能分類	機能属性だけ（－）	－Functional attribute only	
形状分類	線，正方形	Lines, Squares	
制限事項	－	－	
補足事項	－	－	
適用図記号	－		
被適用図記号	－		
キーワード	作動装置	actuators	
注記	－	Status level	Standard
		Released on	2001-07-01
		Obsolete from	－

第13節　操作機器・操作機構－1

図記号番号 （識別番号）	図記号（Symbol）		
02-13-13 （S00179）			
項目	説明	IEC 60617 情報（参考）	
名称	作動装置（鍵操作）	Actuator (operated by key)	
別の名称	－	－	
様式	－	－	
別様式	－	－	
注釈	－		
適用分類	回路図	Circuit diagrams	
機能分類	機能属性だけ（－）	－Functional attribute only	
形状分類	円，具象的形状又は描写的形状，線	Circles, Depicting shapes, Lines	
制限事項	－	－	
補足事項	－	－	
適用図記号	－		
被適用図記号	S00480		
キーワード	作動装置	actuators	
注記	－	Status level	Standard
		Released on	2001-07-01
		Obsolete from	－

第13節　操作機器・操作機構－1

図記号番号 （識別番号）	図記号（Symbol）		
02-13-14 （S00180）			

項目	説明	IEC 60617 情報（参考）	
名称	作動装置（クランク操作）	Actuator (operated by crank)	
別の名称	－	－	
様式	－	－	
別様式	－	－	
注釈	－		
適用分類	回路図	Circuit diagrams	
機能分類	機能属性だけ（－）	－Functional attribute only	
形状分類	線	Lines	
制限事項	－	－	
補足事項	－	－	
適用図記号	－		
被適用図記号	S00822，S01024		
キーワード	作動装置	actuators	
注記	－	Status level	Standard
		Released on	2001-07-01
		Obsolete from	－

第13節 操作機器・操作機構－1

図記号番号 (識別番号)	図記号 (Symbol)		
02-13-15 (S00181)			

項目	説明	IEC 60617 情報（参考）	
名称	作動装置（ローラ操作）	Actuator (operated by roller)	
別の名称	－	－	
様式	－	－	
別様式	－	－	
注釈	－		
適用分類	回路図	Circuit diagrams	
機能分類	機能属性だけ（－）	－Functional attribute only	
形状分類	円，線	Circles, Lines	
制限事項	－	－	
補足事項	－	－	
適用図記号	－		
被適用図記号	S00185		
キーワード	作動装置	actuators	
注記	－	Status level	Standard
		Released on	2001-07-01
		Obsolete from	－

第13節 操作機器・操作機構－1

図記号番号 (識別番号)	図記号（Symbol）		
02-13-16 (S00182)			

項目	説明	IEC 60617 情報（参考）	
名称	作動装置（カム操作）	Actuator (operated by cam)	
別の名称	－	－	
様式	－	－	
別様式	－	－	
注釈	A00049		
適用分類	回路図	Circuit diagrams	
機能分類	機能属性だけ（－）	－Functional attribute only	
形状分類	円弧，線	Circle segments, Lines	
制限事項	－	－	
補足事項	－	－	
適用図記号	－		
被適用図記号	S00184，S00183，S00951		
キーワード	作動装置	actuators	
注記	－	Status level	Standard
		Released on	2001-07-01
		Obsolete from	－

第13節 操作機器・操作機構－1

図記号番号 (識別番号)	図記号 (Symbol)		
02-13-17 (S00183)			
項目	説明	IEC 60617 情報 (参考)	
名称	作動装置（カム形状操作）	Actuator (operated by cam/cam profile)	
別の名称	－	－	
様式	－	－	
別様式	－	－	
注釈	A00049		
適用分類	回路図	Circuit diagrams	
機能分類	機能属性だけ（－）	－Functional attribute only	
形状分類	円，具象的形状又は描写的形状	Circles, Depicting shapes	
制限事項			
補足事項	カム形状の例を示してある。	An example of cam profile is shown	
適用図記号	S00182		
被適用図記号	S00185		
キーワード	作動装置	actuators	
注記	－	Status level	Standard
		Released on	2001-07-01
		Obsolete from	－

第13節 操作機器・操作機構－1

図記号番号 (識別番号)	図記号 (Symbol)		
02-13-18 (S00184)	⊓　⊓		
項目	説明	IEC 60617 情報 (参考)	
名称	作動装置（カム形状板）	Actuator (operated by cam/profile plate)	
別の名称	－	－	
様式	－	－	
別様式	－	－	
注釈	－		
適用分類	回路図	Circuit diagrams	
機能分類	機能属性だけ（－）	－Functional attribute only	
形状分類	線	Lines	
制限事項	－		
補足事項	カム形状板の例を示してある。	An example of cam profile in developed representation is shown	
適用図記号	S00182		
被適用図記号	－		
キーワード	作動装置	actuators	
注記	－	Status level	Standard
		Released on	2001-07-01
		Obsolete from	－

第13節　操作機器・操作機構－1

図記号番号 (識別番号)	図記号（Symbol）	
02-13-19 (S00185)		

項目	説明	IEC 60617 情報（参考）	
名称	作動装置（カムとローラによる操作）	Actuator (operated by cam and roller)	
別の名称	－	－	
様式	－	－	
別様式	－	－	
注釈	A00049		
適用分類	回路図	Circuit diagrams	
機能分類	機能属性だけ（－）	－Functional attribute only	
形状分類	円，具象的形状又は描写的形状，線	Circles, Depicting shapes, Lines	
制限事項	－	－	
補足事項			
適用図記号	S00181，S00183		
被適用図記号		－	
キーワード	作動装置	actuators	
注記	－	Status level	Standard
		Released on	2001-07-01
		Obsolete from	－

第13節 操作機器・操作機構－1

図記号番号 (識別番号)	図記号 (Symbol)		
02-13-20 (S00186)			
項目	説明	IEC 60617 情報 (参考)	
名称	作動装置(機械的エネルギー蓄積による操作)	Actuator (operated by stored mechanical energy)	
別の名称	－	－	
様式	－	－	
別様式	－	－	
注釈	A00050		
適用分類	回路図	Circuit diagrams	
機能分類	機能属性だけ (－)	－Functional attribute only	
形状分類	線, 正方形	Lines, Squares	
制限事項	－	－	
補足事項	－	－	
適用図記号	－		
被適用図記号	S01406		
キーワード	作動装置	actuators	
注記	－	Status level	Standard
		Released on	2001-07-01
		Obsolete from	－

第13節 操作機器・操作機構－1

図記号番号 (識別番号)	図記号 (Symbol)		
02-13-21 (S00187)			
項目	説明	IEC 60617 情報 (参考)	
名称	作動装置（一方向の圧縮空気操作又は水圧操作）	Actuator (actuated by pneumatic or hydraulic power/single action)	
別の名称	一方向操作	Single acting actuator	
様式	－	－	
別様式	－	－	
注釈	－		
適用分類	回路図	Circuit diagrams	
機能分類	機能属性だけ（－）	－Functional attribute only	
形状分類	矢印，線，長方形	Arrows, Lines, Rectangles	
制限事項	－	－	
補足事項	－	－	
適用図記号	S00093		
被適用図記号	－		
キーワード	作動装置	actuators	
注記	－	Status level	Standard
		Released on	2001-07-01
		Obsolete from	－

第13節 操作機器・操作機構－1

図記号番号 (識別番号)	図記号 (Symbol)	
02-13-22 (S00188)		

項目	説明	IEC 60617 情報（参考）	
名称	作動装置（双方向の圧縮空気操作又は水圧操作）	Actuator (actuated by pneumatic or hydraulic power/double acting)	
別の名称	双方向操作	Double acting actuator	
様式	－	－	
別様式	－	－	
注釈	－		
適用分類	回路図	Circuit diagrams	
機能分類	機能属性だけ（－）	－Functional attribute only	
形状分類	矢印，線，長方形	Arrows, Lines, Rectangles	
制限事項	－	－	
補足事項	－	－	
適用図記号	S00094		
被適用図記号	－		
キーワード	作動装置	actuators	
注記	－	Status level	Standard
		Released on	2001-07-01
		Obsolete from	－

第13節 操作機器・操作機構－1

図記号番号 (識別番号)	図記号 (Symbol)		
02-13-23 (S00189)			
項目	説明	IEC 60617 情報（参考）	
名称	作動装置（電磁効果による操作）	Actuator (actuated by electromagnetic effect)	
別の名称	－	－	
様式	－	－	
別様式	－	－	
注釈	－		
適用分類	回路図	Circuit diagrams	
機能分類	機能属性だけ（－）	－Functional attribute only	
形状分類	線, 長方形	Lines, Rectangles	
制限事項	－	－	
補足事項	－	－	
適用図記号	－		
被適用図記号	－		
キーワード	作動装置	actuators	
注記	－	Status level	Standard
		Released on	2001-07-01
		Obsolete from	－

第13節 操作機器・操作機構－1

図記号番号 （識別番号）	図記号（Symbol）		
02-13-26 （S00192）	（M）		
項目	説明	IEC 60617 情報（参考）	
名称	作動装置（電動機操作）	Actuator (operated by electric motor)	
別の名称	－	－	
様式	－	－	
別様式	－	－	
注釈	－		
適用分類	回路図	Circuit diagrams	
機能分類	機能属性だけ（－）	－Functional attribute only	
形状分類	文字，円，線	Characters, Circles, Lines	
制限事項	－	－	
補足事項	－	－	
適用図記号	S00819		
被適用図記号	S00294, S00295		
キーワード	作動装置	actuators	
注記	－	Status level	Standard
		Released on	2001-07-01
		Obsolete from	－

第13節　操作機器・操作機構－1

図記号番号 （識別番号）	図記号（Symbol）		
02-13-27 （S00193）			

項目	説明	IEC 60617 情報（参考）	
名称	作動装置（電気時計操作）	Actuator (operated by electric clock)	
別の名称	－	－	
様式	－	－	
別様式	－	－	
注釈		－	
適用分類	回路図	Circuit diagrams	
機能分類	機能属性だけ（－）	－Functional attribute only	
形状分類	円，線	Circles, Lines	
制限事項	－	－	
補足事項	－	－	
適用図記号	S00959		
被適用図記号		－	
キーワード	作動装置	actuators	
注記	－	Status level	Standard
		Released on	2001-07-01
		Obsolete from	－

第13節 操作機器・操作機構－1

図記号番号 (識別番号)	図記号（Symbol）		
02-13-28 (S00194)			

項目	説明	IEC 60617 情報（参考）	
名称	作動装置（半導体操作）	Actuator (semiconductor)	
別の名称	半導体作動装置	Semiconductor actuator	
様式	－	－	
別様式	－	－	
注釈	－		
適用分類	回路図	Circuit diagrams	
機能分類	機能属性だけ（－）	－Functional attribute only	
形状分類	線，長方形	Lines, Rectangles	
制限事項	－	－	
補足事項	－	－	
適用図記号	S00125		
被適用図記号		－	
キーワード	作動装置	actuators	
注記	－	Status level	Standard
		Released on	2001-07-01
		Obsolete from	－

第14節 操作機器・操作機構－2

図記号番号 (識別番号)	図記号 (Symbol)		
02-14-01 (S00195)			

項目	説明	IEC 60617 情報 (参考)	
名称	作動装置（液面による操作）	Actuator (actuated by liquid level)	
別の名称	－	－	
様式	－	－	
別様式	－	－	
注釈		－	
適用分類	回路図	Circuit diagrams	
機能分類	機能属性だけ（－）	－Functional attribute only	
形状分類	円弧，線	Circle segments, Lines	
制限事項	－	－	
補足事項	－	－	
適用図記号		－	
被適用図記号	S00352		
キーワード	作動装置	actuators	
注記	－	Status level	Standard
		Released on	2001-07-01
		Obsolete from	－

第14節 操作機器・操作機構－2

図記号番号 (識別番号)	図記号 (Symbol)		
02-14-02 (S00196)			

項目	説明	IEC 60617 情報（参考）	
名称	作動装置（カウンタによる駆動）	Actuator (actuated by a counter)	
別の名称	－	－	
様式	－	－	
別様式	－	－	
注釈	－		
適用分類	回路図	Circuit diagrams	
機能分類	機能属性だけ（－）	－Functional attribute only	
形状分類	円，線，正方形	Circles, Lines, Squares	
制限事項	－	－	
補足事項	－	－	
適用図記号	S00946		
被適用図記号		－	
キーワード	作動装置	actuators	
注記	－	Status level	Standard
		Released on	2001-07-01
		Obsolete from	－

第14節 操作機器・操作機構－2

図記号番号 (識別番号)	図記号 (Symbol)		
02-14-03 (S00197)			

項目	説明	IEC 60617 情報 (参考)	
名称	作動装置（液体の流れによる駆動）	Actuator (actuated by fluid flow)	
別の名称	－	－	
様式	－	－	
別様式	－	－	
注釈	－		
適用分類	回路図	Circuit diagrams	
機能分類	機能属性だけ（－）	－Functional attribute only	
形状分類	線，正方形	Lines, Squares	
制限事項	－	－	
補足事項	－	－	
適用図記号	－		
被適用図記号	S00198		
キーワード	作動装置	actuators	
注記	－	Status level	Standard
		Released on	2001-07-01
		Obsolete from	－

第14節　操作機器・操作機構－2

図記号番号 （識別番号）	図記号（Symbol）		
02-14-04 （S00198）			

項目	説明	IEC 60617 情報（参考）	
名称	作動装置（気体の流れによる駆動）	Actuator (actuated by gas flow)	
別の名称	－	－	
様式	－	－	
別様式	－	－	
注釈	－		
適用分類	回路図	Circuit diagrams	
機能分類	機能属性だけ（－）	－Functional attribute only	
形状分類	黒丸（点），線，正方形	Dots (points), Lines, Squares	
制限事項	－	－	
補足事項	－	－	
適用図記号	S00116，S00197		
被適用図記号	S00352		
キーワード	作動装置	actuators	
注記	－	Status level	Standard
		Released on	2001-07-01
		Obsolete from	－

第14節 操作機器・操作機構－2

図記号番号 （識別番号）	図記号（Symbol）		
02-14-05 （S00199）	$\boxed{\%H_2O\ \bullet}$ ───		
項目	説明	IEC 60617 情報（参考）	
名称	作動装置（相対湿度による駆動）	Actuator (actuated by relative humidity)	
別の名称	－	－	
様式	－	－	
別様式	－	－	
注釈	－		
適用分類	回路図	Circuit diagrams	
機能分類	機能属性だけ（－）	－Functional attribute only	
形状分類	文字，線，長方形	Characters, Lines, Rectangles	
制限事項	－	－	
補足事項	－	－	
適用図記号	S00116		
被適用図記号		－	
キーワード	作動装置	actuators	
注記	－	Status level	Standard
		Released on	2001-07-01
		Obsolete from	－

第15節 接地及びフレーム接続又は等電位

図記号番号 (識別番号)	図記号(Symbol)		
02-15-01 (S00200)			
項目	説明	IEC 60617 情報 (参考)	
名称	接地(一般図記号)	Earth, general symbol	
別の名称	接地(一般図記号)	Earthing, general symbol; Ground (US), general symbol; Grounding (US), general symbol	
様式	−	−	
別様式	−	−	
注釈		−	
適用分類	限定図記号	Qualifiers only	
機能分類	機能属性だけ(−)	−Functional attribute only	
形状分類	線	Lines	
制限事項	−	−	
補足事項	"接地"の定義については IEV 195-02-03 を参照。	For the definition of "earth", see IEV 195-02-03.	
適用図記号		−	
被適用図記号	S00201, S00202, S00333, S01408, S00753, S01848		
キーワード	接地接続,等電位,フレーム接続	earth connection, equipotentiality, frame connection, ground connection	
注記	−	Status level	Standard
		Released on	2001-07-01
		Obsolete from	−

第15節　接地及びフレーム接続又は等電位

図記号番号 (識別番号)	図記号 (Symbol)		
02-15-03 (S00202)			
項目	説明	IEC 60617 情報 (参考)	
名称	保護接地	Protective earthing	
別の名称	保護接地導体，保護接地端子	Protective grounding (US); Protective earthing conductor; Protective earthing terminal; Protective grounding conductor (US); Protective grounding terminal (US)	
様式	－	－	
別様式	－	－	
注釈		－	
適用分類	回路図，接続図，機能図，設置図，ネットワークマップ，概要図，限定図記号	Circuit diagrams, Connection diagrams, Function diagrams, Installation diagrams, Network maps, Overview diagrams, Qualifiers only	
機能分類	機能属性だけ (－)，案内又は輸送 (W)，接続 (X)	－Functional attribute only, W Guiding or transporting, X Connecting	
形状分類	円，線	Circles, Lines	
制限事項	－	－	
補足事項	"保護接地"の定義についてはIEV 195-01-11を参照。	For the definition of "protective earthing", see IEV 195-01-11.	
適用図記号	S00200		
被適用図記号	－		
キーワード	接地接続，等電位，フレーム接続	earth connection, equipotentiality, frame connection, ground connection	
注記	－	Status level	Standard
		Released on	2001-07-01
		Obsolete from	－

第15節 接地及びフレーム接続又は等電位

図記号番号 (識別番号)	図記号（Symbol）	
02-15-05 （S00204）		

項目	説明	IEC 60617 情報（参考）
名称	保護等電位結合	Protective equipotential bonding
別の名称	保護結合導体，保護結合端子	Protective bonding conductor; Protective bonding terminal
様式	－	－
別様式	－	－
注釈		－
適用分類	回路図，接続図，機能図，設置図，ネットワークマップ，概要図，限定図記号	Circuit diagrams, Connection diagrams, Function diagrams, Installation diagrams, Network maps, Overview diagrams, Qualifiers only
機能分類	機能属性だけ（－），案内又は輸送（W），接続（X）	－Functional attribute only, W Guiding or transporting, X Connecting
形状分類	三角形，線	Equilateral triangles, Lines
制限事項		
補足事項	"保護等電位結合"の定義については IEV 195-01-15 を参照。	For the definition of "protective equipotential bonding", see IEV 195-01-15.
適用図記号		－
被適用図記号	S01799	
キーワード	等電位，フレーム接続	equipotentiality, frame connection
注記	－	Status level	Standard
		Released on	2001-07-01
		Obsolete from	－

第15節　接地及びフレーム接続又は等電位

図記号番号 (識別番号)	図記号（Symbol）	
02-15-06 (S01408)		

項目	説明	IEC 60617 情報（参考）	
名称	機能接地	Functional earthing; Functional grounding (US)	
別の名称	機能接地導体，機能接地端子	Functional earthing conductor; Functional earthing terminal	
様式	－	－	
別様式	－	－	
注釈		－	
適用分類	回路図，接続図，機能図，据付図，ネットワークマップ，概要図，限定図記号	Circuit diagrams, Connection diagrams, Function diagrams, Installation diagrams, Network maps, Overview diagrams, Qualifiers only	
機能分類	機能属性だけ（－），案内又は輸送（W），接続（X）	－Functional attribute only, W Guiding or transporting, X Connecting	
形状分類	半円，線	Half-circles, Lines	
制限事項	－	－	
補足事項	"機能接地"の定義についてはIEV 195-01-13を参照。	For the definition of "functional earthing", see IEV 195-01-13.	
適用図記号	S00200		
被適用図記号		－	
キーワード	接地，等電位，フレーム接続	earth connection, equipotentiality, frame connection	
注記	－	Status level	Standard
		Released on	2001-11-10
		Obsolete from	－

第15節 接地及びフレーム接続又は等電位

図記号番号 (識別番号)	図記号（Symbol）		
02-15-07 （S01409）			
項目	説明	IEC 60617 情報（参考）	
名の名称	機能等電位結合	Functional equipotential bonding	
別の名称	機能結合導体，機能結合端子	Functional bonding conductor; Functional bonding terminal	
様式	－	－	
別様式	02-15-08	S01410	
注釈		－	
適用分類	回路図，接続図，機能図，据付図，ネットワークマップ，概要図，限定図記号	Circuit diagrams, Connection diagrams, Function diagrams, Installation diagrams, Network maps, Overview diagrams, Qualifiers only	
機能分類	機能属性だけ（－），案内又は輸送（W），接続（X）	－Functional attribute only, W Guiding or transporting, X Connecting	
形状分類	線	Lines	
制限事項	－	－	
補足事項	"機能等電位結合"の定義については IEV 195-01-16 を参照。	For the definition of "functional equipotential bonding", see IEV 195-01-16".	
適用図記号		－	
被適用図記号		－	
キーワード	等電位，フレーム接続，機能結合	equipotentiality, frame connection, functional bonding	
注記	－	Status level	Standard
		Released on	2001-11-10
		Obsolete from	－

第15節　接地及びフレーム接続又は等電位

図記号番号 （識別番号）	図記号（Symbol）	
02-15-08 （S01410）		

項目	説明	IEC 60617 情報（参考）
名称	機能等電位結合	Functional equipotential bonding
別の名称	機能結合導体，機能結合端子	Functional bonding conductor; Functional bonding terminal
様式	簡略様式	Simplified form
別様式	02-15-07	S01409
注釈	—	—
適用分類	回路図，接続図，機能図，据付図，ネットワークマップ，概要図	Circuit diagrams, Connection diagrams, Function diagrams, Installation diagrams, Network maps, Overview diagrams
機能分類	案内又は輸送（W），接続（X）	W Guiding or transporting, X Connecting
形状分類	線	Lines
制限事項	—	—
補足事項	"機能等電位結合"の定義については IEV 195-01-16 を参照。	For the definition of "functional equipotential bonding", see IEV 195-01-16
適用図記号		—
被適用図記号		—
キーワード	等電位，フレーム接続，機能結合	equipotentiality, frame connection, functional bonding
注記	—	Status level: Standard Released on: 2001-11-10 Obsolete from: —

第16節　理想回路素子

図記号番号 (識別番号)	図記号 (Symbol)		
02-16-01 (S00205)	(理想電流源の図記号)		
項目	説明	IEC 60617 情報（参考）	
名称	理想電流源	Ideal current source	
別の名称	－	－	
様式	－	－	
別様式	－	－	
注釈	A00054		
適用分類	機能図	Function diagrams	
機能分類	機能属性だけ（－）	－Functional attribute only	
形状分類	円，線	Circles, Lines	
制限事項	－	－	
補足事項	－	－	
適用図記号	－		
被適用図記号	－		
キーワード	理想回路素子	ideal circuit elements	
注記	－	Status level	Standard
		Released on	2001-07-01
		Obsolete from	－

第16節　理想回路素子

図記号番号 (識別番号)	図記号（Symbol）		
02-16-02 (S00206)			
項目	説明	IEC 60617 情報（参考）	
名称	理想電圧源	Ideal voltage source	
別の名称	－	－	
様式	－	－	
別様式	－	－	
注釈	A00054		
適用分類	機能図	Function diagrams	
機能分類	機能属性だけ（－）	－Functional attribute only	
形状分類	円, 線	Circles, Lines	
制限事項	－	－	
補足事項	－	－	
適用図記号	－		
被適用図記号	－		
キーワード	理想回路素子	ideal circuit elements	
注記	－	Status level	Standard
		Released on	2001-07-01
		Obsolete from	－

第16節 理想回路素子

図記号番号 (識別番号)	図記号 (Symbol)		
02-16-03 (S00207)			

項目	説明	IEC 60617 情報 (参考)	
名称	理想ジャイレータ	Ideal gyrator	
別の名称	－	－	
様式	－	－	
別様式	－	－	
注釈	A00054		
適用分類	機能図	Function diagrams	
機能分類	機能属性だけ (－)	－Functional attribute only	
形状分類	半円, 線	Half-circles, Lines	
制限事項	－	－	
補足事項	－	－	
適用図記号	－		
被適用図記号	－		
キーワード	理想回路素子	ideal circuit elements	
注記	－	Status level	Standard
		Released on	2001-07-01
		Obsolete from	－

第17節 その他

図記号番号 (識別番号)	図記号（Symbol）		
02-17-01 （S00208）			
項目	説明	IEC 60617 情報（参考）	
名称	故障	Fault	
別の名称	想定された故障地点を示す。	Indication of assumed fault location	
様式	－	－	
別様式	－	－	
注釈		－	
適用分類	機能図	Function diagrams	
機能分類	機能属性だけ（－）	－Functional attribute only	
形状分類	矢印	Arrows	
制限事項	－	－	
補足事項	－	－	
適用図記号		－	
被適用図記号		－	
キーワード	故障，故障表示	faults, indications of fault	
注記	－	Status level	Standard
		Released on	2001-07-01
		Obsolete from	－

第17節　その他

図記号番号 (識別番号)	図記号（Symbol）		
02-17-02 (S00209)			
項目	説明	IEC 60617 情報（参考）	
名称	せん絡	Flashover	
別の名称	破壊	Break-through	
様式	－	－	
別様式	－	－	
注釈	－		
適用分類	機能図	Function diagrams	
機能分類	機能属性だけ（－）	－Functional attribute only	
形状分類	矢印，線	Arrows, Lines	
制限事項	－	－	
補足事項	－	－	
適用図記号	－		
被適用図記号	－		
キーワード	故障，故障表示	faults, indications of fault	
注記	－	Status level	Standard
		Released on	2001-07-01
		Obsolete from	－

第17節 その他

図記号番号 (識別番号)	図記号 (Symbol)		
02-17-03 (S00210)			

項目	説明	IEC 60617 情報 (参考)	
名称	永久磁石	Permanent magnet	
別の名称	-	Magnet, permanent	
様式	-	-	
別様式	-	-	
注釈		-	
適用分類	限定図記号	Qualifiers only	
機能分類	機能属性だけ (-)	-Functional attribute only	
形状分類	具象的形状又は描写的形状	Depicting shapes	
制限事項	-	-	
補足事項	-	-	
適用図記号		-	
被適用図記号	S00319, S00360, S00734, S01027, S00765, S00763, S00749, S00761, S00831, S00757, S00756, S00759, S00826, S00767		
キーワード	磁石	magnet	
注記	-	Status level	Standard
		Released on	2001-07-01
		Obsolete from	-

第17節 その他

図記号番号 (識別番号)	図記号 (Symbol)		
02-17-04 (S00211)			

項目	説明	IEC 60617 情報 (参考)	
名称	可動接点	Movable contact	
別の名称	しゅう(摺)動接点	Sliding contact	
様式	―	―	
別様式	―	―	
注釈	―		
適用分類	回路図	Circuit diagrams	
機能分類	機能属性だけ (―)	―Functional attribute only	
形状分類	矢印,線	Arrows, Lines	
制限事項	―	―	
補足事項	―	―	
適用図記号	―		
被適用図記号	S00589, S00561, S00560, S00525, S00562, S00559		
キーワード	接点	contacts	
注記	―	Status level	Standard
		Released on	2001-07-01
		Obsolete from	―

第17節　その他

図記号番号 （識別番号）	図記号（Symbol）		
02-17-05 （S00212）			
項目	説明	IEC 60617 情報（参考）	
名称	試験点表示	Test point indicator	
別の名称	－	－	
様式	－	－	
別様式	－	－	
注釈	A00250		
適用分類	限定図記号	Qualifiers only	
機能分類	機能属性だけ（－）	－Functional attribute only	
形状分類	黒丸（点），線	Dots (points), Lines	
制限事項	－	－	
補足事項	－	－	
適用図記号	－		
被適用図記号	－		
キーワード	試験点	testing points	
注記	－	Status level	Standard
		Released on	2001-07-01
		Obsolete from	－

第17節　その他

図記号番号 (識別番号)	図記号 (Symbol)	
02-17-06 (S00213)		

項目	説明	IEC 60617 情報（参考）
名称	変換器（一般図記号）	Converter, general symbol
別の名称	電力変換器，信号変換器，計測用トランスデューサ，リピータ	Power converter; Signal converter; Measuring transducer; Repeater
様式	—	—
別様式	—	—
注釈	A00055, A00056	
適用分類	回路図，接続図，機能図，設置図，ネットワークマップ，概要図	Circuit diagrams, Connection diagrams, Function diagrams, Installation diagrams, Network maps, Overview diagrams
機能分類	変量を信号に変換（B）， 同種の変換（T）	B Converting variable to signal, T Converting but maintaining kind
形状分類	線，正方形	Lines, Squares
制限事項	—	—
補足事項	—	—
適用図記号	S00214	
被適用図記号	S01237, S01235, S01238, S00894, S00958, S01039, S01038, S01040, S01234, S01041, S01233, S01231, S01236, S01232	
キーワード	変換器，電力変換器，リピータ，信号変換器	converters, power converters, repeaters, signal converters
注記	—	Status level	Standard
		Released on	2001-07-01
		Obsolete from	—

第17節 その他

図記号番号 （識別番号）	図記号（Symbol）		
02-17-06A （S00214）			

項目	説明	IEC 60617 情報（参考）	
名称	変換（一般図記号）	Conversion, general symbol	
別の名称	－	－	
様式	－	－	
別様式	－	－	
注釈		－	
適用分類	限定図記号	Qualifiers only	
機能分類	機能属性だけ（－）	－Functional attribute only	
形状分類	線	Lines	
制限事項	－	－	
補足事項	－	－	
適用図記号		－	
被適用図記号	S00213, S01407, S01791, S00896, S00894, S00893, S01278, S01290, S00897		
キーワード	変換，変換器，電力変換器，信号変換器	conversion, converters, power converters, signal converters	
注記	－	Status level	Standard
		Released on	2001-07-01
		Obsolete from	－

第 17 節　その他

図記号番号 (識別番号)	図記号（Symbol）		
02-17-08 (S00216)	∩		
項目	説明	IEC 60617 情報（参考）	
名称	アナログ	Analogue	
別の名称	−	−	
様式	−	−	
別様式	−	−	
注釈	A00057，A00058		
適用分類	限定図記号	Qualifiers only	
機能分類	機能属性だけ（−）	−Functional attribute only	
形状分類	半円，線	Half-circles, Lines	
制限事項	−	−	
補足事項	−	−	
適用図記号	−		
被適用図記号	S01635，S01684，S01748，S01749，S01289，S01290		
キーワード	アナログ	analogue	
注記	−	Status level	Standard
		Released on	2001-07-01
		Obsolete from	−

第17節 その他

図記号番号 （識別番号）	図記号（Symbol）		
02-17-09 （S00217）	#		
項目	説明	IEC 60617 情報（参考）	
名称	デジタル	Digital	
別の名称	－	－	
様式	－	－	
別様式	－	－	
注釈	A00057，A00059		
適用分類	限定図記号	Qualifiers only	
機能分類	機能属性だけ（－）	－Functional attribute only	
形状分類	文字，線	Characters, Lines	
制限事項	－	－	
補足事項	－	－	
適用図記号	－		
被適用図記号	S01750，S01751，S01289，S01290		
キーワード	デジタル	digital	
注記	－	Status level	Standard
		Released on	2001-07-01
		Obsolete from	－

5 注釈

当該図記号の説明及び付加的な関連規定を，次に示す。注釈は通常，複数の図記号で共有されるため，注釈番号を記した別のページに記載されている。

注釈番号は Annnnn の形式で示し，n は 0〜9 の整数で表す。この番号は **IEC 60617** の注釈（Application notes）に対応しており，番号付けには意味はない。

注釈番号	注釈	被適用図記号	IEC 60617 情報（参考）
A00013	図記号の中又は外形に，対象の種類を表す文字又は図記号を記入しなければならない。	02-01-01, 02-01-02, 02-01-03, 10-13-01 S00059, S00060, S00061, S01225	Suitable symbols or legends shall be inserted in or added to the symbol outline to indicate the type of object.
A00014	製図上必要ならば他の形の図記号を用いてもよい。	02-01-04, 02-01-05 S00062, S00063	An outline of another shape may be used if layout demands it.
A00015	囲込みに特別な保護機能特性がある場合，それを注記することもできる。	02-01-04, 02-01-05 S00062, S00063	If the enclosure has special protective features attention may be drawn to these by a note.
A00016	囲い図記号は，混乱を生じない場合，省略してもよい。その他の図記号との接続がある場合には，囲い図記号は表示しなければならない。	02-01-04, 02-01-05 S00062, S00063	The envelope symbol may be omitted if no confusion is likely. The envelope must be shown if there is a connection to it.
A00017	必要がある場合，囲い図記号は，分割してもよい。	02-01-04, 02-01-05 S00062, S00063	If necessary the envelope symbol may be split.
A00018	この図記号は，物理的，機械的又は機能的に連合した対象群の境界を表示する。	02-01-06 S00064	The symbol is used to indicate a boundary of a group of objects associated physically, mechanically or functionally.
A00019	どのような長短の組合せでもよい	02-01-06 S00064	Any combination of short and long strokes may be used.
A00020	この図記号は，どんな形状で表してもよい。	02-01-07 S00065	The symbol may be drawn in any convenient shape.
A00021	アスタリスク部分には，偶発的な直接接触から保護されるべき機器装置の図記号を記す。	02-01-08 S00066	The asterisk shall be replaced by the symbol(s) for an equipment or device protected against unintentional direct contact.
A00022	電圧は図記号の右側に表示し，配電方式は図記号の左側に表示してもよい。 例 2/M<図記号 02-A2-03> 220/110 V	02-A2-03 S00067	The voltage may be indicated at the right of the symbol and the type of system at the left. EXAMPLE: 2/M <symbol S00067> 220/110 V
A00023	周波数又は周波数範囲は，図記号の右側に表示してもよい。	02-02-05, 02-A2-06, 02-A2-07, 02-A2-08, 02-A2-04 S00069, S00070, S00071, S00072, S00107	The numerical value of the frequency or the frequency range may be added at the right-hand side of the symbol.
A00024	電圧値は，図記号の右側に表示してもよい。	02-A2-07, 02-A2-08, 02-A2-04 S00071, S00072, S00107	The voltage value may also be indicated to the right of the symbol.
A00025	相数及び中性点の有無は，図記号の左側に示してもよい。	02-A2-07, 02-A2-04 S00071, S00107	The number of phases and the presence of a neutral may be indicated at the left-hand side of the symbol.

注釈番号	注釈	被適用図記号	IEC 60617 情報（参考）
A00026	JIS C 60364-1 に規定する呼称に従って系統を表示する必要がある場合，対応する呼称を図記号に付加するものとする。	02-A2-08，02-A2-04 S00072，S00107	If it is necessary to indicate a system in accordance with the designations established in IEC 60364-3 the corresponding designation shall be added to the symbol.
A00027	図面で複数の周波数範囲を区別する必要がある場合，図記号 02-02-10 （S00073），02-02-09 （S00074）及び 02-02-11（S00075）を用いることができる。	02-02-09，02-02-10，02-02-11 S00073，S00074，S00075	Symbols S00073, S00074 and S00075 may be used when it is necessary on a given drawing to distinguish between different frequency ranges
A00031	調整，可変性及び自動制御を示す図記号は，主記号に交差させて，その中心と 45 度の角度をなすように引くのが望ましい。	02-03-03，02-03-04，02-03-05，02-03-06，02-03-08，02-03-09，02-03-10，02-03-11，02-03-12 S00083，S00084，S00085，S00086，S00088，S00089，S00090，S00091，S00092	The symbols for adjustabillity, variability and automatic control should be drawn across the main symbol at about 45° to the centre line of the latter symbol.
A00032	制御量の情報を，図記号の近くに表示してもよい。 例 電圧，温度など	02-03-03，02-03-04，02-03-05，02-03-06 S00083，S00084，S00085，S00086	Information on the controlling quantity, for example voltage or temperature, may be shown adjacent to the symbol.
A00033	調整をするときの条件は，図記号の近くに表示してもよい。	02-03-05，02-03-06 S00085，S00086	Information on the conditions under which adjustability is permitted may be shown adjacent to the symbol.
A00034	ステップ数の数値を追加することもできる。	02-03-07，02-03-08 S00087，S00088	A figure indicating the number of steps may be added.
A00035	制御量は，図記号の近くに表示する。	02-03-11，02-03-12，02-04-03，02-04-05，02-04-06 S00091，S00092，S00095，S00097，S00098	The controlled quantity may be indicated adjacent to the symbol.
A00036	矢印は，必要な効果を得るため装置の可動部分が動く方向を示す（次の例を参照）。 力の方向又は物体の運動方向を示す。このような場合，視点を示す注記の必要な場合がある。 周波数 減少 ⇄ 増大 3 1 2	02-04-01，02-04-02，02-04-03，02-04-04，02-04-05，02-04-06 S00093，S00094，S00095，S00096，S00097，S00098	An arrow may be used to indicate the direction in which the movable part of a device shall move to give a required effect (see "A00036Example.pdf" below). It may also indicate the direction of a force or the direction of motion of the physical part symbolized. In such cases a note to indicate the view point may be required. Frequency decreases 3 ⇄ increases 1 2
A00037	運動によって生じる効果を，記号又は本文で説明する。	02-04-01，02-04-02，02-04-04 S00093，S00094，S00096	The effect caused by movement may be explained by symbols or by a text.
A00038	矢印と記号との組合せによって意味が明りょう（瞭）である場合，点を省略することもできる。 例については，図記号 10-06-04 （S01128）を参照。	02-05-04 S00102	The dot may be omitted if the sense is unambiguously given by the arrowhead in combination with the symbol to which it is applied. For example see symbol S01128.

注釈番号	注釈	被適用図記号	IEC 60617 情報 (参考)
A00039	矢印と記号との組合せによって意味が明りょう(瞭)である場合，点を省略することもできる。例については，図記号 10-06-03 (S01127) を参照。	02-05-05 S00103	The dot may be omitted if the sense is unambiguously given by the arrowhead in combination with the symbol to which it is applied. For example see symbol S01127.
A00040	材料の種類は，化学記号又はここで表現している限定された図記号によって表示してもよい。これらの図記号は，長方形で描かれるが，別の図記号とともに用いる場合は，長方形を省略することもできる。必要に応じて，**JIS Z 8316** に規定する材料の図記号を用いてもよい。	02-07-01, 02-07-02, 02-07-03, 02-07-04, 02-07-05, 02-07-06, 02-07-07, 10-11-05, 10-11-06 S00113, S00114, S00115, S00116, S00117, S00118, S00119, S01216, S01217	The type of material may be indicated either by using its chemical symbol, or by one of the qualifying symbols given below. These symbols have been drawn in rectangles, but the rectangle may be omitted when they are used in conjunction with another symbol. If necessary, use may be made of the symbols for materials given in **ISO 128**.
A00041	図記号を指す矢印は，その装置が表示された種類の照射に応答することを示す。 図記号と逆方向を指す矢印は，その装置が表示された種類の放射を発することを示す。 図記号の中にある矢印は，内部放射源を示す。	02-09-01, 02-09-02, 02-09-03, 02-09-04, 02-09-05, 06-17-02 S00127, S00128, S00129, S00130, S00131, S00901	Arrows pointing towards a symbol denote that the device symbolized will respond to incident radiation of the indicated type. Arrows pointing away from a symbol denote the emission of the indicated type of radiation by the device symbolized. Arrows located within a symbol denote an internal radiation source.
A00042	光源と照射体とが示されるときは，矢の方向を光源から対象物へ向けなければならない。 照射体はあるが，特定の光源が示されないときは，矢先を右下へ向けなければならない。 特定の照射体が示されないときは，矢先を右上へ向けなければならない。	02-09-01, 02-09-02, 02-09-03, 06-17-02 S00127, S00128, S00129, S00901	If source and target are shown, the arrows shall point from source to target. If there is a target but no specific source shown, the arrows shall point downwards and to the right. If there is no specific target shown, the arrows shall point upwards and to the right.
A00043	特定種類の電離放射を示す必要がある場合，次のような記号又は文字を付加して放射記号を増補してもよい。 α (アルファ) =アルファ粒子 β (ベータ) =ベータ粒子 γ (ガンマ) =ガンマ線 δ (デルタ) =重陽子 ρ (ロー) =陽子 η (イータ) =中性子 π (パイ) =パイ中間子 κ (カッパ) =カッパー中間子 μ (ミュー) =ミュー中間子 χ (カイ) =エックス線	02-09-03 S00129	If it is necessary to show the specific type of ionizing radiation, the symbol may be augmented by the addition of symbols or letters such as the following: ALPHA = alpha particle BETA = beta particle GAMMA = gamma rays DELTA = deuteron RHO = proton ETA = neutron PI = pion KAPPA = K meson MY = muon X = X-ray
A00044	図記号は，波形の理想形状を示す。	02-10-01, 02-10-02, 02-10-03, 02-10-04, 02-10-05, 02-10-06 S00132, S00133, S00134, S00135, S00136, S00137	Each symbol represents an idealized shape of the waveform.

注釈番号	注釈	被適用図記号	IEC 60617 情報（参考）
A00045	連結図記号の長さは，線図の配置に合わせて調整してもよい。	02-12-01, 02-12-02, 02-12-03, 02-12-04 S00144, S00145, S00146, S00147	The length of the link symbol may be adjusted to the layout of the diagram.
A00046	矢印は，連結図記号の前の方に表示する。	02-12-03 S00146	The arrow is assumed to be placed in front of the link symbol.
A00047	半円の中心方向に向いているとき，動作が遅延される。	02-12-05, 02-12-06 S00148, S00149	Action is delayed when the direction of movement is from the arc towards its centre.
A00048	三角形は，復帰方向を示す。	02-12-07 S00150	The triangle is pointed in the return direction.
A00049	必要がある場合，カムの詳細を表してもよい。これは，側面図にも適用する。	02-13-16, 2-13-17, 02-13-19 S00182, S00183, S00185	If desired, a more detailed drawing of the cam may be shown. This applies also to a profile plate.
A00050	蓄積エネルギーの情報を四角の中に添えることもできる。	02-13-20 S00186	Information showing the form of stored energy may be added in the square.
A00053	誤りを生じるおそれがない場合は，斜線を一部又はすべて省略することができる。 斜線を省略する場合は，次に示すようにフレーム又はシャシを表す線を太くする。	02-A15-04 S00203	The hatching may be completely or partly omitted if there is no ambiguity. If the hatching is omitted, the line representing the frame or chassis shall be thicker as shown below:
A00054	**IEC 60375** によって，02-16-01（S00205）から02-16-03（S00207）に追加表示してもよい。	02-16-01, 02-16-02, 02-16-03 S00205, S00206, S00207	Additional indications may be added to the symbols S00205 to S00207 according to **IEC 60375**.
A00055	変換方向が明確でない場合は，図記号の外に矢印を付けてもよい。	02-17-06 S00213	If the direction of change is not obvious, it may be indicated by an arrowhead on the outline of the symbol.
A00056	図記号の各部分に入出力量，波形などを示す図記号又は説明を記入してもよい。 例は，図記号06-14-03（S00894）を参照。	02-17-06 S00213	A symbol or legend indicating the input or output quantity, waveform etc. may be inserted in each half of the general symbol to show the nature of the conversion. Example see symbol S00894.
A00057	この図記号は，アナログとその他の信号及び接続を区別する必要がある場合だけ使用しなければならない。	02-17-08, 02-17-09 S00216, S00217	This symbol shall be used only when it is necessary to distinguish between analogue and other forms of signals and connections.
A00058	**JIS C 0617-13** の第4節の概説も参照。	02-17-08 S00216	See also introductory text of IEC 60617, part 13, section 4
A00059	**JIS C 0617-13** の第4節の概説及び **JIS X 0201** も参照。	02-17-09 S00217	See also introductory text of Part 13, Section 4 and ISO/IEC 646.
A00250	適用例として，次の図を参照。	02-17-05 S00212	For an example of application, see "A00250Application.pdf" below.

注釈番号	注釈	被適用図記号	IEC 60617 情報（参考）
A00258	1. 周波数又は周波数範囲は、図記号の右側に表示してもよい。 例 "交流, 50 Hz"： — 図記号 02-02-04（S01403）を用いて：＜図記号 02-02-04＞ 50 Hz — 図記号 02-02-19（S01404）を用いて：AC 50 Hz 例 "交流, 周波数範囲 100 kHz から 600 kHz"： — 図記号 02-02-04（S01403）を用いて：＜図記号 02-02-04＞ 100 kHz ...600 kHz — 図記号 02-02-19（S01404）を用いて：AC 100 kHz...600 kHz 2. 電圧値は、図記号の右側に表示してもよい。相数及び中性点の有無は、図記号の左側に示してもよい。 例 "交流, 三相, 中性線付 400 V（相電圧 230 V），50 Hz"（**IEC 61293** も参照。）： — 図記号 02-02-04（S01403）を用いて：3/N ＜図記号 02-02-04＞400/230V 50 Hz — 図記号 02-02-19（S01404）を用いて：3/N AC 400/230 V 50 Hz 3. **JIS C 60364-1** に定められた呼称に従い系統を表示する必要がある場合、対応する呼称を図記号に付加するものとする。 例 "交流, 三相, 50 Hz, 系統は一点直接接地で，保護導体と中性線とが完全に分離されている。"： — 図記号 02-02-04（02-02-04）を用いて：3/N/PE ＜図記号 S01403＞ 50Hz / TN-S－図記号 S01404 を用いて：3/N/PE AC 50 Hz / TN-S	02-02-04, 02-02-19 S01403, S01404	1. The numerical value of the frequency or the frequency range may be added at the right-hand side of the symbol. Example "Alternating current, 50 Hz": — Using symbol S01403: ＜Symbol S01403＞ 50 Hz — Using symbol S01404: AC 50 Hz Example "Alternating current, frequency range 100 kHz to 600 kHz": — Using symbol S01403: ＜Symbol S01403＞ 100 kHz ... 600 kHz — Using symbol S01404: AC 100 kHz ... 600 kHz 2. The voltage value may also be indicated to the right of the symbol. The number of phases and the presence of a neutral may be indicated at the left-hand side of the symbol. Example "Alternating current: three-phase with neutral, 400 V (230 V between phase and neutral), 50 Hz". (See also **IEC 61293**): — Using symbol S01403: 3/N ＜Symbol S01403＞ 400/230 V 50 Hz — Using symbol S01404: 3/N AC 400/230 V 50 Hz 3. If it is necessary to indicate a system in accordance with the designations established in **IEC 60364-1** the corresponding designation shall be added to the symbol. Example "Alternating current, three-phase, 50 Hz; system having one point directly earth-connected and separate neutral and protective conductors throughout": — Using symbol S01403: 3/N/PE ＜symbol S01403＞ 50 Hz / TN-S — Using symbol S01404: 3/N/PE AC 50 Hz / TN-S

注釈番号	注釈	被適用図記号	IEC 60617 情報（参考）
A00259	電圧は図記号の右側に表示し，配電方式は図記号の左側に表示してもよい。 **例** "中間線付 2 導体，220/110 V"： － 図記号 02-02-17（S01401）を用いて：2/M ＜図記号 02-02-17＞220/110 V － 図記号 02-02-18（S01402）を用いて：2/M DC 220/110 V	02-02-17，02-02-18 S01401，S01402	The voltage may be indicated at the right of the symbol and the type of system at the left. Example "Two conductors with mid-wire, 220/110 V": － Using symbol S01401: 2/M ＜symbol S01401＞ 220/110 V － Using symbol S01402: 2/M DC 220/110 V
A00260	異なる明示していない周波数範囲については，図記号 02-02-09（S00073），02-02-10（S00074）及び 02-02-11（S00075）を参照。	02-02-04 S01403	For different unspecified frequency ranges see symbols S00073, S00074 and S00075.
A00261	"可変性"は，図記号によって表現される装置と連携する数量に関係する。数値は，装置の内部要因に依存する。 "調整"は，図記号によって表現される装置と連携する数量に関係する。数値は，外部の手段によって設定又は制御することができる。	02-03-01, 02-03-02, 02-03-03, 02-03-04, 02-03-05, 02-03-06, 02-03-08, 02-03-09, 02-03-10, 02-03-11，02-03-12 S00081，S00082，S00083， S00084，S00085，S00086， S00088，S00089，S00090， S00091，S00092	"Variability" pertains to a quantity associated with a device represented by the symbol, the value of which is dependent on factors internal to the device. "Adjustability" pertains to a quantity associated with a device represented by the symbol, the value of which may be set or controlled by external means.

附属書 A
（参考）
旧図記号

ここに示す図記号は，**JIS C 0617-2**:1997 に規定されていたが，現在は削除されている図記号である。これらの図記号は，旧図記号を用いた電気回路図を読むときの単なる参考である。注記の"Obsolete from"欄の日付以後メンテナンスされていない。

第 A2 節　電圧及び電流の種類

図記号番号 （識別番号）	図記号（Symbol）	
02-A2-03 （S00067）	･ ･ ･ ･ ･ ━ ━ ━ ･ ･ ･ ･ ･	
項目	説明	IEC 60617 情報（参考）
名称	直流	Direct current
別の名称	―	―
様式	―	―
別様式	―	―
注釈	A00022，A00259	
適用分類	限定図記号	Qualifiers only
機能分類	機能属性だけ（―）	―Functional attribute only
形状分類	線	Lines
制限事項	―	―
補足事項	―	―
適用図記号	―	
被適用図記号	―	
キーワード	電流，電流及び電圧の種類，電圧	current, kind of current and voltage, voltage
注記	―	Status level / Obsolete ― for reference only Released on / 2001-07-01 Obsolete from / 2001-09-15

第 A2 節　電圧及び電流の種類

図記号番号 （識別番号）	図記号（Symbol）	
02-A2-03 （S01347）	. . . . . ＝ ＝	

項目	説明	IEC 60617 情報（参考）	
名称	直流	Direct current	
別の名称	－	－	
様式	－	－	
別様式	－	－	
注釈	－		
適用分類	限定図記号	Qualifiers only	
機能分類	機能属性だけ（－）	－Functional attribute only	
形状分類	線	Lines	
制限事項	－	－	
補足事項	掲載ミス：**IEC 60617-2** Ed. 2 に掲載されたこの図記号は，用いられた作図システムの不能のために直線の下に破線 2 本が表示された状態で掲載された。正しくは破線 3 本である。図記号 02-A2-03（S00067）に置き換えられている。	Publication error: This symbol, published in **IEC 60617-2** Ed. 2, was for reasons of incapability of the used drawing system published with two dashed lines below the straight line instead of three. It is replaced by symbol S00067.	
適用図記号		－	
被適用図記号		－	
従来規格	IEC 60617-2 (ed.2.0) 02-02-03	IEC 60617-2 (ed.2.0) 02-02-03	
他の出版物	－	－	
参照元	－	－	
キーワード	電流，電圧	current, voltage	
注記	－	Status level	Obsolete － for reference only
			Released on	1996-05
			Obsolete from	2001-07-01

第A2節 電圧及び電流の種類

図記号番号 (識別番号)	図記号（Symbol）	
02-A2-04 (S00107)	∼	

項目	説明	IEC 60617 情報（参考）	
名称	交流	Alternating current	
別の名称	−	−	
様式	−	−	
別様式	−	−	
注釈	A00023, A00024, A00025, A00026, A00258, A00260		
適用分類	限定図記号	Qualifiers only	
機能分類	機能属性だけ（−）	−Functional attribute only	
形状分類	具象的形状又は描写的形状	Depicting shapes	
制限事項	−	−	
補足事項	−	−	
適用図記号	−		
被適用図記号	S00070, S00071, S00072		
キーワード	電流，電流及び電圧の種類，電圧	current, kind of current and voltage, voltage	
注記	−	Status level	Obsolete − for reference only
		Released on	2001-07-01
		Obsolete from	2001-09-15

第 A2 節　電圧及び電流の種類

図記号番号 （識別番号）	図記号（Symbol）	
02-A2-06 （S00070）	～100...600 kHz	
項目	説明	IEC 60617 情報（参考）
名称	交流（周波数範囲の表示）	Alternating current (indication of frequency range)
別の名称	－	－
様式	－	－
別様式	－	－
注釈	A00023	
適用分類	限定図記号	Qualifiers only
機能分類	機能属性だけ（－）	－Functional attribute only
形状分類	文字，具象的形状又は描写的形状	Characters, Depicting shapes
制限事項	周波数範囲 100 kHz から 600 kHz までの場合を表示してある。	Shown for a frequency range 100 kHz to 600 kHz.
補足事項	A00258 図記号 S01403 に置換え。	Replaced by A00258 symbol S01403.
適用図記号	S00107	
被適用図記号	－	
キーワード	電流，電流及び電圧の種類，電圧	current, kind of current and voltage, voltage
注記	－	Status level : Obsolete － for reference only
		Released on : 2001-07-01
		Obsolete from : 2001-09-15

第A2節　電圧及び電流の種類

図記号番号 (識別番号)	図記号（Symbol）	
02-A2-07 （S00071）	3/N〜400/230 V 50 Hz	
項目	説明	IEC 60617 情報（参考）
名称	交流（電圧の表示）	Alternating current (indication of voltage)
別の名称	－	－
様式	－	－
別様式	－	－
注釈	A00023，A00024，A00025	
適用分類	限定図記号	Qualifiers only
機能分類	機能属性だけ（－）	－Functional attribute only
形状分類	文字，具象的形状又は描写的形状	Characters, Depicting shapes
制限事項	－	－
補足事項	三相，中性線付 400 V（相電圧 230 V），50 Hz の場合（**IEC 61293** も参照）。A00258 によって図記号 S01403 に置換え。	Shown for three-phase with neutral, 400 V (230 V between phase and neutral), 50 Hz. (see also **IEC 61293**). Replaced by A00258 to symbol S01403.
適用図記号	S00107	
被適用図記号	－	
キーワード	電流，電流及び電圧の種類，電圧	current, kind of current and voltage, voltage
注記	－	Status level	Obsolete － for reference only
		Released on	2001-07-01
		Obsolete from	2001-09-15

第 A2 節　電圧及び電流の種類

図記号番号 (識別番号)	図記号（Symbol）	
02-A2-08 (S00072)	3/N～50 Hz / TN－S	
項目	説明	IEC 60617 情報（参考）
名称	交流（系統を表示）	Alternating current (indication of system)
別の名称	－	－
様式	－	－
別様式	－	－
注釈	A00023，A00024，A00026	
適用分類	限定図記号	Qualifiers only
機能分類	機能属性だけ（－）	－Functional attribute only
形状分類	文字，具象的形状又は描写的形状	Characters, Depicting shapes
制限事項	－	－
補足事項	三相，50 Hz，系統は一点直接接地で，保護導体と中性点とが完全に分離されている場合を示してある。A00258 によって図記号 S01403 に置換え。	Shown for a three-phase system, 50 Hz; system having one point directly earthed and separate neutral and protective conductors throughout. Replaced by A00258 to symbol S01403.
適用図記号	S00107	
被適用図記号		－
キーワード	電流，電流及び電圧の種類，電圧	current, kind of current and voltage, voltage
注記	－	Status level	Obsolete － for reference only
		Released on	2001-07-01
		Obsolete from	2001-09-15

第 A11 節　印刷，さん孔及びファクシミリ

図記号番号 （識別番号）	図記号（Symbol）		
02-A11-02 （S00139）			

項目	説明	IEC 60617 情報（参考）	
名称	さん孔テープ	Perforating tape	
別の名称	さん孔テープ	Using perforated tape	
様式	－	－	
別様式	－	－	
注釈	－		
適用分類	限定図記号	Qualifiers only	
機能分類	機能属性だけ（－）	－Functional attribute only	
形状分類	線	Lines	
制限事項	－		
補足事項	－		
適用図記号	－		
被適用図記号	S01035，S01037，S01036，S01034		
キーワード	ファクシミリ，さん孔，印刷	facsimile, perforating, printing	
注記	－	Status level	Obsolete － for reference only
		Released on	2001-07-01
		Obsolete from	2002-07-05

第A11節 印刷, さん孔及びファクシミリ

図記号番号 (識別番号)	図記号 (Symbol)	
02-A11-03 (S00140)	・ ・ ・ ・ ・ ・ ― ● ― ・ ・ ・ ・ ・ ・	
項目	説明	IEC 60617 情報 (参考)
名称	テープの同時さん孔印刷	Printing and perforating, of one tape, simultaneous
別の名称	－	－
様式	－	－
別様式	－	－
注釈	－	
適用分類	限定図記号	Qualifiers only
機能分類	機能属性だけ (－)	－Functional attribute only
形状分類	黒丸 (点), 線	Dots (points), Lines
制限事項	－	－
補足事項	－	－
適用図記号	－	
被適用図記号	－	
キーワード	ファクシミリ, さん孔, 印刷	facsimile, perforating, printing
注記	－	Status level	Obsolete － for reference only
			Released on	2001-07-01
			Obsolete from	2002-07-05

第 A11 節　印刷，さん孔及びファクシミリ

図記号番号 (識別番号)	図記号（Symbol）		
02-A11-04 (S00141)			

項目	説明	IEC 60617 情報（参考）	
名称	印刷（ページ）	Printing, page	
別の名称	－	－	
様式	－	－	
別様式	－	－	
注釈	－		
適用分類	限定図記号	Qualifiers only	
機能分類	機能属性だけ（－）	－Functional attribute only	
形状分類	長方形	Rectangles	
制限事項	－	－	
補足事項	－	－	
適用図記号	－		
被適用図記号	S01032		
キーワード	ファクシミリ，さん孔，印刷	facsimile, perforating, printing	
注記	－	Status level	Obsolete － for reference only
		Released on	2001-07-01
		Obsolete from	2002-07-05

第A11節 印刷, さん孔及びファクシミリ

図記号番号 (識別番号)	図記号 (Symbol)		
02-A11-05 (S00142)	・ ・ ・ ・ ・ ・ ● ● ・ ・ ・ ・ ・ ・ ・		

項目	説明	IEC 60617 情報 (参考)	
名称	キーボード	Keyboard	
別の名称	—	—	
様式	—	—	
別様式	—	—	
注釈	—		
適用分類	限定図記号	Qualifiers only	
機能分類	機能属性だけ (−)	−Functional attribute only	
形状分類	黒丸 (点)	Dots (points)	
制限事項	—	—	
補足事項	—	—	
適用図記号	—		
被適用図記号	S01031, S01035		
キーワード	ファクシミリ, さん孔, 印刷	facsimile, perforating, printing	
注記	—	Status level	Obsolete − for reference only
		Released on	2001-07-01
		Obsolete from	2002-07-05

第 A13 節　操作機器・操作機構－1

図記号番号 （識別番号）	図記号（Symbol）	
02-A13-24 （S00190）		

項目	説明	IEC 60617 情報（参考）	
名称	電磁継電器による操作	Actuator (actuated by electromagnetic device)	
別の名称	過電流保護のための操作	Actuator for protection against overcurrent	
様式	－	－	
別様式	－	－	
注釈		－	
適用分類	回路図	Circuit diagrams	
機能分類	機能属性だけ（－）	－Functional attribute only	
形状分類	半円，線	Half-circles, Lines	
制限事項	－	－	
補足事項	－	－	
適用図記号	S00121，S00144		
被適用図記号		－	
キーワード	作動装置	actuators	
注記	－	Status level	Obsolete － for reference only
		Released on	2001-07-01
		Obsolete from	2001-08-16

第A13節 操作機器・操作機構-1

図記号番号 (識別番号)	図記号 (Symbol)	
02-A13-25 (S00191)		
項目	説明	IEC 60617 情報 (参考)
名称	熱継電器による操作	Actuator (actuated by thermal device)
別の名称	過電流保護のための操作	Actuator for protection against overcurrent
様式	-	-
別様式	-	-
注釈	-	
適用分類	回路図	Circuit diagrams
機能分類	機能属性だけ (-)	-Functional attribute only
形状分類	線	Lines
制限事項	-	-
補足事項	-	-
適用図記号	S00120,S00144	
被適用図記号	-	
キーワード	作動装置	actuators
注記	-	Status level	Obsolete - for reference only
		Released on	2001-07-01
		Obsolete from	2001-08-16

第A15節 接地及びフレーム接続又は等電位

図記号番号 (識別番号)	図記号(Symbol)		
02-A15-02 (S00201)			

項目	説明	IEC 60617 情報(参考)	
名称	無雑音接地	Noiseless earth	
別の名称	ノイズレス接地	Noiseless ground	
様式	－	－	
別様式	－	－	
注釈		－	
適用分類	限定図記号	Qualifiers only	
機能分類	機能属性だけ(－)	－Functional attribute only	
形状分類	半円,線	Half-circles, Lines	
制限事項	－	－	
補足事項	－	－	
適用図記号	S00200		
被適用図記号		－	
キーワード	接地接続,等電位,フレーム接続	earth connection, equipotentiality, frame connection	
注記	－	Status level	Obsolete － for reference only
		Released on	2001-07-01
		Obsolete from	2001-11-10

第A15節　接地及びフレーム接続又は等電位

図記号番号 （識別番号）	図記号（Symbol）		
02-A15-04 （S00203）			

項目	説明	IEC 60617 情報（参考）	
名称	フレーム接続	Frame	
別の名称	シャシ	Chassis	
様式	－	－	
別様式	－	－	
注釈	A00053		
適用分類	限定図記号	Qualifiers only	
機能分類	機能属性だけ（－）	－Functional attribute only	
形状分類	線	Lines	
制限事項	－	－	
補足事項	－	－	
適用図記号		－	
被適用図記号	S00328		
キーワード	接地接続，等電位，フレーム接続	earth connection, equipotentiality, frame connection	
注記	－	Status level	Obsolete － for reference only
		Released on	2001-07-01
		Obsolete from	2001-11-10

第 A18 節 その他

図記号番号 (識別番号)	図記号（Symbol）	
02-A18-09 (S01832)	$*/* \approx 1$	
項目	説明	IEC 60617 情報（参考）
名称	作動（2種類の特性量見積の絶対値が1ではなくなるときに作動する。）	Actuating (when the absolute value of the quotient of two kinds of characteristic quantity deviates from 1)
別の名称	－	－
様式	－	－
別様式	－	－
注釈		－
適用分類	限定図記号	Qualifiers only
機能分類	機能属性だけ（－）	－Functional attribute only
形状分類	文字	Characters
制限事項	－	－
補足事項	図記号の中のアスタリスクは，測定した量を表す文字記号に置き換える。	The asterisks within the symbol shall be replaced with the letter symbol for the quantity measured.
適用図記号	S00112	
被適用図記号		－
キーワード	量への依存，量依存性	dependence on a quantity, quantity dependency
注記	－	Status level	Obsolete － for reference only
		Released on	－
		Obsolete from	2005-06-09

附属書 B
（参考）
参考文献

JIS C 0452-1 電気及び関連分野－工業用システム，設備及び装置，並びに工業製品－構造化原理及び参照指定－第1部：基本原則

　注記　対応国際規格：**IEC 61346-1,** Industrial systems, installations and equipment and industrial products－Structuring principles and reference designations－Part 1: Basic rules（IDT）

JIS Z 8202（規格群）　量及び単位

JIS Z 8222-2　製品技術文書に用いる図記号のデザイン－第2部：参照ライブラリ用図記号を含む電子化形式の図記号の仕様，及びその相互交換の要求事項

　注記　対応国際規格：**IEC 81714-2,** Design of graphical symbols for use in the technical documentation of products－Part 2: Specification for graphical symbols in a computer sensible form, including graphical symbols for a reference library, and requirements for their interchange（IDT）

JIS Z 8222-3　製品技術文書に用いる図記号のデザイン－第3部：接続ノード，ネットワーク及びそのコード化の分類

　注記　対応国際規格：**IEC 81714-3,** Design of graphical symbols for use in the technical documentation of products－Part 3: Classification of connect nodes, networks and their encoding（IDT）

IEC 60027 (all parts), Letter symbols to be used in electrical technology (partly being replaced by ISO/IEC 80000)

IEC/TR 61352, Mnemonics and symbols for integrated circuits

IEC/TR 61734, Application of symbols for binary logic and analogue elements

日本工業規格　　　　　　　　　　　　　　　　　　　　JIS
　　　　　　　　　　　　　　　　　　　　　　　　　C 0617-3：2011

電気用図記号−第3部：導体及び接続部品

Graphical symbols for diagrams−
Part 3: Conductors and connecting devices

序文

この規格は，2001年にデータベース形式規格として発行されメンテナンスされているIEC 60617の2008年時点での技術的内容を変更することなく作成した日本工業規格である。

なお，IEC 60617は，部編成であった規格の構成を一つのデータベース形式規格としたが，JISでは，規格の利便性も考慮し，これまでどおり部ごとの分冊構成とし，構成方法を変更している。

1 適用範囲

この規格は，電気用図記号のうち，導体及び接続部品に関する図記号について規定する。

注記1　この規格はIEC 60617のうち，従来の図記号番号が03-01-01から03-05-14までのもので構成されている。

注記2　この規格の対応国際規格及びその対応の程度を表す記号を，次に示す。

　　IEC 60617，Graphical symbols for diagrams（MOD）

　　なお，対応の程度を表す記号"MOD"は，ISO/IEC Guide 21-1に基づき，"修正している"ことを示す。

2 引用規格

次に掲げる規格は，この規格に引用されることによって，この規格の規定の一部を構成する。これらの引用規格のうちで，西暦年を付記してあるものは，記載の年の版を適用し，その後の改正版（追補を含む。）は適用しない。西暦年の付記がない引用規格は，その最新版（追補を含む。）を適用する。

JIS C 0452-2　電気及び関連分野−工業用システム，設備及び装置，並びに工業製品−構造化原理及び参照指定−第2部：オブジェクトの分類（クラス）及び分類コード

　　注記　対応国際規格：IEC 61346-2，Industrial systems, installations and equipment and industrial products−Structuring principles and reference designations−Part 2: Classification of objects and codes for classes（IDT）

JIS C 0617-1　電気用図記号−第1部：概説

　　注記　対応国際規格：IEC 60617，Graphical symbols for diagrams（MOD）

JIS C 1082-1:1999　電気技術文書−第1部：一般要求事項

　　注記　対応国際規格：IEC 61082-1，Preparation of documents used in electrotechnology−Part 1: Rules（MOD）

JIS Z 8222-1　製品技術文書に用いる図記号のデザイン−第1部：基本規則

注記　対応国際規格：**ISO 81714-1**，Design of graphical symbols for use in the technical documentation of products－Part 1: Basic rules （IDT）

IEC 60189 (all parts)， Low-frequency cables and wires with PVC insulation and PVC sheath

IEC 60793-1 (all parts)， Optical fibres－Part 1: Measurement methods and test procedures

IEC 60793-2 (all parts)， Optical fibres－Part 2: Product specifications

IEC 61156-1， Multicore and symmetrical pair/quad cables for digital communications－Part 1: Generic specification

IEC 61196 (all parts)， Coaxial communication cables

3 概要

JIS C 0617 規格群は，次のように構成されている。
- 第 1 部：概説
- 第 2 部：図記号要素，限定図記号及びその他の一般用途図記号
- 第 3 部：導体及び接続部品
- 第 4 部：基礎受動部品
- 第 5 部：半導体及び電子管
- 第 6 部：電気エネルギーの発生及び変換
- 第 7 部：開閉装置，制御装置及び保護装置
- 第 8 部：計器，ランプ及び信号装置
- 第 9 部：電気通信－交換機器及び周辺機器
- 第 10 部：電気通信－伝送
- 第 11 部：建築設備及び地図上の設備を示す設置平面図及び線図
- 第 12 部：二値論理素子
- 第 13 部：アナログ素子

　図記号は，**JIS Z 8222-1** に規定する要件に従って作成している。基本単位寸法として M＝5 mm を用いた。多数の端子を表示する必要，又はその他の配置要件に応じてスペースをとる必要がある場合は，**JIS Z 8222-1** の 7.［比率（proportion）の変更］に従い，図記号の寸法（高さなど）を変更してもよい。

　拡大，縮小したり寸法を変更した場合も，線の太さは，拡縮せず，元のままとする。

　図記号は，関連線間の間隔が基本単位の倍数になるよう描かれている。端子表示が必要な場合のスペースがとれるように基本単位 2M を選択した。図記号は同じグリッドを用い，分かりやすい大きさに描かれている。

　図記号は，全てコンピュータ支援製図システムのグリッド内に描かれている（図記号の背景にグリッドを表示した。）。

　JIS C 0617-3:1997 に規定されていたが，現在は削除された図記号を，旧図記号として，**附属書 A** に示している。

　JIS C 0617 規格群で規定する全ての図記号の索引を，**JIS C 0617-1** に示す。

　この規格に用いる項目名の説明を，**表 1** に示す。

　なお，英文の項目名は，**IEC 60617** に対応した名称である。

表1－図記号の規定に用いる項目名の説明

項目名	説明
図記号番号	図記号の分類番号。xx-yy-zz の形式で示し，x，y，z は 0～9 の整数と A とで表す。 xx：部番号 yy：節番号 zz：節番号中の図記号番号 注記　節番号に A が付いた図記号は，旧規格に規定されていたが，現在は削除されている（**附属書 A 参照**）。
識別番号 (Symbol identity number)	図記号の識別番号。Snnnnn の形式で示し，n は 0～9 の整数である。この番号は **IEC 60617** の固有番号である識別番号（Symbol identity number）に対応しており，番号付けには意味はない。
名称 (Name)	当該図記号の概念を表す名称。
別の名称 (Alternative names)	当該図記号の名称に対する別な名称。ほぼ同意語で，従属的な特定の名称など。
様式 (Form)	当該図記号と同一の名称（意味）。形状の異なる図記号がある場合，様式 1，様式 2…として記載する。
別様式 (Alternative forms)	当該図記号と同一名称でほかの様式の図記号がある場合，その図記号の図記号番号。
注釈 (Application notes)	当該図記号の説明又は付加的な関連規定。注釈は通常，複数の図記号で共有されるため，注釈番号を記した別のページに記載されている。 注釈番号は Annnnn の形式で示し，n は 0～9 の整数で表す。この番号は **IEC 60617** の注釈（Application notes）に対応しており，番号付けには意味はない。
適用分類 (Application class)	当該図記号が適用される文書の種類。**JIS C 1082-1** で定義されている。
機能分類 (Function class)	当該図記号が属する一つ又は複数の分類。**JIS C 0452-2** で定義されている。括弧内に示したものは，分類コード。
形状分類 (Shape class)	当該図記号を特徴付ける基本的な形状。
制限事項 (Symbol restrictions)	当該図記号の適用方法に関する制限事項。
補足事項 (Remarks)	当該図記号の付加的な情報。
適用図記号 (Applies)	当該図記号を構築するために用いている図記号（図記号要素，限定図記号及び一般図記号）の識別番号。
被適用図記号 (Applied in)	当該図記号を要素として用いている図記号の識別番号。
キーワード (Keywords)	検索を容易にするキーワードの一覧。

表1－図記号の規定に用いる項目名の説明（続き）

項目名		説明
注記		この規格に関する注記を示す。 なお，IEC 60617 だけの参考情報としては，次の項目がある。
	Status level	IEC 60617 連続メンテナンスに関する当該図記号の状態。 当該図記号が承認された場合，そのステータスレベルは"Standard"に設定される。 当該図記号が後に別の図記号で置き換えられた場合，又は技術的に旧式であると判断された場合，そのステータスレベルは参考としての"旧形式（Obsolete）"となる。 技術的に旧式になった場合，当該図記号は用いられるが，今後メンテナンスは行われない。
	Released on	IEC 60617 の一部として発行された年月日。
	Obsolete from	IEC 60617 に対して旧形式となった年月日。

4 電気用図記号及びその説明

この規格の節の構成は，次のとおりとする。英語は，IEC 60617 によるもので，参考として示す。

第1節　接続
第2節　接続点，端子及び分岐
第3節　接続部品
第4節　ケーブル取付部品
第5節　ガス絶縁母線

第1節 接続

図記号番号 （識別番号）	図記号（Symbol）	
03-01-01 （S00001）	・ ・ ・ ・ ・ ・ ・ ・ ・ ・ ・ ・ ━━━━━━━━━━━━ ・ ・ ・ ・ ・ ・ ・ ・ ・ ・ ・ ・	

項目	説明	IEC 60617 情報（参考）	
名称	接続（一般図記号）	Connection, general symbol	
別の名称	導体，ケーブル，線路，伝送路，通信回線	Conductor, cable, line, transmission path, telecommunication line	
様式	−	−	
別様式	−	−	
注釈	A00109, A00193, A00194		
適用分類	回路図，接続図，機能図，据付図，ネットワークマップ，概要図	Circuit diagrams, Connection diagrams, Function diagrams, Installation diagrams, Network maps, Overview diagrams	
機能分類	案内又は輸送（W）	W Guiding or transporting	
形状分類	線	Lines	
制限事項	−	−	
補足事項	図記号 03-01-01（S00058）も参照。	See also symbol S00058.	
適用図記号		−	
被適用図記号	S00004, S00005, S00050, S00051, S00054, S00052, S00423, S00410, S00408, S00409, S00407, S00411, S00416, S00415, S00412, S00414, S00413, S00417, S00418, S00425, S00437, S00439, S00447, S00444, S00445, S00446, S00449, S00448, S01391, S01414, S01415, S01448, S01449, S01807, S01185, S01082, S01084, S00531, S01148, S01143, S01086, S01142, S01149, S01318, S01151, S01141, S01081, S01138, S01145, S01083, S01140, S01377, S01378, S01150, S00826, S00592, S01080, S01336, S01831		
キーワード	ケーブル，導体，接続，線，通信，伝送路	cables, conductors, connections, lines, telecommunication, transmission paths	
注記	−	Status level	Standard
		Released on	2001-07-01
		Obsolete from	−

第1節 接続

図記号番号 (識別番号)	図記号（Symbol）		
03-01-01 (S00058)	. . . . ▬▬▬▬▬▬▬▬▬▬▬▬▬		
項目	説明	IEC 60617 情報（参考）	
名称	接続群	Group of connections	
別の名称	−	−	
様式	−	−	
別様式	−	−	
注釈	A00192, A00193, A00194		
適用分類	回路図，接続図，機能図，据付図，ネットワークマップ，概要図	Circuit diagrams, Connection diagrams, Function diagrams, Installation diagrams, Network maps, Overview diagrams	
機能分類	案内又は輸送（W）	W Guiding or transporting	
形状分類	線	Lines	
制限事項	−	−	
補足事項	図記号 03-01-01（S00001）も参照。	See also symbol S00001.	
適用図記号		−	
被適用図記号	S00003, S00050, S00002, S01414		
キーワード	接続	connections	
注記	−	Status level	Standard
		Released on	2001-07-01
		Obsolete from	−

第1節 接続

図記号番号 (識別番号)	図記号 (Symbol)	
03-01-02 (S00002)		

項目	説明	IEC 60617 情報（参考）	
名称	接続群（接続の数を表示）	Group of connections (number of connections indicated)	
別の名称	−	−	
様式	様式1	Form 1	
別様式	03-01-03	S00003	
注釈	A00192, A00193, A00194		
適用分類	回路図，接続図，機能図，据付図，ネットワークマップ，概要図	Circuit diagrams, Connection diagrams, Function diagrams, Installation diagrams, Network maps, Overview diagrams	
機能分類	案内又は輸送（W）	W Guiding or transporting	
形状分類	線	Lines	
制限事項	−	−	
補足事項	3本の接続を示す。	Three connections shown.	
適用図記号	S00058		
被適用図記号	S00025, S00449, S00874, S00880, S01087, S00888, S00886, S00854, S00872, S00890, S00856, S00884, S00860, S01093, S00868, S00870, S00866, S00858, S00852, S00882, S00862, S00864, S01088, S01089, S00876, S01091, S01837		
キーワード	導体，接続	conductors, connections	
注記	−	Status level	Standard
		Released on	2001-07-01
		Obsolete from	−

第1節 接続

図記号番号 (識別番号)	図記号 (Symbol)		
03-01-03 (S00003)	（3本の接続を示す図記号）		
項目	説明	IEC 60617 情報 (参考)	
名称	接続群（接続の数を表示）	Group of connections (number of connections indicated)	
別の名称	—	—	
様式	様式2	Form 2	
別様式	03-01-02	S00002	
注釈	A00192, A00193, A00194		
適用分類	回路図，接続図，機能図，据付図，ネットワークマップ，概要図	Circuit diagrams, Connection diagrams, Function diagrams, Installation diagrams, Network maps, Overview diagrams	
機能分類	案内又は輸送（W）	W Guiding or transporting	
形状分類	文字，線	Characters, Lines	
制限事項	—	—	
補足事項	3本の接続を示す。	Three connections shown.	
適用図記号	S00058		
被適用図記号	S00027, S00024, S00055, S00053, S00294, S00295, S01277, S00888, S01323, S00890, S01285, S01324, S01092		
キーワード	導体，接続	conductors, connections	
注記	—	Status level	Standard
		Released on	2001-07-01
		Obsolete from	—

第1節 接続

図記号番号 (識別番号)	図記号（Symbol）		
03-01-04 (S00004)	$\underline{\texttt{===}\ 110\ \text{V}}$ $\underline{2\times120\ \text{mm}^2\ \text{Al}}$		
項目	説明	IEC 60617 情報（参考）	
名称	直流回路	Direct current circuit	
別の名称	－	－	
様式	－	－	
別様式	－	－	
注釈	A00193，A00194		
適用分類	回路図，接続図	Circuit diagrams, Connection diagrams	
機能分類	案内又は輸送（W）	W Guiding or transporting	
形状分類	文字，線	Characters, Lines	
制限事項	－	－	
補足事項	110 V，アルミニウム導体（断面積 120 mm^2）2本	110 V, two aluminium conductors of 120 mm^2	
適用図記号	S00001，S01401		
被適用図記号	－		
キーワード	導体，接続	conductors, connections	
注記	－	Status level	Standard
		Released on	2001-07-01
		Obsolete from	－

第1節　接続

図記号番号 （識別番号）	図記号（Symbol）		
03-01-05 （S00005）	$3N\sim 50\text{ Hz } 400\text{ V}$ $3\times 120\text{ mm}^2 + 1\times 50\text{ mm}^2$		
項目	説明	IEC 60617 情報（参考）	
名称	三相回路	Three-phase circuit	
別の名称	－	－	
様式	－	－	
別様式	－	－	
注釈	A00193，A00194		
適用分類	回路図，接続図，機能図	Circuit diagrams, Connection diagrams, Function diagrams	
機能分類	案内又は輸送（W）	W Guiding or transporting	
形状分類	文字，線	Characters, Lines	
制限事項	－	－	
補足事項	50 Hz，400 V，断面積 120 mm^2 の導体 3 本，50 mm^2 の中性線 1 本。3N の代わりに 3＋N と表示してもよい。	50 Hz, 400 V, three conductors of 120 mm^2, with neutral of 50 mm^2. 3N may be replaced by 3+N.	
適用図記号	S00001，S01403		
被適用図記号	S00314		
キーワード	導体，接続	conductors, connections	
注記	－	Status level	Standard
		Released on	2001-07-01
		Obsolete from	－

第1節　接続

図記号番号 (識別番号)	図記号 (Symbol)		
03-01-06 (S00006)			

項目	説明	IEC 60617 情報（参考）	
名称	フレキシブル接続	Flexible connection	
別の名称	—	—	
様式	—	—	
別様式	—	—	
注釈	—		
適用分類	回路図，接続図，機能図，据付図，ネットワークマップ，概要図	Circuit diagrams, Connection diagrams, Function diagrams, Installation diagrams, Network maps, Overview diagrams	
機能分類	案内又は輸送（W）	W Guiding or transporting	
形状分類	具象的形状又は描写的形状	Depicting shapes	
制限事項	—	—	
補足事項	—	—	
適用図記号	—		
被適用図記号	S01147		
キーワード	導体，接続	conductors, connections	
注記	—	Status level	Standard
		Released on	2001-07-01
		Obsolete from	—

第1節　接続

図記号番号 (識別番号)	図記号（Symbol）	
03-01-07 (S00007)		

項目	説明	IEC 60617 情報（参考）	
名称	遮蔽導体	Screened conductor	
別の名称	－	－	
様式	－	－	
別様式	－	－	
注釈	A00001		
適用分類	回路図，接続図，機能図，据付図，ネットワークマップ，概要図	Circuit diagrams, Connection diagrams, Function diagrams, Installation diagrams, Network maps, Overview diagrams	
機能分類	案内又は輸送（W）	W Guiding or transporting	
形状分類	円，線	Circles, Lines	
制限事項	－	－	
補足事項	－	－	
適用図記号	－		
被適用図記号	S00013, S00791, S00783		
キーワード	導体，接続	conductors, connections	
注記	－	Status level	Standard
		Released on	2001-07-01
		Obsolete from	－

第1節　接続

図記号番号 (識別番号)	図記号 (Symbol)		
03-01-08 (S00008)			
項目	説明	IEC 60617 情報 (参考)	
名称	より合わせ接続	Twisted connection	
別の名称	－	－	
様式	－	－	
別様式	－	－	
注釈	A00001		
適用分類	回路図，接続図，機能図，据付図，ネットワークマップ，概要図	Circuit diagrams, Connection diagrams, Function diagrams, Installation diagrams, Network maps, Overview diagrams	
機能分類	案内又は輸送（W）	W Guiding or transporting	
形状分類	線	Lines	
制限事項	－	－	
補足事項	2本の接続を示す。	Two connections shown.	
適用図記号		－	
被適用図記号		－	
キーワード	導体，接続	conductors, connections	
注記	－	Status level	Standard
		Released on	2001-07-01
		Obsolete from	－

第 1 節　接続

図記号番号（識別番号）	図記号（Symbol）
03-01-09（S00009）	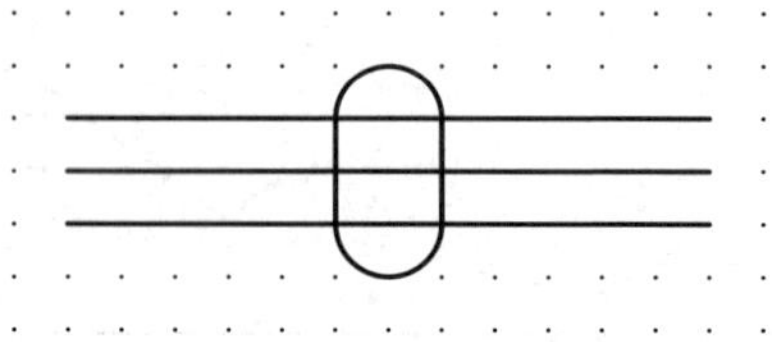

項目	説明	**IEC 60617** 情報（参考）	
名称	ケーブルの心線	Conductors in a cable	
別の名称	—	—	
様式	—	—	
別様式	03-01-10	S00010	
注釈	A00001		
適用分類	限定図記号	Qualifiers only	
機能分類	機能属性だけ（—）	—Functional attribute only	
形状分類	だ円	Ovals	
制限事項	—	—	
補足事項	3 心の場合を示す。	Three conductors shown.	
適用図記号	—		
被適用図記号	S00010，S01324		
キーワード	導体，接続	conductors, connections	
注記	—	Status level	Standard
		Released on	2001-07-01
		Obsolete from	—

第1節 接続

図記号番号 (識別番号)	図記号 (Symbol)		
03-01-10 (S00010)			
項目	説明		IEC 60617 情報 (参考)
名称	ケーブルの心線		Conductors in a cable
別の名称	−		−
様式	−		−
別様式	−		−
注釈	A00001		
適用分類	回路図，接続図，機能図，据付図，ネットワークマップ，概要図		Circuit diagrams, Connection diagrams, Function diagrams, Installation diagrams, Network maps, Overview diagrams
機能分類	案内又は輸送 (W)		W Guiding or transporting
形状分類	矢印，線，だ円		Arrows, Lines, Ovals
制限事項	−		−
補足事項	5心線（矢印で示した2本の心線が，同一のケーブルに収まっている。）		Five conductors, two of which marked by arrowheads are in one cable.
適用図記号	S00009		
被適用図記号	−		−
キーワード	導体，接続		conductors, connections
注記	−	Status level	Standard
		Released on	2001-07-01
		Obsolete from	−

第1節　接続

図記号番号 (識別番号)	図記号（Symbol）		
03-01-11 (S00011)			

項目	説明	IEC 60617 情報（参考）	
名称	同軸ケーブル	Coaxial pair	
別の名称	－	－	
様式	－	－	
別様式	－	－	
注釈	A00011		
適用分類	回路図，接続図，機能図，据付図，ネットワークマップ，概要図	Circuit diagrams, Connection diagrams, Function diagrams, Installation diagrams, Network maps, Overview diagrams	
機能分類	案内又は輸送（W）	W Guiding or transporting	
形状分類	円，線	Circles, Lines	
制限事項	－	－	
補足事項	－	－	
適用図記号		－	
被適用図記号	S00013，S00012，S00042，S00591，S00606，S01119，S00610		
キーワード	導体，接続	conductors, connections	
注記	－	Status level	Standard
		Released on	2001-07-01
		Obsolete from	－

第1節 接続

図記号番号 (識別番号)	図記号 (Symbol)		
03-01-12 (S00012)			

項目	説明	IEC 60617 情報 (参考)	
名称	端子に接続された同軸ケーブル	Coaxial pair connected to terminals	
別の名称	─	─	
様式	─	─	
別様式	─	─	
注釈	A00011		
適用分類	回路図，接続図，機能図，据付図，概要図	Circuit diagrams, Connection diagrams, Function diagrams, Installation diagrams, Overview diagrams	
機能分類	案内又は輸送 (W)	W Guiding or transporting	
形状分類	円，線	Circles, Lines	
制限事項	─	─	
補足事項	─	─	
適用図記号	S00011, S00017		
被適用図記号	─		
キーワード	導体，接続，端子	conductors, connections, terminals	
注記	─	Status level	Standard
		Released on	2001-07-01
		Obsolete from	─

第 1 節　接続

<table>
<tr><td>図記号番号
（識別番号）</td><td colspan="3">図記号（Symbol）</td></tr>
<tr><td>03-01-13
（S00013）</td><td colspan="3">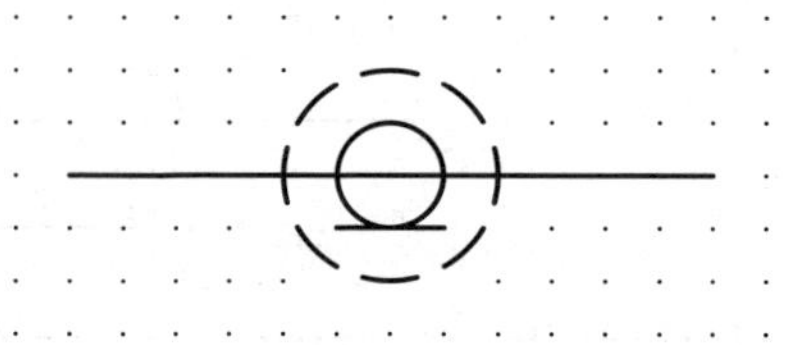</td></tr>
<tr><td>項目</td><td>説明</td><td colspan="2">IEC 60617 情報（参考）</td></tr>
<tr><td>名称</td><td>遮蔽付同軸ケーブル</td><td colspan="2">Coaxial pair with screen</td></tr>
<tr><td>別の名称</td><td>—</td><td colspan="2">—</td></tr>
<tr><td>様式</td><td>—</td><td colspan="2">—</td></tr>
<tr><td>別様式</td><td>—</td><td colspan="2">—</td></tr>
<tr><td>注釈</td><td colspan="3">—</td></tr>
<tr><td>適用分類</td><td>回路図，接続図，機能図，据付図，概要図</td><td colspan="2">Circuit diagrams, Connection diagrams, Function diagrams, Installation diagrams, Overview diagrams</td></tr>
<tr><td>機能分類</td><td>案内又は輸送（W）</td><td colspan="2">W Guiding or transporting</td></tr>
<tr><td>形状分類</td><td>円，線</td><td colspan="2">Circles, Lines</td></tr>
<tr><td>制限事項</td><td>—</td><td colspan="2">—</td></tr>
<tr><td>補足事項</td><td>—</td><td colspan="2">—</td></tr>
<tr><td>適用図記号</td><td colspan="3">S00007，S00011</td></tr>
<tr><td>被適用図記号</td><td colspan="3">—</td></tr>
<tr><td>キーワード</td><td>導体，接続</td><td colspan="2">conductors, connections</td></tr>
<tr><td rowspan="3">注記</td><td rowspan="3">—</td><td>Status level</td><td>Standard</td></tr>
<tr><td>Released on</td><td>2001-07-01</td></tr>
<tr><td>Obsolete from</td><td>—</td></tr>
</table>

第1節 接続

図記号番号 (識別番号)	図記号（Symbol）		
03-01-14 (S00014)			

項目	説明	IEC 60617 情報（参考）	
名称	未接続の導体又はケーブルの端	End of a conductor or cable, not connected	
別の名称	－	－	
様式	－	－	
別様式	－	－	
注釈	－		
適用分類	限定図記号	Qualifiers only	
機能分類	機能属性だけ（－）	－Functional attribute only	
形状分類	半円，線	Half-circles, Lines	
制限事項	－	－	
補足事項	－	－	
適用図記号	－		
被適用図記号	－		
キーワード	導体，接続	conductors, connections	
注記	－	Status level	Standard
		Released on	2001-07-01
		Obsolete from	－

第1節 接続

図記号番号 (識別番号)	図記号（Symbol）	
03-01-15 （S00015）		
項目	説明	IEC 60617 情報（参考）
名称	特別な絶縁処理をした未接続の導体又はケーブルの端	End of a conductor or cable, not connected and specially insulated
別の名称	－	－
様式	－	－
別様式	－	－
注釈	－	
適用分類	限定図記号	Qualifiers only
機能分類	機能属性だけ（－）	－Functional attribute only
形状分類	半円，線	Half-circles, Lines
制限事項	－	－
補足事項	－	－
適用図記号	－	
被適用図記号	－	
キーワード	ケーブル，導体，接続	cables, conductors, connections
注記	－	Status level	Standard
		Released on	2001-07-01
		Obsolete from	－

第1節 接続

図記号番号 (識別番号)	図記号（Symbol）		
03-01-16 (S01414)			

項目	説明	IEC 60617 情報（参考）	
名称	方向性接続	Directed connection	
別の名称	－	－	
様式	－	－	
別様式	－	－	
注釈	A00192，A00262，A00264		
適用分類	回路図，接続図，据付図，概要図	Circuit diagrams, Connection diagrams, Installation diagrams, Overview diagrams	
機能分類	案内又は輸送（W），接続（X）	W Guiding or transporting, X Connecting	
形状分類	円，線	Circles, Lines	
制限事項	この図記号は，例えば，集束電極など，電気的接続がない場合は用いてはならない。	This symbol shall not be used if there is no electrical connection, e.g. at bundling.	
補足事項	斜線は，接続点の方向を指さなければならない。図記号は，右側から左側への導体とともに示してある。接続は，左に位置する接続点を通って底に向いている。	The slanting line shall point in the direction of the connection point. The symbol is shown with a conductor coming from the right side going to the left side, with a connection going to the bottom through a connection point situated to the left.	
適用図記号	S00001，S00058		
被適用図記号		－	
キーワード	分岐，ケーブル，導体，接続	branchings, cables, conductors, connections	
注記	－	Status level	Standard
		Released on	2003-01-24
		Obsolete from	－

第 1 節　接続

図記号番号 (識別番号)	図記号 (Symbol)	
03-01-17 (S01415)		

項目	説明	IEC 60617 情報 (参考)
名称	導体束への接近点	Point of access to a bundle
別の名称	－	－
様式	－	－
別様式	－	－
注釈	A00192，A00262	
適用分類	回路図，接続図，機能図，据付図，ネットワークマップ，概要図	Circuit diagrams, Connection diagrams, Function diagrams, Installation diagrams, Network maps, Overview diagrams
機能分類	機能属性だけ（－），案内又は輸送（W）	－Functional attribute only, W Guiding or transporting
形状分類	円弧，線	Circle segments, Lines
制限事項	この図記号は，電気的接続を示すために用いない。	This symbol shall not be used to represent an electrical connection.
補足事項	立体レイアウト図において，この図記号は，物理的導体束への接近点を示す。機能レイアウト図において，この図記号は，"図形集束"，つまり2本以上の接続点が図上の同一の空間を部分的に占有していることを表す。	In diagrams with topgraphical layout this symbol indicates a point of access to a physical bundle of conductors. In diagrams with functional layout, this symbol represent "graphical bundling", i.e. two or more connecting lines are partly occupying the same space on the diagram.
適用図記号	S00001	
被適用図記号	－	
キーワード	分岐，集束，ケーブル	branchings, bundles, cables
注記	－	Status level	Standard
		Released on	2003-01-24
		Obsolete from	－

第1節 接続

図記号番号 (識別番号)	図記号 (Symbol)		
03-01-18 (S01807)			

項目	説明	IEC 60617 情報 (参考)	
名称	同心導体	Concentric conductor	
別の名称	−	−	
様式	−	−	
別様式	−	−	
注釈	−		
適用分類	回路図,接続図,機能図,据付図,概要図	Circuit diagrams, Connection diagrams, Function diagrams, Installation diagrams, Overview diagrams	
機能分類	機能属性だけ (−)	−Functional attribute only	
形状分類	円弧,線	Circle segments, Lines	
制限事項	スクリーン又は同軸ペアには用いない。	Not to be used for an screen or a coaxial pair.	
補足事項	−	−	
適用図記号	S00001		
被適用図記号		−	
キーワード	導体	conductors	
注記	−	Status level	Standard
		Released on	2004-03-27
		Obsolete from	−

第2節 接続点，端子及び分岐

図記号番号 (識別番号)	図記号（Symbol）	
03-02-01 (S00016)	・ ・ ・ ・ ● ・ ・ ・	

項目	説明	IEC 60617 情報（参考）	
名称	接続箇所	Connection point	
別の名称	接続点	Junction	
様式	－	－	
別様式	－	－	
注釈	－		
適用分類	限定図記号	Qualifiers only	
機能分類	機能属性だけ（－）	－Functional attribute only	
形状分類	円，黒丸（点）	Circles, Dots (points)	
制限事項	－	－	
補足事項	－	－	
適用図記号	－		
被適用図記号	S00020, S00022, S00455, S00454, S01790, S01785, S01797, S01798, S00952, S01325, S00664, S01833, S01834		
キーワード	分岐，接続，接続点	branchings, connections, junctions	
注記	－	Status level	Standard
		Released on	2001-07-01
		Obsolete from	－

第2節 接続点，端子及び分岐

図記号番号 (識別番号)	図記号 (Symbol)		
03-02-02 (S00017)	○		

項目	説明	IEC 60617 情報 (参考)	
名称	端子	Terminal	
別の名称	−	−	
様式	−	−	
別様式	−	−	
注釈	−		
適用分類	回路図，接続図，機能図，据付図，ネットワークマップ，概要図	Circuit diagrams, Connection diagrams, Function diagrams, Installation diagrams, Network maps, Overview diagrams	
機能分類	接続 (X)	X Connecting	
形状分類	円	Circles	
制限事項	−	−	
補足事項	−	−	
適用図記号	−		
被適用図記号	S00012, S00039, S00044, S00046, S00268, S00267, S00269, S01200, S00880, S00955, S00957, S01201, S00881, S01202, S01836, S01839, S01840, S01841, S01842		
キーワード	端子	terminals	
注記	−	Status level	Standard
		Released on	2001-07-01
		Obsolete from	−

第2節　接続点，端子及び分岐

図記号番号 (識別番号)	図記号（Symbol）			
03-02-03 (S00018)	（端子板の図）			
項目	説明		IEC 60617 情報（参考）	
名称	端子板		Terminal strip	
別の名称	－		－	
様式	－		－	
別様式	－		－	
注釈	A00002			
適用分類	回路図		Circuit diagrams	
機能分類	接続（X）		X Connecting	
形状分類	長方形		Rectangles	
制限事項	－		－	
補足事項	－		－	
適用図記号	－			
被適用図記号				
キーワード	端子		terminals	
注記	－		Status level	Standard
			Released on	2001-07-01
			Obsolete from	－

第 2 節 接続点，端子及び分岐

図記号番号 (識別番号)	図記号 (Symbol)		
03-02-04 (S00019)	(T-shaped symbol)		
項目	説明	IEC 60617 情報 (参考)	
名称	T 接続	T-connection	
別の名称	—	—	
様式	様式 1	Form 1	
別様式	03-02-05	S00020	
注釈		—	
適用分類	回路図，接続図，機能図，据付図，ネットワークマップ，概要図	Circuit diagrams, Connection diagrams, Function diagrams, Installation diagrams, Network maps, Overview diagrams	
機能分類	案内又は輸送 (W)，接続 (X)	W Guiding or transporting, X Connecting	
形状分類	線	Lines	
制限事項	—	—	
補足事項	—	—	
適用図記号	—		
被適用図記号	S00021, S00029, S00030, S00055, S00054, S00502		
キーワード	分岐，接続，接続点	branchings, connections, junctions	
注記	—	Status level	Standard
		Released on	2001-07-01
		Obsolete from	—

第 2 節 接続点，端子及び分岐

図記号番号 (識別番号)	図記号（Symbol）	
03-02-05 (S00020)		

項目	説明	IEC 60617 情報（参考）	
名称	T 接続	T-connection	
別の名称	―	―	
様式	様式 2	Form 2	
別様式	03-02-04	S00019	
注釈		―	
適用分類	回路図，機能図，概要図	Circuit diagrams, Function diagrams, Overview diagrams	
機能分類	案内又は輸送（W），接続（X）	W Guiding or transporting, X Connecting	
形状分類	円，黒丸（点），線	Circles, Dots (points), Lines	
制限事項	―	―	
補足事項	接続点図記号を加えたもの。	Shown with junction symbol.	
適用図記号	S00016		
被適用図記号		―	
キーワード	分岐，接続，接続点	branchings, connections, junctions	
注記	―	Status level	Standard
		Released on	2001-07-01
		Obsolete from	―

第2節 接続点，端子及び分岐

図記号番号 (識別番号)	図記号 (Symbol)		
03-02-06 (S00021)			
項目	説明	IEC 60617 情報（参考）	
名称	導体の二重接続	Double junction of conductors	
別の名称	−	−	
様式	様式1	Form 1	
別様式	03-02-07	S00022	
注釈	−	−	
適用分類	回路図，機能図，概要図	Circuit diagrams, Function diagrams, Overview diagrams	
機能分類	案内又は輸送（W），接続（X）	W Guiding or transporting, X Connecting	
形状分類	線	Lines	
制限事項	−	−	
補足事項	−	−	
適用図記号	S00019		
被適用図記号	−	−	
キーワード	分岐，接続，接続点	branchings, connections, junctions	
注記	−	Status level	Standard
		Released on	2001-07-01
		Obsolete from	−

第2節 接続点，端子及び分岐

図記号番号 (識別番号)	図記号（Symbol）	
03-02-07 (S00022)	（接続点の図記号）	
項目	説明	IEC 60617 情報（参考）
名称	導体の二重接続	Double junction of conductors
別の名称	－	－
様式	様式2	Form 2
別様式	03-02-06	S00021
注釈		－
適用分類	回路図，機能図，概要図	Circuit diagrams, Function diagrams, Overview diagrams
機能分類	案内又は輸送（W），接続（X）	W Guiding or transporting, X Connecting
形状分類	円，黒丸（点），線	Circles, Dots (points), Lines
制限事項	－	－
補足事項	－	－
適用図記号	S00016	
被適用図記号	S00503	
キーワード	分岐，接続，接続点	branchings, connections, junctions
注記	－	Status level / Standard Released on / 2001-07-01 Obsolete from / －

第2節 接続点，端子及び分岐

図記号番号 (識別番号)	図記号（Symbol）		
03-02-09 (S00023)	n（分岐記号）		
項目	説明	IEC 60617 情報（参考）	
名称	分岐	Branching	
別の名称	接続点	Junction	
様式	−	−	
別様式	−	−	
注釈	A00003		
適用分類	回路図，接続図，機能図，据付図，ネットワークマップ，概要図	Circuit diagrams, Connection diagrams, Function diagrams, Installation diagrams, Network maps, Overview diagrams	
機能分類	案内又は輸送（W），接続（X）	W Guiding or transporting, X Connecting	
形状分類	文字，円，黒丸（点），線	Characters, Circles, Dots (points), Lines	
制限事項	−	−	
補足事項	同一の並列回路群に共通な接続点。	Junction common to a group of identical and repeated parallel circuits.	
適用図記号	−		
被適用図記号	S01351		
キーワード	分岐，接続，接続点	branchings, connections, junctions	
注記	旧図記号は，03-A1-02（S01351）	Status level	Standard
		Released on	2001-07-01
		Obsolete from	−

第2節 接続点，端子及び分岐

図記号番号 （識別番号）	図記号（Symbol）		
03-02-11 （S00024）			
項目	説明	IEC 60617 情報（参考）	
名称	入換え	Interchange	
別の名称	導体の入換え，相順の反転，極性の反転	Interchange of conductors, Change of phase sequence, Inversion of polarity	
様式	－	－	
別様式	－	－	
注釈	A00004，A00262		
適用分類	限定図記号	Qualifiers only	
機能分類	機能属性だけ（－）	－Functional attribute only	
形状分類	文字，線	Characters, Lines	
制限事項	－	－	
補足事項	－	－	
適用図記号	S00003		
被適用図記号	S00025，S01413，S00514		
キーワード	接続，入換え，反転	connections, interchanges, inversion	
注記	－	Status level	Standard
		Released on	2001-07-01
		Obsolete from	－

第 2 節　接続点，端子及び分岐

図記号番号 (識別番号)	図記号 (Symbol)		
03-02-12 (S00025)	L1　　L3		

項目	説明	IEC 60617 情報（参考）	
名称	相順の反転	Change of phase sequence	
別の名称	－	－	
様式	－	－	
別様式	－	－	
注釈	A00004		
適用分類	限定図記号	Qualifiers only	
機能分類	機能属性だけ（－）	－Functional attribute only	
形状分類	文字，線	Characters, Lines	
制限事項	－	－	
補足事項	－	－	
適用図記号	S00002，S00024		
被適用図記号	－		
キーワード	入換え，反転	interchanges, inversion	
注記	－	Status level	Standard
		Released on	2001-07-01
		Obsolete from	－

第2節 接続点, 端子及び分岐

図記号番号 (識別番号)	図記号 (Symbol)		
03-02-13 (S00026)	*n*		
項目	説明	IEC 60617 情報 (参考)	
名称	中性点	Neutral point	
別の名称	ー	ー	
様式	ー	ー	
別様式	ー	ー	
注釈	A00003, A00262		
適用分類	回路図, 接続図, 機能図, 概要図	Circuit diagrams, Connection diagrams, Function diagrams, Overview diagrams	
機能分類	接続 (X)	X Connecting	
形状分類	文字, 線	Characters, Lines	
制限事項	ー	ー	
補足事項	多相系統で複数の導体が接続されて中性点を形成する点。	Point at which multiple conductors are connected together to form the neutral point in a multiphase system.	
適用図記号	ー		
被適用図記号	S00027, S00028		
キーワード	接続, 接続点, 中性点	connections, junctions, neutral points	
注記	ー	Status level	Standard
		Released on	2001-07-01
		Obsolete from	ー

第 2 節　接続点，端子及び分岐

図記号番号 (識別番号)	図記号 (Symbol)		
03-02-14 (S00027)	(3~ 三相同期発電機 GS、外部中性点の図記号)		
項目	説明	IEC 60617 情報 (参考)	
名称	発電機の中性点（単線表示）	Neutral point of a generator (single-line representation)	
別の名称	—	—	
様式	—	—	
別様式	—	—	
注釈	—		
適用分類	回路図，機能図，概要図	Circuit diagrams, Function diagrams, Overview diagrams	
機能分類	接続 (X)	X Connecting	
形状分類	文字，円，線	Characters, Circles, Lines	
制限事項	—	—	
補足事項	外部中性点をもつ三相同期発電機（巻線の各相のリード線が引き出されている。）	Synchronous generator, three-phase, both leads of each phase of the generator winding brought out, shown with external neutral point.	
適用図記号	S00003，S00026，S00797，S00819		
被適用図記号	—		
キーワード	接続，発生器，接続点，中性点，発電機	connections, generators, junctions, neutral points, power generators	
注記	—	Status level	Standard
		Released on	2001-07-01
		Obsolete from	—

第2節　接続点，端子及び分岐

図記号番号 (識別番号)	図記号 (Symbol)		
03-02-15 (S00028)	(発電機の中性点の複線図記号：三相の線が中心母線に接続され、GS／III を記した円に接続される)		
項目	説明	IEC 60617 情報 (参考)	
名称	発電機の中性点（複線表示）	Neutral point of a generator (multi-line representation)	
別の名称	—	—	
様式	—	—	
別様式	—	—	
注釈	—		
適用分類	回路図	Circuit diagrams	
機能分類	接続 (X)	X Connecting	
形状分類	文字，円，線	Characters, Circles, Lines	
制限事項	—	—	
補足事項	図記号 03-02-14（S00027）の複線図表示	Multi-line representation of symbol S00027.	
適用図記号	S00026，S00797，S00819		
被適用図記号	—		
キーワード	接続，発生器，接続点，中性点，発電機	connections, generators, junctions, neutral points, power generators	
注記	—	Status level	Standard
		Released on	2001-07-01
		Obsolete from	—

第2節 接続点，端子及び分岐

図記号番号 (識別番号)	図記号（Symbol）		
03-02-16 (S00029)			
項目	説明	IEC 60617 情報（参考）	
名称	導体非切断タップ	Junction not interrupting the conductor	
別の名称	－	－	
様式	－	－	
別様式	－	－	
注釈	A00005		
適用分類	限定図記号	Qualifiers only	
機能分類	機能属性だけ（－）	－Functional attribute only	
形状分類	線	Lines	
制限事項	－	－	
補足事項	図記号 S00019 とともに示す。	The symbol is shown with symbol S00019.	
適用図記号	S00019		
被適用図記号	－		
キーワード	分岐，接続部品，接続，接続点	branchings, connection devices, connections, junctions	
注記	－	Status level	Standard
		Released on	2001-07-01
		Obsolete from	－

第2節　接続点，端子及び分岐

図記号番号 (識別番号)	図記号 (Symbol)		
03-02-17 (S00030)			

項目	説明	IEC 60617 情報 (参考)	
名称	特別な工具を必要とする接続点	Junction requiring a special tool	
別の名称	－	－	
様式	－	－	
別様式	－	－	
注釈	－		
適用分類	限定図記号	Qualifiers only	
機能分類	機能属性だけ（－）	－Functional attribute only	
形状分類	具象的形状又は描写的形状，線	Depicting shapes, Lines	
制限事項	－		
補足事項	図記号 S00019 とともに示す。	The symbol is shown with symbol S00019.	
適用図記号	S00019		
被適用図記号		－	
キーワード	分岐，接続部品，接続，接続点	branchings, connection devices, connections, junctions	
注記	－	Status level	Standard
		Released on	2001-07-01
		Obsolete from	－

第 2 節　接続点，端子及び分岐

図記号番号 (識別番号)	図記号 (Symbol)		
03-02-18 (S01849)			
項目	説明	IEC 60617 情報（参考）	
名称	活線脱着	Live connectable, live disconnectable	
別の名称	－	－	
様式	－	－	
別様式	－	－	
注釈	－		
適用分類	限定図記号	Qualifiers only	
機能分類	機能属性だけ（－）	－Functional attribute only	
形状分類	三角形	Equilateral triangles	
制限事項	－	－	
補足事項	－	－	
適用図記号	－		
被適用図記号	S01836		
キーワード	活線接続，活線	live connectable, live line	
注記	－	Status level	Standard
		Released on	2009-01-19
		Obsolete from	－

第2節 接続点，端子及び分岐

図記号番号 (識別番号)	図記号（Symbol）	
03-02-19 （S01836）		

項目	説明	IEC 60617 情報（参考）	
名称	活線用端子	Live connection terminal	
別の名称	－	－	
様式	－	－	
別様式	－	－	
注釈	－		
適用分類	回路図，接続図	Circuit diagrams, Connection diagrams	
機能分類	接続（X）	X Connecting	
形状分類	矢印，点，三角形，線	Arrows, Dots (points), Equilateral triangles, Lines	
制限事項	この図記号は，負荷電流のない状態においてだけ開放又は接続されなければならない端子を示す。	The symbol indicates a terminal that shall only be opened or closed under no-load current conditions.	
補足事項	－	－	
適用図記号	S00017, S01849		
被適用図記号		－	
キーワード	接続部品，活線接続，端子	connection devices, live connectable, terminals	
注記	－	Status level	Standard
		Released on	2009-01-19
		Obsolete from	－

第3節 接続部品

図記号番号 (識別番号)	図記号(Symbol)		
03-03-01 (S00031)	(半円と線のシンボル図)		
項目	説明	IEC 60617 情報(参考)	
名称	(ソケット又はプラグの)めす形接点	Contact, female (of a socket or plug)	
別の名称	ソケット	Socket	
様式	−	−	
別様式	−	−	
注釈	A00006		
適用分類	回路図,接続図,機能図,据付図,概要図	Circuit diagrams, Connection diagrams, Function diagrams, Installation diagrams, Overview diagrams	
機能分類	接続(X)	X Connecting	
形状分類	半円,線	Half-circles, Lines	
制限事項	−	−	
補足事項	−	−	
適用図記号	−		
被適用図記号	S00033, S00038, S00047, S00049, S00048, S00457, S01329		
キーワード	接続部品,ソケット	connection devices, sockets	
注記	旧図記号は,03-A2-01 (S01352)	Status level	Standard
		Released on	2001-07-01
		Obsolete from	−

第3節 接続部品

図記号番号 (識別番号)	図記号 (Symbol)		
03-03-03 (S00032)			

項目	説明	IEC 60617 情報 (参考)	
名称	(ソケット又はプラグの) おす形接点	Contact, male (of a socket or plug)	
別の名称	プラグ	Plug	
様式	−	−	
別様式	−	−	
注釈	A00007		
適用分類	回路図, 接続図, 機能図, 据付図, 概要図	Circuit diagrams, Connection diagrams, Function diagrams, Installation diagrams, Overview diagrams	
機能分類	接続 (X)	X Connecting	
形状分類	線, 長方形	Lines, Rectangles	
制限事項	−	−	
補足事項			
適用図記号	−		
被適用図記号	S00033, S00039, S00038, S00043, S00047, S00049, S00048, S01329		
キーワード	接続部品, プラグ	connection devices, plugs	
注記	−	Status level	Standard
		Released on	2001-07-01
		Obsolete from	−

第3節 接続部品

図記号番号 (識別番号)	図記号(Symbol)		
03-03-05 (S00033)			

項目	説明	IEC 60617 情報(参考)	
名称	プラグ及びソケット	Plug and socket	
別の名称	—	—	
様式	—	—	
別様式	—	—	
注釈	A00210		
適用分類	回路図,接続図,機能図,据付図,概要図	Circuit diagrams, Connection diagrams, Function diagrams, Installation diagrams, Overview diagrams	
機能分類	接続(X)	X Connecting	
形状分類	半円,線,長方形	Half-circles, Lines, Rectangles	
制限事項	—	—	
補足事項	—	—	
適用図記号	S00031,S00032		
被適用図記号	S00034,S00035,S00042,S01329		
キーワード	プラグ,ソケット	plugs, sockets	
注記	—	Status level	Standard
		Released on	2001-07-01
		Obsolete from	—

第3節 接続部品

図記号番号 (識別番号)	図記号（Symbol）		
03-03-07 (S00034)	（多極プラグ及びソケットの複線表示図記号）		
項目	説明	IEC 60617 情報（参考）	
名称	多極プラグ及びソケット（複線表示）	Plug and socket, multipole (multi-line representation)	
別の名称	―	―	
様式	―	―	
別様式	03-03-08	S00035	
注釈	―		
適用分類	回路図	Circuit diagrams	
機能分類	接続（X）	X Connecting	
形状分類	半円，線，長方形	Half-circles, Lines, Rectangles	
制限事項	―	―	
補足事項	めす形接点及びおす形接点6個ずつを複線表示で表したもの。	The symbol "Plug and socket, multipole" is shown with 6 female and 6 male contacts in multi-line representation	
適用図記号	S00033, S00144		
被適用図記号	―		
キーワード	プラグ，ソケット	plugs, sockets	
注記	―	Status level	Standard
		Released on	2001-07-01
		Obsolete from	―

第3節 接続部品

図記号番号 (識別番号)	図記号(Symbol)		
03-03-08 (S00035)	(多極プラグ及びソケットのシンボル図)		
項目	説明	IEC 60617 情報（参考）	
名称	多極プラグ及びソケット（単線表示）	Plug and socket, multipole (single-line representation)	
別の名称	−	−	
様式	−	−	
別様式	−	−	
注釈	−		
適用分類	回路図，接続図，機能図，据付図，概要図	Circuit diagrams, Connection diagrams, Function diagrams, Installation diagrams, Overview diagrams	
機能分類	接続（X）	X Connecting	
形状分類	文字，半円，線，長方形	Characters, Half-circles, Lines, Rectangles	
制限事項	−	−	
補足事項	めす形接点及びおす形接点6個ずつを単線表示で表したもの。	The symbol "Plug and socket, multipole" represents in single-line representation 6 female and 6 male contacts	
適用図記号	S00033		
被適用図記号	−		
キーワード	プラグ，ソケット	plugs, sockets	
注記	−	Status level	Standard
		Released on	2001-07-01
		Obsolete from	−

第3節　接続部品

図記号番号 （識別番号）	図記号（Symbol）		
03-03-09 （S00036）			
項目	説明	IEC 60617 情報（参考）	
名称	コネクタ（アセンブリの固定部分）	Connector, fixed portion of an assembly	
別の名称	—	—	
様式	—	—	
別様式	—	—	
注釈	A00008		
適用分類	回路図，接続図，機能図，据付図，概要図	Circuit diagrams, Connection diagrams, Function diagrams, Installation diagrams, Overview diagrams	
機能分類	接続（X）	X Connecting	
形状分類	線，長方形	Lines, Rectangles	
制限事項	—	—	
補足事項	—	—	
適用図記号	—		
被適用図記号	S00038		
キーワード	接続部品，コネクタ	connection devices, connectors	
注記	—	Status level	Standard
		Released on	2001-07-01
		Obsolete from	—

第3節 接続部品

図記号番号 (識別番号)	図記号（Symbol）		
03-03-10 (S00037)			
項目	説明	IEC 60617 情報（参考）	
名称	コネクタ（アセンブリの可動部分）	Connector, movable portion of an assembly	
別の名称	−	−	
様式	−	−	
別様式	−	−	
注釈	A00008		
適用分類	回路図，接続図，機能図，据付図，概要図	Circuit diagrams, Connection diagrams, Function diagrams, Installation diagrams, Overview diagrams	
機能分類	接続（X）	X Connecting	
形状分類	線，長方形	Lines, Rectangles	
制限事項	−	−	
補足事項	−	−	
適用図記号	−		
被適用図記号	S00038		
キーワード	接続部品，接続	connection devices, connections	
注記	−	Status level	Standard
		Released on	2001-07-01
		Obsolete from	−

第3節 接続部品

図記号番号 (識別番号)	図記号 (Symbol)		
03-03-11 (S00038)			
項目	説明	IEC 60617 情報 (参考)	
名称	コネクタアセンブリ	Connector assembly	
別の名称	−	−	
様式	−	−	
別様式	−	−	
注釈	A00008		
適用分類	回路図, 接続図, 機能図, 据付図, 概要図	Circuit diagrams, Connection diagrams, Function diagrams, Installation diagrams, Overview diagrams	
機能分類	接続 (X)	X Connecting	
形状分類	半円, 線, 長方形	Half-circles, Lines, Rectangles	
制限事項	−	−	
補足事項	固定プラグ側と可動ソケット側とを表したもの。	The symbol is shown with fixed plug-side and movable socket-side.	
適用図記号	S00031, S00032, S00036, S00037		
被適用図記号		−	
キーワード	接続装置, 接続	connection devices, connectors	
注記	−	Status level	Standard
		Released on	2001-07-01
		Obsolete from	−

第 3 節 接続部品

図記号番号 （識別番号）	図記号（Symbol）		
03-03-12 （S00039）			

項目	説明	IEC 60617 情報（参考）	
名称	電話形プラグ及びジャック	Telephone type plug and jack	
別の名称	－	－	
様式	－	－	
別様式	－	－	
注釈	A00009		
適用分類	回路図	Circuit diagrams	
機能分類	接続（X）	X Connecting	
形状分類	円，具象的形状又は描写的形状，線，長方形	Circles, Depicting shapes, Lines, Rectangles	
制限事項			
補足事項	2 極の場合を示す。	The symbol is shown with two poles.	
適用図記号	S00017，S00032		
被適用図記号	S00040		
キーワード	接続装置，プラグ，ジャック	connection devices, plugs, jacks	
注記	－	Status level	Standard
		Released on	2001-07-01
		Obsolete from	－

第3節 接続部品

図記号番号 （識別番号）	図記号（Symbol）		
03-03-13 （S00040）			
項目	説明	IEC 60617 情報（参考）	
名称	ブレーク接点付電話形プラグ及びジャック	Telephone type plug and jack with break contacts	
別の名称	－	－	
様式	－	－	
別様式	－	－	
注釈	A00009		
適用分類	回路図	Circuit diagrams	
機能分類	接続（X）	X Connecting	
形状分類	円，具象的形状又は描写的形状，線，長方形	Circles, Depicting shapes, Lines , Rectangles	
制限事項	－	－	
補足事項	3極の場合を示す	The symbol is shown with three poles.	
適用図記号	S00039，S00233		
被適用図記号	－		
キーワード	接続装置，ジャック，プラグ	connection devices, jacks, plugs	
注記	－	Status level	Standard
		Released on	2001-07-01
		Obsolete from	－

第3節　接続部品

図記号番号 (識別番号)	図記号 (Symbol)		
03-03-14 (S00041)			
項目	説明	**IEC 60617 情報（参考）**	
名称	電話形絶縁ジャック	Telephone type break jack, telephone type isolating jack	
別の名称	―	―	
様式	―	―	
別様式	―	―	
注釈	―		
適用分類	回路図	Circuit diagrams	
機能分類	接続 (X)	X Connecting	
形状分類	円，具象的形状又は描写的形状，線	Circles, Depicting shapes, Lines	
制限事項	―	―	
補足事項	―	―	
適用図記号	―		
被適用図記号	―		
キーワード	接続部品	connection devices	
注記	―	Status level	Standard
		Released on	2001-07-01
		Obsolete from	―

第3節 接続部品

図記号番号 (識別番号)	図記号 (Symbol)	
03-03-15 (S00042)		

項目	説明	IEC 60617 情報 (参考)	
名称	同軸プラグ及びソケット	Plug and socket, coaxial	
別の名称	−	−	
様式	−	−	
別様式	−	−	
注釈	A00010		
適用分類	回路図, 接続図, 機能図, 据付図, 概要図	Circuit diagrams, Connection diagrams, Function diagrams, Installation diagrams, Overview diagrams	
機能分類	接続 (X)	X Connecting	
形状分類	円, 半円, 線, 長方形	Circles, Half-circles, Lines , Rectangles	
制限事項	−	−	
補足事項	−	−	
適用図記号	S00011, S00033		
被適用図記号	−		
キーワード	接続装置, コネクタ, プラグ, ソケット	connection devices, connectors, plugs, sockets	
注記	−	Status level	Standard
		Released on	2001-07-01
		Obsolete from	−

第3節 接続部品

図記号番号 (識別番号)	図記号（Symbol）		
03-03-16 （S00043）			
項目	説明	IEC 60617 情報（参考）	
名称	突合せコネクタ	Butt-connector	
別の名称	−	−	
様式	−	−	
別様式	−	−	
注釈	−		
適用分類	回路図，接続図，機能図，据付図，概要図	Circuit diagrams, Connection diagrams, Function diagrams, Installation diagrams, Overview diagrams	
機能分類	接続（X）	X Connecting	
形状分類	線，長方形	Lines, Rectangles	
制限事項	−	−	
補足事項	−	−	
適用図記号	S00032		
被適用図記号		−	
キーワード	接続装置，コネクタ	connection devices, connectors	
注記	−	Status level	Standard
		Released on	2001-07-01
		Obsolete from	−

第3節 接続部品

図記号番号 (識別番号)	図記号 (Symbol)		
03-03-17 (S00044)			

項目	説明	IEC 60617 情報 (参考)	
名称	接続リンク (閉)	Connecting link, closed	
別の名称	試験用端子	Test terminal, twin stud type	
様式	様式1	Form 1	
別様式	03-03-18	S00045	
注釈		—	
適用分類	回路図, 接続図, 機能図, 据付図	Circuit diagrams, Connection diagrams, Function diagrams, Installation diagrams	
機能分類	接続 (X)	X Connecting	
形状分類	円, 具象的形状又は描写の形状	Circles, Depicting shapes	
制限事項	—	—	
補足事項	—	—	
適用図記号	S00017		
被適用図記号		—	
キーワード	接続装置, 試験点	connection devices, testing points	
注記	—	Status level	Standard
		Released on	2001-07-01
		Obsolete from	—

第3節 接続部品

図記号番号 (識別番号)	図記号(Symbol)		
03-03-18 (S00045)	—┤ ├—		
項目	説明	IEC 60617 情報(参考)	
名称	接続リンク(閉)	Connecting link, closed	
別の名称	—	—	
様式	様式2	Form 2	
別様式	03-03-17	S00044	
注釈		—	
適用分類	回路図,接続図,機能図,据付図	Circuit diagrams, Connection diagrams, Function diagrams, Installation diagrams	
機能分類	接続(X)	X Connecting	
形状分類	線	Lines	
制限事項	—	—	
補足事項	—	—	
適用図記号		—	
被適用図記号		—	
キーワード	接続装置	connection devices	
注記	—	Status level	Standard
		Released on	2001-07-01
		Obsolete from	—

第3節 接続部品

図記号番号 (識別番号)	図記号 (Symbol)	
03-03-19 (S00046)		
項目	説明	IEC 60617 情報 (参考)
名称	接続リンク (開)	Connecting link, open
別の名称	―	―
様式	―	―
別様式	―	―
注釈		―
適用分類	回路図,接続図,機能図,据付図,概要図	Circuit diagrams, Connection diagrams, Function diagrams, Installation diagrams, Overview diagrams
機能分類	接続 (X)	X Connecting
形状分類	円,具象的形状又は描写の形状	Circles, Depicting shapes
制限事項	―	―
補足事項	―	―
適用図記号	S00017	
被適用図記号		―
キーワード	接続装置	connection devices
注記	―	Status level: Standard Released on: 2001-07-01 Obsolete from: ―

第3節 接続部品

図記号番号 (識別番号)	図記号（Symbol）		
03-03-20 （S00047）			
項目	説明	IEC 60617 情報（参考）	
名称	プラグ及びソケット形コネクタ （おす－おす形）	Plug and socket-type connector, male-male	
別の名称	U リンク	U-link	
様式	－	－	
別様式	－	－	
注釈	－		
適用分類	回路図，接続図，機能図，据付図，概要図	Circuit diagrams, Connection diagrams, Function diagrams, Installation diagrams, Overview diagrams	
機能分類	接続（X）	X Connecting	
形状分類	半円，線，長方形	Half-circles, Lines, Rectangles	
制限事項	－	－	
補足事項	－	－	
適用図記号	S00031, S00032		
被適用図記号	－		
キーワード	接続装置，コネクタ，プラグ，ソケット	connection devices, connectors, plugs, sockets	
注記	－	Status level	Standard
		Released on	2001-07-01
		Obsolete from	－

第3節 接続部品

図記号番号 (識別番号)	図記号 (Symbol)		
03-03-21 (S00048)			
項目	説明	IEC 60617 情報 (参考)	
名称	プラグ及びソケット形コネクタ (おすーめす形)	Plug and socket-type connector, male-female	
別の名称	U リンク	U-link	
様式	−	−	
別様式	−	−	
注釈		−	
適用分類	回路図,接続図,機能図,据付図,概要図	Circuit diagrams, Connection diagrams, Function diagrams, Installation diagrams, Overview diagrams	
機能分類	接続 (X)	X Connecting	
形状分類	半円,線,長方形	Half-circles, Lines, Rectangles	
制限事項	−	−	
補足事項	−	−	
適用図記号	S00031,S00032		
被適用図記号		−	
キーワード	接続装置,コネクタ,プラグ,ソケット	connection devices, connectors, plugs, sockets	
注記	−	Status level	Standard
		Released on	2001-07-01
		Obsolete from	−

第3節 接続部品

図記号番号 （識別番号）	図記号（Symbol）		
03-03-22 （S00049）			
項目	説明	IEC 60617 情報（参考）	
名称	プラグ及びソケット形コネクタ（ソケットアクセス付おす－おす形）	Plug and socket-type connector, male-male with socket access	
別の名称	U リンク	U-link	
様式	－	－	
別様式	－	－	
注釈	－		
適用分類	回路図，接続図，機能図，据付図，概要図	Circuit diagrams, Connection diagrams, Function diagrams, Installation diagrams, Overview diagrams	
機能分類	接続（X）	X Connecting	
形状分類	半円，線，長方形	Half-circles, Lines, Rectangles	
制限事項	－	－	
補足事項	－	－	
適用図記号	S00031，S00032		
被適用図記号	－		
キーワード	接続装置，コネクタ，プラグ，ソケット	connection devices, connectors, plugs, sockets	
注記	－	Status level	Standard
		Released on	2001-07-01
		Obsolete from	－

第4節 ケーブル取付部品

図記号番号 (識別番号)	図記号 (Symbol)		
03-04-01 (S00050)			
項目	説明	IEC 60617 情報 (参考)	
名称	ケーブル終端（複心ケーブル）	Cable sealing end (multi-core cable)	
別の名称			
様式	－	－	
別様式	－	－	
注釈		－	
適用分類	接続図，据付図	Connection diagrams, Installation diagrams	
機能分類	接続（X）	X Connecting	
形状分類	三角形，線	Equilateral triangles, Lines	
制限事項	－		
補足事項	3心ケーブルが1本の場合を示す。	The symbol is shown with one three-core cable.	
適用図記号	S00001，S00058		
被適用図記号	S01397		
キーワード	ケーブル取付部品，シーリング	cable fittings, sealings	
注記	－	Status level	Standard
		Released on	2001-07-01
		Obsolete from	－

第4節 ケーブル取付部品

図記号番号 (識別番号)	図記号(Symbol)		
03-04-02 (S00051)			
項目	説明	IEC 60617 情報(参考)	
名称	ケーブル終端(単心ケーブル)	Cable sealing end (one-core cables)	
別の名称	—	—	
様式	—	—	
別様式	—	—	
注釈	—		
適用分類	接続図,据付図,ネットワークマップ	Connection diagrams, Installation diagrams, Network maps	
機能分類	接続(X)	X Connecting	
形状分類	線,台形	Lines , Trapezoids	
制限事項	—	—	
補足事項	単心ケーブルが3本の場合を示す。	The symbol is shown with three one-core cables.	
適用図記号	S00001		
被適用図記号	—		
キーワード	ケーブル取付部品,シーリング	cable fittings, sealings	
注記	—	Status level	Standard
		Released on	2001-07-01
		Obsolete from	—

第4節 ケーブル取付部品

図記号番号 (識別番号)	図記号(Symbol)		
03-04-03 (S00052)			
項目	説明	IEC 60617 情報（参考）	
名称	貫通接続箱（複線表示）	Straight-through joint box (multi-line representation)	
別の名称	－	－	
様式	－	－	
別様式	03-04-04	S00053	
注釈		－	
適用分類	接続図，据付図， ネットワークマップ	Connection diagrams, Installation diagrams, Network maps	
機能分類	接続（X）	X Connecting	
形状分類	六角形，線	Hexagons, Lines	
制限事項	－	－	
補足事項	導体3本の場合を複線表示で示す。	The symbol is shown with three conductors in multi-line representation	
適用図記号	S00001		
被適用図記号	S00054		
キーワード	ケーブル取付部品	cable fittings	
注記	－	Status level	Standard
		Released on	2001-07-01
		Obsolete from	－

第4節　ケーブル取付部品

図記号番号 （識別番号）	図記号（Symbol）		
03-04-04 （S00053）	3　◇　3		
項目	説明	IEC 60617 情報（参考）	
名称	貫通接続箱（単線表示）	Straight-through joint box (single-line representation)	
別の名称	－	－	
様式	－	－	
別様式	03-04-03	S00052	
注釈			
適用分類	接続図，据付図，ネットワークマップ	Connection diagrams, Installation diagrams, Network maps	
機能分類	接続（X）	X Connecting	
形状分類	文字，線，平行四辺形	Characters, Lines, Parallelograms	
制限事項			
補足事項	導体3本の場合を単線表示で示す。	The symbol is shown with three conductors in single-line representation.	
適用図記号	S00003		
被適用図記号	S00055		
キーワード	ケーブル取付部品	cable fittings	
注記	－	Status level	Standard
		Released on	2001-07-01
		Obsolete from	－

第4節 ケーブル取付部品

図記号番号 (識別番号)	図記号 (Symbol)		
03-04-05 (S00054)			

項目	説明	IEC 60617 情報 (参考)	
名称	接続箱（複線表示）	Junction box (multi-line representation)	
別の名称	—	—	
様式	—	—	
別様式	03-04-06	S00055	
注釈			
適用分類	接続図，据付図，ネットワークマップ	Connection diagrams, Installation diagrams, Network maps	
機能分類	接続 (X)	X Connecting	
形状分類	線，八角形	Lines, Octagons	
制限事項	—	—	
補足事項	導体3本がT接続されている場合を複線表示で示す。	The symbol is shown with three conductors with T-connections in multi-line representation.	
適用図記号	S00001, S00019, S00052		
被適用図記号		—	
キーワード	ケーブル取付部品	cable fittings	
注記	—	Status level	Standard
		Released on	2001-07-01
		Obsolete from	—

第4節　ケーブル取付部品

図記号番号 (識別番号)	図記号（Symbol）		
03-04-06 （S00055）	（接続箱の単線表示図：3本の導体がT接続された記号）		
項目	説明	IEC 60617 情報（参考）	
名称	接続箱（単線表示）	Junction box (single-line representation)	
別の名称	—	—	
様式	—	—	
別様式	03-04-05	S00054	
注釈	—	—	
適用分類	接続図，据付図，ネットワークマップ	Connection diagrams, Installation diagrams, Network maps	
機能分類	接続（X）	X Connecting	
形状分類	文字，線，平行四辺形	Characters, Lines, Parallelograms	
制限事項	—	—	
補足事項	導体3本がT接続されている場合を単線表示で示す。	The symbol is shown with three conductors with T-connections in single-line representation.	
適用図記号	S00003，S00019，S00053		
被適用図記号			
キーワード	ケーブル取付部品	cable fittings	
注記	—	Status level	Standard
		Released on	2001-07-01
		Obsolete from	—

第4節　ケーブル取付部品

図記号番号 （識別番号）	図記号（Symbol）		
03-04-07 （S00056）			
項目	説明	IEC 60617 情報（参考）	
名称	耐圧防水壁形ケーブルグランド	Pressure-tight bulkhead cable gland	
別の名称	－	－	
様式	－	－	
別様式	－	－	
注釈	A00012		
適用分類	接続図，据付図，ネットワークマップ	Connection diagrams, Installation diagrams, Network maps	
機能分類	接続（X）	X Connecting	
形状分類	線，台形	Lines , Trapezoids	
制限事項	－	－	
補足事項	ケーブルが3本の場合を示す。	The symbol is shown with three cables.	
適用図記号		－	
被適用図記号	S00513		
キーワード	ケーブル取付部品	cable fittings	
注記	－	Status level	Standard
		Released on	2001-07-01
		Obsolete from	－

第5節 ガス絶縁母線

図記号番号 (識別番号)	図記号 (Symbol)		
03-05-01 (S01391)			
項目	説明	IEC 60617 情報 (参考)	
名称	ガス絶縁母線	Gas insulated enclosure with internal conductor	
別の名称	—	—	
様式	—	—	
別様式	—	—	
注釈	A00262		
適用分類	回路図,接続図,機能図,概要図	Circuit diagrams, Connection diagrams, Function diagrams, Overview diagrams	
機能分類	案内又は輸送(W)	W Guiding or transporting	
形状分類	線	Lines	
制限事項	—	—	
補足事項	内部導体は,点線で示してある。	The internal conductor is indicated with a dotted line.	
適用図記号	S00001, S00063		
被適用図記号	S01400, S01399		
キーワード	導体,ガス絶縁囲込み,ガス帯	conductors, gas insulated enclosures, gas zones	
注記	—	Status level	Standard
		Released on	2002-09-21
		Obsolete from	—

第5節　ガス絶縁母線

図記号番号 （識別番号）	図記号（Symbol）		
03-05-02 （S01392）	(図記号：点線の矢印)		

項目	説明	IEC 60617 情報（参考）	
名称	ガス絶縁母線（終端部）	Gas insulated enclosure － gas-sealing end of compartment	
別の名称	－	－	
様式	－	－	
別様式	－	－	
注釈	A00262		
適用分類	回路図，接続図，機能図，概要図	Circuit diagrams, Connection diagrams, Function diagrams, Overview diagrams	
機能分類	所定位置での保持（U）	U Keeping in defined position	
形状分類	三角形，線	Equilateral triangles, Lines	
制限事項	－	－	
補足事項	－	－	
適用図記号	－		
被適用図記号	S01396，S01393，S01397		
キーワード	ガス絶縁母線，ガス帯，シーリング	gas insulated enclosures, gas zones, sealings	
注記	－	Status level	Standard
		Released on	2002-09-21
		Obsolete from	－

第 5 節 ガス絶縁母線

図記号番号 (識別番号)	図記号（Symbol）		
03-05-03 （S01393）			

項目	説明	IEC 60617 情報（参考）	
名称	ガス絶縁母線（ガス区画）	Gas insulated enclosure － partition between compartments	
別の名称	－	－	
様式	－	－	
別様式	03-05-12	S01393	
注釈	A00262		
適用分類	回路図，接続図，機能図，概要図	Circuit diagrams, Connection diagrams, Function diagrams, Overview diagrams	
機能分類	所定位置での保持（U）	U Keeping in defined position	
形状分類	三角形，線，平行四辺形	Equilateral triangles, Lines, Parallelograms	
制限事項	－	－	
補足事項	－	－	
適用図記号	S01392		
被適用図記号	S01398		
キーワード	ガス絶縁母線，ガス帯	gas insulated enclosures, gas zones	
注記	－	Status level	Standard
		Released on	2002-09-21
		Obsolete from	－

第5節 ガス絶縁母線

図記号番号 (識別番号)	図記号 (Symbol)		
03-05-04 (S01396)			

項目	説明	IEC 60617 情報 (参考)	
名称	ガス絶縁母線(気中ブッシング)	Gas insulated conductor－boundary with air insulated bushing	
別の名称	－	－	
様式	－	－	
別様式	－	－	
注釈	A00262		
適用分類	回路図, 接続図, 機能図, 概要図	Circuit diagrams, Connection diagrams, Function diagrams, Overview diagrams	
機能分類	接続 (X)	X Connecting	
形状分類	三角形, 線, 長方形	Equilateral triangles, Lines, Rectangles	
制限事項	－	－	
補足事項	－	－	
適用図記号	S01392		
被適用図記号	－		
キーワード	導体, ガス絶縁母線, ガス絶縁囲い込み, ガス帯	conductors, gas insulated conductors, gas insulated enclosures, gas zones	
注記	－	Status level	Standard
		Released on	2002-09-21
		Obsolete from	－

第5節 ガス絶縁母線

図記号番号 (識別番号)	図記号 (Symbol)	
03-05-05 (S01397)		
項目	説明	IEC 60617 情報 (参考)
名称	ガス絶縁母線 (ケーブル終端)	Gas insulated conductor－boundary with cable sealing end
別の名称	－	－
様式	－	－
別様式	－	－
注釈	A00262	
適用分類	回路図, 接続図, 機能図, 概要図	Circuit diagrams, Connection diagrams, Function diagrams, Overview diagrams
機能分類	接続 (X)	X Connecting
形状分類	三角形, 線	Equilateral triangles, Lines
制限事項	－	－
補足事項	－	－
適用図記号	S00050, S01392	
被適用図記号	－	
キーワード	ケーブル取付器具, 導体, ガス絶縁母線, ガス絶縁囲込み, ガス帯, シーリング	cable fittings, conductors, gas insulated conductors, gas insulated enclosures, gas zones, sealings
注記	－	Status level	Standard
		Released on	2002-09-21
		Obsolete from	－

第5節　ガス絶縁母線

図記号番号 (識別番号)	図記号（Symbol）		
03-05-06 (S01398)			
項目	説明	IEC 60617 情報（参考）	
名称	ガス絶縁母線（変圧器又はリアクトルのブッシング）	Gas insulated conductor－boundary with transformer or reactor bushing	
別の名称	－	－	
様式	－	－	
別様式	－	－	
注釈	A00262		
適用分類	回路図，接続図，機能図，概要図	Circuit diagrams, Connection diagrams, Function diagrams, Overview diagrams	
機能分類	接続（X）	X Connecting	
形状分類	三角形，半円，線	Equilateral triangles, Half-circles, Lines	
制限事項	－	－	
補足事項	－	－	
適用図記号	S01393		
被適用図記号	－		
キーワード	ブッシング，導体，ガス絶縁母線，ガス絶縁囲込み，ガス帯	bushings, conductors, gas insulated conductors, gas insulated enclosures, gas zones	
注記	－	Status level	Standard
		Released on	2002-09-21
		Obsolete from	－

第5節 ガス絶縁母線

図記号番号 (識別番号)	図記号 (Symbol)		
03-05-07 (S01399)			

項目	説明	IEC 60617 情報（参考）	
名称	ガス絶縁母線（ガス貫通スペーサ）	Conductor support insulator without gas boundary	
別の名称	−	−	
様式	−	−	
別様式	−	−	
注釈	A00262		
適用分類	回路図，接続図，機能図，概要図	Circuit diagrams, Connection diagrams, Function diagrams, Overview diagrams	
機能分類	所定位置での保持（U）	U Keeping in defined position	
形状分類	線	Lines	
制限事項	−	−	
補足事項	この種の支持は，ガスの流れを可能にする。	This kind of support allows gas flow.	
適用図記号	S01391		
被適用図記号	−	−	
キーワード	導体，ガス絶縁母線，ガス絶縁囲込み，ガス帯	conductors, gas insulated conductors, gas insulated enclosures, gas zones	
注記	−	Status level	Standard
		Released on	2003-01-16
		Obsolete from	−

第5節　ガス絶縁母線

図記号番号 （識別番号）	図記号（Symbol）		
03-05-08 （S01400）			

項目	説明	IEC 60617 情報（参考）	
名称	ガス絶縁母線（ストレートフランジ）	Straight flange	
別の名称	－	－	
様式	－	－	
別様式	－	－	
注釈	A00262		
適用分類	回路図，接続図，機能図，概要図	Circuit diagrams, Connection diagrams, Function diagrams, Overview diagrams	
機能分類	機能属性だけ（－）	－Functional attribute only	
形状分類	線	Lines	
制限事項	－	－	
補足事項	非絶縁フランジ	Flange without insulator.	
適用図記号	S01391		
被適用図記号		－	
キーワード	導体，ガス絶縁母線，ガス絶縁囲込み，ガス帯	conductors, gas insulated conductors, gas insulated enclosures, gas zones	
注記	－	Status level	Standard
		Released on	2003-01-16
		Obsolete from	－

第5節 ガス絶縁母線

図記号番号 (識別番号)	図記号 (Symbol)		
03-05-11 (S01458)			
項目	説明	IEC 60617 情報 (参考)	
名称	ガス絶縁母線(ガススルースペーサ)	Gas insulated enclosure－gas through spacer	
別の名称	－	－	
様式	－	－	
別様式	－	－	
注釈	A00262		
適用分類	回路図,接続図,機能図,概要図	Circuit diagrams, Connection diagrams, Function diagrams, Overview diagrams	
機能分類	所定位置での保持(U)	U Keeping in defined position	
形状分類	三角形,線	Equilateral triangles, Lines	
制限事項	－	－	
補足事項	－	－	
適用図記号	－		
被適用図記号	－		
キーワード	ガス絶縁母線,ガス絶縁囲み,ガス帯	gas insulated conductors, gas insulated enclosures, gas zones	
注記	－	Status level	Standard
		Released on	2003-03-31
		Obsolete from	－

第5節　ガス絶縁母線

図記号番号 (識別番号)	図記号 (Symbol)		
03-05-12 (S01459)			

項目	説明	IEC 60617 情報（参考）	
名称	ガス絶縁母線（二つのコンパートメント間の仕切り）	Gas insulated enclosure — partition between two compartments	
別の名称	—	—	
様式	様式 2	Form 2	
別様式	03-05-03	S01393	
注釈	A00262		
適用分類	回路図，接続図，機能図，概要図	Circuit diagrams, Connection diagrams, Function diagrams, Overview diagrams	
機能分類	所定位置での保持（U）	U Keeping in defined position	
形状分類	三角形，線	Equilateral triangles, Lines	
制限事項	—	—	
補足事項	—	—	
適用図記号	—		
被適用図記号	—		
キーワード	ガス絶縁母線，ガス絶縁囲み込み，ガス帯	gas insulated conductors, gas insulated enclosures, gas zones	
注記	—	Status level	Standard
		Released on	2003-03-31
		Obsolete from	—

第 5 節　ガス絶縁母線

図記号番号 (識別番号)	図記号 (Symbol)		
03-05-13 (S01460)			

項目	説明	IEC 60617 情報 (参考)	
名称	ガス絶縁母線（支持絶縁体, 内部モジュール）	Gas insulated enclosure — support insulator, inside module	
別の名称	—	—	
様式	—	—	
別様式	—	—	
注釈	A00262		
適用分類	回路図, 接続図, 機能図, 概要図	Circuit diagrams, Connection diagrams, Function diagrams, Overview diagrams	
機能分類	所定位置での保持（U）	U Keeping in defined position	
形状分類	線	Lines	
制限事項	—	—	
補足事項	—	—	
適用図記号	—		
被適用図記号	—		
キーワード	ガス絶縁母線, ガス絶縁囲み込み, ガス帯	gas insulated conductors, gas insulated enclosures, gas zones	
注記	—	Status level	Standard
		Released on	2003-03-31
		Obsolete from	—

第5節 ガス絶縁母線

図記号番号 (識別番号)	図記号 (Symbol)		
03-05-14 (S01461)			
項目	説明	IEC 60617 情報 (参考)	
名称	ガス絶縁母線 (支持絶縁体, 外部モジュール)	Gas insulated enclosure－support insulator, external module	
別の名称	－	－	
様式	－	－	
別様式	－	－	
注釈	A00262		
適用分類	回路図, 接続図, 機能図, 概要図	Circuit diagrams, Connection diagrams, Function diagrams, Overview diagrams	
機能分類	所定位置での保持 (U)	U Keeping in defined position	
形状分類	線	Lines	
制限事項	－	－	
補足事項	－	－	
適用図記号	－		
被適用図記号	－		
キーワード	ガス絶縁母線, ガス絶縁囲込み, ガス帯	gas insulated conductors, gas insulated enclosures, gas zones	
注記	－	Status level	Standard
		Released on	2003-03-31
		Obsolete from	－

5 注釈

当該図記号の説明及び付加的な関連規定を，次に示す。注釈は通常，複数の図記号で共有されるため，注釈番号を記した別のページに記載されている。

注釈番号は Annnnn の形式で示し，n は 0〜9 の整数で表す。この番号は **IEC 60617** の注釈（Application notes）に対応しており，番号付けには意味はない。

注釈番号	注釈	被適用図記号	IEC 60617 情報（参考）
A00001	複数の導体が同一のスクリーン若しくはケーブル内に収納されているか，又はより合わされているが，その導体の図記号がその他の接続部の図記号と混在している場合は，ケーブル 03-01-09（S00009），遮蔽導体 03-01-07（S00007）若しくはより合わせ接続部 03-01-08（S00008）の図記号を導体図記号の混在グループの上，下又は横に示す製図法を採用してよい。 図記号は，同一のスクリーン，ケーブル又はより合わせたグループ内の導体を表す個々の線を指す引出線で結ばなければならない。 例については，03-01-10（S00010）を参照。	03-01-07, 03-01-08, 03-01-09, 03-01-10 S00007, S00008, S00009, S00010	A drawing method in which the symbol for conductors in a cable (S00009), screened conductor (S00007), or twisted connection (S00008) is shown either above, below, or beside the intermingled group of conductor symbols may be used if several conductors are contained within the same screen or cable or are twisted together, but the symbols for these conductors are intermingled with symbols for other connections. The symbol shall be connected by a leader line pointing to the individual lines representing the conductors within the same screen, cable or twisted group. For an example, see S00010.
A00002	端子マークを追加してよい。	03-02-03 S00018	Terminal markings may be added.
A00003	"*n*" は，回路の総数に置き換えなければならない。数字は，ジャンクション図記号の横に配置しなければならない。**JIS C 1082-2** を参照。 ペアの鏡像図記号は，回路の範囲を示す。 概念図：10 個の同一抵抗器を並列接続とする場合，次の図を参照。	03-02-09, 03-02-13 S00023, S00026	"*n*" shall be replaced by the total number of circuits. The figure shall be placed adjacent to the junction symbol. See **IEC 61082-2**. A pair of mirror-imaged symbols indicates the extent of the circuit(s). Illustration of concept: 10 parallel and identical resistors, see "A00003Illustration.gif" below.
A00004	この図記号は，多相又は DC 電力回路に適用する。互換導体を示してもよい。	03-02-11, 03-02-12 S00024, S00025	The symbol applies to multi-phase or DC power circuits. The interchanged conductors may be indicated.
A00005	ストロークは，無断続導体の図記号と平行に描かなければならない。	03-02-16 S00029	The stroke shall be drawn parallel to the symbol for the non-interrupted conductor.

注釈番号	注釈	被適用図記号	IEC 60617 情報 (参考)
A00006	単線表示では，図記号が多接点導体のめす形部分を示す。	03-03-01 S00031	In single line representation the symbol denotes the female part of a multi-contact connector.
A00007	単線表示では，図記号が多接点導体のおす形部分を示す。	03-03-03 S00032	In single line representation the symbol denotes the male part of a multi-contact connector.
A00008	図記号"コネクタ（アセンブリの固定部分）"は，コネクタアセンブリの固定部分と可動部分とを区別することが求められるときだけに用いることが望ましい。	03-03-09, 03-03-10, 03-03-11 S00036, S00037, S00038	The symbol "Connector, fixed portion of an assembly" should be used only when it is desired to distinguish between the fixed and movable parts in a connector assembly
A00009	プラグ図記号"電話形プラグ及びジャック"の最長の極は，プラグの先端及び最短のスリーブを表す。	03-03-12, 03-03-13 S00039, S00040	The longest pole on the plug symbol "Telephone type plug and jack" represents the tip of the plug, and the shortest the sleeve.
A00010	同軸プラグ又はソケットを同軸対に接続する場合は，接線方向のストロークを該当する側まで延長しなければならない。	03-03-15 S00042	If the coaxial plug or socket is connected to a coaxial pair, the tangential stroke shall be extended on the appropriate side.
A00011	同軸構造を維持しない場合は，接線を同軸側だけに引かなければならない。	03-01-11, 03-01-12 S00011, S00012	If the coaxial structure is not maintained, the tangential line shall be drawn only on the coaxial side.
A00012	高圧力側は台形の長辺側で，ケーブルグランドを防水壁に保持する。	03-04-07, 11-17-16 S00056, S00513	The high pressure side is the longer side of the trapezium thus retaining gland in bulk-head.
A00109	様々なタイプの接続（線）及びコンセントを区別するときは，関連するIEC規格又はISO規格に準拠した呼称を用いてもよい。 BC＝放送 T＝通信全般 TD＝データ伝送 TFX＝テレファックス TLX＝テレックス TP＝電話 TV＝テレビ これらの文字は，図記号の限定子にすぎないことに注意する。接続又はコンセントを識別するときは，JIS C 0452-2 に記載されている該当する文字を適用するが望ましい。	03-01-01, 11-13-09 S00001, S00465	Designations in accordance with relevant **IEC** or **ISO** standards, may be used to distinguish different types of connection (line) and outlet symbols: BC = broadcasting T = telecommunication in general TD = data transmission TFX = telefax TLX = telex TP = telephone TV = television Note that these letters are qualifiers to the symbols only. For the purpose of identification of a connection or outlet, the relevant letter codes in **IEC 61346-2** should be applied.
A00192	1本の線が1グループの導体を表している場合，接続数は，同数の斜線若しくは複数の斜線，又は1本の斜線とそれに続く接続数とを表す数字によって示せばよい。	03-01-02, 03-01-03, 03-01-01, 03-01-16, 03-01-17 S00002, S00003, S00058, S01414, S01415	If a single line represents a group of conductors, the number of connections may be indicated either by adding as many oblique strokes or one stroke followed by the figure for the number of connections.

注釈番号	注釈	被適用図記号	IEC 60617 情報 (参考)
A00193	次のような補足情報を示してよい。 － 電流の種類 － 配電方式 － 周波数 － 電圧 － 導体数 － 各導体の断面積 － 導体材の化学成分 導体数の後に、xを区切り図記号にして断面積を記入する。 サイズの異なるものを用いる場合は、＋を区切り図記号にして、その詳細を記入することが望ましい。 寸法データは、次による。 － 低周波数用ケーブル及びワイヤについては、IEC 60189 規格群を参照。及び － デジタル通信用のマルチコア及び対称形ペア／クアッドケーブルについては、IEC 61156-1 を参照。 － 無線周波数用ケーブルについては、IEC 61196 規格群を参照。 － 光ファイバについては、IEC 60793-1 規格群、IEC 60793-2 規格群及び ITU の光ファイバ仕様を参照。	03-01-01, 03-01-02, 03-01-03, 03-01-04, 03-01-05, 03-01-01 S00001, S00002, S00003, S00004, S00005, S00058	Additional information may be indicated such as: － kind of current － system of distribution － frequency － voltage － number of conductors － cross-sectional area of each conductor － the chemical symbol for the conductor material The number of conductors is followed by the sectional area, separated by x. If different sizes are used, their particulars should be separated by +. For dimensional data: － for low-frequency cables and wires, see **IEC 60189** (series); and － for multicore and symmetrical pair/quad cables for digital communications, see **IEC 61156-1**; － for radio-frequency cables, see **IEC 61196** (series) － for optical fibres, see **IEC 60793-1** (Series), **IEC 60793-2** (series) and ITU specifications for optical fibres.
A00194	接続又は一群の接続を表す図記号の長さは、図のレイアウトに合わせて調整してよい。	03-01-01, 03-01-02, 03-01-03, 03-01-04, 03-01-05, 03-01-01 S00001, S00002, S00003, S00004, S00005, S00058	The length of the symbol for connection, or group of connections, may be adjusted to the layout of the diagram.
A00210	一列表示では、図記号がマルチ接点コネクタのめす形部分及びおす形部分を表す。	03-03-05 S00033	In single line representation the symbol denotes the female part and the male part of a multi-contact
A00262	図記号の理解及び適用を促進するために、実際に記述される図記号のコンテキストを示すときは点線を用いる。 図記号の適用時に、そのような線は、図の作成に適用される規則に従って別種の線に置き換える。	03-01-16, 03-01-17, 03-02-11, 03-02-13, 03-05-01, 03-05-02, 03-05-03, 03-05-04, 03-05-05, 03-05-06, 03-05-07, 03-05-08, 03-05-11, 03-05-12, 03-05-13, 03-05-14 S00024, S00026, S01391, S01392, S01393, S01396, S01397, S01398, S01399, S01400, S01414, S01415, S01458, S01459, S01460, S01461	Dotted lines are used to indicate the context of the actually described symbol in order to facilitate the understanding and application of it. At the application of the symbol such lines are to be replaced by other types of lines in accordance with applicable rules for the preparation of diagrams.

注釈番号	注釈	被適用図記号	IEC 60617 情報（参考）
A00264	水平接続線のどちらの端で下から上に伸びる線に物理的接続を行うかを指定する必要がない場合は，図記号 03-02-04（S00019）を用いる。 水平接続線のどちらの端で下から上に伸びる線に物理的接続を行うかを明示的に指定する必要がある場合は，図記号 03-01-16（S01414）を用いる。	03-01-16 S01414	Symbol S00019 is used if it is not necessary to specify in which end of the horizontal connecting line the physical connection is made to the line coming from below. Symbol S01414 is used if it is required to explicitely specify in which end of the horzontal connecting linethe physical connection is made to the line coming from below.

附属書 A
(参考)
参考文献

JIS C 0452-1　電気及び関連分野－工業用システム，設備及び装置，並びに工業製品－構造化原理及び参照指定－第 1 部：基本原則
　注記　対応国際規格：**IEC 61346-1**, Industrial systems, installations and equipment and industrial products－Structuring principles and reference designations－Part 1: Basic rules（IDT）

JIS C 0456　電気及び関連分野－電気技術文書に用いる符号化図形文字集合
　注記　対応国際規格：**IEC 61286**, Information technology－Coded graphic character set for use in the preparation of documents used in electrotechnology and for information interchange（IDT）

JIS X 0221　国際符号化文字集合（UCS）
　注記　対応国際規格：**ISO/IEC 10646**, Information technology－Universal Multiple-Octet Coded Character Set (UCS)（IDT）

JIS Z 8202（規格群）　量及び単位
　注記　対応国際規格：**ISO 31** (all parts), Quantities and units（IDT）

JIS Z 8222-2　製品技術文書に用いる図記号のデザイン－第 2 部：参照ライブラリ用図記号を含む電子化形式の図記号の仕様，及びその相互交換の要求事項
　注記　対応国際規格：**IEC 81714-2**, Design of graphical symbols for use in the technical documentation of products－Part 2: Specification for graphical symbols in a computer sensible form, including graphical symbols for a reference library, and requirements for their interchange（IDT）

JIS Z 8222-3　製品技術文書に用いる図記号のデザイン－第 3 部：接続ノード，ネットワーク及びそのコード化の分類
　注記　対応国際規格：**IEC 81714-3**, Design of graphical symbols for use in the technical documentation of products－Part 3: Classification of connect nodes, networks and their encoding（IDT）

IEC 60027 (all parts), Letter symbols to be used in electrical technology (partly being replaced by ISO/IEC 80000)

IEC 60050 (all parts), International Electrotechnical Vocabulary

IEC 60445, Basic and safety principles for man-machine interface, marking and identification－Identification of equipment terminals and conductor terminations

IEC/TR 61352, Mnemonics and symbols for integrated circuits

IEC/TR 61734, Application of symbols for binary logic and analogue elements

日本工業規格　　　　　　　　　　　　　　　　JIS
　　　　　　　　　　　　　　　　　　　　　　C 0617-4：2011

電気用図記号－第4部：基礎受動部品

Graphical symbols for diagrams－Part 4: Passive components

序文

この規格は，2001年にデータベース形式規格として発行されメンテナンスされているIEC 60617の2008年時点での技術的内容を変更することなく作成した日本工業規格である。

なお，IEC 60617は，部編成であった規格の構成を一つのデータベース形式規格としたが，JISでは，規格の利便性も考慮し，これまでどおり部ごとの分冊構成とし，構成方法を変更している。

1 適用範囲

この規格は，電気用図記号のうち，基礎受動部品に関する図記号について規定する。

注記1　この規格はIEC 60617のうち，従来の図記号番号が04-01-01から04-09-05までのもので構成されている。**附属書A**は参考情報である。

注記2　この規格の対応国際規格及びその対応の程度を表す記号を，次に示す。

IEC 60617，Graphical symbols for diagrams（MOD）

なお，対応の程度を表す記号"MOD"は，**ISO/IEC Guide 21-1**に基づき，"修正している"ことを示す。

2 引用規格

次に掲げる規格は，この規格に引用されることによって，この規格の規定の一部を構成する。これらの引用規格のうちで，西暦年を付記してあるものは，記載の年の版を適用し，その後の改正版（追補を含む。）は適用しない。西暦年の付記がない引用規格は，その最新版（追補を含む。）を適用する。

JIS C 0452-2　電気及び関連分野－工業用システム，設備及び装置，並びに工業製品－構造化原理及び参照指定－第2部：オブジェクトの分類（クラス）及び分類コード

注記　対応国際規格：**IEC 61346-2**, Industrial systems, installations and equipment and industrial products－Structuring principles and reference designations－Part 2: Classification of objects and codes for classes（IDT）

JIS C 0617-1　電気用図記号－第1部：概説

注記　対応国際規格：**IEC 60617**, Graphical symbols for diagrams（MOD）

JIS C 1082-1:1999　電気技術文書－第1部：一般要求事項

注記　対応国際規格：**IEC 61082-1**, Preparation of documents used in electrotechnology－Part 1: Rules（MOD）

JIS Z 8222-1　製品技術文書に用いる図記号のデザイン－第1部：基本規則

注記　対応国際規格：**ISO 81714-1**, Design of graphical symbols for use in the technical documentation of products－Part 1: Basic rules（IDT）

3 概要
JIS C 0617 の規格群は，次の部によって構成されている。
　第 1 部：概説
　第 2 部：図記号要素，限定図記号及びその他の一般用途図記号
　第 3 部：導体及び接続部品
　第 4 部：基礎受動部品
　第 5 部：半導体及び電子管
　第 6 部：電気エネルギーの発生及び変換
　第 7 部：開閉装置，制御装置及び保護装置
　第 8 部：計器，ランプ及び信号装置
　第 9 部：電気通信－交換機器及び周辺機器
　第 10 部：電気通信－伝送
　第 11 部：建築設備及び地図上の設備を示す設置平面図及び線図
　第 12 部：二値論理素子
　第 13 部：アナログ素子

　図記号は，**JIS Z 8222-1** に規定する要件に従って作成している。基本単位寸法として M＝5 mm を用いた。大きな図記号は，スペースの節約のため 1/2 に縮小し，図記号欄に 50％と付けた。
　多数の端子を表示する必要，又はその他の配置要件に応じてスペースをとる必要がある場合は，**JIS Z 8222-1** の 7.［比率（proportion）の変更］に従い，図記号の寸法（高さなど）を変更してもよい。
　拡大，縮小したり寸法を変更した場合も，線の太さは，拡縮せず，元のままとする。
　図記号は，関連線間の間隔が基本単位の倍数になるよう描かれている。端子表示が必要な場合のスペースがとれるように基本単位 2M を選択した。図記号は同じグリッドを用い，分かりやすい大きさに描かれている。
　図記号は，全てコンピュータ支援製図システムのグリッド内に描かれている（図記号の背景にグリッドを表示した。）。
　JIS C 0617-4:1997 に規定されていたが，現在は削除された図記号を，旧図記号として，**附属書 A** に示している。
　JIS C 0617 規格群で規定する全ての図記号の索引を，**JIS C 0617-1** に示す。
　この規格に用いる項目名の説明を，**表 1** に示す。
　なお，英文の項目名は **IEC 60617** に対応した名称である。

表 1 - 図記号の規定に用いる項目名の説明

項目名	説明
図記号番号	図記号の分類番号。xx-yy-zz の形式で示し，x，y，z は 0〜9 の整数と A とで表す。 xx：部番号 yy：節番号 zz：節番号中の図記号番号 **注記** 節番号に A が付いた図記号は，旧規格に規定されていたが，現在は削除されている（**附属書 A** 参照）。
識別番号 (Symbol identity number)	図記号の識別番号。Snnnnn の形式で示し，n は 0〜9 の整数である。この番号は IEC 60617 の固有番号である識別番号（Symbol identity number）に対応しており，番号付けには意味はない。
名称 (Name)	当該図記号の概念を表す名称。
別の名称 (Alternative names)	当該図記号の名称に対する別の名称。ほぼ同意語で，従属的な特定の名称など。
様式 (Form)	当該図記号と同一の名称（意味）。形状の異なる図記号がある場合，様式 1，様式 2…として記載する。
別様式 (Alternative forms)	当該図記号と同一名称でほかの様式の図記号がある場合，その図記号の図記号番号。
注釈 (Application notes)	当該図記号の説明又は付加的な関連規定。注釈は通常，複数の図記号で共有されるため，注釈番号を記した別のページに記載されている。 注釈番号は Annnnn の形式で示し，n は 0〜9 の整数で表す。この番号は IEC 60617 の注釈（Application notes）に対応しており，番号付けには意味はない。
適用分類 (Application class)	当該図記号が適用される文書の種類。JIS C 1082-1 で定義されている。
機能分類 (Function class)	当該図記号が属する一つ又は複数の分類。JIS C 0452-2 で定義されている。括弧内に示したものは，分類コード。
形状分類 (Shape class)	当該図記号を特徴付ける基本的な形状。
制限事項 (Symbol restrictions)	当該図記号の適用方法に関する制限事項。
補足事項 (Remarks)	当該図記号の付加的な情報。
適用図記号 (Applies)	当該図記号を構築するために用いている図記号（図記号要素，限定図記号及び一般図記号）の識別番号。
被適用図記号 (Applied in)	当該図記号を要素として用いている図記号の識別番号。
キーワード (Keywords)	検索を容易にするキーワードの一覧。

表1－図記号の規定に用いる項目名の説明（続き）

項目名	説明	
注記	この規格に関する注記を示す。 なお，IEC 60617 だけの参考情報としては，次の項目がある。	
	Status level	IEC 60617 連続メンテナンスに関する当該図記号の状態。 当該図記号が承認された場合，そのステータスレベルは"Standard"に設定される。 当該図記号が後に別の図記号で置き換えられた場合，又は技術的に旧式であると判断された場合，そのステータスレベルは参考としての"旧形式（Obsolete）"となる。 技術的に旧式になった場合，当該図記号は用いられるが，今後メンテナンスは行われない。
	Released on	IEC 60617 の一部として発行された年月日。
	Obsolete from	IEC 60617 に対して旧形式となった年月日。

4 電気用図記号及びその説明

この規格の章及び節の構成は，次のとおりとする。英語は，IEC 60617 によるもので，参考として示す。

第Ⅰ章　抵抗器，コンデンサ（キャパシタ），インダクタ
　第1節　抵抗器
　第2節　コンデンサ（キャパシタ）
　第3節　インダクタ
第Ⅱ章　フェライト磁心及び磁気記憶マトリックス（**附属書A** 参照）
　第4節　図記号要素（**附属書A** 参照）
　第5節　フェライト磁心（**附属書A** 参照）
　第6節　磁気記憶マトリックス（実体配置的な表現）（**附属書A** 参照）
第Ⅲ章　圧電結晶，エレクトレット，遅延線
　第7節　圧電結晶，エレクトレット
　第8節　遅延線
　第9節　遅延線及び遅延素子のブロック図記号

第I章　抵抗器，コンデンサ（キャパシタ），インダクタ
第1節　抵抗器

図記号番号 (識別番号)	図記号（Symbol）		
04-01-01 （S00555）			

項目	説明	IEC 60617 情報（参考）	
名称	抵抗器（一般図記号）	Resistor, general symbol	
別の名称	−	−	
様式	−	−	
別様式	−	−	
注釈	−		
適用分類	回路図，接続図，機能図，据付図，ネットワークマップ，概要図	Circuit diagrams, Connection diagrams, Function diagrams, Installation diagrams, Network maps, Overview diagrams	
機能分類	限定又は安定化（R）	R Restricting or stabilizing	
形状分類	線，長方形	Lines, Rectangles	
制限事項	−	−	
補足事項	−	−	
適用図記号	−		
被適用図記号	S01740, S01799, S00558, S00565, S00564, S00557, S00684, S00561, S00689, S00560, S00563, S01112, S00566, S00562, S00559		
キーワード	抵抗器	resistors	
注記	−	Status level	Standard
		Released on	2001-07-01
		Obsolete from	−

第1節 抵抗器

図記号番号 (識別番号)	図記号（Symbol）	
04-01-03 (S00557)	（図記号：可変抵抗器）	
項目	説明	IEC 60617 情報（参考）
名称	可変抵抗器	Resistor, adjustable
別の名称	−	−
様式	−	−
別様式	−	−
注釈	−	
適用分類	回路図，接続図，機能図，据付図，ネットワークマップ，概要図	Circuit diagrams, Connection diagrams, Function diagrams, Installation diagrams, Network maps, Overview diagrams
機能分類	限定又は安定化（R）	R Restricting or stabilizing
形状分類	矢印，線，長方形	Arrows, Lines, Rectangles
制限事項	−	−
補足事項	−	−
適用図記号	S00081, S00555	
被適用図記号	−	
キーワード	抵抗器，可変抵抗器	resistors, variable resistors
注記	−	Status level	Standard
		Released on	2001-07-01
		Obsolete from	−

第1節　抵抗器

図記号番号 （識別番号）	図記号（Symbol）		
04-01-04 （S00558）			
項目	説明	IEC 60617 情報（参考）	
名称	電圧依存抵抗器	Resistor, voltage dependent	
別の名称	バリスタ	Varistor	
様式	－	－	
別様式	－	－	
注釈		－	
適用分類	回路図，接続図，機能図，据付図，ネットワークマップ，概要図	Circuit diagrams, Connection diagrams, Function diagrams, Installation diagrams, Network maps, Overview diagrams	
機能分類	限定又は安定化（R）	R Restricting or stabilizing	
形状分類	文字，線，長方形	Characters, Lines, Rectangles	
制限事項	－	－	
補足事項	－	－	
適用図記号	S00084，S00555		
被適用図記号		－	
キーワード	抵抗器，バリスタ	resistors, varistors	
注記	－	Status level	Standard
		Released on	2001-07-01
		Obsolete from	－

第1節 抵抗器

図記号番号 (識別番号)	図記号 (Symbol)		
04-01-05 (S00559)			
項目	説明	IEC 60617 情報（参考）	
名称	しゅう（摺）動接点付抵抗器	Resistor with movable contact	
別の名称	－	－	
様式	－	－	
別様式	－	－	
注釈	－		
適用分類	回路図，接続図，機能図，据付図，ネットワークマップ，概要図	Circuit diagrams, Connection diagrams, Function diagrams, Installation diagrams, Network maps, Overview diagrams	
機能分類	限定又は安定化（R）	R Restricting or stabilizing	
形状分類	矢印，線，長方形	Arrows, Lines, Rectangles	
制限事項	－	－	
補足事項	－	－	
適用図記号	S00211，S00555		
被適用図記号		－	
キーワード	抵抗器，可変抵抗器	resistors, variable resistors	
注記	－	Status level	Standard
		Released on	2001-07-01
		Obsolete from	－

第1節　抵抗器

図記号番号 （識別番号）	図記号（Symbol）		
04-01-06 （S00560）			
項目	説明	IEC 60617 情報（参考）	
名称	しゅう（摺）動接点付抵抗器（開位置付）	Resistor with movable contact and off position	
別の名称	－	－	
様式	－	－	
別様式	－	－	
注釈	－		
適用分類	回路図，接続図，機能図，据付図，ネットワークマップ，概要図	Circuit diagrams, Connection diagrams, Function diagrams, Installation diagrams, Network maps, Overview diagrams	
機能分類	限定又は安定化（R）	R Restricting or stabilizing	
形状分類	矢印，線，長方形	Arrows, Lines, Rectangles	
制限事項	－	－	
補足事項	－	－	
適用図記号	S00211，S00555		
被適用図記号	－		
キーワード	抵抗器，可変抵抗器	resistors, variable resistors	
注記	－	Status level	Standard
		Released on	2001-07-01
		Obsolete from	－

第1節 抵抗器

図記号番号 (識別番号)	図記号 (Symbol)	
04-01-07 (S00561)		
項目	説明	IEC 60617 情報（参考）	
名称	しゅう（摺）動接点付ポテンショメータ	Potentiometer with movable contact	
別の名称	—	—	
様式	—	—	
別様式	—	—	
注釈	—	
適用分類	回路図，接続図，機能図，据付図，ネットワークマップ，概要図	Circuit diagrams, Connection diagrams, Function diagrams, Installation diagrams, Network maps, Overview diagrams	
機能分類	限定又は安定化（R）	R Restricting or stabilizing	
形状分類	矢印，線，長方形	Arrows, Lines, Rectangles	
制限事項	—	—	
補足事項	—	—	
適用図記号	S00211, S00555		
被適用図記号	—	
キーワード	ポテンショメータ，抵抗器	potentiometers, resistors	
注記	—	Status level	Standard
		Released on	2001-07-01
		Obsolete from	—

第1節 抵抗器

図記号番号 （識別番号）	図記号（Symbol）		
04-01-08 （S00562）			
項目	説明	IEC 60617 情報（参考）	
名称	しゅう（摺）動接点付（半固定）ポテンショメータ	Potentiometer with movable contact and pre-set adjustment	
別の名称	－	－	
様式	－	－	
別様式	－	－	
注釈	－		
適用分類	回路図，接続図，機能図，据付図，ネットワークマップ，概要図	Circuit diagrams, Connection diagrams, Function diagrams, Installation diagrams, Network maps, Overview diagrams	
機能分類	限定又は安定化（R）	R Restricting or stabilizing	
形状分類	矢印，線，長方形	Arrows, Lines, Rectangles	
制限事項	－	－	
補足事項	－	－	
適用図記号	S00085，S00211，S00555		
被適用図記号	－		
キーワード	ポテンショメータ，抵抗器	potentiometers, resistors	
注記	－	Status level	Standard
		Released on	2001-07-01
		Obsolete from	－

第1節 抵抗器

図記号番号 (識別番号)	図記号 (Symbol)		
04-01-09 (S00563)			

項目	説明	IEC 60617 情報 (参考)	
名称	固定タップ付抵抗器	Resistor with fixed tappings	
別の名称	－	－	
様式	－	－	
別様式	－	－	
注釈	－		
適用分類	回路図, 接続図, 機能図, 据付図, ネットワークマップ, 概要図	Circuit diagrams, Connection diagrams, Function diagrams, Installation diagrams, Network maps, Overview diagrams	
機能分類	限定又は安定化 (R)	R Restricting or stabilizing	
形状分類	線, 長方形	Lines, Rectangles	
制限事項			
補足事項	図記号は, 固定タップ2個付きを示している。	The symbol is shown with two tappings.	
適用図記号	S00555		
被適用図記号		－	
キーワード	抵抗器	resistors	
注記	－	Status level	Standard
		Released on	2001-07-01
		Obsolete from	－

第1節 抵抗器

図記号番号 (識別番号)	図記号 (Symbol)		
04-01-10 (S00564)			
項目	説明	IEC 60617 情報 (参考)	
名称	個別の電流端子及び電圧端子付抵抗器	Resistor with separate current and voltage terminals	
別の名称	分流器, シャント	Shunt	
様式	－	－	
別様式	－	－	
注釈	－		
適用分類	回路図, 接続図, 機能図, 据付図, ネットワークマップ, 概要図	Circuit diagrams, Connection diagrams, Function diagrams, Installation diagrams, Network maps, Overview diagrams	
機能分類	限定又は安定化 (R)	R Restricting or stabilizing	
形状分類	線, 長方形	Lines, Rectangles	
制限事項	－	－	
補足事項	－	－	
適用図記号	S00555		
被適用図記号	－		
キーワード	抵抗器, 分流器, シャント	resistors, shunts	
注記	－	Status level	Standard
		Released on	2001-07-01
		Obsolete from	－

第1節 抵抗器

図記号番号 (識別番号)	図記号（Symbol）		
04-01-11 (S00565)			
項目	説明	IEC 60617 情報（参考）	
名称	炭素積層抵抗器	Carbon-pile resistor	
別の名称	－	－	
様式	－	－	
別様式	－	－	
注釈	－		
適用分類	回路図，接続図，機能図，据付図，ネットワークマップ，概要図	Circuit diagrams, Connection diagrams, Function diagrams, Installation diagrams, Network maps, Overview diagrams	
機能分類	限定又は安定化（R）	R Restricting or stabilizing	
形状分類	矢印，線，長方形	Arrows, Lines, Rectangles	
制限事項	－	－	
補足事項	－	－	
適用図記号	S00081，S00555		
被適用図記号	－		
キーワード	抵抗器	resistors	
注記	－	Status level	Standard
		Released on	2001-07-01
		Obsolete from	－

第1節 抵抗器

図記号番号 （識別番号）	図記号（Symbol）		
04-01-12 （S00566）			
項目	説明	IEC 60617 情報（参考）	
名称	発熱素子	Heating element	
別の名称	－	－	
様式	－	－	
別様式	－	－	
注釈		－	
適用分類	回路図, 接続図, 機能図, 据付図, ネットワークマップ, 概要図	Circuit diagrams, Connection diagrams, Function diagrams, Installation diagrams, Network maps, Overview diagrams	
機能分類	限定又は安定化（R）	R Restricting or stabilizing	
形状分類	線, 長方形	Lines, Rectangles	
制限事項	－	－	
補足事項	－	－	
適用図記号	S00555		
被適用図記号	S01825, S01823, S00759		
キーワード	抵抗器, 発熱素子	resistors, heating elements	
注記	－	Status level	Standard
		Released on	2001-07-01
		Obsolete from	－

第2節 コンデンサ（キャパシタ）

図記号番号 （識別番号）	図記号（Symbol）	
04-02-01 （S00567）	（コンデンサの図記号）	
項目	説明	IEC 60617 情報（参考）
名称	コンデンサ（一般図記号）	Capacitor, general symbol
別の名称	―	―
様式	―	―
別様式	―	―
注釈	―	
適用分類	回路図, 接続図, 機能図, 据付図, ネットワークマップ, 概要図	Circuit diagrams, Connection diagrams, Function diagrams, Installation diagrams, Network maps, Overview diagrams
機能分類	貯蔵, 保存, 蓄電又は記憶（C）	C Storing
形状分類	線	Lines
制限事項	―	―
補足事項	―	―
適用図記号	―	
被適用図記号	S00356, S00582, S00571, S01164, S00575, S00789, S01165, S01163, S00577, S00581, S00579, S00644, S01054, S00573	
キーワード	コンデンサ, キャパシタ	capacitors
注記	―	Status level: Standard Released on: 2001-07-01 Obsolete from: ―

第2節 コンデンサ(キャパシタ)

図記号番号 (識別番号)	図記号(Symbol)		
04-02-03 (S01411)			

項目	説明	IEC 60617 情報(参考)	
名称	リードスルーコンデンサ	Capacitor, lead-through	
別の名称	貫通形コンデンサ	Capacitor, feed-through	
様式	−	−	
別様式	−	−	
注釈	−		
適用分類	回路図,接続図,機能図,据付図,ネットワークマップ,概要図	Circuit diagrams, Connection diagrams, Function diagrams, Installation diagrams, Network maps, Overview diagrams	
機能分類	貯蔵,保存,蓄電又は記憶(C)	C Storing	
形状分類	線	Lines	
制限事項	−	−	
補足事項	−	−	
適用図記号	−		
被適用図記号	−		
キーワード	コンデンサ,キャパシタ	capacitors	
注記	−	Status level	Standard
		Released on	2001-11-10
		Obsolete from	−

第2節 コンデンサ（キャパシタ）

図記号番号 （識別番号）	図記号（Symbol）		
04-02-05 (S00571)			
項目	説明	IEC 60617 情報（参考）	
名称	有極性コンデンサ	Capacitor, polarized	
別の名称	電解コンデンサ	Electrolytic capacitor	
様式	－	－	
別様式	－	－	
注釈	－		
適用分類	回路図，接続図，機能図，据付図，ネットワークマップ，概要図	Circuit diagrams, Connection diagrams, Function diagrams, Installation diagrams, Network maps, Overview diagrams	
機能分類	貯蔵，保存，蓄電又は記憶（C）	C Storing	
形状分類	文字，線	Characters, Lines	
制限事項	－	－	
補足事項	－	－	
適用図記号	S00077，S00567		
被適用図記号		－	
キーワード	コンデンサ，キャパシタ	capacitors	
注記	－	Status level	Standard
		Released on	2001-07-01
		Obsolete from	－

第2節 コンデンサ（キャパシタ）

図記号番号 （識別番号）	図記号（Symbol）		
04-02-07 （S00573）			

項目	説明	IEC 60617 情報（参考）	
名称	可変コンデンサ	Capacitor, adjustable	
別の名称	－	－	
様式	－	－	
別様式	－	－	
注釈	－		
適用分類	回路図，接続図，機能図，据付図，ネットワークマップ，概要図	Circuit diagrams, Connection diagrams, Function diagrams, Installation diagrams, Network maps, Overview diagrams	
機能分類	貯蔵，保存，蓄電又は記憶（C）	C Storing	
形状分類	矢印，線	Arrows, Lines	
制限事項	－	－	
補足事項	－	－	
適用図記号	S00081，S00567		
被適用図記号	－		
キーワード	コンデンサ，キャパシタ	capacitors	
注記	－	Status level	Standard
		Released on	2001-07-01
		Obsolete from	－

第2節 コンデンサ（キャパシタ）

図記号番号 （識別番号）	図記号（Symbol）		
04-02-09 （S00575）			

項目	説明	IEC 60617 情報（参考）	
名称	半固定コンデンサ	Capacitor with pre-set adjustment	
別の名称	－	－	
様式	－	－	
別様式	－	－	
注釈	－		
適用分類	回路図，接続図，機能図，据付図，ネットワークマップ，概要図	Circuit diagrams, Connection diagrams, Function diagrams, Installation diagrams, Network maps, Overview diagrams	
機能分類	貯蔵，保存，蓄電又は記憶（C）	C Storing	
形状分類	線	Lines	
制限事項	－	－	
補足事項	－	－	
適用図記号	S00085，S00567		
被適用図記号	－		
キーワード	コンデンサ，キャパシタ	capacitors	
注記	－	Status level	Standard
		Released on	2001-07-01
		Obsolete from	－

第2節 コンデンサ（キャパシタ）

図記号番号 （識別番号）	図記号（Symbol）		
04-02-11 （S00577）			
項目	説明	IEC 60617 情報（参考）	
名称	可変差動コンデンサ	Capacitor, differential	
別の名称	―	―	
様式	―	―	
別様式	―	―	
注釈	―		
適用分類	回路図，接続図，機能図，据付図，ネットワークマップ，概要図	Circuit diagrams, Connection diagrams, Function diagrams, Installation diagrams, Network maps, Overview diagrams	
機能分類	貯蔵，保存，蓄電又は記憶（C）	C Storing	
形状分類	矢印，線	Arrows, Lines	
制限事項	―	―	
補足事項	―	―	
適用図記号	S00081，S00567		
被適用図記号		―	
キーワード	コンデンサ，キャパシタ	capacitors	
注記	―	Status level	Standard
		Released on	2001-07-01
		Obsolete from	―

第2節 コンデンサ（キャパシタ）

図記号番号 （識別番号）	図記号（Symbol）		
04-02-13 （S00579）			
項目	説明	IEC 60617 情報（参考）	
名称	可変平衡形コンデンサ	Capacitor, split and adjustable	
別の名称	－	－	
様式	－	－	
別様式	－	－	
注釈	－		
適用分類	回路図，接続図，機能図，据付図，ネットワークマップ，概要図	Circuit diagrams, Connection diagrams, Function diagrams, Installation diagrams, Network maps, Overview diagrams	
機能分類	貯蔵，保存，蓄電又は記憶（C）	C Storing	
形状分類	矢印，線	Arrows, Lines	
制限事項	－	－	
補足事項	－	－	
適用図記号	S00081，S00567		
被適用図記号	－		
キーワード	コンデンサ，キャパシタ	capacitors	
注記	－	Status level	Standard
		Released on	2001-07-01
		Obsolete from	－

第2節　コンデンサ（キャパシタ）

図記号番号 （識別番号）	図記号（Symbol）		
04-02-15 （S00581）			
項目	説明	IEC 60617 情報（参考）	
名称	温度依存形有極性コンデンサ	Capacitor, temperature dependent and polarised	
別の名称	磁器コンデンサ，セラミックコンデンサ	Ceramic capacitor	
様式	−	−	
別様式	−	−	
注釈	A00231		
適用分類	回路図，接続図，機能図，据付図，ネットワークマップ，概要図	Circuit diagrams, Connection diagrams, Function diagrams, Installation diagrams, Network maps, Overview diagrams	
機能分類	貯蔵，保存，蓄電又は記憶（C）	C Storing	
形状分類	文字，線	Characters, Lines	
制限事項	−	−	
補足事項	−	−	
適用図記号	S00077，S00084，S00567		
被適用図記号	−		
キーワード	コンデンサ，キャパシタ	capacitors	
注記	−	Status level	Standard
		Released on	2001-07-01
		Obsolete from	−

第2節 コンデンサ (キャパシタ)

図記号番号 (識別番号)	図記号 (Symbol)		
04-02-16 (S00582)			

項目	説明	IEC 60617 情報 (参考)	
名称	電圧依存形有極性コンデンサ	Capacitor, voltage dependent and polarised	
別の名称	半導体コンデンサ	Semiconductor capacitor	
様式	−	−	
別様式	−	−	
注釈	A00230		
適用分類	回路図, 接続図, 機能図, 据付図, ネットワークマップ, 概要図	Circuit diagrams, Connection diagrams, Function diagrams, Installation diagrams, Network maps, Overview diagrams	
機能分類	貯蔵, 保存, 蓄電又は記憶 (C)	C Storing	
形状分類	文字, 線	Characters, Lines	
制限事項	−	−	
補足事項	−	−	
適用図記号	S00077, S00084, S00567		
被適用図記号		−	
キーワード	コンデンサ, キャパシタ	capacitors	
注記	−	Status level	Standard
		Released on	2001-07-01
		Obsolete from	−

第3節 インダクタ

図記号番号 (識別番号)	図記号（Symbol）		
04-03-01 (S00583)	（コイル記号の図）		

項目	説明	IEC 60617 情報（参考）	
名称	コイル（一般図記号），巻線（一般図記号）	Coil, general symbol; Winding, general symbol	
別の名称	インダクタ，チョーク，リアクトル	Inductor; Choke	
様式	—	—	
別様式	—	—	
注釈	A00127, A00263		
適用分類	回路図，接続図，機能図，据付図，ネットワークマップ，概要図	Circuit diagrams, Connection diagrams, Function diagrams, Installation diagrams, Network maps, Overview diagrams	
機能分類	限定又は安定化（R）	R Restricting or stabilizing	
形状分類	半円	Half-circles	
制限事項	—	—	
補足事項	—	—	
適用図記号	—		
被適用図記号	S00347, S00348, S00847, S00830, S00842, S00828, S01164, S00591, S01165, S00589, S01086, S00834, S00823, S00849, S00825, S00845, S00590, S00829, S00588, S00755, S00749, S00824, S00827, S00586, S00739, S00735, S00833, S00817, S00816, S00496, S00585, S01198, S00832, S00690, S00835, S00753, S00815		
キーワード	チョーク，リアクトル，コイル，インダクタ，巻線	chokes, coils, inductors, windings	
注記	—	Status level	Standard
		Released on	2001-07-01
		Obsolete from	—

第3節 インダクタ

図記号番号 (識別番号)	図記号（Symbol）		
04-03-03 (S00585)			
項目	説明	IEC 60617 情報（参考）	
名称	磁心入インダクタ，リアクトル	Inductor with magnetic core	
別の名称	—	—	
様式	—	—	
別様式	—	—	
注釈	—		
適用分類	回路図，接続図，機能図，据付図，ネットワークマップ，概要図	Circuit diagrams, Connection diagrams, Function diagrams, Installation diagrams, Network maps, Overview diagrams	
機能分類	限定又は安定化（R）	R Restricting or stabilizing	
形状分類	半円，線	Half-circles, Lines	
制限事項	—	—	
補足事項	—	—	
適用図記号	S00583		
被適用図記号	S00591，S01114，S00587		
キーワード	インダクタ，リアクトル	inductors	
注記	—	Status level	Standard
		Released on	2001-07-01
		Obsolete from	—

第3節 インダクタ

図記号番号 (識別番号)	図記号（Symbol）		
04-03-04 (S00586)			
項目	説明	IEC 60617 情報（参考）	
名称	ギャップ付磁心入インダクタ，リアクトル	Inductor with gap in magnetic core	
別の名称	－	－	
様式	－	－	
別様式	－	－	
注釈		－	
適用分類	回路図，接続図，機能図，据付図，ネットワークマップ，概要図	Circuit diagrams, Connection diagrams, Function diagrams, Installation diagrams, Network maps, Overview diagrams	
機能分類	限定又は安定化（R）	R Restricting or stabilizing	
形状分類	半円，線	Half-circles, Lines	
制限事項	－	－	
補足事項	－	－	
適用図記号	S00583		
被適用図記号		－	
キーワード	インダクタ，リアクトル	inductors	
注記	－	Status level	Standard
		Released on	2001-07-01
		Obsolete from	－

第3節 インダクタ

図記号番号 (識別番号)	図記号（Symbol）		
04-03-05 (S00587)			
項目	説明	IEC 60617 情報（参考）	
名称	連続可変磁心入インダクタ，リアクトル	Inductor, continuously variable	
別の名称	—	—	
様式	—	—	
別様式	—	—	
注釈	—		
適用分類	回路図，接続図，機能図，据付図，ネットワークマップ，概要図	Circuit diagrams, Connection diagrams, Function diagrams, Installation diagrams, Network maps, Overview diagrams	
機能分類	限定又は安定化（R）	R Restricting or stabilizing	
形状分類	矢印，半円，線	Arrows, Half-circles, Lines	
制限事項	—		
補足事項	図記号は，磁心入りを示している。	The symbol is shown with magnetic core.	
適用図記号	S00081，S00585		
被適用図記号	—		
キーワード	インダクタ，リアクトル	inductors	
注記	—	Status level	Standard
		Released on	2001-07-01
		Obsolete from	—

第3節 インダクタ

図記号番号 (識別番号)	図記号（Symbol）		
04-03-06 (S00588)			

項目	説明	IEC 60617 情報（参考）	
名称	固定タップ付インダクタ，リアクトル	Inductor with fixed tappings	
別の名称	－	－	
様式	－	－	
別様式	－	－	
注釈	－		
適用分類	回路図，接続図，機能図，据付図，ネットワークマップ，概要図	Circuit diagrams, Connection diagrams, Function diagrams, Installation diagrams, Network maps, Overview diagrams	
機能分類	限定又は安定化（R）	R Restricting or stabilizing	
形状分類	半円，線	Half-circles, Lines	
制限事項	－	－	
補足事項	図記号は，安定化タップ2個付きを示している。	The symbol is shown with two tappings (taps).	
適用図記号	S00583		
被適用図記号		－	
キーワード	インダクタ，リアクトル	inductors	
注記	－	Status level	Standard
		Released on	2001-07-01
		Obsolete from	－

第3節　インダクタ

図記号番号 （識別番号）	図記号（Symbol）		
04-03-07 （S00589）			
項目	説明	IEC 60617 情報（参考）	
名称	ステップ可変インダクタ，リアクトル	Inductor with moveable contact, variable in steps	
別の名称	−	−	
様式	−	−	
別様式	−	−	
注釈	−		
適用分類	回路図，接続図，機能図，据付図，ネットワークマップ，概要図	Circuit diagrams, Connection diagrams, Function diagrams, Installation diagrams, Network maps, Overview diagrams	
機能分類	限定又は安定化（R）	R Restricting or stabilizing	
形状分類	矢印，半円，線	Arrows, Half-circles, Lines	
制限事項	−	−	
補足事項	−	−	
適用図記号	S00087，S00211，S00583		
被適用図記号		−	
キーワード	インダクタ，リアクトル	inductors	
注記	−	Status level	Standard
		Released on	2001-07-01
		Obsolete from	−

第3節 インダクタ

図記号番号 (識別番号)	図記号（Symbol）	
04-03-08 (S00590)	（図記号：バリオメータ）	
項目	説明	IEC 60617 情報（参考）	
名称	バリオメータ	Variometer	
別の名称	−	−	
様式	−	−	
別様式	−	−	
注釈	−		
適用分類	回路図，接続図，機能図，据付図，ネットワークマップ，概要図	Circuit diagrams, Connection diagrams, Function diagrams, Installation diagrams, Network maps, Overview diagrams	
機能分類	限定又は安定化（R）	R Restricting or stabilizing	
形状分類	矢印，半円，線	Arrows, Half-circles, Lines	
制限事項	−	−	
補足事項	−	−	
適用図記号	S00081，S00583		
被適用図記号	−		
キーワード	インダクタ，バリオメータ，リアクトル	inductors, variometers	
注記	−	Status level	Standard
		Released on	2001-07-01
		Obsolete from	−

第3節 インダクタ

図記号番号 (識別番号)	図記号 (Symbol)		
04-03-09 (S00591)			

項目	説明	IEC 60617 情報（参考）	
名称	磁心入同軸チョーク，リアクトル	Coaxial choke with magnetic core	
別の名称	—	—	
様式	—	—	
別様式	—	—	
注釈	—		
適用分類	回路図，接続図，機能図，据付図，ネットワークマップ，概要図	Circuit diagrams, Connection diagrams, Function diagrams, Installation diagrams, Network maps, Overview diagrams	
機能分類	限定又は安定化（R）	R Restricting or stabilizing	
形状分類	円，半円，線	Circles, Half-circles, Lines	
制限事項	—	—	
補足事項	—	—	
適用図記号	S00011，S00583，S00585		
被適用図記号	—		
キーワード	チョーク，リアクトル，同軸ケーブル	chokes, coaxial cables	
注記	—	Status level	Standard
		Released on	2001-07-01
		Obsolete from	—

第3節 インダクタ

図記号番号 (識別番号)	図記号（Symbol）		
04-03-10 (S00592)			

項目	説明	IEC 60617 情報（参考）	
名称	フェライトビーズ	Ferrite bead	
別の名称	—	—	
様式	—	—	
別様式	—	—	
注釈		—	
適用分類	回路図，接続図，機能図，据付図，ネットワークマップ，概要図	Circuit diagrams, Connection diagrams, Function diagrams, Installation diagrams, Network maps, Overview diagrams	
機能分類	限定又は安定化（R）	R Restricting or stabilizing	
形状分類	線	Lines	
制限事項	—	—	
補足事項	フェライトビーズは導体上に示している。	The ferrite bead is shown on a conductor.	
適用図記号	S00001		
被適用図記号		—	
キーワード	フェライトビーズ	ferrite beads	
注記	—	Status level	Standard
		Released on	2001-07-01
		Obsolete from	—

第III章 圧電結晶，エレクトレット，遅延線
第7節 圧電結晶，エレクトレット

図記号番号 (識別番号)	図記号 (Symbol)		
04-07-01 (S00600)			
項目	説明	IEC 60617 情報（参考）	
名称	電極2個をもつ圧電結晶	Piezoelectric crystal with two electrodes	
別の名称	－	－	
様式	－	－	
別様式	－	－	
注釈		－	
適用分類	回路図，接続図，機能図	Circuit diagrams, Connection diagrams, Function diagrams	
機能分類	限定又は安定化（R）	R Restricting or stabilizing	
形状分類	線，長方形	Lines, Rectangles	
制限事項	－	－	
補足事項	－	－	
適用図記号	S01405		
被適用図記号	S00602，S00607，S00601，S00611		
キーワード	圧電結晶	piezoelectrical crystals	
注記	－	Status level	Standard
		Released on	2001-07-01
		Obsolete from	－

第7節　圧電結晶，エレクトレット

図記号番号 (識別番号)	図記号（Symbol）		
04-07-02 （S00601）			

項目	説明	IEC 60617 情報（参考）	
名称	電極3個をもつ圧電結晶	Piezoelectric crystal with three electrodes	
別の名称	−	−	
様式	−	−	
別様式	−	−	
注釈	−		
適用分類	回路図，接続図，機能図	Circuit diagrams, Connection diagrams, Function diagrams	
機能分類	限定又は安定化（R）	R Restricting or stabilizing	
形状分類	線，長方形	Lines, Rectangles	
制限事項	−	−	
補足事項	−	−	
適用図記号	S00600，S01405		
被適用図記号	−		
他の出版物	−	−	
参照元	−	−	
キーワード	圧電結晶	piezoelectrical crystals	
注記	−	Status level	Standard
		Released on	2001-07-01
		Obsolete from	−

第7節 圧電結晶,エレクトレット

図記号番号 (識別番号)	図記号 (Symbol)		
04-07-03 (S00602)			
項目	説明	IEC 60617 情報(参考)	
名称	電極2対をもつ圧電結晶	Piezoelectric crystal with two pairs of electrodes	
別の名称	−	−	
様式	−	−	
別様式	−	−	
注釈	−		
適用分類	回路図,接続図,機能図	Circuit diagrams, Connection diagrams, Function diagrams	
機能分類	限定又は安定化(R)	R Restricting or stabilizing	
形状分類	線,長方形	Lines, Rectangles	
制限事項	−	−	
補足事項	−	−	
適用図記号	S00600, S01405		
被適用図記号		−	
他の出版物	−	−	
参照元	−	−	
キーワード	圧電結晶	piezoelectrical crystals	
注記	−	Status level	Standard
		Released on	2001-07-01
		Obsolete from	−

第7節 圧電結晶，エレクトレット

図記号番号 (識別番号)	図記号 (Symbol)		
04-07-04 (S00603)			

項目	説明	IEC 60617 情報 (参考)	
名称	電極をもつエレクトレット	Electret with electrodes and connections	
別の名称	−	−	
様式	−	−	
別様式	−	−	
注釈	−		
適用分類	回路図，接続図，機能図	Circuit diagrams, Connection diagrams, Function diagrams	
機能分類	限定又は安定化 (R)	R Restricting or stabilizing	
形状分類	正三角形，線	Equilateral triangles, Lines	
制限事項	−		
補足事項	長い線が正極を表す。	The longer line represents the positive pole.	
適用図記号	S00117		
被適用図記号		−	
他の出版物	−	−	
参照元	−	−	
キーワード	エレクトレット	electrets	
注記	−	Status level	Standard
		Released on	2001-07-01
		Obsolete from	−

第7節 圧電結晶,エレクトレット

図記号番号 (識別番号)	図記号 (Symbol)		
04-07-05 (S01405)			

項目	説明	IEC 60617 情報(参考)	
名称	圧電効果	Piezo-electric effect	
別の名称	−	−	
様式	−	−	
別様式	−	−	
注釈	−		
適用分類	限定図記号	Conceptual elements or qualifiers	
機能分類	機能属性だけ(−)	−Functional attribute only	
形状分類	線,長方形	Lines, Rectangles	
制限事項	−	−	
補足事項	−	−	
適用図記号	−		
被適用図記号	S00602, S00601, S00600		
他の出版物	−	−	
参照元	−	−	
キーワード	依存性,効果,圧電	dependence, effect, piezoelectric	
注記	−	Status level	Standard
		Released on	2001-10-13
		Obsolete from	−

第8節　遅延線

図記号番号 (識別番号)	図記号（Symbol）		
04-08-01 (S00604)			

項目	説明	IEC 60617 情報（参考）	
名称	巻線付磁わい（歪）遅延線	Delay line, magnetostrictive with windings	
別の名称	－	－	
様式	組合せ様式	Assembled form	
別様式	－	－	
注釈		－	
適用分類	回路図，接続図，機能図	Circuit diagrams, Connection diagrams, Function diagrams	
機能分類	限定又は安定化（R）	R Restricting or stabilizing	
形状分類	矢印，半円，線	Arrows, Half-circles, Lines	
制限事項	－	－	
補足事項	図記号は，3個の場合の組合せ表示を示している。	The symbol is shown three windings shown in an assembled representation.	
適用図記号	S00122，S00124		
被適用図記号		－	
他の出版物	－	－	
参照元	－	－	
キーワード	遅延線	delay lines	
注記	－	Status level	Standard
		Released on	2001-07-01
		Obsolete from	－

第8節 遅延線

図記号番号 (識別番号)	図記号（Symbol）	
04-08-02 (S00605)	50 %	
項目	説明	IEC 60617情報（参考）
名称	巻線付磁わい（歪）遅延線	Delay line, magnetostrictive with windings
別の名称	—	—
様式	分離様式	Detached form
別様式	—	—
注釈	—	
適用分類	回路図，接続図，機能図	Circuit diagrams, Connection diagrams, Function diagrams
機能分類	限定又は安定化（R）	R Restricting or stabilizing
形状分類	矢印，文字，半円，線	Arrows, Characters, Half-circles, Lines
制限事項	—	—
補足事項	遅延線は，入力巻線1個，出力巻線2個の場合を分離表示で示している。 巻線は，上から下へ次のそれぞれを示している。 － 入力巻線 － 中間出力巻線（50 μs 遅延） － 最終出力巻線（100 μs 遅延）	The delay line is shown with one input and two outputs windings, in detached representation. The windings are from top to bottom: － Input － Intermediate output with 50 μs delay － Final output with 100 μs delay
適用図記号	S00122, S00124	
被適用図記号	—	
他の出版物	—	—
参照元	—	—
キーワード	遅延線	delay lines
注記	—	Status level	Standard
		Released on	2001-07-01
		Obsolete from	—

第8節 遅延線

図記号番号 (識別番号)	図記号 (Symbol)	
04-08-03 (S00606)		

項目	説明	IEC 60617 情報 (参考)	
名称	同軸遅延線	Delay line, coaxial	
別の名称	−	−	
様式	−	−	
別様式	−	−	
注釈	−		
適用分類	回路図，接続図，機能図，概要図	Circuit diagrams, Connection diagrams, Function diagrams, Overview diagrams	
機能分類	限定又は安定化 (R)	R Restricting or stabilizing	
形状分類	円，線	Circles, Lines	
制限事項	−	−	
補足事項	−	−	
適用図記号	S00011		
被適用図記号	−		
他の出版物	−	−	
参照元	−	−	
キーワード	遅延線	delay lines	
注記	−	Status level	Standard
		Released on	2001-07-01
		Obsolete from	−

第8節　遅延線

図記号番号 (識別番号)	図記号 (Symbol)		
04-08-04 (S00607)			

項目	説明	IEC 60617 情報（参考）	
名称	圧電変換器をもつ固体遅延線	Delay line, solid material type with piezoelectric transducers	
別の名称	－	－	
様式	－	－	
別様式	－	－	
注釈	－		
適用分類	回路図，接続図，機能図	Circuit diagrams, Connection diagrams, Function diagrams	
機能分類	限定又は安定化（R）	R Restricting or stabilizing	
形状分類	線，長方形	Lines, Rectangles	
制限事項	－	－	
補足事項	－	－	
適用図記号	S00114，S00124，S00600		
被適用図記号	－		
他の出版物	－	－	
参照元	－	－	
キーワード	遅延線，圧電結晶，変換器	delay lines, piezoelectrical crystals, transducers	
注記	－	Status level	Standard
		Released on	2001-07-01
		Obsolete from	－

第9節　遅延線及び遅延素子のブロック図記号

図記号番号 (識別番号)	図記号 (Symbol)		
04-09-01 (S00608)			
項目	説明	IEC 60617 情報 (参考)	
名称	遅延線（一般図記号），遅延素子（一般図記号）	Delay line, general symbol; Delay element, general symbol	
別の名称	−	−	
様式	−	−	
別様式	−	−	
注釈	−		
適用分類	回路図，接続図，機能図，据付図，ネットワークマップ，概要図	Circuit diagrams, Connection diagrams, Function diagrams, Installation diagrams, Network maps, Overview diagrams	
機能分類	限定又は安定化（R）	R Restricting or stabilizing	
形状分類	線，正方形	Lines, Squares	
制限事項	−	−	
補足事項	−	−	
適用図記号	S00059，S00124		
被適用図記号	S00612，S00611，S00610	−	
他の出版物		−	
参照元		−	
キーワード	遅延線	delay lines	
注記	−	Status level	Standard
		Released on	2001-07-01
		Obsolete from	−

第9節　遅延線及び遅延素子のブロック図記号

図記号番号 （識別番号）	図記号（Symbol）			
04-09-02 （S00609）	![symbol] 50μs / 100μs			
項目	説明		IEC 60617 情報（参考）	
名称	磁わい（歪）遅延線		Delay line, magnetostrictive type	
別の名称	−		−	
様式	−		−	
別様式	−		−	
注釈	−				
適用分類	回路図，接続図，機能図，据付図，ネットワークマップ，概要図		Circuit diagrams, Connection diagrams, Function diagrams, Installation diagrams, Network maps, Overview diagrams	
機能分類	限定又は安定化（R）		R Restricting or stabilizing	
形状分類	矢印，文字，半円，線，長方形		Arrows, Characters, Half-circles, Lines, Rectangles	
制限事項	−		−	
補足事項	図記号は，出力が二つの場合を示す。出力信号は，それぞれ 50 μs，100 μs 遅延している。		The symbol is shown with two outputs. The output signals are delayed 50 microseconds and 100 microseconds respectively.	
適用図記号	S00060，S00122，S00124			
被適用図記号	−				
他の出版物	−		−	
参照元	−		−	
キーワード	遅延線		delay lines	
注記	−		Status level	Standard
			Released on	2001-07-01
			Obsolete from	−

第9節 遅延線及び遅延素子のブロック図記号

図記号番号 (識別番号)	図記号(Symbol)		
04-09-03 (S00610)	(coaxial delay line symbol: square with horizontal line through middle and circle)		
項目	説明	IEC 60617 情報(参考)	
名称	同軸遅延線	Delay line, coaxial type	
別の名称	−	−	
様式	−	−	
別様式	−	−	
注釈	−		
適用分類	回路図，接続図，機能図，据付図，ネットワークマップ，概要図	Circuit diagrams, Connection diagrams, Function diagrams, Installation diagrams, Network maps, Overview diagrams	
機能分類	限定又は安定化(R)	R Restricting or stabilizing	
形状分類	円，線，正方形	Circles, Lines, Squares	
制限事項	−	−	
補足事項	−	−	
適用図記号	S00011，S00608		
被適用図記号	−		
他の出版物	−	−	
参照元	−	−	
キーワード	遅延線	delay lines	
注記	−	Status level	Standard
		Released on	2001-07-01
		Obsolete from	−

第9節 遅延線及び遅延素子のブロック図記号

図記号番号 (識別番号)	図記号 (Symbol)		
04-09-04 (S00611)	Hg		
項目	説明	IEC 60617 情報（参考）	
名称	圧電変換器をもつ水銀遅延線	Delay line, mercury type with piezoelectric transducers	
別の名称	−	−	
様式	−	−	
別様式	−	−	
注釈	−		
適用分類	回路図，接続図，機能図，据付図，ネットワークマップ，概要図	Circuit diagrams, Connection diagrams, Function diagrams, Installation diagrams, Network maps, Overview diagrams	
機能分類	限定又は安定化（R）	R Restricting or stabilizing	
形状分類	文字，線，正方形	Characters, Lines, Squares	
制限事項	−	−	
補足事項	−	−	
適用図記号	S00600，S00608		
被適用図記号	−		
他の出版物	−	−	
参照元	−	−	
キーワード	遅延線	delay lines	
注記	−	Status level	Standard
		Released on	2001-07-01
		Obsolete from	−

第 9 節　遅延線及び遅延素子のブロック図記号

図記号番号 (識別番号)	図記号 (Symbol)	
04-09-05 (S00612)		

項目	説明	IEC 60617 情報 (参考)	
名称	擬似電路遅延線	Delay line, artificial line type	
別の名称	−	−	
様式	−	−	
別様式	−	−	
注釈	−		
適用分類	回路図，接続図，機能図，据付図，ネットワークマップ，概要図	Circuit diagrams, Connection diagrams, Function diagrams, Installation diagrams, Network maps, Overview diagrams	
機能分類	限定又は安定化 (R)	R Restricting or stabilizing	
形状分類	線，正方形	Lines, Squares	
制限事項	−	−	
補足事項	−	−	
適用図記号	S00608		
被適用図記号	−		
他の出版物	−	−	
参照元	−	−	
キーワード	遅延線	delay lines	
注記	−	Status level	Standard
		Released on	2001-07-01
		Obsolete from	−

5 注釈

当該図記号の説明及び付加的な関連規定を，次に示す。注釈は通常，複数の図記号で共有されるため，注釈番号を記した別のページに記載されている。

注釈番号は Annnnn の形式で示し，n は 0〜9 の整数で表す。この番号は IEC 60617 の注釈（Application notes）に対応しており，番号付けには意味はない。

注釈番号	注釈	被適用図記号	IEC 60617 情報（参考）
A00127	インダクタに磁心があることを示したい場合，図記号に平行な単線を追加してもよい。非磁性材料であることを示す注釈をこの線に付けてもよい。磁心のギャップを示すために線を中断してもよい。	04-03-01, 06-09-02, 06-09-05, 06-09-09, 06-09-11, 06-10-02, 06-10-04, 06-10-06, 06-10-08, 06-10-10, 06-10-12, 06-10-14, 06-10-16, 06-10-18, 06-11-02, 06-11-04, 06-11-06, 06-12-02, 06-13-01B, 06-13-03, 06-13-05, 06-13-07, 06-13-09, 06-13-11, 06-13-13, 06-09-13 S00583, S00842, S00845, S00849, S00851, S00853, S00855, S00857, S00859, S00861, S00863, S00865, S00867, S00869, S00871, S00873, S00875, S00877, S00879, S00881, S00883, S00885, S00887, S00889, S00891, S01544	If it is desired to show that there is a magnetic core, a single line may be added parallel to the symbol. The line may be annotated to indicate non-magnetic materials; it may be interrupted to indicate a gap in the core.
A00230	この図記号は，意図的な使用が電圧依存特性と判断する場合に適用する。	04-02-16 S00582	The symbol is applied where deliberate use is made of the voltage dependent characteristic.
A00231	この図記号は，意図的な使用が温度依存特性と判断する場合に適用する。	04-02-15 S00581	The symbol is applied where deliberate use is made of the temperature dependent characteristic.
A00232	電流の方向，その相対振幅及び残留磁気の状態によって与えられる論理条件の情報を追加してもよい。	04-A5-01 S00596	Information on the direction of current, its relative amplitude and the logic conditions imposed by the state in the magnetic remanence may be added.

注釈番号	注釈	被適用図記号	IEC 60617 情報（参考）
A00255	説明は，次の図を参照。 巻線 1 個をもつフェライト磁心斜線は，電流と磁束との方向を下図のように関係付ける補助図記号とみなすこともできる。 （図：磁束↑，電流→） 又は （図：磁束↑，電流←） 磁気回路に交差する巻線がない場合でも，しばしば製図の便宜上，巻線が磁心と交差しているように示すことがある。実体は位置的な表現を除いて，磁心を表す図記号を交差する配線が（磁心を貫通する）巻線であるときは，必ず斜線の補助図記号を用いる。 　例： （図　*)　**)） *) 磁心を表す図記号を横切る導線。 **) 磁心を貫通する巻線。	04-A4-03 S00595	See "A00255Explication.pdf" for explanations.
A00263	半円の数は，用途に合わせて変えてもよい。	04-03-01 S00583	The number of half-circles may be varied to suit the application.

附属書 A
(参考)
旧図記号

ここに示す図記号は,**JIS C 0617-4**:1997 に規定されていたが,現在は削除されている図記号である。これらの図記号は,旧図記号を用いた電気回路図を読むときの単なる参考である。注記の"Obsolete from"欄の日付以後メンテナンスされていない。

第 A2 節　コンデンサ(キャパシタ)

図記号番号 (識別番号)	図記号 (Symbol)	
04-A2-08 (S00569)		

項目	説明	IEC 60617 情報 (参考)	
名称	リードスルーコンデンサ,リードスルーキャパシタ,貫通形コンデンサ,貫通形キャパシタ	Capacitor, lead-through; Capacitor, feed-through	
別の名称	−	−	
様式	−	−	
別様式	−	−	
注釈	−		
適用分類	回路図,接続図,機能図,据付図,ネットワークマップ,概要図	Circuit diagrams, Connection diagrams, Function diagrams, Installation diagrams, Network maps, Overview diagrams	
機能分類	貯蔵,保存,蓄電又は記憶 (C)	C Storing	
形状分類	線	Lines	
制限事項	旧様式。この図記号の代わりに図記号 04-02-03 (S01411) を用いる。	Old form. Use symbol S01411 instead.	
補足事項	−	−	
適用図記号		−	
被適用図記号		−	
キーワード	コンデンサ,キャパシタ	capacitors	
注記	−	Status level	Obsolete−for reference only
		Released on	2001-07-01
		Obsolete from	2001-11-10

第 A4 節　図記号要素

図記号番号 （識別番号）	図記号（Symbol）	
04-A4-01 （S00593）		

項目	説明	IEC 60617 情報（参考）	
名称	フェライト磁心	Ferrite core	
別の名称	—	—	
様式	—	—	
別様式	—	—	
注釈		—	
適用分類	回路図，接続図，機能図，据付図，ネットワークマップ，概要図	Circuit diagrams, Connection diagrams, Function diagrams, Installation diagrams, Network maps, Overview diagrams	
機能分類	限定又は安定化（R）	R Restricting or stabilizing	
形状分類	線	Lines	
制限事項	—	—	
補足事項	技術的陳腐化のため廃止する。	Withdrawn because of technical obsolescence.	
適用図記号		—	
被適用図記号		—	
キーワード	磁心	cores	
注記	—	Status level	Obsolete－for reference only
		Released on	2001-07-01
		Obsolete from	2001-11-11

第 A4 節 図記号要素

図記号番号 (識別番号)	図記号（Symbol）		
04-A4-02 (S00594)			
項目	説明	IEC 60617 情報（参考）	
名称	磁束／電流方向の指示記号	Flux/current direction indicator	
別の名称	－	－	
様式	－	－	
別様式	－	－	
注釈	－		
適用分類	回路図，接続図，機能図	Circuit diagrams, Connection diagrams, Function diagrams	
機能分類	機能属性だけ（－）	－Functional attribute only	
形状分類	線	Lines	
制限事項	この図記号は，実体配置的な表現には適用しない。	This symbol is not applicable for topographical representation.	
補足事項	この図記号は，磁心を表す図記号に直角に引いた水平線が，磁心を貫通する巻線であることを表し，この図記号によって，電流と磁束との相対方向を識別させることを示す。技術的陳腐化のため廃止する。	This symbol indicates that a horizontal line drawn at a right angle through a core symbol represents a core winding, and it also gives the relative directions of current and flux. Withdrawn because of technical obsolescence.	
適用図記号		－	
被適用図記号		－	
キーワード	指示記号	indicators	
注記	－	Status level	Obsolete－for reference only
		Released on	2001-07-01
		Obsolete from	2001-11-11

第A4節 図記号要素

図記号番号 (識別番号)	図記号（Symbol）	
04-A4-03 (S00595)		
項目	説明	IEC 60617 情報（参考）
名称	巻線1個をもつフェライト磁心	Ferrite core with one winding
別の名称	−	−
様式	−	−
別様式	−	−
注釈	A00255	
適用分類	回路図	Circuit diagrams
機能分類	機能属性だけ（−）	−Functional attribute only
形状分類	線	Lines
制限事項	−	−
補足事項	説明はA00255を参照。技術的陳腐化のため廃止する。	See A00255 for explanations. Withdrawn because of technical obsolescence.
適用図記号	−	
被適用図記号	S00596，S00597	
キーワード	磁心	cores
注記	−	Status level	Obsolete−for reference only
		Released on	2001-07-01
		Obsolete from	2001-11-11

第 A5 節　フェライト磁心

図記号番号 (識別番号)	図記号 (Symbol)		
04-A5-01 (S00596)			
項目	説明	IEC 60617 情報 (参考)	
名称	巻線 5 個をもつフェライト磁心	Ferrite core with five windings	
別の名称	−	−	
様式	−	−	
別様式	−	−	
注釈	A00232	
適用分類	回路図，接続図，機能図	Circuit diagrams, Connection diagrams, Function diagrams	
機能分類	貯蔵，保存，蓄電又は記憶（C）	C Storing	
形状分類	線	Lines	
制限事項	−	−	
補足事項	技術的陳腐化のため廃止する。	Withdrawn because of technical obsolescence.	
適用図記号	S00595	
被適用図記号	S00598	
キーワード	磁心	cores	
注記	−	Status level	Obsolete−for reference only
		Released on	2001-07-01
		Obsolete from	2001-11-11

第A5節　フェライト磁心

図記号番号 (識別番号)	図記号（Symbol）		
04-A5-02 (S00597)			

項目	説明	IEC 60617 情報（参考）	
名称	巻線 n 個をもつフェライト磁心	Ferrite core with one winding of n turns	
別の名称	−	−	
様式	−	−	
別様式	−	−	
注釈	−		
適用分類	回路図，接続図，機能図	Circuit diagrams, Connection diagrams, Function diagrams	
機能分類	貯蔵，保存，蓄電又は記憶（C）	C Storing	
形状分類	文字，線	Characters, Lines	
制限事項	−		
補足事項	技術的陳腐化のため廃止する。	Withdrawn because of technical obsolescence.	
適用図記号	S00595		
被適用図記号	−		
キーワード	磁心	cores	
注記	−	Status level	Obsolete−for reference only
		Released on	2001-07-01
		Obsolete from	2001-11-11

第 A6 節　磁気記憶マトリックス（実体配置的な表現）

図記号番号 （識別番号）	図記号（Symbol）		
04-A6-01 （S00598）			

項目	説明	IEC 60617 情報（参考）	
名称	フェライト磁心マトリックス	Ferrite core matrix	
別の名称	—	—	
様式	—	—	
別様式	—	—	
注釈	—		
適用分類	回路図，接続図，機能図	Circuit diagrams, Connection diagrams, Function diagrams	
機能分類	貯蔵，保存，蓄電又は記憶（C）	C Storing	
形状分類	文字，線	Characters, Lines	
制限事項	—	—	
補足事項	フェライト磁心マトリックスは，x 巻線，y 巻線及び読出し巻線で構成する。フェライト磁心の図記号 04-A4-01（S00593）は，水平から 45 度傾けて示している。技術的陳腐化のため廃止する。	The ferrite core matrix consists of x and y windings and a read-out winding. The symbol of a ferrite core, S00593, is shown at 45° to the horizontal. Withdrawn because of technical obsolescence.	
適用図記号	S00596		
被適用図記号		—	
キーワード	磁心	cores	
注記	—	Status level	Obsolete — for reference only
		Released on	2001-07-01
		Obsolete from	2001-11-11

第A6節 磁気記憶マトリックス（実体配置的な表現）

図記号番号 (識別番号)	図記号（Symbol）	
04-A6-02 (S00599)		

項目	説明	IEC 60617 情報（参考）	
名称	磁気記憶素子のマトリックス配列	Matrix arrangement of magnetic stores	
別の名称	—	—	
様式	—	—	
別様式	—	—	
注釈	—		
適用分類	回路図，接続図，機能図	Circuit diagrams, Connection diagrams, Function diagrams	
機能分類	貯蔵，保存，蓄電又は記憶（C）	C Storing	
形状分類	円，線	Circles, Lines	
制限事項	—	—	
補足事項	直交する二つの薄膜配線層に挟まれた薄膜磁気記憶素子のマトリックス配列を示している。技術的陳腐化のため廃止する。	The matrix arrangement comprises thin sheet magnetic stores, located between two orthogonal thin sheet wiring layers. Withdrawn because of technical obsolescence.	
適用図記号	—		
被適用図記号	—		
キーワード	磁気記憶素子	magnetic stores	
注記	—	Status level	Obsolete－for reference only
		Released on	2001-07-01
		Obsolete from	2001-11-11

附属書 B
(参考)
参考文献

JIS C 0452-1 電気及び関連分野-工業用システム,設備及び装置,並びに工業製品-構造化原理及び参照指定-第1部:基本原則

    注記　対応国際規格：**IEC 61346-1**, Industrial systems, installations and equipment and industrial products-Structuring principles and reference designations-Part 1: Basic rules（IDT）

JIS C 0456 電気及び関連分野-電気技術文書に用いる符号化図形文字集合

    注記　対応国際規格：**IEC 61286**, Information technology-Coded graphic character set for use in the preparation of documents used in electrotechnology and for information interchange（IDT）

JIS X 0221 国際符号化文字集合（UCS）

    注記　対応国際規格：**ISO/IEC 10646**, Information technology-Universal Multiple-Octet Coded Character Set (UCS)（IDT）

JIS Z 8202（規格群）　量及び単位

    注記　対応国際規格：**ISO 31** (all parts), Quantities and units（IDT）

JIS Z 8222-2 製品技術文書に用いる図記号のデザイン-第2部:参照ライブラリ用図記号を含む電子化形式の図記号の仕様,及びその相互交換の要求事項

    注記　対応国際規格：**IEC 81714-2**, Design of graphical symbols for use in the technical documentation of products-Part 2: Specification for graphical symbols in a computer sensible form, including graphical symbols for a reference library, and requirements for their interchange（IDT）

JIS Z 8222-3 製品技術文書に用いる図記号のデザイン-第3部:接続ノード,ネットワーク及びそのコード化の分類

    注記　対応国際規格：**IEC 81714-3**, Design of graphical symbols for use in the technical documentation of products-Part 3: Classification of connect nodes, networks and their encoding（IDT）

IEC 60027 (all parts)　Letter symbols to be used in electrical technology (partly being replaced by ISO/IEC 80000)

IEC 60050 (all parts), International Electrotechnical Vocabulary

IEC 60445　Basic and safety principles for man-machine interface, marking and identification-Identification of equipment terminals and conductor terminations

IEC/TR 61352　Mnemonics and symbols for integrated circuits

IEC/TR 61734　Application of symbols for binary logic and analogue elements

日本工業規格　　　　　　　　　　　　　　　　JIS
　　　　　　　　　　　　　　　　　　　　　C 0617-5：2011

電気用図記号－第5部：半導体及び電子管

Graphical symbols for diagrams－Part 5: Semiconductors and electron tubes

序文

この規格は，2001年にデータベース形式規格として発行されメンテナンスされているIEC 60617の2008年時点での技術的内容を変更することなく作成した日本工業規格である。

なお，**IEC 60617**は，部編成であった規格の構成を一つのデータベース形式規格としたが，**JIS**では，規格の利便性も考慮し，これまでどおり部ごとの分冊構成とし，構成方法を変更している。

1 適用範囲

この規格は，電気用図記号のうち，半導体及び電子管に関する図記号について規定する。

注記1　この規格は**IEC 60617**のうち，従来の図記号番号が05-01-01から05-15-05までのもので構成されている。**附属書A**は参考情報である。

注記2　この規格の対応国際規格及びその対応の程度を表す記号を，次に示す。

IEC 60617，Graphical symbols for diagrams（MOD）

なお，対応の程度を表す記号"MOD"は，**ISO/IEC Guide 21-1**に基づき，"修正している"ことを示す。

2 引用規格

次に掲げる規格は，この規格に引用されることによって，この規格の規定の一部を構成する。これらの引用規格のうちで，西暦年を付記してあるものは，記載の年の版を適用し，その後の改正版（追補を含む。）は適用しない。西暦年の付記がない引用規格は，その最新版（追補を含む。）を適用する。

JIS C 0452-2　電気及び関連分野－工業用システム，設備及び装置，並びに工業製品－構造化原理及び参照指定－第2部：オブジェクトの分類（クラス）及び分類コード

　　注記　対応国際規格：IEC 61346-2, Industrial systems, installations and equipment and industrial products－Structuring principles and reference designations－Part 2: Classification of objects and codes for classes（IDT）

JIS C 0617-1　電気用図記号－第1部：概説

　　注記　対応国際規格：IEC 60617, Graphical symbols for diagrams（MOD）

JIS C 1082-1:1999　電気技術文書－第1部：一般要求事項

　　注記　対応国際規格：IEC 61082-1, Preparation of documents used in electrotechnology－Part 1: Rules（MOD）

JIS Z 8222-1　製品技術文書に用いる図記号のデザイン－第1部：基本規則

　　注記　対応国際規格：ISO 81714-1, Design of graphical symbols for use in the technical documentation of products－Part 1: Basic rules（IDT）

3 概要
JIS C 0617 の規格群は，次の部によって構成されている。
- 第1部：概説
- 第2部：図記号要素，限定図記号及びその他の一般用途図記号
- 第3部：導体及び接続部品
- 第4部：基礎受動部品
- 第5部：半導体及び電子管
- 第6部：電気エネルギーの発生及び変換
- 第7部：開閉装置，制御装置及び保護装置
- 第8部：計器，ランプ及び信号装置
- 第9部：電気通信－交換機器及び周辺機器
- 第10部：電気通信－伝送
- 第11部：建築設備及び地図上の設備を示す設置平面図及び線図
- 第12部：二値論理素子
- 第13部：アナログ素子

図記号は，**JIS Z 8222-1** に規定する要件に従って作成している。基本単位寸法として $M=5$ mm を用いた。大きな図記号は，スペースの節約のため 1/2 に縮小し，図記号欄に 50 %と付けた。

多数の端子を表示する必要，又はその他の配置要件に応じてスペースをとる必要がある場合は，**JIS Z 8222-1** の **7.**［比率（proportion）の変更］に従い，図記号の寸法（高さなど）を変更してもよい。

拡大，縮小したり寸法を変更した場合も，線の太さは，拡縮せず，元のままとする。

図記号は，関連線間の間隔が基本単位の倍数になるよう描かれている。端子表示が必要な場合のスペースがとれるように基本単位 2M を選択した。図記号は同じグリッドを用い，分かりやすい大きさに描かれている。

図記号は，全てコンピュータ支援製図システムのグリッド内に描かれている（図記号の背景にグリッドを表示した。）。

JIS C 0617-5:1999 に規定されていたが，現在は削除された図記号を，旧図記号として，**附属書 A** に示している。

JIS C 0617 規格群で規定する全ての図記号の索引を，**JIS C 0617-1** に示す。

この規格に用いる項目名の説明を，**表1**に示す。

なお，英文の項目名は **IEC 60617** に対応した名称である。

表1-図記号の規定に用いる項目名の説明

項目名	説明
図記号番号	図記号の分類番号。xx-yy-zz の形式で示し，x，y，z は 0～9 の整数と A とで表す。 xx：部番号 yy：節番号 zz：節番号中の図記号番号 **注記** 節番号に A が付いた図記号は，旧規格に規定されていたが，現在は削除されている（**附属書 A 参照**）。
識別番号 (Symbol identity number)	図記号の識別番号。Snnnnn の形式で示し，n は 0～9 の整数である。この番号は **IEC 60617** の固有番号である識別番号（Symbol identity number）に対応しており，番号付けには意味はない。
名称 (Name)	当該図記号の概念を表す名称。
別の名称 (Alternative names)	当該図記号の名称に対する別な名称。ほぼ同意語で，従属的な特定の名称など。
様式 (Form)	当該図記号と同一の名称（意味）。形状の異なる図記号がある場合，様式 1，様式 2…として記載する。
別様式 (Alternative forms)	当該図記号と同一名称でほかの様式の図記号がある場合，その図記号の図記号番号。
注釈 (Application notes)	当該図記号の説明又は付加的な関連規定。注釈は通常，複数の図記号で共有されるため，注釈番号を記した別のページに記載されている。 注釈番号は Annnnn の形式で示し，n は 0～9 の整数で表す。この番号は **IEC 60617** の注釈（Application notes）に対応しており，番号付けには意味はない。
適用分類 (Application class)	当該図記号が適用される文書の種類。**JIS C 1082-1** で定義されている。
機能分類 (Function class)	当該図記号が属する一つ又は複数の分類。**JIS C 0452-2** で定義されている。括弧内に示したものは，分類コード。
形状分類 (Shape class)	当該図記号を特徴付ける基本的な形状。
制限事項 (Symbol restrictions)	当該図記号の適用方法に関する制限事項。
補足事項 (Remarks)	当該図記号の付加的な情報。
適用図記号 (Applies)	当該図記号を構築するために用いている図記号（図記号要素，限定図記号及び一般図記号）の識別番号。
被適用図記号 (Applied in)	当該図記号を要素として用いている図記号の識別番号。
キーワード (Keywords)	検索を容易にするキーワードの一覧。

表1−図記号の規定に用いる項目名の説明(続き)

項目名	説明		
注記	この規格に関する注記を示す。		
	なお,**IEC 60617**だけの参考情報としては,次の項目がある。		
	Status level	IEC 60617連続メンテナンスに関する当該図記号の状態。	
		当該図記号が承認された場合,そのステータスレベルは"Standard"に設定される。	
		当該図記号が後に別の図記号で置き換えられた場合,又は技術的に旧式であると判断された場合,そのステータスレベルは参考としての"旧形式(Obsolete)"となる。	
		技術的に旧式になった場合,当該図記号は用いられるが,今後メンテナンスは行われない。	
	Released on	IEC 60617の一部として発行された年月日。	
	Obsolete from	IEC 60617に対して旧形式となった年月日。	

4 電気用図記号及びその説明

この規格の章及び節の構成は,次のとおりとする。英語は,**IEC 60617**によるもので,参考として示す。

第Ⅰ章　半導体素子
　第1節　図記号要素
　第2節　半導体素子に特有な限定図記号
　第3節　半導体ダイオードの例
　第4節　サイリスタの例
　第5節　トランジスタの例
　第6節　光電素子及び磁界感応素子の例

第Ⅱ章　電子管
　第7節　一般的な図記号要素
　第8節　主としてブラウン管及びテレビジョン撮像管に適用する図記号要素
　第9節　主としてマイクロ波管に適用する図記号要素
　第10節　水銀整流器を含むその他の電子管に適用する図記号要素
　第11節　電子管の例
　第12節　ブラウン管の例
　第13節　マイクロ波管の例
　第14節　水銀整流器を含むその他の電子管の例

第Ⅲ章　放射線検出器及び電気化学デバイス
　第15節　電離放射線検出器の例
　第16節　電気化学デバイス(**附属書A**参照)

第 I 章　半導体素子
第 1 節　図記号要素

図記号番号 (識別番号)	図記号（Symbol）		
05-01-01 (S00613)			

項目	説明	IEC 60617 情報（参考）	
名称	一つの接続をもつ半導体領域	Semiconductor region, one connection	
別の名称	−	−	
様式	−	−	
別様式	−	−	
注釈	−		
適用分類	回路図	Circuit diagrams	
機能分類	機能属性だけ（−）	−Functional attribute only	
形状分類	線	Lines	
制限事項	−	−	
補足事項	垂直線が半導体領域で，水平線がオーミック接続である．	The vertical line is the semiconductor region and the perpendicular line is the ohmic connection.	
適用図記号		−	
被適用図記号	S00057, S00653, S00641, S00616, S00652, S00648, S00651, S00663, S00662, S00665, S00657, S00646, S00661, S00654, S00614, S00655, S00660, S00645, S00656, S00658, S00659, S00664, S00649, S00650, S00615		
キーワード	接続，オーミック接続，半導体領域，半導体，トランジスタ	connections, ohmic connections, semiconductor regions, semiconductors, transistors	
注記	−	Status level	Standard
		Released on	2001-07-01
		Obsolete from	−

第1節 図記号要素

図記号番号 (識別番号)	図記号 (Symbol)		
05-01-02 (S00614)			

項目	説明	IEC 60617 情報 (参考)	
名称	二つ以上の接続をもつ半導体領域	Semiconductor region, several connections	
別の名称	―	―	
様式	様式1	Form 1	
別様式	05-01-03, 05-01-04	S00615; S00616	
注釈	―	―	
適用分類	回路図	Circuit diagrams	
機能分類	機能属性だけ (―)	―Functional attribute only	
形状分類	線	Lines	
制限事項	―	―	
補足事項	二つの接続をもつ場合を示す。	Two connections are shown.	
適用図記号	S00613	―	
被適用図記号		―	
キーワード	オーミック接続, 半導体領域, 半導体, トランジスタ	ohmic connections, semiconductor regions, semiconductors, transistors	
注記	―	Status level	Standard
		Released on	2001-07-01
		Obsolete from	―

第1節 図記号要素

図記号番号 (識別番号)	図記号 (Symbol)	
05-01-03 (S00615)		

項目	説明	IEC 60617 情報 (参考)	
名称	二つ以上の接続をもつ半導体領域	Semiconductor region, several connections	
別の名称	—	—	
様式	様式2	Form 2	
別様式	05-01-02, 05-01-04	S00614; S00616	
注釈		—	
適用分類	回路図	Circuit diagrams	
機能分類	機能属性だけ (−)	− Functional attribute only	
形状分類	線	Lines	
制限事項	—	—	
補足事項	二つの接続をもつ場合を示す。	Two connections are shown.	
適用図記号	S00613		
被適用図記号		—	
キーワード	オーミック接続, 半導体領域, 半導体, トランジスタ	ohmic connections, semiconductor regions, semiconductors, transistors	
注記	—	Status level	Standard
		Released on	2001-07-01
		Obsolete from	—

第1節　図記号要素

図記号番号 （識別番号）	図記号（Symbol）		
05-01-04 （S00616）			
項目	説明		IEC 60617 情報（参考）
名称	二つ以上の接続をもつ半導体領域		Semiconductor region, several connections
別の名称	－		－
様式	様式3		Form 3
別様式	05-01-02，05-01-03		S00614; S00615
注釈	－		－
適用分類	限定図記号		Qualifiers only
機能分類	機能属性だけ（－）		－Functional attribute only
形状分類	線		Lines
制限事項	－		－
補足事項	二つの接続をもつ場合を示す。		Two connections are shown.
適用図記号	S00613		
被適用図記号	S00666，S00667，S00672，S00668，S00670，S00671，S00669		
キーワード	オーミック接続，半導体領域，半導体，トランジスタ		ohmic connections, semiconductor regions, semiconductors, transistors
注記	－	Status level	Standard
		Released on	2001-07-01
		Obsolete from	－

第1節　図記号要素

図記号番号 （識別番号）	図記号（Symbol）	
05-01-05 （S00617）	⊢	
項目	説明	IEC 60617 情報（参考）
名称	デプレション形デバイスの伝導チャネル	Conduction channel for depletion devices
別の名称	－	－
様式	－	－
別様式	－	－
注釈	－	
適用分類	回路図	Circuit diagrams
機能分類	機能属性だけ（－）	－Functional attribute only
形状分類	線	Lines
制限事項	－	－
補足事項	－	－
適用図記号	－	
被適用図記号	S00682，S00672，S00683，S00677，S00678，S00671，S00679	
キーワード	伝導チャネル，デプレション形，半導体，トランジスタ	conduction channels, depletion type, semiconductors, transistors
注記	－	Status level	Standard
		Released on	2001-07-01
		Obsolete from	－

第1節 図記号要素

図記号番号 (識別番号)	図記号（Symbol）		
05-01-06 (S00618)			

項目	説明	IEC 60617 情報（参考）	
名称	エンハンスメント形デバイスの伝導チャネル	Conduction channel for enhancement devices	
別の名称	－	－	
様式	－	－	
別様式	－	－	
注釈	－		
適用分類	回路図	Circuit diagrams	
機能分類	機能属性だけ（－）	－Functional attribute only	
形状分類	線	Lines	
制限事項	－		
補足事項			
適用図記号	－		
被適用図記号	S00673，S00676，S00674，S00675，S00681，S00680		
キーワード	伝導チャネル，エンハンスメント形，半導体，トランジスタ	conduction channels, enhancement type, semiconductors, transistors	
注記	－	Status level	Standard
		Released on	2001-07-01
		Obsolete from	－

第1節 図記号要素

図記号番号 (識別番号)	図記号 (Symbol)		
05-01-07 (S00619)			
項目	説明	IEC 60617 情報 (参考)	
名称	整流接合	Rectifying junction	
別の名称	−	−	
様式	−	−	
別様式	−	−	
注釈	−		
適用分類	回路図	Circuit diagrams	
機能分類	機能属性だけ (−)	−Functional attribute only	
形状分類	三角形,線	Equilateral triangles, Lines	
制限事項	−		
補足事項			
適用図記号	−		
被適用図記号	S00057, S00378, S00653, S00641, S00648, S00651, S00662, S00657, S00646, S00661, S00654, S00647, S00655, S00660, S00645, S00656, S00658, S00650		
キーワード	接合,整流器,半導体	junctions, rectifiers, semiconductors	
注記	−	Status level	Standard
		Released on	2001-07-01
		Obsolete from	−

第1節　図記号要素

図記号番号 (識別番号)	図記号（Symbol）	
05-01-09 （S00620）	→⊢	
項目	説明	IEC 60617 情報（参考）
名称	半導体層に影響を及ぼす接合 （N層に影響を与えるP領域）	Junction which influences a semiconductor layer, P-region which influences an N-layer
別の名称	－	－
様式	－	－
別様式	－	－
注釈	A00176	
適用分類	回路図	Circuit diagrams
機能分類	機能属性だけ（－）	－Functional attribute only
形状分類	矢印，線	Arrows, Lines
制限事項	－	－
補足事項	－	－
適用図記号	－	
被適用図記号	S00671	
キーワード	電界効果トランジスタ，ゲート，接合，N層， P領域，半導体，トランジスタ	field effect transistors, gates, junctions, N-layer, P-region, semiconductors, transistors
注記	－	Status level	Standard
		Released on	2001-07-01
		Obsolete from	－

第1節　図記号要素

図記号番号 （識別番号）	図記号（Symbol）	
05-01-10 （S00621）	⊣	
項目	説明	IEC 60617 情報（参考）
名称	半導体層に影響を及ぼす接合 （P層に影響を与えるN領域）	Junction which influences a semiconductor layer, N-region which influences a P-layer
別の名称	−	−
様式	−	−
別様式	−	−
注釈	A00176	
適用分類	回路図	Circuit diagrams
機能分類	機能属性だけ（−）	−Functional attribute only
形状分類	矢印，線	Arrows, Lines
制限事項	−	−
補足事項	−	−
適用図記号	−	
被適用図記号	S00672	
キーワード	電界効果トランジスタ，ゲート，接合，N領域，P層，半導体，トランジスタ	field effect transistors, gates, junctions, N-region, P-layer, semiconductors, transistors
注記	−	Status level	Standard
		Released on	2001-07-01
		Obsolete from	−

第1節　図記号要素

図記号番号 （識別番号）	図記号（Symbol）	
05-01-11 (S00622)	↚	

項目	説明	IEC 60617 情報（参考）
名称	チャネル伝導形（P 形サブストレート上の N チャネル）	Conductivity type of the channel, N-type channel on a P-type substrate
別の名称	－	－
様式	－	－
別様式	－	－
注釈	A00177	
適用分類	回路図	Circuit diagrams
機能分類	機能属性だけ（－）	－Functional attribute only
形状分類	矢印，線	Arrows, Lines
制限事項	－	－
補足事項	P 形サブストレート上の N チャネルで，デプレション形 IGFET について示す。	N-type channel on a P-type substrate for a depletion type IGFET is shown.
適用図記号		－
被適用図記号	S00676，S00674，S00677	
キーワード	伝導チャネル，電界効果トランジスタ，IGFET，N チャネル，半導体，トランジスタ	conduction channels, field effect transistors, IGFET, N-type channel, semiconductors, transistors
注記	－	Status level: Standard Released on: 2001-07-01 Obsolete from: －

第1節 図記号要素

図記号番号 (識別番号)	図記号 (Symbol)	
05-01-12 (S00623)		

項目	説明	IEC 60617 情報 (参考)	
名称	チャネル伝導形（N 形サブストレート上の P チャネル）	Conductivity type of the channel, P-type channel on an N-type substrate	
別の名称	－	－	
様式	－	－	
別様式	－	－	
注釈	A00177		
適用分類	回路図	Circuit diagrams	
機能分類	機能属性だけ（－）	－Functional attribute only	
形状分類	矢印，線	Arrows, Lines	
制限事項			
補足事項	N 形サブストレート上の P チャネルで，エンハンスメント形 IGFET について示す。	P-type channel on an N-type substrate for an enhancement type IGFET is shown.	
適用図記号		－	
被適用図記号	S00673，S00675，S00678，S00679		
キーワード	伝導チャネル，電界効果トランジスタ，IGFET，絶縁ゲート，P チャネル，半導体，トランジスタ	conduction channels, field effect transistors, IGFET, insulated gate, P-type channel, semiconductors, transistors	
注記	－	Status level	Standard
		Released on	2001-07-01
		Obsolete from	－

第1節 図記号要素

図記号番号 (識別番号)	図記号（Symbol）	
05-01-13 (S00624)		

項目	説明	IEC 60617 情報（参考）	
名称	絶縁ゲート	Insulated gate	
別の名称	―	―	
様式	―	―	
別様式	―	―	
注釈	―		
適用分類	回路図	Circuit diagrams	
機能分類	機能属性だけ（―）	―Functional attribute only	
形状分類	線	Lines	
制限事項	―	―	
補足事項	多重ゲートの例は，図記号 05-05-17（S00679）を参照。	For an example with multiple gates see symbol S00679.	
適用図記号	―		
被適用図記号	S00682，S00673，S00676，S00674，S00683，S00677，S00675，S00678，S00681，S00680，S00679		
キーワード	電界効果トランジスタ，ゲート，IGFET，絶縁ゲート，半導体，トランジスタ	field effect transistors, gates, IGFET, insulated gate, semiconductors, transistors	
注記	―	Status level	Standard
		Released on	2001-07-01
		Obsolete from	―

第1節　図記号要素

図記号番号 (識別番号)	図記号 (Symbol)		
05-01-14 (S00625)	(symbol image)		

項目	説明	IEC 60617 情報 (参考)	
名称	半導体領域上にある，それと導電形が異なるエミッタ (N領域上にあるPエミッタ)	Emitter on a region of dissimilar conductivity type, P emitter on an N region	
別の名称	−	−	
様式	−	−	
別様式	−	−	
注釈	A00178		
適用分類	回路図	Circuit diagrams	
機能分類	機能属性だけ (−)	−Functional attribute only	
形状分類	矢印，線	Arrows, Lines	
制限事項	−	−	
補足事項	−	−	
適用図記号	−		
被適用図記号	S00626, S00682, S00667, S00663, S00670, S00683, S00681, S00680, S00669, S00687		
キーワード	バイポーラトランジスタ，エミッタ，半導体，トランジスタ	bipolar transistors, emitters, semiconductors, transistors	
注記	−	Status level	Standard
		Released on	2001-07-01
		Obsolete from	−

第1節 図記号要素

図記号番号 (識別番号)	図記号（Symbol）		
05-01-15 （S00626）			
項目	説明	IEC 60617 情報（参考）	
名称	半導体領域上にある，それと導電形が異なるエミッタ （N 領域上にある二つ以上の P エミッタ）	Emitters on a region of dissimilar conductivity type, P emitters on an N region	
別の名称	－	－	
様式	－	－	
別様式	－	－	
注釈	A00178		
適用分類	回路図	Circuit diagrams	
機能分類	機能属性だけ（－）	－Functional attribute only	
形状分類	矢印，線	Arrows, Lines	
制限事項	－	－	
補足事項	－	－	
適用図記号	S00625		
被適用図記号	－		
キーワード	バイポーラトランジスタ，エミッタ，半導体，トランジスタ	bipolar transistors, emitters, semiconductors, transistors	
注記	－	Status level	Standard
		Released on	2001-07-01
		Obsolete from	－

第1節　図記号要素

図記号番号 (識別番号)	図記号（Symbol）		
05-01-16 (S00627)	(図記号)		
項目	説明	IEC 60617 情報（参考）	
名称	半導体領域上にある，それと導電形が異なるエミッタ （P領域上にあるNエミッタ）	Emitter on a region of dissimilar conductivity type, N emitter on a P region	
別の名称	－	－	
様式	－	－	
別様式	－	－	
注釈	A00178		
適用分類	回路図	Circuit diagrams	
機能分類	機能属性だけ（－）	－Functional attribute only	
形状分類	矢印，線	Arrows, Lines	
制限事項	－	－	
補足事項	－	－	
適用図記号		－	
被適用図記号	S00682, S00666, S00668, S00665, S00683, S00681, S00680, S00628, S00664		
キーワード	バイポーラトランジスタ，エミッタ，半導体，トランジスタ	bipolar transistors, emitters, semiconductors, transistors	
注記	－	Status level	Standard
		Released on	2001-07-01
		Obsolete from	－

第1節　図記号要素

図記号番号 （識別番号）	図記号（Symbol）	
05-01-17 （S00628）		

項目	説明	IEC 60617 情報（参考）	
名称	半導体領域上にある，それと導電形が異なる二つ以上のエミッタ （P領域上にある二つ以上のNエミッタ）	Emitters on a region of dissimilar conductivity type, N emitters on a P region	
別の名称	－	－	
様式	－	－	
別様式	－	－	
注釈	A00178		
適用分類	回路図	Circuit diagrams	
機能分類	機能属性だけ（－）	－Functional attribute only	
形状分類	矢印，線	Arrows, Lines	
制限事項	－	－	
補足事項	－	－	
適用図記号	S00627		
被適用図記号	－		
キーワード	バイポーラトランジスタ，エミッタ，半導体，トランジスタ	bipolar transistors, emitters, semiconductors, transistors	
注記	－	Status level	Standard
		Released on	2001-07-01
		Obsolete from	－

第1節　図記号要素

図記号番号 （識別番号）	図記号（Symbol）	
05-01-18 （S00629）		

項目	説明	IEC 60617 情報（参考）	
名称	半導体領域上にある，それと導電形が異なるコレクタ	Collector on a region of dissimilar conductivity type	
別の名称	－	－	
様式	－	－	
別様式	－	－	
注釈	A00179		
適用分類	回路図	Circuit diagrams	
機能分類	機能属性だけ（－）	－Functional attribute only	
形状分類	線	Lines	
制限事項	－	－	
補足事項	－	－	
適用図記号	－		
被適用図記号	S00668，S00630，S00663，S00665，S00664，S00687		
キーワード	バイポーラトランジスタ，コレクタ，半導体，トランジスタ	bipolar transistors, collectors, semiconductors, transistors	
注記	－	Status level	Standard
		Released on	2001-07-01
		Obsolete from	－

第1節 図記号要素

図記号番号 (識別番号)	図記号 (Symbol)		
05-01-19 (S00630)			

項目	説明	IEC 60617 情報 (参考)	
名称	半導体領域上にある,それと導電形が異なる二つ以上のコレクタ	Collectors on a region of dissimilar conductivity type	
別の名称	－	－	
様式	－	－	
別様式	－	－	
注釈	A00179		
適用分類	回路図	Circuit diagrams	
機能分類	機能属性だけ (－)	－Functional attribute only	
形状分類	線	Lines	
制限事項	－	－	
補足事項	－	－	
適用図記号	S00629		
被適用図記号	－		
キーワード	バイポーラトランジスタ,コレクタ,半導体,トランジスタ	bipolar transistors, collectors, semiconductors, transistors	
注記	－	Status level	Standard
		Released on	2001-07-01
		Obsolete from	－

第1節 図記号要素

図記号番号 (識別番号)	図記号(Symbol)		
05-01-20 (S00631)	┤├		
項目	説明	IEC 60617 情報(参考)	
名称	異なる導電形領域の間の遷移	Transition between regions of dissimilar conductivity types	
別の名称	―	―	
様式	―	―	
別様式	―	―	
注釈	A00180		
適用分類	回路図	Circuit diagrams	
機能分類	機能属性だけ(―)	―Functional attribute only	
形状分類	線	Lines	
制限事項	―	―	
補足事項	―	―	
適用図記号	―		
被適用図記号	S00682,S00683,S00681,S00680		
キーワード	半導体領域,半導体,トランジスタ	Semiconductor regions, semiconductors, transistors	
注記	―	Status level	Standard
		Released on	2001-07-01
		Obsolete from	―

第1節 図記号要素

図記号番号 （識別番号）	図記号（Symbol）	
05-01-21 （S00632）		

項目	説明	IEC 60617 情報（参考）	
名称	異なる導電形領域の間の真性領域	Intrinsic region separating regions of dissimilar conductivity type	
別の名称	－	－	
様式	－	－	
別様式	－	－	
注釈	A00181		
適用分類	回路図	Circuit diagrams	
機能分類	機能属性だけ（－）	－Functional attribute only	
形状分類	線，平行四辺形	Lines, Parallelograms	
制限事項	－	－	
補足事項	PIN 又は NIP 構造を示してある。	A PIN or NIP structure is shown.	
適用図記号		－	
被適用図記号		－	
キーワード	真性領域，NIP，PIN，半導体領域，半導体，トランジスタ	intrinsic region, NIP, PIN, semiconductor regions, semiconductors, transistors	
注記	－	Status level	Standard
		Released on	2001-07-01
		Obsolete from	－

第1節　図記号要素

図記号番号 (識別番号)	図記号（Symbol）		
05-01-22 （S00633）			
項目	説明	IEC 60617 情報（参考）	
名称	導電形が同じ領域の間にある真性領域	Intrinsic region between regions of similar conductivity type	
別の名称	－	－	
様式	－	－	
別様式	－	－	
注釈	A00181		
適用分類	回路図	Circuit diagrams	
機能分類	機能属性だけ（－）	－Functional attribute only	
形状分類	線，平行四辺形	Lines, Parallelograms	
制限事項	－	－	
補足事項	PIP 又は NIN 構造を示してある。	A PIP or NIN structure is shown.	
適用図記号		－	
被適用図記号		－	
キーワード	真性領域，NIN，PIP，半導体領域，半導体，トランジスタ	intrinsic region, NIN, PIP, semiconductor regions, semiconductors, transistors	
注記	－	Status level	Standard
		Released on	2001-07-01
		Obsolete from	－

第1節　図記号要素

図記号番号 (識別番号)	図記号 (Symbol)		
05-01-23 (S00634)			
項目	説明	IEC 60617 情報（参考）	
名称	コレクタと，それと導電形が異なる領域との間にある真性領域	Intrinsic region between a collector and a region of dissimilar conductivity type	
別の名称	－	－	
様式	－	－	
別様式	－	－	
注釈	A00182		
適用分類	回路図	Circuit diagrams	
機能分類	機能属性だけ（－）	－Functional attribute only	
形状分類	線，平行四辺形	Lines, Parallelograms	
制限事項	－	－	
補足事項	PIN 又は NIP 構造を示してある。	A PIN or NIP structure is shown.	
適用図記号		－	
被適用図記号	S00669		
キーワード	コレクタ，真性領域，NIP，PIN，半導体領域，半導体，トランジスタ	collectors, intrinsic region, NIP, PIN, semiconductor regions, semiconductors, transistors	
注記	－	Status level	Standard
		Released on	2001-07-01
		Obsolete from	－

第1節　図記号要素

図記号番号 (識別番号)	図記号 (Symbol)	
05-01-24 (S00635)		
項目	説明	IEC 60617 情報 (参考)
名称	コレクタと，それと導電形が同じ領域との間にある真性領域	Intrinsic region between a collector and a region of similar conductivity type
別の名称	－	－
様式	－	－
別様式	－	－
注釈	A00182	
適用分類	回路図	Circuit diagrams
機能分類	機能属性だけ（－）	－Functional attribute only
形状分類	線，平行四辺形	Lines, Parallelograms
制限事項	－	－
補足事項	PIP 又は NIN 構造を示してある。	A PIP or NIN structure is shown.
適用図記号		－
被適用図記号	S00670	
キーワード	コレクタ，真性領域，NIN，PIP，半導体領域，半導体，トランジスタ	collectors, intrinsic region, NIN, PIP, semiconductor regions, semiconductors, transistors
注記	－	Status level	Standard
		Released on	2001-07-01
		Obsolete from	－

第2節 半導体素子に特有な限定図記号

図記号番号 (識別番号)	図記号 (Symbol)		
05-02-01 (S00636)			

項目	説明	IEC 60617 情報 (参考)	
名称	ショットキー効果	Schottky effect	
別の名称	－	－	
様式	－	－	
別様式	－	－	
注釈	A00150		
適用分類	回路図	Circuit diagrams	
機能分類	機能属性だけ (－)	－Functional attribute only	
形状分類	線	Lines	
制限事項	－	－	
補足事項	－	－	
適用図記号	－		
被適用図記号	－		
キーワード	ダイオード, ショットキー, 半導体, トランジスタ	diodes, Schottky, semiconductors, transistors	
注記	－	Status level	Standard
		Released on	2001-07-01
		Obsolete from	－

第2節 半導体素子に特有な限定図記号

図記号番号 (識別番号)	図記号 (Symbol)		
05-02-02 (S00637)			

項目	説明	IEC 60617 情報 (参考)	
名称	トンネル効果	Tunnel effect	
別の名称	ー	ー	
様式	ー	ー	
別様式	ー	ー	
注釈	A00150		
適用分類	回路図	Circuit diagrams	
機能分類	機能属性だけ (ー)	ーFunctional attribute only	
形状分類	線	Lines	
制限事項	ー	ー	
補足事項	ー	ー	
適用図記号	ー		
被適用図記号	S00645		
キーワード	ダイオード,半導体,トンネル	diodes, semiconductors, tunnel	
注記	ー	Status level	Standard
		Released on	2001-07-01
		Obsolete from	ー

第2節 半導体素子に特有な限定図記号

図記号番号 (識別番号)	図記号（Symbol）	
05-02-03 (S00638)		

項目	説明	IEC 60617 情報（参考）	
名称	単方向降伏効果	Unidirectional breakdown effect	
別の名称	ツェナー効果	Zener effect	
様式	－	－	
別様式	－	－	
注釈	A00150		
適用分類	回路図	Circuit diagrams	
機能分類	機能属性だけ（－）	－Functional attribute only	
形状分類	線	Lines	
制限事項	－	－	
補足事項	－	－	
適用図記号	－		
被適用図記号	S00651，S00662，S00665，S00646，S00661，S00660		
キーワード	ダイオード，半導体，ツェナー	diodes, semiconductors, Zener	
注記	－	Status level	Standard
		Released on	2001-07-01
		Obsolete from	－

第2節 半導体素子に特有な限定図記号

図記号番号 (識別番号)	図記号 (Symbol)		
05-02-04 (S00639)			
項目	説明	IEC 60617 情報 (参考)	
名称	双方向降伏効果	Bidirectional breakdown effect	
別の名称	－	－	
様式	－	－	
別様式	－	－	
注釈	A00150		
適用分類	回路図	Circuit diagrams	
機能分類	機能属性だけ（－）	－Functional attribute only	
形状分類	線	Lines	
制限事項	－	－	
補足事項	－	－	
適用図記号	－		
被適用図記号	S00647		
キーワード	ダイオード，半導体	diodes, semiconductors	
注記	－	Status level	Standard
		Released on	2001-07-01
		Obsolete from	－

第2節 半導体素子に特有な限定図記号

図記号番号 (識別番号)	図記号 (Symbol)		
05-02-05 (S00640)			
項目	説明	IEC 60617 情報 (参考)	
名称	バックワード効果	Backward effect	
別の名称	単トンネル効果	Unitunnel effect	
様式	－	－	
別様式	－	－	
注釈	A00150		
適用分類	回路図	Circuit diagrams	
機能分類	機能属性だけ (－)	－Functional attribute only	
形状分類	線	Lines	
制限事項	－	－	
補足事項	－	－	
適用図記号	－		
被適用図記号	S00648		
キーワード	ダイオード，半導体，トンネル	diodes, semiconductors, tunnel	
注記	－	Status level	Standard
		Released on	2001-07-01
		Obsolete from	－

第3節　半導体ダイオードの例

図記号番号 (識別番号)	図記号（Symbol）		
05-03-01 (S00641)			

項目	説明	IEC 60617 情報（参考）	
名称	半導体ダイオード（一般図記号）	Semiconductor diode, general symbol	
別の名称	—	—	
様式	—	—	
別様式	—	—	
注釈	—		
適用分類	回路図	Circuit diagrams	
機能分類	信号又は情報の処理（K）	K Processing signals or information	
形状分類	三角形，線	Equilateral triangles, Lines	
制限事項	—	—	
補足事項	—	—	
適用図記号	S00613，S00619		
被適用図記号	S00304，S00685，S00643，S01328，S00895，S00785，S00907，S01327，S01263，S00644，S00642，S00906，S01326		
キーワード	ダイオード，半導体	diodes, semiconductors	
注記	—	Status level	Standard
		Released on	2001-07-01
		Obsolete from	—

第3節 半導体ダイオードの例

図記号番号 (識別番号)	図記号(Symbol)	
05-03-02 (S00642)		
項目	説明	IEC 60617 情報(参考)
名称	発光ダイオード(LED)(一般図記号)	Light emitting diode (LED), general symbol
別の名称	LED	—
様式	—	—
別様式	—	—
注釈	—	
適用分類	回路図	Circuit diagrams
機能分類	放射又は熱エネルギーの供給(E)	E Providing radiant or thermal energy
形状分類	矢印,三角形,線	Arrows, Equilateral triangles, Lines
制限事項	—	—
補足事項	—	—
適用図記号	S00127, S00641	
被適用図記号	S00380, S00691, S00692	
キーワード	ダイオード,LED,発光素子,半導体	diodes, LED, photo-emissive devices, semiconductors
注記	—	Status level	Standard
		Released on	2001-07-01
		Obsolete from	—

第3節 半導体ダイオードの例

図記号番号 (識別番号)	図記号（Symbol）		
05-03-03 (S00643)			
項目	説明	IEC 60617 情報（参考）	
名称	温度検出ダイオード	Temperature sensing diode	
別の名称	−	−	
様式	−	−	
別様式	−	−	
注釈	−		
適用分類	回路図	Circuit diagrams	
機能分類	変量を信号に変換（B）	B Converting variable to signal	
形状分類	文字，三角形，線	Characters, Equilateral triangles, Lines	
制限事項	−	−	
補足事項	−	−	
適用図記号	S00641		
被適用図記号		−	
キーワード	ダイオード，半導体，温度	diodes, semiconductors, temperature	
注記	−	Status level	Standard
		Released on	2001-07-01
		Obsolete from	−

第3節 半導体ダイオードの例

図記号番号 (識別番号)	図記号（Symbol）		
05-03-04 (S00644)			
項目	説明	IEC 60617 情報（参考）	
名称	可変容量ダイオード	Variable capacitance diode	
別の名称	バラクタ	Varactor	
様式	—	—	
別様式	—	—	
注釈	—		
適用分類	回路図	Circuit diagrams	
機能分類	信号又は情報の処理（K）	K Processing signals or information	
形状分類	三角形，線	Equilateral triangles, Lines	
制限事項	—	—	
補足事項	—	—	
適用図記号	S00567，S00641		
被適用図記号	—		
キーワード	コンデンサ（キャパシタ）ダイオード，半導体	capacitors, diodes, semiconductors	
注記	—	Status level	Standard
		Released on	2001-07-01
		Obsolete from	—

第3節　半導体ダイオードの例

図記号番号 （識別番号）	図記号（Symbol）	
05-03-05 （S00645）		

項目	説明	IEC 60617 情報（参考）	
名称	トンネルダイオード	Tunnel diode	
別の名称	江崎ダイオード	Esaki diode	
様式	－	－	
別様式	－	－	
注釈	－		
適用分類	回路図	Circuit diagrams	
機能分類	信号又は情報の処理（K）	K Processing signals or information	
形状分類	三角形，線	Equilateral triangles, Lines	
制限事項	－	－	
補足事項	－	－	
適用図記号	S00613，S00619，S00637		
被適用図記号	－		
キーワード	ダイオード，江崎，半導体，トンネル	diodes, Esaki, semiconductors, tunnel	
注記	－	Status level	Standard
		Released on	2001-07-01
		Obsolete from	－

第3節　半導体ダイオードの例

図記号番号 (識別番号)	図記号（Symbol）		
05-03-06 (S00646)			
項目	説明		IEC 60617 情報（参考）
名称	一方向性降伏ダイオード		Breakdown diode, unidirectional
別の名称	ツェナーダイオード，定電圧ダイオード		Zener diode; Voltage regulator diode
様式	−		−
別様式	−		−
注釈	−		
適用分類	回路図		Circuit diagrams
機能分類	限定又は安定化（R）		R Restricting or stabilising
形状分類	三角形，線		Equilateral triangles, Lines
制限事項	−		−
補足事項	−		−
適用図記号	S00613，S00619，S00638		
被適用図記号	S00651		
キーワード	ダイオード，半導体，定電圧，ツェナー		diodes, semiconductors, voltage regulators, Zener
注記	−		Status level	Standard
			Released on	2001-07-01
			Obsolete from	−

第3節　半導体ダイオードの例

図記号番号 (識別番号)	図記号（Symbol）		
05-03-07 (S00647)			
項目	説明	IEC 60617 情報（参考）	
名称	双方向性降伏ダイオード	Breakdown diode, bidirectional	
別の名称	―	―	
様式	―	―	
別様式	―	―	
注釈	―		
適用分類	回路図	Circuit diagrams	
機能分類	限定又は安定化（R）	R Restricting or stabilising	
形状分類	三角形，線	Equilateral triangles, Lines	
制限事項	―	―	
補足事項	―	―	
適用図記号	S00619，S00639		
被適用図記号		―	
キーワード	ダイオード，半導体	diodes, semiconductors	
注記	―	Status level	Standard
		Released on	2001-07-01
		Obsolete from	―

第3節 半導体ダイオードの例

図記号番号 (識別番号)	図記号 (Symbol)		
05-03-08 (S00648)			
項目	説明	IEC 60617 情報 (参考)	
名称	逆方向ダイオード (単トンネルダイオード)	Backward diode (unitunnel diode)	
別の名称	—	—	
様式	—	—	
別様式	—	—	
注釈	—		
適用分類	回路図	Circuit diagrams	
機能分類	信号又は情報の処理 (K)	K Processing signals or information	
形状分類	三角形，線	Equilateral triangles, Lines	
制限事項	—	—	
補足事項	—	—	
適用図記号	S00613, S00619, S00640		
被適用図記号	—		
キーワード	ダイオード, 半導体	diodes, semiconductors	
注記	—	Status level	Standard
		Released on	2001-07-01
		Obsolete from	—

第3節 半導体ダイオードの例

図記号番号 (識別番号)	図記号 (Symbol)		
05-03-09 (S00649)			

項目	説明	IEC 60617 情報 (参考)	
名称	双方向性ダイオード	Bidirectional diode	
別の名称	−	−	
様式	−	−	
別様式	−	−	
注釈	−		
適用分類	回路図	Circuit diagrams	
機能分類	信号又は情報の処理 (K)	K Processing signals or information	
形状分類	三角形，線	Equilateral triangles, Lines	
制限事項	−	−	
補足事項	−	−	
適用図記号	S00613		
被適用図記号	S00652		
他の出版物	−	−	
参照元	−	−	
キーワード	ダイオード，半導体	diodes, semiconductors	
注記	−	Status level	Standard
		Released on	2001-07-01
		Obsolete from	−

第4節 サイリスタの例

図記号番号 （識別番号）	図記号（Symbol）	
05-04-01 （S00650）		
項目	説明	IEC 60617 情報（参考）
名称	逆阻止2端子サイリスタ	Reverse blocking diode thyristor
別の名称	－	－
様式	－	－
別様式	－	－
注釈	－	
適用分類	回路図	Circuit diagrams
機能分類	制御による切換え又は変更（Q）	Q Controlled switching or varying
形状分類	三角形，線	Equilateral triangles, Lines
制限事項	－	－
補足事項	－	－
適用図記号	S00613，S00619	
被適用図記号	－	
キーワード	ダイオード，半導体，サイリスタ	diodes, semiconductors, thyristors
注記	－	Status level Standard
		Released on 2001-07-01
		Obsolete from －

第4節 サイリスタの例

図記号番号 (識別番号)	図記号（Symbol）		
05-04-02 (S00651)			
項目	説明	IEC 60617 情報（参考）	
名称	逆伝導2端子サイリスタ	Reverse conducting diode thyristor	
別の名称	―	―	
様式	―	―	
別様式	―	―	
注釈	―		
適用分類	回路図	Circuit diagrams	
機能分類	制御による切換え又は変更（Q）	Q Controlled switching or varying	
形状分類	三角形，線	Equilateral triangles, Lines	
制限事項	―	―	
補足事項	―	―	
適用図記号	S00613，S00619，S00638，S00646		
被適用図記号	―		
キーワード	ダイオード，半導体，サイリスタ	diodes, semiconductors, thyristors	
注記	―	Status level	Standard
		Released on	2001-07-01
		Obsolete from	―

第4節 サイリスタの例

図記号番号 (識別番号)	図記号（Symbol）		
05-04-03 （S00652）			
項目	説明	IEC 60617 情報（参考）	
名称	双方向性2端子サイリスタ，ダイアック	Bidirectional diode thyristor; Diac	
別の名称	－	－	
様式	－	－	
別様式	－	－	
注釈	－		
適用分類	回路図	Circuit diagrams	
機能分類	制御による切換え又は変更（Q）	Q Controlled switching or varying	
形状分類	三角形，線	Equilateral triangles, Lines	
制限事項	－	－	
補足事項	－	－	
適用図記号	S00613，S00649		
被適用図記号		－	
キーワード	ダイアック，半導体，サイリスタ	diacs, semiconductors, thyristors	
注記	－	Status level	Standard
		Released on	2001-07-01
		Obsolete from	－

第4節　サイリスタの例

図記号番号 (識別番号)	図記号（Symbol）		
05-04-04 (S00057)			
項目	説明	IEC 60617 情報（参考）	
名称	3端子サイリスタ（ゲートの種類は無指定）	Triode thyristor, type unspecified	
別の名称	－	－	
様式	－	－	
別様式	－	－	
注釈	A00184		
適用分類	回路図	Circuit diagrams	
機能分類	制御による切換え又は変更（Q）	Q Controlled switching or varying	
形状分類	三角形，線	Equilateral triangles, Lines	
制限事項	－		
補足事項	この図記号は，ゲートの種類を指定する必要のない場合に，逆阻止3端子サイリスタを表すのに用いる。	This symbol is used to represent a reverse blocking triode thyristor, if it is not necessary to specify the type of gate.	
適用図記号	－		
被適用図記号	－		
キーワード	半導体，サイリスタ	semiconductors, thyristors	
注記	－	Status level	Standard
		Released on	2001-07-01
		Obsolete from	－

第4節 サイリスタの例

図記号番号 (識別番号)	図記号（Symbol）	
05-04-05 (S00653)		
項目	説明	IEC 60617 情報（参考）
名称	Nゲート逆阻止3端子サイリスタ （アノード側を制御）	Reverse blocking triode thyristor, N-gate (anode-side controlled)
別の名称	－	－
様式	－	－
別様式	－	－
注釈	－	
適用分類	回路図	Circuit diagrams
機能分類	制御による切換え又は変更（Q）	Q Controlled switching or varying
形状分類	三角形，線	Equilateral triangles, Lines
制限事項	－	－
補足事項	－	－
適用図記号	S00613，S00619	
被適用図記号	－	
キーワード	半導体，サイリスタ	semiconductors, thyristors
注記	－	Status level	Standard
		Released on	2001-07-01
		Obsolete from	－

第4節 サイリスタの例

図記号番号 (識別番号)	図記号 (Symbol)		
05-04-06 (S00654)			
項目	説明	IEC 60617 情報 (参考)	
名称	Pゲート逆阻止3端子サイリスタ (カソード側を制御)	Reverse blocking triode thyristor, P-gate (cathode-side controlled)	
別の名称	−	−	
様式	−	−	
別様式	−	−	
注釈	−		
適用分類	回路図	Circuit diagrams	
機能分類	制御による切換え又は変更 (Q)	Q Controlled switching or varying	
形状分類	三角形,線	Equilateral triangles, Lines	
制限事項	−	−	
補足事項	−	−	
適用図記号	S00613,S00619		
被適用図記号		−	
キーワード	半導体,サイリスタ	semiconductors, thyristors	
注記	−	Status level	Standard
		Released on	2001-07-01
		Obsolete from	−

第4節 サイリスタの例

図記号番号 (識別番号)	図記号（Symbol）		
05-04-07 (S00655)			

項目	説明	IEC 60617 情報（参考）	
名称	ターンオフサイリスタ （ゲートの種類は無指定）	Turn-off thyristor, gate not specified	
別の名称	−	−	
様式	−	−	
別様式	−	−	
注釈	−		
適用分類	回路図	Circuit diagrams	
機能分類	制御による切換え又は変更（Q）	Q Controlled switching or varying	
形状分類	三角形，線	Equilateral triangles, Lines	
制限事項	−	−	
補足事項	−	−	
適用図記号	S00613，S00619		
被適用図記号	−		
キーワード	半導体，サイリスタ	semiconductors, thyristors	
注記	−	Status level	Standard
		Released on	2001-07-01
		Obsolete from	−

第4節 サイリスタの例

図記号番号 (識別番号)	図記号 (Symbol)		
05-04-08 (S00656)			

項目	説明	IEC 60617 情報 (参考)	
名称	Nゲートターンオフサイリスタ (アノード側を制御)	Turn-off triode thyristor, N-gate (anode-side)	
別の名称	−	−	
様式	−	−	
別様式	−	−	
注釈	−		
適用分類	回路図	Circuit diagrams	
機能分類	制御による切換え又は変更 (Q)	Q Controlled switching or varying	
形状分類	三角形,線	Equilateral triangles, Lines	
制限事項	−	−	
補足事項	−	−	
適用図記号	S00613,S00619		
被適用図記号		−	
キーワード	半導体,サイリスタ	semiconductors, thyristors	
注記	−	Status level	Standard
		Released on	2001-07-01
		Obsolete from	−

第4節 サイリスタの例

図記号番号 (識別番号)	図記号 (Symbol)		
05-04-09 (S00657)			

項目	説明	IEC 60617 情報 (参考)	
名称	Pゲートターンオフサイリスタ (カソード側を制御)	Turn-off triode thyristor, P-gate (cathode-side controlled)	
別の名称	－	－	
様式	－	－	
別様式	－	－	
注釈	－		
適用分類	回路図	Circuit diagrams	
機能分類	制御による切換え又は変更 (Q)	Q Controlled switching or varying	
形状分類	三角形, 線	Equilateral triangles, Lines	
制限事項	－	－	
補足事項	－	－	
適用図記号	S00613, S00619		
被適用図記号		－	
キーワード	半導体, サイリスタ	semiconductors, thyristors	
注記	－	Status level	Standard
		Released on	2001-07-01
		Obsolete from	－

第4節 サイリスタの例

図記号番号 (識別番号)	図記号 (Symbol)		
05-04-10 (S00658)			
項目	説明	IEC 60617 情報 (参考)	
名称	逆阻止4端子サイリスタ	Reverse blocking thyristor, tetrode type	
別の名称	−	−	
様式	−	−	
別様式	−	−	
注釈	−		
適用分類	回路図	Circuit diagrams	
機能分類	制御による切換え又は変更 (Q)	Q Controlled switching or varying	
形状分類	三角形, 線	Equilateral triangles, Lines	
制限事項	−	−	
補足事項	−	−	
適用図記号	S00613, S00619		
被適用図記号		−	
キーワード	半導体, サイリスタ	semiconductors, thyristors	
注記	−	Status level	Standard
		Released on	2001-07-01
		Obsolete from	−

第4節 サイリスタの例

図記号番号 (識別番号)	図記号 (Symbol)		
05-04-11 (S00659)			
項目	説明	IEC 60617 情報 (参考)	
名称	双方向性3端子サイリスタ，トライアック	Bidirectional triode thyristor; Triac	
別の名称	−	−	
様式	−	−	
別様式	−	−	
注釈	−		
適用分類	回路図	Circuit diagrams	
機能分類	制御による切換え又は変更 (Q)	Q Controlled switching or varying	
形状分類	三角形，線	Equilateral triangles, Lines	
制限事項	−	−	
補足事項	−	−	
適用図記号	S00613		
被適用図記号	−		
キーワード	半導体，サイリスタ，トライアック	semiconductors, thyristors, triacs	
注記	−	Status level	Standard
		Released on	2001-07-01
		Obsolete from	−

第4節　サイリスタの例

図記号番号 （識別番号）	図記号（Symbol）	
05-04-12 （S00660）	（逆導通サイリスタの図記号）	
項目	説明	IEC 60617 情報（参考）
名称	逆伝導3端子サイリスタ （ゲートの種類は無指定）	Reverse conducting triode thyristor, gate not specified
別の名称	−	−
様式	−	−
別様式	−	−
注釈		−
適用分類	回路図	Circuit diagrams
機能分類	制御による切換え又は変更（Q）	Q Controlled switching or varying
形状分類	三角形，線	Equilateral triangles, Lines
制限事項	−	−
補足事項	−	−
適用図記号	S00613，S00619，S00638	
被適用図記号		−
キーワード	半導体，サイリスタ	semiconductors, thyristors
注記	−	Status level / Standard Released on / 2001-07-01 Obsolete from / −

第4節 サイリスタの例

図記号番号 (識別番号)	図記号 (Symbol)		
05-04-13 (S00661)			
項目	説明	IEC 60617 情報 (参考)	
名称	Nゲート逆伝導サイリスタ (アノード側を制御)	Reverse conducting triode thyristor, N-gate (anode-side controlled)	
別の名称	−	−	
様式	−	−	
別様式	−	−	
注釈	−		
適用分類	回路図	Circuit diagrams	
機能分類	制御による切換え又は変更 (Q)	Q Controlled switching or varying	
形状分類	三角形, 線	Equilateral triangles, Lines	
制限事項	−	−	
補足事項	−	−	
適用図記号	S00613, S00619, S00638		
被適用図記号	−		
キーワード	半導体, サイリスタ	semiconductors, thyristors	
注記	−	Status level	Standard
		Released on	2001-07-01
		Obsolete from	−

第4節 サイリスタの例

図記号番号 (識別番号)	図記号（Symbol）		
05-04-14 （S00662）			
項目	説明	IEC 60617 情報（参考）	
名称	Pゲート逆伝導サイリスタ （カソード側を制御）	Reverse conducting triode thyristor, P-gate (cathode-side controlled)	
別の名称	－	－	
様式	－	－	
別様式	－	－	
注釈	－		
適用分類	回路図	Circuit diagrams	
機能分類	制御による切換え又は変更（Q）	Q Controlled switching or varying	
形状分類	三角形, 線	Equilateral triangles, Lines	
制限事項	－	－	
補足事項	－	－	
適用図記号	S00613, S00619, S00638		
被適用図記号		－	
キーワード	半導体, サイリスタ	semiconductors, thyristors	
注記	－	Status level	Standard
		Released on	2001-07-01
		Obsolete from	－

第5節　トランジスタの例

図記号番号 （識別番号）	図記号（Symbol）	
05-05-01 （S00663）	（PNPトランジスタの図記号）	
項目	説明	IEC 60617 情報（参考）
名称	PNP トランジスタ	PNP transistor
別の名称	－	－
様式	－	－
別様式	－	－
注釈	－	
適用分類	回路図	Circuit diagrams
機能分類	信号又は情報の処理（K）	K Processing signals or information
形状分類	矢印，線	Arrows, Lines
制限事項	－	－
補足事項	－	－
適用図記号	S00613，S00625，S00629	
被適用図記号	－	
キーワード	PNP，半導体，トランジスタ，バイポーラ	PNP, semiconductors, transistors, bipolar
注記	－	Status level	Standard
		Released on	2001-07-01
		Obsolete from	－

第5節 トランジスタの例

図記号番号 (識別番号)	図記号 (Symbol)	
05-05-02 (S00664)		
項目	説明	IEC 60617 情報 (参考)
名称	NPN トランジスタ (コレクタを外囲器と接続)	NPN transistor with collector connected to the envelope
別の名称	−	−
様式	−	−
別様式	−	−
注釈	−	
適用分類	回路図	Circuit diagrams
機能分類	信号又は情報の処理 (K)	K Processing signals or information
形状分類	矢印, 円, 黒丸 (点), 線	Arrows, Circles, Dots (points), Lines
制限事項	−	−
補足事項	−	−
適用図記号	S00016, S00062, S00613, S00627, S00629	
被適用図記号		−
キーワード	NPN, 半導体, トランジスタ, バイポーラ	NPN, semiconductors, transistors, bipolar
注記	−	Status level: Standard Released on: 2001-07-01 Obsolete from: −

第5節　トランジスタの例

図記号番号 （識別番号）	図記号（Symbol）	
05-05-03 （S00665）	（NPNアバランシェトランジスタの図記号）	
項目	説明	IEC 60617 情報（参考）
名称	NPN アバランシェトランジスタ	NPN avalanche transistor
別の名称	－	－
様式	－	－
別様式	－	－
注釈	－	
適用分類	回路図	Circuit diagrams
機能分類	信号又は情報の処理（K）	K Processing signals or information
形状分類	矢印，線	Arrows, Lines
制限事項	－	－
補足事項	－	－
適用図記号	S00613，S00627，S00629，S00638	
被適用図記号	－	
キーワード	アバランシェ，NPN，半導体，トランジスタ	avalanche, NPN, semiconductors, transistors
注記	－	Status level	Standard
		Released on	2001-07-01
		Obsolete from	－

第5節 トランジスタの例

図記号番号 (識別番号)	図記号(Symbol)		
05-05-04 (S00666)			

項目	説明	IEC 60617 情報（参考）	
名称	P形ベース単接合トランジスタ	Unijunction transistor with P-type base	
別の名称	―	―	
様式	―	―	
別様式	―	―	
注釈	―		
適用分類	回路図	Circuit diagrams	
機能分類	信号又は情報の処理（K）	K Processing signals or information	
形状分類	矢印，線	Arrows, Lines	
制限事項	―	―	
補足事項	―	―	
適用図記号	S00616，S00627		
被適用図記号		―	
キーワード	P形ベース，半導体，トランジスタ，単接合	P-type base, semiconductors, transistors, unijunction	
注記	―	Status level	Standard
		Released on	2001-07-01
		Obsolete from	―

第5節 トランジスタの例

図記号番号 (識別番号)	図記号(Symbol)		
05-05-05 (S00667)			
項目	説明	IEC 60617 情報（参考）	
名称	N形ベース単接合トランジスタ	Unijunction transistor with N-type base	
別の名称	−	−	
様式	−	−	
別様式	−	−	
注釈	−		
適用分類	回路図	Circuit diagrams	
機能分類	信号又は情報の処理（K）	K Processing signals or information	
形状分類	矢印，線	Arrows, Lines	
制限事項	−	−	
補足事項	−	−	
適用図記号	S00616，S00625		
被適用図記号	−		
キーワード	N形ベース，半導体，トランジスタ，単接合	N-type base, semiconductors, transistors, unijunction	
注記	−	Status level	Standard
		Released on	2001-07-01
		Obsolete from	−

第5節 トランジスタの例

図記号番号 (識別番号)	図記号 (Symbol)		
05-05-06 (S00668)			
項目	説明	IEC 60617 情報 (参考)	
名称	直交方向にバイアスされたベースをもつNPNトランジスタ	NPN transistor with transverse biased base	
別の名称	－	－	
様式	－	－	
別様式	－	－	
注釈	－		
適用分類	回路図	Circuit diagrams	
機能分類	信号又は情報の処理 (K)	K Processing signals or information	
形状分類	矢印, 線	Arrows, Lines	
制限事項	－	－	
補足事項	－	－	
適用図記号	S00616, S00627, S00629		
被適用図記号	－		
キーワード	NPN, 半導体, トランジスタ, 直交方向にバイアスされたベース	NPN, semiconductors, transistors, transverse biased base	
注記	－	Status level	Standard
		Released on	2001-07-01
		Obsolete from	－

第5節 トランジスタの例

図記号番号 (識別番号)	図記号 (Symbol)		
05-05-07 (S00669)			
項目	説明	IEC 60617 情報 (参考)	
名称	真性領域に接続をもつPNIPトランジスタ	PNIP transistor with connection to the intrinsic region	
別の名称	－	－	
様式	－	－	
別様式	－	－	
注釈	－		
適用分類	回路図	Circuit diagrams	
機能分類	信号又は情報の処理 (K)	K Processing signals or information	
形状分類	矢印，線，平行四辺形	Arrows, Lines, Parallelograms	
制限事項	－	－	
補足事項	－	－	
適用図記号	S00616, S00625, S00634		
被適用図記号		－	
キーワード	真性領域，PNIP，半導体，トランジスタ	intrinsic region, PNIP, semiconductors, transistors	
注記	－	Status level	Standard
		Released on	2001-07-01
		Obsolete from	－

第5節 トランジスタの例

図記号番号 (識別番号)	図記号（Symbol）		
05-05-08 （S00670）			

項目	説明	IEC 60617 情報（参考）	
名称	真性領域に接続をもつ PNIN トランジスタ	PNIN transistor with connection to the intrinsic region	
別の名称	−	−	
様式	−	−	
別様式	−	−	
注釈	−		
適用分類	回路図	Circuit diagrams	
機能分類	信号又は情報の処理（K）	K Processing signals or information	
形状分類	矢印，線，平行四辺形	Arrows, Lines, Parallelograms	
制限事項	−	−	
補足事項	−	−	
適用図記号	S00616，S00625，S00635		
被適用図記号	−		
キーワード	真性領域，PNIN，半導体，トランジスタ	intrinsic region, PNIN, semiconductors, transistors	
注記	−	Status level	Standard
		Released on	2001-07-01
		Obsolete from	−

第5節 トランジスタの例

図記号番号 (識別番号)	図記号(Symbol)	
05-05-09 (S00671)		

項目	説明	IEC 60617 情報（参考）
名称	Nチャネル接合形電界効果トランジスタ	Junction field effect transistor with N-type channel
別の名称	JFET	－
様式	－	－
別様式	－	－
注釈	A00164	
適用分類	回路図	Circuit diagrams
機能分類	信号又は情報の処理（K）	K Processing signals or information
形状分類	矢印，線	Arrows, Lines
制限事項	－	－
補足事項	－	－
適用図記号	S00616，S00617，S00620	
被適用図記号	－	
キーワード	電界効果トランジスタ，接合形電界効果， Nチャネル，半導体，トランジスタ	field effect transistors, junction field effect, N-type channel, semiconductors, transistors
注記	－	Status level: Standard Released on: 2001-07-01 Obsolete from: －

第5節 トランジスタの例

図記号番号 (識別番号)	図記号 (Symbol)		
05-05-10 (S00672)			
項目	説明	IEC 60617 情報 (参考)	
名称	Pチャネル接合形電界効果トランジスタ	Junction field effect transistor with P-type channel	
別の名称	JFET	−	
様式	−	−	
別様式	−	−	
注釈	A00164		
適用分類	回路図	Circuit diagrams	
機能分類	信号又は情報の処理 (K)	K Processing signals or information	
形状分類	矢印, 線	Arrows, Lines	
制限事項	−	−	
補足事項	−	−	
適用図記号	S00616, S00617, S00621		
被適用図記号	−	−	
キーワード	電界効果トランジスタ, 接合形電界効果, Pチャネル, 半導体, トランジスタ	field effect transistors, junction field effect, P-type channel, semiconductors, transistors	
注記	−	Status level	Standard
		Released on	2001-07-01
		Obsolete from	−

第5節 トランジスタの例

図記号番号 (識別番号)	図記号 (Symbol)		
05-05-11 (S00673)			
項目	説明	IEC 60617 情報 (参考)	
名称	Pチャネル絶縁ゲート形電界効果トランジスタ (IGFET) で, エンハンスメント形・単ゲート・サブストレート接続のないもの	Insulated gate field effect transistor IGFET enhancement type, single gate, P-type channel without substrate connection	
別の名称	FET, IGFET	—	
様式	—	—	
別様式	—	—	
注釈	—		
適用分類	回路図	Circuit diagrams	
機能分類	信号又は情報の処理 (K)	K Processing signals or information	
形状分類	矢印, 線	Arrows, Lines	
制限事項	—	—	
補足事項	多重ゲートの例は, 図記号 05-05-17 (S00679) を参照。	For an example with multiple gates, see symbol S00679.	
適用図記号	S00618, S00623, S00624		
被適用図記号	S00675		
キーワード	エンハンスメント形, MOS FET, 電界効果トランジスタ, IGFET, 絶縁ゲート, Pチャネル, 半導体, トランジスタ	enhancement type, field effect transistors, IGFET, insulated gate, P-type channel, semiconductors, transistors	
注記	—	Status level	Standard
		Released on	2001-07-01
		Obsolete from	—

第5節 トランジスタの例

図記号番号 (識別番号)	図記号 (Symbol)		
05-05-12 (S00674)			
項目	説明	IEC 60617 情報（参考）	
名称	Nチャネル絶縁ゲート形電界効果トランジスタ (IGFET) で、エンハンスメント形・単ゲート・サブストレート接続のないもの	Insulated gate field effect transistor IGFET enhancement type, single gate, N-type channel without substrate connection	
別の名称	FET, IGFET	－	
様式	－	－	
別様式	－	－	
注釈	－		
適用分類	回路図	Circuit diagrams	
機能分類	信号又は情報の処理（K）	K Processing signals or information	
形状分類	矢印，線	Arrows, Lines	
制限事項	－	－	
補足事項	－	－	
適用図記号	S00618, S00622, S00624		
被適用図記号	S00676		
キーワード	エンハンスメント形，MOS FET，電界効果トランジスタ，IGFET，絶縁ゲート，Nチャネル，半導体，トランジスタ	enhancement type, field effect transistors, IGFET, insulated gate, N-type channel, semiconductors, transistors	
注記	－	Status level	Standard
		Released on	2001-07-01
		Obsolete from	－

第5節 トランジスタの例

図記号番号 (識別番号)	図記号 (Symbol)		
05-05-13 (S00675)			
項目	説明	IEC 60617 情報 (参考)	
名称	Pチャネル絶縁ゲート形電界効果トランジスタ (IGFET) で、エンハンスメント形・単ゲート・サブストレート接続引出しのもの	Insulated gate field effect transistor IGFET enhancement type, single gate, P-type channel with substrate connection brought out	
別の名称	FET, IGFET	―	
様式	―	―	
別様式	―	―	
注釈	―		
適用分類	回路図	Circuit diagrams	
機能分類	信号又は情報の処理 (K)	K Processing signals or information	
形状分類	矢印, 線	Arrows, Lines	
制限事項	―	―	
補足事項	―	―	
適用図記号	S00618, S00623, S00624, S00673		
被適用図記号	―		
キーワード	エンハンスメント形, MOS FET, 電界効果トランジスタ, IGFET, 絶縁ゲート, P チャネル, 半導体, トランジスタ	enhancement type, field effect transistors, IGFET, insulated gate, P-type channel, semiconductors, transistors	
注記	―	Status level	Standard
		Released on	2001-07-01
		Obsolete from	―

第5節 トランジスタの例

図記号番号 (識別番号)	図記号 (Symbol)		
05-05-14 (S00676)			
項目	説明	IEC 60617 情報 (参考)	
名称	Nチャネル絶縁ゲート形電界効果トランジスタ(IGFET)で,エンハンスメント形・単ゲート・サブストレートを内部でソースと接続しているもの	Insulated gate field effect transistor IGFET enhancement type, single gate, N-type channel with substrate internally connected to source	
別の名称	FET, IGFET	−	
様式	−	−	
別様式	−	−	
注釈		−	
適用分類	回路図	Circuit diagrams	
機能分類	信号又は情報の処理 (K)	K Processing signals or information	
形状分類	矢印,線	Arrows, Lines	
制限事項	−	−	
補足事項	−	−	
適用図記号	S00618, S00622, S00624, S00674		
被適用図記号		−	
キーワード	エンハンスメント形, MOS FET, 電界効果トランジスタ, IGFET, 絶縁ゲート, Nチャネル, 半導体, トランジスタ	enhancement type, field effect transistors, IGFET, insulated gate, N-type channel, semiconductors, transistors	
注記	−	Status level	Standard
		Released on	2001-07-01
		Obsolete from	−

第5節 トランジスタの例

図記号番号 (識別番号)	図記号（Symbol）		
05-05-15 (S00677)	（Nチャネル デプレション形 IGFET の図記号）		
項目	説明	IEC 60617 情報（参考）	
名称	Nチャネル絶縁ゲート形電界効果トランジスタ（IGFET）で，デプレション形・単ゲート・サブストレート接続のないもの	Insulated gate field effect transistor IGFET, depletion type, single gate, N-type channel without substrate connection	
別の名称	FET，IGFET	−	
様式	−	−	
別様式	−	−	
注釈		−	
適用分類	回路図	Circuit diagrams	
機能分類	信号又は情報の処理（K）	K Processing signals or information	
形状分類	矢印，線	Arrows, Lines	
制限事項	−	−	
補足事項	−	−	
適用図記号	S00617，S00622，S00624		
被適用図記号		−	
キーワード	デプレション形，MOS FET，電界効果トランジスタ，IGFET，絶縁ゲート，Nチャネル，半導体，トランジスタ	depletion type, field effect transistors, IGFET, insulated gate, N-type channel, semiconductors, transistors	
注記	−	Status level	Standard
		Released on	2001-07-01
		Obsolete from	−

第5節 トランジスタの例

図記号番号 (識別番号)	図記号 (Symbol)		
05-05-16 (S00678)			
項目	説明	IEC 60617 情報 (参考)	
名称	P チャネル絶縁ゲート形電界効果トランジスタ (IGFET) で,デプレション形・単ゲート・サブストレート接続のないもの	Insulated gate field effect transistor IGFET, depletion type, single gate, P-type channel without substrate connection	
別の名称	FET, IGFET	−	
様式	−	−	
別様式	−	−	
注釈	−		
適用分類	回路図	Circuit diagrams	
機能分類	信号又は情報の処理 (K)	K Processing signals or information	
形状分類	矢印,線	Arrows, Lines	
制限事項	−	−	
補足事項	−	−	
適用図記号	S00617, S00623, S00624		
被適用図記号	S00679		
キーワード	デプレション形,MOS FET,電界効果トランジスタ,IGFET,絶縁ゲート,P チャネル,半導体,トランジスタ	depletion type, field effect transistors, IGFET, insulated gate, P-type channel, semiconductors, transistors	
注記	−	Status level	Standard
		Released on	2001-07-01
		Obsolete from	−

第5節 トランジスタの例

図記号番号 (識別番号)	図記号（Symbol）	
05-05-17 （S00679）	（図記号：Pチャネル絶縁ゲート形電界効果トランジスタ）	
項目	説明	IEC 60617 情報（参考）
名称	Pチャネル絶縁ゲート形電界効果トランジスタ（IGFET）で，デプレション形・双ゲート・サブストレート接続引出しのもの	Insulated gate field effect transistor IGFET, depletion type, two gates, P-type channel with substrate connection brought out
別の名称	FET，IGFET	－
様式	－	－
別様式	－	－
注釈	A00183	
適用分類	回路図	Circuit diagrams
機能分類	信号又は情報の処理（K）	K Processing signals or information
形状分類	矢印，線	Arrows, Lines
制限事項	－	－
補足事項	－	－
適用図記号	S00617，S00623，S00624，S00678	
被適用図記号		－
キーワード	デプレション形，MOS FET，電界効果トランジスタ，IGFET，絶縁ゲート，Pチャネル，半導体，トランジスタ	depletion type, field effect transistors, IGFET, insulated gate, P-type channel, semiconductors, transistors
注記	－	Status level: Standard Released on: 2001-07-01 Obsolete from: －

第5節　トランジスタの例

図記号番号 (識別番号)	図記号（Symbol）	
05-05-18 (S00680)		

項目	説明	IEC 60617 情報（参考）	
名称	Pチャネル絶縁ゲートバイポーラトランジスタ（IGBT）で，エンハンスメント形	Insulated-gate bipolar transistor (IGBT) enhancement type, P channel	
別の名称	IGBT	－	
様式	－	－	
別様式	－	－	
注釈	－		
適用分類	回路図	Circuit diagrams	
機能分類	信号又は情報の処理（K）	K Processing signals or information	
形状分類	矢印，線	Arrows, Lines	
制限事項	－	－	
補足事項	－	－	
適用図記号	S00618，S00624，S00625，S00627，S00631		
被適用図記号		－	
キーワード	バイポーラトランジスタ，エンハンスメント形，IGBT，絶縁ゲート，Pチャネル，半導体，トランジスタ	bipolar transistors, enhancement type, IGBT, insulated gate, P-type channel, semiconductors, transistors	
注記	－	Status level	Standard
		Released on	2001-07-01
		Obsolete from	－

第5節　トランジスタの例

図記号番号 （識別番号）	図記号（Symbol）	
05-05-19 （S00681）		
項目	説明	IEC 60617 情報（参考）
名称	Nチャネル絶縁ゲートバイポーラトランジスタ（IGBT）で，エンハンスメント形	Insulated-gate bipolar transistor (IGBT) enhancement type, N channel
別の名称	IGBT	−
様式	−	−
別様式	−	−
注釈	−	
適用分類	回路図	Circuit diagrams
機能分類	信号又は情報の処理（K）	K Processing signals or information
形状分類	矢印，線	Arrows, Lines
制限事項	−	−
補足事項	−	−
適用図記号	S00618，S00624，S00625，S00627，S00631	
被適用図記号		−
キーワード	バイポーラトランジスタ，エンハンスメント形，IGBT，絶縁ゲート，Nチャネル，半導体，トランジスタ	bipolar transistors, enhancement type, IGBT, insulated gate, N-type channel, semiconductors, transistors
注記	−	Status level / Standard Released on / 2001-07-01 Obsolete from / −

第5節 トランジスタの例

図記号番号 (識別番号)	図記号(Symbol)		
05-05-20 (S00682)			
項目	説明	IEC 60617 情報 (参考)	
名称	Pチャネル絶縁ゲートバイポーラトランジスタ(IGBT)で、デプレション形	Insulated-gate bipolar transistor (IGBT) depletion type, P channel	
別の名称	IGBT	—	
様式	—	—	
別様式	—	—	
注釈	—		
適用分類	回路図	Circuit diagrams	
機能分類	信号又は情報の処理(K)	K Processing signals or information	
形状分類	矢印,線	Arrows, Lines	
制限事項	—	—	
補足事項	—	—	
適用図記号	S00617,S00624,S00625,S00627,S00631		
被適用図記号		—	
キーワード	バイポーラトランジスタ,デプレション形,IGBT,絶縁ゲート,Pチャネル,半導体,トランジスタ	bipolar transistors, depletion type, IGBT, insulated gate, P-type channel, semiconductors, transistors	
注記	—	Status level	Standard
		Released on	2001-07-01
		Obsolete from	—

第5節 トランジスタの例

図記号番号 (識別番号)	図記号 (Symbol)		
05-05-21 (S00683)			
項目	説明	IEC 60617 情報 (参考)	
名称	Nチャネル絶縁ゲートバイポーラトランジスタ (IGBT) で，デプレション形	Insulated-gate bipolar transistor (IGBT) depletion type, N channel	
別の名称	IGBT	−	
様式	−	−	
別様式	−	−	
注釈	−		
適用分類	回路図	Circuit diagrams	
機能分類	信号又は情報の処理 (K)	K Processing signals or information	
形状分類	矢印，線	Arrows, Lines	
制限事項	−	−	
補足事項	−	−	
適用図記号	S00617, S00624, S00625, S00627, S00631		
被適用図記号	−		
キーワード	バイポーラトランジスタ，デプレション形，IGBT，絶縁ゲート，Nチャネル，半導体，トランジスタ	bipolar transistors, depletion type, IGBT, insulated gate, N-type channel, semiconductors, transistors	
注記	−	Status level	Standard
		Released on	2001-07-01
		Obsolete from	−

第6節 光電素子及び磁界感応素子の例

図記号番号 (識別番号)	図記号（Symbol）		
05-06-01 (S00684)			
項目	説明	IEC 60617 情報（参考）	
名称	光応答抵抗素子（LDR），光導電素子	Light dependent resistor (LDR); Photo resistor	
別の名称	－	－	
様式	－	－	
別様式	－	－	
注釈	－		
適用分類	回路図	Circuit diagrams	
機能分類	変量を信号に変換（B）	B Converting variable to signal	
形状分類	矢印，線，長方形	Arrows, Lines, Rectangles	
制限事項	－	－	
補足事項	－	－	
適用図記号	S00127，S00555		
被適用図記号	－		
キーワード	光応答素子，光導電素子，光電素子，抵抗素子	light dependant devices, photo-conductive devices, photo-sensitive devices, resistors	
注記	－	Status level	Standard
		Released on	2001-07-01
		Obsolete from	－

第6節 光電素子及び磁界感応素子の例

図記号番号 (識別番号)	図記号 (Symbol)		
05-06-02 (S00685)			
項目	説明	IEC 60617 情報 (参考)	
名称	フォトダイオード	Photodiode	
別の名称	－	－	
様式	－	－	
別様式	－	－	
注釈	－		
適用分類	回路図	Circuit diagrams	
機能分類	変量を信号に変換 (B)	B Converting variable to signal	
形状分類	矢印，三角形，線	Arrows, Equilateral triangles, Lines	
制限事項	－	－	
補足事項	－	－	
適用図記号	S00127，S00641		
被適用図記号	－		
キーワード	ダイオード，光導電素子，光電素子	diodes, photo-conductive devices, photo-sensitive devices	
注記	－	Status level	Standard
		Released on	2001-07-01
		Obsolete from	－

第6節　光電素子及び磁界感応素子の例

図記号番号 (識別番号)	図記号（Symbol）		
05-06-03 (S00686)	（フォトセル記号）		

項目	説明	IEC 60617 情報（参考）	
名称	フォトセル	Photovoltaic cell	
別の名称	－	－	
様式	－	－	
別様式	－	－	
注釈	－		
適用分類	回路図	Circuit diagrams	
機能分類	変量を信号に変換（B）	B Converting variable to signal	
形状分類	矢印，線	Arrows, Lines	
制限事項	－	－	
補足事項	－	－	
適用図記号	S00127，S00898		
被適用図記号	－		
キーワード	光電素子，フォト素子，半導体	photo-sensitive devices, photovoltaic devices, semiconductors	
注記	－	Status level	Standard
		Released on	2001-07-01
		Obsolete from	－

第6節 光電素子及び磁界感応素子の例

図記号番号 (識別番号)	図記号 (Symbol)		
05-06-04 (S00687)	(フォトトランジスタの図記号)		
項目	説明	IEC 60617 情報 (参考)	
名称	フォトトランジスタ	Phototransistor	
別の名称	−	−	
様式	−	−	
別様式	−	−	
注釈	−		
適用分類	回路図	Circuit diagrams	
機能分類	変量を信号に変換 (B)	B Converting variable to signal	
形状分類	矢印, 線	Arrows, Lines	
制限事項	−	−	
補足事項	PNP タイプを示してある。	PNP type is shown.	
適用図記号	S00127, S00625, S00629		
被適用図記号	S00691, S00692		
キーワード	光電素子, フォトトランジスタ, PNP, 半導体	photo-sensitive devices, phototransistors, PNP, semiconductors	
注記	−	Status level	Standard
		Released on	2001-07-01
		Obsolete from	−

第6節 光電素子及び磁界感応素子の例

図記号番号 (識別番号)	図記号(Symbol)		
05-06-05 (S00688)			

項目	説明	IEC 60617 情報(参考)	
名称	4端子ホール素子	Hall generator with four connections	
別の名称	−	−	
様式	−	−	
別様式	−	−	
注釈	−		
適用分類	回路図	Circuit diagrams	
機能分類	変量を信号に変換(B)	B Converting variable to signal	
形状分類	線,長方形	Lines, Rectangles	
制限事項	−	−	
補足事項	−	−	
適用図記号	S00123		
被適用図記号		−	
キーワード	ホール素子,磁界感応素子	Hall generators, magnetic field sensitive devices	
注記	−	Status level	Standard
		Released on	2001-07-01
		Obsolete from	−

第6節 光電素子及び磁界感応素子の例

図記号番号 (識別番号)	図記号 (Symbol)		
05-06-06 (S00689)			
項目	説明	IEC 60617 情報 (参考)	
名称	磁気抵抗素子	Magnetoresistor	
別の名称	－	－	
様式	－	－	
別様式	－	－	
注釈	－		
適用分類	回路図	Circuit diagrams	
機能分類	変量を信号に変換 (B)	B Converting variable to signal	
形状分類	線，長方形	Lines, Rectangles	
制限事項	－	－	
補足事項	リニアタイプを示す。	A linear type is shown.	
適用図記号	S00083，S00123，S00555		
被適用図記号	S00690		
キーワード	磁界感応素子，磁気抵抗素子，抵抗素子	magnetic field sensitive devices, magnetoresistors, resistors	
注記	－	Status level	Standard
		Released on	2001-07-01
		Obsolete from	－

第6節 光電素子及び磁界感応素子の例

図記号番号 (識別番号)	図記号 (Symbol)		
05-06-07 (S00690)			

項目	説明	IEC 60617 情報 (参考)	
名称	磁気結合デバイス	Magnetic coupling device	
別の名称	磁気アイソレータ	Magnetic isolator	
様式	－	－	
別様式	－	－	
注釈	－		
適用分類	回路図	Circuit diagrams	
機能分類	同種の変換 (T)	T Converting but maintaining kind	
形状分類	半円, 線, 長方形	Half-circles, Lines, Rectangles	
制限事項	－	－	
補足事項	－	－	
適用図記号	S00084, S00123, S00583, S00689		
被適用図記号	－		
キーワード	結合デバイス, アイソレータ, 磁界感応素子	coupling devices, isolators, magnetic field sensitive devices	
注記	－	Status level	Standard
		Released on	2001-07-01
		Obsolete from	－

第6節 光電素子及び磁界感応素子の例

図記号番号 (識別番号)	図記号（Symbol）		
05-06-08 (S00691)	(図記号)		

項目	説明	IEC 60617 情報（参考）	
名称	オプトカプラ	Optocoupler	
別の名称	フォトカプラ，オプトアイソレータ	Photocoupler; Opto isolator	
様式	－	－	
別様式	－	－	
注釈	－		
適用分類	回路図	Circuit diagrams	
機能分類	同種の変換（T）	T Converting but maintaining kind	
形状分類	矢印，三角形，線，長方形	Arrows, Equilateral triangles, Lines, Rectangles	
制限事項	－	－	
補足事項	図記号は，発光ダイオード・フォトトランジスタ付きの場合を示す。	The symbol is shown with light-emitting diode and photo-transistor.	
適用図記号	S00642，S00687		
被適用図記号	－		
キーワード	結合デバイス，アイソレータ，光電素子	coupling devices, isolators, photo-sensitive devices	
注記	－	Status level	Standard
		Released on	2001-07-01
		Obsolete from	－

第6節 光電素子及び磁界感応素子の例

図記号番号 (識別番号)	図記号（Symbol）		
05-06-09 (S00692)			
項目	説明	IEC 60617 情報（参考）	
名称	光バリア用溝付き光結合デバイス	Optical coupling device with slot for light-barrier	
別の名称	ホトインタラプタ	－	
様式	－	－	
別様式	－	－	
注釈		－	
適用分類	回路図	Circuit diagrams	
機能分類	同種の変換（T）	T Converting but maintaining kind	
形状分類	矢印，具象的形状又は描写的形状，三角形，線	Arrows, Depicting shapes, Equilateral triangles, Lines	
制限事項			
補足事項	図記号は，発光ダイオード・フォトトランジスタ・機械式バリア付きの場合を示す。	This symbol is shown with a light-emitting diode and a photo-transistor together with a mechanical barrier.	
適用図記号	S00642，S00687		
被適用図記号		－	
キーワード	結合デバイス，光電素子	coupling devices, photo-sensitive devices	
注記	－	Status level	Standard
		Released on	2001-07-01
		Obsolete from	－

第 II 章　電子管
第 7 節　一般的な図記号要素

図記号番号 (識別番号)	図記号 (Symbol)		
05-07-01 (S00693)	（円の中に点が散在し、右下に黒丸がある図）		
項目	説明	IEC 60617 情報 (参考)	
名称	ガス入り外囲器	Gas-filled envelope	
別の名称	－	－	
様式	－	－	
別様式	－	－	
注釈	－		
適用分類	限定図記号	Qualifiers only	
機能分類	機能属性だけ（－）	－Functional attribute only	
形状分類	円，黒丸（点）	Circles, Dots (points)	
制限事項	－	－	
補足事項	－	－	
適用図記号	S00062，S00116		
被適用図記号	S00374，S00375，S00790，S00780，S00772，S00769，S00791，S00771		
キーワード	電子管，外囲器	electron tubes, envelopes	
注記	－	Status level	Standard
		Released on	2001-07-01
		Obsolete from	－

第7節 一般的な図記号要素

図記号番号 (識別番号)	図記号 (Symbol)		
05-07-02 (S00694)			

項目	説明	IEC 60617 情報 (参考)	
名称	外部スクリーン（シールド）付き外囲器	Envelope with external screen (shield)	
別の名称	－	－	
様式	－	－	
別様式	－	－	
注釈	－		
適用分類	限定図記号	Qualifiers only	
機能分類	機能属性だけ（－）	－Functional attribute only	
形状分類	円，黒丸（点），半円	Circles, Dots (points), Half-circles	
制限事項	－	－	
補足事項	－	－	
適用図記号	S00062，S00065		
被適用図記号	－		
キーワード	電子管，外囲器，シールド	electron tubes, envelopes, shields	
注記	－	Status level	Standard
		Released on	2001-07-01
		Obsolete from	－

第7節 一般的な図記号要素

図記号番号 (識別番号)	図記号 (Symbol)		
05-07-03 (S00695)	50 %		
項目	説明	IEC 60617 情報 (参考)	
名称	外囲器内面の導電被覆	Envelope, conductive coating on internal surface	
別の名称	－	－	
様式	－	－	
別様式	－	－	
注釈	－		
適用分類	限定図記号	Qualifiers only	
機能分類	機能属性だけ（－）	－Functional attribute only	
形状分類	具象的形状又は描写的形状，線	Depicting shapes, Lines	
制限事項	－	－	
補足事項	－	－	
適用図記号	－		
被適用図記号	－		
キーワード	電子管，外囲器	electron tubes, envelopes	
注記	－	Status level	Standard
		Released on	2001-07-01
		Obsolete from	－

第7節　一般的な図記号要素

図記号番号 （識別番号）	図記号（Symbol）		
05-07-04 （S00696）			
項目	説明		IEC 60617 情報（参考）
名称	傍熱陰極		Hot cathode, indirectly heated
別の名称	－		－
様式	－		－
別様式	05-A7-01		S00697
注釈			
適用分類	限定図記号		Qualifiers only
機能分類	機能属性だけ（－）		－Functional attribute only
形状分類	半円，線		Half-circles, Lines
制限事項	－		－
補足事項	－		－
適用図記号	－		
被適用図記号	S00751，S00746，S00745，S00765，S00755，S00763，S00749，S00757，S00756，S00747，S00759，S00748，S00767，S00753，S00750		
キーワード	傍熱，陰極，電子管，真空管		cathodes, electron tubes
注記	－	Status level	Standard
		Released on	2001-07-01
		Obsolete from	－

第7節 一般的な図記号要素

図記号番号 (識別番号)	図記号 (Symbol)		
05-07-06 (S00698)			
項目	説明	IEC 60617 情報 (参考)	
名称	直熱陰極	Hot cathode, directly heated	
別の名称	傍熱陰極用ヒータ,熱電対用ヒータ	Heater for hot cathode, indirectly heated; Heater for thermocouple	
様式	—	—	
別様式	05-A7-02	S00699	
注釈	—		
適用分類	限定図記号	Qualifiers only	
機能分類	機能属性だけ (−)	−Functional attribute only	
形状分類	半円,線	Half-circles, Lines	
制限事項	—	—	
補足事項	—	—	
適用図記号	—		
被適用図記号	S00776, S00751, S00746, S00745, S00955, S00744, S00954, S00957, S00765, S00755, S00763, S00749, S00761, S00771, S00757, S00956, S00756, S00747, S00759, S00748, S00767, S00753, S00750		
キーワード	直熱,陰極,電子管,真空管,ヒータ	cathodes, electron tubes, heaters	
注記	—	Status level	Standard
		Released on	2001-07-01
		Obsolete from	—

第7節 一般的な図記号要素

図記号番号 (識別番号)	図記号 (Symbol)		
05-07-08 (S00700)			

項目	説明	IEC 60617 情報（参考）	
名称	光電陰極	Photoelectric cathode	
別の名称	－	－	
様式	－	－	
別様式	－	－	
注釈	－		
適用分類	限定図記号	Qualifiers only	
機能分類	機能属性だけ（－）	－Functional attribute only	
形状分類	半円，線	Half-circles, Lines	
制限事項	－	－	
補足事項	－	－	
適用図記号	－		
被適用図記号	S00777		
キーワード	陰極，電子管，光電	cathodes, electron tubes, photoelectric	
注記	－	Status level	Standard
		Released on	2001-07-01
		Obsolete from	－

第7節 一般的な図記号要素

図記号番号 (識別番号)	図記号（Symbol）		
05-07-09 (S00701)			

項目	説明	IEC 60617 情報（参考）	
名称	冷陰極	Cold cathode	
別の名称	イオン加熱陰極	Ionically heated cathode	
様式	－	－	
別様式	－	－	
注釈	－		
適用分類	限定図記号	Qualifiers only	
機能分類	機能属性だけ（－）	－Functional attribute only	
形状分類	円，線	Circles, Lines	
制限事項	－	－	
補足事項	－	－	
適用図記号	－		
被適用図記号	S00773，S00772，S00770，S00769，S00774，S00775		
キーワード	陰極，電子管	cathodes, electron tubes	
注記	－	Status level	Standard
		Released on	2001-07-01
		Obsolete from	－

第7節 一般的な図記号要素

図記号番号 (識別番号)	図記号 (Symbol)		
05-07-11 (S00703)			
項目	説明	IEC 60617 情報 (参考)	
名称	陽極	Anode	
別の名称	プレート，コレクタ（マイクロ波管）	Plate; Collector (microwave devices)	
様式	－	－	
別様式	－	－	
注釈	－		
適用分類	限定図記号	Qualifiers only	
機能分類	機能属性だけ（－）	－Functional attribute only	
形状分類	線	Lines	
制限事項	－	－	
補足事項	－	－	
適用図記号	－		
被適用図記号	S00746, S00745, S00773, S00777, S00744, S00764, S00779, S00755, S00763, S00770, S00769, S00771, S00757, S00774, S00756, S00747, S00718, S00759, S00758, S00748, S00753, S00760, S00754, S00775, S00778		
キーワード	陽極，コレクタ，電子管，真空管	anodes, collectors, electron tubes	
注記	－	Status level	Standard
		Released on	2001-07-01
		Obsolete from	－

第7節 一般的な図記号要素

図記号番号 (識別番号)	図記号(Symbol)		
05-07-13 (S00705)			
項目	説明	IEC 60617 情報(参考)	
名称	グリッド	Grid	
別の名称	−	−	
様式	−	−	
別様式	−	−	
注釈	−		
適用分類	限定図記号	Qualifiers only	
機能分類	機能属性だけ(−)	−Functional attribute only	
形状分類	線	Lines	
制限事項	−	−	
補足事項	−	−	
適用図記号	−		
被適用図記号	S00751, S00746, S00745, S00744, S00717, S00747, S00782, S00748, S00750		
キーワード	電子管, グリッド, 真空管	electron tubes, grids	
注記	−	Status level	Standard
		Released on	2001-07-01
		Obsolete from	−

第 8 節　主としてブラウン管及びテレビジョン撮像管に適用する図記号要素

図記号番号（識別番号）	図記号（Symbol）		
05-08-01（S00707）			
項目	説明	**IEC 60617** 情報（参考）	
名称	横方向偏向電極	Lateral deflecting electrodes	
別の名称	−	−	
様式	−	−	
別様式	05-A8-01	S00708	
注釈	−		
適用分類	限定図記号	Qualifiers only	
機能分類	機能属性だけ（−）	−Functional attribute only	
形状分類	線	Lines	
制限事項	−	−	
補足事項	一対の電極の場合を示す。	One pair of electrodes is shown.	
適用図記号	−		
被適用図記号	S00781，S00782，S00784，S00750，S00783		
キーワード	ブラウン管，電極，電子管，テレビジョン管	cathode ray tubes, electrodes, electron tubes, television tubes	
注記	−	Status level	Standard
		Released on	2001-07-01
		Obsolete from	−

第8節　主としてブラウン管及びテレビジョン撮像管に適用する図記号要素

図記号番号 (識別番号)	図記号（Symbol）		
05-08-03 (S00709)			

項目	説明	IEC 60617 情報（参考）	
名称	輝度変調電極	Intensity modulating electrode	
別の名称	－	－	
様式	－	－	
別様式	－	－	
注釈	A00167		
適用分類	限定図記号	Qualifiers only	
機能分類	機能属性だけ（－）	－Functional attribute only	
形状分類	線	Lines	
制限事項	－	－	
補足事項	－	－	
適用図記号	－		
被適用図記号	S00755，S00763，S00749，S00757，S00756，S00759，S00767，S00753		
キーワード	ブラウン管，電極，電子管，テレビジョン管	cathode ray tubes, electron tubes, television tubes	
注記	－	Status level	Standard
		Released on	2001-07-01
		Obsolete from	－

第8節 主としてブラウン管及びテレビジョン撮像管に適用する図記号要素

図記号番号 (識別番号)	図記号（Symbol）		
05-08-04 (S00710)			

項目	説明	IEC 60617 情報（参考）	
名称	アパーチャ付き集束電極	Focusing electrode with aperture	
別の名称	ビーム成形プレート	Beam-forming plate	
様式	－	－	
別様式	－	－	
注釈	A00168		
適用分類	限定図記号	Qualifiers only	
機能分類	機能属性だけ（－）	－Functional attribute only	
形状分類	線，長方形	Lines, Rectangles	
制限事項	－	－	
補足事項	－	－	
適用図記号	－		
被適用図記号	S00751，S00755，S00763，S00749，S00757，S00756，S00759，S00767，S00753，S00750		
キーワード	ブラウン管，電極，電子管，テレビジョン管	cathode ray tubes, electron tubes, television tubes	
注記	－	Status level	Standard
		Released on	2001-07-01
		Obsolete from	－

第8節　主としてブラウン管及びテレビジョン撮像管に適用する図記号要素

図記号番号 （識別番号）	図記号（Symbol）		
05-08-05 （S00711）			
項目	説明	IEC 60617情報（参考）	
名称	ビーム分割電極	Beam-splitting electrode	
別の名称	－	－	
様式	－	－	
別様式	－	－	
注釈	－		
適用分類	限定図記号	Qualifiers only	
機能分類	機能属性だけ（－）	－Functional attribute only	
形状分類	線，長方形	Lines, Rectangles	
制限事項	－	－	
補足事項	電子銃の最終集束電極に内部接続されたビーム分割電極。	Beam-splitting electrode internally connected to the final focusing electrode of the electron gun.	
適用図記号	－		
被適用図記号	S00750		
キーワード	ブラウン管，電極，電子銃，電子管	cathode ray tubes, electron guns, electron tubes	
注記	－	Status level	Standard
		Released on	2001-07-01
		Obsolete from	－

第8節 主としてブラウン管及びテレビジョン撮像管に適用する図記号要素

図記号番号 (識別番号)	図記号 (Symbol)		
05-08-06 (S00712)			

項目	説明	IEC 60617 情報 (参考)	
名称	円筒形集束電極	Cylindrical focusing electrode	
別の名称	ドリフト空間電極, 電子レンズ素子	Drift space electrode; Electronic lens element	
様式	－	－	
別様式	－	－	
注釈	A00168		
適用分類	限定図記号	Qualifiers only	
機能分類	機能属性だけ (－)	－Functional attribute only	
形状分類	線, 長方形	Lines, Rectangles	
制限事項	－	－	
補足事項	－	－	
適用図記号	－		
被適用図記号	S00749, S00753		
キーワード	ブラウン管, 電極, 電子管, 電子レンズ	cathode ray tubes, electron tubes, electronic lenses	
注記	－	Status level	Standard
		Released on	2001-07-01
		Obsolete from	－

第9節　主としてマイクロ波管に適用する図記号要素

図記号番号 （識別番号）	図記号（Symbol）		
05-09-08 （S00731）			

項目	説明	IEC 60617 情報（参考）	
名称	低速波閉回路	Closed slow-wave structure	
別の名称	－	－	
様式	－	－	
別様式	－	－	
注釈	－		
適用分類	限定図記号	Qualifiers only	
機能分類	機能属性だけ（－）	－Functional attribute only	
形状分類	円，線	Circles, Lines	
制限事項	－	－	
補足事項	図記号は，外囲器付きを示してある。	The symbol is shown with envelope.	
適用図記号	S00062		
被適用図記号	S00765		
キーワード	マイクロ波管	microwave tubes	
注記	－	Status level	Standard
		Released on	2001-07-01
		Obsolete from	－

第9節 主としてマイクロ波管に適用する図記号要素

図記号番号 (識別番号)	図記号（Symbol）		
05-09-09 (S00732)	50％		
項目	説明	IEC 60617 情報（参考）	
名称	電子管と一体構造になっている空洞共振器	Cavity resonator forming an integral part of the tube	
別の名称	－	－	
様式	－	－	
別様式	－	－	
注釈	－		
適用分類	限定図記号	Qualifiers only	
機能分類	機能属性だけ（－）	－Functional attribute only	
形状分類	円弧，黒丸（点），半円，だ円	Circle segments, Dots (points), Half-circles, Ovals	
制限事項	－	－	
補足事項	－	－	
適用図記号	S00063，S01172		
被適用図記号	S00752，S00751		
キーワード	マイクロ波管	microwave tubes	
注記	－	Status level	Standard
		Released on	2001-07-01
		Obsolete from	－

第9節 主としてマイクロ波管に適用する図記号要素

図記号番号 （識別番号）	図記号 （Symbol）	
05-09-10 （S00733）	50％	
項目	説明	IEC 60617 情報（参考）
名称	一部又は全部が電子管の外側にある空洞共振器	Cavity resonator, partly or wholly external to the tube
別の名称	－	－
様式	－	－
別様式	－	－
注釈	－	
適用分類	限定図記号	Qualifiers only
機能分類	機能属性だけ（－）	－Functional attribute only
形状分類	円弧，黒丸（点），だ円	Circle segments, Dots (points), Ovals
制限事項	－	－
補足事項	－	－
適用図記号	S00063，S01172	
被適用図記号	S00753，S00754	
キーワード	マイクロ波管	microwave tubes
注記	－	Status level	Standard
		Released on	2001-07-01
		Obsolete from	－

第10節　水銀整流器を含むその他の電子管に適用する図記号要素

図記号番号 （識別番号）	図記号（Symbol）		
05-10-01 （S00740）			
項目	説明	IEC 60617 情報（参考）	
名称	X線管陽極	X-ray tube anode	
別の名称	－	－	
様式	－	－	
別様式	－	－	
注釈	－		
適用分類	限定図記号	Qualifiers only	
機能分類	機能属性だけ（－）	－Functional attribute only	
形状分類	線	Lines	
制限事項	－	－	
補足事項	－	－	
適用図記号	－		
被適用図記号	S00776		
キーワード	陽極，電子管，電極	anodes, electron tubes, electrodes	
注記	－	Status level	Standard
		Released on	2001-07-01
		Obsolete from	－

第11節 電子管の例

図記号番号 (識別番号)	図記号 (Symbol)		
05-11-01 (S00744)	50 %		
項目	説明	**IEC 60617 情報 (参考)**	
名称	直熱陰極形3極管	Triode, with directly heated cathode	
別の名称	－	－	
様式	－	－	
別様式	－	－	
注釈	A00248		
適用分類	回路図	Circuit diagrams	
機能分類	信号又は情報の処理 (K)	K Processing signals or information	
形状分類	円, 半円, 線	Circles, Half-circles, Lines	
制限事項	－		
補足事項	－	－	
適用図記号	S00062, S00698, S00703, S00705		
被適用図記号		－	
キーワード	電子管, 真空管	electron tubes	
注記	－	Status level	Standard
		Released on	2001-07-01
		Obsolete from	－

第 11 節　電子管の例

図記号番号 (識別番号)	図記号 (Symbol)		
05-11-02 (S00745)	50 %		
項目	説明	IEC 60617 情報 (参考)	
名称	傍熱陰極形ガス入り 3 極管	Triode, gasfilled with indirectly heated cathode	
別の名称	サイラトロン	Thyratron	
様式	−	−	
別様式	−	−	
注釈	A00248		
適用分類	回路図	Circuit diagrams	
機能分類	信号又は情報の処理 (K)	K Processing signals or information	
形状分類	黒丸 (点)，半円，線	Dots (points), Half-circles, Lines	
制限事項	−	−	
補足事項	−	−	
適用図記号	S00063，S00116，S00696，S00698，S00703，S00705		
被適用図記号		−	
キーワード	サイラトロン，3 極管	thyratrones, triodes	
注記	−	Status level	Standard
		Released on	2001-07-01
		Obsolete from	−

第 11 節 電子管の例

図記号番号 （識別番号）	図記号（Symbol）	
05-11-03 （S00746）	50 %	
項目	説明	IEC 60617 情報（参考）
名称	5極管	Pentode
別の名称	—	—
様式	—	—
別様式	—	—
注釈	A00248	
適用分類	回路図	Circuit diagrams
機能分類	信号又は情報の処理（K）	K Processing signals or information
形状分類	半円，線，だ円	Half-circles, Lines, Ovals
制限事項	—	
補足事項	抑制グリッドと陰極とが内部接続された傍熱陰極形5極管。	Pentode, with indirectly heated cathode and internal strap between suppressor-grid and cathode.
適用図記号	S00063，S00696，S00698，S00703，S00705	
被適用図記号		—
キーワード	電子管，真空管	electron tubes
注記	—	Status level: Standard Released on: 2001-07-01 Obsolete from: —

第 12 節　ブラウン管の例

図記号番号 (識別番号)	図記号 (Symbol)		
05-12-01 (S00749)	50 %		
項目	説明	IEC 60617 情報 (参考)	
名称	電磁偏向形ブラウン管	Cathode-ray tube with electromagnetic deviation	
別の名称	テレビジョン受像管	Television picture tube	
様式	—	—	
別様式	—	—	
注釈	A00248		
適用分類	回路図	Circuit diagrams	
機能分類	信号又は情報の処理 (K), 情報の提示 (P)	K Processing signals or information, P Presenting information	
形状分類	具象的形状又は描写的形状, 半円, 線	Depicting shapes, Half-circles, Lines	
制限事項			
補足事項	図記号は, 次を備えた場合を示す。 — 集束及びイオントラップ用永久磁石 — 輝度変調用電極 — 傍熱陰極	The symbol is shown with: — permanent magnet focusing and ion trap — intensity modulating electrode — indirectly heated cathode.	
適用図記号	S00210, S00583, S00696, S00698, S00709, S00710, S00712		
被適用図記号			
キーワード	ブラウン管, 電子管, テレビジョン管	cathode ray tubes, electron tubes, television tubes	
注記	—	Status level	Standard
		Released on	2001-07-01
		Obsolete from	—

第 12 節　ブラウン管の例

図記号番号 (識別番号)	図記号 (Symbol)		
05-12-02 (S00750)	50 %		
項目	説明	IEC 60617 情報 (参考)	
名称	スプリットビーム形二重ビームブラウン管	Double-beam cathode-ray tube, split-beam type	
別の名称	—	—	
様式	—	—	
別様式	—	—	
注釈	A00248		
適用分類	回路図	Circuit diagrams	
機能分類	信号又は情報の処理 (K)，情報の提示 (P)	K Processing signals or information, P Presenting information	
形状分類	具象的形状又は描写的形状，半円，線	Depicting shapes, Half-circles, Lines	
制限事項	—	—	
補足事項	図記号は，次を備えた場合を示す。 －　電界偏向 －　傍熱陰極	The symbol is shown with: －　electrostatic deflection －　indirectly heated cathode.	
適用図記号	S00696，S00698，S00705，S00707，S00710，S00711		
被適用図記号		—	
キーワード	ブラウン管，電子管	cathode ray tubes, electron tubes	
注記	—	Status level	Standard
		Released on	2001-07-01
		Obsolete from	—

第 13 節　マイクロ波管の例

図記号番号（識別番号）	図記号（Symbol）	
05-13-03（S00753）	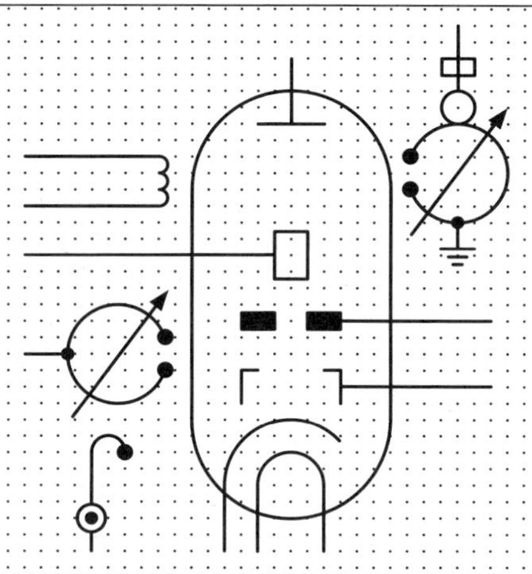 50 %	
項目	説明	**IEC 60617** 情報（参考）
名称	反射形クライストロン	Reflex klystron
別の名称	—	—
様式	—	—
別様式	05-A13-03	S00754
注釈	A00248	
適用分類	回路図	Circuit diagrams
機能分類	放射又は熱エネルギーの供給（E），信号又は情報の処理（K）	E Providing radiant or thermal energy, K Processing signals or information
形状分類	矢印，円弧，円，黒丸（点），半円，線，だ円，長方形	Arrows, Circle segments, Circles, Dots (points), Half-circles, Lines, Ovals, Rectangles
制限事項	—	—
補足事項	図記号は，次を備えた場合を示す。 — 傍熱陰極 — 輝度変調電極 — ビーム成形プレート — 外付け同調式入力空洞共振器 — ドリフト空間電極 — 直流接続の外付け同調式出力空洞共振器 — コレクタ — 集束コイル — 同軸導波管との入力ループ結合器 — 方形導波管との出力窓結合器	The symbol is shown with: — indirectly heated cathode — intensity modulating electrode — beam-forming plate — external tunable input cavity resonator — drift space electrode — external tunable output cavity resonator with DC connection — collector — focusing coil — input loop coupler to coaxial waveguide — output window coupler to rectangular waveguide.
適用図記号	S00063，S00081，S00200，S00583，S00696，S00698，S00703，S00709，S00710，S00712，S00733，S01138，S01142，S01172，S01207，S01209	
被適用図記号	—	
キーワード	電子管，クライストロン，マイクロ波管	electron tubes, klystrons, microwave tubes
注記	—	Status level: Standard Released on: 2001-07-01 Obsolete from: —

第14節 水銀整流器を含むその他の電子管の例

図記号番号 (識別番号)	図記号 (Symbol)		
05-14-01 (S00769)	50 %		
項目	説明	IEC 60617 情報 (参考)	
名称	ガス入り冷陰極放電管	Cold-cathode tube, gas-filled	
別の名称	定電圧放電管	Voltage stabilizer	
様式	−	−	
別様式	−	−	
注釈	A00248		
適用分類	回路図	Circuit diagrams	
機能分類	限定又は安定化 (R)	R Restricting or stabilizing	
形状分類	円，黒丸（点），線	Circles, Dots (points), Lines	
制限事項	−	−	
補足事項	−	−	
適用図記号	S00062，S00116，S00693，S00701，S00703		
被適用図記号	S00770，S01217		
キーワード	冷陰極放電管，定電圧放電管	cold-cathode tubes, voltage stabilizers	
注記	−	Status level	Standard
		Released on	2001-07-01
		Obsolete from	−

第14節 水銀整流器を含むその他の電子管の例

図記号番号 (識別番号)	図記号 (Symbol)		
05-14-08 (S00776)	50 %		
項目	説明	IEC 60617 情報 (参考)	
名称	直熱陰極形 X 線管	X-ray tube with directly heated cathode	
別の名称	−	−	
様式	−	−	
別様式	−	−	
注釈	−		
適用分類	回路図	Circuit diagrams	
機能分類	放射又は熱エネルギーの供給 (E)	E Providing radiant or thermal energy	
形状分類	円,半円,線	Circles, Half-circles, Lines	
制限事項	−	−	
補足事項	−	−	
適用図記号	S00062,S00698,S00740		
被適用図記号	−		
キーワード	電子管,X 線管	electron tubes, X-ray tubes	
注記	−	Status level	Standard
		Released on	2001-07-01
		Obsolete from	−

第III章　放射線検出器及び電気化学デバイス
第15節　電離放射線検出器の例

図記号番号 (識別番号)	図記号 (Symbol)		
05-15-01 (S00781)			

項目	説明	IEC 60617 情報 (参考)	
名称	電離箱	Ionization chamber	
別の名称	－	－	
様式	－	－	
別様式	－	－	
注釈	－		
適用分類	回路図	Circuit diagrams	
機能分類	変量を信号に変換 (B)	B Converting variable to signal	
形状分類	矢印，黒丸（点），線，正方形	Arrows, Dots (points), Lines, Squares	
制限事項	－	－	
補足事項	－	－	
適用図記号	S00059，S00116，S00129，S00707		
被適用図記号		－	
キーワード	放射線検出器	radiation detectors	
注記	－	Status level	Standard
		Released on	2001-07-01
		Obsolete from	－

第15節　電離放射線検出器の例

図記号番号 (識別番号)	図記号（Symbol）		
05-15-05 （S00785）			

項目	説明	IEC 60617 情報（参考）	
名称	半導体検出器	Detector, semiconductor type	
別の名称	−	−	
様式	−	−	
別様式	−	−	
注釈	−		
適用分類	回路図	Circuit diagrams	
機能分類	変量を信号に変換（B）	B Converting variable to signal	
形状分類	矢印，三角形，線，正方形	Arrows, Equilateral triangles, Lines, Squares	
制限事項	−	−	
補足事項	−	−	
適用図記号	S00059, S00118, S00129, S00641		
被適用図記号		−	
キーワード	放射線検出器，半導体	radiation detectors, semiconductors	
注記	−	Status level	Standard
		Released on	2001-07-01
		Obsolete from	−

5 注釈

当該図記号の説明及び付加的な関連規定を，次に示す。注釈は通常，複数の図記号で共有されるため，注釈番号を記した別のページに記載されている。

注釈番号は Annnnn の形式で示し，n は 0～9 の整数で表す。この番号は **IEC 60617** の注釈（Application notes）に対応しており，番号付けには意味はない。

注釈番号	注釈	被適用図記号	IEC 60617 情報（参考）
A00150	これは，半導体素子に特有な限定図記号である。必要がある場合，限定図記号を半導体図記号の近くに，又はその一部を構成するように用いて，回路の動作に不可欠な特殊機能又は性質を表示することができる。	05-02-01, 05-02-02, 05-02-03, 05-02-04, 05-02-05 S00636, S00637, S00638, S00639, S00640	This is a qualifying symbol particular to semiconductor devices. If necessary, a special function or property essential for circuit operation may be indicated by a qualifying symbol placed adjacent to, or forming part of the symbol of the device.
A00164	ゲート及びソース接続は，直線上に記入する。	05-05-09, 05-05-10 S00671, S00672	The gate and source connections shall be drawn in line.
A00165	図記号 05-A7-03（S00702）の接続線は，水平に表示してもよい。図記号 05-A14-01（S00770）を参照。	05-A7-03, 05-A14-01 S00702, S00770	The connection line to the symbol S00702 may be shown horizontally. See symbol S00770.
A00166	混同する可能性がなければ，図記号 05-07-11（S00703）を用いてもよい。	05-A7-04 S00704	Symbol S00703 may be used if no confusion is likely.
A00167	混同する可能性がなければ，図記号 05-07-13（S00705）を用いてもよい。	05-08-03, 05-A8-03 S00709, S00714	Symbol S00705 may be used if no confusion will arise.
A00168	混同する可能性がなければ，図記号 05-08-03（S00709）を用いてもよい。	05-08-04, 05-08-06 S00710, S00712	Symbol S00709 may be used if no confusion will arise.
A00169	抵抗の低い状態から高い状態へのステップは，ステップ関数図記号の付いた電極を陽極にして達成する。	05-A16-01 S00792	The step from the low-resistance to the high-resistance state is reached by making the electrode marked with the step-function symbol the anode.
A00171	伝導度計は，液体の伝導度を測定するための要素である。	05-A16-04 S00795	A conductivity cell is an element for measuring the conductivity of liquids.
A00172	望ましい場合は，放電の回転方向を矢印によって表示してもよい。	05-A14-05, 05-A14-06 S00774, S00775	If desired, the direction of rotation of the discharge may be shown by an arrow.
A00176	接合は電界の大きさによって半導体層に影響を与える。例として，接合形電界効果トランジスタがある。	05-01-09, 05-01-10 S00620, S00621	Junction influences a semiconductor layer by means of an electric field, for example in a junction field effect transistor.
A00177	この図記号は，絶縁ゲート形電界効果トランジスタ（IGFET）のチャネルの伝導形を示す。	05-01-11, 05-01-12 S00622, S00623	This symbol indicates the conductivity type of the channel for insulated gate field effect transistors (IGFET).
A00178	矢印付の斜線は，エミッタを表す。	05-01-14, 05-01-15, 05-01-16, 05-01-17 S00625, S00626, S00627, S00628	The slanting line with arrow represents the emitter.

注釈番号	注釈	被適用図記号	IEC 60617 情報（参考）
A00179	斜線は，コレクタを表す。	05-01-18, 05-01-19 S00629, S00630	The slanting line represents the collector.
A00180	短い斜線は，PからN又はNからPの垂直線上の変化点を示す。短い斜線には，オーミックではない接続が行われる。	05-01-20 S00631	The short slanting line indicates the point of change along the vertical line from P to N, or from N to P. No ohmic connection shall be made to the short slanting line.
A00181	真性領域は，リンクした斜線と斜線との間にある。この領域へのオーミック接続は，短い斜線と斜線との間で行い，斜線に直接行ってはならない。	05-01-21, 05-01-22 S00632, S00633	The intrinsic region lies between the linked slanting lines. Any ohmic connection to the region shall be made between the short slanting lines and not to them.
A00182	コレクタとの接続は長い斜線に行う。	05-01-23, 05-01-24 S00634, S00635	The connection to the collector is made to the long slanting line.
A00183	マルチゲートの場合，一次ゲート及びソース接続は直線上に記入する。	05-05-17 S00679	In the case of multiple gates, the primary gate and the source connection shall be drawn in line.
A00184	ゲートのタイプを指定する必要がなければ，この図記号は，逆阻止3端子サイリスタを表すとき用いる。	05-04-04 S00057	This symbol is used to represent a reverse blocking triode thyristor, if it is not necessary to specify the type of gate.
A00248	電子管を図形表示する場合，図面又は図表の目的から，正しい説明に適切な，及び／又は回路の接続を示すのに必要な要素及び詳細事項だけを示す必要がある。	05-11-01, 05-11-02, 05-11-03, 05-A11-01, 05-A11-02, 05-12-01, 05-12-02, 05-A13-01, 05-A13-02, 05-13-03, 05-A13-03, 05-A13-04, 05-A13-05, 05-A13-06, 05-A13-07, 05-A13-08, 05-A13-09, 05-A13-10, 05-A13-11, 05-A13-12, 05-A13-13, 05-A13-14, 05-A13-15, 05-A13-16, 05-14-01, 05-A14-01, 05-A14-02, 05-A14-03, 05-A14-04, 05-A14-05 S00744, S00745, S00746, S00747, S00748, S00749, S00750, S00751, S00752, S00753, S00754, S00755, S00756, S00757, S00758, S00759, S00760, S00761, S00762, S00763, S00764, S00765, S00766, S00767, S00769, S00770, S00771, S00772, S00773, S00774	The graphical representation of any one tube need show only those elements and details which are, for the purpose of the drawing or diagram, relevant to a correct interpretation and/or necessary for showing circuit connections.

附属書A
（参考）
旧図記号

ここに示す図記号は，**JIS C 0617-5**:1999 に規定されていたが，現在は削除されている図記号である。これらの図記号は，旧図記号を用いた電気回路図を読むときの単なる参考である。注記の"Obsolete from"欄の日付以後メンテナンスされていない。

第 A7 節　一般的な図記号要素

図記号番号 （識別番号）	図記号（Symbol）		
05-A7-01 （S00697）	(symbol image)		
項目	説明	IEC 60617 情報（参考）	
名称	傍熱陰極	Hot cathode, indirectly heated	
別の名称	－	－	
様式	その他の様式	Other form	
別様式	05-07-04	S00696	
注釈	－	－	
適用分類	限定図記号	Qualifiers only	
機能分類	機能属性だけ（－）	－Functional attribute only	
形状分類	線	Lines	
制限事項	－	－	
補足事項	陳腐化のため廃止。	Withdrawn because of obsolescence.	
適用図記号	－	－	
被適用図記号	－	－	
キーワード	陰極，電子管，真空管	cathodes, electron tubes	
注記	代わりに図記号 05-07-04（S00696）を用いる。	Status level	Obsolete－for reference only
		Released on	2001-07-01
		Obsolete from	2002-10-23

第 A7 節　一般的な図記号要素

図記号番号 (識別番号)	図記号 (Symbol)		
05-A7-02 (S00699)			

項目	説明	IEC 60617 情報（参考）	
名称	直熱陰極	Hot cathode, directly heated	
別の名称	傍熱陰極用ヒータ，熱電対用ヒータ	Heater for hot cathode, indirectly heated; Heater for thermocouple	
様式	その他の様式	Other form	
別様式	05-07-06	S00698	
注釈		－	
適用分類	限定図記号	Qualifiers only	
機能分類	機能属性だけ（－）	－ Functional attribute only	
形状分類	線	Lines	
制限事項	－	－	
補足事項	陳腐化のため廃止	Withdrawn because of obsolescence.	
適用図記号		－	
被適用図記号			
キーワード	陰極，電子管，真空管，ヒータ	cathodes, electron tubes, heaters	
注記	代わりに図記号 05-07-06 (S00698) を用いる。	Status level	Obsolete － for reference only
		Released on	2001-07-01
		Obsolete from	2002-10-23

第A7節　一般的な図記号要素

図記号番号 (識別番号)	図記号 (Symbol)	
05-A7-03 (S00702)		

項目	説明	IEC 60617 情報 (参考)	
名称	複合電極	Composite electrode	
別の名称	－	－	
様式	－	－	
別様式	－	－	
注釈	A00165		
適用分類	限定図記号	Qualifiers only	
機能分類	機能属性だけ (－)	－Functional attribute only	
形状分類	円，線	Circles, Lines	
制限事項	－	－	
補足事項	陽極及び／又は冷陰極の働きをする複合電極。陳腐化のため廃止。	Composite electrode serving as an anode and/or as a cold cathode. Withdrawn because of obsolescence.	
適用図記号	－		
被適用図記号	S00793, S00792, S00772, S00770, S00794		
キーワード	陽極，陰極，電極，電子管	anodes, cathodes, elctrodes, electron tubes	
注記	－	Status level	Obsolete－for reference only
		Released on	2001-07-01
		Obsolete from	2002-10-23

第 A7 節　一般的な図記号要素

図記号番号 (識別番号)	図記号 (Symbol)		
05-A7-04 (S00704)			
項目	説明	IEC 60617 情報 (参考)	
名称	蛍光ターゲット	Fluorescent target	
別の名称	－	－	
様式	－	－	
別様式	－	－	
注釈	A00166		
適用分類	限定図記号	Qualifiers only	
機能分類	機能属性だけ（－）	－Functional attribute only	
形状分類	線	Lines	
制限事項	－	－	
補足事項	陳腐化のため廃止。	Withdrawn because of obsolescence.	
適用図記号		－	
被適用図記号	S00748		
キーワード	陽極，電子管	anodes, electron tubes	
注記	－	Status level	Obsolete－for reference only
		Released on	2001-07-01
		Obsolete from	2002-10-23

第A7節 一般的な図記号要素

図記号番号 (識別番号)	図記号（Symbol）	
05-A7-05 (S00706)		

項目	説明	IEC 60617 情報（参考）	
名称	イオン拡散バリア	Ion diffusion barrier	
別の名称	－	－	
様式	－	－	
別様式	－	－	
注釈	－		
適用分類	限定図記号	Qualifiers only	
機能分類	機能属性だけ（－）	－Functional attribute only	
形状分類	線	Lines	
制限事項	－	－	
補足事項	陳腐化のため廃止。	Withdrawn because of obsolescence.	
適用図記号	－		
被適用図記号	S00793，S00794		
キーワード	電子管，ソリオン	electron tubes, solion	
注記	－	Status level	Obsolete－for reference only
		Released on	2001-07-01
		Obsolete from	2002-10-23

第 A8 節　主としてブラウン管及びテレビジョン撮像管に適用する図記号要素

図記号番号 (識別番号)	図記号（Symbol）		
05-A8-01 (S00708)			
項目	説明	IEC 60617 情報（参考）	
名称	横方向偏向電極	Lateral deflecting electrodes	
別の名称	－	－	
様式	その他の様式	Other form	
別様式	05-08-01	S00707	
注釈		－	
適用分類	限定図記号	Qualifiers only	
機能分類	機能属性だけ（－）	－Functional attribute only	
形状分類	線	Lines	
制限事項	－	－	
補足事項	一対の電極の場合を示す。陳腐化のため廃止。	One pair of electrodes is shown. Withdrawn because of obsolescence.	
適用図記号		－	
被適用図記号		－	
キーワード	ブラウン管，電極，電子管，テレビジョン管	cathode ray tubes, electrodes, electron tubes, television tubes	
注記	－	Status level	Obsolete－for reference only
		Released on	2001-07-01
		Obsolete from	2002-10-23

第 A8 節　主としてブラウン管及びテレビジョン撮像管に適用する図記号要素

図記号番号 (識別番号)	図記号 (Symbol)	
05-A8-02 (S00713)		

項目	説明	IEC 60617 情報 (参考)	
名称	グリッド付き円筒形集束電極	Cylindrical focusing electrode with grid	
別の名称	－	－	
様式	－	－	
別様式	－	－	
注釈	－		
適用分類	限定図記号	Qualifiers only	
機能分類	機能属性だけ (－)	－Functional attribute only	
形状分類	線，長方形	Lines, Rectangles	
制限事項	－	－	
補足事項	陳腐化のため廃止。	Withdrawn because of obsolescence.	
適用図記号		－	
被適用図記号		－	
キーワード	ブラウン管，電極，電子管，テレビジョン管	cathode ray tubes, electrodes, electron tubes, television tubes	
注記	－	Status level	Obsolete－for reference only
		Released on	2001-07-01
		Obsolete from	2002-10-23

第 A8 節　主としてブラウン管及びテレビジョン撮像管に適用する図記号要素

図記号番号 （識別番号）	図記号（Symbol）	
05-A8-03 （S00714）		

項目	説明	IEC 60617 情報（参考）	
名称	多重アパーチャ電極	Multi-aperture electrode	
別の名称	－	－	
様式	－	－	
別様式	－	－	
注釈	A00167		
適用分類	限定図記号	Qualifiers only	
機能分類	機能属性だけ（－）	－Functional attribute only	
形状分類	線	Lines	
制限事項	－	－	
補足事項	陳腐化のため廃止。	Withdrawn because of obsolescence.	
適用図記号		－	
被適用図記号		－	
キーワード	ブラウン管，電極，電子管，テレビジョン管	cathode ray tubes, electrodes, electron tubes, television tubes	
注記	－	Status level	Obsolete－for reference only
		Released on	2001-07-01
		Obsolete from	2002-10-23

第 A8 節　主としてブラウン管及びテレビジョン撮像管に適用する図記号要素

図記号番号 (識別番号)	図記号（Symbol）	
05-A8-04 (S00715)	・　・　・　・　・　・　・ ・　━━━○○○○○・　・ ・　・　・　・　・　・　・	

項目	説明	IEC 60617 情報（参考）	
名称	量子化電極	Quantizing electrode	
別の名称	サンプリング電極	Sampling electrode	
様式	－	－	
別様式	－	－	
注釈	－		
適用分類	限定図記号	Qualifiers only	
機能分類	機能属性だけ（－）	－ Functional attribute only	
形状分類	円，線	Circles, Lines	
制限事項	－	－	
補足事項	陳腐化のため廃止。	Withdrawn because of obsolescence.	
適用図記号	－		
被適用図記号	－		
キーワード	ブラウン管，電子銃，電子管	cathode ray tubes, electron guns, electron tubes	
注記	－	Status level	Obsolete－for reference only
		Released on	2001-07-01
		Obsolete from	2002-10-23

第 A8 節　主としてブラウン管及びテレビジョン撮像管に適用する図記号要素

図記号番号 (識別番号)	図記号（Symbol）	
05-A8-05 (S00716)	（図記号）	

項目	説明	IEC 60617 情報（参考）	
名称	放射方向偏向電極	Radial deflecting electrodes	
別の名称	－	－	
様式	－	－	
別様式	－	－	
注釈	－		
適用分類	限定図記号	Qualifiers only	
機能分類	機能属性だけ（－）	－Functional attribute only	
形状分類	線，正方形	Lines, Squares	
制限事項	－	－	
補足事項	一対の電極の場合を示す。 陳腐化のため廃止。	One pair of electrodes is shown. Withdrawn because of obsolescence.	
適用図記号		－	
被適用図記号		－	
キーワード	ブラウン管，電極，電子管，テレビジョン管	cathode ray tubes, electrodes, electron tubes, television tubes	
注記	－	Status level	Obsolete－for reference only
		Released on	2001-07-01
		Obsolete from	2002-10-23

第A8節 主としてブラウン管及びテレビジョン撮像管に適用する図記号要素

図記号番号 (識別番号)	図記号（Symbol）	
05-A8-06 (S00717)		

項目	説明	IEC 60617 情報（参考）	
名称	二次電子放出グリッド	Grid with secondary emission	
別の名称	－	－	
様式	－	－	
別様式	－	－	
注釈	－		
適用分類	限定図記号	Qualifiers only	
機能分類	機能属性だけ（－）	－Functional attribute only	
形状分類	半円，線	Half-circles, Lines	
制限事項	－	－	
補足事項	陳腐化のため廃止。	Withdrawn because of obsolescence.	
適用図記号	S00705		
被適用図記号	－		
キーワード	ブラウン管，電子管，グリッド，テレビジョン管	cathode ray tubes, electron tubes, grids, television tubes	
注記	－	Status level	Obsolete－for reference only
		Released on	2001-07-01
		Obsolete from	2002-10-23

第 A8 節　主としてブラウン管及びテレビジョン撮像管に適用する図記号要素

図記号番号 (識別番号)	図記号 (Symbol)		
05-A8-07 (S00718)			
項目	説明	IEC 60617 情報（参考）	
名称	二次電子放出陽極	Anode with secondary emission	
別の名称	ダイノード	Dynode	
様式	−	−	
別様式	−	−	
注釈		−	
適用分類	限定図記号	Qualifiers only	
機能分類	機能属性だけ（−）	−Functional attribute only	
形状分類	半円，線	Half-circles, Lines	
制限事項			
補足事項	陳腐化のため廃止。	Withdrawn because of obsolescence.	
適用図記号	S00703		
被適用図記号		−	
キーワード	陽極，電子管	anodes, electron tubes	
注記	−	Status level	Obsolete−for reference only
		Released on	2001-07-01
		Obsolete from	2002-10-23

第 A8 節　主としてブラウン管及びテレビジョン撮像管に適用する図記号要素

図記号番号 （識別番号）	図記号（Symbol）	
05-A8-08 (S00719)		

項目	説明	IEC 60617 情報（参考）	
名称	光電子放出電極	Photo-emissive electrode	
別の名称	－	－	
様式	－	－	
別様式	－	－	
注釈		－	
適用分類	限定図記号	Qualifiers only	
機能分類	機能属性だけ（－）	－Functional attribute only	
形状分類	三角形，線	Equilateral triangles, Lines	
制限事項	－	－	
補足事項	陳腐化のため廃止。	Withdrawn because of obsolescence.	
適用図記号		－	
被適用図記号		－	
キーワード	電極，電子管	electrodes, electron tubes	
注記	－	Status level	Obsolete－for reference only
		Released on	2001-07-01
		Obsolete from	2002-10-23

第A8節 主としてブラウン管及びテレビジョン撮像管に適用する図記号要素

図記号番号 (識別番号)	図記号（Symbol）		
05-A8-09 (S00720)			

項目	説明	IEC 60617 情報（参考）	
名称	蓄積電極	Storage electrode	
別の名称	－	－	
様式	－	－	
別様式	－	－	
注釈		－	
適用分類	限定図記号	Qualifiers only	
機能分類	機能属性だけ（－）	－Functional attribute only	
形状分類	線，正方形	Lines, Squares	
制限事項			
補足事項	陳腐化のため廃止。	Withdrawn because of obsolescence.	
適用図記号		－	
被適用図記号	S00723，S00722，S00721		
キーワード	電極，電子管	electrodes, electron tubes	
注記	－	Status level	Obsolete－for reference only
		Released on	2001-07-01
		Obsolete from	2002-10-23

第A8節 主としてブラウン管及びテレビジョン撮像管に適用する図記号要素

図記号番号 (識別番号)	図記号（Symbol）	
05-A8-10 (S00721)		

項目	説明	IEC 60617 情報（参考）	
名称	光電子放出蓄積電極	Photo-emissive storage electrode	
別の名称	−	−	
様式	−	−	
別様式	−	−	
注釈	−		
適用分類	限定図記号	Qualifiers only	
機能分類	機能属性だけ（−）	−Functional attribute only	
形状分類	三角形，線，正方形	Equilateral triangles, Lines, Squares	
制限事項	−	−	
補足事項	陳腐化のため廃止。	Withdrawn because of obsolescence.	
適用図記号	S00720		
被適用図記号		−	
キーワード	電極，電子管	electrodes, electron tubes	
注記	−	Status level	Obsolete−for reference only
		Released on	2001-07-01
		Obsolete from	2002-10-23

第 A8 節　主としてブラウン管及びテレビジョン撮像管に適用する図記号要素

図記号番号 （識別番号）	図記号（Symbol）		
05-A8-11 （S00722）			

項目	説明	IEC 60617 情報（参考）	
名称	矢印の方向に二次電子を放出する蓄積電極	Storage electrode with secondary emission in the direction of the arrow	
別の名称	－	－	
様式	－	－	
別様式	－	－	
注釈	－		
適用分類	限定図記号	Qualifiers only	
機能分類	機能属性だけ（－）	－Functional attribute only	
形状分類	矢印，半円，線，正方形	Arrows, Half-circles, Lines, Squares	
制限事項	－		
補足事項	矢印の方向に二次電子を放出する蓄積電極。陳腐化のため廃止。	Storage electrode with secondary emission in the direction of the arrow. Withdrawn because of obsolescence.	
適用図記号	S00720		
被適用図記号	－		
キーワード	電極，電子管	electrodes, electron tubes	
注記	－	Status level	Obsolete－for reference only
		Released on	2001-07-01
		Obsolete from	2002-10-23

第A8節 主としてブラウン管及びテレビジョン撮像管に適用する図記号要素

図記号番号 (識別番号)	図記号（Symbol）		
05-A8-12 (S00723)			

項目	説明	IEC 60617 情報（参考）	
名称	光導電性蓄積電極	Photo-conductive storage electrode	
別の名称	－	－	
様式	－	－	
別様式	－	－	
注釈		－	
適用分類	限定図記号	Qualifiers only	
機能分類	機能属性だけ（－）	－Functional attribute only	
形状分類	三角形，線，長方形，正方形	Equilateral triangles, Lines, Rectangles, Squares	
制限事項	－	－	
補足事項	陳腐化のため廃止。	Withdrawn because of obsolescence.	
適用図記号	S00720		
被適用図記号		－	
キーワード	電極，電子管	electrodes, electron tubes	
注記	－	Status level	Obsolete－for reference only
		Released on	2001-07-01
		Obsolete from	2002-10-23

第 A9 節　主としてマイクロ波管に適用する図記号要素

図記号番号 （識別番号）	図記号（Symbol）		
05-A9-01 （S00724）			
項目	説明	IEC 60617 情報（参考）	
名称	電子銃組立品	Electron gun assembly	
別の名称	－	－	
様式	簡略様式	Simplified form	
別様式	05-07-04，05-07-06	S00696; S00698	
注釈			
適用分類	限定図記号	Qualifiers only	
機能分類	機能属性だけ（－）	－Functional attribute only	
形状分類	半円，線	Half-circles, Lines	
制限事項	－	－	
補足事項	傍熱陰極の図記号を簡素化した外囲器付きの場合を示す。陳腐化のため廃止。	Shown with envelope and simplified symbol for indirectly heated cathode. Withdrawn because of obsolescence.	
適用図記号	S00752，S00764，S00758，S00760，S00754		
被適用図記号	－	－	
キーワード	陰極，電子銃，マイクロ波管	cathodes, electron guns, microwave tubes	
注記	－	Status level	Obsolete－for reference only
		Released on	2001-07-01
		Obsolete from	2002-10-23

第A9節　主としてマイクロ波管に適用する図記号要素

図記号番号 （識別番号）	図記号（Symbol）		
05-A9-02 （S00725）			
項目	説明	IEC 60617 情報（参考）	
名称	反射電極（リフレクタ）	Reflector	
別の名称	－	－	
様式	－	－	
別様式	－	－	
注釈	－		
適用分類	限定図記号	Qualifiers only	
機能分類	機能属性だけ（－）	－Functional attribute only	
形状分類	線	Lines	
制限事項	－	－	
補足事項	陳腐化のため廃止。	Withdrawn because of obsolescence.	
適用図記号		－	
被適用図記号	S00752，S00751		
キーワード	電極，マイクロ波管	electrodes, microwave tubes	
注記	－	Status level	Obsolete－for reference only
		Released on	2001-07-01
		Obsolete from	2002-10-23

第 A9 節　主としてマイクロ波管に適用する図記号要素

図記号番号 (識別番号)	図記号（Symbol）		
05-A9-03 (S00726)			

項目	説明	IEC 60617 情報（参考）	
名称	低速波開回路に用いる，電子非放出基部	Non-emitting sole for open slow-wave structure	
別の名称	－	－	
様式	－	－	
別様式	－	－	
注釈	－		
適用分類	限定図記号	Qualifiers only	
機能分類	機能属性だけ（－）	－Functional attribute only	
形状分類	線	Lines	
制限事項	－	－	
補足事項	陳腐化のため廃止。	Withdrawn because of obsolescence.	
適用図記号		－	
被適用図記号	S00764，S00763，S00759，S00760		
キーワード	マイクロ波管	microwave tubes	
注記	－	Status level	Obsolete－for reference only
		Released on	2001-07-01
		Obsolete from	2002-10-23

第A9節 主としてマイクロ波管に適用する図記号要素

図記号番号 (識別番号)	図記号 (Symbol)		
05-A9-04 (S00727)			

項目	説明	IEC 60617 情報 (参考)	
名称	低速波閉回路に用いる,電子非放出基部	Non-emitting sole for closed slow-wave structure	
別の名称	−	−	
様式	−	−	
別様式	−	−	
注釈	−		
適用分類	限定図記号	Qualifiers only	
機能分類	機能属性だけ (−)	− Functional attribute only	
形状分類	円弧, 線	Circle segments, Lines	
制限事項	−	−	
補足事項	陳腐化のため廃止。	Withdrawn because of obsolescence.	
適用図記号		−	
被適用図記号	S00767		
キーワード	マイクロ波管	microwave tubes	
注記	−	Status level	Obsolete − for reference only
		Released on	2001-07-01
		Obsolete from	2002-10-23

第A9節 主としてマイクロ波管に適用する図記号要素

図記号番号 (識別番号)	図記号 (Symbol)		
05-A9-05 (S00728)			
項目	説明	IEC 60617 情報 (参考)	
名称	電子放出基部	Emitting sole	
別の名称	－	－	
様式	－	－	
別様式	－	－	
注釈	－		
適用分類	限定図記号	Qualifiers only	
機能分類	機能属性だけ（－）	－Functional attribute only	
形状分類	矢印，線	Arrows, Lines	
制限事項	－	－	
補足事項	矢印は，電子流の方向を示す。陳腐化のため廃止。	The arrow indicates the direction of electron flow. Withdrawn because of obsolescence.	
適用図記号	－		
被適用図記号	S00761，S00762		
キーワード	マイクロ波管	microwave tubes	
注記	－	Status level	Obsolete－for reference only
		Released on	2001-07-01
		Obsolete from	2002-10-23

第 A9 節　主としてマイクロ波管に適用する図記号要素

図記号番号 (識別番号)	図記号 (Symbol)		
05-A9-06 (S00729)			
項目	説明	IEC 60617 情報 (参考)	
名称	低速波開回路	Open slow-wave structure	
別の名称	―	―	
様式	―	―	
別様式	―	―	
注釈	―		
適用分類	限定図記号	Qualifiers only	
機能分類	機能属性だけ (―)	―Functional attribute only	
形状分類	矢印, 線	Arrows, Lines	
制限事項	―	―	
補足事項	矢印は, エネルギー流の方向を示す. 陳腐化のため廃止.	The arrow indicates the direction of energy flow. Withdrawn because of obsolescence.	
適用図記号	―		
被適用図記号	S00764, S00755, S00763, S00761, S00762, S00756, S00759, S00758, S00730, S00760		
キーワード	マイクロ波管	microwave tubes	
注記	―	Status level	Obsolete ― for reference only
		Released on	2001-07-01
		Obsolete from	2002-10-23

第A9節 主としてマイクロ波管に適用する図記号要素

図記号番号 (識別番号)	図記号 (Symbol)		
05-A9-07 (S00730)			
項目	説明	IEC 60617 情報 (参考)	
名称	電界集束に用いる単一電極	Single electrode for electrostatic focusing	
別の名称	ー	ー	
様式	ー	ー	
別様式	ー	ー	
注釈	ー		
適用分類	限定図記号	Qualifiers only	
機能分類	機能属性だけ (ー)	ーFunctional attribute only	
形状分類	矢印, 線	Arrows, Lines	
制限事項	ー	ー	
補足事項	低速波開回路に沿った電界集束に用いる単一電極。陳腐化のため廃止。	Single electrode for electrostatic focusing along open slow-wave structure. Withdrawn because of obsolescence.	
適用図記号	S00729		
被適用図記号	S00757		
キーワード	マイクロ波管	microwave tubes	
注記	ー	Status level	Obsoleteーfor reference only
		Released on	2001-07-01
		Obsolete from	2002-10-23

第A9節 主としてマイクロ波管に適用する図記号要素

図記号番号 (識別番号)	図記号 (Symbol)		
05-A9-08 (S00734)	50%		
項目	説明	IEC 60617 情報 (参考)	
名称	直交磁界用永久磁石	Permanent magnet producing a transverse field	
別の名称	－	－	
様式	－	－	
別様式	－	－	
注釈	－		
適用分類	限定図記号	Qualifiers only	
機能分類	機能属性だけ（－）	－Functional attribute only	
形状分類	具象的形状又は描写的形状，だ円	Depicting shapes, Ovals	
制限事項	－	－	
補足事項	交差磁界形又はマグネトロン形電子管の中にある直交磁界用永久磁石。陳腐化のため廃止。	Permanent magnet producing a transverse field in a crossed field or magnetron type tube. Withdrawn because of obsolescence.	
適用図記号	S00063，S00210		
被適用図記号		－	
キーワード	マグネトロン，マイクロ波管	magnetrons, microwave tubes	
注記	－	Status level	Obsolete－for reference only
		Released on	2001-07-01
		Obsolete from	2002-10-23

第 A9 節　主としてマイクロ波管に適用する図記号要素

図記号番号 (識別番号)	図記号 (Symbol)		
05-A9-09 (S00735)	50 % （細長い楕円形の中に点で塗りつぶされ、左側に小さな m 字型の記号がある図）		
項目	説明	IEC 60617 情報（参考）	
名称	直交磁界用電磁石	Electromagnet producing a transverse field	
別の名称	−	−	
様式	−	−	
別様式	−	−	
注釈	−		
適用分類	限定図記号	Qualifiers only	
機能分類	機能属性だけ（−）	−Functional attribute only	
形状分類	半円，線，だ円	Half-circles, Lines, Ovals	
制限事項	−		
補足事項	交差磁界形又はマグネトロン形電子管の中にある直交磁界用電磁石。陳腐化のため廃止。	Electromagnet producing a transverse field in a crossed field or magnetron type tube. Withdrawn because of obsolescence.	
適用図記号	S00063, S00583		
被適用図記号	−		
キーワード	マグネトロン，マイクロ波管	magnetrons, microwave tubes	
注記	−	Status level	Obsolete−for reference only
		Released on	2001-07-01
		Obsolete from	2002-10-23

第 A9 節　主としてマイクロ波管に適用する図記号要素

図記号番号 (識別番号)	図記号 (Symbol)	
05-A9-10 (S00736)		

項目	説明	IEC 60617 情報 (参考)	
名称	4 極子	Tetrapole	
別の名称	－	－	
様式	－	－	
別様式	05-A9-11	S00737	
注釈	－		
適用分類	限定図記号	Qualifiers only	
機能分類	機能属性だけ (－)	－Functional attribute only	
形状分類	円弧，線	Circle segments, Lines	
制限事項	－		
補足事項	陳腐化のため廃止。	Withdrawn because of obsolescence.	
適用図記号		－	
被適用図記号	S00737		
キーワード	電極，マイクロ波管	electrodes, microwave tubes	
注記	－	Status level	Obsolete－for reference only
		Released on	2001-07-01
		Obsolete from	2002-10-23

第 A9 節　主としてマイクロ波管に適用する図記号要素

図記号番号 (識別番号)	図記号（Symbol）		
05-A9-11 (S00737)			

項目	説明	IEC 60617 情報（参考）	
名称	ループ結合器付き4極子	Tetrapole with loop coupler	
別の名称	－	－	
様式	簡略様式	Simplified form	
別様式	05-A9-10	S00736	
注釈		－	
適用分類	限定図記号	Qualifiers only	
機能分類	機能属性だけ（－）	－Functional attribute only	
形状分類	円弧，黒丸（点），線	Circle segments, Dots (points), Lines	
制限事項	－		
補足事項	陳腐化のため廃止。	Withdrawn because of obsolescence.	
適用図記号	S00736，S01209		
被適用図記号		－	
キーワード	電極，マイクロ波管	electrodes, microwave tubes	
注記	－	Status level	Obsolete－for reference only
		Released on	2001-07-01
		Obsolete from	2002-10-23

第A9節 主としてマイクロ波管に適用する図記号要素

図記号番号 (識別番号)	図記号 (Symbol)		
05-A9-12 (S00738)			

項目	説明	IEC 60617 情報 (参考)	
名称	低速波結合器	Slow-wave coupler	
別の名称	－	－	
様式	－	－	
別様式	－	－	
注釈	－		
適用分類	限定図記号	Qualifiers only	
機能分類	機能属性だけ (－)	－Functional attribute only	
形状分類	線	Lines	
制限事項	－	－	
補足事項	陳腐化のため廃止。	Withdrawn because of obsolescence.	
適用図記号	－		
被適用図記号	S00757, S00756		
キーワード	結合器, マイクロ波管	couplers, microwave tubes	
注記	－	Status level	Obsolete－for reference only
		Released on	2001-07-01
		Obsolete from	2002-10-23

第A9節 主としてマイクロ波管に適用する図記号要素

図記号番号 (識別番号)	図記号（Symbol）		
05-A9-13 (S00739)			

項目	説明	IEC 60617 情報（参考）	
名称	ヘリカル結合器	Helical coupler	
別の名称	－	－	
様式	－	－	
別様式	－	－	
注釈	－		
適用分類	限定図記号	Qualifiers only	
機能分類	機能属性だけ（－）	－Functional attribute only	
形状分類	円弧，線	Circle segments, Lines	
制限事項	－	－	
補足事項	陳腐化のため廃止。	Withdrawn because of obsolescence.	
適用図記号	S00583		
被適用図記号		－	
キーワード	結合器，マイクロ波管	couplers, microwave tubes	
注記	－	Status level	Obsolete－for reference only
		Released on	2001-07-01
		Obsolete from	2002-10-23

第A10節　水銀整流器を含むその他の電子管に適用する図記号要素

図記号番号 (識別番号)	図記号 (Symbol)		
05-A10-01 (S00741)			

項目	説明	IEC 60617 情報 (参考)	
名称	始動電極	Starting electrode	
別の名称	トリガ電極，点弧電極	Trigger electrode; Igniting electrode	
様式	－	－	
別様式	－	－	
注釈		－	
適用分類	限定図記号	Qualifiers only	
機能分類	機能属性だけ (－)	－Functional attribute only	
形状分類	線	Lines	
制限事項	－	－	
補足事項	陳腐化のため廃止。	Withdrawn because of obsolescence.	
適用図記号		－	
被適用図記号	S00779，S00771，S00778		
キーワード	電子管，水銀整流器	electron tubes, mercury arc rectifiers	
注記	－	Status level	Obsolete－for reference only
		Released on	2001-07-01
		Obsolete from	2002-10-23

第A10節 水銀整流器を含むその他の電子管に適用する図記号要素

図記号番号 (識別番号)	図記号（Symbol）		
05-A10-02 (S00742)	50 %		

項目	説明	IEC 60617 情報（参考）	
名称	水銀陰極	Pool cathode	
別の名称	－	－	
様式	－	－	
別様式	－	－	
注釈		－	
適用分類	限定図記号	Qualifiers only	
機能分類	機能属性だけ（－）	－Functional attribute only	
形状分類	円，線	Circles, Lines	
制限事項	－	－	
補足事項	図記号は，外囲器付きを示してある。陳腐化のため廃止。	The symbol is shown with an envelope. Withdrawn because of obsolescence.	
適用図記号	S00062		
被適用図記号	S00779，S00743，S00778		
キーワード	陰極，電子管	cathodes, electron tubes	
注記	－	Status level	Obsolete－for reference only
		Released on	2001-07-01
		Obsolete from	2002-10-23

第 A10 節　水銀整流器を含むその他の電子管に適用する図記号要素

図記号番号 （識別番号）	図記号（Symbol）		
05-A10-03 （S00743）	50 %		
項目	説明	IEC 60617 情報（参考）	
名称	絶縁された水銀陰極	Insulated pool cathode	
別の名称	－	－	
様式	－	－	
別様式	－	－	
注釈	－		
適用分類	限定図記号	Qualifiers only	
機能分類	機能属性だけ（－）	－Functional attribute only	
形状分類	円弧，円，線	Circle segments, Circles, Lines	
制限事項	－		
補足事項	図記号は，外囲器内にある場合を示してある。陳腐化のため廃止。	The symbol is shown within an envelope. Withdrawn because of obsolescence.	
適用図記号	S00062，S00742		
被適用図記号	－		
キーワード	陰極，電子管，水銀整流器	cathodes, electron tubes, mercury arc rectifiers	
注記	－	Status level	Obsolete－for reference only
		Released on	2001-07-01
		Obsolete from	2002-10-23

第A11節　電子管の例

図記号番号 (識別番号)	図記号（Symbol）		
05-A11-01 (S00747)	50 %		
項目	説明	IEC 60617 情報（参考）	
名称	3極6極管	Triode hexode	
別の名称	－	－	
様式	－	－	
別様式	－	－	
注釈	A00248		
適用分類	回路図	Circuit diagrams	
機能分類	信号又は情報の処理（K）	K Processing signals or information	
形状分類	半円，線，正方形	Half-circles, Lines, Squares	
制限事項	－		
補足事項	傍熱陰極形3極6極管。陳腐化のため廃止。	Triode hexode, indirectly heated. Withdrawn because of obsolescence.	
適用図記号	S00063，S00696，S00698，S00703，S00705		
被適用図記号	－		
キーワード	電子管，真空管	electron tubes	
注記	－	Status level	Obsolete－for reference only
		Released on	2001-07-01
		Obsolete from	2002-10-23

第A11節　電子管の例

図記号番号 (識別番号)	図記号（Symbol）		
05-A11-02 (S00748)	50 %		
項目	説明	IEC 60617情報（参考）	
名称	同調指示管	Tuning indicator	
別の名称	マジックアイ	Magic eye	
様式	—	—	
別様式	—	—	
注釈	A00248		
適用分類	回路図	Circuit diagrams	
機能分類	信号又は情報の処理（K），情報の提示（P）	K Processing signals or information, P Presenting information	
形状分類	半円，線，長方形	Half-circles, Lines, Rectangles	
制限事項	—	—	
補足事項	傍熱陰極形同調指示管（マジックアイ）。陳腐化のため廃止。	Tuning indicator (magic eye) with indirectly heated cathode. Withdrawn because of obsolescence.	
適用図記号	S00696, S00698, S00703, S00704, S00705		
被適用図記号		—	
キーワード	電子管，真空管	electron tubes	
注記	—	Status level	Obsolete－for reference only
		Released on	2001-07-01
		Obsolete from	2002-10-23

第A13節 マイクロ波管の例

図記号番号 (識別番号)	図記号 (Symbol)		
05-A13-01 (S00751)	50 %		
項目	説明	IEC 60617 情報 (参考)	
名称	反射形クライストロン	Reflex klystron	
別の名称	—	—	
様式	—	—	
別様式	05-A13-02	S00752	
注釈	A00248		
適用分類	回路図	Circuit diagrams	
機能分類	放射又は熱エネルギーの供給 (E), 信号又は情報の処理 (K)	E Providing radiant or thermal energy, K Processing signals or information	
形状分類	矢印, 円弧, 円, 黒丸 (点), 線, だ円, 長 方形	Arrows, Circle segments, Circles, Dots (points), Lines, Ovals, Rectangles	
制限事項	—	—	
補足事項	図記号は, 次を備えた場合を示してある。 － 傍熱陰極 － ビーム成形プレート － グリッド － 一体構造になっている同調式空洞共振器 － 反射電極 (リフレクタ) － 同軸出力とのループ結合器 陳腐化のため廃止	The symbol is shown with: － indirectly heated cathode － beam-forming plate － grid － tunable integral cavity resonator － reflector － loop coupler to coaxial output. Withdrawn because of obsolescence.	
適用図記号	S00063, S00081, S00696, S00698, S00705, S00710, S00725, S00732, S01209		
被適用図記号	—		
キーワード	電子管, クライストロン, マイクロ波管	electron tubes, klystrons, microwave tubes	
注記	—	Status level	Obsolete－for reference only
		Released on	2001-07-01
		Obsolete from	2002-10-23

第A13節 マイクロ波管の例

図記号番号 (識別番号)	図記号（Symbol）		
05-A13-02 (S00752)	50 %		
項目	説明	IEC 60617 情報（参考）	
名称	反射形クライストロン	Reflex klystron	
別の名称	−	−	
様式	簡略様式	Simplified form	
別様式	05-A13-01	S00751	
注釈	A00248		
適用分類	回路図	Circuit diagrams	
機能分類	放射又は熱エネルギーの供給（E），信号又は情報の処理（K）	E Providing radiant or thermal energy, K Processing signals or information	
形状分類	円弧，円，黒丸（点），半円，線，だ円	Circle segments, Circles, Dots (points), Half-circles, Lines, Ovals	
制限事項	−	−	
補足事項	図記号は，次を備えた場合を示してある。 − 傍熱陰極 − ビーム成形プレート − グリッド − 一体構造になっている同調式空洞共振器 − 反射電極（リフレクタ） − 同軸出力とのループ結合器 陳腐化のため廃止	The symbol is shown with: − indirectly heated cathode − beam-forming plate − grid − tunable integral cavity resonator − reflector − loop coupler to coaxial output Withdrawn because of obsolescence.	
適用図記号	S00063，S00724，S00725，S00732，S01142，S01203，S01204		
被適用図記号	−	−	
キーワード	電子管，クライストロン，マイクロ波管	electron tubes, klystrons, microwave tubes	
注記	−	Status level	Obsolete − for reference only
		Released on	2001-07-01
		Obsolete from	2002-10-23

第A13節 マイクロ波管の例

図記号番号 (識別番号)	図記号 (Symbol)		
05-A13-03 (S00754)	50 %		
項目	説明	IEC 60617 情報 (参考)	
名称	反射形クライストロン	Reflex klystron	
別の名称	—	—	
様式	簡略様式	Simplified form	
別様式	05-13-03	S00753	
注釈	A00248		
適用分類	回路図	Circuit diagrams	
機能分類	放射又は熱エネルギーの供給 (E), 信号又は情報の処理 (K)	E Providing radiant or thermal energy, K Processing signals or information	
形状分類	円弧, 円, 黒丸 (点), 線, だ円, 長方形	Circle segments, Circles, Dots (points), Lines, Ovals, Rectangles	
制限事項	—	—	
補足事項	図記号は, 次を備えた場合を示してある。 — 傍熱陰極 — 輝度変調電極 — ビーム成形プレート — 外付け同調式入力空洞共振器 — ドリフト空間電極 — 直流接続の外付け同調式出力空洞共振器 — コレクタ — 集束コイル — 同軸導波管との入力ループ結合器 — 方形導波管との出力窓結合器 陳腐化のため廃止。	The symbol is shown with: — indirectly heated cathode — intensity modulating electrode — beam-forming plate — external tunable input cavity resonator — drift space electrode — external tunable output cavity resonator with DC connection — collector — focusing coil — input loop coupler to coaxial waveguide — output window coupler to rectangular waveguide. Withdrawn because of obsolescence.	
適用図記号	S00063, S00703, S00724, S00733, S01138, S01142, S01172, S01203, S01204		
被適用図記号	—		
キーワード	電子管, クライストロン, マイクロ波管	electron tubes, klystrons, microwave tubes	
注記	—	Status level	Obsolete — for reference only
		Released on	2001-07-01
		Obsolete from	2002-10-23

第A13節　マイクロ波管の例

図記号番号 （識別番号）	図記号（Symbol）	
05-A13-04 （S00755）	（図記号） 50 %	
項目	説明	IEC 60617 情報（参考）
名称	O形進行波増幅管	O-type forward travelling wave amplifier tube
別の名称	－	－
様式	－	－
別様式	05-A13-07	S00758
注釈	A00248	
適用分類	回路図	Circuit diagrams
機能分類	放射又は熱エネルギーの供給（E），信号又は情報の処理（K）	E Providing radiant or thermal energy, K Processing signals or information
形状分類	矢印，円，黒丸（点），半円，線，だ円，長方形	Arrows, Circles, Dots (points), Half-circles, Lines, Ovals, Rectangles
制限事項	－	－
補足事項	図記号は，次を備えた場合を示してある。 － 傍熱陰極 － 輝度変調電極 － ビーム成形プレート － 直流接続の低周波回路 － コレクタ － 集束コイル － 各々にスライド式短絡器が付いたく（矩）形導波管とのプローブ結合器 陳腐化のため廃止。	The symbol is shown with: － indirectly heated cathode － intensity modulating electrode － beam-forming plate － slow-wave structure with DC connection － collector － focusing coil － probe-couplers to rectangular waveguides each with sliding short. Withdrawn because of obsolescence.
適用図記号	S00063, S00583, S00696, S00698, S00703, S00709, S00710, S00729, S01138, S01179	
被適用図記号	－	
キーワード	増幅器，電子管，マイクロ波管	amplifiers, electron tubes, microwave tubes
注記	－	Status level: Obsolete－for reference only Released on: 2001-07-01 Obsolete from: 2002-10-23

第A13節 マイクロ波管の例

図記号番号 (識別番号)	図記号（Symbol）	
05-A13-05 (S00756)	50 %	
項目	説明	IEC 60617 情報（参考）
名称	O形進行波増幅管	O-type forward travelling wave amplifier tube
別の名称	−	−
様式	−	−
別様式	05-A13-07	S00758
注釈	A00248	
適用分類	回路図	Circuit diagrams
機能分類	放射又は熱エネルギーの供給（E），信号又は情報の処理（K）	E Providing radiant or thermal energy, K Processing signals or information
形状分類	矢印，具象的形状又は描写的形状，半円，線，だ円，長方形	Arrows, Depicting shapes, Half-circles, Lines, Ovals, Rectangles
制限事項	−	−
補足事項	図記号は，次を備えた場合を示してある。 − 傍熱陰極 − 輝度変調電極 − ビーム成形プレート − 直流接続の低速波回路 − コレクタ − 集束用永久磁石 − 方形導波管との低速波結合器 陳腐化のため廃止	The symbol is shown with: − indirectly heated cathode − intensity modulation electrode − beam-forming plate − slow-wave structure with DC connection − collector − permanent focusing-magnet − slow-wave couplers to rectangular waveguides. Withdrawn because of obsolescence.
適用図記号	S00063, S00210, S00696, S00698, S00703, S00709, S00710, S00729, S00738, S01138	
被適用図記号	−	
キーワード	増幅器，電子管，マイクロ波管	amplifiers, electron tubes, microwave tubes
注記	−	Status level	Obsolete−for reference only
		Released on	2001-07-01
		Obsolete from	2002-10-23

第 A13 節　マイクロ波管の例

図記号番号 （識別番号）	図記号（Symbol）	
05-A13-06 （S00757）	50 %	
項目	説明	IEC 60617 情報（参考）
名称	O 形進行波増幅管	O-type forward travelling wave amplifier tube
別の名称	—	—
様式	—	—
別様式	05-A13-07	S00758
注釈	A00248	
適用分類	回路図	Circuit diagrams
機能分類	放射又は熱エネルギーの供給（E），信号又は情報の処理（K）	E Providing radiant or thermal energy, K Processing signals or information
形状分類	矢印，具象的形状又は描写的形状，半円，線，だ円，長方形	Arrows, Depicting shapes, Half-circles, Lines, Ovals, Rectangles
制限事項	—	—
補足事項	図記号は，次を備えた場合を示してある。 － 傍熱陰極 － 輝度変調電極 － ビーム成形プレート － 直流接続の低速波回路 － 電界集束電極 － コレクタ － 方形導波管との低速波結合器 陳腐化のため廃止。	The symbol is shown with: － indirectly heated cathode － intensity modulation electrode － beam-forming plate － slow-wave structure with DC connection － electrostatic focusing electrode － collector － slow-wave couplers to rectangular waveguides. Withdrawn because of obsolescence.
適用図記号	S00063，S00210，S00696，S00698，S00703，S00709，S00710，S00730，S00738，S01138	
被適用図記号		—
キーワード	増幅器，電子管，マイクロ波管	amplifiers, electron tubes, microwave tubes
注記	—	Status level / Obsolete－for reference only Released on / 2001-07-01 Obsolete from / 2002-10-23

第A13節　マイクロ波管の例

図記号番号 （識別番号）	図記号（Symbol）	
05-A13-07 （S00758）	50 %	
項目	説明	IEC 60617 情報（参考）
名称	O形進行波増幅管	O-type forward travelling wave amplifier tube
別の名称	－	－
様式	簡略様式	Simplified form
別様式	05-A13-04, 05-A13-05, 05-A13-06	S00755; S00756; S00757
注釈	A00248	
適用分類	回路図	Circuit diagrams
機能分類	放射又は熱エネルギーの供給（E）， 信号又は情報の処理（K）	E Providing radiant or thermal energy, K Processing signals or information
形状分類	矢印，半円，線，だ円，長方形	Arrows, Half-circles, Lines, Ovals, Rectangles
制限事項	－	
補足事項	陳腐化のため廃止。	Withdrawn because of obsolescence.
適用図記号	S00063, S00703, S00724, S00729, S01138	
被適用図記号		－
キーワード	増幅器，電子管，マイクロ波管	amplifiers, electron tubes, microwave tubes
注記	－	Status level: Obsolete－for reference only Released on: 2001-07-01 Obsolete from: 2002-10-23

第A13節　マイクロ波管の例

図記号番号 (識別番号)	図記号（Symbol）		
05-A13-08 (S00759)	50 %		IEC 60617 情報（参考）
項目	説明		IEC 60617 情報（参考）
名称	M形進行波増幅管		M-type forward travelling wave amplifier tube
別の名称	—		—
様式	—		—
別様式	05-A13-09		S00760
注釈	A00248		
適用分類	回路図		Circuit diagrams
機能分類	放射又は熱エネルギーの供給（E），信号又は情報の処理（K）		E Providing radiant or thermal energy, K Processing signals or information
形状分類	矢印，円，具象的形状又は描写的形状，半円，線，だ円，長方形		Arrows, Circles, Depicting shapes, Half-circles, Lines, Ovals, Rectangles
制限事項			
補足事項	図記号は，次を備えた場合を示してある。 －　傍熱陰極 －　輝度変調電極 －　ビーム成形プレート －　予熱形の電子非放出基部 －　直流接続の低速波回路 －　コレクタ －　直交磁界用永久磁石 －　方形導波管との窓結合器 陳腐化のため廃止。		The symbol is shown with: －　indirectly heated cathode －　intensity modulating electrode －　beam-forming plate －　preheated non-emitting sole －　slow-wave structure with DC connection －　collector －　permanent transverse field magnet －　window couplers to rectangular waveguides. Withdrawn because of obsolescence.
適用図記号	S00063，S00210，S00566，S00696，S00698，S00703，S00709，S00710，S00726，S00729，S01138，S01207		
被適用図記号			—
キーワード	増幅器，電子管，マイクロ波管		amplifiers, electron tubes, microwave tubes
注記	—	Status level	Obsolete－for reference only
		Released on	2001-07-01
		Obsolete from	2002-10-23

第 A13 節　マイクロ波管の例

図記号番号 （識別番号）	図記号（Symbol）	
05-A13-09 （S00760）	（図記号） 50 %	
項目	説明	IEC 60617 情報（参考）
名称	M 形進行波増幅管	M-type forward travelling wave amplifier tube
別の名称	－	－
様式	簡略様式	Simplified form
別様式	05-A13-08	S00759
注釈	A00248	
適用分類	回路図	Circuit diagrams
機能分類	放射又は熱エネルギーの供給（E），信号又は情報の処理（K）	E Providing radiant or thermal energy, K Processing signals or information
形状分類	矢印，半円，線，だ円，長方形	Arrows, Half-circles, Lines, Ovals, Rectangles
制限事項	－	－
補足事項	図記号は，次を備えた場合を示してある。 － 傍熱陰極 － 輝度変調電極 － ビーム成形プレート － 予熱形の電子非放出基部 － 直流接続の低速波回路 － コレクタ － 直交磁界用永久磁石 － 方形導波管との窓結合器 陳腐化のため廃止。	The symbol is shown with: － indirectly heated cathode － intensity modulating electrode － beam-forming plate － preheated non-emitting sole － slow-wave structure with DC connection － collector － permanent transverse field magnet － window couplers to rectangular waveguides. Withdrawn because of obsolescence.
適用図記号	S00063，S00703，S00724，S00726，S00729，S01138	
被適用図記号	－	
キーワード	増幅器，電子管，マイクロ波管	amplifiers, electron tubes, microwave tubes
注記	－	Status level / Obsolete－for reference only Released on / 2001-07-01 Obsolete from / 2002-10-23

第A13節　マイクロ波管の例

図記号番号 (識別番号)	図記号（Symbol）	
05-A13-10 (S00761)	50 %	
項目	説明	IEC 60617情報（参考）
名称	M形後進波増幅管	M-type backward travelling wave amplifier tube
別の名称	－	－
様式	－	－
別様式	05-A13-11	S00762
注釈	A00248	
適用分類	回路図	Circuit diagrams
機能分類	放射又は熱エネルギーの供給（E），信号又は情報の処理（K）	E Providing radiant or thermal energy, K Processing signals or information
形状分類	矢印，円，具象的形状又は描写的形状，半円，線，だ円，長方形	Arrows, Circles, Depicting shapes, Half-circles, Lines, Ovals, Rectangles
制限事項	－	－
補足事項	図記号は，次を備えた場合を示してある。 －　フィラメント加熱形電子放出基部 －　直流接続の低速波回路 －　直交磁界用永久磁石 －　方形導波管との窓結合器 陳腐化のため廃止。	The symbol is shown with: －　filament-heated emitting sole －　slow-wave structure with DC connection －　permanent transverse field magnet －　window couplers to rectangular waveguides. Withdrawn because of obsolescence.
適用図記号	S00063，S00210，S00698，S00728，S00729，S01138，S01207	
被適用図記号		－
キーワード	増幅器，電子管，マイクロ波管	amplifiers, electron tubes, microwave tubes
注記	－	Status level / Obsolete－for reference only Released on / 2001-07-01 Obsolete from / 2002-10-23

第 A13 節　マイクロ波管の例

図記号番号 (識別番号)	図記号（Symbol）		
05-A13-11 (S00762)	50 %		
項目	説明	IEC 60617 情報（参考）	
名称	M 形後進波増幅管	M-type backward travelling wave amplifier tube	
別の名称	—	—	
様式	簡略様式	Simplified form	
別様式	05-A13-10	S00761	
注釈	A00248		
適用分類	回路図	Circuit diagrams	
機能分類	放射又は熱エネルギーの供給（E），信号又は情報の処理（K）	E Providing radiant or thermal energy, K Processing signals or information	
形状分類	矢印，半円，線，だ円，長方形	Arrows, Half-circles, Lines, Ovals, Rectangles	
制約事項	—	—	
補足事項	図記号は，次を備えた場合を示してある。 －　フィラメント加熱形電子放出基部 －　直流接続の低速波回路 －　直交磁界用永久磁石 －　方形導波管との窓結合器 陳腐化のため廃止	The symbol is shown with: －　filament-heated emitting sole －　slow-wave structure with DC connection －　permanent transverse field magnet －　window couplers to rectangular waveguides. Withdrawn because of obsolescence.	
適用図記号	S00063，S00728，S00729，S01138		
被適用図記号	—	—	
キーワード	増幅器，電子管，マイクロ波管	amplifiers, electron tubes, microwave tubes	
注記	—	Status level	Obsolete－for reference only
		Released on	2001-07-01
		Obsolete from	2002-10-23

第A13節 マイクロ波管の例

図記号番号 （識別番号）	図記号（Symbol）		
05-A13-12 (S00763)	50 %		

項目	説明	IEC 60617 情報（参考）	
名称	M形後進波発振管	M-type backward travelling wave oscillator tube	
別の名称	—	—	
様式	—	—	
別様式	05-A13-13	S00764	
注釈	A00248		
適用分類	回路図	Circuit diagrams	
機能分類	放射又は熱エネルギーの供給（E），信号又は情報の処理（K）	E Providing radiant or thermal energy, K Processing signals or information	
形状分類	矢印，円，具象的形状又は描写的形状，半円，線，だ円，長方形	Arrows, Circles, Depicting shapes, Half-circles, Lines, Ovals, Rectangles	
制限事項			
補足事項	図記号は，次を備えた場合を示してある。 －　傍熱陰極 －　輝度変調電極 －　ビーム成形プレート －　電子非放出基部 －　導波管を介して直流接続を行った低速波回路 －　コレクタ －　直交磁界用永久磁石 －　方形導波管との窓結合器 陳腐化のため廃止。	The symbol is shown with: －　indirectly heated cathode －　intensity modulating electrode －　beam-forming plate －　non-emitting sole －　slow-wave structure with DC connection via waveguide －　collector －　permanent transverse field magnet －　window coupler to rectangular waveguide. Withdrawn because of obsolescence.	
適用図記号	S00063，S00210，S00696，S00698，S00703，S00709，S00710，S00726，S00729，S01138，S01207		
被適用図記号	—		
キーワード	増幅器，電子管，マイクロ波管	amplifiers, electron tubes, microwave tubes	
注記	—	Status level	Obsolete－for reference only
		Released on	2001-07-01
		Obsolete from	2002-10-23

第A13節　マイクロ波管の例

図記号番号 （識別番号）	図記号（Symbol）		
05-A13-13 （S00764）	50 %		
項目	説明	IEC 60617 情報（参考）	
名称	M形後進波発振管	M-type backward travelling wave oscillator tube	
別の名称	－	－	
様式	簡略様式	Simplified form	
別様式	05-A13-12	S00763	
注釈	A00248		
適用分類	回路図	Circuit diagrams	
機能分類	放射又は熱エネルギーの供給（E），信号又は 情報の処理（K）	E Providing radiant or thermal energy, K Processing signals or information	
形状分類	矢印，半円，線，だ円，長方形	Arrows, Half-circles, Lines, Ovals, Rectangles	
制限事項	－	－	
補足事項	図記号は，次を備えた場合を示してある。 －　傍熱陰極 －　輝度変調電極 －　ビーム成形プレート －　電子非放出基部 －　導波管を介して直流接続を行った低速波 　　回路 －　コレクタ －　直交磁界用永久磁石 －　方形導波管との窓結合器 陳腐化のため廃止。	The symbol is shown with: －　indirectly heated cathode －　intensity modulating electrode －　beam-forming plate －　non-emitting sole －　slow-wave structure with DC connection via 　　waveguide －　collector －　permanent transverse field magnet －　window coupler to rectangular waveguide. Withdrawn because of obsolescence.	
適用図記号	S00063，S00703，S00724，S00726，S00729，S01138		
被適用図記号	－	－	
キーワード	増幅器，電子管，マイクロ波管	amplifiers, electron tubes, microwave tubes	
注記	－	Status level	Obsolete－for reference only
		Released on	2001-07-01
		Obsolete from	2002-10-23

第A13節 マイクロ波管の例

図記号番号 (識別番号)	図記号（Symbol）		
05-A13-14 (S00765)	50 %		
項目	説明	IEC 60617 情報（参考）	
名称	マグネトロン発振管	Magnetron oscillator tube	
別の名称	—	—	
様式	—	—	
別様式	05-A13-15	S00766	
注釈	A00248		
適用分類	回路図	Circuit diagrams	
機能分類	放射又は熱エネルギーの供給（E）	E Providing radiant or thermal energy	
形状分類	円，具象的形状又は描写的形状，半円，線，長方形	Circles, Depicting shapes, Half-circles, Lines, Rectangles	
制限事項	—	—	
補足事項	図記号は，次を備えた場合を示してある。 － 傍熱陰極 － 導波管を介して直流接続を行った低速波閉回路 － 磁界用永久磁石 － 方形導波管との窓結合器 陳腐化のため廃止。	The symbol is shown with: － indirectly heated cathode － closed slow-wave structure with DC connection via waveguide － permanent field magnet － window-coupler to rectangular waveguide. Withdrawn because of obsolescence.	
適用図記号	S00210，S00696，S00698，S00731，S01138，S01207		
被適用図記号	—		
キーワード	電子管，マグネトロン，マイクロ波管，発振器	electron tubes, magnetrons, microwave tubes, oscillators	
注記	—	Status level	Obsolete－for reference only
		Released on	2001-07-01
		Obsolete from	2002-10-23

第 A13 節　マイクロ波管の例

図記号番号 （識別番号）	図記号（Symbol）	
05-A13-15 （S00766）	50 %	
項目	説明	IEC 60617 情報（参考）
名称	マグネトロン発振管	Magnetron oscillator tube
別の名称	—	—
様式	簡略様式	Simplified form
別様式	05-A13-14	S00765
注釈	A00248	
適用分類	回路図	Circuit diagrams
機能分類	放射又は熱エネルギーの供給（E）	E Providing radiant or thermal energy
形状分類	円，線，長方形	Circles, Lines, Rectangles
制限事項	—	—
補足事項	図記号は，次を備えた場合を示してある。 －　傍熱陰極 －　導波管を介して直流接続を行った低速波 　　閉回路 －　磁界用永久磁石 －　方形導波管との窓結合器 陳腐化のため廃止。	The symbol is shown with: －　indirectly heated cathode －　closed slow-wave structure with DC connection via waveguide －　permanent field magnet －　window-coupler to rectangular waveguide. Withdrawn because of obsolescence.
適用図記号	S01138	
被適用図記号		—
キーワード	電子管，マグネトロン，マイクロ波管，発振器	electron tubes, magnetrons, microwave tubes, oscillators
注記	—	Status level / Obsolete－for reference only Released on / 2001-07-01 Obsolete from / 2002-10-23

第A13節　マイクロ波管の例

図記号番号 （識別番号）	図記号（Symbol）	
05-A13-16 (S00767)	50 %	
項目	説明	IEC 60617 情報（参考）
名称	後進波発振管	Backward travelling wave oscillator tube
別の名称	電圧調整式マグネトロン	Voltage tunable magnetron
様式	—	—
別様式	05-A13-17	S00768
注釈	A00248	
適用分類	回路図	Circuit diagrams
機能分類	放射又は熱エネルギーの供給（E）	E Providing radiant or thermal energy
形状分類	矢印，円弧，円，具象的形状又は描写の形状， 半円，線，だ円，長方形	Arrows, Circle segments, Circles, Depicting shapes, Half-circles, Lines, Ovals, Rectangles
制限事項		
補足事項	図記号は，次を備えた場合を示してある。 －　傍熱陰極 －　輝度変調電極 －　ビーム成形プレート －　導波管を介して直流接続を行った低速波 　　閉回路 －　電子非放出基部 －　磁界用永久磁石 －　方形導波管との窓結合器 陳腐化のため廃止。	The symbol is shown with: －　indirectly heated cathode －　intensity modulating electrode －　beam-forming plate －　closed slow-wave structure with DC connection 　　via waveguide －　non-emitting sole －　permanent field magnet －　window-coupler to rectangular waveguide. Withdrawn because of obsolescence.
適用図記号	S00063, S00095, S00210, S00696, S00698, S00709, S00710, S00727, S01138, S01207	
被適用図記号		
キーワード	電子管，マグネトロン，マイクロ波管，発振器	electron tubes, magnetrons, microwave tubes, oscillators
注記	—	Status level	Obsolete－for reference only
		Released on	2001-07-01
		Obsolete from	2002-10-23

第A13節　マイクロ波管の例

図記号番号 （識別番号）	図記号（Symbol）		
05-A13-17 （S00768）	50％		
項目	説明	IEC 60617 情報（参考）	
名称	後進波発振管	Backward travelling wave oscillator tube	
別の名称	電圧調整式マグネトロン	Voltage tunable magnetron	
様式	簡略様式	Simplified form	
別様式	05-A13-16	S00767	
注釈		－	
適用分類	回路図	Circuit diagrams	
機能分類	放射又は熱エネルギーの供給（E）	E Providing radiant or thermal energy	
形状分類	矢印，文字，円，線，長方形	Arrows, Characters, Circles, Lines, Rectangles	
制限事項	－	－	
補足事項	図記号は，次を備えた場合を示してある。 －　傍熱陰極 －　輝度変調電極 －　ビーム成形プレート －　導波管を介して直流接続を行った低速波 　　閉回路 －　電子非放出基部 －　磁界用永久磁石 －　方形導波管との窓結合器 陳腐化のため廃止。	The symbol is shown with: －　indirectly heated cathode －　intensity modulating electrode －　beam-forming plate －　closed slow-wave structure with DC connection 　　via waveguide －　non-emitting sole －　permanent field magnet －　window-coupler to rectangular waveguide. Withdrawn because of obsolescence.	
適用図記号	S00081，S01138		
被適用図記号		－	
キーワード	電子管，マグネトロン，マイクロ波管，発振器	electron tubes, magnetrons, microwave tubes, oscillators	
注記	－	Status level	Obsolete－for reference only
		Released on	2001-07-01
		Obsolete from	2002-10-23

第A14節　水銀整流器を含むその他の電子管の例

図記号番号 （識別番号）	図記号（Symbol）		
05-A14-01 （S00770）	50 %		
項目	説明	IEC 60617 情報（参考）	
名称	数種類の電圧を安定させるガス入り定電圧放電管	Voltage stabilizer, gas-filled, stabilizing several voltages	
別の名称	−	−	
様式	−	−	
別様式	−	−	
注釈	A00165，A00248		
適用分類	回路図	Circuit diagrams	
機能分類	限定又は安定化（R）	R Restricting or stabilizing	
形状分類	円，黒丸（点），線，だ円	Circles, Dots (points), Lines, Ovals	
制限事項		−	
補足事項	陳腐化のため廃止。	Withdrawn because of obsolescence.	
適用図記号	S00063，S00116，S00701，S00702，S00703，S00769		
被適用図記号		−	
キーワード	冷陰極放電管，定電圧放電管	cold-cathode tubes, voltage stabilizers	
注記	−	Status level	Obsolete−for reference only
		Released on	2001-07-01
		Obsolete from	2002-10-23

第 A14 節　水銀整流器を含むその他の電子管の例

図記号番号 （識別番号）	図記号（Symbol）	
05-A14-02 （S00771）	50 %	

項目	説明	IEC 60617 情報（参考）	
名称	イオン加熱陰極形アークリレー放電管	Trigger tube with ionically heated cathode	
別の名称	－	－	
様式	－	－	
別様式	－	－	
注釈	A00248		
適用分類	回路図	Circuit diagrams	
機能分類	限定又は安定化（R）	R Restricting or stabilizing	
形状分類	文字，黒丸（点），半円，線，円	Characters, Dots (points), Half-circles, Lines, Circles	
制限事項	－	－	
補足事項	補助加熱を伴うイオン加熱陰極形アークリレー放電管。陳腐化のため廃止。	Trigger tube with ionically heated cathode and supplementary heating. Withdrawn because of obsolescence.	
適用図記号	S00062，S00116，S00693，S00698，S00703，S00741		
被適用図記号		－	
キーワード	電子管，アークリレー放電管	electron tubes, trigger tubes	
注記	－	Status level	Obsolete－for reference only
		Released on	2001-07-01
		Obsolete from	2002-10-23

第A14節　水銀整流器を含むその他の電子管の例

図記号番号 （識別番号）	図記号（Symbol）	
05-A14-03 （S00772）	50％	
項目	説明	IEC 60617 情報（参考）
名称	対称形ガス入り冷陰極形放電管	Cold-cathode gas-filled tube, symmetrical
別の名称	ネオン表示管	Neon indicator
様式	－	－
別様式	－	－
注釈	A00248	
適用分類	回路図	Circuit diagrams
機能分類	情報の提示（P）	P Presenting information
形状分類	円，黒丸（点），線	Circles, Dots (points), Lines
制限事項		
補足事項	陳腐化のため廃止。	Withdrawn because of obsolescence.
適用図記号	S00062，S00116，S00693，S00701，S00702	
被適用図記号		－
キーワード	冷陰極放電管，電子管	cold-cathode tubes, electron tubes
注記	－	Status level / Obsolete－for reference only Released on / 2001-07-01 Obsolete from / 2002-10-23

第A14節 水銀整流器を含むその他の電子管の例

図記号番号 (識別番号)	図記号 (Symbol)		
05-A14-04 (S00773)	50 %		
項目	説明	IEC 60617 情報（参考）	
名称	文字表示管（ガス入り多重冷陰極放電管）	Character display tube, multi cold-cathode gas-filled	
別の名称	—	—	
様式	—	—	
別様式	—	—	
注釈	A00248		
適用分類	回路図	Circuit diagrams	
機能分類	情報の提示（P）	P Presenting information	
形状分類	文字，円，黒丸（点），線，だ円	Characters, Circles, Dots (points), Lines, Ovals	
制限事項	—	—	
補足事項	表示する文字は，図示のように陰極の上に示してもよい。 陳腐化のため廃止。	The characters displayed may be indicated above the cathodes as shown. Withdrawn because of obsolescence.	
適用図記号	S00063, S00116, S00701, S00703		
被適用図記号	—	—	
キーワード	冷陰極放電管，電子管	cold-cathode tubes, electron tubes	
注記	—	Status level	Obsolete－for reference only
		Released on	2001-07-01
		Obsolete from	2002-10-23

第A14節　水銀整流器を含むその他の電子管の例

図記号番号 （識別番号）	図記号（Symbol）	
05-A14-05 （S00774）	50 %	
項目	説明	IEC 60617 情報（参考）
名称	計数放電管	Counting tube
別の名称	－	－
様式	－	－
別様式	05-A14-06	S00775
注釈	A00172，A00248	
適用分類	回路図	Circuit diagrams
機能分類	情報の提示（P）	P Presenting information
形状分類	文字，円，黒丸（点），線，だ円	Characters, Circles, Dots (points), Lines, Ovals
制限事項		
補足事項	図記号は，次を備えた場合を示してある。 －　1組の主陰極 －　2組の案内陰極 －　1本の出力電極 陳腐化のため廃止。	The symbol is shown with: －　one set of main cathodes, －　two sets of guide cathodes, －　one output electrode. Withdrawn because of obsolescence.
適用図記号	S00063，S00116，S00701，S00703	
被適用図記号		－
キーワード	計数器，電子管	counters, electron tubes
注記	－	Status level / Obsolete－for reference only Released on / 2001-07-01 Obsolete from / 2002-10-23

第 A14 節　水銀整流器を含むその他の電子管の例

図記号番号 （識別番号）	図記号（Symbol）		
05-A14-06 （S00775）	50 %		
項目	説明	IEC 60617 情報（参考）	
名称	計数放電管	Counting tube	
別の名称	－	－	
様式	簡略様式	Simplified form	
別様式	05-A14-05	S00774	
注釈	A00172		
適用分類	回路図	Circuit diagrams	
機能分類	情報の提示（P）	P Presenting information	
形状分類	文字，円，黒丸（点），線，正方形	Characters, Circles, Dots (points), Lines, Squares	
制限事項			
補足事項	図記号は，次を備えた場合を示してある。 －　1組の主陰極 －　2組の案内陰極 －　1本の出力電極 陳腐化のため廃止。	The symbol is shown with: －　one set of main cathodes, －　two sets of guide cathodes, －　one output electrode. Withdrawn because of obsolescence.	
適用図記号	S00116，S00701，S00703		
被適用図記号	－	－	
キーワード	計数器，電子管	counters, electron tubes	
注記	－	Status level	Obsolete－for reference only
		Released on	2001-07-01
		Obsolete from	2002-10-23

第A14節　水銀整流器を含むその他の電子管の例

図記号番号 （識別番号）	図記号（Symbol）		
05-A14-07 （S00777）	50 %		
項目	説明	IEC 60617 情報（参考）	
名称	光電管，光電2極管	Phototube; Photoemissive diode	
別の名称	−	−	
様式	−	−	
別様式	−	−	
注釈	−		
適用分類	回路図	Circuit diagrams	
機能分類	放射又は熱エネルギーの供給（E）	E Providing radiant or thermal energy	
形状分類	円，半円，線	Circles, Half-circles, Lines	
制限事項	−		
補足事項	陳腐化のため廃止。	Withdrawn because of obsolescence.	
適用図記号	S00062，S00700，S00703		
被適用図記号	−		
キーワード	電子管，光電管	electron tubes, photoelectric	
注記	−	Status level	Obsolete − for reference only
		Released on	2001-07-01
		Obsolete from	2002-10-23

第A14節　水銀整流器を含むその他の電子管の例

図記号番号 (識別番号)	図記号（Symbol）		
05-A14-08 (S00778)	50 %		
項目	説明	IEC 60617 情報（参考）	
名称	イグナイトロン	Ignitron	
別の名称	－	－	
様式	－	－	
別様式	－	－	
注釈	－		
適用分類	回路図	Circuit diagrams	
機能分類	制御による切換え又は変更（Q）	Q Controlled switching or varying	
形状分類	円，線	Circles, Lines	
制限事項	－	－	
補足事項	陳腐化のため廃止。	Withdrawn because of obsolescence.	
適用図記号	S00062, S00703, S00741, S00742		
被適用図記号		－	
キーワード	電子管，水銀整流器	electron tubes, mercury arc rectifiers	
注記	－	Status level	Obsolete－for reference only
		Released on	2001-07-01
		Obsolete from	2002-10-23

第A14節　水銀整流器を含むその他の電子管の例

図記号番号 （識別番号）	図記号（Symbol）		
05-A14-09 （S00779）	50 %		
項目	説明	IEC 60617 情報（参考）	
名称	複数の主陽極をもつ整流器	Rectifier with several main anodes	
別の名称	—	—	
様式	—	—	
別様式	—	—	
注釈	—		
適用分類	回路図	Circuit diagrams	
機能分類	制御による切換え又は変更（Q）	Q Controlled switching or varying	
形状分類	半円，線，だ円	Half-circles, Lines, Ovals	
制限事項	—		
補足事項	6個の主陽極，1本のイグナイタ及び1個の励起陽極をもつ整流器。陳腐化のため廃止。	Rectifier with six main anodes and with an ignitor and excitation anode shown. Withdrawn because of obsolescence.	
適用図記号	S00063，S00703，S00741，S00742		
被適用図記号	—		
キーワード	電子管，水銀整流器	electron tubes, mercury arc rectifiers	
注記	—	Status level	Obsolete－for reference only
		Released on	2001-07-01
		Obsolete from	2002-10-23

第A14節 水銀整流器を含むその他の電子管の例

図記号番号 (識別番号)	図記号 (Symbol)		
05-A14-10 (S00780)	50 %		
項目	説明	IEC 60617 情報（参考）	
名称	送信／受信管	Transmit/receive tube	
別の名称	T.R.管	T.R. tube	
様式	−	−	
別様式	−	−	
注釈		−	
適用分類	回路図	Circuit diagrams	
機能分類	信号又は情報の処理（K）	K Processing signals or information	
形状分類	円，黒丸（点），線	Circles, Dots (points), Lines	
制限事項	−	−	
補足事項	陳腐化のため廃止。	Withdrawn because of obsolescence.	
適用図記号	S00062，S00116，S00693		
被適用図記号		−	
キーワード	電子管	electron tubes	
注記	−	Status level	Obsolete−for reference only
		Released on	2001-07-01
		Obsolete from	2002-10-23

第 A15 節　電離放射線検出器の例

図記号番号 (識別番号)	図記号 (Symbol)		
05-A15-01 (S00782)			

項目	説明	IEC 60617 情報 (参考)	
名称	グリッド付き電離箱	Ionization chamber with grid	
別の名称	－	－	
様式	－	－	
別様式	－	－	
注釈	－		
適用分類	回路図	Circuit diagrams	
機能分類	変量を信号に変換 (B)	B Converting variable to signal	
形状分類	矢印，黒丸（点），線，正方形	Arrows, Dots (points), Lines, Squares	
制限事項	－	－	
補足事項	陳腐化のため廃止。	Withdrawn because of obsolescence.	
適用図記号	S00116，S00129，S00705，S00707		
被適用図記号		－	
キーワード	放射線検出器	radiation detectors	
注記	－	Status level	Obsolete－for reference only
		Released on	2001-07-01
		Obsolete from	2002-10-23

第 A15 節　電離放射線検出器の例

図記号番号 （識別番号）	図記号（Symbol）	
05-A15-02 （S00783）		

項目	説明	IEC 60617 情報（参考）
名称	ガードリング付き電離箱	Ionization chamber with guard ring
別の名称	−	−
様式	−	−
別様式	−	−
注釈		−
適用分類	回路図	Circuit diagrams
機能分類	変量を信号に変換（B）	B Converting variable to signal
形状分類	矢印，黒丸（点），線，正方形	Arrows, Dots (points), Lines, Rectangles, Squares
制限事項	−	−
補足事項	陳腐化のため廃止。	Withdrawn because of obsolescence.
適用図記号	S00007，S00059，S00116，S00129，S00707	−
被適用図記号		−
キーワード	放射線検出器	radiation detectors
注記	−	Status level　Obsolete − for reference only Released on　2001-07-01 Obsolete from　2002-10-23

第 A15 節　電離放射線検出器の例

図記号番号 (識別番号)	図記号 (Symbol)		
05-A15-03 (S00784)	(図記号)		

項目	説明	IEC 60617 情報 (参考)	
名称	補償形電離箱	Ionization chamber, compensated type	
別の名称	−	−	
様式	−	−	
別様式	−	−	
注釈	−		
適用分類	回路図	Circuit diagrams	
機能分類	変量を信号に変換 (B)	B Converting variable to signal	
形状分類	矢印，黒丸 (点)，線，長方形	Arrows, Dots (points), Lines, Rectangles	
制限事項	−		
補足事項	陳腐化のため廃止。	Withdrawn because of obsolescence.	
適用図記号	S00060，S00116，S00129，S00707		
被適用図記号	−		
キーワード	放射線検出器	radiation detectors	
注記	−	Status level	Obsolete − for reference only
		Released on	2001-07-01
		Obsolete from	2002-10-23

第 A15 節　電離放射線検出器の例

図記号番号 （識別番号）	図記号（Symbol）	
05-A15-04 （S00786）		

項目	説明	IEC 60617 情報（参考）	
名称	シンチレーション検出器	Scintillator detector	
別の名称	－	－	
様式	－	－	
別様式	－	－	
注釈		－	
適用分類	機能図	Function diagrams	
機能分類	変量を信号に変換（B）	B Converting variable to signal	
形状分類	矢印，線，長方形	Arrows, Lines, Rectangles	
制限事項	－	－	
補足事項	陳腐化のため廃止。	Withdrawn because of obsolescence.	
適用図記号	S00127，S00129		
被適用図記号		－	
キーワード	放射線検出器	radiation detectors	
注記	－	Status level	Obsolete－for reference only
		Released on	2001-07-01
		Obsolete from	2002-10-23

第 A15 節　電離放射線検出器の例

図記号番号 （識別番号）	図記号（Symbol）		
05-A15-05 (S00787)			
項目	説明	IEC 60617 情報（参考）	
名称	チェレンコフ検出器	Cerenkov detector	
別の名称	－	－	
様式	－	－	
別様式	－	－	
注釈	－		
適用分類	機能図	Function diagrams	
機能分類	変量を信号に変換（B）	B Converting variable to signal	
形状分類	矢印，線，長方形	Arrows, Lines, Rectangles	
制限事項	－	－	
補足事項	陳腐化のため廃止。	Withdrawn because of obsolescence.	
適用図記号	S00127，S00129		
被適用図記号		－	
キーワード	検出器，放射線検出器	detectors, radiation detectors	
注記	－	Status level	Obsolete－for reference only
		Released on	2001-07-01
		Obsolete from	2002-10-23

第A15節　電離放射線検出器の例

図記号番号 (識別番号)	図記号 (Symbol)	
05-A15-06 (S00788)		

項目	説明	IEC 60617 情報（参考）	
名称	熱ルミネセンス検出器	Thermoluminescence detector	
別の名称	－	－	
様式	－	－	
別様式	－	－	
注釈	－		
適用分類	機能図	Function diagrams	
機能分類	変量を信号に変換（B）	B Converting variable to signal	
形状分類	矢印，文字，線，長方形	Arrows, Characters, Lines, Rectangles	
制限事項	－	－	
補足事項	陳腐化のため廃止。	Withdrawn because of obsolescence.	
適用図記号	S00127, S00129		
被適用図記号		－	
キーワード	検出器，放射線検出器	detectors, radiation detectors	
注記	－	Status level	Obsolete－for reference only
		Released on	2001-07-01
		Obsolete from	2002-10-23

第A15節 電離放射線検出器の例

図記号番号 (識別番号)	図記号（Symbol）		
05-A15-07 (S00789)	（ファラデーカップの図記号）		
項目	説明	IEC 60617 情報（参考）	
名称	ファラデーカップ	Faraday cup	
別の名称	—	—	
様式	—	—	
別様式	—	—	
注釈	—		
適用分類	回路図	Circuit diagrams	
機能分類	変量を信号に変換（B）	B Converting variable to signal	
形状分類	矢印，円弧，線	Arrows, Circle segments, Lines	
制限事項	—	—	
補足事項	陳腐化のため廃止。	Withdrawn because of obsolescence.	
適用図記号	S00062，S00129，S00567		
被適用図記号	—		
キーワード	検出器，放射線検出器	detectors, radiation detectors	
注記	—	Status level	Obsolete－for reference only
		Released on	2001-07-01
		Obsolete from	2002-10-23

第 A15 節　電離放射線検出器の例

図記号番号 (識別番号)	図記号（Symbol）		
05-A15-08 (S00790)			

項目	説明	IEC 60617 情報（参考）	
名称	計数管	Counter tube	
別の名称	―	―	
様式	―	―	
別様式	―	―	
注釈	―		
適用分類	回路図	Circuit diagrams	
機能分類	変量を信号に変換（B）	B Converting variable to signal	
形状分類	矢印，円，黒丸（点），線	Arrows, Circles, Dots (points), Lines	
制限事項	―		
補足事項	陳腐化のため廃止。	Withdrawn because of obsolescence.	
適用図記号	S00062, S00116, S00129, S00693		
被適用図記号		―	
キーワード	計数器，放射線検出器	counters, radiation detectors	
注記	―	Status level	Obsolete－for reference only
		Released on	2001-07-01
		Obsolete from	2002-10-23

第A15節　電離放射線検出器の例

図記号番号 （識別番号）	図記号（Symbol）	
05-A15-09 （S00791）		

項目	説明	IEC 60617 情報（参考）	
名称	ガードリング付き計数管	Counter tube with guard ring	
別の名称	−	−	
様式	−	−	
別様式	−	−	
注釈	−		
適用分類	回路図	Circuit diagrams	
機能分類	変量を信号に変換（B）	B Converting variable to signal	
形状分類	矢印，円，黒丸（点），線	Arrows, Circles, Dots (points), Lines	
制限事項	−	−	
補足事項	陳腐化のため廃止。	Withdrawn because of obsolescence.	
適用図記号	S00007，S00062，S00116，S00129，S00693		
被適用図記号		−	
キーワード	計数器，検出器，放射線検出器	counters, detectors, radiation detectors	
注記	−	Status level	Obsolete − for reference only
		Released on	2001-07-01
		Obsolete from	2002-10-23

第A16節　電気化学デバイス

図記号番号 （識別番号）	図記号（Symbol）	
05-A16-01 （S00792）	50 %	

項目	説明	IEC 60617 情報（参考）	
名称	電量計	Coulomb accumulator	
別の名称	電気化学的階段関数デバイス	Electrochemical step-function device	
様式	−	−	
別様式	−	−	
注釈	A00169		
適用分類	回路図	Circuit diagrams	
機能分類	信号又は情報の処理（K）	K Processing signals or information	
形状分類	円，半円，線，だ円	Circles, Half-circles, Lines, Ovals	
制限事項	−	−	
補足事項	陳腐化のため廃止。	Withdrawn because of obsolescence.	
適用図記号	S00063，S00115，S00135，S00702		
被適用図記号		−	
キーワード	蓄電器，電気化学デバイス	accumulators, electrochemical devices	
注記	−	Status level	Obsolete−for reference only
		Released on	2001-07-01
		Obsolete from	2002-10-23

第A16節 電気化学デバイス

図記号番号 (識別番号)	図記号（Symbol）	
05-A16-02 (S00793)	50%	

項目	説明	IEC 60617情報（参考）	
名称	ソリオンダイオード	Solion diode	
別の名称	−	−	
様式	−	−	
別様式	−	−	
注釈		−	
適用分類	回路図	Circuit diagrams	
機能分類	信号又は情報の処理（K）	K Processing signals or information	
形状分類	円，半円，線，だ円	Circles, Half-circles, Lines, Ovals	
制限事項	−	−	
補足事項	陳腐化のため廃止。	Withdrawn because of obsolescence.	
適用図記号	S00063，S00115，S00702，S00706		
被適用図記号		−	
キーワード	ダイオード，電気化学デバイス	diodes, electrochemical devices	
注記	−	Status level	Obsolete−for reference only
		Released on	2001-07-01
		Obsolete from	2002-10-23

第A16節　電気化学デバイス

図記号番号 (識別番号)	図記号（Symbol）	
05-A16-03 (S00794)	（ソリオンテトロードの図記号） 50%	
項目	説明	IEC 60617情報（参考）
名称	ソリオンテトロード	Solion tetrode
別の名称	—	—
様式	—	—
別様式	—	—
注釈	—	
適用分類	回路図	Circuit diagrams
機能分類	信号又は情報の処理（K）	K Processing signals or information
形状分類	円，半円，線，だ円	Circles, Half-circles, Lines, Ovals
制限事項	—	—
補足事項	表示した文字は，この記号の一部ではない。 I＝入力 G＝グリッド O＝出力 C＝共通 陳腐化のため廃止。	The shown letters are not part of the symbol: I = input G = grid O = output C = common Withdrawn because of obsolescence.
適用図記号	S00063，S00115，S00702，S00706	
被適用図記号		—
キーワード	増幅器，電気化学デバイス	amplifiers, electrochemical devices
注記	—	Status level	Obsolete−for reference only
		Released on	2001-07-01
		Obsolete from	2002-10-23

第A16節　電気化学デバイス

図記号番号 (識別番号)	図記号（Symbol）	
05-A16-04 (S00795)	50 %	
項目	説明	IEC 60617 情報（参考）
名称	伝導度測定用セル	Conductivity cell
別の名称	－	－
様式	－	－
別様式	－	－
注釈	A00171	
適用分類	回路図	Circuit diagrams
機能分類	案内又は輸送（W），接続（X）	W Guiding or transporting, X Connecting
形状分類	円弧，線	Circle segments, Lines
制限事項	－	－
補足事項	液体の伝導度を測定する素子。 陳腐化のため廃止。	Element for measuring the conductivity of liquids. Withdrawn because of obsolescence.
適用図記号	S00115	
被適用図記号		－
キーワード	電気化学デバイス	electrochemical devices
注記	－	Status level　Obsolete－for reference only Released on　2001-07-01 Obsolete from　2002-10-23

附属書B
(参考)
参考文献

JIS C 0452-1 電気及び関連分野－工業用システム，設備及び装置，並びに工業製品－構造化原理及び参照指定－第A1部：基本原則

 注記　対応国際規格：**IEC 61346-1**, Industrial systems, installations and equipment and industrial products－Structuring principles and reference designations－Part 1: Basic rules（IDT）

JIS C 0456 電気及び関連分野－電気技術文書に用いる符号化図形文字集合

 注記　対応国際規格：**IEC 61286**, Information technology－Coded graphic character set for use in the preparation of documents used in electrotechnology and for information interchange（IDT）

JIS X 0221 国際符号化文字集合（UCS）

 注記　対応国際規格：**ISO/IEC 10646**, Information technology－Universal Multiple-Octet Coded Character Set (UCS)（IDT）

JIS Z 8202（規格群）　量及び単位

 注記　対応国際規格：**ISO 31** (all parts), Quantities and units（IDT）

JIS Z 8222-2 製品技術文書に用いる図記号のデザイン－第A2部：参照ライブラリ用図記号を含む電子化形式の図記号の仕様，及びその相互交換の要求事項

 注記　対応国際規格：**IEC 81714-2**, Design of graphical symbols for use in the technical documentation of products－Part 2: Specification for graphical symbols in a computer sensible form, including graphical symbols for a reference library, and requirements for their interchange（IDT）

JIS Z 8222-3 製品技術文書に用いる図記号のデザイン－第A3部：接続ノード，ネットワーク及びそのコード化の分類

 注記　対応国際規格：**IEC 81714-3**, Design of graphical symbols for use in the technical documentation of products－Part 3: Classification of connect nodes, networks and their encoding（IDT）

IEC 60027 (all parts), Letter symbols to be used in electrical technology (partly being replaced by ISO/IEC 80000)

IEC 60050 (all parts), International Electrotechnical Vocabulary

IEC 60445, Basic and safety principles for man-machine interface, marking and identification－Identification of equipment terminals and conductor terminations

IEC/TR 61352, Mnemonics and symbols for integrated circuits

IEC/TR 61734, Application of symbols for binary logic and analogue elements

日本工業規格　　　　　　　　　　　　　　　　　JIS
　　　　　　　　　　　　　　　　　　　　　　C 0617-6：2011

電気用図記号−
第6部：電気エネルギーの発生及び変換

Graphical symbols for diagrams−
Part 6: Production and conversion of electrical energy

序文
この規格は，2001年にデータベース形式規格として発行されメンテナンスされている**IEC 60617**の2008年時点での技術的内容を変更することなく作成した日本工業規格である。

なお，**IEC 60617**は，部編成であった規格の構成を一つのデータベース形式規格としたが，**JIS**では，規格の利便性も考慮し，これまでどおり部ごとの分冊構成とし，構成方法を変更している。

1 適用範囲

この規格は，電気用図記号のうち，電気エネルギーの発生及び変換に関する図記号について規定する。

注記1　この規格は**IEC 60617**のうち，従来の図記号番号が06-01-01から06-19-01までのもので構成されている。**附属書A**は参考情報である。

注記2　この規格の対応国際規格及びその対応の程度を表す記号を，次に示す。

　IEC 60617，Graphical symbols for diagrams（MOD）

　なお，対応の程度を表す記号"MOD"は，**ISO/IEC Guide 21-1**に基づき，"修正している"ことを示す。

2 引用規格

次に掲げる規格は，この規格に引用されることによって，この規格の規定の一部を構成する。これらの引用規格のうちで，西暦年を付記してあるものは，記載の年の版を適用し，その後の改正版（追補を含む。）は適用しない。西暦年の付記がない引用規格は，その最新版（追補を含む。）を適用する。

JIS C 0452-2　電気及び関連分野−工業用システム，設備及び装置，並びに工業製品−構造化原理及び参照指定−第2部：オブジェクトの分類（クラス）及び分類コード

　注記　対応国際規格：**IEC 61346-2**, Industrial systems, installations and equipment and industrial products−Structuring principles and reference designations−Part 2: Classification of objects and codes for classes（IDT）

JIS C 0617-1　電気用図記号−第1部：概説

　注記　対応国際規格：**IEC 60617**, Graphical symbols for diagrams（MOD）

JIS C 1082-1:1999　電気技術文書−第1部：一般要求事項

　注記　対応国際規格：**IEC 61082-1**, Preparation of documents used in electrotechnology−Part 1: General requirements（MOD）

JIS Z 8222-1　製品技術文書に用いる図記号のデザイン－第1部：基本規則
　　　注記　対応国際規格：**ISO 81714-1**, Design of graphical symbols for use in the technical documentation of products－Part 1: Basic rules（IDT）
IEC 60076 (all parts), Power transformers
IEC 60375, Conventions concerning electric and magnetic circuits

3 概要

JIS C 0617 の規格群は，次の部によって構成されている。
　第1部：概説
　第2部：図記号要素，限定図記号及びその他の一般用途図記号
　第3部：導体及び接続部品
　第4部：基礎受動部品
　第5部：半導体及び電子管
　第6部：電気エネルギーの発生及び変換
　第7部：開閉装置，制御装置及び保護装置
　第8部：計器，ランプ及び信号装置
　第9部：電気通信－交換機器及び周辺機器
　第10部：電気通信－伝送
　第11部：建築設備及び地図上の設備を示す設置平面図及び線図
　第12部：二値論理素子
　第13部：アナログ素子

　図記号は，**JIS Z 8222-1** に規定する要件に従って作成している。基本単位寸法として M＝5 mm を用いた。多数の端子を表示する必要，又はその他の配置要件に応じてスペースをとる必要がある場合は，**JIS Z 8222-1** の 7.［比率（proportion）の変更］に従い，図記号の寸法（高さなど）を変更してもよい。
　拡大，縮小したり寸法を変更した場合も，線の太さは，拡縮せず，元のままとする。
　図記号は，関連線間の間隔が基本単位の倍数になるよう描かれている。端子表示が必要な場合のスペースがとれるように基本単位 2M を選択した。図記号は同じグリッドを用い，分かりやすい大きさに描かれている。
　図記号は，全てコンピュータ支援製図システムのグリッド内に描かれている（図記号の背景にグリッドを表示した。）。
　JIS C 0617-6:1999 に規定されていたが，現在は削除された図記号を，旧図記号として，**附属書 A** に示している。
　JIS C 0617 規格群で規定する全ての図記号の索引を，**JIS C 0617-1** に示す。
　この規格に用いる項目名の説明を，**表 1** に示す。
　なお，英文の項目名は **IEC 60617** に対応した名称である。

表1－図記号の規定に用いる項目名の説明

項目名	説明
図記号番号	図記号の分類番号。xx-yy-zz の形式で示し，x，y，z は0～9の整数とAとで表す。 xx：部番号 yy：節番号 zz：節番号中の図記号番号 注記　節番号にAが付いた図記号は，旧規格に規定されていたが，現在は削除されている（附属書A参照）。
識別番号 （Symbol identity number）	図記号の識別番号。Snnnnn の形式で示し，n は0～9の整数である。この番号は IEC 60617 の固有番号である識別番号（Symbol identity number）に対応しており，番号付けには意味はない。
名称 （Name）	当該図記号の概念を表す名称。
別の名称 （Alternative names）	当該図記号の名称に対する別な名称。ほぼ同意語で，従属的な特定の名称など。
様式 （Form）	当該図記号と同一の名称（意味）。形状の異なる図記号がある場合，様式1，様式2…として記載する。
別様式 （Alternative forms）	当該図記号と同一名称でほかの様式の図記号がある場合，その図記号の図記号番号。
注釈 （Application notes）	当該図記号の説明又は付加的な関連規定。注釈は通常，複数の図記号で共有されるため，注釈番号を記した別のページに記載されている。 注釈番号は Annnnn の形式で示し，n は0～9の整数で表す。この番号は IEC 60617 の注釈（Application notes）に対応しており，番号付けには意味はない。
適用分類 （Application class）	当該図記号が適用される文書の種類。JIS C 1082-1 で定義されている。
機能分類 （Function class）	当該図記号が属する一つ又は複数の分類。JIS C 0452-2 で定義されている。括弧内に示したものは，分類コード。
形状分類 （Shape class）	当該図記号を特徴付ける基本的な形状。
制限事項 （Symbol restrictions）	当該図記号の適用方法に関する制限事項。
補足事項 （Remarks）	当該図記号の付加的な情報。
適用図記号 （Applies）	当該図記号を構築するために用いている図記号（図記号要素，限定図記号及び一般図記号）の識別番号。
被適用図記号 （Applied in）	当該図記号を要素として用いている図記号の識別番号。
キーワード （Keywords）	検索を容易にするキーワードの一覧。

表 1-図記号の規定に用いる項目名の説明（続き）

項目名	説明	
注記	この規格に関する注記を示す。 なお，IEC 60617 だけの参考情報としては，次の項目がある。	
	Status level	IEC 60617 連続メンテナンスに関する当該図記号の状態。 当該図記号が承認された場合，そのステータスレベルは"Standard"に設定される。 当該図記号が後に別の図記号で置き換えられた場合，又は技術的に旧式であると判断された場合，そのステータスレベルは参考としての"旧形式（Obsolete）"となる。 技術的に旧式になった場合，当該図記号は用いられるが，今後メンテナンスは行われない。
	Released on	IEC 60617 の一部として発行された年月日。
	Obsolete from	IEC 60617 に対して旧形式となった年月日。

4 電気用図記号及びその説明

この規格の章，節の構成は，次のとおりとする。英語は，IEC 60617 によるもので参考として示す。

第 I 章　巻線の相互接続に用いる限定図記号
　第 1 節　分離した巻線
　第 2 節　内部で接続した巻線
第 II 章　回転機
　第 3 節　回転機の要素
　第 4 節　回転機の種類
　第 5 節　直流機の例
　第 6 節　交流整流子機の例
　第 7 節　同期機の例
　第 8 節　誘導機（非同期機）の例
第 III 章　変圧器及びリアクトル
　第 9 節　変圧器及びリアクトル（一般図記号）
　第 10 節　別個の巻線を用いる変圧器の例
　第 11 節　単巻変圧器の例
　第 12 節　誘導電圧調整器の例
　第 13 節　計器用変成器及びパルス変成器の例
第 IV 章　電力変換装置
　第 14 節　電力変換装置に用いるブロック図記号
第 V 章　一次電池及び二次電池
　第 15 節　一次電池及び二次電池
第 VI 章　発電装置
　第 16 節　非回転式発電装置（一般図記号）
　第 17 節　熱源
　第 18 節　発電装置の例
　第 19 節　閉ループ制御装置

第 I 章　巻線の相互接続に用いる限定図記号
第 1 節　分離した巻線

図記号番号 （識別番号）	図記号（Symbol）	
06-01-01 (S00796)	. . . . |	
項目	説明	IEC 60617 情報（参考）
名称	単巻線	One winding
別の名称	－	－
様式	－	－
別様式	－	－
注釈	A00120，A00122	
適用分類	限定図記号	Qualifiers only
機能分類	機能属性だけ（－）	－ Functional attribute only
形状分類	線	Lines
制限事項	－	－
補足事項	－	－
適用図記号	－	
被適用図記号	S00797，S00798，S00800，S00799	
キーワード	巻線の相互接続，巻線（限定図記号）， 巻線（分離した巻線）	winding interconnections, windings－ qualifying symbols, windings－separate
注記	－	Status level : Standard Released on : 2001-07-01 Obsolete from : －

第1節 分離した巻線

図記号番号 (識別番号)	図記号 (Symbol)		
06-01-02 (S00797)	⦙⦙⦙⦙⦙		

項目	説明	IEC 60617 情報（参考）	
名称	3巻線	Three separate windings	
別の名称	―	―	
様式	―	―	
別様式	―	―	
注釈	A00120		
適用分類	限定図記号	Qualifiers only	
機能分類	機能属性だけ（―）	― Functional attribute only	
形状分類	線	Lines	
制限事項	―	―	
補足事項	―	―	
適用図記号	S00796		
被適用図記号	S00027, S00028, S00834		
キーワード	巻線の相互接続，巻線（限定図記号）， 巻線（分離した巻線）	winding interconnections, windings ― qualifying symbols, windings ― separate	
注記	―	Status level	Standard
		Released on	2001-07-01
		Obsolete from	―

第1節 分離した巻線

図記号番号 (識別番号)	図記号（Symbol）		
06-01-03 (S00798)	. . . . │6		
項目	説明	IEC 60617 情報（参考）	
名称	6巻線	Six separate windings	
別の名称	－	－	
様式	－	－	
別様式	－	－	
注釈	A00120		
適用分類	限定図記号	Qualifiers only	
機能分類	機能属性だけ（－）	－ Functional attribute only	
形状分類	文字，線	Characters, Lines	
制限事項	－	－	
補足事項	－	－	
適用図記号	S00796		
被適用図記号	－		
キーワード	巻線の相互接続，巻線（限定図記号）， 巻線（分離した巻線）	winding interconnections, windings－ qualifying symbols, windings－separate	
注記	－	Status level	Standard
		Released on	2001-07-01
		Obsolete from	－

第1節 分離した巻線

図記号番号 (識別番号)	図記号（Symbol）		
06-01-04 (S00799)	‖‖3 ∼		
項目	説明	IEC 60617 情報（参考）	
名称	三相巻線（相間接続なし）	Three-phase winding, phases not interconnected	
別の名称	－	－	
様式	－	－	
別様式	－	－	
注釈	A00120, A00122		
適用分類	限定図記号	Qualifiers only	
機能分類	機能属性だけ（－）	－ Functional attribute only	
形状分類	文字, 線	Characters, Lines	
制限事項	－	－	
補足事項	－	－	
適用図記号	S00796, S01403		
被適用図記号	－		
キーワード	巻線の相互接続, 巻線（限定図記号）, 巻線（分離した巻線）	winding interconnections, windings－ qualifying symbols, windings－separate	
注記	－	Status level	Standard
		Released on	2001-07-01
		Obsolete from	－

第1節　分離した巻線

図記号番号 (識別番号)	図記号（Symbol）		
06-01-05 (S00800)	$\mid m_m \sim$		
項目	説明	IEC 60617 情報（参考）	
名称	m 相巻線（相間接続なし）	m-phase winding, phases not interconnected	
別の名称	－	－	
様式	－	－	
別様式	－	－	
注釈	A00122		
適用分類	限定図記号	Qualifiers only	
機能分類	機能属性だけ（－）	－ Functional attribute only	
形状分類	文字，線	Characters, Lines	
制限事項	－	－	
補足事項	－	－	
適用図記号	S00796, S01403		
被適用図記号	－		
キーワード	巻線の相互接続，巻線（限定図記号）， 巻線（分離した巻線）	winding interconnections, windings－ qualifying symbols, windings－separate	
注記	－	Status level	Standard
		Released on	2001-07-01
		Obsolete from	－

第1節 分離した巻線

図記号番号 (識別番号)	図記号 (Symbol)		
06-01-06 (S00801)			

項目	説明	IEC 60617 情報 (参考)	
名称	二相巻線(分離)	Two-phase winding, four-wire	
別の名称	−	−	
様式	−	−	
別様式	−	−	
注釈	−		
適用分類	限定図記号	Qualifiers only	
機能分類	機能属性だけ(−)	− Functional attribute only	
形状分類	線	Lines	
制限事項	−	−	
補足事項	−	−	
適用図記号	−		
被適用図記号	−		
キーワード	巻線の相互接続,巻線(限定図記号), 巻線(分離した巻線)	winding interconnections, windings− qualifying symbols, windings−separate	
注記	−	Status level	Standard
		Released on	2001-07-01
		Obsolete from	−

第2節 内部で接続した巻線

図記号番号 (識別番号)	図記号（Symbol）		
06-02-01 (S00802)	. . . . . ⌐		
項目	説明	IEC 60617 情報（参考）	
名称	二相巻線	Two-phase winding	
別の名称	－	－	
様式	－	－	
別様式	－	－	
注釈	A00135		
適用分類	限定図記号	Qualifiers only	
機能分類	機能属性だけ（－）	－ Functional attribute only	
形状分類	線	Lines	
制限事項	－	－	
補足事項	－	－	
適用図記号	－		
被適用図記号	－		
キーワード	巻線の相互接続，巻線（相間接続した巻線），巻線（限定図記号）	winding interconnections, windings－internally connected, windings－qualifying symbols	
注記	－	Status level	Standard
		Released on	2001-07-01
		Obsolete from	－

第2節 内部で接続した巻線

図記号番号 (識別番号)	図記号 (Symbol)		
06-02-02 (S00803)	V		

項目	説明	IEC 60617 情報 (参考)	
名称	三相巻線 [V結線 (60°)]	Three-phase winding, V (60°)	
別の名称	－	－	
様式	－	－	
別様式	－	－	
注釈	A00135		
適用分類	限定図記号	Qualifiers only	
機能分類	機能属性だけ (－)	－ Functional attribute only	
形状分類	線	Lines	
制限事項	－	－	
補足事項	－	－	
適用図記号	－		
被適用図記号	－		
キーワード	巻線の相互接続, 巻線 (相間接続した巻線), 巻線 (限定図記号)	winding interconnections, windings－internally connected, windings－qualifying symbols	
注記	－	Status level	Standard
		Released on	2001-07-01
		Obsolete from	－

第2節 内部で接続した巻線

図記号番号 (識別番号)	図記号(Symbol)		
06-02-03 (S00804)			
項目	説明	IEC 60617 情報(参考)	
名称	四相巻線(中性点を引き出した)	Four-phase winding with neutral brought out	
別の名称	－	－	
様式	－	－	
別様式	－	－	
注釈	A00135		
適用分類	限定図記号	Qualifiers only	
機能分類	機能属性だけ(－)	－ Functional attribute only	
形状分類	点, 線	Dots (points), Lines	
制限事項	－	－	
補足事項	－	－	
適用図記号	－		
被適用図記号	－		
キーワード	巻線の相互接続, 巻線(相間接続した巻線), 巻線(限定図記号)	winding interconnections, windings－internally connected, windings－qualifying symbols	
注記	－	Status level	Standard
		Released on	2001-07-01
		Obsolete from	－

第2節　内部で接続した巻線

図記号番号 (識別番号)	図記号（Symbol）		
06-02-04 (S00805)	・ ・ ・ ・ ・ ・ ・ T ・ ・ ・ ・ ・ ・ ・		
項目	説明	**IEC 60617** 情報（参考）	
名称	三相巻線，T 結線（スコット結線）	Three-phase winding，T	
別の名称	－	－	
様式	－	－	
別様式	－	－	
注釈	A00135		
適用分類	限定図記号	Qualifiers only	
機能分類	機能属性だけ（－）	－ Functional attribute only	
形状分類	線	Lines	
制限事項	－	－	
補足事項	－	－	
適用図記号	－		
被適用図記号	－		
キーワード	巻線の相互接続，巻線（相間接続した巻線），巻線（限定図記号）	winding interconnections，windings－ internally connected，windings－qualifying symbols	
注記	－	Status level	Standard
		Released on	2001-07-01
		Obsolete from	－

第2節　内部で接続した巻線

図記号番号 (識別番号)	図記号（Symbol）		
06-02-05 (S00806)	△		

項目	説明	IEC 60617 情報（参考）	
名称	三相巻線，三角結線（デルタ結線）	Three-phase winding, delta	
別の名称	－	－	
様式	－	－	
別様式	－	－	
注釈	A00121，A00135		
適用分類	限定図記号	Qualifiers only	
機能分類	機能属性だけ（－）	－ Functional attribute only	
形状分類	正三角形	Equilateral triangles	
制限事項	－	－	
補足事項	－		
適用図記号	－		
被適用図記号	S00302，S00868，S00858，S00862，S00864		
キーワード	巻線の相互接続，巻線（相間接続した巻線），巻線（限定図記号）	winding interconnections, windings－internally connected, windings－qualifying symbols	
注記	－	Status level	Standard
		Released on	2001-07-01
		Obsolete from	－

第2節　内部で接続した巻線

図記号番号 (識別番号)	図記号（Symbol）		
06-02-06 (S00807)			
項目	説明	IEC 60617 情報（参考）	
名称	三相巻線，開放三角結線（オープンデルタ結線）	Three-phase winding, open delta	
別の名称	－	－	
様式	－	－	
別様式	－	－	
注釈	A00135		
適用分類	限定図記号	Qualifiers only	
機能分類	機能属性だけ（－）	－ Functional attribute only	
形状分類	線	Lines	
制限事項	－	－	
補足事項	－	－	
適用図記号	－		
被適用図記号	－		
キーワード	巻線の相互接続，巻線（相間接続した巻線），巻線（限定図記号）	winding interconnections, windings－internally connected, windings－qualifying symbols	
注記	－	Status level	Standard
		Released on	2001-07-01
		Obsolete from	－

第2節 内部で接続した巻線

図記号番号 (識別番号)	図記号 (Symbol)	
06-02-07 (S00808)	Y	

項目	説明	IEC 60617 情報（参考）	
名称	三相巻線，星形結線（スター結線）	Three-phase winding, star	
別の名称	－	－	
様式	－	－	
別様式	－	－	
注釈	A00123, A00135		
適用分類	限定図記号	Qualifiers only	
機能分類	機能属性だけ（－）	－ Functional attribute only	
形状分類	線	Lines	
制限事項	－	－	
補足事項	－	－	
適用図記号	－		
被適用図記号	S00302, S00839, S00872, S00860, S00868, S00866, S00858, S00862, S00864		
キーワード	巻線の相互接続，巻線（相間接続した巻線），巻線（限定図記号）	winding interconnections, windings－internally connected, windings－qualifying symbols	
注記	－	Status level	Standard
		Released on	2001-07-01
		Obsolete from	－

第2節　内部で接続した巻線

図記号番号 (識別番号)	図記号（Symbol）		
06-02-08 (S00809)			
項目	説明	IEC 60617 情報（参考）	
名称	中性点を引き出した三相巻線， 星形結線（スター結線）	Three-phase winding, star, with neutral brought out	
別の名称	−	−	
様式	−	−	
別様式	−	−	
注釈	A00135		
適用分類	限定図記号	Qualifiers only	
機能分類	機能属性だけ（−）	− Functional attribute only	
形状分類	点，線	Dots (points), Lines	
制限事項	−	−	
補足事項	−	−	
適用図記号	−		
被適用図記号	S00833		
キーワード	巻線の相互接続，巻線（相間接続した巻線），巻線（限定図記号）	winding interconnections, windings− internally connected, windings−qualifying symbols	
注記	−	Status level	Standard
		Released on	2001-07-01
		Obsolete from	−

第2節 内部で接続した巻線

図記号番号 (識別番号)	図記号 (Symbol)		
06-02-09 (S00810)			
項目	説明	IEC 60617 情報 (参考)	
名称	三相巻線，千鳥（ジグザグスター）結線，又は相互接続星形結線	Three-phase winding, zigzag or interconnected star	
別の名称	−	−	
様式	−	−	
別様式	−	−	
注釈	A00135		
適用分類	限定図記号	Qualifiers only	
機能分類	機能属性だけ（−）	− Functional attribute only	
形状分類	線	Lines	
制限事項	−	−	
補足事項	−	−	
適用図記号	−		
被適用図記号	S00866		
キーワード	巻線の相互接続，巻線（相間接続した巻線），巻線（限定図記号）	winding interconnections, windings−internally connected, windings−qualifying symbols	
注記	−	Status level	Standard
		Released on	2001-07-01
		Obsolete from	−

第2節 内部で接続した巻線

図記号番号 (識別番号)	図記号 (Symbol)		
06-02-10 (S00811)			

項目	説明	IEC 60617 情報 (参考)	
名称	六相巻線(二重三角結線)	Six-phase winding, double delta	
別の名称	－	－	
様式	－	－	
別様式	－	－	
注釈	A00135		
適用分類	限定図記号	Qualifiers only	
機能分類	機能属性だけ(－)	－ Functional attribute only	
形状分類	正三角形	Equilateral triangles	
制限事項	－	－	
補足事項	－	－	
適用図記号	－		
被適用図記号	－		
キーワード	巻線の相互接続,巻線(相間接続した巻線),巻線(限定図記号)	winding interconnections, windings－ internally connected, windings－qualifying symbols	
注記	－	Status level	Standard
		Released on	2001-07-01
		Obsolete from	－

第2節 内部で接続した巻線

図記号番号 (識別番号)	図記号 (Symbol)		
06-02-11 (S00812)	（六角形の図記号）		

項目	説明	IEC 60617 情報（参考）	
名称	六相巻線（多角結線）	Six-phase winding, polygon	
別の名称	－	－	
様式	－	－	
別様式	－	－	
注釈	A00135		
適用分類	限定図記号	Qualifiers only	
機能分類	機能属性だけ（－）	－ Functional attribute only	
形状分類	六角形	Hexagons	
制限事項	－	－	
補足事項	－	－	
適用図記号	－		
被適用図記号	－		
キーワード	巻線の相互接続，巻線（相間接続した巻線），巻線（限定図記号）	winding interconnections, windings－internally connected, windings－qualifying symbols	
注記	－	Status level	Standard
		Released on	2001-07-01
		Obsolete from	－

第2節 内部で接続した巻線

図記号番号 (識別番号)	図記号 (Symbol)		
06-02-12 (S00813)			

項目	説明	IEC 60617 情報（参考）	
名称	六相巻線，星形結線（スター結線）	Six-phase winding, star	
別の名称	－	－	
様式	－	－	
別様式	－	－	
注釈	A00135		
適用分類	限定図記号	Qualifiers only	
機能分類	機能属性だけ（－）	－ Functional attribute only	
形状分類	点，線	Dots (points), Lines	
制限事項	－	－	
補足事項	－	－	
適用図記号	－		
被適用図記号	－		
キーワード	巻線の相互接続，巻線（相間接続した巻線），巻線（限定図記号）	winding interconnections, windings－internally connected, windings－qualifying symbols	
注記	－	Status level	Standard
		Released on	2001-07-01
		Obsolete from	－

第2節 内部で接続した巻線

図記号番号 (識別番号)	図記号 (Symbol)		
06-02-13 (S00814)			

項目	説明	IEC 60617 情報 (参考)	
名称	六相巻線（フォーク結線，中性点を引き出した）	Six-phase winding, fork with neutral brought out	
別の名称	—	—	
様式	—	—	
別様式	—	—	
注釈	A00135		
適用分類	限定図記号	Qualifiers only	
機能分類	機能属性だけ（－）	－ Functional attribute only	
形状分類	点，線	Dots (points), Lines	
制限事項	—	—	
補足事項	—	—	
適用図記号	—		
被適用図記号	—		
キーワード	巻線の相互接続，巻線（相間接続した巻線），巻線（限定図記号）	winding interconnections, windings－internally connected, windings－qualifying symbols	
注記	—	Status level	Standard
		Released on	2001-07-01
		Obsolete from	—

第 II 章　回転機
第 3 節　回転機の要素

図記号番号 (識別番号)	図記号（Symbol）		
06-03-04 (S00818)			

項目	説明	IEC 60617 情報（参考）	
名称	ブラシ（スリップリング又は整流子に付いているもの）	Brush (on slip-ring or commutator)	
別の名称	－	－	
様式	－	－	
別様式	－	－	
注釈	A00124		
適用分類	限定図記号	Qualifiers only	
機能分類	機能属性だけ（－）	－ Functional attribute only	
形状分類	長方形	Rectangles	
制限事項	－	－	
補足事項	－	－	
適用図記号	－		
被適用図記号	S00825		
キーワード	ブラシ，回転機の要素	brushes, machines－elements of	
注記	－	Status level	Standard
		Released on	2001-07-01
		Obsolete from	－

第4節 回転機の種類

図記号番号 (識別番号)	図記号 (Symbol)		
06-04-01 (S00819)	(回転機の一般図記号：丸の中に★)		
項目	説明	IEC 60617 情報（参考）	
名称	回転機（一般図記号）	Machine, general symbol	
別の名称	回転変換機，発電機，同期発電機，電動機，同期電動機	Rotary converter, Generator, Synchronous generator, Motor, Synchronous motor	
様式	―	―	
別様式	―	―	
注釈	A00125，A00126，A00191		
適用分類	回路図，接続図，機能図，据付図，概要図	Circuit diagrams, Connection diagrams, Function diagrams, Installation diagrams, Overview diagrams	
機能分類	流れの発生（G）， 力学的エネルギーの供給（M）， 同種の変換（T）	G Initiating a flow, M Providing mechanical energy, T Converting but maintaining kind	
形状分類	文字，円	Characters, Circles	
制限事項	―	―	
補足事項	―	―	
適用図記号	―		
被適用図記号	S00027，S00028，S00165，S00164，S00192，S00830，S00839，S00828，S00822，S00834，S00837，S00823，S00825，S00829，S00824，S00827，S00833，S00831，S00820，S00821，S00836，S01009，S00838，S00832，S00826，S00835		
キーワード	変換機，発電機，回転機の種類，電動機，発電装置	converters, generators, machines－types of, motors, power generators	
注記	―	Status level	Standard
		Released on	2001-07-01
		Obsolete from	―

第4節　回転機の種類

図記号番号 (識別番号)	図記号 (Symbol)	
06-04-02 (S00820)	（Ｍを中心に配した円、その下に水平線）	
項目	説明	IEC 60617 情報（参考）
名称	リニアモータ（一般図記号）	Linear motor, general symbol
別の名称	－	－
様式	－	－
別様式	－	－
注釈	－	
適用分類	回路図，接続図，機能図，据付図，概要図	Circuit diagrams, Connection diagrams, Function diagrams, Installation diagrams, Overview diagrams
機能分類	力学的エネルギーの供給（M）	M Providing mechanical energy
形状分類	文字，円，線	Characters, Circles, Lines
制限事項	－	－
補足事項	－	－
適用図記号	S00819	
被適用図記号	S00840	
キーワード	回転機の種類，電動機	machines－types of, motors
注記	－	Status level	Standard
		Released on	2001-07-01
		Obsolete from	－

第4節　回転機の種類

図記号番号 （識別番号）	図記号（Symbol）		
06-04-03 (S00821)	（ステッピングモータ図記号：Mを円で囲み、下部にパルス波形状、周囲に点々）		
項目	説明	IEC 60617 情報（参考）	
名称	ステッピングモータ（一般図記号），パルスモータ（一般図記号）	Stepping motor, general symbol	
別の名称	－	－	
様式	－	－	
別様式	－	－	
注釈	－		
適用分類	回路図，接続図，機能図，据付図，概要図	Circuit diagrams, Connection diagrams, Function diagrams, Installation diagrams, Overview diagrams	
機能分類	力学的エネルギーの供給（M）	M Providing mechanical energy	
形状分類	文字，円，線	Characters, Circles, Lines	
制限事項	－	－	
補足事項	－	－	
適用図記号	S00087，S00819		
被適用図記号	－		
キーワード	回転機の種類，電動機	machines－types of, motors	
注記	－	Status level	Standard
		Released on	2001-07-01
		Obsolete from	－

第5節　直流機の例

図記号番号 (識別番号)	図記号（Symbol）		
06-05-01 (S00823)			
項目	説明	IEC 60617 情報（参考）	
名称	直流直巻電動機	Series motor, DC	
別の名称	ー	ー	
様式	ー	ー	
別様式	ー	ー	
注釈	A00126		
適用分類	回路図	Circuit diagrams	
機能分類	力学的エネルギーの供給（M）	M Providing mechanical energy	
形状分類	文字，円，半円	Characters, Circles, Half-circles	
制限事項	ー	ー	
補足事項	ー	ー	
適用図記号	S00583，S00819，S01401		
被適用図記号	ー		
キーワード	直流機，電動機	machines−direct current, motors	
注記	ー	Status level	Standard
		Released on	2001-07-01
		Obsolete from	ー

第5節　直流機の例

図記号番号 (識別番号)	図記号（Symbol）		
06-05-02 (S00824)			
項目	説明	IEC 60617 情報（参考）	
名称	直流分巻電動機	Shunt motor, DC	
別の名称	―	―	
様式	―	―	
別様式	―	―	
注釈	A00126		
適用分類	回路図	Circuit diagrams	
機能分類	力学的エネルギーの供給（M）	M Providing mechanical energy	
形状分類	文字，円，半円	Characters, Circles, Half-circles	
制限事項	―	―	
補足事項	―	―	
適用図記号	S00583, S00819, S01401		
被適用図記号	―		
キーワード	直流機，電動機	machines－direct current, motors	
注記	―	Status level	Standard
		Released on	2001-07-01
		Obsolete from	―

第5節 直流機の例

図記号番号 (識別番号)	図記号 (Symbol)		
06-05-03 (S00825)			
項目	説明	IEC 60617 情報 (参考)	
名称	直流複巻（内分巻）発電機	Generator, DC, compound excited (short shunt)	
別の名称	―	―	
様式	―	―	
別様式	―	―	
注釈	A00126		
適用分類	回路図	Circuit diagrams	
機能分類	流れの発生（G）	G Initiating a flow	
形状分類	文字，円，半円	Characters, Circles, Half-circles	
制限事項	―	―	
補足事項	端子及びブラシ付きを示す。	Shown with terminals and brushes.	
適用図記号	S00583，S00818，S00819，S01401		
被適用図記号	―		
キーワード	発電機，直流機，発電装置	generators, machines－direct current, power generators	
注記	―	Status level	Standard
		Released on	2001-07-01
		Obsolete from	―

第5節　直流機の例

図記号番号 （識別番号）	図記号（Symbol）	
06-05-04 (S00826)	【図：MとGの円記号、共通永久磁石付き直流−直流回転変換機】	
項目	説明	IEC 60617 情報（参考）
名称	共通永久磁石付き直流−直流回転変換機	Rotary converter, DC/DC with common permanent magnet field
別の名称	−	−
様式	−	−
別様式	−	−
注釈	A00126	
適用分類	機能図，概要図	Function diagrams, Overview diagrams
機能分類	同種の変換（T）	T Converting but maintaining kind
形状分類	文字，円	Characters, Circles
制限事項	−	−
補足事項	−	−
適用図記号	S00001，S00210，S00819，S01401	
被適用図記号	−	
キーワード	変換機，直流機	converters, machines−direct current
注記	−	Status level / Standard
		Released on / 2001-07-01
		Obsolete from / −

第5節　直流機の例

図記号番号 (識別番号)	図記号（Symbol）	
06-05-05 (S00827)	\(図：共通励磁巻線付き直流－直流回転変換機 M-G\)	
項目	説明	IEC 60617 情報（参考）
名称	共通励磁巻線付き直流－直流回転変換機	Rotary converter, DC/DC with common exitation winding
別の名称	－	－
様式	－	－
別様式	－	－
注釈	A00126	
適用分類	回路図	Circuit diagrams
機能分類	同種の変換（T）	T Converting but maintaining kind
形状分類	文字，円，半円	Characters, Circles, Half-circles
制限事項	－	－
補足事項	－	－
適用図記号	S00583, S00819, S01401	
被適用図記号	－	
キーワード	変換機，直流機	converters, machines−direct current
注記	－	Status level / Standard Released on / 2001-07-01 Obsolete from / －

第6節 交流整流子機の例

図記号番号 (識別番号)	図記号(Symbol)		
06-06-01 (S00828)	(M 1〜 の記号)		
項目	説明	IEC 60617 情報(参考)	
名称	単相直巻電動機	Series motor, single-phase	
別の名称	−	−	
様式	−	−	
別様式	−	−	
注釈	A00126		
適用分類	回路図	Circuit diagrams	
機能分類	力学的エネルギーの供給(M)	M Providing mechanical energy	
形状分類	文字,円,半円	Characters, Circles, Half-circles	
制限事項	−	−	
補足事項	−	−	
適用図記号	S00583, S00819, S01403		
被適用図記号	−		
キーワード	整流子機,交流整流子機,電動機	commutator machines, machines − alternating current commutator, motors	
注記	−	Status level	Standard
		Released on	2001-07-01
		Obsolete from	−

第6節 交流整流子機の例

図記号番号 (識別番号)	図記号 (Symbol)		
06-06-02 (S00829)			
項目	説明	IEC 60617 情報(参考)	
名称	単相反発電動機	Repulsion motor, single-phase	
別の名称	—	—	
様式	—	—	
別様式	—	—	
注釈	A00126		
適用分類	回路図	Circuit diagrams	
機能分類	力学的エネルギーの供給(M)	M Providing mechanical energy	
形状分類	文字,円,半円	Characters, Circles, Half-circles	
制限事項	—	—	
補足事項	—	—	
適用図記号	S00583, S00819, S01403		
被適用図記号	—		
キーワード	整流子機,交流整流子機,電動機	commutator machines, machines — alternating current commutator, motors	
注記	—	Status level	Standard
		Released on	2001-07-01
		Obsolete from	—

第6節　交流整流子機の例

図記号番号 （識別番号）	図記号（Symbol）		
06-06-03 (S00830)	（三相直巻電動機の図記号：M 3〜）		
項目	説明	IEC 60617 情報（参考）	
名称	三相直巻電動機	Series motor, three-phase	
別の名称	−	−	
様式	−	−	
別様式	−	−	
注釈	A00126		
適用分類	回路図	Circuit diagrams	
機能分類	力学的エネルギーの供給（M）	M Providing mechanical energy	
形状分類	文字，円，半円	Characters, Circles, Half-circles	
制限事項	−	−	
補足事項	−	−	
適用図記号	S00583, S00819, S01403		
被適用図記号	−		
キーワード	整流子機，交流整流子機，電動機	commutator machines, machines − alternating current commutator, motors	
注記	−	Status level	Standard
		Released on	2001-07-01
		Obsolete from	−

第7節　同期機の例

図記号番号 （識別番号）	図記号（Symbol）			
06-07-01 (S00831)	_(図：永久磁石付き三相同期発電機の記号　GS 3〜)_			
項目	説明		IEC 60617 情報（参考）	
名称	永久磁石付き三相同期発電機		Synchronous generator, three-phase with permanent magnet	
別の名称	−		−	
様式	−		−	
別様式	−		−	
注釈	A00126			
適用分類	回路図		Circuit diagrams	
機能分類	流れの発生（G）		G Initiating a flow	
形状分類	文字，円，具象的形状又は描写的形状		Characters, Circles, Depicting shapes	
制限事項	−		−	
補足事項	−		−	
適用図記号	S00210, S00819, S01403			
被適用図記号	−			
キーワード	発電機，同期機，発電装置		generators, machines−synchronous, power generators	
注記	−		Status level	Standard
			Released on	2001-07-01
			Obsolete from	−

第 7 節　同期機の例

図記号番号(識別番号)	図記号 (Symbol)		
06-07-02 (S00832)	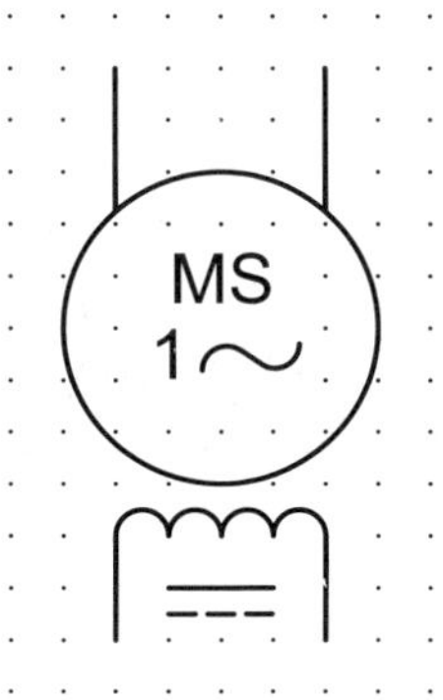 		
項目	説明	**IEC 60617** 情報（参考）	
名称	単相同期電動機	Synchronous motor, single-phase	
別の名称	—	—	
様式	—	—	
別様式	—	—	
注釈	A00126		
適用分類	回路図	Circuit diagrams	
機能分類	力学的エネルギーの供給（M）	M Providing mechanical energy	
形状分類	文字，円，半円	Characters, Circles, Half-circles	
制限事項	—	—	
補足事項	—	—	
適用図記号	S00583, S00819, S01401, S01403		
被適用図記号	—		
キーワード	同期機，電動機	machines－synchronous, motors	
注記	—	Status level	Standard
		Released on	2001-07-01
		Obsolete from	—

第7節 同期機の例

図記号番号 (識別番号)	図記号 (Symbol)		
06-07-03 (S00833)			
項目	説明	IEC 60617 情報（参考）	
名称	中性点を引き出した星形結線の三相同期発電機	Synchronous generator, three-phase, star connected, neutral brought out	
別の名称	−	−	
様式	−	−	
別様式	−	−	
注釈	A00126		
適用分類	回路図	Circuit diagrams	
機能分類	流れの発生（G）	G Initiating a flow	
形状分類	文字，円，半円	Characters, Circles, Half-circles	
制限事項	−	−	
補足事項	−	−	
適用図記号	S00583，S00809，S00819，S01401		
被適用図記号	−		
キーワード	発電機，同期機，発電装置	generators, machines−synchronous, power generators	
注記	−	Status level	Standard
		Released on	2001-07-01
		Obsolete from	−

第7節 同期機の例

図記号番号 (識別番号)	図記号(Symbol)		
06-07-04 (S00834)	(GS three-phase synchronous generator symbol)		
項目	説明	**IEC 60617** 情報(参考)	
名称	各相の巻線の両端を引き出した三相同期発電機	Synchronous generator, three-phase, both ends of each phase winding brought out	
別の名称	—	—	
様式	—	—	
別様式	—	—	
注釈	A00126		
適用分類	回路図	Circuit diagrams	
機能分類	流れの発生(G)	G Initiating a flow	
形状分類	文字, 円, 半円	Characters, Circles, Half-circles	
制限事項	—	—	
補足事項	—	—	
適用図記号	S00583, S00797, S00819, S01401		
被適用図記号	—		
キーワード	発電機, 同期機, 発電装置	generators, machines−synchronous, power generators	
注記	—	Status level	Standard
		Released on	2001-07-01
		Obsolete from	—

第7節 同期機の例

図記号番号 (識別番号)	図記号（Symbol）		
06-07-05 (S00835)			

項目	説明	IEC 60617 情報（参考）	
名称	分巻励磁の三相同期回転変流機	Synchronous rotary converter, three-phase, shunt-excited	
別の名称	―	―	
様式	―	―	
別様式	―	―	
注釈	A00126		
適用分類	回路図	Circuit diagrams	
機能分類	同種の変換（T）	T Converting but maintaining kind	
形状分類	文字，円，半円	Characters, Circles, Half-circles	
制限事項	―	―	
補足事項	―	―	
適用図記号	S00583，S00819，S01401，S01403		
被適用図記号	―		
キーワード	変換機，同期機	converters, machines－synchronous	
注記	―	Status level	Standard
		Released on	2001-07-01
		Obsolete from	―

第8節 誘導機（非同期機）の例

図記号番号 （識別番号）	図記号（Symbol）		
06-08-01 (S00836)	（三相かご形誘導電動機の記号：円の中に M、3〜）		
項目	説明	**IEC 60617 情報（参考）**	
名称	三相かご形誘導電動機	Induction motor, three-phase, squirrel cage	
別の名称	－	－	
様式	－	－	
別様式	－	－	
注釈	A00126, A00133		
適用分類	回路図	Circuit diagrams	
機能分類	力学的エネルギーの供給（M）	M Providing mechanical energy	
形状分類	文字, 円	Characters, Circles	
制限事項	－	－	
補足事項	－	－	
適用図記号	S00819, S01403		
被適用図記号	－		
キーワード	非同期機, 回転機（非同期）, 電動機	asynchronous machines, machines － asynchronous, motors	
注記	－	Status level	Standard
		Released on	2001-07-01
		Obsolete from	－

第8節 誘導機（非同期機）の例

図記号番号 （識別番号）	図記号（Symbol）		
06-08-02 (S00837)	（単相かご形誘導電動機の図記号：円の中にM 1〜、端子3本）		
項目	説明	IEC 60617 情報（参考）	
名称	単相かご形誘導電動機	Induction motor, single-phase, squirrel-cage	
別の名称	―	―	
様式	―	―	
別様式	―	―	
注釈	A00126, A00133		
適用分類	回路図	Circuit diagrams	
機能分類	力学的エネルギーの供給（M）	M Providing mechanical energy	
形状分類	文字, 円	Characters, Circles	
制限事項	―	―	
補足事項	両端引き出しの場合を示してある。	Ends of split-phase winding brought out.	
適用図記号	S00819, S01403		
被適用図記号	―		
キーワード	非同期機, 回転機（非同期）, 電動機	asynchronous machines, machines ― asynchronous, motors	
注記	―	Status level	Standard
		Released on	2001-07-01
		Obsolete from	―

第8節 誘導機（非同期機）の例

図記号番号 （識別番号）	図記号（Symbol）		
06-08-03 (S00838)	（三相巻線形誘導電動機の図記号：円内にM 3〜）		
項目	説明	IEC 60617 情報（参考）	
名称	三相巻線形誘導電動機	Induction motor, three-phase, with wound rotor	
別の名称	－	－	
様式	－	－	
別様式	－	－	
注釈	A00126, A00133		
適用分類	回路図	Circuit diagrams	
機能分類	力学的エネルギーの供給（M）	M Providing mechanical energy	
形状分類	文字, 円	Characters, Circles	
制限事項	－	－	
補足事項	－	－	
適用図記号	S00819, S01403		
被適用図記号	－		
キーワード	非同期機, 回転機（非同期）, 電動機	asynchronous machines, machines － asynchronous, motors	
注記	－	Status level	Standard
		Released on	2001-07-01
		Obsolete from	－

第8節 誘導機（非同期機）の例

図記号番号 （識別番号）	図記号（Symbol）	
06-08-04 (S00839)	（星形結線の三相誘導電動機の図記号：円内にM、Y結線と3点の端子）	
項目	説明	IEC 60617 情報（参考）
名称	星形結線の三相誘導電動機	Induction motor, three-phase, star-connected
別の名称	—	—
様式	—	—
別様式	—	—
注釈	A00126, A00133	
適用分類	回路図	Circuit diagrams
機能分類	力学的エネルギーの供給（M）	M Providing mechanical energy
形状分類	文字, 円	Characters, Circles
制限事項	—	—
補足事項	自動始動器が組み込まれている。	With built-in automatic starter.
適用図記号	S00808, S00819	
被適用図記号	—	
キーワード	非同期機, 回転機（非同期）, 電動機	asynchronous machines, machines — asynchronous, motors
注記	—	Status level / Standard
		Released on / 2001-07-01
		Obsolete from / —

第8節 誘導機（非同期機）の例

図記号番号 （識別番号）	図記号（Symbol）		
06-08-05 (S00840)	(M 3〜 記号図)		
項目	説明	**IEC 60617 情報（参考）**	
名称	三相リニア誘導電動機	Linear induction motor, three-phase	
別の名称	－	－	
様式	－	－	
別様式	－	－	
注釈	A00126, A00133		
適用分類	回路図	Circuit diagrams	
機能分類	力学的エネルギーの供給（M）	M Providing mechanical energy	
形状分類	文字，矢印，円，線	Characters, Arrows, Circles, Lines	
制限事項	－	－	
補足事項	一方向にだけ移動できる。	Movement only in one direction	
適用図記号	S00093, S00820, S01403		
被適用図記号	－		
キーワード	非同期機，回転機（非同期），電動機	asynchronous machines, machines － asynchronous, motors	
注記	－	Status level	Standard
		Released on	2001-07-01
		Obsolete from	－

第 III 章　変圧器及びリアクトル
第 9 節　変圧器及びリアクトル（一般図記号）

図記号番号 （識別番号）	図記号（Symbol）		
06-09-01 （S00841）			
項目	説明	IEC 60617 情報（参考）	
名称	2巻線変圧器（一般図記号）	Transformer with two windings, general symbol	
別の名称	－	－	
様式	様式1	Form 1	
別様式	06-09-02	S00842	
注釈	A00128，A00129		
適用分類	回路図，接続図，機能図，据付図，ネットワークマップ，概要図	Circuit diagrams, Connection diagrams, Function diagrams, Installation diagrams, Network maps, Overview diagrams	
機能分類	同種の変換（T）	T Converting but maintaining kind	
形状分類	円	Circles	
制限事項	－	－	
補足事項	－	－	
適用図記号	－		
被適用図記号	S00854，S00878，S00856，S00860，S00975，S00866，S00858，S00852，S00862，S00864，S01837		
キーワード	変圧器	transformers	
注記	－	Status level	Standard
		Released on	2001-07-01
		Obsolete from	－

第9節 変圧器及びリアクトル（一般図記号）

図記号番号 （識別番号）	図記号（Symbol）		
06-09-02 (S00842)			

項目	説明	IEC 60617 情報（参考）	
名称	2巻線変圧器（一般図記号）	Transformer with two windings, general symbol	
別の名称	－	－	
様式	様式2	Form 2	
別様式	06-09-01	S00841	
注釈	A00127, A00128, A00129, A00130		
適用分類	回路図	Circuit diagrams	
機能分類	同種の変換（T）	T Converting but maintaining kind	
形状分類	半円	Half-circles	
制限事項	－	－	
補足事項	－	－	
適用図記号	S00583		
被適用図記号	S00851, S00861, S00857, S01344, S00877, S00859, S00869, S00843, S00853, S00879, S00865, S00867, S00863, S00855, S01838		
キーワード	変圧器	transformers	
注記	－	Status level	Standard
		Released on	2001-07-01
		Obsolete from	－

第9節 変圧器及びリアクトル（一般図記号）

図記号番号 （識別番号）	図記号（Symbol）		
06-09-03 (S00843)			
項目	説明	IEC 60617 情報（参考）	
名称	2巻線変圧器（瞬時電圧極性付）	Transformer with two windings (and instantaneous voltage polarity indicators)	
別の名称	−	−	
様式	様式2	Form 2	
別様式	06-09-02	S00842	
注釈	A00129，A00130		
適用分類	回路図，機能図	Circuit diagrams, Function diagrams	
機能分類	同種の変換（T）	T Converting but maintaining kind	
形状分類	点，半円	Dots (points), Half-circles	
制限事項	−	−	
補足事項	印を付けた巻線の端部から入る瞬時電流は，巻線の磁束を増加する。	Instantaneous currents entering the marked ends of the windings produce aiding fluxes.	
適用図記号	−		
被適用図記号	−		
キーワード	極性指示，変圧器	polarity indicators, transformers	
注記	−	Status level	Standard
		Released on	2001-07-01
		Obsolete from	−

第 9 節　変圧器及びリアクトル（一般図記号）

図記号番号 （識別番号）	図記号（Symbol）		
06-09-04 (S00844)			

項目	説明	IEC 60617 情報（参考）	
名称	3 巻線変圧器（一般図記号）	Transformer with three windings, general symbol	
別の名称	－	－	
様式	様式 1	Form 1	
別様式	06-09-05	S00845	
注釈	A00128，A00129		
適用分類	回路図，接続図，機能図，据付図，ネットワークマップ，概要図	Circuit diagrams, Connection diagrams, Function diagrams, Installation diagrams, Network maps, Overview diagrams	
機能分類	同種の変換（T）	T Converting but maintaining kind	
形状分類	円	Circles	
制限事項	－	－	
補足事項	－	－	
適用図記号	－		
被適用図記号	S00868		
キーワード	変圧器	transformers	
注記	－	Status level	Standard
		Released on	2001-07-01
		Obsolete from	－

第9節　変圧器及びリアクトル（一般図記号）

図記号番号 （識別番号）	図記号（Symbol）			
06-09-05 (S00845)				

項目	説明	IEC 60617 情報（参考）		
名称	3巻線変圧器（一般図記号）	Transformer with three windings, general symbol		
別の名称	—	—		
様式	様式2	Form 2		
別様式	06-09-04	S00844		
注釈	A00127，A00128，A00129，A00130			
適用分類	回路図	Circuit diagrams		
機能分類	同種の変換（T）	T Converting but maintaining kind		
形状分類	半円	Half-circles		
制限事項	—	—		
補足事項	—	—		
適用図記号	S00583			
被適用図記号	—			
キーワード	変圧器	transformers		
注記	—	Status level	Standard	
		Released on	2001-07-01	
		Obsolete from	—	

第9節　変圧器及びリアクトル（一般図記号）

図記号番号 （識別番号）	図記号（Symbol）		
06-09-06 (S00846)	（図記号）		
項目	説明	IEC 60617 情報（参考）	
名称	単巻変圧器（一般図記号）	Auto-transformer, general symbol	
別の名称	－	－	
様式	様式1	Form 1	
別様式	06-09-07	S00847	
注釈	A00128		
適用分類	回路図，接続図，機能図，据付図，ネットワークマップ，概要図	Circuit diagrams, Connection diagrams, Function diagrams, Installation diagrams, Network maps, Overview diagrams	
機能分類	同種の変換（T）	T Converting but maintaining kind	
形状分類	円	Circles	
制限事項	－	－	
補足事項	－	－	
適用図記号	－		
被適用図記号	S00303, S00874, S00872, S00870		
キーワード	単巻変圧器，変圧器	auto-transformers, transformers	
注記	－	Status level	Standard
		Released on	2001-07-01
		Obsolete from	－

第9節 変圧器及びリアクトル（一般図記号）

図記号番号 （識別番号）	図記号（Symbol）			
06-09-07 (S00847)				
項目	説明		IEC 60617 情報（参考）	
名称	単巻変圧器（一般図記号）		Auto-transformer, general symbol	
別の名称	—		—	
様式	様式2		Form 2	
別様式	06-09-06		S00846	
注釈	A00128, A00130			
適用分類	回路図		Circuit diagrams	
機能分類	同種の変換（T）		T Converting but maintaining kind	
形状分類	半円		Half-circles	
制限事項	—		—	
補足事項	—		—	
適用図記号	S00583			
被適用図記号	S00871, S00873, S00875			
キーワード	単巻変圧器, 変圧器		auto-transformers, transformers	
注記	—		Status level	Standard
			Released on	2001-07-01
			Obsolete from	—

第9節　変圧器及びリアクトル（一般図記号）

図記号番号 （識別番号）	図記号（Symbol）	
06-09-08 (S00848)		

項目	説明	IEC 60617 情報（参考）	
名称	リアクトル（一般図記号）	Reactor, general symbol	
別の名称	チョーク	Choke	
様式	様式1	Form 1	
別様式	06-09-09	S00849	
注釈	A00128		
適用分類	回路図，接続図，機能図，概要図	Circuit diagrams, Connection diagrams, Function diagrams, Overview diagrams	
機能分類	限定又は安定化（R）	R Restricting or stabilising	
形状分類	円弧，円，線	Circle segments, Circles, Lines	
制限事項	—	—	
補足事項	—	—	
適用図記号	—		
被適用図記号	—		
キーワード	チョーク，リアクトル	chokes, reactors	
注記	—	Status level	Standard
		Released on	2001-07-01
		Obsolete from	—

第9節 変圧器及びリアクトル (一般図記号)

図記号番号 (識別番号)	図記号 (Symbol)		
06-09-09 (S00849)			

項目	説明	IEC 60617 情報 (参考)	
名称	リアクトル (一般図記号)	Reactor, general symbol	
別の名称	チョーク	Choke	
様式	様式2	Form 2	
別様式	06-09-08	S00848	
注釈	A00127, A00128, A00130		
適用分類	回路図	Circuit diagrams	
機能分類	限定又は安定化 (R)	R Restricting or stabilising	
形状分類	半円	Half-circles	
制限事項	—	—	
補足事項	—	—	
適用図記号	S00583		
被適用図記号	—		
キーワード	チョーク, リアクトル	chokes, reactors	
注記	—	Status level	Standard
		Released on	2001-07-01
		Obsolete from	—

第9節　変圧器及びリアクトル（一般図記号）

図記号番号 (識別番号)	図記号（Symbol）		
06-09-10 (S00850)			

項目	説明	IEC 60617 情報（参考）	
名称	変流器（一般図記号）	Current transformer, general symbol	
別の名称	−	−	
様式	様式1	Form 1	
別様式	06-09-11	S00851	
注釈	A00128, A00129		
適用分類	回路図, 接続図, 機能図, 据付図, ネットワークマップ, 概要図	Circuit diagrams, Connection diagrams, Function diagrams, Installation diagrams, Network maps, Overview diagrams	
機能分類	変量を信号に変換（B）	B Converting variable to signal	
形状分類	円, 線	Circles, Lines	
制限事項	−	−	
補足事項	−	−	
適用図記号	−		
被適用図記号	S00880, S00888, S00886, S00890, S00884, S00882, S01841		
キーワード	変流器, 変圧器	current transformers, transformers	
注記	−	Status level	Standard
		Released on	2001-07-01
		Obsolete from	−

第9節 変圧器及びリアクトル (一般図記号)

図記号番号 (識別番号)	図記号 (Symbol)		
06-09-11 (S00851)			

項目	説明	IEC 60617 情報 (参考)	
名称	変流器 (一般図記号)	Current transformer, general symbol	
別の名称	—	—	
様式	様式2	Form 2	
別様式	06-09-10	S00850	
注釈	A00127, A00128, A00129, A00130		
適用分類	回路図	Circuit diagrams	
機能分類	変量を信号に変換 (B)	B Converting variable to signal	
形状分類	半円, 線	Half-circles, Lines	
制限事項	—	—	
補足事項	—	—	
適用図記号	S00842		
被適用図記号	S00885, S00887, S00891, S00881, S00889, S00883, S01842		
キーワード	変流器, 変圧器	current transformers, transformers	
注記	—	Status level	Standard
		Released on	2001-07-01
		Obsolete from	—

第9節 変圧器及びリアクトル（一般図記号）

図記号番号 （識別番号）	図記号（Symbol）		
06-09-12 (S01343)			

項目	説明	IEC 60617 情報（参考）	
名称	パルス変成器	Pulse transformer	
別の名称	－	－	
様式	様式1	Form 1	
別様式	06-09-13	S01344	
注釈	A00128，A00129		
適用分類	回路図，接続図，機能図，据付図，ネットワークマップ，概要図	Circuit diagrams, Connection diagrams, Function diagrams, Installation diagrams, Network maps, Overview diagrams	
機能分類	変量を信号に変換（B）	B Converting variable to signal	
形状分類	円，線	Circles, Lines	
制限事項	－	－	
補足事項	－	－	
適用図記号	－		
被適用図記号	－		
キーワード	パルス変成器，変成器	pulse transformers, transformers	
注記	－	Status level	Standard
		Released on	2001-07-01
		Obsolete from	－

第9節 変圧器及びリアクトル（一般図記号）

図記号番号 （識別番号）	図記号（Symbol）		
06-09-13 (S01344)			

項目	説明	IEC 60617 情報（参考）	
名称	パルス変成器	Pulse transformer	
別の名称	—	—	
様式	様式2	Form 2	
別様式	06-09-12	S01343	
注釈	A00127，A00128，A00129，A00130		
適用分類	回路図	Circuit diagrams	
機能分類	変量を信号に変換（B）	B Converting variable to signal	
形状分類	半円，線	Half-circles，Lines	
制限事項	—	—	
補足事項	—	—	
適用図記号	S00842		
被適用図記号	—		
キーワード	パルス変成器，変圧器	pulse transformers，transformers	
注記	—	Status level	Standard
		Released on	2001-07-01
		Obsolete from	—

第 10 節　別個の巻線を用いる変圧器の例

図記号番号 (識別番号)	図記号 (Symbol)		
06-10-01 (S00852)			

項目	説明	IEC 60617 情報（参考）	
名称	遮蔽付き 2 巻線単相変圧器	Transformer with two windings and screen	
別の名称	−	−	
様式	様式 1	Form 1	
別様式	06-10-02	S00853	
注釈	A00128		
適用分類	回路図，接続図，機能図，据付図，ネットワークマップ，概要図	Circuit diagrams, Connection diagrams, Function diagrams, Installation diagrams, Network maps, Overview diagrams	
機能分類	同種の変換（T）	T Converting but maintaining kind	
形状分類	円，線	Circles, Lines	
制限事項	−	−	
補足事項	−	−	
適用図記号	S00002, S00065, S00841		
被適用図記号	−		
キーワード	変圧器，分離巻線変圧器	transformers, transformers with separate windings	
注記	−	Status level	Standard
		Released on	2001-07-01
		Obsolete from	−

第10節　別個の巻線を用いる変圧器の例

図記号番号 (識別番号)	図記号（Symbol）		
06-10-02 (S00853)			
項目	説明	IEC 60617 情報（参考）	
名称	遮蔽付き2巻線単相変圧器	Transformer with two windings and screen	
別の名称	－	－	
様式	様式2	Form 2	
別様式	06-10-01	S00852	
注釈	A00127，A00128，A00130		
適用分類	回路図	Circuit diagrams	
機能分類	同種の変換（T）	T Converting but maintaining kind	
形状分類	半円，線	Half-circles, Lines	
制限事項	－	－	
補足事項	－	－	
適用図記号	S00065，S00842		
被適用図記号	－		
キーワード	変圧器，分離巻線変圧器	transformers, transformers with separate windings	
注記	－	Status level	Standard
		Released on	2001-07-01
		Obsolete from	－

第10節　別個の巻線を用いる変圧器の例

図記号番号 （識別番号）	図記号（Symbol）	
06-10-03 (S00854)		

項目	説明	IEC 60617 情報（参考）	
名称	中間点引き出し単相変圧器	Transformer with centre tap on one winding	
別の名称	－	－	
様式	様式1	Form 1	
別様式	06-10-04	S00855	
注釈	A00128		
適用分類	回路図，接続図，機能図，据付図，ネットワークマップ，概要図	Circuit diagrams, Connection diagrams, Function diagrams, Installation diagrams, Network maps, Overview diagrams	
機能分類	同種の変換（T）	T Converting but maintaining kind	
形状分類	円，線	Circles, Lines	
制限事項	－	－	
補足事項	－	－	
適用図記号	S00002，S00841		
被適用図記号	－		
キーワード	変圧器，分離巻線変圧器	transformers, transformers with separate windings	
注記	－	Status level	Standard
		Released on	2001-07-01
		Obsolete from	－

第10節　別個の巻線を用いる変圧器の例

図記号番号 (識別番号)	図記号 (Symbol)		
06-10-04 (S00855)			
項目	説明	IEC 60617 情報（参考）	
名称	中間点引き出し単相変圧器	Transformer with centre tap on one winding	
別の名称	―	―	
様式	様式2	Form 2	
別様式	06-10-03	S00854	
注釈	A00127，A00128，A00130		
適用分類	回路図	Circuit diagrams	
機能分類	同種の変換（T）	T Converting but maintaining kind	
形状分類	半円	Half-circles	
制限事項	―	―	
補足事項	―	―	
適用図記号	S00842		
被適用図記号	―		
キーワード	変圧器，分離巻線変圧器	transformers, transformers with separate windings	
注記	―	Status level	Standard
		Released on	2001-07-01
		Obsolete from	―

第10節　別個の巻線を用いる変圧器の例

図記号番号 （識別番号）	図記号（Symbol）	
06-10-05 (S00856)	（単相電圧調整変圧器の記号図）	
項目	説明	IEC 60617 情報（参考）
名称	単相電圧調整変圧器	Transformer with variable coupling
別の名称	－	－
様式	様式1	Form 1
別様式	06-10-06	S00857
注釈	A00128	
適用分類	回路図，接続図，機能図，据付図，ネットワークマップ，概要図	Circuit diagrams, Connection diagrams, Function diagrams, Installation diagrams, Network maps, Overview diagrams
機能分類	同種の変換（T）	T Converting but maintaining kind
形状分類	矢印，円，線	Arrows, Circles, Lines
制限事項	－	－
補足事項	－	－
適用図記号	S00002，S00081，S00841	
被適用図記号	－	
キーワード	変圧器，分離巻線変圧器，可変	transformers, transformers with separate windings, variability
注記	－	Status level	Standard
		Released on	2001-07-01
		Obsolete from	－

第10節 別個の巻線を用いる変圧器の例

図記号番号 (識別番号)	図記号（Symbol）		
06-10-06 (S00857)			

項目	説明	IEC 60617 情報（参考）	
名称	単相電圧調整変圧器	Transformer with variable coupling	
別の名称	－	－	
様式	様式2	Form 2	
別様式	06-10-05	S00856	
注釈	A00127，A00128，A00130		
適用分類	回路図	Circuit diagrams	
機能分類	同種の変換（T）	T Converting but maintaining kind	
形状分類	矢印，半円	Arrows, Half-circles	
制限事項	－	－	
補足事項	－	－	
適用図記号	S00081，S00842		
被適用図記号	－		
キーワード	変圧器，分離巻線変圧器，可変	transformers, transformers with separate windings, variability	
注記	－	Status level	Standard
		Released on	2001-07-01
		Obsolete from	－

第10節 別個の巻線を用いる変圧器の例

図記号番号 (識別番号)	図記号 (Symbol)	
06-10-07 (S00858)		

項目	説明	IEC 60617 情報 (参考)	
名称	星形三角結線の三相変圧器 (スターデルタ結線)	Three-phase transformer, connection star-delta	
別の名称	―	―	
様式	様式1	Form 1	
別様式	06-10-08	S00859	
注釈	A00128		
適用分類	回路図, 接続図, 機能図, 据付図, ネットワークマップ, 概要図	Circuit diagrams, Connection diagrams, Function diagrams, Installation diagrams, Network maps, Overview diagrams	
機能分類	同種の変換 (T)	T Converting but maintaining kind	
形状分類	円, 正三角形, 線	Circles, Equilateral triangles, Lines	
制限事項	―	―	
補足事項	―	―	
適用図記号	S00002, S00806, S00808, S00841		
被適用図記号	―		
キーワード	変圧器, 分離巻線変圧器	transformers, transformers with separate windings	
注記	―	Status level	Standard
		Released on	2001-07-01
		Obsolete from	―

第10節 別個の巻線を用いる変圧器の例

図記号番号 (識別番号)	図記号（Symbol）		
06-10-08 (S00859)			

項目	説明	IEC 60617 情報（参考）	
名称	星形三角結線の三相変圧器（スターデルタ結線）	Three-phase transformer, connection star-delta	
別の名称	―	―	
様式	様式2	Form 2	
別様式	06-10-07	S00858	
注釈	A00127, A00128, A00130		
適用分類	回路図	Circuit diagrams	
機能分類	同種の変換（T）	T Converting but maintaining kind	
形状分類	半円	Half-circles	
制限事項	―	―	
補足事項	―	―	
適用図記号	S00842		
被適用図記号	―		
キーワード	変圧器，分離巻線変圧器	transformers, transformers with separate windings	
注記	―	Status level	Standard
		Released on	2001-07-01
		Obsolete from	―

第10節 別個の巻線を用いる変圧器の例

図記号番号 （識別番号）	図記号（Symbol）	
06-10-09 (S00860)	(図記号)	

項目	説明	IEC 60617 情報（参考）	
名称	星形星形結線の4タップ付き三相変圧器	Three-phase transformer with four taps, connection: star-star	
別の名称	ー	ー	
様式	様式1	Form 1	
別様式	06-10-10	S00861	
注釈	A00128		
適用分類	回路図，接続図，機能図，据付図，ネットワークマップ，概要図	Circuit diagrams, Connection diagrams, Function diagrams, Installation diagrams, Network maps, Overview diagrams	
機能分類	同種の変換（T）	T Converting but maintaining kind	
形状分類	文字，円，点，線	Characters, Circles, Dots (points), Lines	
制限事項	ー	ー	
補足事項	各一次巻線に，巻線の終端に加え，利用可能な4か所の接続点がある。	Each primary winding is shown with four available connection points in addition to those at the winding-ends.	
適用図記号	S00002, S00808, S00841		
被適用図記号	ー		
キーワード	変圧器，分離巻線変圧器	transformers, transformers with separate windings	
注記	ー	Status level	Standard
		Released on	2001-07-01
		Obsolete from	ー

第 10 節　別個の巻線を用いる変圧器の例

図記号番号 (識別番号)	図記号（Symbol）	
06-10-10 (S00861)		

項目	説明	IEC 60617 情報（参考）
名称	星形星形結線の 4 タップ付き三相変圧器	Three-phase transformer with four taps, connection: star-star
別の名称	—	—
様式	様式 2	Form 2
別様式	06-10-09	S00860
注釈	A00127，A00128，A00130	
適用分類	回路図	Circuit diagrams
機能分類	同種の変換（T）	T Converting but maintaining kind
形状分類	半円，線	Half-circles, Lines
制限事項	—	—
補足事項	各一次巻線に，巻線の終端に加え，利用可能な 4 か所の接続点がある。	Each primary winding is shown with four available connection points in addition to those at the winding-ends.
適用図記号	S00842	
被適用図記号	—	
キーワード	変圧器，分離巻線変圧器	transformers, transformers with separate windings
注記	—	Status level / Standard Released on / 2001-07-01 Obsolete from / —

第10節　別個の巻線を用いる変圧器の例

図記号番号 (識別番号)	図記号（Symbol）	
06-10-11 (S00862)		

項目	説明	IEC 60617 情報（参考）	
名称	星形三角結線の単相変圧器の三相バンク	Three-phase bank of single-phase transformers, connection star-delta	
別の名称	−	−	
様式	様式1	Form 1	
別様式	06-10-12	S00863	
注釈	A00128		
適用分類	回路図，接続図，機能図，据付図，ネットワークマップ，概要図	Circuit diagrams, Connection diagrams, Function diagrams, Installation diagrams, Network maps, Overview diagrams	
機能分類	同種の変換（T）	T Converting but maintaining kind	
形状分類	文字，円，線，正三角形	Characters, Circles, Lines, Equilateral triangles	
制限事項	−	−	
補足事項	−	−	
適用図記号	S00002，S00806，S00808，S00841		
被適用図記号	−		
キーワード	変圧器，分離巻線変圧器	transformers, transformers with separate windings	
注記	−	Status level	Standard
		Released on	2001-07-01
		Obsolete from	−

第10節　別個の巻線を用いる変圧器の例

図記号番号 (識別番号)	図記号（Symbol）		
06-10-12 (S00863)			
項目	説明	IEC 60617 情報（参考）	
名称	星形三角結線の単相変圧器の三相バンク	Three-phase bank of single-phase transformers, connection star-delta	
別の名称	−	−	
様式	様式2	Form 2	
別様式	06-10-11	S00862	
注釈	A00127，A00128，A00130		
適用分類	回路図	Circuit diagrams	
機能分類	同種の変換（T）	T Converting but maintaining kind	
形状分類	半円	Half-circles	
制限事項	−	−	
補足事項	−	−	
適用図記号	S00842		
被適用図記号	−		
キーワード	変圧器	transformers	
注記	−	Status level	Standard
		Released on	2001-07-01
		Obsolete from	−

第10節　別個の巻線を用いる変圧器の例

図記号番号 （識別番号）	図記号（Symbol）	
06-10-13 (S00864)		

項目	説明	IEC 60617 情報（参考）	
名称	タップ切換装置付き三相変圧器	Three-phase transformer with tap changer	
別の名称	−	−	
様式	様式1	Form 1	
別様式	06-10-14	S00865	
注釈	A00128		
適用分類	回路図，接続図，機能図，据付図，概要図	Circuit diagrams, Connection diagrams, Function diagrams, Installation diagrams, Overview diagrams	
機能分類	同種の変換（T）	T Converting but maintaining kind	
形状分類	矢印，円，線，正三角形	Arrows, Circles, Lines, Equilateral triangles	
制限事項	−	−	
補足事項	負荷時タップ切換装置付き，星形三角結線	On-load tap changer, connection star-delta	
適用図記号	S00002, S00081, S00087, S00806, S00808, S00841		
被適用図記号	−		
キーワード	タップ切換装置，変圧器，分離巻線変圧器	tap changers, transformers, transformers with separate windings	
注記	−	Status level	Standard
		Released on	2001-07-01
		Obsolete from	−

第10節　別個の巻線を用いる変圧器の例

図記号番号 (識別番号)	図記号 (Symbol)		
06-10-14 (S00865)			
項目	説明	IEC 60617 情報（参考）	
名称	タップ切換装置付き三相変圧器	Three-phase transformer with tap changer	
別の名称	—	—	
様式	様式 2	Form 2	
別様式	06-10-13	S00864	
注釈	A00127，A00128，A00130		
適用分類	回路図	Circuit diagrams	
機能分類	同種の変換 (T)	T Converting but maintaining kind	
形状分類	矢印，半円	Arrows, Half-circles	
制限事項	—	—	
補足事項	負荷時タップ切換装置付き，星形三角結線	On-load tap changer, connection star-delta	
適用図記号	S00081，S00087，S00842		
被適用図記号	—		
キーワード	タップ切換装置，変圧器，分離巻線変圧器	tap changers, transformers, transformers with separate windings	
注記	—	Status level	Standard
		Released on	2001-07-01
		Obsolete from	—

第 10 節　別個の巻線を用いる変圧器の例

図記号番号 (識別番号)	図記号（Symbol）	
06-10-15 (S00866)	（星形－千鳥形三相変圧器の図記号）	
項目	説明	IEC 60617 情報（参考）
名称	中性点引き出し付き，星形千鳥結線の三相変圧器	Three-phase transformer, connection star-zigzag with the neutral brought out
別の名称	—	—
様式	様式 1	Form 1
別様式	06-10-16	S00867
注釈	A00128	
適用分類	回路図，接続図，機能図，概要図	Circuit diagrams, Connection diagrams, Function diagrams, Overview diagrams
機能分類	同種の変換（T）	T Converting but maintaining kind
形状分類	円，線	Circles, Lines
制限事項	—	—
補足事項	—	—
適用図記号	S00002, S00446, S00808, S00810, S00841	
被適用図記号	—	
キーワード	変圧器，分離巻線変圧器	transformers, transformers with separate windings
注記	—	Status level / Standard
		Released on / 2001-07-01
		Obsolete from / —

第10節 別個の巻線を用いる変圧器の例

図記号番号 (識別番号)	図記号 (Symbol)	
06-10-16 (S00867)		

項目	説明	IEC 60617 情報（参考）	
名称	中性点引き出し付き，星形千鳥結線の三相変圧器	Three-phase transformer, connection star-zigzag with the neutral brought out	
別の名称	—	—	
様式	様式2	Form 2	
別様式	06-10-15	S00866	
注釈	A00127，A00128，A00130		
適用分類	回路図	Circuit diagrams	
機能分類	同種の変換 (T)	T Converting but maintaining kind	
形状分類	半円	Half-circles	
制限事項	—	—	
補足事項	—	—	
適用図記号	S00842		
被適用図記号	—		
キーワード	変圧器，分離巻線変圧器	transformers, transformers with separate windings	
注記	—	Status level	Standard
		Released on	2001-07-01
		Obsolete from	—

第 10 節　別個の巻線を用いる変圧器の例

図記号番号 (識別番号)	図記号 (Symbol)	
06-10-17 (S00868)		

項目	説明	IEC 60617 情報（参考）	
名称	星形星形三角結線の三相変圧器	Three-phase transformer, connection star-star-delta	
別の名称	−	−	
様式	様式 1	Form 1	
別様式	06-10-18	S00869	
注釈	A00128		
適用分類	回路図, 接続図, 機能図, 概要図	Circuit diagrams, Connection diagrams, Function diagrams, Overview diagrams	
機能分類	同種の変換（T）	T Converting but maintaining kind	
形状分類	円, 正三角形, 線	Circles, Equilateral triangles, Lines	
制限事項	−	−	
補足事項	−	−	
適用図記号	S00002, S00806, S00808, S00844		
被適用図記号	−		
キーワード	変圧器, 分離巻線変圧器	transformers, transformers with separate windings	
注記	−	Status level	Standard
		Released on	2001-07-01
		Obsolete from	−

第10節 別個の巻線を用いる変圧器の例

図記号番号 (識別番号)	図記号（Symbol）	
06-10-18 (S00869)	（図記号）	

項目	説明	IEC 60617 情報（参考）	
名称	星形星形三角結線の三相変圧器	Three-phase transformer, connection star-star-delta	
別の名称	—	—	
様式	様式 2	Form 2	
別様式	06-10-17	S00868	
注釈	A00127，A00128，A00130		
適用分類	回路図	Circuit diagrams	
機能分類	同種の変換（T）	T Converting but maintaining kind	
形状分類	半円	Half-circles	
制限事項	—	—	
補足事項	—	—	
適用図記号	S00842		
被適用図記号	—		
キーワード	変圧器，分離巻線変圧器	Transformers, transformers with separate windings	
注記	—	Status level	Standard
		Released on	2001-07-01
		Obsolete from	—

第10節　別個の巻線を用いる変圧器の例

図記号番号 （識別番号）	図記号（Symbol）		
06-10-19 (S01837)			
項目	説明	IEC 60617 情報（参考）	
名称	三相移相器	Phase-shifting transformer, three-phase	
別の名称	―	―	
様式	様式1	Form 1	
別様式	06-10-20	S01838	
注釈	A00128		
適用分類	回路図，接続図	Circuit diagrams, Connection diagrams	
機能分類	同種の変換（T）	T Converting but maintaining kind	
形状分類	矢印，円，線	Arrows, Circles, Lines	
制限事項	―	―	
補足事項	―		
適用図記号	S00002, S00841, S01846		
被適用図記号	―		
キーワード	移相，変圧器	phase-shifting, transformers	
注記	―	Status level	Standard
		Released on	2005-11-15
		Obsolete from	―

第10節　別個の巻線を用いる変圧器の例

図記号番号 (識別番号)	図記号（Symbol）		
06-10-20 (S01838)	(三相移相器の図記号)		
項目	説明	IEC 60617 情報（参考）	
名称	三相移相器	Phase-shifting transformer, three-phase	
別の名称	－	－	
様式	様式 2	Form 2	
別様式	06-10-19	S01837	
注釈	A00128		
適用分類	回路図，接続図	Circuit diagrams, Connection diagrams	
機能分類	同種の変換（T）	T Converting but maintaining kind	
形状分類	矢印，半円，線	Arrows, Half-circles, Lines	
制限事項	－	－	
補足事項	－	－	
適用図記号	S00842, S01846		
被適用図記号	－		
キーワード	移相，変圧器	phase-shifting, transformers	
注記	－	Status level	Standard
		Released on	2005-11-15
		Obsolete from	－

第11節 単巻変圧器の例

図記号番号 (識別番号)	図記号 (Symbol)		
06-11-01 (S00870)			
項目	説明	IEC 60617 情報 (参考)	
名称	単相単巻変圧器	Auto-transformer, single-phase	
別の名称	—	—	
様式	様式1	Form 1	
別様式	06-11-02	S00871	
注釈	A00128		
適用分類	回路図, 接続図, 機能図, 概要図	Circuit diagrams, Connection diagrams, Function diagrams, Overview diagrams	
機能分類	同種の変換 (T)	T Converting but maintaining kind	
形状分類	円	Circles	
制限事項	—	—	
補足事項	—	—	
適用図記号	S00002, S00846		
被適用図記号	S00874		
キーワード	単巻変圧器, 変圧器	auto-transformers, transformers	
注記	—	Status level	Standard
		Released on	2001-07-01
		Obsolete from	—

第11節　単巻変圧器の例

図記号番号 （識別番号）	図記号（Symbol）		
06-11-02 (S00871)			
項目	説明	IEC 60617 情報（参考）	
名称	単相単巻変圧器	Auto-transformer, single-phase	
別の名称	－	－	
様式	様式2	Form 2	
別様式	06-11-01	S00870	
注釈	A00127，A00128		
適用分類	回路図	Circuit diagrams	
機能分類	同種の変換（T）	T Converting but maintaining kind	
形状分類	半円	Half-circles	
制限事項	－	－	
補足事項	－	－	
適用図記号	S00847		
被適用図記号	－		
キーワード	単巻変圧器，変圧器	auto-transformers, transformers	
注記	－	Status level	Standard
		Released on	2001-07-01
		Obsolete from	－

第11節 単巻変圧器の例

図記号番号 (識別番号)	図記号(Symbol)		
06-11-03 (S00872)			
項目	説明		IEC 60617 情報(参考)
名称	星形結線の三相単巻変圧器		Auto-transformer, three-phase, connection star
別の名称	—		—
様式	様式1		Form 1
別様式	06-11-04		S00873
注釈	A00128		
適用分類	回路図,接続図,機能図,概要図		Circuit diagrams, Connection diagrams, Function diagrams, Overview diagrams
機能分類	同種の変換(T)		T Converting but maintaining kind
形状分類	円,線		Circles, Lines
制限事項	—		—
補足事項	—		—
適用図記号	S00002,S00808,S00846		
被適用図記号	—		
キーワード	単巻変圧器,変圧器		auto-transformers, transformers
注記	— || Status level	Standard
		Released on	2001-07-01
		Obsolete from	—

第11節　単巻変圧器の例

図記号番号 (識別番号)	図記号（Symbol）		
06-11-04 (S00873)			
項目	説明	IEC 60617 情報（参考）	
名称	星形結線の三相単巻変圧器	Auto-transformer, three-phase, connection star	
別の名称	—	—	
様式	様式2	Form 2	
別様式	06-11-03	S00872	
注釈	A00127, A00128, A00130		
適用分類	回路図	Circuit diagrams	
機能分類	同種の変換（T）	T Converting but maintaining kind	
形状分類	半円	Half-circles	
制限事項	—	—	
補足事項	—	—	
適用図記号	S00847		
被適用図記号	—		
キーワード	単巻変圧器，変圧器	auto-transformers, transformers	
注記	—	Status level	Standard
		Released on	2001-07-01
		Obsolete from	—

第11節 単巻変圧器の例

図記号番号 (識別番号)	図記号（Symbol）		
06-11-05 (S00874)			
項目	説明	IEC 60617 情報（参考）	
名称	電圧調整式の単相単巻変圧器	Auto-transformer, single-phase with voltage regulation	
別の名称	－	－	
様式	様式1	Form 1	
別様式	06-11-06	S00875	
注釈	A00128		
適用分類	回路図，接続図，機能図，概要図	Circuit diagrams, Connection diagrams, Function diagrams, Overview diagrams	
機能分類	同種の変換（T）	T Converting but maintaining kind	
形状分類	矢印，円	Arrows, Circles	
制限事項	－	－	
補足事項	－	－	
適用図記号	S00002, S00081, S00846, S00870		
被適用図記号	－		
キーワード	単巻変圧器，変圧器	auto-transformers, transformers	
注記	－	Status level	Standard
		Released on	2001-07-01
		Obsolete from	－

第11節 単巻変圧器の例

図記号番号 (識別番号)	図記号（Symbol）		
06-11-06 (S00875)			
項目	説明	IEC 60617 情報（参考）	
名称	電圧調整式の単相単巻変圧器	Auto-transformer, single-phase with voltage regulation	
別の名称	―	―	
様式	様式2	Form 2	
別様式	06-11-05	S00874	
注釈	A00127, A00128		
適用分類	回路図	Circuit diagrams	
機能分類	同種の変換（T）	T Converting but maintaining kind	
形状分類	矢印，半円	Arrows, Half-circles	
制限事項	―	―	
補足事項	―	―	
適用図記号	S00081, S00847		
被適用図記号	―		
キーワード	単巻変圧器，変圧器	auto-transformers, transformers	
注記	―	Status level	Standard
		Released on	2001-07-01
		Obsolete from	―

第12節　誘導電圧調整器の例

図記号番号 (識別番号)	図記号（Symbol）		
06-12-01 (S00876)			

項目	説明	IEC 60617 情報（参考）	
名称	三相誘導電圧調整器	Three-phase induction regulator	
別の名称	—	—	
様式	様式1	Form 1	
別様式	06-12-02	S00877	
注釈	A00128		
適用分類	回路図，接続図，機能図，概要図	Circuit diagrams, Connection diagrams, Function diagrams, Overview diagrams	
機能分類	限定又は安定化（R）， 同種の変換（T）	R Restricting or stabilising, T Converting but maintaining kind	
形状分類	矢印，円，線	Arrows, Circles, Lines	
制限事項	—	—	
補足事項	—	—	
適用図記号	S00002, S00081		
被適用図記号	—		
キーワード	誘導電圧調整器，誘導器，リアクトル	induction regulators, inductors, reactors	
注記	—	Status level	Standard
		Released on	2001-07-01
		Obsolete from	—

第 12 節 誘導電圧調整器の例

図記号番号 (識別番号)	図記号 (Symbol)		
06-12-02 (S00877)			

項目	説明	IEC 60617 情報 (参考)	
名称	三相誘導電圧調整器	Three-phase induction regulator	
別の名称	—	—	
様式	様式 2	Form 2	
別様式	06-12-01	S00876	
注釈	A00127, A00128, A00130		
適用分類	回路図	Circuit diagrams	
機能分類	同種の変換(T)	T Converting but maintaining kind	
形状分類	矢印,半円	Arrows, Half-circles	
制限事項	—	—	
補足事項	—	—	
適用図記号	S00081, S00842		
被適用図記号	—		
キーワード	誘導電圧調整器,誘導器,リアクトル	induction regulators, inductors, reactors	
注記	—	Status level	Standard
		Released on	2001-07-01
		Obsolete from	—

第13節　計器用変成器及びパルス変成器の例

図記号番号 （識別番号）	図記号（Symbol）		
06-13-01A (S00878)	（図記号：円が縦に2つ重なったもの）		
項目	説明	IEC 60617 情報（参考）	
名称	計器用変圧器	Voltage transformer	
別の名称	計器用変成器	Measuring transformer	
様式	様式1	Form 1	
別様式	06-13-01B	S00879	
注釈	A00128，A00134		
適用分類	回路図，接続図，機能図，概要図	Circuit diagrams, Connection diagrams, Function diagrams, Overview diagrams	
機能分類	変量を信号に変換（B）	B Converting variable to signal	
形状分類	円	Circles	
制限事項	－	－	
補足事項	－	－	
適用図記号	S00841		
被適用図記号	S01839，S01840		
キーワード	計器用変成器，変圧器，計器用変圧器	measuring transformers, transformers, voltage transformers	
注記	－	Status level	Standard
		Released on	2001-07-01
		Obsolete from	－

第13節　計器用変成器及びパルス変成器の例

図記号番号 (識別番号)	図記号 (Symbol)		
06-13-01B (S00879)			

項目	説明	IEC 60617 情報 (参考)	
名称	計器用変圧器	Voltage transformer	
別の名称	計器用変成器	Measuring transformer	
様式	様式2	Form 2	
別様式	06-13-01A	S00878	
注釈	A00127, A00128, A00130, A00134		
適用分類	回路図	Circuit diagrams	
機能分類	変量を信号に変換 (B)	B Converting variable to signal	
形状分類	半円	Half-circles	
制限事項	—	—	
補足事項	—	—	
適用図記号	S00842		
被適用図記号	—		
キーワード	計器用変成器, 変圧器, 計器用変圧器	measuring transformers, transformers, voltage transformers	
注記	—	Status level	Standard
		Released on	2001-07-01
		Obsolete from	—

第13節 計器用変成器及びパルス変成器の例

図記号番号 （識別番号）	図記号（Symbol）		
06-13-02 (S00880)			
項目	説明	IEC 60617 情報（参考）	
名称	各々の鉄心に1個の二次巻線がある鉄心を2個用いる変流器	Current transformer with two cores with one secondary winding on each core	
別の名称	—	—	
様式	様式1	Form 1	
別様式	06-13-03	S00881	
注釈	A00128，A00129，A00134		
適用分類	回路図，接続図，機能図，概要図	Circuit diagrams, Connection diagrams, Function diagrams, Overview diagrams	
機能分類	変量を信号に変換（B）	B Converting variable to signal	
形状分類	円，線	Circles, Lines	
制限事項	—	—	
補足事項	一次回路の各端に示す端子記号は，1台の機器が接続されることを意味している。端子の名称を用いている場合は，端子記号を省略できる。	The terminal symbols shown at each end of the primary circuit indicate that only a single device is represented. The terminal symbols may be omitted if terminal designations are used.	
適用図記号	S00002，S00017，S00850		
被適用図記号	—		
キーワード	変流器，計器用変成器，変圧器	current transformers, measuring transformers, transformers	
注記	—	Status level	Standard
		Released on	2001-07-01
		Obsolete from	—

第13節 計器用変成器及びパルス変成器の例

図記号番号 (識別番号)	図記号 (Symbol)	
06-13-03 (S00881)	（電流変成器の図記号）	
項目	説明	IEC 60617 情報（参考）
名称	各々の鉄心に1個の二次巻線がある鉄心を2個用いる変流器	Current transformer with two cores with one secondary winding on each core
別の名称	—	—
様式	様式2	Form 2
別様式	06-13-02	S00880
注釈	A00127, A00128, A00129, A00130, A00134	
適用分類	回路図	Circuit diagrams
機能分類	変量を信号に変換（B）	B Converting variable to signal
形状分類	半円，線	Half-circles, Lines
制限事項	—	—
補足事項	一次回路の各端に示す端子記号は，1台の機器が接続されることを意味している。端子の名称を用いている場合は，端子記号を省略できる。 様式2では，鉄心記号を省略できる。	The terminal symbols shown at each end of the primary circuit indicate that only a single device is represented. The terminal symbols may be omitted if terminal designations are used. In form 2, core symbols may be omitted.
適用図記号	S00017, S00851	
被適用図記号	—	
キーワード	変流器，計器用変成器，変圧器	current transformers, measuring transformers, transformers
注記	—	Status level	Standard
		Released on	2001-07-01
		Obsolete from	—

第13節　計器用変成器及びパルス変成器の例

図記号番号 （識別番号）	図記号（Symbol）	
06-13-04 (S00882)	（円が2つ縦に並び、それぞれに二次巻線の記号が付く図）	
項目	説明	IEC 60617 情報（参考）
名称	1個の鉄心に2個の二次巻線がある変流器	Current transformer with two secondary windings on one core
別の名称	−	−
様式	様式1	Form 1
別様式	06-13-05	S00883
注釈	A00128，A00129，A00134	
適用分類	回路図，接続図，機能図，概要図	Circuit diagrams, Connection diagrams, Function diagrams, Overview diagrams
機能分類	変量を信号に変換（B）	B Converting variable to signal
形状分類	円，線	Circles, Lines
制限事項	−	−
補足事項	−	−
適用図記号	S00002，S00850	
被適用図記号	−	
キーワード	変流器，計器用変成器，変圧器	current transformers, measuring transformers, transformers
注記	−	Status level / Standard Released on / 2001-07-01 Obsolete from / −

第13節　計器用変成器及びパルス変成器の例

図記号番号 （識別番号）	図記号（Symbol）		
06-13-05 (S00883)			
項目	説明	IEC 60617 情報（参考）	
名称	1個の鉄心に2個の二次巻線がある変流器	Current transformer with two secondary windings on one core	
別の名称	―	―	
様式	様式2	Form 2	
別様式	06-13-04	S00882	
注釈	A00127，A00128，A00129，A00130，A00134		
適用分類	回路図	Circuit diagrams	
機能分類	変量を信号に変換（B）	B Converting variable to signal	
形状分類	半円，線	Half-circles，Lines	
制限事項	―	―	
補足事項	様式2では，鉄心記号を描かなければならない。	In form 2, the core symbol shall be drawn.	
適用図記号	S00851		
被適用図記号	―		
キーワード	変流器，計器用変成器，変圧器	current transformers, measuring transformers, transformers	
注記	―	Status level	Standard
		Released on	2001-07-01
		Obsolete from	―

第13節　計器用変成器及びパルス変成器の例

図記号番号 (識別番号)	図記号（Symbol）		
06-13-06 (S00884)			

項目	説明	IEC 60617 情報（参考）	
名称	二次巻線に1個のタップをもつ変流器	Current transformer with one secondary winding with one tap	
別の名称	—	—	
様式	様式1	Form 1	
別様式	06-13-07	S00885	
注釈	A00128，A00129，A00134		
適用分類	回路図，接続図，機能図，概要図	Circuit diagrams, Connection diagrams, Function diagrams, Overview diagrams	
機能分類	変量を信号に変換（B）	B Converting variable to signal	
形状分類	円，点，線	Circles, Dots (points), Lines	
制限事項	—	—	
補足事項	—	—	
適用図記号	S00002，S00850		
被適用図記号	—		
キーワード	変流器，計器用変成器，変圧器	current transformers, measuring transformers, transformers	
注記	—	Status level	Standard
		Released on	2001-07-01
		Obsolete from	—

第13節 計器用変成器及びパルス変成器の例

図記号番号 (識別番号)	図記号 (Symbol)		
06-13-07 (S00885)			

項目	説明	IEC 60617 情報 (参考)	
名称	二次巻線に1個のタップをもつ変流器	Current transformer with one secondary winding with one tap	
別の名称	—	—	
様式	様式2	Form 2	
別様式	06-13-06	S00884	
注釈	A00127, A00128, A00129, A00130, A00134		
適用分類	回路図	Circuit diagrams	
機能分類	変量を信号に変換 (B)	B Converting variable to signal	
形状分類	半円, 線	Half-circles, Lines	
制限事項	—	—	
補足事項	—	—	
適用図記号	S00851		
被適用図記号	—		
キーワード	変流器, 計器用変成器, 変圧器	current transformers, measuring transformers, transformers	
注記	—	Status level	Standard
		Released on	2001-07-01
		Obsolete from	—

第13節　計器用変成器及びパルス変成器の例

図記号番号 (識別番号)	図記号（Symbol）		
06-13-08 (S00886)	（記号：N=5 の変流器記号）		
項目	説明	IEC 60617 情報（参考）	
名称	一次巻線の役をする導体を5回通した変流器	Current transformer with five passages of a conductor acting as a primary winding	
別の名称	—	—	
様式	様式1	Form 1	
別様式	06-13-09	S00887	
注釈	A00128，A00129，A00134		
適用分類	回路図，接続図，機能図，概要図	Circuit diagrams, Connection diagrams, Function diagrams, Overview diagrams	
機能分類	変量を信号に変換（B）	B Converting variable to signal	
形状分類	文字，円，線	Characters, Circles, Lines	
制限事項	—	—	
補足事項	この種の変流器は，一次巻線をもたない。	This kind of current transformer has no built-in primary winding	
適用図記号	S00002，S00850		
被適用図記号	—		
キーワード	変流器，計器用変成器，変圧器	current transformers, measuring transformers, transformers	
注記	—	Status level	Standard
		Released on	2001-07-01
		Obsolete from	—

第13節　計器用変成器及びパルス変成器の例

図記号番号 (識別番号)	図記号（Symbol）	
06-13-09 (S00887)	$N=5$	
項目	説明	IEC 60617 情報（参考）
名称	一次巻線の役をする導体を5回通した変流器	Current transformer with five passages of a conductor acting as a primary winding
別の名称	—	—
様式	様式2	Form 2
別様式	06-13-08	S00886
注釈	A00127, A00128, A00129, A00130, A00134	
適用分類	回路図	Circuit diagrams
機能分類	変量を信号に変換（B）	B Converting variable to signal
形状分類	文字，半円，線	Characters, Half-circles, Lines
制限事項	—	—
補足事項	この種の変流器は，一次巻線をもたない。	This kind of current transformer has no built-in primary winding.
適用図記号	S00851	
被適用図記号	—	
キーワード	変流器，計器用変成器，変圧器	current transformers, measuring transformers, transformers
注記	—	Status level	Standard
		Released on	2001-07-01
		Obsolete from	—

第13節　計器用変成器及びパルス変成器の例

図記号番号 (識別番号)	図記号（Symbol）	
06-13-10 (S00888)	（3本の一次導体を通したパルス変成器又は変流器の記号図）	
項目	説明	**IEC 60617** 情報（参考）
名称	3本の一次導体をまとめて通したパルス変成器又は変流器	Pulse or current transformer with three threaded primary conductors
別の名称	－	－
様式	様式1	Form 1
別様式	06-13-11	S00889
注釈	A00128，A00129，A00134	
適用分類	回路図，接続図，機能図，概要図	Circuit diagrams, Connection diagrams, Function diagrams, Overview diagrams
機能分類	変量を信号に変換（B）	B Converting variable to signal
形状分類	文字，円，線	Characters, Circles, Lines
制限事項	－	－
補足事項	－	－
適用図記号	S00002，S00003，S00850	
被適用図記号	－	
キーワード	変流器，計器用変成器，パルス変成器，変圧器	current transformers, measuring transformers, pulse transformers, transformers
注記	－	Status level / Standard Released on / 2001-07-01 Obsolete from / －

第13節 計器用変成器及びパルス変成器の例

図記号番号 (識別番号)	図記号 (Symbol)	
06-13-11 (S00889)		

項目	説明	IEC 60617 情報（参考）	
名称	3本の一次導体をまとめて通したパルス変成器又は変流器	Pulse or current transformer with three threaded primary conductors	
別の名称	—	—	
様式	様式2	Form 2	
別様式	06-13-10	S00888	
注釈	A00127, A00128, A00129, A00130, A00134		
適用分類	回路図	Circuit diagrams	
機能分類	変量を信号に変換（B）	B Converting variable to signal	
形状分類	半円, 線	Half-circles, Lines	
制限事項	—	—	
補足事項	—	—	
適用図記号	S00851		
被適用図記号	—		
キーワード	変流器, 計器用変成器, パルス変成器, 変圧器	current transformers, measuring transformers, pulse transformers, transformers	
注記	—	Status level	Standard
		Released on	2001-07-01
		Obsolete from	—

第 13 節　計器用変成器及びパルス変成器の例

図記号番号 (識別番号)	図記号 (Symbol)	
06-13-12 (S00890)		

項目	説明	IEC 60617 情報 (参考)	
名称	同一鉄心に 2 個の二次巻線があるパルス変成器又は変流器	Pulse or current transformer with two secondary windings on the same core	
別の名称	−	−	
様式	様式 1	Form 1	
別様式	06-13-13	S00891	
注釈	A00128, A00129, A00134		
適用分類	回路図, 接続図, 機能図, 概要図	Circuit diagrams, Connection diagrams, Function diagrams, Overview diagrams	
機能分類	変量を信号に変換 (B)	B Converting variable to signal	
形状分類	文字, 円, 線	Characters, Circles, Lines	
制限事項	−	−	
補足事項	9 本の一次導体をまとめて通した場合を示してある。	Shown with nine threaded primary conductors	
適用図記号	S00002, S00003, S00850		
被適用図記号	−		
キーワード	変流器, 計器用変成器, パルス変成器, 変圧器	current transformers, measuring transformers, pulse transformers, transformers	
注記	−	Status level	Standard
		Released on	2001-07-01
		Obsolete from	−

第 13 節　計器用変成器及びパルス変成器の例

図記号番号 （識別番号）	図記号（Symbol）	
06-13-13 (S00891)	（パルス変成器：同一鉄心に2個の二次巻線、一次導体9本を通した記号図）	
項目	説明	IEC 60617 情報（参考）
名称	同一鉄心に2個の二次巻線があるパルス変成器又は変流器	Pulse or current transformer with two secondary windings on the same core
別の名称	—	—
様式	様式 2	Form 2
別様式	06-13-12	S00890
注釈	A00127，A00128，A00129，A00130，A00134	
適用分類	回路図	Circuit diagrams
機能分類	変量を信号に変換（B）	B Converting variable to signal
形状分類	半円，線	Half-circles, Lines
制限事項	—	—
補足事項	9本の一次導体をまとめて通した場合を示してある。	Shown with nine threaded primary conductors
適用図記号	S00851	
被適用図記号	—	
キーワード	変流器，計器用変成器，パルス変成器，変圧器	current transformers, measuring transformers, pulse transformers, transformers
注記	—	Status level	Standard
		Released on	2001-07-01
		Obsolete from	—

第13節　計器用変成器及びパルス変成器の例

図記号番号 (識別番号)	図記号（Symbol）		
06-13-14 (S01839)	（図）		
項目	説明	IEC 60617 情報（参考）	
名称	ブッシング形計器用変圧器	Bushing type voltage transformer	
別の名称	－	－	
様式	様式 1	Form 1	
別様式	06-13-15	S01840	
注釈	－		
適用分類	回路図，接続図	Circuit diagrams, Connection diagrams	
機能分類	変量を信号に変換（B）	B Converting variable to signal	
形状分類	円，半円，線	Circles, Half-circles, Lines	
制限事項	－	－	
補足事項	－		
適用図記号	S00017，S00878		
被適用図記号	－		
キーワード	計器用変成器，変圧器，計器用変圧器	measuring transformers, transformers, voltage transformers	
注記	－	Status level	Standard
		Released on	2005-11-15
		Obsolete from	－

第13節 計器用変成器及びパルス変成器の例

図記号番号 (識別番号)	図記号 (Symbol)	
06-13-15 (S01840)		

項目	説明	IEC 60617 情報 (参考)	
名称	ブッシング形計器用変圧器	Bushing type voltage transformer	
別の名称	—	—	
様式	様式2	Form 2	
別様式	06-13-14	S01839	
注釈	A00128		
適用分類	回路図，接続図	Circuit diagrams, Connection diagrams	
機能分類	変量を信号に変換 (B)	B Converting variable to signal	
形状分類	半円，線	Half-circles, Lines	
制限事項	—	—	
補足事項	—	—	
適用図記号	S00017, S00878		
被適用図記号	—		
キーワード	計器用変成器，変成器，計器用変圧器	measuring transformers, transformers, voltage transformers	
注記	—	Status level	Standard
		Released on	2005-11-15
		Obsolete from	—

第13節 計器用変成器及びパルス変成器の例

図記号番号 (識別番号)	図記号（Symbol）		
06-13-16 (S01841)			
項目	説明	IEC 60617 情報（参考）	
名称	ブッシング形変流器	Bushing type current transformer	
別の名称	－	－	
様式	様式1	Form 1	
別様式	06-13-17	S01842	
注釈	A00128		
適用分類	回路図，接続図	Circuit diagrams, Connection diagrams	
機能分類	変量を信号に変換（B）	B Converting variable to signal	
形状分類	円，線	Circles, Lines	
制限事項	－	－	
補足事項	－	－	
適用図記号	S00017，S00850		
被適用図記号	－		
キーワード	変流器，変圧器	current transformers, transformers	
注記	－	Status level	Standard
		Released on	2005-11-15
		Obsolete from	－

第13節 計器用変成器及びパルス変成器の例

図記号番号 (識別番号)	図記号 (Symbol)		
06-13-17 (S01842)			

項目	説明	IEC 60617 情報 (参考)	
名称	ブッシング形変流器	Bushing type current transformer	
別の名称	―	―	
様式	様式2	Form 2	
別様式	06-13-16	S01841	
注釈	A00128		
適用分類	回路図，接続図	Circuit diagrams, Connection diagrams	
機能分類	変量を信号に変換 (B)	B Converting variable to signal	
形状分類	半円，線	Half-circles, Lines	
制限事項	―	―	
補足事項	―	―	
適用図記号	S00017, S00851		
被適用図記号	―		
キーワード	変流器，計器用変成器	current transformers, measuring transformers	
注記	―	Status level	Standard
		Released on	2005-11-15
		Obsolete from	―

第 IV 章　電力変換装置
第 14 節　電力変換装置に用いるブロック図記号

図記号番号 （識別番号）	図記号（Symbol）		
06-14-02 (S00893)			

項目	説明	IEC 60617 情報（参考）	
名称	直流－直流変換装置（DC－DC コンバータ）	DC/DC converter	
別の名称	チョッパ	Chopper	
様式	－	－	
別様式	－	－	
注釈	－		
適用分類	回路図，接続図，機能図，概要図	Circuit diagrams, Connection diagrams, Function diagrams, Overview diagrams	
機能分類	同種の変換（T）	T Converting but maintaining kind	
形状分類	正方形	Squares	
制限事項	－	－	
補足事項	－	－	
適用図記号	S00059，S00214，S01401		
被適用図記号	－		
キーワード	変換装置，電力変換装置，チョッパ	converters, power converters, choppers	
注記	－	Status level	Standard
		Released on	2001-07-01
		Obsolete from	－

第14節　電力変換装置に用いるブロック図記号

図記号番号 (識別番号)	図記号（Symbol）		
06-14-03 (S00894)			
項目	説明	IEC 60617 情報（参考）	
名称	整流器（順変換装置）	Rectifier	
別の名称	ー	ー	
様式	ー	ー	
別様式	ー	ー	
注釈	ー		
適用分類	回路図，接続図，機能図，概要図	Circuit diagrams, Connection diagrams, Function diagrams, Overview diagrams	
機能分類	同種の変換（T）	T Converting but maintaining kind	
形状分類	正方形	Squares	
制限事項	ー	ー	
補足事項	ー	ー	
適用図記号	S00059, S00213, S00214, S01401, S01403		
被適用図記号	ー		
キーワード	電力変換装置，整流器（順変換装置）	power converters, rectifiers	
注記	ー	Status level	Standard
		Released on	2001-07-01
		Obsolete from	ー

第14節　電力変換装置に用いるブロック図記号

図記号番号 (識別番号)	図記号（Symbol）		
06-14-04 (S00895)			

項目	説明	IEC 60617 情報（参考）	
名称	全波接続（ブリッジ接続）の整流器	Rectifier in full wave (bridge) connection	
別の名称	－	－	
様式	－	－	
別様式	－	－	
注釈	－		
適用分類	回路図，接続図，機能図，概要図	Circuit diagrams, Connection diagrams, Function diagrams, Overview diagrams	
機能分類	同種の変換（T）	T Converting but maintaining kind	
形状分類	正方形	Squares	
制限事項	－	－	
補足事項	－	－	
適用図記号	S00641		
被適用図記号	－		
キーワード	電力変換装置，整流器（順変換装置）	power converters, rectifiers	
注記	－	Status level	Standard
		Released on	2001-07-01
		Obsolete from	－

第14節　電力変換装置に用いるブロック図記号

図記号番号 （識別番号）	図記号（Symbol）		
06-14-05 (S00896)			
項目	説明	IEC 60617 情報（参考）	
名称	インバータ（逆変換装置）	Inverter	
別の名称	−	−	
様式	−	−	
別様式	−	−	
注釈	−		
適用分類	回路図，接続図，機能図，概要図	Circuit diagrams, Connection diagrams, Function diagrams, Overview diagrams	
機能分類	同種の変換（T）	T Converting but maintaining kind	
形状分類	正方形	Squares	
制限事項	−	−	
補足事項	−	−	
適用図記号	S00059，S00214，S01401，S01403		
被適用図記号	−		
キーワード	インバータ（逆変換装置），電力変換装置	inverters, power converters	
注記	−	Status level	Standard
		Released on	2001-07-01
		Obsolete from	−

第14節 電力変換装置に用いるブロック図記号

図記号番号 (識別番号)	図記号 (Symbol)		
06-14-06 (S00897)			
項目	説明	IEC 60617 情報 (参考)	
名称	順変換装置・逆変換装置	Rectifier/inverter	
別の名称	—	—	
様式	—	—	
別様式	—	—	
注釈	—		
適用分類	回路図, 接続図, 機能図, 概要図	Circuit diagrams, Connection diagrams, Function diagrams, Overview diagrams	
機能分類	同種の変換 (T)	T Converting but maintaining kind	
形状分類	矢印, 正方形	Arrows, Squares	
制限事項	—	—	
補足事項	—	—	
適用図記号	S00059, S00101, S00214, S01401, S01403		
被適用図記号	—		
キーワード	インバータ (逆変換装置), 電力変換装置, 整流器 (順変換装置)	inverters, power converters, rectifiers	
注記	—	Status level	Standard
		Released on	2001-07-01
		Obsolete from	—

第Ⅴ章　一次電池及び二次電池
第15節　一次電池及び二次電池

図記号番号 (識別番号)	図記号 (Symbol)		
06-15-01 (S00898)			

項目	説明	IEC 60617 情報 (参考)	
名称	一次電池	Primary cell	
別の名称	電池	Battery	
様式	—	—	
別様式	—	—	
注釈	—		
適用分類	回路図，接続図，機能図，概要図	Circuit diagrams, Connection diagrams, Function diagrams, Overview diagrams	
機能分類	流れの発生 (G)	G Initiating a flow	
形状分類	線	Lines	
制限事項	—	—	
補足事項	長線が陽極 (＋) を示し，短線が陰極 (−) を示す。	The longer line represents the positive pole, the shorter one the negative pole	
適用図記号	—		
被適用図記号	S01366, S01365, S00686		
キーワード	一次電池	primary cells	
注記	—	Status level	Standard
		Released on	2001-07-01
		Obsolete from	—

第15節 一次電池及び二次電池

図記号番号 (識別番号)	図記号(Symbol)		
06-15-01 (S01341)	（記号：長い横線と短い横線からなる電池記号）		
項目	説明	IEC 60617 情報（参考）	
名称	二次電池	Secondary cell	
別の名称	—	—	
様式	—	—	
別様式	—	—	
注釈	—		
適用分類	回路図，接続図，機能図，据付図，概要図	Circuit diagrams, Connection diagrams, Function diagrams, Installation diagrams, Overview diagrams	
機能分類	流れの発生（G）	G Initiating a flow	
形状分類	線	Lines	
制限事項	—	—	
補足事項	長線が陽極（＋）を示し，短線が陰極（−）を示している。	The longer line represents the positive pole, the shorter one the negative pole.	
適用図記号	—		
被適用図記号	S01366，S01365		
キーワード	二次電池	secondary cells	
注記	—	Status level	Standard
		Released on	2001-07-01
		Obsolete from	—

第15節 一次電池及び二次電池

図記号番号 (識別番号)	図記号 (Symbol)		
06-15-01 (S01342)			

項目	説明	IEC 60617 情報 (参考)	
名称	一次電池又は二次電池	Battery of primary or secondary cells	
別の名称	—	—	
様式	—	—	
別様式	—	—	
注釈	—		
適用分類	回路図, 接続図, 機能図, 据付図, 概要図	Circuit diagrams, Connection diagrams, Function diagrams, Installation diagrams, Overview diagrams	
機能分類	流れの発生 (G)	G Initiating a flow	
形状分類	線	Lines	
制限事項	—	—	
補足事項	長線が陽極 (+) を示し, 短線が陰極 (−) を示している.	The longer line represents the positive pole, the shorter one the negative pole.	
適用図記号	—		
被適用図記号	S01018, S00908		
キーワード	蓄電池, 電池, 一次電池, 二次電池	accumulators, batteries, primary cells, secondary cells	
注記	—	Status level	Standard
		Released on	2001-07-01
		Obsolete from	—

第 VI 章　発電装置
第 16 節　非回転式発電装置（一般図記号）

図記号番号 （識別番号）	図記号（Symbol）		
06-16-01 (S00899)	G（正方形内に文字G）		

項目	説明	IEC 60617 情報（参考）	
名称	発電装置（一般図記号）	Static generator, general symbol	
別の名称	—	—	
様式	—	—	
別様式	—	—	
注釈	A00131		
適用分類	回路図，接続図，機能図，据付図，概要図	Circuit diagrams, Connection diagrams, Function diagrams, Installation diagrams, Overview diagrams	
機能分類	流れの発生（G）	G Initiating a flow	
形状分類	文字，正方形	Characters, Squares	
制限事項	—	—	
補足事項	—	—	
適用図記号	S00059		
被適用図記号	S00903, S00907, S00904, S01217, S00908, S01226, S00906, S01216, S01215, S00905		
キーワード	発電機，発電装置，静止形発電機	generators, power generators, static generators	
注記	—	Status level	Standard
		Released on	2001-07-01
		Obsolete from	—

第16節　非回転式発電装置（一般図記号）

図記号番号 （識別番号）	図記号（Symbol）		
06-16-02 (S01423)			
項目	説明	IEC 60617 情報（参考）	
名称	DC電源機能（一般図記号）	DC supply function, general symbol	
別の名称	－	－	
様式	－	－	
別様式	－	－	
注釈	－		
適用分類	限定図記号	Qualifiers only	
機能分類	機能属性だけ（－）	－ Functional attribute only	
形状分類	線	Lines	
制限事項	－	－	
補足事項	長線が正極（＋）を表し，短線（線幅は同じ）が負極（－）を表している。	The longer line represents the positive pole, the shorter one (with the same line width) the negative pole.	
適用図記号	－		
被適用図記号	－		
キーワード	発電装置	power generators	
注記	－	Status level	Standard
		Released on	2003-08-12
		Obsolete from	－

第17節　熱源

図記号番号 （識別番号）	図記号（Symbol）		
06-17-01 (S00900)			

項目	説明	IEC 60617 情報（参考）	
名称	熱源（一般図記号）	Heat source, general symbol	
別の名称	－	－	
様式	－	－	
別様式	－	－	
注釈	－		
適用分類	回路図，接続図，機能図，概要図	Circuit diagrams, Connection diagrams, Function diagrams, Overview diagrams	
機能分類	放射又は熱エネルギーの供給（E）	E Providing radiant or thermal energy	
形状分類	線，長方形	Lines, Rectangles	
制限事項	－	－	
補足事項	－	－	
適用図記号	S00059		
被適用図記号	S00901, S00902, S00903, S00907, S00904, S00906, S00905		
キーワード	熱源	heat sources	
注記	－	Status level	Standard
		Released on	2001-07-01
		Obsolete from	－

第17節 熱源

図記号番号 （識別番号）	図記号（Symbol）		
06-17-02 (S00901)			
項目	説明	IEC 60617 情報（参考）	
名称	ラジオアイソトープによる熱源	Radio-isotope heat source	
別の名称	—	—	
様式	—	—	
別様式	—	—	
注釈	A00041，A00042		
適用分類	回路図，接続図，機能図，概要図	Circuit diagrams, Connection diagrams, Function diagrams, Overview diagrams	
機能分類	放射又は熱エネルギーの供給（E）	E Providing radiant or thermal energy	
形状分類	矢印，長方形	Arrows, Rectangles	
制限事項	—	—	
補足事項	—	—	
適用図記号	S00129，S00900		
被適用図記号	S00907，S00905		
キーワード	熱源	heat sources	
注記	—	Status level	Standard
		Released on	2001-07-01
		Obsolete from	—

第17節 熱源

図記号番号 (識別番号)	図記号（Symbol）		
06-17-03 (S00902)			
項目	説明	IEC 60617 情報（参考）	
名称	燃焼による熱源	Combustion heat source	
別の名称	−	−	
様式	−	−	
別様式	−	−	
注釈	−		
適用分類	回路図，接続図，機能図，概要図	Circuit diagrams, Connection diagrams, Function diagrams, Overview diagrams	
機能分類	放射又は熱エネルギーの供給（E）	E Providing radiant or thermal energy	
形状分類	具象的形状又は描写的形状，長方形	Depicting shapes, Rectangles	
制限事項	−	−	
補足事項	−	−	
適用図記号	S00900		
被適用図記号	S00903		
キーワード	熱源	heat sources	
注記	−	Status level	Standard
		Released on	2001-07-01
		Obsolete from	−

第18節 発電装置の例

図記号番号 (識別番号)	図記号（Symbol）		
06-18-01 (S00903)			
項目	説明	IEC 60617 情報（参考）	
名称	燃焼熱源による熱電発電装置	Thermoelectric generator, with combustion heat source	
別の名称	－	－	
様式	－	－	
別様式	－	－	
注釈	－		
適用分類	回路図，接続図，機能図，概要図	Circuit diagrams, Connection diagrams, Function diagrams, Overview diagrams	
機能分類	流れの発生（G）	G Initiating a flow	
形状分類	文字，正三角形，長方形，正方形	Characters, Equilateral triangles, Rectangles, Squares	
制限事項	－	－	
補足事項	－	－	
適用図記号	S00899, S00900, S00902, S00952		
被適用図記号	－		
キーワード	非回転式発電装置，発電装置	generators, non-rotary power generators, power generators	
注記	－	Status level	Standard
		Released on	2001-07-01
		Obsolete from	－

第18節 発電装置の例

図記号番号 (識別番号)	図記号 (Symbol)	
06-18-02 (S00904)		

項目	説明	IEC 60617 情報 (参考)	
名称	非電離放射線熱源による熱電発電装置	Thermoelectric generator with non-ionizing radiation heat source	
別の名称	—	—	
様式	—	—	
別様式	—	—	
注釈	—		
適用分類	回路図，接続図，機能図，概要図	Circuit diagrams, Connection diagrams, Function diagrams, Overview diagrams	
機能分類	流れの発生 (G)	G Initiating a flow	
形状分類	文字，矢印，長方形，正方形	Characters, Arrows, Rectangles, Squares	
制限事項	—	—	
補足事項	—	—	
適用図記号	S00127, S00899, S00900, S00952		
被適用図記号	—		
キーワード	発電装置，非回転式発電装置	generators, non-rotary power generators, power generators	
注記	—	Status level	Standard
		Released on	2001-07-01
		Obsolete from	—

第18節 発電装置の例

図記号番号 (識別番号)	図記号 (Symbol)		
06-18-03 (S00905)			
項目	説明	IEC 60617 情報 (参考)	
名称	ラジオアイソトープからの熱源による 熱電発電装置	Thermoelectric generator with radio-isotope heat source	
別の名称	−	−	
様式	−	−	
別様式	−	−	
注釈	−		
適用分類	回路図, 接続図, 機能図, 概要図	Circuit diagrams, Connection diagrams, Function diagrams, Overview diagrams	
機能分類	流れの発生 (G)	G Initiating a flow	
形状分類	文字, 矢印, 長方形, 正方形	Characters, Arrows, Rectangles, Squares	
制限事項	−	−	
補足事項	−	−	
適用図記号	S00129, S00899, S00900, S00901, S00952		
被適用図記号	−		
キーワード	発電装置, 非回転式発電装置	generators, non-rotary power generators, power generators	
注記	−	Status level	Standard
		Released on	2001-07-01
		Obsolete from	−

第18節　発電装置の例

図記号番号 (識別番号)	図記号（Symbol）	
06-18-04 (S00906)	（図記号：破線の矢印が左から入射し、矩形内にG記号とダイオード記号を含む）	
項目	説明	IEC 60617 情報（参考）
名称	非電離放射線熱源による熱電子半導体発電装置	Thermionic diode generator with non-ionizing radiation heat source
別の名称	—	—
様式	—	—
別様式	—	—
注釈	—	
適用分類	回路図，接続図，機能図，概要図	Circuit diagrams, Connection diagrams, Function diagrams, Overview diagrams
機能分類	流れの発生（G）	G Initiating a flow
形状分類	文字，矢印，長方形，正方形	Characters, Arrows, Rectangles, Squares
制限事項	—	—
補足事項	—	
適用図記号	S00127，S00641，S00899，S00900	
被適用図記号	—	
キーワード	発電装置，非回転式発電装置	generators, non-rotary power generators, power generators
注記	—	Status level / Standard Released on / 2001-07-01 Obsolete from / —

第18節 発電装置の例

図記号番号 （識別番号）	図記号（Symbol）		
06-18-05 (S00907)			

項目	説明	IEC 60617 情報（参考）	
名称	ラジオアイソトープからの熱源による熱電子半導体発電装置	Thermionic diode generator with radio-isotope heat source	
別の名称	－	－	
様式	－	－	
別様式	－	－	
注釈	－		
適用分類	回路図，接続図，機能図，概要図	Circuit diagrams, Connection diagrams, Function diagrams, Overview diagrams	
機能分類	流れの発生（G）	G Initiating a flow	
形状分類	文字，矢印，長方形，正方形	Characters, Arrows, Rectangles, Squares	
制限事項	－	－	
補足事項	－	－	
適用図記号	S00129，S00641，S00899，S00900，S00901		
被適用図記号	－		
キーワード	発電装置，非回転式発電装置	generators, non-rotary power generators, power generators	
注記	－	Status level	Standard
		Released on	2001-07-01
		Obsolete from	－

第18節　発電装置の例

図記号番号 (識別番号)	図記号（Symbol）		
06-18-06 (S00908)	（太陽光発電装置のシンボル：正方形内に G、下部に電池記号、左側に斜め矢印2本）		
項目	説明	IEC 60617 情報（参考）	
名称	太陽光発電装置	Photovoltaic generator	
別の名称	－	－	
様式	－	－	
別様式	－	－	
注釈	－		
適用分類	回路図，接続図，機能図，概要図	Circuit diagrams, Connection diagrams, Function diagrams, Overview diagrams	
機能分類	流れの発生（G）	G Initiating a flow	
形状分類	文字，矢印，線，正方形	Characters, Arrows, Lines, Squares	
制限事項	－	－	
補足事項	－	－	
適用図記号	S00127，S00899，S01342		
被適用図記号	－		
キーワード	発電装置，非回転式発電装置	generators, non-rotary power generators, power generators	
注記	－	Status level	Standard
		Released on	2001-07-01
		Obsolete from	－

第 19 節　閉ループ制御装置

図記号番号 （識別番号）	図記号（Symbol）		
06-19-01 (S00909)			
項目	説明	IEC 60617 情報（参考）	
名称	閉ループ制御装置	Closed-loop controller	
別の名称	—	—	
様式	—	—	
別様式	—	—	
注釈	A00132，A00256		
適用分類	回路図，接続図，機能図，概要図	Circuit diagrams，Connection diagrams，Function diagrams，Overview diagrams	
機能分類	信号又は情報の処理（K）	K Processing signals or information	
形状分類	文字，正三角形，正方形	Characters，Equilateral triangles，Squares	
制限事項	—	—	
補足事項	使用例については注釈 A00256 を参照。	See A00256 for an example of use.	
適用図記号	—		
被適用図記号	—		
キーワード	閉ループ制御装置，制御装置	closed-loop controllers，controllers	
注記	—	Status level	Standard
		Released on	2001-07-01
		Obsolete from	—

5 注釈

当該図記号の説明及び付加的な関連規定を次に示す。注釈は通常，複数の図記号で共有されるため，注釈番号を記した別のページに記載されている。

注釈番号は Annnnn の形式で示し，n は 0～9 の整数で表す。この番号は **IEC 60617** の注釈（Application notes）に対応しており，番号付けには意味はない。

注釈番号	注釈	被適用図記号	IEC 60617 情報（参考）
A0041	図記号を指す矢印は，その装置が表示された種類の照射に応答することを示す。図記号と逆方向を指す矢印は，その装置が表示された種類の放射を発することを示す。図記号の中にある矢印は，内部放射源を示す。	02-09-01, 02-09-02, 02-09-03, 02-09-04, 02-09-05, 06-17-02 S00127, S00128, S00129, S00130, S00131, S00901	Arrows pointing towards a symbol denote that the device symbolized will respond to incident radiation of the indicated type. Arrows pointing away from a symbol denote the emission of the indicated type of radiation by the device symbolized. Arrows located within a symbol denote an internal radiation source.
A00120	個別巻線の数は，次のいずれかによって表示するのがよい。 ― 描く線の本数による。 ― この図記号に数字を添える。	06-01-01, 06-01-02, 06-01-03, 06-01-04 S00796, S00797, S00798, S00799	The number of separate windings should be indicated: ― either by the number of strokes drawn, ― or by adding a figure to the symbol
A00121	図記号 06-02-05（S00806）は，多相巻線の多角結線の場合に，相数を表す数字を添えて用いてもよい。	06-02-05 S00806	Symbol S00806 may be used to symbolize a multiphase polygon connection of windings by adding a figure to denote the number of phases.
A00122	外部で種々の方法で接続することができる複数個の巻線を表すのに図記号 06-01-01（S00796）を用いてもよい。	06-01-01, 06-01-04, 06-01-05 S00796, S00799, S00800	Symbol S00796 may also be used to represent windings which can be externally connected in various ways.
A00123	多相巻線の星形結線の場合に，相数を表す数字を添えて用いてもよい。	06-02-07 S00808	Symbol 00808 may also be used to symbolize a multiphase star connection of windings by adding a figure to denote the number of phases.
A00124	ブラシは，必要がある場合にだけ表示する。適用例については，図記号 06-05-03（S00825）を参照。	06-03-04 S00818	Brushes are shown only if necessary. For an example of application, see symbol S00825.

注釈番号	注釈	被適用図記号	IEC 60617 情報（参考）
A00125	アスタリスク"*"は，次に示す文字記号の中の一つで置き換えなければならない。 C　回転変流機 G　発電機 GP　永久磁石発電機 GS　同期発電機 M　電動機 MG　発電機又は電動機として用いることができる回転機 MGS　同期発電電動機 MP　永久磁石電動機 MS　同期電動機 RC　同期調相機	06-04-01 S00819	The asterisk, *, shall be replaced by one of the following letter designations: C　Rotary converter G　Generator GP　Permanent magnet generator GS　Synchronous generator M　Motor MG　Machine capable of use as a generator or motor MGS　Synchronous generator - motor MP　Permanent magnet motor MS　Synchronous motor RC　Rotary Condenser
A00126	図記号 02-A2-03 (00067)及び 02-A2-04 (S00107)を，多くの例に示すように追加してもよい。	06-04-01, 06-05-01, 06-05-02, 06-05-03, 06-05-04, 06-05-05, 06-06-01, 06-06-02, 06-06-03, 06-07-01, 06-07-02, 06-07-03, 06-07-04, 06-07-05, 06-08-01, 06-08-02, 06-08-03, 06-08-04, 06-08-05 S00819, S00823, S00824, S00825, S00826, S00827, S00828, S00829, S00830, S00831, S00832, S00833, S00834, S00835, S00836, S00837, S00838, S00839, S00840	The symbols S00067 and S00107 may be added, as shown in many of the examples.
A00127	インダクタに磁心があることを示したい場合，図記号に平行な単線を追加してもよい。非磁性材料であることを示す注釈をこの線に付けてもよい。磁心のギャップを示すために線を中断してもよい。	04-03-01, 06-09-02, 06-09-05, 06-09-09, 06-09-11, 06-10-02, 06-10-04, 06-10-06, 06-10-08, 06-10-10, 06-10-12, 06-10-14, 06-10-16, 06-10-18, 06-11-02, 06-11-04, 06-11-06, 06-12-02, 06-13-01B, 06-13-03, 06-13-05, 06-13-07, 06-13-09, 06-13-11, 06-13-13, 06-09-13 S00583, S00842, S00845, S00849, S00851, S00853, S00855, S00857, S00859, S00861, S00863, S00865, S00867, S00869, S00871, S00873, S00875, S00877, S00879, S00881, S00883, S00885, S00887, S00889, S00891, S01344	If it is desired to show that there is a magnetic core, a single line may be added parallel to the symbol. The line may be annotated to indicate non-magnetic materials; it may be interrupted to indicate a gap in the core.

注釈番号	注釈	被適用図記号	IEC 60617 情報（参考）
A00128	同一種類の変圧器に対して，次の2種類の様式の図記号を示してある。 － 様式1は，円を用いて各巻線を表す。これを用いるのは，単線図表示の場合だけにすることが望ましい。この様式は，変圧器の鉄心を表す図記号と一緒に用いない。 － 様式2は，図記号04-03-01 (S00583)を用いて各巻線を表す。特定の巻線を区別するために，半円の数を変えてもよい。	06-09-01, 06-09-02, 06-09-04, 06-09-05, 06-09-06, 06-09-07, 06-09-08, 06-09-09, 06-09-10, 06-09-11, 06-09-12, 06-09-13, 06-10-01, 06-10-02, 06-10-03, 06-10-04, 06-10-05, 06-10-06, 06-10-07, 06-10-08, 06-10-09, 06-10-10, 06-10-11, 06-10-12, 06-10-13, 06-10-14, 06-10-15, 06-10-16, 06-10-17, 06-10-18, 06-10-19, 06-10-20, 06-11-01, 06-11-02, 06-11-03, 06-11-04, 06-11-05, 06-11-06, 06-12-01, 06-12-02, 06-13-01A, 06-13-01B, 06-13-02, 06-13-03, 06-13-04, 06-13-05, 06-13-06, 06-13-07, 06-13-08, 06-13-09, 06-13-10, 06-13-11, 06-13-12, 06-13-13, 06-13-15, 06-13-16, 06-13-17 S00841, S00842, S00844, S00845, S00846, S00847, S00848, S00849, S00850, S00851, S00852, S00853, S00854, S00855, S00856, S00857, S00858, S00859, S00860, S00861, S00862, S00863, S00864, S00865, S00866, S00867, S00868, S00869, S00870, S00871, S00872, S00873, S00874, S00875, S00876, S00877, S00878, S00879, S00880, S00881, S00882, S00883, S00884, S00885, S00886, S00887, S00888, S00889, S00890, S00891, S01343, S01344, S01837, S01838, S01840, S01841, S01842	Two forms of symbols are given for the same type of transformer: － Form 1 uses a circle to represent each winding. Its use is preferably restricted to single-line representation. Symbols for transformer cores are not used with this form. － Form 2 uses symbol S00583 to represent each winding. The number of half-circles may be varied to differentiate between winding.

注釈番号	注釈	被適用図記号	IEC 60617 情報（参考）
A00129	変流器及びパルス変成器に用いる図記号の場合，一次巻線を表す直線を，様式1及び様式2に用いることができる。	06-09-01, 06-09-02, 06-09-03, 06-09-04, 06-09-05, 06-09-10, 06-09-11, 06-09-12, 06-09-13, 06-13-02, 06-13-03, 06-13-04, 06-13-05, 06-13-06, 06-13-07, 06-13-08, 06-13-09, 06-13-10, 06-13-11, 06-13-12, 06-13-13, 06-09-10, 06-09-11 S00841, S00842, S00843, S00844, S00845, S00850, S00851, S00880, S00881, S00882, S00883, S00884, S00885, S00886, S00887, S00888, S00889, S00890, S00891, S01343, S01344	In the case of symbols for current and pulse transformers, straight lines, representing primary windings may be used for form 1 and form 2.
A00130	二巻線の電圧の瞬時極性を，この図記号の様式2で表示してもよい。**IEC 60375**に，結合回路の電圧の瞬時極性を示す方法が規定されている。適用例については，図記号06-09-03 (S00843)を参照。	06-09-02, 06-09-03, 06-09-05, 06-09-07, 06-09-09, 06-09-11, 06-09-13, 06-10-02, 06-10-04, 06-10-06, 06-10-08, 06-10-10, 06-10-12, 06-10-14, 06-10-16, 06-10-18, 06-11-04, 06-12-02, 06-13-01B, 06-13-03, 06-13-05, 06-13-07, 06-13-09, 06-13-11, 06-13-13, 06-09-11 S00842, S00843, S00845, S00847, S00849, S00851, S00853, S00855, S00857, S00859, S00861, S00863, S00865, S00867, S00869, S00873, S00877, S00879, S00881, S00883, S00885, S00887, S00889, S00891, S01344	The instantaneous voltage polarities may be indicated in form 2 of the symbol. IEC 60375 gives a method of indicating the instantaneous voltage polarities of coupled electric circuits. For an example, see S00843.
A00131	回転発電機については，図記号06-04-01 (S00819)を参照。	06-16-01 S00899	For a rotary generator, use symbol S00819.
A00132	アスタリスクは，過渡状態の機能を示す文字記号若しくは図で置き換えるか，又は省略しなければならない。 開ループ制御装置を示すためには，入力を一つだけにして，この図記号を用いなければならない。	06-19-01 S00909	The asterisk shall either be replaced by letter(s) or a graph denoting the transition behavior, or be omitted. To indicate an open-loop controller the symbol shall be used with only one input.

注釈番号	注釈	被適用図記号	IEC 60617 情報（参考）
A00133	かご形電動機などにおけるように，回転子への外部接続部がなければ，回転機の一般図記号 06-04-01(S00819) を用いて，非同期機械を表示することが望ましい。回転子への外部接続部がある場合には，回転子を表す内側の円を表示する。例については，図記号 06-08-03 (S00838)を参照。	06-08-01, 06-08-02, 06-08-03, 06-08-04, 06-08-05 S00836, S00837, S00838, S00839, S00840	The general symbol for a machine S00819 should be used to represent an asynchronous machine, if no external connections to the rotor exist, for example in a squirrel cage motor. An inner circle, representing the rotor, should be shown in those cases where external connections to the rotor exist, see for example symbol S00838.
A00134	計器用変成器及びパルス変成器については，適切な図記号 06-09-011 (S0084)～06-09-11 (S00851) 及び 06-09-10 (S01343)～06-09-01 (S01344) を用いる。	06-13-01A, 06-13-01B, 06-13-02, 06-13-03, 06-13-04, 06-13-05, 06-13-06, 06-13-07, 06-13-08, 06-13-09, 06-13-10, 06-13-11, 06-13-12, 06-13-13 S00878, S00879, S00880, S00881, S00882, S00883, S00884, S00885, S00886, S00887, S00888, S00889, S00890, S00891	For measuring transformers and pulse transformers use the appropriate symbols S00841 - S00851 and S01343 - S01344.
A00135	変圧器の巻線の結線方法はコードで示してもよい。**IEC 60076**：電力変圧器を参照。	06-02-01, 06-02-02, 06-02-03, 06-02-04, 06-02-05, 06-02-06, 06-02-07, 06-02-08, 06-02-09, 06-02-10, 06-02-11, 06-02-12, 06-02-13 S00802, S00803, S00804, S00805, S00806, S00807, S00808, S00809, S00810, S00811, S00812, S00813, S00814	The method of connecting transformer windings may also be indicated by codes. See IEC 60076: Power transformers.
A00191	静止形発電機については，図記号 06-16-01 (S00899) 及びその例を参照。	06-04-01 S00819	For static power generators, see symbol S00899 and the examples of that.

注釈番号	注釈	被適用図記号	IEC 60617 情報（参考）
A00256	例については，次の"A00256Example.pdf"を参照。	06-19-01 S00909	See "A00256Example.pdf" for an example.

附属書A
（参考）
旧図記号

ここに示す図記号は，**JIS C 0617-6**:1999 に規定されていたが，現在は削除されている図記号である。これらの図記号は，旧図記号を用いた電気回路図を読むときの単なる参考である。注記の"Obsolete from"欄の日付以後メンテナンスされていない。

第 A3 節　回転機の要素

図記号番号 （識別番号）	図記号（Symbol）	
06-A3-01 (S00815)		

項目	説明	IEC 60617 情報（参考）	
名称	回転機の巻線（機能区別：整流用又は補償巻線）	Winding of machine (different functions: commutating or compensating)	
別の名称	整流用巻線，補償巻線	Commutating winding; Compensating winding	
様式	—	—	
別様式	—	—	
注釈	—		
適用分類	限定図記号	Qualifiers only	
機能分類	機能属性だけ（−）	− Functional attribute only	
形状分類	半円	Half-circles	
制限事項	—	—	
補足事項	機能を異にする巻線の区別については，図記号 06-A3-01 (S00815), 06-A3-02 (S00816), 及び 06-A3-03 (S00817)を比較する。注釈 A00263 とともに図記号 04-03-01 (S00583)に置き換えられる。	For differentiation between windings having different functions, compare symbols S00815, S00816 and S00817. Replaced by symbol S00583 with application note A00263.	
適用図記号	S00583		
被適用図記号	—		
キーワード	回転機の要素，巻線	machines−elements of, windings	
注記	—	Status level	Obsolete−for reference only
		Released on	2001-07-01
		Obsolete from	2002-01-27

第A3節　回転機の要素

図記号番号 (識別番号)	図記号 (Symbol)	
06-A3-02 (S00816)		

項目	説明	IEC 60617 情報（参考）
名称	回転機の巻線（機能区別：直列巻線）	Winding of machine (different functions: series winding)
別の名称	直列巻線	Series winding
様式	－	
別様式	－	－
注釈	－	
適用分類	限定図記号	Qualifiers only
機能分類	機能属性だけ（－）	－ Functional attribute only
形状分類	半円	Half-circles
制限事項	－	
補足事項	機能を異にする巻線の区別については,図記号 06-A3-01 (S00815), 06-A3-02 (S00816), 及び 06-A3-03 (S00817)を比較する。注釈 A00263 とともに図記号 04-03-01 (S00583)に置き換えられる。	For differentiation between windings having different functions, compare symbols S00815, S00816 and S00817. Replaced by symbol S00583 with application note A00263.
適用図記号	S00583	
被適用図記号	－	
キーワード	回転機の要素，巻線	machines－elements of, windings
注記	－	Status level	Obsolete－for reference only
		Released on	2001-07-01
		Obsolete from	2002-01-27

第A3節　回転機の要素

図記号番号 （識別番号）	図記号（Symbol）		
06-A3-03 (S00817)	. . . . ⌒⌒⌒		
項目	説明	IEC 60617 情報（参考）	
名称	回転機の巻線 （機能区別：並列巻線）	Winding of machine (different functions: shunt or separate winding)	
別の名称	並列巻線	Shunt winding; Separate winding	
様式	−	−	
別様式	−	−	
注釈	−		
適用分類	限定図記号	Qualifiers only	
機能分類	機能属性だけ（−）	− Functional attribute only	
形状分類	半円	Half-circles	
制限事項	−	−	
補足事項	機能を異にする巻線の区別については，図記号 06-A3-01 (S00815), 06-A3-02 (S00816), 及び 06-A3-03 (S00817)を比較する。注釈 A00263 とともに図記号 04-03-01 (S00583)に置き換えられる。	For differentiation between windings having different functions, compare symbols S00815, S00816 and S00817. Replaced by the symbol S00583 with application note A00263.	
適用図記号	S00583		
被適用図記号	−		
キーワード	回転機の要素，巻線	machines−elements of, windings	
注記	−	Status level	Obsolete−for reference only
		Released on	2001-07-01
		Obsolete from	2002-01-27

第 A4 節　回転機の種類

図記号番号 (識別番号)	図記号 (Symbol)			
06-A4-01 (S00822)	（円の中にG、右側に小さな矩形の記号）			
項目	説明		IEC 60617 情報 (参考)	
名称	手動発電機（磁石式発呼装置）		Hand-generator (magneto caller)	
別の名称	－		－	
様式	－		－	
別様式	－		－	
注釈	－		－	
適用分類	回路図，接続図，機能図，据付図，概要図		Circuit diagrams, Connection diagrams, Function diagrams, Installation diagrams, Overview diagrams	
機能分類	流れの発生（G）		G Initiating a flow	
形状分類	円，線		Circles, Lines	
制限事項	－		－	
補足事項	技術的陳腐化のため廃止		Withdrawn because of technical obsolescence.	
適用図記号	S00147，S00180，S00819			
被適用図記号	－			
キーワード	発電機，回転機の種類		generators, machines－types of	
注記	－		Status level	Obsolete－for reference only
			Released on	2001-07-01
			Obsolete from	2002-01-27

第A14節　電力変換装置に用いるブロック図記号

図記号番号 (識別番号)	図記号 (Symbol)		
06-A14-01 (S00892)			

項目	説明	IEC 60617 情報（参考）	
名称	変換装置（一般図記号）	Converter, general symbol	
別の名称	—	—	
様式	—	—	
別様式	—	—	
注釈	—		
適用分類	限定図記号	Qualifiers only	
機能分類	機能属性だけ（一）	— Functional attribute only	
形状分類	線	Lines	
制限事項	図記号 02-17-06A (S00214)に置き換えられる。	Replaced by symbol S00214.	
補足事項	—	—	
適用図記号	—		
被適用図記号	—		
キーワード	変換装置，電力変換装置	converters, power converters	
注記	—	Status level	Obsolete — for reference only
		Released on	2001-07-01
		Obsolete from	2002-01-27

附属書B
（参考）
参考文献

JIS C 0452-1 電気及び関連分野－工業用システム，設備及び装置，並びに工業製品－構造化原理及び参照指定－第1部：基本原則
  注記　対応国際規格：**IEC 61346-1**, Industrial systems, installations and equipment and industrial products－Structuring principles and reference designations－Part 1: Basic rules（IDT）

JIS C 0456 電気及び関連分野－電気技術文書に用いる符号化図形文字集合
  注記　対応国際規格：**IEC 61286**, Information technology－Coded graphic character set for use in the preparation of documents used in electrotechnology and for information interchange（IDT）

JIS C 60050-551 電気技術用語－第551部：パワーエレクトロニクス
  注記　対応国際規格：**IEC 60050-551**, International Electrotechnical Vocabulary－Part 551: Power electronics（MOD）

JIS X 0221 国際符号化文字集合（UCS）
  注記　対応国際規格：**ISO/IEC 10646**, Information technology－Universal Multiple-Octet Coded Character Set (UCS)（IDT）

JIS Z 8202（規格群）　量及び単位

JIS Z 8222-2 製品技術文書に用いる図記号のデザイン－第2部：参照ライブラリ用図記号を含む電子化形式の図記号の仕様，及びその相互交換の要求事項
  注記　対応国際規格：**IEC 81714-2**, Design of graphical symbols for use in the technical documentation of products－Part 2: Specification for graphical symbols in a computer sensible form, including graphical symbols for a reference library, and requirements for their interchange（IDT）

JIS Z 8222-3 製品技術文書に用いる図記号のデザイン－第3部：接続ノード，ネットワーク及びそのコード化の分類
  注記　対応国際規格：**IEC 81714-3**, Design of graphical symbols for use in the technical documentation of products－Part 3: Classification of connect nodes, networks and their encoding（IDT）

IEC 60027 (all parts), Letter symbols to be used in electrical technology (partly being replaced by ISO/IEC 80000)

IEC 60445, Basic and safety principles for man-machine interface, marking and identification－Identification of equipment terminals and conductor terminations

IEC/TR 61352, Mnemonics and symbols for integrated circuits

IEC/TR 61734, Application of symbols for binary logic and analogue elements

日本工業規格

JIS
C 0617-7 : 2011

電気用図記号－
第7部：開閉装置，制御装置及び保護装置

Graphical symbols for diagrams－
Part 7: Switchgear, controlgear and protective devices

序文

この規格は，2001年にデータベース形式規格として発行されメンテナンスされているIEC 60617の2008年時点での技術的内容を変更することなく作成した日本工業規格である。

なお，IEC 60617は，部編成であった規格の構成を一つのデータベース形式規格としたが，JISでは，規格の利便性も考慮し，これまでどおり部ごとの分冊構成とし，構成方法を変更している。

1 適用範囲

この規格は，電気用図記号のうち，開閉装置，制御装置及び保護装置に関する図記号について規定する。

注記1 この規格はIEC 60617のうち，従来の図記号番号が07-01-01から07-27-02までのもので構成されている。附属書Aは参考情報である。

注記2 この規格の対応国際規格及びその対応の程度を表す記号を，次に示す。

IEC 60617, Graphical symbols for diagrams (MOD)

なお，対応の程度を表す記号"MOD"は，ISO/IEC Guide 21-1に基づき，"修正している"ことを示す。

2 引用規格

次に掲げる規格は，この規格に引用されることによって，この規格の規定の一部を構成する。これらの引用規格のうちで，西暦年を付記してあるものは，記載の年の版を適用し，その後の改正版（追補を含む。）は適用しない。西暦年の付記がない引用規格は，その最新版（追補を含む。）を適用する。

JIS C 0452-2 電気及び関連分野－工業用システム，設備及び装置，並びに工業製品－構造化原理及び参照指定－第2部：オブジェクトの分類（クラス）及び分類コード

注記 対応国際規格：IEC 61346-2, Industrial systems, installations and equipment and industrial products－Structuring principles and reference designations－Part 2: Classification of objects and codes for classes（IDT）

JIS C 0617-1 電気用図記号－第1部：概説

注記 対応国際規格：IEC 60617, Graphical symbols for diagrams (MOD)

JIS C 0617-12 電気用図記号－第12部：2値論理素子

注記 対応国際規格：IEC 60617, Graphical symbols for diagrams (MOD)

JIS C 0617-13 電気用図記号－第13部：アナログ素子

注記　対応国際規格：**IEC 60617**，Graphical symbols for diagrams（MOD）

JIS C 1082-1:1999　電気技術文書－第1部：一般要求事項

注記　対応国際規格：**IEC 61082-1**，Preparation of documents used in electrotechnology－Part 1: General requirements（MOD）

JIS C 1082-2　電気技術文書－第2部：機能図

注記　対応国際規格：**IEC 61082-2**，Preparation of documents used in electrotechnology－Part 2: Function oriented diagrams（MOD）

JIS Z 8202（規格群）　量及び単位

JIS Z 8222-1　製品技術文書に用いる図記号のデザイン－第1部：基本規則

注記　対応国際規格：**ISO 81714-1**，Design of graphical symbols for use in the technical documentation of products－Part 1: Basic rules（IDT）

IEC 60027 (all parts)，Letter symbols to be used in electrical technology (partly being replaced by ISO/IEC 80000)

3　概要

JIS C 0617 の規格群は，次の部によって構成されている。

第1部：概説
第2部：図記号要素，限定図記号及びその他の一般用途図記号
第3部：導体及び接続部品
第4部：基礎受動部品
第5部：半導体及び電子管
第6部：電気エネルギーの発生及び変換
第7部：開閉装置，制御装置及び保護装置
第8部：計器，ランプ及び信号装置
第9部：電気通信－交換機器及び周辺機器
第10部：電気通信－伝送
第11部：建築設備及び地図上の設備を示す設置平面図及び線図
第12部：二値論理素子
第13部：アナログ素子

図記号は，**JIS Z 8222-1** に規定する要件に従って作成している。基本単位寸法として $M=5$ mm を用いた。多数の端子を表示する必要，又はその他の配置要件に応じてスペースをとる必要がある場合は，**JIS Z 8222-1** の 7.［比率（proportion）の変更］に従い，図記号の寸法（高さなど）を変更してもよい。

拡大，縮小したり寸法を変更した場合も，線の太さは，拡縮せず，元のままとする。

図記号は，関連線間の間隔が基本単位の倍数になるよう描かれている。端子表示が必要な場合のスペースがとれるように基本単位 2M を選択した。図記号は同じグリッドを用い，分かりやすい大きさに描かれている。

図記号は，全てコンピュータ支援製図システムのグリッド内に描かれている（図記号の背景にグリッドを表示した。）。

JIS C 0617-7:1999 に規定されていたが，現在は削除された図記号を，旧図記号として，**附属書A** に示し

ている。

JIS C 0617 規格群で規定する全ての図記号の索引を，JIS C 0617-1 に示す。
この規格に用いる項目名の説明を，**表1**に示す。
なお，英文の項目名は **IEC 60617** に対応した名称である。

表1－図記号の規定に用いる項目名の説明

項目名	説明
図記号番号	図記号の分類番号。xx-yy-zz の形式で示し，x，y，z は 0～9 の整数と A とで表す。 xx：部番号 yy：節番号 zz：節番号中の図記号番号 **注記** 節番号に A が付いた図記号は，旧規格に規定されていたが，現在は削除されている（**附属書 A** 参照）。
識別番号 (Symbol identity number)	図記号の識別番号。Snnnnn の形式で示し，n は 0～9 の整数である。この番号は **IEC 60617** の固有番号である識別番号（Symbol identity number）に対応しており，番号付けには意味はない。
名称 (Name)	当該図記号の概念を表す名称。
別の名称 (Alternative names)	当該図記号の名称に対する別な名称。ほぼ同意語で，従属的な特定の名称など。
様式 (Form)	当該図記号と同一の名称（意味）。形状の異なる図記号がある場合，様式 1，様式 2…として記載する。
別様式 (Alternative forms)	当該図記号と同一名称でほかの様式の図記号がある場合，その図記号の図記号番号。
注釈 (Application notes)	当該図記号の説明又は付加的な関連規定。注釈は通常，複数の図記号で共有されるため，注釈番号を記した別のページに記載されている。 注釈番号は Annnnn の形式で示し，n は 0～9 の整数で表す。この番号は **IEC 60617** の注釈（Application notes）に対応しており，番号付けには意味はない。
適用分類 (Application class)	当該図記号が適用される文書の種類。**JIS C 1082-1** で定義されている。
機能分類 (Function class)	当該図記号が属する一つ又は複数の分類。**JIS C 0452-2** で定義されている。括弧内に示したものは，分類コード。
形状分類 (Shape class)	当該図記号を特徴付ける基本的な形状。
制限事項 (Symbol restrictions)	当該図記号の適用方法に関する制限事項。
補足事項 (Remarks)	当該図記号の付加的な情報。
適用図記号 (Applies)	当該図記号を構築するために用いている図記号（図記号要素，限定図記号及び一般図記号）の識別番号。
被適用図記号 (Applied in)	当該図記号を要素として用いている図記号の識別番号。
キーワード (Keywords)	検索を容易にするキーワードの一覧。

表 1－図記号の規定に用いる項目名の説明（続き）

項目名	説明	
注記	この規格に関する注記を示す。 なお，**IEC 60617** だけの参考情報としては，次の項目がある。	
	Status level	**IEC 60617** 連続メンテナンスに関する当該図記号の状態。 当該図記号が承認された場合，そのステータスレベルは"Standard"に設定される。 当該図記号が後に別の図記号で置き換えられた場合，又は技術的に旧式であると判断された場合，そのステータスレベルは参考としての"旧形式（Obsolete）"となる。 技術的に旧式になった場合，当該図記号は用いられるが，今後メンテナンスは行われない。
	Released on	**IEC 60617** の一部として発行された年月日。
	Obsolete from	**IEC 60617** に対して旧形式となった年月日。

4 電気用図記号及びその説明

この規格の章，節の構成は，次のとおりとする。英語は，**IEC 60617** によるもので参考として示す。

第Ⅰ章　一般的規定
　第 1 節　限定図記号
第Ⅱ章　接点
　第 2 節　2 位置又は 3 位置接点
　第 3 節　2 位置の瞬時接点
　第 4 節　早期動作及び遅延動作接点
　第 5 節　限時動作接点
　第 6 節　自動復帰接点及び非自動復帰接点
　　（廃止された。）
第Ⅲ章　スイッチ，開閉装置及び始動器
　第 7 節　単極スイッチ
　第 8 節　リミットスイッチ
　第 9 節　温度感知スイッチ
　第 10 節　速度変化感応接点，水銀スイッチ及び液面スイッチ
　　（廃止された。）
　第 11 節　制御スイッチを含む多段スイッチの例
　第 12 節　複合スイッチに用いるブロック図記号
　第 13 節　電力用開閉装置
　第 14 節　電動機始動器に用いるブロック図記号
第Ⅳ章　補助継電器
　第 15 節　作動装置
第Ⅴ章　保護継電器及び関連装置
　第 16 節　ブロック図記号及び限定図記号
　第 17 節　保護継電器の例
　第 18 節　その他の装置

第VI章　近接装置及び触れ感応装置
　第19節　センサ及び検出器
　第20節　スイッチ
第VII章　保護装置
　第21節　ヒューズ及びヒューズスイッチ
　第22節　放電ギャップ及び避雷器
　第23節　消火器
　　（廃止された。）
第VIII章　その他の図記号
　第24節　点火装置及びフラッグ形表示器
　　（廃止された。）
　第25節　静止形スイッチ
　第26節　静止形開閉装置
　第27節　結合装置及び静止形継電器のブロック図記号

第I章 一般的規定
第1節 限定図記号

図記号番号 (識別番号)	図記号 (Symbol)		
07-01-01 (S00218)			

項目	説明	IEC 60617 情報（参考）	
名称	接点機能	Contactor function	
別の名称	−	−	
様式	−	−	
別様式	−	−	
注釈	A00061		
適用分類	限定図記号	Qualifiers only	
機能分類	機能属性だけ（−）	− Functional attribute only	
形状分類	半円	Half-circles	
制限事項	−	−	
補足事項	−	−	
適用図記号	−		
被適用図記号	S00284, S00286, S00285, S00377, S01413		
キーワード	接点	contactors, contacts	
注記	−	Status level	Standard
		Released on	2001-07-01
		Obsolete from	−

第1節 限定図記号

図記号番号 (識別番号)	図記号 (Symbol)	
07-01-02 (S00219)	✕	
項目	説明	IEC 60617 情報（参考）
名称	遮断機能	Circuit breaker function
別の名称	－	－
様式	－	－
別様式	－	－
注釈	A00061	
適用分類	限定図記号	Qualifiers only
機能分類	機能属性だけ（－）	－ Functional attribute only
形状分類	線	Lines
制限事項	－	－
補足事項	－	－
適用図記号	－	
被適用図記号	S00287, S01413	
キーワード	遮断器	circuit breakers
注記	－	Status level	Standard
		Released on	2001-07-01
		Obsolete from	－

第1節　限定図記号

図記号番号 (識別番号)	図記号 (Symbol)		
07-01-03 (S00220)	. . . ━ . . .		
項目	説明	IEC 60617 情報 (参考)	
名称	断路機能	Disconnector (isolator) function	
別の名称	－	－	
様式	－	－	
別様式	－	－	
注釈	A00061		
適用分類	限定図記号	Qualifiers only	
機能分類	機能属性だけ（－）	－ Functional attribute only	
形状分類	線	Lines	
制限事項	－	－	
補足事項	－	－	
適用図記号	－		
被適用図記号	S00292, S00289, S00288, S00369, S01413		
キーワード	断路器	disconnectors	
注記	－	Status level	Standard
		Released on	2001-07-01
		Obsolete from	－

第1節　限定図記号

図記号番号 (識別番号)	図記号（Symbol）		
07-01-04 (S00221)	（円に点が付いた記号）		

項目	説明	IEC 60617 情報（参考）	
名称	負荷開閉機能	Switch-disconnector function	
別の名称	断路スイッチ機能	Isolating-switch function	
様式	－	－	
別様式	－	－	
注釈	A00061		
適用分類	限定図記号	Qualifiers only	
機能分類	機能属性だけ（－）	－ Functional attribute only	
形状分類	円，線	Circles, Lines	
制限事項	－	－	
補足事項	－	－	
適用図記号	－		
被適用図記号	S00290, S00291, S00370		
キーワード	断路器，スイッチ	disconnectors, switches	
注記	－	Status level	Standard
		Released on	2001-07-01
		Obsolete from	－

第1節　限定図記号

図記号番号 （識別番号）	図記号（Symbol）	
07-01-05 (S00222)	■	

項目	説明	IEC 60617 情報（参考）	
名称	自動引外し機能	Automatic tripping function	
別の名称	－	－	
様式	－	－	
別様式	－	－	
注釈	A00061		
適用分類	限定図記号	Qualifiers only	
機能分類	機能属性だけ（－）	－ Functional attribute only	
形状分類	正方形	Squares	
制限事項	－	－	
補足事項	継電器又は開放機構を備えた引外し機能。	The tripping function can be initiated by a built-in measuring relay or release.	
適用図記号	－		
被適用図記号	S00285，S00291，S01413		
キーワード	引外し	tripping	
注記	－	Status level	Standard
		Released on	2001-07-01
		Obsolete from	－

第1節　限定図記号

図記号番号 (識別番号)	図記号 (Symbol)		
07-01-06 (S00223)	▽		
項目	説明	IEC 60617 情報（参考）	
名称	位置スイッチ機能	Position switch function	
別の名称	－	－	
様式	－	－	
別様式	－	－	
注釈	A00061，A00062，A00063		
適用分類	限定図記号	Qualifiers only	
機能分類	機能属性だけ（－）	－ Functional attribute only	
形状分類	直角三角形	Right-angled triangle	
制限事項	－	－	
補足事項	－	－	
適用図記号	－		
被適用図記号	S00260，S00261，S00259		
キーワード	位置スイッチ	position switches	
注記	－	Status level	Standard
		Released on	2001-07-01
		Obsolete from	－

第1節　限定図記号

図記号番号 (識別番号)	図記号 (Symbol)		
07-01-09 (S00226)	→		
項目	説明	IEC 60617 情報（参考）	
名称	スイッチの確実動作	Positive operation of a switch	
別の名称	－	－	
様式	－	－	
別様式	－	－	
注釈	A00061，A00068，A00069		
適用分類	限定図記号	Qualifiers only	
機能分類	機能属性だけ（－）	－ Functional attribute only	
形状分類	矢印，円	Arrows, Circles	
制限事項	－	－	
補足事項	－	－	
適用図記号	－		
被適用図記号	S00258, S00257, S00262, S00296		
キーワード	確実動作	positive operation	
注記	－	Status level	Standard
		Released on	2001-07-01
		Obsolete from	－

第II章 接点
第2節 2位置又は3位置接点

図記号番号 (識別番号)	図記号 (Symbol)		
07-02-01 (S00227)			

項目	説明	IEC 60617 情報(参考)	
名称	メーク接点(一般図記号), スイッチ(一般図記号)	Make contact, general symbol ; Switch, general symbol	
別の名称	—	—	
様式	—	—	
別様式	—	—	
注釈	A00060, A00061		
適用分類	回路図,接続図,機能図,概要図	Circuit diagrams, Connection diagrams, Function diagrams, Overview diagrams	
機能分類	信号又は情報の処理(K), 制御による切替え又は変更(Q)	K Processing signals or information, Q Controlled switching or varying	
形状分類	線	Lines	
制限事項	—	—	
補足事項	—	—	
適用図記号	—		
被適用図記号	S00243, S00244, S00247, S00253, S00248, S00254, S00250, S00249, S00256, S00255, S00376, S00261, S00259, S00263, S00268, S00267, S00269, S00287, S00284, S00285, S00290, S00292, S00291, S00294, S00288, S00296, S00295, S00359, S00358, S00365, S00366, S00367, S01413, S01454, S00961, S00951, S00950		
キーワード	接点,電力用開閉装置,スイッチ	contacts, power switching devices, switches	
注記	—	Status level	Standard
		Released on	2001-07-01
		Obsolete from	—

第2節 2位置又は3位置接点

図記号番号 （識別番号）	図記号（Symbol）		
07-02-03 (S00229)			
項目	説明	IEC 60617 情報（参考）	
名称	ブレーク接点	Break contact	
別の名称	―	―	
様式	―	―	
別様式	―	―	
注釈	A00060, A00061		
適用分類	回路図, 接続図, 機能図, 概要図	Circuit diagrams, Connection diagrams, Function diagrams, Overview diagrams	
機能分類	信号又は情報の処理（K）, 制御による切替え又は変更（Q）	K Processing signals or information, Q Controlled switching or varying	
形状分類	線	Lines	
制限事項	―	―	
補足事項	―	―	
適用図記号	―		
被適用図記号	S00245, S00246, S00251, S00260, S00258, S00261, S00268, S00267, S00264, S00269, S00265, S00286, S00294, S00296, S00295, S00361, S01462		
キーワード	接点, スイッチ	contacts, switches	
注記	―	Status level	Standard
		Released on	2001-07-01
		Obsolete from	―

第 2 節　2 位置又は 3 位置接点

図記号番号 （識別番号）	図記号（Symbol）		
07-02-04 (S00230)			
項目	説明	IEC 60617 情報（参考）	
名称	非オーバーラップ切換え接点	Change-over break before make contact	
別の名称	—	—	
様式	—	—	
別様式	—	—	
注釈	A00060，A00061		
適用分類	回路図，接続図，機能図，概要図	Circuit diagrams, Connection diagrams, Function diagrams, Overview diagrams	
機能分類	信号又は情報の処理（K）	K Processing signals or information	
形状分類	線	Lines	
制限事項	—	—	
補足事項	—	—	
適用図記号	—		
被適用図記号	S00268，S00267，S00269，S00320，S01416，S01330		
キーワード	接点，スイッチ	contacts, switches	
注記	—	Status level	Standard
		Released on	2001-07-01
		Obsolete from	—

第2節 2位置又は3位置接点

図記号番号 (識別番号)	図記号(Symbol)		
07-02-05 (S00231)			

項目	説明	IEC 60617 情報(参考)	
名称	オフ位置付き切換え接点	Change-over contact with off-position	
別の名称	—	—	
様式	—	—	
別様式	—	—	
注釈	A00061		
適用分類	回路図,接続図,機能図,概要図	Circuit diagrams, Connection diagrams, Function diagrams, Overview diagrams	
機能分類	信号又は情報の処理(K), 制御による切替え又は変更(Q)	K Processing signals or information, Q Controlled switching or varying	
形状分類	円,線	Circles, Lines	
制限事項	—	—	
補足事項	—	—	
適用図記号	—		
被適用図記号	S00252, S00321		
キーワード	接点,スイッチ	contacts, switches	
注記	—	Status level	Standard
		Released on	2001-07-01
		Obsolete from	—

第2節　2位置又は3位置接点

図記号番号 (識別番号)	図記号（Symbol）		
07-02-06 (S00232)			
項目	説明	IEC 60617 情報（参考）	
名称	オーバーラップ切換え接点	Change-over make before break contact, both ways	
別の名称	—	—	
様式	様式1	Form 1	
別様式	07-02-07	S00233	
注釈	A00060，A00061		
適用分類	回路図，接続図，機能図，概要図	Circuit diagrams, Connection diagrams, Function diagrams, Overview diagrams	
機能分類	信号又は情報の処理（K）	K Processing signals or information	
形状分類	線	Lines	
制限事項	—	—	
補足事項	—	—	
適用図記号	—		
被適用図記号	—		
キーワード	接点，スイッチ	contacts, switches	
注記	—	Status level	Standard
		Released on	2001-07-01
		Obsolete from	—

第2節 2位置又は3位置接点

図記号番号 (識別番号)	図記号 (Symbol)		
07-02-07 (S00233)			
項目	説明	IEC 60617 情報 (参考)	
名称	オーバーラップ切換え接点	Change-over make before break contact, both ways	
別の名称	—	—	
様式	様式2	Form 2	
別様式	07-02-06	S00232	
注釈	A00060, A00061		
適用分類	回路図, 接続図, 機能図, 概要図	Circuit diagrams, Connection diagrams, Function diagrams, Overview diagrams	
機能分類	信号又は情報の処理 (K)	K Processing signals or information	
形状分類	線	Lines	
制限事項	—	—	
補足事項	—	—	
適用図記号	—		
被適用図記号	S00040, S00267		
キーワード	接点, スイッチ	contacts, switches	
注記	—	Status level	Standard
		Released on	2001-07-01
		Obsolete from	—

第2節 2位置又は3位置接点

図記号番号 (識別番号)	図記号 (Symbol)		
07-02-08 (S00234)			
項目	説明	IEC 60617 情報（参考）	
名称	二重メーク接点	Contact with two makes	
別の名称	—	—	
様式	—	—	
別様式	—	—	
注釈	A00060, A00061		
適用分類	回路図，接続図，機能図，概要図	Circuit diagrams, Connection diagrams, Function diagrams, Overview diagrams	
機能分類	信号又は情報の処理 (K)	K Processing signals or information	
形状分類	線	Lines	
制限事項	—	—	
補足事項	—	—	
適用図記号	—		
被適用図記号	—		
キーワード	接点，スイッチ	contacts, switches	
注記	—	Status level	Standard
		Released on	2001-07-01
		Obsolete from	—

第2節 2位置又は3位置接点

図記号番号 （識別番号）	図記号（Symbol）		
07-02-09 (S00235)			
項目	説明	IEC 60617 情報（参考）	
名称	二重ブレーク接点	Contact with two breaks	
別の名称	－	－	
様式	－	－	
別様式	－	－	
注釈	A00060，A00061		
適用分類	回路図，接続図，機能図，概要図	Circuit diagrams, Connection diagrams, Function diagrams, Overview diagrams	
機能分類	信号又は情報の処理（K）	K Processing signals or information	
形状分類	線	Lines	
制限事項	－	－	
補足事項	－	－	
適用図記号	－		
被適用図記号	－		
キーワード	接点，スイッチ	contacts, switches	
注記	－	Status level	Standard
		Released on	2001-07-01
		Obsolete from	－

第2節 2位置又は3位置接点

図記号番号 (識別番号)	図記号（Symbol）		
07-02-10 (S01462)			

項目	説明	IEC 60617 情報（参考）	
名称	安全開離機能接点	Mirror contact	
別の名称	－	－	
様式	－	－	
別様式	－	－	
注釈	－		
適用分類	回路図，機能図，概要図	Circuit diagrams, Function diagrams, Overview diagrams	
機能分類	信号又は情報の処理（K）	K Processing signals or information	
形状分類	点，線	Dots (points), Lines	
制限事項	－	－	
補足事項	安全開離機能接点とは，通常は閉位置の補助接点であり，主接点の溶着等の異常状態下においても，通常開位置の主接点と同時には閉位置になることのない接点である。	A mirror contact is a normally closed auxiliary contact, which cannot be in closed position simultaneously with the normally open main contact, not even during abnormal conditions like welding of the main contact.	
適用図記号	S00229		
被適用図記号	S01720，S01719		
キーワード	接点	contacts	
注記	IEC 60947-4-1:2002 を参照。	Status level	Standard
		Released on	2003-08-27
		Obsolete from	－

第3節 2位置の瞬時接点

図記号番号 (識別番号)	図記号 (Symbol)	
07-03-01 (S00236)		

項目	説明	IEC 60617 情報 (参考)	
名称	動作瞬時接点	Passing make contact when actuated	
別の名称	―	―	
様式	―	―	
別様式	―	―	
注釈	A00060, A00061		
適用分類	回路図, 接続図, 機能図, 概要図	Circuit diagrams, Connection diagrams, Function diagrams, Overview diagrams	
機能分類	信号又は情報の処理 (K)	K Processing signals or information	
形状分類	線	Lines	
制限事項	―	―	
補足事項	接点は作動装置が動作したとき瞬時に閉じる。	The contact is closing momentarily when its operating device is actuated.	
適用図記号	―		
被適用図記号	―		
キーワード	接点, スイッチ	contacts, switches	
注記	―	Status level	Standard
		Released on	2001-07-01
		Obsolete from	―

第3節　2位置の瞬時接点

図記号番号 (識別番号)	図記号 (Symbol)		
07-03-02 (S00237)			

項目	説明	IEC 60617 情報（参考）	
名称	復帰瞬時接点	Passing make contact when released	
別の名称	−	−	
様式	−	−	
別様式	−	−	
注釈	A00060，A00061		
適用分類	回路図，接続図，機能図，概要図	Circuit diagrams, Connection diagrams, Function diagrams, Overview diagrams	
機能分類	信号又は情報の処理（K）	K Processing signals or information	
形状分類	線	Lines	
制限事項	−	−	
補足事項	接点は作動装置が動作解除したとき瞬時に閉じる。	The contact is closing momentarily when its operating device is released.	
適用図記号	−		
被適用図記号	−		
キーワード	接点，スイッチ	contacts, switches	
注記	−	Status level	Standard
		Released on	2001-07-01
		Obsolete from	−

第3節　2位置の瞬時接点

図記号番号 (識別番号)	図記号（Symbol）		
07-03-03 (S00238)			
項目	説明		IEC 60617 情報（参考）
名称	動作復帰瞬時接点		Passing make contact
別の名称	－		－
様式	－		－
別様式	－		－
注釈	A00060，A00061		
適用分類	回路図，接続図，機能図，概要図		Circuit diagrams, Connection diagrams, Function diagrams, Overview diagrams
機能分類	信号又は情報の処理（K）		K Processing signals or information
形状分類	線		Lines
制限事項	－		－
補足事項	接点は作動装置が作動又は作動解除したときに瞬時に閉じる。		The contact is closing momentarily when its operating device is actuated or released.
適用図記号			
被適用図記号	－		
キーワード	接点，スイッチ		contacts, switches
注記	－	Status level	Standard
		Released on	2001-07-01
		Obsolete from	－

第4節　早期作動及び遅延動作接点

図記号番号 (識別番号)	図記号 (Symbol)		
07-04-01 (S00239)			
項目	説明	IEC 60617 情報（参考）	
名称	メーク接点（先行閉路）	Make contact, early closing	
別の名称	−	−	
様式	−	−	
別様式	−	−	
注釈	A00060，A00061		
適用分類	回路図，接続図，機能図，概要図	Circuit diagrams, Connection diagrams, Function diagrams, Overview diagrams	
機能分類	信号又は情報の処理（K）	K Processing signals or information	
形状分類	線	Lines	
制限事項	−	−	
補足事項	接点は同一器具内その他のすべてのメーク接点よりも早く閉路する。	The contact is early to close relative to the other make contacts of a contact assembly.	
適用図記号	−		
被適用図記号	S00279		
キーワード	接点，スイッチ	contacts, switches	
注記	−	Status level	Standard
		Released on	2001-07-01
		Obsolete from	−

第4節 早期作動及び遅延動作接点

図記号番号 (識別番号)	図記号 (Symbol)		
07-04-02 (S00240)			

項目	説明	IEC 60617 情報 (参考)	
名称	メーク接点 (遅延閉路)	Make contact, late closing	
別の名称	—	—	
様式	—	—	
別様式	—	—	
注釈	A00060, A00061		
適用分類	回路図, 接続図, 機能図, 概要図	Circuit diagrams, Connection diagrams, Function diagrams, Overview diagrams	
機能分類	信号又は情報の処理 (K)	K Processing signals or information	
形状分類	線	Lines	
制限事項	—	—	
補足事項	接点は同一器具内その他のすべてのメーク接点よりも遅れて閉路する。	The contact is late to close relative to the other make contacts of a contact assembly.	
適用図記号	—		
被適用図記号	S00279		
キーワード	接点, スイッチ	contacts, switches	
注記	—	Status level	Standard
		Released on	2001-07-01
		Obsolete from	—

第4節 早期作動及び遅延動作接点

図記号番号 (識別番号)	図記号 (Symbol)		
07-04-03 (S00241)			

項目	説明	IEC 60617 情報 (参考)	
名称	ブレーク接点（遅延開路）	Break contact, late opening	
別の名称	―	―	
様式	―	―	
別様式	―	―	
注釈	A00060, A00061		
適用分類	回路図，接続図，機能図，概要図	Circuit diagrams, Connection diagrams, Function diagrams, Overview diagrams	
機能分類	信号又は情報の処理（K）	K Processing signals or information	
形状分類	線	Lines	
制限事項	―	―	
補足事項	接点は同一器具内その他のすべてのメーク接点よりも遅れて開路する。	The contact is late to open relative to the other break contacts of a contact assembly.	
適用図記号	―		
被適用図記号	―		
キーワード	接点，スイッチ	contacts, switches	
注記	―	Status level	Standard
		Released on	2001-07-01
		Obsolete from	―

第4節　早期作動及び遅延動作接点

図記号番号 (識別番号)	図記号（Symbol）		
07-04-04 (S00242)			
項目	説明	IEC 60617 情報（参考）	
名称	ブレーク接点（先行開路）	Break contact, early opening	
別の名称	—	—	
様式	—	—	
別様式	—	—	
注釈	A00060，A00061		
適用分類	回路図，接続図，機能図，概要図	Circuit diagrams, Connection diagrams, Function diagrams, Overview diagrams	
機能分類	信号又は情報の処理（K）	K Processing signals or information	
形状分類	線	Lines	
制限事項	—	—	
補足事項	接点は同一器具内の他のすべてのメーク接点よりも早く開路する。	The contact which is early to open relative to the other break contacts of a contact assembly.	
適用図記号	—		
被適用図記号	—		
キーワード	接点，スイッチ	contacts, switches	
注記	—	Status level	Standard
		Released on	2001-07-01
		Obsolete from	—

第5節 限時動作接点

図記号番号 (識別番号)	図記号 (Symbol)		
07-05-01 (S00243)			

項目	説明	IEC 60617 情報（参考）	
名称	メーク接点（限時閉路）	Make contact, delayed closing	
別の名称	—	—	
様式	—	—	
別様式	—	—	
注釈	A00060, A00061, A00070		
適用分類	回路図, 接続図, 機能図, 概要図	Circuit diagrams, Connection diagrams, Function diagrams, Overview diagrams	
機能分類	信号又は情報の処理（K）	K Processing signals or information	
形状分類	半円, 線	Half-circles, Lines	
制限事項	—	—	
補足事項	限時動作瞬時復帰のメーク接点。	The closing of the contact is delayed when the device containing the contact is being activated.	
適用図記号	S00148, S00227		
被適用図記号	S00248		
キーワード	接点, スイッチ	contacts, switches	
注記	—	Status level	Standard
		Released on	2001-07-01
		Obsolete from	—

第5節 限時動作接点

図記号番号 (識別番号)	図記号 (Symbol)		
07-05-02 (S00244)			
項目	説明	IEC 60617 情報（参考）	
名称	メーク接点（限時開路）	Make contact, delayed opening	
別の名称	―	―	
様式	―	―	
別様式	―	―	
注釈	A00060, A00061, A00070		
適用分類	回路図，接続図，機能図，概要図	Circuit diagrams, Connection diagrams, Function diagrams, Overview diagrams	
機能分類	信号又は情報の処理（K）	K Processing signals or information	
形状分類	半円，線	Half-circles, Lines	
制限事項	―	―	
補足事項	瞬時動作限時復帰のメーク接点。	The opening of the contact is delayed when the device containing the contact is being de-activated.	
適用図記号	S00149, S00227		
被適用図記号	―		
キーワード	接点，スイッチ	contacts, switches	
注記	―	Status level	Standard
		Released on	2001-07-01
		Obsolete from	―

第5節　限時動作接点

図記号番号 （識別番号）	図記号（Symbol）		
07-05-03 (S00245)			

項目	説明	IEC 60617 情報（参考）	
名称	ブレーク接点（限時開路）	Break contact, delayed opening	
別の名称	－	－	
様式	－	－	
別様式	－	－	
注釈	A00060, A00061, A00070		
適用分類	回路図，接続図，機能図，概要図	Circuit diagrams, Connection diagrams, Function diagrams, Overview diagrams	
機能分類	信号又は情報の処理（K）	K Processing signals or information	
形状分類	半円，線	Half-circles, Lines	
制限事項	－	－	
補足事項	限時動作瞬時復帰のブレーク接点。	The opening of the contact is delayed when the device containing the contact is being activated.	
適用図記号	S00148, S00229		
被適用図記号	－		
キーワード	接点，スイッチ	contacts, switches	
注記	－	Status level	Standard
		Released on	2001-07-01
		Obsolete from	－

第5節　限時動作接点

図記号番号 (識別番号)	図記号 (Symbol)	
07-05-04 (S00246)		

項目	説明	IEC 60617 情報 (参考)	
名称	ブレーク接点（限時閉路）	Break contact, delayed closing	
別の名称	—	—	
様式	—	—	
別様式	—	—	
注釈	A00060，A00061，A00070		
適用分類	回路図，接続図，機能図，概要図	Circuit diagrams, Connection diagrams, Function diagrams, Overview diagrams	
機能分類	信号又は情報の処理（K）	K Processing signals or information	
形状分類	半円，線	Half-circles, Lines	
制限事項	—	—	
補足事項	瞬時動作限時復帰のブレーク接点。	The closing of the contact is delayed when the device containing the contact is being de-activated.	
適用図記号	S00149，S00229		
被適用図記号	S00248		
キーワード	接点，スイッチ	contacts, switches	
注記	—	Status level	Standard
		Released on	2001-07-01
		Obsolete from	—

第5節　限時動作接点

図記号番号 (識別番号)	図記号（Symbol）		
07-05-05 (S00247)			

項目	説明	IEC 60617 情報（参考）	
名称	メーク接点（限時）	Make contact, delayed	
別の名称	−	−	
様式	−	−	
別様式	−	−	
注釈	A00060, A00061, A00070		
適用分類	回路図，接続図，機能図，概要図	Circuit diagrams, Connection diagrams, Function diagrams, Overview diagrams	
機能分類	信号又は情報の処理（K）	K Processing signals or information	
形状分類	半円，線	Half-circles, Lines	
制限事項	−	−	
補足事項	限時動作限時復帰のメーク接点。	The contact is delayed both when the device containing the contact is being activated and when it is being de-activated.	
適用図記号	S00148, S00149, S00227		
被適用図記号	−		
キーワード	接点，スイッチ	contacts, switches	
注記	−	Status level	Standard
		Released on	2001-07-01
		Obsolete from	−

第5節　限時動作接点

図記号番号 (識別番号)	図記号（Symbol）	
07-05-06 (S00248)		
項目	説明	IEC 60617 情報（参考）
名称	接点の組合せ	Contact assembly
別の名称	―	―
様式	―	―
別様式	―	―
注釈	A00060，A00061，A00070	
適用分類	回路図，接続図，機能図，概要図	Circuit diagrams，Connection diagrams，Function diagrams，Overview diagrams
機能分類	信号又は情報の処理（K）	K Processing signals or information
形状分類	半円，線	Half-circles，Lines
制限事項	―	―
補足事項	同一器具内に，動作が遅延しないメーク接点が1個，動作が遅延するメーク接点が1個，更に，この装置が作動解除させられたときに，動作が遅延するブレーク接点が1個あることを示す。	The contact assembly is shown with one make contact not delayed, one make contact delayed when the device containing the contact is being activated and one break contact delayed when the device containing the contact is being de-activated.
適用図記号	S00144，S00227，S00243，S00246	
被適用図記号	―	
キーワード	接点，スイッチ	contacts，switches
注記	―	Status level	Standard
		Released on	2001-07-01
		Obsolete from	―

第III章　スイッチ，開閉装置及び始動器
第7節　単極スイッチ

図記号番号 (識別番号)	図記号 (Symbol)		
07-07-01 (S00253)			
項目	説明	IEC 60617 情報（参考）	
名称	手動操作スイッチ（一般図記号）	Switch, manually operated, general symbol	
別の名称	−	−	
様式	−	−	
別様式	−	−	
注釈	A00060, A00061, A00082, A00083		
適用分類	回路図，接続図，機能図，概要図	Circuit diagrams, Connection diagrams, Function diagrams, Overview diagrams	
機能分類	手動操作を信号に変換（S）	S Converting a manual operation into a signal	
形状分類	線	Lines	
制限事項	−	−	
補足事項	−	−	
適用図記号	S00167, S00227		
被適用図記号	−		
キーワード	接点，スイッチ	contacts, switches	
注記	−	Status level	Standard
		Released on	2001-07-01
		Obsolete from	−

第7節　単極スイッチ

図記号番号 (識別番号)	図記号（Symbol）		
07-07-02 (S00254)	E-/		
項目	説明	IEC 60617 情報（参考）	
名称	手動操作の押しボタンスイッチ（自動復帰）	Switch, manually operated, push-button, automatic return	
別の名称	－	－	
様式	－	－	
別様式	－	－	
注釈	A00060，A00061，A00082		
適用分類	回路図，接続図，機能図，概要図	Circuit diagrams, Connection diagrams, Function diagrams, Overview diagrams	
機能分類	手動操作を信号に変換（S）	S Converting a manual operation into a signal	
形状分類	線	Lines	
制限事項	－	－	
補足事項	－	－	
適用図記号	S00171，S00227		
被適用図記号	S00257		
キーワード	接点，スイッチ	contacts, switches	
注記	－	Status level	Standard
		Released on	2001-07-01
		Obsolete from	－

第7節 単極スイッチ

図記号番号 (識別番号)	図記号(Symbol)		
07-07-03 (S00255)			

項目	説明	IEC 60617 情報 (参考)	
名称	手動操作の引きボタンスイッチ(自動復帰)	Switch, manually operated, pulling, automatic return	
別の名称	—	—	
様式	—	—	
別様式	—	—	
注釈	A00060, A00061, A00082		
適用分類	回路図, 接続図, 機能図, 概要図	Circuit diagrams, Connection diagrams, Function diagrams, Overview diagrams	
機能分類	手動操作を信号に変換 (S)	S Converting a manual operation into a signal	
形状分類	線	Lines	
制限事項	—	—	
補足事項	—	—	
適用図記号	S00169, S00227		
被適用図記号	—		
キーワード	接点, スイッチ	contacts, switches	
注記	—	Status level	Standard
		Released on	2001-07-01
		Obsolete from	—

第7節 単極スイッチ

図記号番号 (識別番号)	図記号 (Symbol)		
07-07-04 (S00256)			

項目	説明	IEC 60617 情報（参考）	
名称	手動操作のひねりスイッチ（非自動復帰）	Switch, manually operated, turning, stay-put	
別の名称	−	−	
様式	−	−	
別様式	−	−	
注釈	A00060, A00061, A00083		
適用分類	回路図, 接続図, 機能図, 概要図	Circuit diagrams, Connection diagrams, Function diagrams, Overview diagrams	
機能分類	手動操作を信号に変換（S）	S Converting a manual operation into a signal	
形状分類	線	Lines	
制限事項	−	−	
補足事項	−	−	
適用図記号	S00170, S00227		
被適用図記号	−		
キーワード	接点, スイッチ	contacts, switches	
注記	−	Status level	Standard
		Released on	2001-07-01
		Obsolete from	−

第7節 単極スイッチ

図記号番号 (識別番号)	図記号 (Symbol)		
07-07-05 (S00257)	（押しボタンスイッチの図記号）		
項目	説明	IEC 60617 情報（参考）	
名称	確実動作が行われる手動操作の押しボタンスイッチ（自動復帰）	Switch, manually operated with positive operation, push-button, automatic return	
別の名称	警報スイッチ	Alarm switch	
様式	−	−	
別様式	−	−	
注釈	A00060, A00061, A00082		
適用分類	回路図，接続図，機能図，概要図	Circuit diagrams, Connection diagrams, Function diagrams, Overview diagrams	
機能分類	手動操作を信号に変換（S）	S Converting a manual operation into a signal	
形状分類	矢印，円，線	Arrows, Circles, Lines	
制限事項	−	−	
補足事項	−	−	
適用図記号	S00226, S00254		
被適用図記号	−		
キーワード	接点，スイッチ	contacts, switches	
注記	−	Status level	Standard
		Released on	2001-07-01
		Obsolete from	−

第7節 単極スイッチ

図記号番号 (識別番号)	図記号 (Symbol)		
07-07-06 (S00258)			
項目	説明	IEC 60617 情報 (参考)	
名称	非常停止スイッチ	Switch, emergency stop	
別の名称	−	−	
様式	−	−	
別様式	−	−	
注釈	A00060, A00061, A00082		
適用分類	回路図, 接続図, 機能図, 概要図	Circuit diagrams, Connection diagrams, Function diagrams, Overview diagrams	
機能分類	手動操作を信号に変換 (S)	S Converting a manual operation into a signal	
形状分類	矢印, 円, 線	Arrows, Circles, Lines	
制限事項	−	−	
補足事項	ブレーク接点の確実な開放操作を行いその位置を維持する ("きのこ形ヘッド"で操作する)。	"Mushroom-head" activated, with positive opening operation of the break contact and maintain position.	
適用図記号	S00151, S00174, S00226, S00229		
被適用図記号	−		
キーワード	接点, スイッチ	contacts, switches	
注記	−	Status level	Standard
		Released on	2001-07-01
		Obsolete from	−

第8節　リミットスイッチ

図記号番号 （識別番号）	図記号（Symbol）		
07-08-01 (S00259)			

項目	説明	IEC 60617 情報（参考）	
名称	リミットスイッチ（メーク接点）	Position switch, make contact	
別の名称	ー	ー	
様式	ー	ー	
別様式	ー	ー	
注釈	A00060, A00061, A00084		
適用分類	回路図，接続図，機能図，概要図	Circuit diagrams, Connection diagrams, Function diagrams, Overview diagrams	
機能分類	信号又は情報の処理（K）	K Processing signals or information	
形状分類	線，直角三角形	Lines, Right-angled triangle	
制限事項	ー	ー	
補足事項	ー	ー	
適用図記号	S00223, S00227		
被適用図記号	ー		
キーワード	接点，リミットスイッチ，スイッチ	contacts, position switches, switches	
注記	ー	Status level	Standard
		Released on	2001-07-01
		Obsolete from	ー

第8節　リミットスイッチ

図記号番号 (識別番号)	図記号（Symbol）	
07-08-02 (S00260)	(図記号)	
項目	説明	IEC 60617 情報（参考）
名称	リミットスイッチ（ブレーク接点）	Position switch, break contact
別の名称	−	−
様式	−	−
別様式	−	−
注釈	A00060, A00061, A00084	
適用分類	回路図, 接続図, 機能図, 概要図	Circuit diagrams, Connection diagrams, Function diagrams, Overview diagrams
機能分類	信号又は情報の処理（K）	K Processing signals or information
形状分類	線, 直角三角形	Lines, Right-angled triangle
制限事項	−	−
補足事項	−	−
適用図記号	S00223, S00229	
被適用図記号	S00262	
キーワード	接点, リミットスイッチ, スイッチ	contacts, position switches, switches
注記	−	Status level / Standard
		Released on / 2001-07-01
		Obsolete from / −

第8節 リミットスイッチ

図記号番号 (識別番号)	図記号（Symbol）		
07-08-03 (S00261)			

項目	説明	IEC 60617 情報（参考）	
名称	リミットスイッチ（機械的に連結される個別のメーク接点とブレーク接点）	Position switch assembly	
別の名称	—	—	
様式	—	—	
別様式	—	—	
注釈	A00060，A00061，A00084		
適用分類	回路図，接続図，機能図，概要図	Circuit diagrams, Connection diagrams, Function diagrams, Overview diagrams	
機能分類	信号又は情報の処理（K）	K Processing signals or information	
形状分類	線，直角三角形	Lines, Right-angled triangle	
制限事項	—	—	
補足事項	機械的に連結される個別のメーク接点とブレーク接点とをもったリミットスイッチ	Mechanically operated in both directions with two separate circuits	
適用図記号	S00144，S00223，S00227，S00229		
被適用図記号	—		
キーワード	接点，リミットスイッチ，スイッチ	contacts, position switches, switches	
注記	—	Status level	Standard
		Released on	2001-07-01
		Obsolete from	—

第8節　リミットスイッチ

図記号番号 (識別番号)	図記号（Symbol）		
07-08-04 (S00262)	（図記号）		
項目	説明	IEC 60617 情報（参考）	
名称	リミットスイッチ（確実な開放ブレーク接点）	Position switch, break contact, positive operation	
別の名称	リミットスイッチ	Limit switch	
様式	—	—	
別様式	—	—	
注釈	A00060, A00061, A00084		
適用分類	回路図，接続図，機能図，概要図	Circuit diagrams, Connection diagrams, Function diagrams, Overview diagrams	
機能分類	信号又は情報の処理（K）	K Processing signals or information	
形状分類	矢印，円，線	Arrows, Circles, Lines	
制限事項	—	—	
補足事項	—	—	
適用図記号	S00226, S00260		
被適用図記号	—		
キーワード	接点，リミットスイッチ，確実操作，スイッチ	contacts, position switches, positive operation, switches	
注記	—	Status level	Standard
		Released on	2001-07-01
		Obsolete from	—

第9節 温度感知スイッチ

図記号番号 (識別番号)	図記号（Symbol）		
07-09-01 (S00263)	(温度感知スイッチ記号 Θ)		
項目	説明	IEC 60617 情報（参考）	
名称	温度感知スイッチ（メーク接点）	Temperature sensitive switch, make contact	
別の名称	－	－	
様式	－	－	
別様式	－	－	
注釈	A00060, A00061, A00085		
適用分類	回路図, 接続図, 機能図, 概要図	Circuit diagrams, Connection diagrams, Function diagrams, Overview diagrams	
機能分類	変量を信号に変換（B）	B Converting variable to signal	
形状分類	文字, 線	Characters, Lines	
制限事項	－	－	
補足事項	－	－	
適用図記号	S00227		
被適用図記号	－		
キーワード	接点, スイッチ, 温度	contacts, switches, temperature	
注記	－	Status level	Standard
		Released on	2001-07-01
		Obsolete from	－

第9節 温度感知スイッチ

図記号番号 (識別番号)	図記号 (Symbol)		
07-09-02 (S00264)			

項目	説明	IEC 60617 情報 (参考)	
名称	温度感知スイッチ(ブレーク接点)	Temperature sensitive switch, break contact	
別の名称	—	—	
様式	—	—	
別様式	—	—	
注釈	A00060, A00061		
適用分類	回路図, 接続図, 機能図, 概要図	Circuit diagrams, Connection diagrams, Function diagrams, Overview diagrams	
機能分類	変量を信号に変換 (B)	B Converting variable to signal	
形状分類	文字, 線	Characters, Lines	
制限事項	—	—	
補足事項	—	—	
適用図記号	S00229		
被適用図記号	—		
キーワード	接点, スイッチ, 温度	contacts, switches, temperature	
注記	—	Status level	Standard
		Released on	2001-07-01
		Obsolete from	—

第9節 温度感知スイッチ

図記号番号 (識別番号)	図記号 (Symbol)		
07-09-03 (S00265)			

項目	説明	IEC 60617 情報（参考）	
名称	ブレーク接点の自己動作温度スイッチ	Thermal switch, self-operating, break contact	
別の名称	ブレーク接点のバイメタル	Bimetal break contact	
様式	―	―	
別様式	―	―	
注釈	A00060, A00061		
適用分類	回路図，接続図，機能図，概要図	Circuit diagrams, Connection diagrams, Function diagrams, Overview diagrams	
機能分類	変量を信号に変換（B）	B Converting variable to signal	
形状分類	線	Lines	
制限事項	―		
補足事項	図示の接点と熱動継電器とを区別することが重要である。熱動継電器は，図記号 S00191 (02-A13-02)のように分離して表すことができる。	It is important to distinguish between a contact as shown and a contact of a thermal relay. In detached representation a thermal relay is applying the symbol S00191.	
適用図記号	S00120, S00229		
被適用図記号	―		
キーワード	接点，スイッチ，温度	contacts, switches, temperature	
注記	―	Status level	Standard
		Released on	2001-07-01
		Obsolete from	―

第9節 温度感知スイッチ

図記号番号 (識別番号)	図記号 (Symbol)		
07-09-04 (S00266)			

項目	説明	IEC 60617 情報（参考）	
名称	感温体付き気体放電管	Gas discharge tube with thermal element	
別の名称	蛍光ランプ用始動器	Starter for fluorescent lamp	
様式	—	—	
別様式	—	—	
注釈	—		
適用分類	回路図，接続図，機能図，概要図	Circuit diagrams, Connection diagrams, Function diagrams, Overview diagrams	
機能分類	信号又は情報の処理（K）	K Processing signals or information	
形状分類	円，点，線	Circles, Dots (points), Lines	
制限事項	—	—	
補足事項	—	—	
適用図記号	S00062, S00116, S00120		
被適用図記号	—		
キーワード	接点，スイッチ	contacts, switches	
注記	—	Status level	Standard
		Released on	2001-07-01
		Obsolete from	—

第11節 制御スイッチを含む多段スイッチの例

図記号番号 (識別番号)	図記号 (Symbol)		
07-11-04 (S00270)			
項目	説明	IEC 60617 情報（参考）	
名称	多段スイッチ	Multi-position switch	
別の名称	—	—	
様式	—	—	
別様式	—	—	
注釈	A00061		
適用分類	回路図	Circuit diagrams	
機能分類	手動操作を信号に変換（S）	S Converting a manual operation into a signal	
形状分類	線	Lines	
制限事項	—	—	
補足事項	6位置を示してある。	Six positions shown.	
適用図記号	—		
被適用図記号	S00276, S00278, S00275, S00277, S00279		
キーワード	接点，スイッチ	contacts, switches	
注記	—	Status level	Standard
		Released on	2001-07-01
		Obsolete from	—

第 11 節 制御スイッチを含む多段スイッチの例

図記号番号 (識別番号)	図記号 (Symbol)		
07-11-05 (S00271)			

項目	説明	IEC 60617 情報 (参考)	
名称	多段スイッチ (最大 4 位置)	Multi-position switch, maximum four positions	
別の名称	—	—	
様式	—	—	
別様式	—	—	
注釈	A00060, A00061		
適用分類	回路図	Circuit diagrams	
機能分類	手動操作を信号に変換 (S)	S Converting a manual operation into a signal	
形状分類	線	Lines	
制限事項	—	—	
補足事項	—	—	
適用図記号	—		
被適用図記号	S00272, S00274		
キーワード	接点, スイッチ	contacts, switches	
注記	—	Status level	Standard
		Released on	2001-07-01
		Obsolete from	—

第11節 制御スイッチを含む多段スイッチの例

図記号番号 (識別番号)	図記号(Symbol)		
07-11-06 (S00272)	(多段スイッチの図記号: 位置1234を示す矢印付き)		
項目	説明	IEC 60617 情報(参考)	
名称	多段スイッチ(位置図を添えて示す場合)	Multi-position switch, with position diagram	
別の名称	—	—	
様式	—	—	
別様式	—	—	
注釈	A00060, A00061, A00251		
適用分類	回路図	Circuit diagrams	
機能分類	手動操作を信号に変換(S)	S Converting a manual operation into a signal	
形状分類	線	Lines	
制限事項	—	—	
補足事項	—	—	
適用図記号	S00177, S00271		
被適用図記号	—		
キーワード	接点,スイッチ	contacts, switches	
注記	—	Status level	Standard
		Released on	2001-07-01
		Obsolete from	—

第12節 複合スイッチに用いるブロック図記号

図記号番号 (識別番号)	図記号 (Symbol)		
07-12-04 (S01454)	Φ（長方形の枠内に Φ と切替スイッチ様の図記号）		
項目	説明	IEC 60617 情報（参考）	
名称	複合スイッチ（一般図記号）	Complex switch, general symbol	
別の名称	—	—	
様式	—	—	
別様式	—	—	
注釈	A00268		
適用分類	回路図，接続図，機能図，概要図	Circuit diagrams, Connection diagrams, Function diagrams, Overview diagrams	
機能分類	変量を信号に変換 (B)， 手動操作を信号に変換 (S)	B Converting variable to signal, S Converting a manual operation into a signal	
形状分類	文字，線，長方形	Characters, Lines, Rectangles	
制限事項	—	—	
補足事項	—	—	
適用図記号	S00227, S01808		
被適用図記号	—		
キーワード	複合スイッチ，スイッチ	complex switches, switches	
注記	—	Status level	Standard
		Released on	2003-03-03
		Obsolete from	—

第 12 節　複合スイッチに使用するブロック図記号

図記号番号 （識別番号）	図記号（Symbol）		
07-12-05 (S01855)	VS （スイッチ図）		
項目	説明	IEC 60617 情報（参考）	
名称	計器用多段選択スイッチ（電圧回路用）	Instrument multi-position selector switch for voltage circuit	
別の名称	計器用切換開閉器（電圧回路用）	Instrument diverter switch for voltage circuit	
様式	－	－	
別様式	－	－	
注釈	－		
適用分類	回路図	Circuit diagrams	
機能分類	制御による切替え又は変更（Q）， 手動操作を信号に変換（S）	Q Controlled switching or varying, S Converting a manual operation into a signal	
形状分類	文字，長方形	Characters, Rectangles	
制限事項	－	－	
補足事項	VS：電圧計切換スイッチ	VS: Voltmeter change-over Switch	
適用図記号	S00227，S01454		
被適用図記号	S01858		
キーワード	計器用スイッチ，スイッチ	Instrument switches, switches	
注記	－	Status level	Standard
		Released on	2009-09-11
		Obsolete from	－

第12節　複合スイッチに使用するブロック図記号

図記号番号 （識別番号）	図記号（Symbol）		
07-12-06 (S01858)	L1　VS L2 L3　L1-L2 N　L2-L3 　　L3-L1 　　L1-N 　　L2-N 　　L3-N		
項目	説明	IEC 60617 情報（参考）	
名称	端子表示付き計器用多段選択スイッチ （電圧回路用）	Instrument multi-position selector switch for voltage circuit with shown terminals	
別の名称	—	—	
様式	—	—	
別様式	—	—	
注釈	—		
適用分類	回路図，概要図	Circuit diagrams, Overview diagrams	
機能分類	制御による切替え又は変更（Q）， 手動操作を信号に変換（S）	Q Controlled switching or varying, S Converting a manual operation into a signal	
形状分類	文字，線	Characters, Lines	
制限事項	—	—	
補足事項	—	—	
適用図記号	S01855		
被適用図記号	—		
キーワード	計器用スイッチ，スイッチ	Instrument switches, switches	
注記	—	Status level	Standard
		Released on	2009-09-11
		Obsolete from	—

第12節 複合スイッチに使用するブロック図記号

図記号番号 (識別番号)	図記号（Symbol）		
07-12-07 (S01856)	AS		

項目	説明	IEC 60617 情報（参考）	
名称	計器用多段選択スイッチ（電流回路用）	Instrument multi-position selector switch for current circuit	
別の名称	計器用切換開閉器（電流回路用）	Instrument diverter switch for current circuit	
様式	—	—	
別様式	—	—	
注釈	—	—	
適用分類	回路図	Circuit diagrams	
機能分類	制御による切替え又は変更（Q）， 手動操作を信号に変換（S）	Q Controlled switching or varying, S Converting a manual operation into a signal	
形状分類	文字，長方形	Characters, Rectangles	
制限事項	—	—	
補足事項	AS：電流計切換スイッチ	AS: Amperemeter change-over Switch	
適用図記号	S00233，S01454		
被適用図記号	S01857		
キーワード	計器用スイッチ，スイッチ	Instrument switches, switches	
注記	—	Status level	Standard
		Released on	2009-09-11
		Obsolete from	—

第 12 節　複合スイッチに使用するブロック図記号

図記号番号 (識別番号)	図記号（Symbol）		
07-12-08 (S01857)	(L1, L2, L3, N 入力端子、AS 記号、L, N 出力端子を示す矩形ブロック図)		
項目	説明	IEC 60617 情報（参考）	
名称	端子表示付き計器用多段選択スイッチ （電流回路用）	Instrument multi-position selector switch for current circuit with shown terminals	
別の名称	－	－	
様式	－	－	
別様式	－	－	
注釈	－		
適用分類	回路図	Circuit diagrams	
機能分類	制御による切替え又は変更（Q）， 手動操作を信号に変換（S）	Q Controlled switching or varying, S Converting a manual operation into a signal	
形状分類	文字，長方形	Characters, Rectangles	
制限事項	－	－	
補足事項	－	－	
適用図記号	S01856		
被適用図記号	－		
キーワード	計器用スイッチ，スイッチ	Instrument switches, switches	
注記	－	Status level	Standard
		Released on	2009-09-11
		Obsolete from	－

第13節　電力用開閉装置

図記号番号 (識別番号)	図記号（Symbol）		
07-13-02 (S00284)			
項目	説明	IEC 60617 情報（参考）	
名称	電磁接触器，電磁接触器の主メーク接点	Contactor; Main make contact of a contactor	
別の名称	－	－	
様式	－	－	
別様式	－	－	
注釈	A00060		
適用分類	回路図，接続図，機能図，概要図	Circuit diagrams, Connection diagrams, Function diagrams, Overview diagrams	
機能分類	制御による切替え又は変更（Q）	Q Controlled switching or varying	
形状分類	半円，線	Half-circles, Lines	
制限事項	－	－	
補足事項	接点は，休止状態で開いている。	Contact opened in the unoperated position.	
適用図記号	S00218，S00227		
被適用図記号	S00301		
キーワード	電磁接触器，接点，電力用開閉装置	contactors, contacts, power switching devices	
注記	－	Status level	Standard
		Released on	2001-07-01
		Obsolete from	－

第 13 節　電力用開閉装置

図記号番号 (識別番号)	図記号（Symbol）	
07-13-03 (S00285)		

項目	説明	IEC 60617 情報（参考）	
名称	自動引外し装置付き電磁接触器	Contactor with automatic tripping	
別の名称	－	－	
様式	－	－	
別様式	－	－	
注釈	A00060		
適用分類	回路図，接続図，機能図，概要図	Circuit diagrams，Connection diagrams，Function diagrams，Overview diagrams	
機能分類	制御による切替え又は変更（Q）	Q Controlled switching or varying	
形状分類	半円，線，正方形	Half-circles，Lines，Squares	
制限事項	－	－	
補足事項	継電器又は開放機構によって作動．	Initiated by a built-in measuring relay or release.	
適用図記号	S00218，S00222，S00227		
被適用図記号	－		
キーワード	電磁接触器，電力用開閉装置，スイッチ	contactors，power switching devices，switches	
注記	－	Status level	Standard
		Released on	2001-07-01
		Obsolete from	－

第13節　電力用開閉装置

図記号番号 (識別番号)	図記号（Symbol）		
07-13-04 (S00286)	（記号：接点図）		

項目	説明	IEC 60617 情報（参考）	
名称	電磁接触器の主ブレーク接点，電磁接触器	Contactor; Main break contact of a contactor	
別の名称	－	－	
様式	－	－	
別様式	－	－	
注釈	A00060		
適用分類	回路図，接続図，機能図，概要図	Circuit diagrams, Connection diagrams, Function diagrams, Overview diagrams	
機能分類	制御による切替え又は変更（Q）	Q Controlled switching or varying	
形状分類	半円，線	Half-circles, Lines	
制限事項	－	－	
補足事項	接点は，休止状態で閉じている。	Contact closed in the unoperated position.	
適用図記号	S00218, S00229		
被適用図記号	－		
キーワード	電磁接触器，接点，電力用開閉装置	contactors, contacts, power switching devices	
注記	－	Status level	Standard
		Released on	2001-07-01
		Obsolete from	－

第 13 節　電力用開閉装置

図記号番号 (識別番号)	図記号（Symbol）	
07-13-05 (S00287)		

項目	説明	IEC 60617 情報（参考）	
名称	遮断器	Circuit breaker	
別の名称	―	―	
様式	―	―	
別様式	―	―	
注釈	A00060		
適用分類	回路図，接続図，機能図，概要図	Circuit diagrams, Connection diagrams, Function diagrams, Overview diagrams	
機能分類	制御による切替え又は変更（Q）	Q Controlled switching or varying	
形状分類	線	Lines	
制限事項	―	―	
補足事項	―	―	
適用図記号	S00219, S00227		
被適用図記号	―		
キーワード	遮断器，接点，電力用開閉装置	circuit breakers, contacts, power switching devices	
注記	―	Status level	Standard
		Released on	2001-07-01
		Obsolete from	―

第13節　電力用開閉装置

図記号番号 (識別番号)	図記号（Symbol）		
07-13-06 (S00288)			

項目	説明	IEC 60617 情報（参考）	
名称	アイソレータ，断路器	Disconnector; Isolator	
別の名称	−	−	
様式	−	−	
別様式	−	−	
注釈	A00060		
適用分類	回路図，接続図，機能図，概要図	Circuit diagrams, Connection diagrams, Function diagrams, Overview diagrams	
機能分類	制御による切替え又は変更（Q）	Q Controlled switching or varying	
形状分類	線	Lines	
制限事項	−	−	
補足事項	−	−	
適用図記号	S00220，S00227		
被適用図記号	S01848		
キーワード	電磁接触器，断路器，電力用開閉装置	contacts, disconnectors, power switching devices	
注記	−	Status level	Standard
		Released on	2001-07-01
		Obsolete from	−

第13節　電力用開閉装置

図記号番号 (識別番号)	図記号 (Symbol)		
07-13-07 (S00289)			
項目	説明	IEC 60617 情報 (参考)	
名称	双投形断路器，双投形アイソレータ	Two-way disconnector; Two-way isolator	
別の名称	－	－	
様式	－		
別様式	－	－	
注釈	－		
適用分類	回路図，接続図，機能図，概要図	Circuit diagrams, Connection diagrams, Function diagrams, Overview diagrams	
機能分類	制御による切替え又は変更 (Q)	Q Controlled switching or varying	
形状分類	円，線	Circles, Lines	
制限事項	－	－	
補足事項	中央にオフ位置がある。	With off-position in the centre.	
適用図記号	S00220, S00228		
被適用図記号	－	－	
キーワード	断路器，電力用開閉装置	disconnectors, power switching devices	
注記	－	Status level	Standard
		Released on	2001-07-01
		Obsolete from	－

第13節　電力用開閉装置

図記号番号 (識別番号)	図記号（Symbol）		
07-13-08 (S00290)	（負荷開閉器の図記号）		
項目	説明	IEC 60617 情報（参考）	
名称	負荷開閉器	Switch-disconnector; On-load isolating switch	
別の名称	－	－	
様式	－	－	
別様式	－	－	
注釈	A00060		
適用分類	回路図，接続図，機能図，概要図	Circuit diagrams, Connection diagrams, Function diagrams, Overview diagrams	
機能分類	制御による切替え又は変更（Q）	Q Controlled switching or varying	
形状分類	円，線	Circles, Lines	
制限事項	－	－	
補足事項	－	－	
適用図記号	S00221，S00227		
被適用図記号	－		
キーワード	断路器，電力用開閉装置，スイッチ	disconnectors, power switching devices, switches	
注記	－	Status level	Standard
		Released on	2001-07-01
		Obsolete from	－

第13節　電力用開閉装置

図記号番号 （識別番号）	図記号（Symbol）		
07-13-09 (S00291)			

項目	説明	IEC 60617 情報（参考）	
名称	自動引外し装置付き負荷開閉器	Switch-disconnector, automatic release; On-load isolating switch, automatic release	
別の名称	－	－	
様式	－	－	
別様式	－	－	
注釈	A00060		
適用分類	回路図，接続図，機能図，概要図	Circuit diagrams, Connection diagrams, Function diagrams, Overview diagrams	
機能分類	制御による切替え又は変更（Q）	Q Controlled switching or varying	
形状分類	半円，線，正方形	Half-circles, Lines, Squares	
制限事項	－	－	
補足事項	継電器又は開放機構を備えた自動引外し装置付き負荷開閉器。	With automatic tripping initiated by a built-in measuring relay or release.	
適用図記号	S00221，S00222，S00227		
被適用図記号	－		
キーワード	断路器，電力用開閉装置，スイッチ	disconnectors, power switching devices, switches	
注記	－	Status level	Standard
		Released on	2001-07-01
		Obsolete from	－

第13節 電力用開閉装置

図記号番号 (識別番号)	図記号 (Symbol)		
07-13-10 (S00292)	⊢▫⌐ ╱		
項目	説明	IEC 60617 情報 (参考)	
名称	断路器, アイソレータ	Disconnector; Isolator	
別の名称	－	－	
様式	－	－	
別様式	－	－	
注釈	A00060, A00082, A00083		
適用分類	回路図, 接続図, 機能図, 概要図	Circuit diagrams, Connection diagrams, Function diagrams, Overview diagrams	
機能分類	制御による切替え又は変更 (Q)	Q Controlled switching or varying	
形状分類	線, 正方形	Lines, Squares	
制限事項	－	－	
補足事項	閉そく装置付き手動操作式	With blocking device, manually operated	
適用図記号	S00158, S00167, S00220, S00227		
被適用図記号	－		
キーワード	断路器, 電力用開閉装置	disconnectors, power switching devices	
注記	－	Status level	Standard
		Released on	2001-07-01
		Obsolete from	－

第13節 電力用開閉装置

図記号番号 (識別番号)	図記号 (Symbol)	
07-13-11 (S00293)		

項目	説明	IEC 60617 情報（参考）	
名称	引外し自由機構（トリップフリー）	Trip-free mechanism	
別の名称	－	－	
様式	－	－	
別様式	－	－	
注釈	A00247		
適用分類	限定図記号	Qualifiers only	
機能分類	機能属性だけ（－）	－ Functional attribute only	
形状分類	線，正方形	Lines, Squares	
制限事項	－	－	
補足事項	－	－	
適用図記号	－		
被適用図記号	S00294		
キーワード	機械的制御，電力用開閉装置	mechanical control, power switching devices	
注記	－	Status level	Standard
		Released on	2001-07-01
		Obsolete from	－

第13節　電力用開閉装置

図記号番号 （識別番号）	図記号（Symbol）		
07-13-12 (S00294)	（機械式3極開閉装置の回路図：電動機M、引外し自由機構、過電流引外し装置 I>、3極接点、コイル等を含む）		

項目	説明	IEC 60617 情報（参考）	
名称	引外し自由機構（適用例）	Trip-free mechanism, application	
別の名称	−	−	
様式	−	−	
別様式	−	−	
注釈	A00060, A00082, A00083		
適用分類	回路図	Circuit diagrams	
機能分類	制御による切替え又は変更（Q）	Q Controlled switching or varying	
形状分類	線，正方形	Lines, Squares	
制限事項	−	−	
補足事項	電動又は手動で操作する機械式3極開閉装置で，引外し自由機構及び次のものが備わっている。 − 熱動過負荷引外し装置 − 過電流引外し装置 − 戻り止め付き手動引外し装置 − 遠隔引外し装置用のコイル − 補助用のメーク接点1個及びブレーク接点1個	Three-pole mechanical switching device, operated by motor or manually, with trip-free mechanism, and: − thermal overload release − overcurrent release − hand release with detent − coil for remote release − one make and one break auxiliary contact	
適用図記号	S00003, S00145, S00150, S00151, S00167, S00192, S00227, S00229, S00293, S00305, S00325, S00345		
被適用図記号	−		
キーワード	電力用開閉装置	power switching devices	
注記	−	Status level	Standard
		Released on	2001-07-01
		Obsolete from	−

第13節　電力用開閉装置

図記号番号 (識別番号)	図記号 (Symbol)		
07-13-13 (S00295)	(図記号)		
項目	説明	IEC 60617 情報（参考）	
名称	機械式開閉装置（3極）	Mechanical switching device, three-pole	
別の名称	—	—	
様式	—	—	
別様式	—	—	
注釈	A00060, A00082, A00083		
適用分類	回路図	Circuit diagrams	
機能分類	制御による切替え又は変更（Q）	Q Controlled switching or varying	
形状分類	線，長方形，正方形	Lines, Rectangles, Squares	
制限事項	—	—	
補足事項	電動ばね蓄勢によって操作するもので，次のものが備わっている。 — 過負荷引外し装置が3個 — 過電流引外し装置が3個 — 手動引外し装置 — 遠隔引外し装置用のコイル — 主メーク接点3個 — 補助用のメーク接点1個及びブレーク接点1個 — 電動機を始動及び停止させるリミットスイッチ1個	Operated by motor with a spring storage and: — three overload releases — three overcurrent releases — hand release — coil for remote release — three main make contacts — one make and one break auxiliary contact — one position switch to start and stop the operation of the motor	
適用図記号	S00003, S00145, S00150, S00167, S00192, S00227, S00229, S00305, S00325, S00345, S01406		
被適用図記号	—		
キーワード	電力用開閉装置	power switching devices	
注記	—	Status level	Standard
		Released on	2001-07-01
		Obsolete from	—

第 13 節　電力用開閉装置

図記号番号 (識別番号)	図記号 (Symbol)		
07-13-14 (S00296)			

項目	説明	IEC 60617 情報 (参考)	
名称	開放する確実動作付きスイッチ	Switch with positive opening	
別の名称	―	―	
様式	―	―	
別様式	―	―	
注釈	―		
適用分類	回路図	Circuit diagrams	
機能分類	制御による切替え又は変更 (Q)	Q Controlled switching or varying	
形状分類	矢印, 円, 線	Arrows, Circles, Lines	
制限事項	―	―	
補足事項	開放する確実動作を行う主ブレーク接点が 3 個あり, 確実動作ではない補助メーク接点が 1 個あるスイッチ。	Switch with positive opening operation of the three main break contacts and the auxiliary make contact without positive operation.	
適用図記号	S00226, S00227, S00229		
被適用図記号	―		
キーワード	確実動作, 電力用開閉装置	positive operation, power switching devices	
注記	―	Status level	Standard
		Released on	2001-07-01
		Obsolete from	―

第13節 電力用開閉装置

図記号番号 (識別番号)	図記号 (Symbol)	
07-13-15 (S01413)		
項目	説明	IEC 60617 情報（参考）
名称	多機能スイッチング装置	Multiple-function switching device
別の名称	制御及び保護スイッチング装置（CPS），逆転CPS	Control and protective switching device (CPS); Reversing CPS
様式	—	—
別様式	—	—
注釈	—	
適用分類	回路図，機能図，概要図	Circuit diagrams, Function diagrams, Overview diagrams
機能分類	制御による切替え又は変更（Q）	Q Controlled switching or varying
形状分類	半円，線，正方形	Half-circles, Lines, Squares
制限事項	—	
補足事項	表示される多機能スイッチング装置には，該当する機能図記号の適用を通して示される反転機能，回路遮断機能，断路機能，接触機能及び自動引外し機能が含まれる。反転機能は，位相の入換えの図記号で示される。この図記号を用いる場合は，該当しない機能の図記号素子は削除しなければならない。	The represented multi-function switching device contains: reversing function, circuit breaker function, disconnector function, contactor function and automatic tripping function, as indicated through application of the relevant function symbols. The reversing function is indicated by the symbol for phase interchange. When the symbol is used, the symbol elements for not applicable functions shall be omitted.
適用図記号	S00024，S00218，S00219，S00220，S00222，S00227	
被適用図記号	—	
キーワード	回路遮断器，接触器，断路器，反転	circuit breakers, contactors, isolators, reversing
注記	IEC 60947-6-2 を参照。	Status level	Standard
		Released on	2003-11-10
		Obsolete from	—

第13節 電力用開閉装置

図記号番号 (識別番号)	図記号 (Symbol)		
07-13-16 (S01848)			

項目	説明	IEC 60617 情報 (参考)	
名称	断路器及び接地開閉器の複合機器	Combined disconnector and earthing switch	
別の名称	—	—	
様式	—	—	
別様式	—	—	
注釈	—		
適用分類	回路図,機能図,概要図	Circuit diagrams, Function diagrams, Overview diagrams	
機能分類	制御による切替え又は変更 (Q)	Q Controlled switching or varying	
形状分類	線	Lines	
制限事項	—	—	
補足事項	個別の作動装置を追加してもよい。	Individual actuator equipment may be added.	
適用図記号	S00200, S00288		
被適用図記号	—		
キーワード	断路器,接地接続,スイッチ	disconnectors, earth connection, switches	
注記	—	Status level	Standard
		Released on	2007-04-04
		Obsolete from	—

第 14 節　電動機始動器に用いるブロック図記号

図記号番号 (識別番号)	図記号 (Symbol)			
07-14-01 (S00297)				
項目	説明		IEC 60617 情報 (参考)	
名称	電動機始動器（一般図記号）		Motor starter, general symbol	
別の名称	—		—	
様式	—		—	
別様式	—		—	
注釈	A00087 ||		
適用分類	回路図，接続図，機能図，概要図		Circuit diagrams, Connection diagrams, Function diagrams, Overview diagrams	
機能分類	制御による切替え又は変更（Q）		Q Controlled switching or varying	
形状分類	三角形，正方形		Equilateral triangles, Squares	
制限事項	—		—	
補足事項	—		—	
適用図記号	— ||		
被適用図記号	S00301, S00298, S00302, S00299, S00303 ||		
キーワード	電動機始動器		motor starters	
注記	—		Status level	Standard
			Released on	2001-07-01
			Obsolete from	—

第14節　電動機始動器に用いるブロック図記号

図記号番号 （識別番号）	図記号（Symbol）		
07-14-02 (S00298)			

項目	説明	IEC 60617 情報（参考）	
名称	ステップ形の始動器	Starter operating in steps	
別の名称	－	－	
様式	－	－	
別様式	－	－	
注釈	A00088		
適用分類	回路図，接続図，機能図，概要図	Circuit diagrams, Connection diagrams, Function diagrams, Overview diagrams	
機能分類	制御による切替え又は変更（Q）	Q Controlled switching or varying	
形状分類	三角形，線，正方形	Equilateral triangles, Lines, Squares	
制限事項	－	－	
補足事項	－	－	
適用図記号	S00087，S00297		
被適用図記号	－		
キーワード	電動機始動器	motor starters	
注記	－	Status level	Standard
		Released on	2001-07-01
		Obsolete from	－

第14節 電動機始動器に用いるブロック図記号

図記号番号 (識別番号)	図記号 (Symbol)			
07-14-03 (S00299)				

項目	説明	IEC 60617 情報 (参考)		
名称	始動調整器	Starter-regulator		
別の名称	−	−		
様式	−	−		
別様式	−	−		
注釈	−			
適用分類	回路図，接続図，機能図，概要図	Circuit diagrams, Connection diagrams, Function diagrams, Overview diagrams		
機能分類	制御による切替え又は変更 (Q)	Q Controlled switching or varying		
形状分類	矢印，三角形，正方形	Arrows, Equilateral triangles, Squares		
制限事項	−	−		
補足事項	−	−		
適用図記号	S00081，S00297			
被適用図記号	S00304			
キーワード	電動機始動器	motor starters		
注記	−	Status level	Standard	
		Released on	2001-07-01	
		Obsolete from	−	

第 14 節 電動機始動器に用いるブロック図記号

図記号番号 (識別番号)	図記号 (Symbol)		
07-14-05 (S00301)			

項目	説明	IEC 60617 情報（参考）	
名称	主回路直結始動器（可逆）	Direct-on-line starter, reversing	
別の名称	—	—	
様式	—	—	
別様式	—	—	
注釈	—		
適用分類	回路図，接続図，機能図，概要図	Circuit diagrams, Connection diagrams, Function diagrams, Overview diagrams	
機能分類	制御による切替え又は変更（Q）	Q Controlled switching or varying	
形状分類	矢印，三角形，正方形	Arrows, Equilateral triangles, Squares	
制限事項	—	—	
補足事項	—	—	
適用図記号	S00096, S00284, S00297		
被適用図記号	—		
キーワード	電動機始動器，可逆	motor starters, reversing	
注記	—	Status level	Standard
		Released on	2001-07-01
		Obsolete from	—

第14節　電動機始動器に用いるブロック図記号

図記号番号 （識別番号）	図記号（Symbol）	
07-14-06 (S00302)		
項目	説明	IEC 60617 情報（参考）	
名称	スターデルタ始動器	Star-delta starter	
別の名称	−	−	
様式	−	−	
別様式	−	−	
注釈	−		
適用分類	回路図，接続図，機能図，概要図	Circuit diagrams, Connection diagrams, Function diagrams, Overview diagrams	
機能分類	制御による切替え又は変更（Q）	Q Controlled switching or varying	
形状分類	正三角形，正方形	Equilateral triangles, Squares	
制限事項	−	−	
補足事項	−	−	
適用図記号	S00297，S00806，S00808		
被適用図記号	−		
キーワード	電動機始動器	motor starters	
注記	−	Status level	Standard
		Released on	2001-07-01
		Obsolete from	−

第14節 電動機始動器に用いるブロック図記号

図記号番号 (識別番号)	図記号（Symbol）		
07-14-07 (S00303)			
項目	説明	IEC 60617 情報（参考）	
名称	単巻変圧器を用いる始動器	Starter with auto-transformer	
別の名称	−	−	
様式	−	−	
別様式	−	−	
注釈	−		
適用分類	回路図，接続図，機能図，概要図	Circuit diagrams, Connection diagrams, Function diagrams, Overview diagrams	
機能分類	制御による切替え又は変更（Q）	Q Controlled switching or varying	
形状分類	円，三角形，正方形	Circles, Equilateral triangles, Squares	
制限事項	−	−	
補足事項	−	−	
適用図記号	S00297, S00846		
被適用図記号	−		
キーワード	電動機始動器	motor starters	
注記	−	Status level	Standard
		Released on	2001-07-01
		Obsolete from	−

第14節　電動機始動器に用いるブロック図記号

図記号番号 (識別番号)	図記号（Symbol）		
07-14-08 (S00304)			
項目	説明	IEC 60617 情報（参考）	
名称	サイリスタを用いる始動調整器	Starter-regulator with thyristors	
別の名称	－	－	
様式	－	－	
別様式	－	－	
注釈	－		
適用分類	回路図，接続図，機能図，概要図	Circuit diagrams, Connection diagrams, Function diagrams, Overview diagrams	
機能分類	制御による切替え又は変更（Q）	Q Controlled switching or varying	
形状分類	矢印，正三角形，正方形	Arrows, Equilateral triangles, Squares	
制限事項	－	－	
補足事項	－	－	
適用図記号	S00299, S00641		
被適用図記号	－		
キーワード	電動機始動器	motor starters	
注記	－	Status level	Standard
		Released on	2001-07-01
		Obsolete from	－

第 IV 章　補助継電器
第 15 節　作動装置

図記号番号 (識別番号)	図記号 (Symbol)		
07-15-01 (S00305)			

項目	説明	IEC 60617 情報 (参考)	
名称	作動装置（一般図記号）， 継電器コイル（一般図記号）	Operating device, general symbol; Relay coil, general symbol	
別の名称	セレクタの作動コイル	Operating coil of a selector	
様式	様式 1	Form 1	
別様式	07-A15-01	S00306	
注釈	A00089		
適用分類	回路図，接続図，機能図，概要図	Circuit diagrams, Connection diagrams, Function diagrams, Overview diagrams	
機能分類	信号又は情報の処理（K）	K Processing signals or information	
形状分類	長方形	Rectangles	
制限事項	−	−	
補足事項	−	−	
適用図記号	−		
被適用図記号	S00310，S00294，S00295，S00308，S00307，S00309，S00325，S00317，S00312，S00311， S00316，S00315，S00318，S00324，S00319，S00323，S00326，S00379		
キーワード	補助継電器，作動装置	all-or-nothing relays, operating devices	
注記	−	Status level	Standard
		Released on	2001-07-01
		Obsolete from	−

第 15 節 作動装置

図記号番号 (識別番号)	図記号 (Symbol)	
07-15-03 (S00307)		

項目	説明	IEC 60617 情報 (参考)	
名称	作動装置,継電器コイル(結合表示)	Operating device; Relay coil (attached representation)	
別の名称	—	—	
様式	様式 1	Form 1	
別様式	07-A15-02	S00308	
注釈	—	—	
適用分類	回路図,接続図,機能図,概要図	Circuit diagrams, Connection diagrams, Function diagrams, Overview diagrams	
機能分類	信号又は情報の処理 (K)	K Processing signals or information	
形状分類	長方形	Rectangles	
制限事項	—	—	
補足事項	2 巻線をもつ作動装置で,結合表示したもの。	Shown with two separate windings, attached representation.	
適用図記号	S00305		
被適用図記号	—		
キーワード	補助継電器,作動装置	all-or-nothing relays, operating devices	
注記	—	Status level	Standard
		Released on	2001-07-01
		Obsolete from	—

第 15 節　作動装置

図記号番号 （識別番号）	図記号（Symbol）		
07-15-07 (S00311)			

項目	説明	IEC 60617 情報（参考）	
名称	遅緩復旧形継電器コイル	Relay coil of a slow-releasing relay	
別の名称	―	―	
様式	―	―	
別様式	―	―	
注釈	―		
適用分類	回路図，接続図，機能図，概要図	Circuit diagrams, Connection diagrams, Function diagrams, Overview diagrams	
機能分類	信号又は情報の処理（K）	K Processing signals or information	
形状分類	長方形	Rectangles	
制限事項	―	―	
補足事項	―	―	
適用図記号	S00305		
被適用図記号	S00313		
キーワード	補助継電器，作動装置	all-or-nothing relays, operating devices	
注記	―	Status level	Standard
		Released on	2001-07-01
		Obsolete from	―

第15節 作動装置

図記号番号 (識別番号)	図記号(Symbol)		
07-15-08 (S00312)			
項目	説明	IEC 60617 情報 (参考)	
名称	遅緩動作形継電器コイル	Relay coil of a slow-operating relay	
別の名称	—	—	
様式	—	—	
別様式	—	—	
注釈	—		
適用分類	回路図,接続図,機能図,概要図	Circuit diagrams, Connection diagrams, Function diagrams, Overview diagrams	
機能分類	信号又は情報の処理(K)	K Processing signals or information	
形状分類	線,長方形	Lines, Rectangles	
制限事項	—	—	
補足事項	—	—	
適用図記号	S00305		
被適用図記号	S00313		
キーワード	補助継電器,作動装置	all-or-nothing relays, operating devices	
注記	—	Status level	Standard
		Released on	2001-07-01
		Obsolete from	—

第15節 作動装置

図記号番号 (識別番号)	図記号 (Symbol)		
07-15-09 (S00313)			

項目	説明	IEC 60617 情報（参考）	
名称	遅緩動作形及び遅緩復旧形継電器コイル	Relay coil of a slow-operating and slow-releasing relay	
別の名称	—	—	
様式	—	—	
別様式	—	—	
注釈	—		
適用分類	回路図，接続図，機能図，概要図	Circuit diagrams, Connection diagrams, Function diagrams, Overview diagrams	
機能分類	信号又は情報の処理（K）	K Processing signals or information	
形状分類	線，長方形	Lines, Rectangles	
制限事項	—	—	
補足事項	—	—	
適用図記号	S00311，S00312		
被適用図記号	—		
キーワード	補助継電器，作動装置	all-or-nothing relays, operating devices	
注記	—	Status level	Standard
		Released on	2001-07-01
		Obsolete from	—

第 15 節　作動装置

図記号番号 (識別番号)	図記号 (Symbol)		
07-15-10 (S00314)			

項目	説明	IEC 60617 情報 (参考)	
名称	高速動作形継電器コイル	Relay coil of a high speed relay	
別の名称	―	―	
様式	―	―	
別様式	―	―	
注釈	―		
適用分類	回路図，接続図，機能図，概要図	Circuit diagrams, Connection diagrams, Function diagrams, Overview diagrams	
機能分類	信号又は情報の処理 (K)	K Processing signals or information	
形状分類	線，長方形	Lines, Rectangles	
制限事項	―	―	
補足事項	高速動作形及び高速復旧形	Fast-operating and fast-releasing	
適用図記号	S00005		
被適用図記号	―		
キーワード	補助継電器，作動装置	all-or-nothing relays, operating devices	
注記	―	Status level	Standard
		Released on	2001-07-01
		Obsolete from	―

第15節 作動装置

図記号番号 (識別番号)	図記号 (Symbol)		
07-15-11 (S00315)			
項目	説明	IEC 60617 情報（参考）	
名称	交流不感動形継電器コイル	Relay coil of a relay unaffected by alternating current	
別の名称	－	－	
様式	－	－	
別様式	－	－	
注釈	－		
適用分類	回路図，接続図，機能図，概要図	Circuit diagrams, Connection diagrams, Function diagrams, Overview diagrams	
機能分類	信号又は情報の処理（K）	K Processing signals or information	
形状分類	線，長方形	Lines, Rectangles	
制限事項	－	－	
補足事項	－	－	
適用図記号	S00305		
被適用図記号	－		
キーワード	補助継電器，作動装置	all-or-nothing relays, operating devices	
注記	－	Status level	Standard
		Released on	2001-07-01
		Obsolete from	－

第15節　作動装置

図記号番号 (識別番号)	図記号 (Symbol)		
07-15-12 (S00316)	（交流感動形継電器コイルの図記号：長方形の中に～記号）		
項目	説明	IEC 60617 情報 (参考)	
名称	交流感動形継電器コイル	Relay coil of an alternating current relay	
別の名称	—	—	
様式	—	—	
別様式	—	—	
注釈	—		
適用分類	回路図，接続図，機能図，概要図	Circuit diagrams, Connection diagrams, Function diagrams, Overview diagrams	
機能分類	信号又は情報の処理 (K)	K Processing signals or information	
形状分類	具象的形状又は描写的形状，長方形	Depicting shapes, Rectangles	
制限事項	—	—	
補足事項	—	—	
適用図記号	S00305，S01403		
被適用図記号	—		
キーワード	補助継電器，作動装置	all-or-nothing relays, operating devices	
注記	—	Status level	Standard
		Released on	2001-07-01
		Obsolete from	—

第15節 作動装置

図記号番号 (識別番号)	図記号(Symbol)		
07-15-13 (S00317)			
項目	説明	IEC 60617 情報(参考)	
名称	機械的共振形継電器コイル	Relay coil of a mechanically resonant relay	
別の名称	—	—	
様式	—	—	
別様式	—	—	
注釈	—	—	
適用分類	回路図,接続図,機能図,概要図	Circuit diagrams, Connection diagrams, Function diagrams, Overview diagrams	
機能分類	信号又は情報の処理(K)	K Processing signals or information	
形状分類	具象的形状又は描写的形状,長方形	Depicting shapes, Rectangles	
制限事項	—	—	
補足事項	—	—	
適用図記号	S00098,S00305		
被適用図記号	—		
キーワード	補助継電器,作動装置	all-or-nothing relays, operating devices	
注記	—	Status level	Standard
		Released on	2001-07-01
		Obsolete from	—

第15節 作動装置

図記号番号 (識別番号)	図記号（Symbol）		
07-15-14 (S00318)			
項目	説明	IEC 60617 情報（参考）	
名称	機械的ラッチング形継電器コイル	Relay coil of a mechanically latched relay	
別の名称	−	−	
様式	−	−	
別様式	−	−	
注釈	−		
適用分類	回路図，接続図，機能図，概要図	Circuit diagrams, Connection diagrams, Function diagrams, Overview diagrams	
機能分類	信号又は情報の処理（K）	K Processing signals or information	
形状分類	正三角形，長方形	Equilateral triangles, Rectangles	
制限事項	−	−	
補足事項	−	−	
適用図記号	S00305		
被適用図記号	−		
キーワード	補助継電器，自動制御，作動装置	all-or-nothing relays, automatic control, operating devices	
注記	−	Status level	Standard
		Released on	2001-07-01
		Obsolete from	−

第15節 作動装置

図記号番号 (識別番号)	図記号（Symbol）		
07-15-15 (S00319)			

項目	説明	IEC 60617 情報（参考）	
名称	有極形継電器コイル	Relay coil of a polarized relay	
別の名称	—	—	
様式	—	—	
別様式	—	—	
注釈	A00090		
適用分類	回路図，接続図，機能図，概要図	Circuit diagrams, Connection diagrams, Function diagrams, Overview diagrams	
機能分類	信号又は情報の処理（K）	K Processing signals or information	
形状分類	長方形	Rectangles	
制限事項	—	—	
補足事項	—	—	
適用図記号	S00210，S00305		
被適用図記号	S00320，S00321，S00322，S01416		
キーワード	補助継電器，作動装置	all-or-nothing relays, operating devices	
注記	—	Status level	Standard
		Released on	2001-07-01
		Obsolete from	—

第15節 作動装置

図記号番号 (識別番号)	図記号 (Symbol)		
07-15-16 (S00320)			
項目	説明	IEC 60617 情報 (参考)	
名称	有極形継電器(自動復帰形)	Polarized relay, self restoring	
別の名称	—	—	
様式	—	—	
別様式	—	—	
注釈	—		
適用分類	回路図, 接続図, 機能図, 概要図	Circuit diagrams, Connection diagrams, Function diagrams, Overview diagrams	
機能分類	信号又は情報の処理 (K)	K Processing signals or information	
形状分類	点, 線, 長方形	Dots (points), Lines, Rectangles	
制限事項	—	—	
補足事項	巻線を流れる電流の一方向にだけ作動 する自動復帰形の有極継電器。	Self restoring, operating for only one direction of current in the winding.	
適用図記号	S00230, S00319		
被適用図記号	—		
キーワード	補助継電器, 作動装置	all-or-nothing relays, operating devices	
注記	—	Status level	Standard
		Released on	2001-07-01
		Obsolete from	—

第15節 作動装置

図記号番号 (識別番号)	図記号(Symbol)		
07-15-17 (S00321)			

項目	説明	IEC 60617 情報(参考)	
名称	中立点付き自動復帰形の有極形継電器	Polarized relay with neutral position	
別の名称	−	−	
様式	−	−	
別様式	−	−	
注釈	−		
適用分類	回路図,接続図,機能図,概要図	Circuit diagrams, Connection diagrams, Function diagrams, Overview diagrams	
機能分類	信号又は情報の処理(K)	K Processing signals or information	
形状分類	点,線,長方形	Dots (points), Lines, Rectangles	
制限事項	−	−	
補足事項	巻線を流れる電流の一方向にだけ作動する,中立点付き自動復帰形の有極継電器。	With neutral position, self restoring, operating for either direction of current in the winding.	
適用図記号	S00231,S00319		
被適用図記号	−		
キーワード	補助継電器,作動装置	all-or-nothing relays, operating devices	
注記	−	Status level	Standard
		Released on	2001-07-01
		Obsolete from	−

第15節 作動装置

図記号番号 (識別番号)	図記号（Symbol）		
07-15-19 (S00323)			
項目	説明	IEC 60617 情報（参考）	
名称	レマネント形継電器コイル	Relay coil of a remanent relay	
別の名称	―	―	
様式	様式1	Form 1	
別様式	07-15-20	S00324	
注釈	―	―	
適用分類	回路図，接続図，機能図，概要図	Circuit diagrams, Connection diagrams, Function diagrams, Overview diagrams	
機能分類	信号又は情報の処理（K）	K Processing signals or information	
形状分類	線，長方形	Lines, Rectangles	
制限事項	―	―	
補足事項	―	―	
適用図記号	S00305		
被適用図記号	―		
キーワード	補助継電器，作動装置	all-or-nothing relays, operating devices	
注記	―	Status level	Standard
		Released on	2001-07-01
		Obsolete from	―

第15節 作動装置

図記号番号 (識別番号)	図記号 (Symbol)		
07-15-20 (S00324)			

項目	説明	IEC 60617 情報（参考）	
名称	レマネント形継電器コイル	Relay coil of a remanent relay	
別の名称	—	—	
様式	様式2	Form 2	
別様式	07-15-19	S00323	
注釈	—		
適用分類	回路図，接続図，機能図，概要図	Circuit diagrams, Connection diagrams, Function diagrams, Overview diagrams	
機能分類	信号又は情報の処理（K）	K Processing signals or information	
形状分類	線，長方形	Lines, Rectangles	
制限事項	—	—	
補足事項	—	—	
適用図記号	S00305		
被適用図記号	—		
キーワード	補助継電器，作動装置	all-or-nothing relays, operating devices	
注記	—	Status level	Standard
		Released on	2001-07-01
		Obsolete from	—

第15節 作動装置

図記号番号 （識別番号）	図記号（Symbol）		
07-15-21 (S00325)			
項目	説明	IEC 60617 情報（参考）	
名称	熱動継電器で構成される作動装置	Operating device of a thermal relay	
別の名称	—	—	
様式	—	—	
別様式	—	—	
注釈	—		
適用分類	回路図，接続図，機能図，概要図	Circuit diagrams, Connection diagrams, Function diagrams, Overview diagrams	
機能分類	信号又は情報の処理（K）	K Processing signals or information	
形状分類	線，長方形	Lines, Rectangles	
制限事項	—	—	
補足事項	—	—	
適用図記号	S00120, S00305		
被適用図記号	S00294, S00295		
キーワード	補助継電器，作動装置	all-or-nothing relays, operating devices	
注記	—	Status level	Standard
		Released on	2001-07-01
		Obsolete from	—

第15節 作動装置

図記号番号 (識別番号)	図記号 (Symbol)		
07-15-22 (S00326)			

項目	説明	IEC 60617 情報 (参考)	
名称	電子式継電器で構成される作動装置	Operating device of an electronic relay	
別の名称	—	—	
様式	—	—	
別様式	—	—	
注釈	—		
適用分類	回路図, 接続図, 機能図, 概要図	Circuit diagrams, Connection diagrams, Function diagrams, Overview diagrams	
機能分類	信号又は情報の処理 (K)	K Processing signals or information	
形状分類	線, 長方形	Lines, Rectangles	
制限事項	—	—	
補足事項	—	—	
適用図記号	S00125, S00305		
被適用図記号	—		
キーワード	補助継電器, 作動装置	all-or-nothing relays, operating devices	
注記	—	Status level	Standard
		Released on	2001-07-01
		Obsolete from	—

第 15 節　作動装置

図記号番号 （識別番号）	図記号（Symbol）		
07-15-23 (S01416)			
項目	説明	IEC 60617 情報（参考）	
名称	有極形継電器（安定形）	Polarized relay, stable positions	
別の名称	－	－	
様式	－	－	
別様式	－	－	
注釈	－		
適用分類	回路図，接続図，機能図，概要図	Circuit diagrams, Connection diagrams, Function diagrams, Overview diagrams	
機能分類	信号又は情報の処理（K）	K Processing signals or information	
形状分類	点，線，長方形	Dots (points), Lines, Rectangles	
制限事項	－	－	
補足事項	双安定形を示してある。	Shown with two stable positions.	
適用図記号	S00230，S00319		
被適用図記号	－		
キーワード	補助継電器，作動装置	all-or-nothing relays, operating devices	
注記	－	Status level	Standard
		Released on	2002-03-23
		Obsolete from	－

第 V 章 保護継電器及び関連装置
第 16 節 ブロック図記号及び限定図記号

図記号番号 (識別番号)	図記号（Symbol）		
07-16-01 (S00327)	※（長方形の中に＊）		
項目	説明	IEC 60617 情報（参考）	
名称	保護継電器，保護継電器に関連する装置	Measuring relay; Device related to a measuring relay	
別の名称	—	—	
様式	—	—	
別様式	—	—	
注釈	A00091，A00092，A00093，A00094		
適用分類	回路図，接続図，機能図，概要図	Circuit diagrams, Connection diagrams, Function diagrams, Overview diagrams	
機能分類	変量を信号に変換（B）	B Converting variable to signal	
形状分類	文字，長方形	Characters, Rectangles	
制限事項	—	—	
補足事項	—	—	
適用図記号	—		
被適用図記号	S00339，S00343，S00338，S00340，S00345，S00347，S00348，S00344，S00346，S00351，S00349，S00352，S00353，S00350，S00479，S00478		
キーワード	保護継電器，作動装置	measuring relays, operating devices	
注記	—	Status level	Standard
		Released on	2001-07-01
		Obsolete from	—

第16節 ブロック図記号及び限定図記号

図記号番号 (識別番号)	図記号（Symbol）	
07-16-02 (S00328)	$U \perp\!\!\!\perp$	
項目	説明	IEC 60617 情報（参考）
名称	フレーム地絡電圧，障害時のフレーム電位	Voltage failure to frame; Frame potential in case of fault
別の名称	－	－
様式	－	－
別様式	－	－
注釈	－	
適用分類	限定図記号	Qualifiers only
機能分類	機能属性だけ（－）	－ Functional attribute only
形状分類	文字，線	Characters, Lines
制限事項	－	－
補足事項	－	
適用図記号	S00203	
被適用図記号	－	
キーワード	保護継電器	measuring relays
注記	－	Status level / Standard Released on / 2001-07-01 Obsolete from / －

第16節 ブロック図記号及び限定図記号

図記号番号 (識別番号)	図記号（Symbol）		
07-16-03 (S00329)	U_{rsd}		
項目	説明	IEC 60617 情報（参考）	
名称	残留電圧	Residual voltage	
別の名称	－	－	
様式	－	－	
別様式	－	－	
注釈	－		
適用分類	限定図記号	Qualifiers only	
機能分類	機能属性だけ（－）	－ Functional attribute only	
形状分類	文字	Characters	
制限事項	－	－	
補足事項	－	－	
適用図記号	－		
被適用図記号	－		
キーワード	保護継電器	measuring relays	
注記	－	Status level	Standard
		Released on	2001-07-01
		Obsolete from	－

第16節 ブロック図記号及び限定図記号

図記号番号 (識別番号)	図記号（Symbol）		
07-16-04 (S00330)	$I \leftarrow$		
項目	説明	IEC 60617 情報（参考）	
名称	逆電流	Reverse current	
別の名称	－	－	
様式	－	－	
別様式	－	－	
注釈	－		
適用分類	限定図記号	Qualifiers only	
機能分類	機能属性だけ（－）	－ Functional attribute only	
形状分類	矢印，文字	Arrows, Characters	
制限事項	－	－	
補足事項	－	－	
適用図記号	S00339		
被適用図記号	－		
キーワード	保護継電器	measuring relays	
注記	－	Status level	Standard
		Released on	2001-07-01
		Obsolete from	－

第16節 ブロック図記号及び限定図記号

図記号番号 (識別番号)	図記号（Symbol）		
07-16-05 (S00331)	I_d		
項目	説明	IEC 60617 情報（参考）	
名称	差動電流	Differential current	
別の名称	－	－	
様式	－	－	
別様式	－	－	
注釈	－		
適用分類	限定図記号	Qualifiers only	
機能分類	機能属性だけ（－）	－ Functional attribute only	
形状分類	文字	Characters	
制限事項	－	－	
補足事項	－	－	
適用図記号	－		
被適用図記号	－		
キーワード	保護継電器	measuring relays	
注記	－	Status level	Standard
		Released on	2001-07-01
		Obsolete from	－

第16節 ブロック図記号及び限定図記号

図記号番号 (識別番号)	図記号 (Symbol)		
07-16-06 (S00332)	I_d / I		
項目	説明	IEC 60617 情報(参考)	
名称	比率差電流	Percentage differential current	
別の名称	―	―	
様式	―	―	
別様式	―	―	
注釈	―		
適用分類	限定図記号	Qualifiers only	
機能分類	機能属性だけ (―)	― Functional attribute only	
形状分類	文字	Characters	
制限事項	―	―	
補足事項	―	―	
適用図記号	―		
被適用図記号	―		
キーワード	保護継電器	measuring relays	
注記	―	Status level	Standard
		Released on	2001-07-01
		Obsolete from	―

第16節 ブロック図記号及び限定図記号

図記号番号 (識別番号)	図記号 (Symbol)		
07-16-07 (S00333)	$I \quad \perp\!\!\!\perp$		
項目	説明	IEC 60617 情報(参考)	
名称	地絡電流	Earth fault current	
別の名称	－	－	
様式	－	－	
別様式	－	－	
注釈	－		
適用分類	限定図記号	Qualifiers only	
機能分類	機能属性だけ(－)	－ Functional attribute only	
形状分類	文字,線	Characters, Lines	
制限事項	－	－	
補足事項	－	－	
適用図記号	S00200		
被適用図記号	－		
キーワード	保護継電器	measuring relays	
注記	－	Status level	Standard
		Released on	2001-07-01
		Obsolete from	－

第16節 ブロック図記号及び限定図記号

図記号番号 (識別番号)	図記号（Symbol）		
07-16-08 (S00334)	I_N		
項目	説明	IEC 60617 情報（参考）	
名称	中性点電流	Current in the neutral conductor	
別の名称	－	－	
様式	－	－	
別様式	－	－	
注釈	－		
適用分類	限定図記号	Qualifiers only	
機能分類	機能属性だけ（－）	－ Functional attribute only	
形状分類	文字	Characters	
制限事項	－	－	
補足事項	－	－	
適用図記号	－		
被適用図記号	－		
キーワード	保護継電器	measuring relays	
注記	－	Status level	Standard
		Released on	2001-07-01
		Obsolete from	－

第16節 ブロック図記号及び限定図記号

図記号番号 (識別番号)	図記号（Symbol）		
07-16-09 (S00335)	$I_{\text{N-N}}$		
項目	説明	IEC 60617 情報（参考）	
名称	二つの多相系統間の中性点電流	Current between neutrals of two polyphase systems	
別の名称	―	―	
様式	―	―	
別様式	―	―	
注釈	―		
適用分類	限定図記号	Qualifiers only	
機能分類	機能属性だけ（―）	― Functional attribute only	
形状分類	文字	Characters	
制限事項	―	―	
補足事項	―	―	
適用図記号	―		
被適用図記号	―		
キーワード	保護継電器	measuring relays	
注記	―	Status level	Standard
		Released on	2001-07-01
		Obsolete from	―

第16節 ブロック図記号及び限定図記号

図記号番号 (識別番号)	図記号 (Symbol)		
07-16-10 (S00336)	P_α		
項目	説明	IEC 60617 情報(参考)	
名称	位相角 α における電力	Power at phase angle "alpha"	
別の名称	−	−	
様式	−	−	
別様式	−	−	
注釈	−		
適用分類	限定図記号	Qualifiers only	
機能分類	機能属性だけ(−)	− Functional attribute only	
形状分類	文字	Characters	
制限事項	−	−	
補足事項	−	−	
適用図記号	−		
被適用図記号	−		
キーワード	保護継電器	measuring relays	
注記	−	Status level	Standard
		Released on	2001-07-01
		Obsolete from	−

第16節 ブロック図記号及び限定図記号

図記号番号 (識別番号)	図記号（Symbol）		
07-16-11 (S00337)	⊢⌒⊣		
項目	説明	IEC 60617 情報（参考）	
名称	反限時特性	Inverse time-lag characteristic	
別の名称	－	－	
様式	－	－	
別様式	－	－	
注釈	－		
適用分類	限定図記号	Qualifiers only	
機能分類	機能属性だけ（－）	－ Functional attribute only	
形状分類	線	Lines	
制限事項	－	－	
補足事項	－	－	
適用図記号	S00124		
被適用図記号	S00351		
キーワード	保護継電器	measuring relays	
注記	－	Status level	Standard
		Released on	2001-07-01
		Obsolete from	－

第 17 節　保護継電器の例

図記号番号 (識別番号)	図記号 (Symbol)		
07-17-01 (S00338)	$U=0$		
項目	説明	IEC 60617 情報（参考）	
名称	無電圧継電器	No voltage relay	
別の名称	－	－	
様式	－	－	
別様式	－	－	
注釈	－		
適用分類	回路図，接続図，機能図，概要図	Circuit diagrams, Connection diagrams, Function diagrams, Overview diagrams	
機能分類	変量を信号に変換（B）	B Converting variable to signal	
形状分類	文字，長方形	Characters, Rectangles	
制限事項	－	－	
補足事項	－	－	
適用図記号	S00111, S00327		
被適用図記号	－		
キーワード	保護継電器	measuring relays	
注記	－	Status level	Standard
		Released on	2001-07-01
		Obsolete from	－

第17節　保護継電器の例

図記号番号 (識別番号)	図記号（Symbol）		
07-17-02 (S00339)	$I \leftarrow$ （矩形内に記号）		
項目	説明	IEC 60617 情報（参考）	
名称	逆電流継電器	Reverse current relay	
別の名称	－	－	
様式	－	－	
別様式	－	－	
注釈	－		
適用分類	回路図，接続図，機能図，概要図	Circuit diagrams, Connection diagrams, Function diagrams, Overview diagrams	
機能分類	変量を信号に変換（B）	B Converting variable to signal	
形状分類	矢印，文字，長方形	Arrows, Characters, Rectangles	
制限事項	－	－	
補足事項	－	－	
適用図記号	S00327, S00330		
被適用図記号	－		
キーワード	保護継電器	measuring relays	
注記	－	Status level	Standard
		Released on	2001-07-01
		Obsolete from	－

第17節 保護継電器の例

図記号番号 (識別番号)	図記号（Symbol）		
07-17-03 (S00340)	$P<$ （長方形枠内）		
項目	説明	IEC 60617 情報（参考）	
名称	不足電力継電器	Underpower relay	
別の名称	－	－	
様式	－	－	
別様式	－	－	
注釈	－		
適用分類	回路図，接続図，機能図，概要図	Circuit diagrams, Connection diagrams, Function diagrams, Overview diagrams	
機能分類	変量を信号に変換（B）	B Converting variable to signal	
形状分類	文字，長方形	Characters, Rectangles	
制限事項	－	－	
補足事項	－		
適用図記号	S00109, S00327		
被適用図記号	－		
キーワード	保護継電器	measuring relays	
注記	－	Status level	Standard
		Released on	2001-07-01
		Obsolete from	－

第17節 保護継電器の例

図記号番号 (識別番号)	図記号 (Symbol)		
07-17-04 (S00341)	$I >$ ⊢⊣		

項目	説明	IEC 60617 情報 (参考)	
名称	限時形過電流継電器	Delayed overcurrent relay	
別の名称	−	−	
様式	−	−	
別様式	−	−	
注釈	−		
適用分類	回路図，接続図，機能図，概要図	Circuit diagrams, Connection diagrams, Function diagrams, Overview diagrams	
機能分類	変量を信号に変換 (B)	B Converting variable to signal	
形状分類	文字，線，長方形	Characters, Lines, Rectangles	
制限事項	−	−	
補足事項	−	−	
適用図記号	S00108, S00124		
被適用図記号	−		
キーワード	保護継電器	measuring relays	
注記	−	Status level	Standard
		Released on	2001-07-01
		Obsolete from	−

第17節 保護継電器の例

図記号番号 (識別番号)	図記号 (Symbol)		
07-17-05 (S00342)	$2\,(I>)$ $5\ldots10\,\text{A}$		
項目	説明	IEC 60617 情報（参考）	
名称	過電流継電器	Overcurrent relay	
別の名称	－	－	
様式	－	－	
別様式	－	－	
注釈	－	－	
適用分類	回路図，接続図，機能図，概要図	Circuit diagrams, Connection diagrams, Function diagrams, Overview diagrams	
機能分類	変量を信号に変換（B）	B Converting variable to signal	
形状分類	文字，長方形	Characters, Rectangles	
制限事項	－	－	
補足事項	測定素子が二つあり，設定範囲が 5〜10 A である場合を示している。	Shown with two measuring elements and a setting range from 5 A to 10 A.	
適用図記号	－		
被適用図記号	－		
キーワード	保護継電器	measuring relays	
注記	－	Status level	Standard
		Released on	2001-07-01
		Obsolete from	－

第17節　保護継電器の例

図記号番号 （識別番号）	図記号（Symbol）		
07-17-06 (S00343)	Q > 1 Mvar 5…10 s		
項目	説明	IEC 60617 情報（参考）	
名称	無効電力継電器	Overpower relay for reactive power	
別の名称	−	−	
様式	−	−	
別様式	−	−	
注釈	−		
適用分類	回路図，接続図，機能図，概要図	Circuit diagrams, Connection diagrams, Function diagrams, Overview diagrams	
機能分類	変量を信号に変換（B）	B Converting variable to signal	
形状分類	文字，線，長方形	Characters, Lines, Rectangles	
制限事項	−	−	
補足事項	無効電力継電器 − エネルギーの流れは母線方向 − 作動値は1 Mvar − 時間遅れは5〜10秒間に調整可能	Overpower relay for reactive power: − energy-flow towards the busbars − operating value 1 Mvar − time-lag adjustable from 5 s to 10 s	
適用図記号	S00085，S00105，S00108，S00124，S00327		
被適用図記号	−		
キーワード	保護継電器	measuring relays	
注記	−	Status level	Standard
		Released on	2001-07-01
		Obsolete from	−

第17節 保護継電器の例

図記号番号 (識別番号)	図記号 (Symbol)		
07-17-07 (S00344)	$U <$ $50 \ldots 80\ \mathrm{V}$ 130%		
項目	説明	IEC 60617 情報 (参考)	
名称	不足電圧継電器	Undervoltage relay	
別の名称	−	−	
様式	−	−	
別様式	−	−	
注釈	−		
適用分類	回路図，接続図，機能図，概要図	Circuit diagrams, Connection diagrams, Function diagrams, Overview diagrams	
機能分類	変量を信号に変換 (B)	B Converting variable to signal	
形状分類	文字，長方形	Characters, Rectangles	
制限事項	−	−	
補足事項	不足電圧継電器 − 設定範囲は 50〜80 V − 再設定比は 130 %	Undervoltage relay shown with: − setting range from 50 V to 80 V − resetting ratio 130 %	
適用図記号	S00109，S00327		
被適用図記号	−		
キーワード	保護継電器	measuring relays	
注記	−	Status level	Standard
		Released on	2001-07-01
		Obsolete from	−

第17節　保護継電器の例

図記号番号 （識別番号）	図記号（Symbol）		
07-17-08 (S00345)	$I \quad \begin{array}{l}> 5\,\text{A} \\ < 3\,\text{A}\end{array}$		
項目	説明	IEC 60617 情報（参考）	
名称	電流継電器	Current relay	
別の名称	－	－	
様式	－	－	
別様式	－	－	
注釈	－		
適用分類	回路図，接続図，機能図，概要図	Circuit diagrams, Connection diagrams, Function diagrams, Overview diagrams	
機能分類	変量を信号に変換（B）	B Converting variable to signal	
形状分類	文字，長方形	Characters, Rectangles	
制限事項	－	－	
補足事項	最大値及び最小値を設定できる電流継電器で，3 A及び5 Aの限界値を示す。	With maximum and minimum settings, shown with limits 3 A and 5 A.	
適用図記号	S00108，S00109，S00327		
被適用図記号	S00294，S00295		
キーワード	保護継電器	measuring relays	
注記	－	Status level	Standard
		Released on	2001-07-01
		Obsolete from	－

第17節　保護継電器の例

図記号番号 (識別番号)	図記号（Symbol）		
07-17-09 (S00346)	$Z <$ （長方形内）		

項目	説明	IEC 60617 情報（参考）	
名称	不足インピーダンス継電器	Under-impedance relay	
別の名称	―	―	
様式	―	―	
別様式	―	―	
注釈	―		
適用分類	回路図，接続図，機能図，概要図	Circuit diagrams, Connection diagrams, Function diagrams, Overview diagrams	
機能分類	変量を信号に変換（B）	B Converting variable to signal	
形状分類	文字，長方形	Characters, Rectangles	
制限事項	―	―	
補足事項	―	―	
適用図記号	S00109，S00327		
被適用図記号	―		
キーワード	保護継電器	measuring relays	
注記	―	Status level	Standard
		Released on	2001-07-01
		Obsolete from	―

第17節　保護継電器の例

図記号番号 (識別番号)	図記号（Symbol）		
07-17-10 (S00347)	$N<$ 記号（矩形内に N< と半円状のコイル表示）		
項目	説明	IEC 60617 情報（参考）	
名称	巻線層間短絡検出継電器	Relay detecting short-circuits between windings	
別の名称	－	－	
様式	－	－	
別様式	－	－	
注釈	－	－	
適用分類	回路図，接続図，機能図，概要図	Circuit diagrams, Connection diagrams, Function diagrams, Overview diagrams	
機能分類	変量を信号に変換（B）	B Converting variable to signal	
形状分類	文字，半円，長方形	Characters, Half-circles, Rectangles	
制限事項	－	－	
補足事項	－	－	
適用図記号	S00109, S00327, S00583		
被適用図記号	－		
キーワード	保護継電器	measuring relays	
注記	－	Status level	Standard
		Released on	2001-07-01
		Obsolete from	－

第17節　保護継電器の例

図記号番号 (識別番号)	図記号（Symbol）			
07-17-11 (S00348)	（図記号：長方形内に導体断線検出のシンボル）			
項目	説明	IEC 60617 情報（参考）		
名称	導体断線検出継電器	Divided-conductor detection relay		
別の名称	—	—		
様式	—	—		
別様式	—	—		
注釈	—			
適用分類	回路図，接続図，機能図，概要図	Circuit diagrams, Connection diagrams, Function diagrams, Overview diagrams		
機能分類	変量を信号に変換 (B)	B Converting variable to signal		
形状分類	半円，線，長方形	Half-circles, Lines, Rectangles		
制限事項	—	—		
補足事項	—			
適用図記号	S00327，S00583			
被適用図記号	—			
キーワード	保護継電器	measuring relays		
注記	—	Status level	Standard	
		Released on	2001-07-01	
		Obsolete from	—	

第17節 保護継電器の例

図記号番号 (識別番号)	図記号（Symbol）		
07-17-12 (S00349)	$m < 3$		
項目	説明	IEC 60617 情報（参考）	
名称	欠相検出継電器	Phase-failure detection relay	
別の名称	—	—	
様式	—	—	
別様式	—	—	
注釈	—		
適用分類	回路図，接続図，機能図，概要図	Circuit diagrams, Connection diagrams, Function diagrams, Overview diagrams	
機能分類	変量を信号に変換（B）	B Converting variable to signal	
形状分類	文字，長方形	Characters, Rectangles	
制限事項	—	—	
補足事項	三相系統の場合を示す。	Shown for a three-phase system.	
適用図記号	S00109，S00327		
被適用図記号	—		
キーワード	保護継電器	measuring relays	
注記	—	Status level	Standard
		Released on	2001-07-01
		Obsolete from	—

第17節　保護継電器の例

図記号番号 (識別番号)	図記号 (Symbol)		
07-17-13 (S00350)	$n \approx 0$ $I >$		
項目	説明	IEC 60617 情報（参考）	
名称	回転子の拘束検出継電器	Locked-rotor detection relay	
別の名称	－	－	
様式	－	－	
別様式	－	－	
注釈	－		
適用分類	回路図，接続図，機能図，概要図	Circuit diagrams, Connection diagrams, Function diagrams, Overview diagrams	
機能分類	変量を信号に変換（B）	B Converting variable to signal	
形状分類	文字，長方形	Characters, Rectangles	
制限事項	－	－	
補足事項	電流測定によって作動。	Operating by current measuring.	
適用図記号	S00108, S00112, S00327		
被適用図記号	－		
キーワード	保護継電器	measuring relays	
注記	－	Status level	Standard
		Released on	2001-07-01
		Obsolete from	－

第17節 保護継電器の例

図記号番号 (識別番号)	図記号 (Symbol)		
07-17-14 (S00351)	(図: 長方形内に $I >$、$5\mathrm{x}$、接点記号)		
項目	説明	IEC 60617 情報(参考)	
名称	過電流継電器	Overcurrent relay	
別の名称	—	—	
様式	—	—	
別様式	—	—	
注釈			
適用分類	回路図，接続図，機能図，概要図	Circuit diagrams, Connection diagrams, Function diagrams, Overview diagrams	
機能分類	変量を信号に変換(B)	B Converting variable to signal	
形状分類	文字，線，長方形	Characters, Lines, Rectangles	
制限事項	—	—	
補足事項	電流が設定値の 5 倍を超えたときに作動する出力，及び反限時特性の設定によって作動する出力の，二つの出力がある過電流継電器。	With two outputs, one is active when the current is above five times the setting value, the other is active depending on the inverse time-lag characteristic setting of the device.	
適用図記号	S00109，S00327，S00337		
被適用図記号	—		
キーワード	保護継電器	measuring relays	
注記	—	Status level	Standard
		Released on	2001-07-01
		Obsolete from	—

第18節 その他の装置

図記号番号 (識別番号)	図記号 (Symbol)		
07-18-01 (S00352)			
項目	説明	IEC 60617 情報（参考）	
名称	ブッフホルツ保護装置，気体継電器	Buchholz protective device; Gas relay	
別の名称	－	－	
様式	－	－	
別様式	－	－	
注釈	－		
適用分類	回路図，接続図，機能図，概要図	Circuit diagrams, Connection diagrams, Function diagrams, Overview diagrams	
機能分類	変量を信号に変換（B）	B Converting variable to signal	
形状分類	円弧，長方形，正方形	Circle segments, Rectangles, Squares	
制限事項	－	－	
補足事項	－	－	
適用図記号	S00195，S00198，S00327		
被適用図記号	－		
キーワード	ブッフホルツ装置，保護継電器	Buchholz device, measuring relays	
注記	－	Status level	Standard
		Released on	2001-07-01
		Obsolete from	－

第18節 その他の装置

図記号番号 (識別番号)	図記号 (Symbol)		
07-18-02 (S00353)			

項目	説明	IEC 60617 情報（参考）	
名称	自動再閉路用装置，自動再閉路継電器	Device for auto-reclosing; Auto-reclose relay	
別の名称	－	－	
様式	－	－	
別様式	－	－	
注釈	－		
適用分類	回路図，接続図，機能図，概要図	Circuit diagrams, Connection diagrams, Function diagrams, Overview diagrams	
機能分類	信号又は情報の処理（K）	K Processing signals or information	
形状分類	円，線，長方形	Circles, Lines, Rectangles	
制限事項	－	－	
補足事項	－	－	
適用図記号	S00124, S00327		
被適用図記号	－		
キーワード	自動再閉路用装置	auto-reclosing devices	
注記	－	Status level	Standard
		Released on	2001-07-01
		Obsolete from	－

第18節 その他の装置

図記号番号 (識別番号)	図記号（Symbol）		
07-18-03 (S01843)			

項目	説明	IEC 60617 情報（参考）	
名称	簡易検圧（検電）装置	Simplicity voltage detector	
別の名称	－	－	
様式	－	－	
別様式	－	－	
注釈	－		
適用分類	回路図，接続図	Circuit diagrams, Connection diagrams	
機能分類	情報の提示（P）	P Presenting information	
形状分類	文字，円，線	Characters, Circles, Lines	
制限事項	－	－	
補足事項	－	－	
適用図記号	S00910，S00913		
被適用図記号	－		
キーワード	指示計器，計器，計測器，電圧計	indicating instruments, instruments, measuring instruments, voltmeters	
注記	－	Status level	Standard
		Released on	2005-11-15
		Obsolete from	－

第 VI 章　近接装置及び触れ感応装置
第 19 節　センサ及び検出器

図記号番号 (識別番号)	図記号（Symbol）		
07-19-01 (S00354)			

項目	説明	IEC 60617 情報（参考）	
名称	近接センサ	Proximity sensor	
別の名称	−	−	
様式	−	−	
別様式	−	−	
注釈	−		
適用分類	回路図，接続図，機能図，概要図	Circuit diagrams, Connection diagrams, Function diagrams, Overview diagrams	
機能分類	変量を信号に変換（B）	B Converting variable to signal	
形状分類	線，正方形	Lines, Squares	
制限事項	−	−	
補足事項	−	−	
適用図記号	−		
被適用図記号	−		
キーワード	近接装置，触れ感応装置	proximity devices, touch-sensitive devices	
注記	−	Status level	Standard
		Released on	2001-07-01
		Obsolete from	−

第19節 センサ及び検出器

図記号番号 (識別番号)	図記号 (Symbol)		
07-19-02 (S00355)			

項目	説明	IEC 60617 情報 (参考)	
名称	近接検出装置	Proximity sensing device	
別の名称	−	−	
様式	−	−	
別様式	−	−	
注釈	A00095		
適用分類	回路図, 接続図, 機能図, 概要図	Circuit diagrams, Connection diagrams, Function diagrams, Overview diagrams	
機能分類	変量を信号に変換 (B)	B Converting variable to signal	
形状分類	線, 正方形	Lines, Squares	
制限事項	−	−	
補足事項	−	−	
適用図記号	−		
被適用図記号	S00356		
キーワード	近接装置, 触れ感応装置	proximity devices, touch-sensitive devices	
注記	−	Status level	Standard
		Released on	2001-07-01
		Obsolete from	−

第19節 センサ及び検出器

図記号番号 (識別番号)	図記号(Symbol)	
07-19-03 (S00356)		

項目	説明	IEC 60617 情報（参考）	
名称	近接検出装置（静電容量形）	Proximity sensing device, capacitive	
別の名称	−	−	
様式	−	−	
別様式	−	−	
注釈	−		
適用分類	回路図，接続図，機能図，概要図	Circuit diagrams, Connection diagrams, Function diagrams, Overview diagrams	
機能分類	変量を信号に変換（B）	B Converting variable to signal	
形状分類	線，長方形，正方形	Lines, Rectangles, Squares	
制限事項	−	−	
補足事項	固体材料の接近によって作動する静電容量形近接検出器	Capacitive proximity detector operating on the approach of solid material.	
適用図記号	S00114, S00355, S00567		
被適用図記号	−		
キーワード	近接装置，触れ感応装置	proximity devices, touch-sensitive devices	
注記	−	Status level	Standard
		Released on	2001-07-01
		Obsolete from	−

第19節 センサ及び検出器

図記号番号 （識別番号）	図記号（Symbol）		
07-19-04 (S00357)			
項目	説明	IEC 60617 情報（参考）	
名称	接触センサ	Touch sensor	
別の名称	—	—	
様式	—	—	
別様式	—	—	
注釈	—		
適用分類	回路図，接続図，機能図，概要図	Circuit diagrams, Connection diagrams, Function diagrams, Overview diagrams	
機能分類	変量を信号に変換（B）	B Converting variable to signal	
形状分類	線，正方形	Lines, Squares	
制限事項	—	—	
補足事項	—	—	
適用図記号	—		
被適用図記号	—		
キーワード	近接装置，触れ感応装置	proximity devices, touch-sensitive devices	
注記	—	Status level	Standard
		Released on	2001-07-01
		Obsolete from	—

第 20 節　スイッチ

図記号番号 (識別番号)	図記号（Symbol）		
07-20-01 (S00358)			

項目	説明	IEC 60617 情報（参考）	
名称	触れ感応スイッチ	Touch sensitive switch	
別の名称	—	—	
様式	—	—	
別様式	—	—	
注釈	—		
適用分類	回路図，接続図，機能図，据付図，概要図	Circuit diagrams, Connection diagrams, Function diagrams, Installation diagrams, Overview diagrams	
機能分類	変量を信号に変換（B）	B Converting variable to signal	
形状分類	線，正方形	Lines, Squares	
制限事項	—	—	
補足事項	メーク接点付きを示す。	Shown with make contact.	
適用図記号	S00173，S00227		
被適用図記号	—		
キーワード	近接装置，スイッチ，触れ感応装置	proximity devices, switches, touch-sensitive devices	
注記	—	Status level	Standard
		Released on	2001-07-01
		Obsolete from	—

第 20 節　スイッチ

図記号番号 (識別番号)	図記号 (Symbol)		
07-20-02 (S00359)			

項目	説明	IEC 60617 情報（参考）	
名称	近接スイッチ	Proximity switch	
別の名称	—	—	
様式	—	—	
別様式	—	—	
注釈	—		
適用分類	回路図，接続図，機能図，概要図	Circuit diagrams, Connection diagrams, Function diagrams, Overview diagrams	
機能分類	変量を信号に変換（B）	B Converting variable to signal	
形状分類	線，正方形	Lines, Squares	
制限事項	—	—	
補足事項	メーク接点付きを示す。	Shown with make contact.	
適用図記号	S00172，S00227		
被適用図記号	S00360		
キーワード	近接装置，触れ感応装置	proximity devices, touch-sensitive devices	
注記	—	Status level	Standard
		Released on	2001-07-01
		Obsolete from	—

第 20 節 スイッチ

図記号番号 (識別番号)	図記号 (Symbol)		
07-20-03 (S00360)			

項目	説明	IEC 60617 情報（参考）	
名称	近接スイッチ（磁石の接近で作動）	Proximity switch, magnetically controlled	
別の名称	−	−	
様式	−	−	
別様式	−	−	
注釈	−		
適用分類	回路図，接続図，機能図，概要図	Circuit diagrams, Connection diagrams, Function diagrams, Overview diagrams	
機能分類	変量を信号に変換（B）	B Converting variable to signal	
形状分類	線，正方形	Lines, Squares	
制限事項	−	−	
補足事項	磁石の接近で作動する近接スイッチを示す（メーク接点）。	Operated on the approach of a magnet, make contact shown.	
適用図記号	S00210，S00359		
被適用図記号	−		
キーワード	近接装置，触れ感応装置	proximity devices, touch-sensitive devices	
注記	−	Status level	Standard
		Released on	2001-07-01
		Obsolete from	−

第20節 スイッチ

図記号番号 (識別番号)	図記号（Symbol）		
07-20-04 (S00361)	Fe ◇-/		

項目	説明	IEC 60617 情報（参考）	
名称	近接スイッチ（鉄の接近で作動）	Proximity switch, controlled by iron	
別の名称	—	—	
様式	—	—	
別様式	—	—	
注釈	—		
適用分類	回路図，接続図，機能図，概要図	Circuit diagrams, Connection diagrams, Function diagrams, Overview diagrams	
機能分類	変量を信号に変換（B）	B Converting variable to signal	
形状分類	線，正方形	Lines, Squares	
制限事項	—	—	
補足事項	鉄の接近で作動する近接スイッチを示す（ブレーク接点）。	Operated on the approach of iron, break contact shown.	
適用図記号	S00172, S00229		
被適用図記号	—		
キーワード	近接装置，スイッチ，触れ感応装置	proximity devices, switches, touch-sensitive devices	
注記	—	Status level	Standard
		Released on	2001-07-01
		Obsolete from	—

第VII章 保護装置
第21節 ヒューズ及びヒューズスイッチ

図記号番号 (識別番号)	図記号(Symbol)		
07-21-01 (S00362)			
項目	説明	IEC 60617 情報(参考)	
名称	ヒューズ(一般図記号)	Fuse, general symbol	
別の名称	—	—	
様式	—	—	
別様式	—	—	
注釈	—		
適用分類	回路図,接続図,機能図,概要図	Circuit diagrams, Connection diagrams, Function diagrams, Overview diagrams	
機能分類	防護(F)	F Protecting	
形状分類	線,長方形	Lines, Rectangles	
制限事項	—	—	
補足事項	—	—	
適用図記号	—		
被適用図記号	S00363, S00364, S00366		
キーワード	ヒューズ	fuses	
注記	—	Status level	Standard
		Released on	2001-07-01
		Obsolete from	—

第21節　ヒューズ及びヒューズスイッチ

図記号番号 (識別番号)	図記号（Symbol）		
07-21-02 (S00363)			

項目	説明	IEC 60617 情報（参考）	
名称	ヒューズ	Fuse	
別の名称	−	−	
様式	−	−	
別様式	−	−	
注釈	−		
適用分類	回路図，接続図，機能図，概要図	Circuit diagrams, Connection diagrams, Function diagrams, Overview diagrams	
機能分類	防護（F）	F Protecting	
形状分類	線，長方形	Lines, Rectangles	
制限事項	−	−	
補足事項	溶断後も電源がい（活）きたままである側を黒塗りで表示してある。	The side that remains live after blowing is indicated by a thick line.	
適用図記号	S00362		
被適用図記号	−		
キーワード	ヒューズ	fuses	
注記	−	Status level	Standard
		Released on	2001-07-01
		Obsolete from	−

第21節　ヒューズ及びヒューズスイッチ

図記号番号 （識別番号）	図記号（Symbol）		
07-21-03 (S00364)			
項目	説明	IEC 60617 情報（参考）	
名称	ヒューズ，ストライカ付きヒューズ	Fuse; Striker fuse	
別の名称	−	−	
様式	−	−	
別様式	−	−	
注釈	−		
適用分類	回路図，接続図，機能図，概要図	Circuit diagrams, Connection diagrams, Function diagrams, Overview diagrams	
機能分類	防護（F）	F Protecting	
形状分類	線，長方形	Lines, Rectangles	
制限事項	−	−	
補足事項	機械式リンク機構付きを示す。	With mechanical linkage.	
適用図記号	S00144, S00362		
被適用図記号	S00365, S00367		
キーワード	ヒューズ	fuses	
注記	−	Status level	Standard
		Released on	2001-07-01
		Obsolete from	−

第21節 ヒューズ及びヒューズスイッチ

図記号番号 （識別番号）	図記号（Symbol）		
07-21-04 (S00365)			
項目	説明	IEC 60617 情報（参考）	
名称	警報接点付きヒューズ	Fuse with alarm contact	
別の名称	－	－	
様式	－	－	
別様式	－	－	
注釈	－		
適用分類	回路図，接続図，機能図，概要図	Circuit diagrams, Connection diagrams, Function diagrams, Overview diagrams	
機能分類	防護（F）	F Protecting	
形状分類	線，長方形	Lines, Rectangles	
制限事項	－	－	
補足事項	警報接点付きで3端子のものを示す。	With alarm contact, three terminals.	
適用図記号	S00227，S00364		
被適用図記号	－		
キーワード	ヒューズ	fuses	
注記	－	Status level	Standard
		Released on	2001-07-01
		Obsolete from	－

第21節 ヒューズ及びヒューズスイッチ

図記号番号 (識別番号)	図記号(Symbol)		
07-21-05 (S00366)			
項目	説明	IEC 60617 情報(参考)	
名称	別個の警報接点付きヒューズ	Fuse with separate alarm	
別の名称	—	—	
様式	—	—	
別様式	—	—	
注釈	—		
適用分類	回路図,接続図,機能図,概要図	Circuit diagrams, Connection diagrams, Function diagrams, Overview diagrams	
機能分類	防護(F)	F Protecting	
形状分類	線,長方形	Lines, Rectangles	
制限事項	—	—	
補足事項	別個の警報接点付きを示す。	With separate alarm circuit.	
適用図記号	S00227,S00362		
被適用図記号	—		
キーワード	ヒューズ	fuses	
注記	—	Status level	Standard
		Released on	2001-07-01
		Obsolete from	—

第21節 ヒューズ及びヒューズスイッチ

図記号番号 （識別番号）	図記号（Symbol）			
07-21-06 (S00367)				
項目	説明		IEC 60617 情報（参考）	
名称	ストライカ付き3極スイッチ		Three-pole switch with striker fuses	
別の名称	－		－	
様式	－		－	
別様式	－		－	
注釈	－			
適用分類	回路図，接続図，機能図，概要図		Circuit diagrams, Connection diagrams, Function diagrams, Overview diagrams	
機能分類	防護（F），制御による切替え又は変更（Q）		F Protecting, Q Controlled switching or varying	
形状分類	線，長方形		Lines, Rectangles	
制限事項	－		－	
補足事項	ストライカ付きヒューズの中の任意の一つによって自動的に作動する引外し装置が備わったものを示す。		With automatic release by any one of the striker fuses.	
適用図記号	S00227, S00364			
被適用図記号	－			
キーワード	ヒューズスイッチ		fuse-switches	
注記	－		Status level	Standard
			Released on	2001-07-01
			Obsolete from	－

第 21 節 ヒューズ及びヒューズスイッチ

図記号番号 (識別番号)	図記号 (Symbol)		
07-21-07 (S00368)			

項目	説明	IEC 60617 情報（参考）	
名称	ヒューズ付き開閉器	Fuse-switch	
別の名称	—	—	
様式	—	—	
別様式	—	—	
注釈	—		
適用分類	回路図，接続図，機能図，概要図	Circuit diagrams, Connection diagrams, Function diagrams, Overview diagrams	
機能分類	防護（F），制御による切替え又は変更（Q）	F Protecting, Q Controlled switching or varying	
形状分類	線，長方形	Lines, Rectangles	
制限事項	—	—	
補足事項	—	—	
適用図記号	—		
被適用図記号	S00370, S00369		
キーワード	ヒューズスイッチ	fuse-switches	
注記	—	Status level	Standard
		Released on	2001-07-01
		Obsolete from	—

第21節 ヒューズ及びヒューズスイッチ

図記号番号 (識別番号)	図記号 (Symbol)		
07-21-08 (S00369)			
項目	説明		IEC 60617 情報（参考）
名称	ヒューズ付き断路器， ヒューズ付きアイソレータ		Fuse-disconnector; Fuse isolator
別の名称	−		−
様式	−		−
別様式	−		−
注釈	−		
適用分類	回路図，接続図，機能図，概要図		Circuit diagrams, Connection diagrams, Function diagrams, Overview diagrams
機能分類	防護（F）， 制御による切替え又は変更（Q）		F Protecting, Q Controlled switching or varying
形状分類	線，長方形		Lines, Rectangles
制限事項	−		−
補足事項	−		−
適用図記号	S00220, S00368		
被適用図記号	−		
キーワード	ヒューズスイッチ		fuse-switches
注記	−	Status level	Standard
		Released on	2001-07-01
		Obsolete from	−

第21節 ヒューズ及びヒューズスイッチ

図記号番号 （識別番号）	図記号（Symbol）		
07-21-09 (S00370)			
項目	説明	IEC 60617 情報（参考）	
名称	ヒューズ付き負荷開閉器， 負荷遮断用ヒューズ付き開閉器	Fuse switch-disconnector; On-load isolating fuse switch	
別の名称	－	－	
様式	－	－	
別様式	－	－	
注釈	－		
適用分類	回路図，接続図，機能図，概要図	Circuit diagrams, Connection diagrams, Function diagrams, Overview diagrams	
機能分類	防護（F）， 制御による切替え又は変更（Q）	F Protecting, Q Controlled switching or varying	
形状分類	線，長方形	Lines, Rectangles	
制限事項	－		
補足事項	－		
適用図記号	S00221, S00368		
被適用図記号	－		
キーワード	ヒューズスイッチ	fuse-switches	
注記	－	Status level	Standard
		Released on	2001-07-01
		Obsolete from	－

第22節 放電ギャップ及び避雷器

図記号番号 (識別番号)	図記号 (Symbol)		
07-22-01 (S00371)	↓ ↑		
項目	説明	IEC 60617 情報（参考）	
名称	放電ギャップ	Spark gap	
別の名称	—	—	
様式	—	—	
別様式	—	—	
注釈	—		
適用分類	回路図，接続図，機能図，概要図	Circuit diagrams, Connection diagrams, Function diagrams, Overview diagrams	
機能分類	防護 (F)	F Protecting	
形状分類	矢印	Arrows	
制限事項	—	—	
補足事項	—	—	
適用図記号	S00374, S00372		
被適用図記号	—		
キーワード	避雷器, 放電ギャップ	arresters, spark gaps	
注記	—	Status level	Standard
		Released on	2001-07-01
		Obsolete from	—

第22節 放電ギャップ及び避雷器

図記号番号 (識別番号)	図記号 (Symbol)		
07-22-02 (S00372)	↓ ― ↑		
項目	説明	IEC 60617 情報（参考）	
名称	二重放電ギャップ	Spark gap, double	
別の名称	―	―	
様式	―	―	
別様式	―	―	
注釈	―		
適用分類	回路図，接続図，機能図，概要図	Circuit diagrams, Connection diagrams, Function diagrams, Overview diagrams	
機能分類	防護（F）	F Protecting	
形状分類	矢印	Arrows	
制限事項	―	―	
補足事項	―	―	
適用図記号	S00371		
被適用図記号	S00375		
キーワード	避雷器，放電ギャップ	arresters, spark gaps	
注記	―	Status level	Standard
		Released on	2001-07-01
		Obsolete from	―

第 22 節　放電ギャップ及び避雷器

図記号番号 （識別番号）	図記号（Symbol）			
07-22-03 (S00373)				

項目	説明	IEC 60617 情報（参考）	
名称	避雷器	Surge diverter; Lightning arrester	
別の名称	−	−	
様式	−	−	
別様式	−	−	
注釈	−		
適用分類	回路図，接続図，機能図，据付図，ネットワークマップ，概要図	Circuit diagrams, Connection diagrams, Function diagrams, Installation diagrams, Network maps, Overview diagrams	
機能分類	防護（F）	F Protecting	
形状分類	矢印，長方形	Arrows, Rectangles	
制限事項	−	−	
補足事項	−	−	
適用図記号	−		
被適用図記号	−		
キーワード	避雷器	arresters	
注記	−	Status level	Standard
		Released on	2001-07-01
		Obsolete from	−

第22節 放電ギャップ及び避雷器

図記号番号 (識別番号)	図記号 (Symbol)		
07-22-04 (S00374)			

項目	説明	IEC 60617 情報（参考）	
名称	保護ガス封入形放電管	Protective gas discharge tube	
別の名称	−	−	
様式	−	−	
別様式	−	−	
注釈	−		
適用分類	回路図，接続図，機能図，概要図	Circuit diagrams, Connection diagrams, Function diagrams, Overview diagrams	
機能分類	防護（F）	F Protecting	
形状分類	矢印，円，点	Arrows, Circles, Dots (points)	
制限事項	−	−	
補足事項	−	−	
適用図記号	S00371, S00693		
被適用図記号	−		
キーワード	避雷器，放電ギャップ	arresters, spark gaps	
注記	−	Status level	Standard
		Released on	2001-07-01
		Obsolete from	−

第22節　放電ギャップ及び避雷器

図記号番号 （識別番号）	図記号（Symbol）		
07-22-05 (S00375)			

項目	説明	IEC 60617 情報（参考）	
名称	保護ガス封入対称形放電管	Protective gas discharge tube, symmetric	
別の名称	－	－	
様式	－	－	
別様式	－	－	
注釈	－		
適用分類	回路図, 接続図, 機能図, 概要図	Circuit diagrams, Connection diagrams, Function diagrams, Overview diagrams	
機能分類	防護（F）	F Protecting	
形状分類	矢印, 円, 点	Arrows, Circles, Dots (points)	
制限事項	－	－	
補足事項	－	－	
適用図記号	S00372, S00693		
被適用図記号	－		
キーワード	避雷器, 放電ギャップ	arresters, spark gaps	
注記	－	Status level	Standard
		Released on	2001-07-01
		Obsolete from	－

第VIII章　その他の図記号
第25節　静止形スイッチ

図記号番号 (識別番号)	図記号（Symbol）		
07-25-01 (S00376)			

項目	説明	IEC 60617 情報（参考）	
名称	静止形スイッチ（一般図記号）	Static switch, general symbol	
別の名称	－	－	
様式	－	－	
別様式	－	－	
注釈	A00096, A00097		
適用分類	回路図，接続図，機能図，概要図	Circuit diagrams, Connection diagrams, Function diagrams, Overview diagrams	
機能分類	信号又は情報の処理（K）	K Processing signals or information	
形状分類	線	Lines	
制限事項	－	－	
補足事項	－	－	
適用図記号	S00227		
被適用図記号	S00380, S00378, S00379, S00377		
キーワード	静止形スイッチ	static switches	
注記	－	Status level	Standard
		Released on	2001-07-01
		Obsolete from	－

第25節 静止形スイッチ

図記号番号 (識別番号)	図記号 (Symbol)		
07-25-02 (S00377)	(半円と線による静止形接触器の図記号)		
項目	説明	IEC 60617 情報 (参考)	
名称	静止形 (半導体使用) 接触器	Static (semiconductor) contactor	
別の名称	−	−	
様式	−	−	
別様式	−	−	
注釈	−		
適用分類	回路図, 接続図, 機能図, 概要図	Circuit diagrams, Connection diagrams, Function diagrams, Overview diagrams	
機能分類	制御による切替え又は変更 (Q)	Q Controlled switching or varying	
形状分類	半円, 線	Half-circles, Lines	
制限事項	−	−	
補足事項	−	−	
適用図記号	S00218, S00376		
被適用図記号	−		
キーワード	接触器, 静止形スイッチ	contactors, static switches	
注記	−	Status level	Standard
		Released on	2001-07-01
		Obsolete from	−

第25節　静止形スイッチ

図記号番号 （識別番号）	図記号（Symbol）		
07-25-03 (S00378)			

項目	説明	IEC 60617 情報（参考）	
名称	単一方向性静止形スイッチ	Static switch, unidirectional	
別の名称	－	－	
様式	－	－	
別様式	－	－	
注釈	－		
適用分類	回路図，接続図，機能図，概要図	Circuit diagrams, Connection diagrams, Function diagrams, Overview diagrams	
機能分類	信号又は情報の処理（K）	K Processing signals or information	
形状分類	正三角形，線	Equilateral triangles, Lines	
制限事項	－	－	
補足事項	一方向にだけ電流を流す。	Passing current in one direction only.	
適用図記号	S00376, S00619		
被適用図記号	－		
キーワード	静止形スイッチ	static switches	
注記	－	Status level	Standard
		Released on	2001-07-01
		Obsolete from	－

第26節 静止形開閉装置

図記号番号 （識別番号）	図記号（Symbol）		
07-26-01 (S00379)			
項目	説明	IEC 60617 情報（参考）	
名称	静止形継電器（一般図記号）	Static relay, general symbol	
別の名称	－	－	
様式	－	－	
別様式	－	－	
注釈	A00098		
適用分類	回路図，接続図，機能図，概要図	Circuit diagrams, Connection diagrams, Function diagrams, Overview diagrams	
機能分類	信号又は情報の処理（K）	K Processing signals or information	
形状分類	線，長方形	Lines, Rectangles	
制限事項	－	－	
補足事項	半導体メーク接点付きを示す。	Shown with semiconductor make contact.	
適用図記号	S00305，S00376		
被適用図記号	S00382，S00381		
キーワード	静止形開閉装置	static switching devices	
注記	－	Status level	Standard
		Released on	2001-07-01
		Obsolete from	－

第26節 静止形開閉装置

図記号番号 (識別番号)	図記号 (Symbol)		
07-26-02 (S00380)			

項目	説明	IEC 60617 情報 (参考)	
名称	静止形継電器	Static relay	
別の名称	—	—	
様式	—	—	
別様式	—	—	
注釈	—		
適用分類	回路図，接続図，機能図，概要図	Circuit diagrams, Connection diagrams, Function diagrams, Overview diagrams	
機能分類	信号又は情報の処理 (K)	K Processing signals or information	
形状分類	矢印，正三角形，長方形	Arrows, Equilateral triangles, Rectangles	
制限事項	—	—	
補足事項	作動装置として発光ダイオードを使用したもの。半導体メーク接点付きを示す。	With light emitting diode as actuator shown with make contact semiconductor.	
適用図記号	S00376, S00642		
被適用図記号	—		
キーワード	静止形開閉装置	static switching devices	
注記	—	Status level	Standard
		Released on	2001-07-01
		Obsolete from	—

第 26 節　静止形開閉装置

図記号番号 （識別番号）	図記号（Symbol）			
07-26-03 (S00381)				

項目	説明	IEC 60617 情報（参考）	
名称	静止形熱動過負荷継電器	Static thermal overload relay	
別の名称	－	－	
様式	－	－	
別様式	－	－	
注釈	－		
適用分類	回路図，接続図，機能図，概要図	Circuit diagrams, Connection diagrams, Function diagrams, Overview diagrams	
機能分類	信号又は情報の処理（K）	K Processing signals or information	
形状分類	線，長方形	Lines, Rectangles	
制限事項	－		
補足事項	一つの半導体メーク接点と，一つの半導体ブレーク接点付きの 3 極熱動過負荷継電器。作動装置には，別個の補助電源が必要である。	Three-pole thermal overload relay with two semiconductor contacts one semiconductor make contact and one semiconductor break contact; the actuator needs a separate auxiliary power supply.	
適用図記号	S00120, S00379		
被適用図記号	－		
キーワード	静止形開閉装置	static switching devices	
注記	－	Status level	Standard
		Released on	2001-07-01
		Obsolete from	－

第26節 静止形開閉装置

図記号番号 (識別番号)	図記号 (Symbol)		
07-26-04 (S00382)			
項目	説明	IEC 60617 情報 (参考)	
名称	静止形継電器	Static relay	
別の名称	—	—	
様式	—	—	
別様式	—	—	
注釈	—		
適用分類	回路図,接続図,機能図,概要図	Circuit diagrams, Connection diagrams, Function diagrams, Overview diagrams	
機能分類	信号又は情報の処理 (K)	K Processing signals or information	
形状分類	線,長方形	Lines, Rectangles	
制限事項	—		
補足事項	半導体メーク接点付き半導体形作動装置	Semiconductor operating device with semiconductor make contact	
適用図記号	S00125,S00379		
被適用図記号	—		
キーワード	静止形開閉装置	static switching devices	
注記	—	Status level	Standard
		Released on	2001-07-01
		Obsolete from	—

第27節　結合装置及び静止形継電器のブロック図記号

図記号番号 (識別番号)	図記号 (Symbol)	
07-27-01 (S00383)	X // Y *	
項目	説明	IEC 60617 情報 (参考)
名称	電気分離形結合装置	Coupling device with electrical separation
別の名称	―	―
様式	―	―
別様式	―	―
注釈	A00099	
適用分類	回路図，接続図，機能図，概要図	Circuit diagrams, Connection diagrams, Function diagrams, Overview diagrams
機能分類	信号又は情報の処理 (K)	K Processing signals or information
形状分類	文字，長方形	Characters, Rectangles
制限事項	―	―
補足事項	―	―
適用図記号	S00126	
被適用図記号	―	
キーワード	結合装置，静止形開閉装置	coupling devices, static switching devices
注記	―	Status level / Standard
		Released on / 2001-07-01
		Obsolete from / ―

第27節　結合装置及び静止形継電器のブロック図記号

図記号番号 （識別番号）	図記号（Symbol）		
07-27-02 (S00384)	(記号：矩形内に「//」と2本の右向き矢印)		

項目	説明	IEC 60617 情報（参考）	
名称	電気分離形結合装置（光学的結合）	Coupling device with electrical separation, optical	
別の名称	−	−	
様式	−	−	
別様式	−	−	
注釈	−		
適用分類	回路図，接続図，機能図，概要図	Circuit diagrams, Connection diagrams, Function diagrams, Overview diagrams	
機能分類	信号又は情報の処理（K）	K Processing signals or information	
形状分類	文字，長方形	Characters, Rectangles	
制限事項	−	−	
補足事項	電気絶縁形光学的結合装置	Optical coupling device with electrical separation.	
適用図記号	S00126, S00127		
被適用図記号	−		
キーワード	結合装置，静止形開閉装置	coupling devices, static switching devices	
注記	−	Status level	Standard
		Released on	2001-07-01
		Obsolete from	−

5 注釈

当該図記号の説明及び付加的な関連規定を次に示す。注釈は通常，複数の図記号で共有されるため，注釈番号を記した別のページに記載されている。

注釈番号は Annnnn の形式で示し，n は 0～9 の整数で表す。この番号は **IEC 60617** の注釈（Application notes）に対応しており，番号付けには意味はない。

注釈番号	注釈	被適用図記号			IEC 60617 情報（参考）
A00060	動作の支点を表す小さい白丸又は黒丸を，大部分の図記号に追加することができる。例として，図記号 07-02-02 (S00228)を参照。動作の支点を表す小円を必ず示さなければならない図記号もある。例として，図記号 07-02-05 (S00231)を参照。	07-02-01, 07-02-06, 07-02-09, 07-03-03, 07-04-03, 07-05-02, 07-05-05, 07-A6-02, 07-07-02, 07-07-05, 07-08-02, 07-09-01, 07-11-05, 07-13-02, 07-13-05, 07-13-09, 07-13-13 S00227, S00232, S00235, S00238, S00241, S00244, S00247, S00250, S00254, S00257, S00260, S00263, S00271, S00284, S00287, S00291, S00295	07-02-03, 07-02-07, 07-03-01, 07-04-01, 07-04-04, 07-05-03, 07-05-06, 07-A6-03, 07-07-03, 07-07-06, 07-08-03, 07-09-02, 07-11-06, 07-13-03, 07-13-06, 07-13-10, S00229, S00233, S00236, S00239, S00242, S00245, S00248, S00251, S00255, S00258, S00261, S00264, S00272, S00285, S00288, S00292,	07-02-04, 07-02-08, 07-03-02, 07-04-02, 07-05-01, 07-05-04, 07-A6-01, 07-07-01, 07-07-04, 07-08-01, 07-08-04, 07-09-03, 07-A11-05, 07-13-04, 07-13-08, 07-13-12, S00230, S00234, S00237, S00240, S00243, S00246, S00249, S00253, S00256, S00259, S00262, S00265, S00274, S00286, S00290, S00294,	A small circle, open or filled in, representing the hinge point, may be added to most of the symbols. For example, see symbol S00228. In some symbols the circle indicating the hinge point shall be shown. For example, see symbol S00231.

注釈番号	注釈	被適用図記号	IEC 60617 情報（参考）
A00061	スイッチ，特に複雑な電子式スイッチを表すその他の方法については，**JIS C 0617-12** の第 17A 節及び第 29 節並びに **JIS C 0617-13** の第 17 節を参照。	07-01-01, 07-01-02, 07-01-03, 07-01-04, 07-01-05, 07-01-06, 07-A1-04, 07-A1-05, 07-01-09, 07-02-01, 07-A2-02, 07-02-03, 07-02-04, 07-02-05, 07-02-06, 07-02-07, 07-02-08, 07-02-09, 07-03-01, 07-03-02, 07-03-03, 07-04-01, 07-04-02, 07-04-03, 07-04-04, 07-05-01, 07-05-02, 07-05-03, 07-05-04, 07-05-05, 07-05-06, 07-A6-01, 07-A6-02, 07-A6-03, 07-A6-04, 07-07-01, 07-07-02, 07-07-03, 07-07-04, 07-07-05, 07-07-06, 07-08-01, 07-08-02, 07-08-03, 07-08-04, 07-09-01, 07-09-02, 07-09-03, 07-A11-01, 07-A11-02, 07-A11-03, 07-11-04, 07-11-05, 07-11-06, 07-A11-04, 07-A11-05, 07-A11-06, 07-A11-07, 07-A11-08, 07-A11-09, 07-A11-10 S00218, S00219, S00220, S00221, S00222, S00223, S00224, S00225, S00226, S00227, S00228, S00229, S00230, S00231, S00232, S00233, S00234, S00235, S00236, S00237, S00238, S00239, S00240, S00241, S00242, S00243, S00244, S00245, S00246, S00247, S00248, S00249, S00250, S00251, S00252, S00253, S00254, S00255, S00256, S00257, S00258, S00259, S00260, S00261, S00262, S00263, S00264, S00265, S00267, S00268, S00269, S00270, S00271, S00272, S00273, S00274, S00275, S00276, S00277, S00278, S00279	For other methods of representing switches, especially complex, electronic switches, see IEC 617-12, section 17A and 29, and IEC 617-13, section 17.

注釈番号	注釈	被適用図記号	IEC 60617 情報（参考）
A00062	この限定図記号は，接点を操作する手段を示す必要がない場合に，単純な接点図記号として使用して，位置スイッチであることを示してもよい。複雑な接点であって，操作手段を示す必要がある場合には，図記号 02-13-16 (S00172)〜02-13-19 (S00185)の中の一つを用いてもよい。	07-01-06 S00223	This qualifying symbol may be applied to simple contact symbols to indicate position switches if there is no need to show the means of operating the contact. In complicated cases, where it is desirable to show the means of operation, one of the symbols 02-13-16 through 02-13-19 may be used instead.
A00063	両方向に機械的に操作される接点を表示するためには，この図記号を，接点図記号の両側に記さなければならない。	07-01-06 S00223	To depict a contact which is mechanically operated in both directions, this symbol shall be placed on both sides of the contact symbol.
A00064	この図記号は，自動復帰を表すのに用いてもよい。例として，07-06-01 (S00249)を参照。	07-A1-04, 07-A6-01, 07-A6-03, 07-A6-04 S00224, S00249, S00251, S00252	This symbol may be used to indicate automatic return. For example, see 07-06-01.
A00065	この図記号は，限定図記号 07-01-01 (S00218)，07-01-02 S00219 (S00219)，07-01-03 (S00220)及び07-01-04 (S00221)とともに用いてはならない。多くの場合，図記号 02-12-07 (S00150)を用いてもよい。	07-A1-04, 07-A6-01, 07-A6-03, 07-A6-04 S00224, S00249, S00251, S00252	This symbol shall not be used together with qualifying symbols S00218, S00219, S00220 and S00221. In many cases, symbol S00150 may be used.
A00066	この図記号は，残留機能を表すのに使用してもよい。この約束事を利用する場合，その用法を適切に参照することが望ましい。	07-A1-05, 07-A6-02, 07-A6-04 S00225, S00250, S00252	This symbol may be used to indicate non-automatic return function. When this convention is invoked, its use should be appropriately referenced.
A00067	この図記号は，限定図記号 07-01-01 (S00218), 07-01-02 (S00219), 07-01-037 (S00220)及び 07-01-04 (S00221)とともに使用してはならない。多くの場合，図記号 02-12-08 S00151 (S00151)を用いてもよい。	07-A1-05, 07-A6-02, 07-A6-04 S00225, S00250, S00252	This symbol should not be used together with qualifying symbols S00218, S00219, S00220 and S00221. In many cases, symbol S00151 may be used.

注釈番号	注釈	被適用図記号	IEC 60617 情報（参考）
A00068	この図記号は，機械式装置の指示された方向への確実動作が行われるか又は要求されることを表すのに使用しなければならない。このことは，すべての接点が操作部に対応する位置に動作することを意味している。	07-01-09 S00226	This symbol shall be used to indicate that the positive operation of a mechanical device in the direction shown is ensured or is required. This means that the operation ensures that all contacts are in the position corresponding to the activating device.
A00069	複数の接点が連結している場合，特別な指示がなければ，この図記号を，すべての連結接点に適用しなければならない（図記号07-08-07 を参照）。	07-01-09 S00226	If contacts are shown linked, the symbol shall apply to all the linked contacts unless otherwise indicated (see symbol 07-08-07).
A00070	図記号 02-12-05 (S00148)及び 02-12-06 (S00149)を参照。接点の開閉が作動操作又は作動解除操作より遅れて生じる。円弧の中心に向かう移動が遅れる（"パラシュート効果"）。限時動作に用いる図記号は，接点記号の，用途及び品名表示に最も適した側に描くことができる。	07-05-01, 07-05-02, 07-05-03, 07-05-04, 07-05-05, 07-05-06 S00243, S00244, S00245, S00246, S00247, S00248	See symbols S00148 and S00149. Closing and opening of the contact is delayed with respect to the activation or deactivation operation. The movement is delayed in the direction towards the centre of the arc ("parachute effect"). The symbol for delayed action may be drawn on that side of the contact symbol which is most suitable for the application and for the placing of item designations.
A00082	"押す"操作又は"引く"操作を行う大部分の装置は，自動復帰を行う。したがって，自動復帰記号 02-12-07 (S00150)を示す必要がない。これに反して自動復帰しない場合には，戻り止め記号 02-12-08 (S00151)を示さなければならない。	07-07-01, 07-07-02, 07-07-03, 07-07-05, 07-07-06, 07-A11-01, 07-A11-02, 07-A11-03, 07-A11-04, 07-13-10, 07-13-12, 07-13-13 S00253, S00254, S00255, S00257, S00258, S00267, S00268, S00269, S00273, S00292, S00294, S00295	Devices with "push" or "pull" operation most often have automatic return. It is therefore not necessary to show the automatic return symbol S00150. On the other hand, a detent symbol S00151 shall be shown in those cases where non-return exists.
A00083	回転で操作する装置は通常，自動復帰しない。したがって，戻り止め記号 02-12-08 (S00151)を示す必要がない。これに反して自動復帰する場合には，自動復帰記号 02-12-07 (S00150)を示さなければならない。	07-07-01, 07-07-04, 07-A11-01, 07-A11-02, 07-A11-03, 07-A11-04, 07-13-10, 07-13-12, 07-13-13 S00253, S00256, S00267, S00268, S00269, S00273, S00292, S00294, S00295	Devices operated by turning do not usually have automatic return. It is therefore not necessary for the detent symbol S00151 to be shown. On the other hand, the automatic return symbol S00150 should be shown in those cases where an automatic return exists.

注釈番号	注釈	被適用図記号	IEC 60617 情報（参考）
A00084	一組の接点の中の1個又は数個の接点が，確実に開放操作を行う構造である場合，この確実動作を次の操作に関係付けることができる。 — ブレーク接点［例えば，07-08-04 (S00262)：リミットスイッチ及びS00258 (07-07-06)：非常停止スイッチ］の開放又はメーク接点［例えば，07-07-05 (S00257)：警報スイッチ］の投入のいずれか，並びに — すべての接点又は特定の接点だけ［例として07-13-14 (S00296)を参照］のいずれか。 — ただし，同一接点の開放と投入との両方を行わない。	07-08-01，07-08-02，07-08-03，07-08-04 S00259，S00260，S00261，S00262	Where in a set of contacts one or some of them are constructed to have positive opening operation this positivity may concern: — either the opening of break contact(s) (for example S00262: Position switch and S00258: Emergency stop switch) or the closing of a make contact (for example S00257: Alarm) and — either all the contacts or only particular contacts (see for example S00296) but — not both the opening and the closing of the same contact.
A00085	文字シータ（Θ）を，作動温度条件で置き換えることができる。	07-09-01 S00263	The letter THETA may be replaced by the operating temperature conditions.

注釈番号	注釈	被適用図記号	IEC 60617 情報（参考）
A00086	スイッチの複合機能を機械的に達成する方法が多数ある。回転式ウェーファ形スイッチ，スライドスイッチ，ドラム制御装置，カム作動式接点組立品などがその例である。回路図の中で切換え機能を記号化する方法も多数ある（**JIS C 1082-2** 参照）。調査した結果，すべての用途で用いることができる優れた記号化方式のないことが分かった。採用する方式は，図面の用途及び記号化する必要がある切換え装置の複雑さの度合いを十分に考慮したうえで選択することが望ましい。したがって，この節では，複合スイッチを記号化するのに使用可能な方法の中の一つだけを示す。容易に理解できるようにするために，各々の例に，記号化した装置の構造図を示してある。ここでは，複合スイッチを用いる，接続表で補足する必要がある一般図記号を示してある。2例を示してある。	07-A12-01 S00280	There are many ways in which complex switching functions can be achieved mechanically, for example by rotary wafer switches, slide switches, drum controllers, cam-operated contact assemblies, etc. There are also many ways in which the switching functions may be symbolized on circuit diagrams (see **IEC 61082-2**). Studies have shown that there is no unique system of symbolization which is superior in every application. The system employed should be chosen with due regard to the purpose of the diagram and the degree of complexity of the switching device that it is desired to symbolize. Therefore this section presents only one of the possible methods for symbolizing complex switches. To facilitate understanding, each example includes a constructional drawing of the device symbolized. The method shown here uses a general symbol for a complex switch which must be supplemented by a table of connections. Two examples are shown.
A00087	始動器の特定の形を表示するために，一般図記号の内部に限定図記号を示すことができる。 図記号 07-12-05 (S00296)，07-14-06 (S00302) 及び 07-14-07 (S00303)を参照。	07-14-01 S00297	Qualifying symbols may be shown inside the general symbol to indicate particular types of starters. See symbols S00301, S00302 and S00303.
A00088	ステップ数を表示してもよい。	07-14-02 S00298	The number of steps may be indicated
A00089	複巻線をもつ作動装置は，それに相当する数の斜線を輪郭の中に引いて表示してもよい。図記号 07-15-04 (S00308)を参照。	07-15-01, 07-A15-01 S00305, S00306	Operating devices with several windings may be indicated by inclusion inside the outline of the appropriate number of inclined strokes, see symbol S00308.

注釈番号	注釈	被適用図記号	IEC 60617 情報（参考）
A00090	黒丸を使用して，有極形継電器の巻線を通る電流の方向と，次の関係に従った接触片の移動方向との関係を表示してもよい。黒丸で識別された巻線端子が，その他の巻線端子に対して正である場合，この黒丸を記した位置に向かって接触片が動くか動こうとする。	07-15-15 S00319	Polarity dots may be used to indicate the relationship between the direction of the current through the winding of a polarized relay and the movement of the contact arm according to the following connection. When the winding terminal identified by the polarity dot is positive with respect to the other winding terminal, the contact arm moves or tends to move towards the position marked with the dot.
A00091	アスタリスクの代わりに，この装置のパラメータを示す文字記号又は限定図記号の一つ以上を，次の順序で記さなければならない。 － 特性量及びその変動モード － エネルギーの流れ方向 － 設定範囲 － 再設定比 － 遅延作用 － 時間遅れの値	07-16-01 S00327	The asterisk shall be replaced by one or more letters or qualifying symbols indicating the parameters of the device, in the following order: － characteristic quantity and its mode of variation; － direction of energy flow; － setting range; － re-setting ratio; － delayed action; － value of time delay
A00092	特性量を表す文字記号は，確立された規格，例えば，**IEC 60027 及び JIS Z 8202**（規格群）の規定に従わなければならない。	07-16-01 S00327	Letter symbols for characteristic quantities shall be in accordance with established standards, for example, IEC 60027 and ISO 31.
A00093	同様な測定素子の数を示す数字を，07-17-05（S00342）などに示すように，この図記号の中に記してもよい。	07-16-01 S00327	A figure giving the number of similar measuring elements may be included in the symbol as shown in example S00342.
A00094	この図記号は，装置全体を表す機能に関する図記号として，又は装置の作動要素だけを表す図記号として用いることができる。	07-16-01 S00327	The symbol may be used as a functional symbol representing the whole of the device, or as a symbol representing only the actuating element of the device.
A00095	作動方法を示すことができる。	07-19-02 S00355	The method of operating may be indicated.
A00096	動作の支点を表す小円（注釈 A00060 を参照）を，この図記号に追加してはならない。	07-25-01 S00376	The small circle representing the hinge point (see application note A00060) shall not be added to this symbol.

注釈番号	注釈	被適用図記号	IEC 60617 情報（参考）
A00097	適切な限定図記号を追加して，静止形スイッチの機能を示すことができる。図記号 07-02-03 (S00229)〜07-05-05 (S00247)を参照。	07-25-01 S00376	Appropriate qualifying symbols may be added to denote the function of the static switch. See symbols S00229 to S00247.
A00098	作動要素の種類を示す限定図記号を追加してもよい。	07-26-01 S00379	A qualifying symbol to denote the type of actuating element may be added.
A00099	1. アスタリスク（*）は，結合媒体を表す図記号で置き換えるか，又は省略しなければならない。 2. "X" 及び "Y" は，関連する量を表す適切な補助記号で置き換えるか，又は省略しなければならない。 3. 二重斜線の代わりに二重対角線を使用してもよい。	07-27-01 S00383	1. The asterisk (*) shall either be replaced by the symbol for the coupling medium or be omitted. 2. X and Y shall either be replaced by the appropriate indications for the quantities concerned or be omitted. 3. The double solidus may be replaced by a double diagonal.
A00247	リンク機構の種々の要素を表す破線は，次の方法で記さなければならない。 左側：開放及び投入を行う操作装置から。 右側：関連する主接点及び補助接点まで。 上辺又は下辺：制圧の開放機能の備わった操作部から。	07-13-11 S00293	Dashed lines representing the various parts of the linkage system shall be located in the following way: To the left: From the operating means for opening and closing. To the right: To associated main and auxiliary contacts. Top or below: From actuator having an overriding opening function.

注釈番号	注釈	被適用図記号	IEC 60617 情報（参考）
A00251	位置図に文字を追加して，各スイッチの位置の用途を示すと便利なことがある。次の図"A00250 Example.pdf"に示すように，操作器具の動きの制限を表示することもできる。   	07-11-06 S00272	It is sometimes convenient to indicate the purpose of each switch position by adding text to the position diagram. It is also possible to indicate limitations of movement of the operating device as shown in the drawing "A00251Example.pdf" below.

注釈番号	注釈	被適用図記号	IEC 60617 情報（参考）
A00252	ここでは A～F と表示した 6 個の端子がある回転式 18 位置ウェーファ形スイッチで，構造は次の図 "A00252Example.pdf" のとおりである。図示したスイッチは，位置 1 にある。	07-A12-02 S00281	18-position rotary wafer switch with six terminals, here designated A to F, constructed as shown in the drawing "A00252Example.pdf" below, switch shown in position 1.

接続点　Table of connections

位置 Position	各端子の接続 Interconnections of terminals					
	A	B	C	D	E	F
1	×	×	×	×	×	×
2	×	×	×	×	×	×
3	×	×	×	×	×	×
4	×	×	×	×	×	×
5	×	×	×	×	×	×
6	×	×	×	×	×	×
7	×	×	×	×	×	×
8	×	×	×	×	×	×
9	×	×	×	×	×	×
10	×	×	×	×	×	×
11	×	×	×	×	×	×
12	×	×	×	×	×	×
13	×	×	×	×	×	×
14	×	×	×	×	×	×
15	×	×	×	×	×	×
16	×	×	×	×	×	×
17	×	×	×	×	×	×
18	×	×	×	×	×	×

注釈番号	注釈	被適用図記号	IEC 60617 情報（参考）
A00253	5個の端子がある回転式6位置ドラム形スイッチで，構造は次の図"A00253Example.pdf"のとおりである。表の中の記号（＋，－，○）は，このスイッチの任意の位置（停止位置又は中間位置）で一緒に接続できる端子であることを示す。すなわち，"＋"など同じ記号が付けられた端子が相互接続される。追加の記号が必要な場合，タイプライタで利用可能な符号（x，＝など）を用いることが望ましい。	07-A12-03 S00282	Six-position rotary drum switch with 5 terminals, constructed as shown in drawing "A00253Example.pdf" below: The symbols (＋ － o) in the table indicate the terminals that are connected together at any position (restposition or intermediate position) of the switch, i.e. terminals having the same indicating symbols, for example ＋, are interconnected. Where additional symbols are required, the characters available on a typewriter should be used, for example x, =.
A00268	特定の型の複合スイッチの場合，一般的なスイッチの図記号 07-02-01 (S00227) を，特定の図記号，例えば，図記号 07-07-01 (S00253) に置き換えて，手動式の複合スイッチを示す。	07-12-04 S01454	For more specific types of complex switches, replace the general switch symbol S00227, with more specific ones, for example: S00253 to get a manual complex switch.

接続点　Table of connections

位置 Position	各端子の接続 Interconnections of terminals				
	A	B	C	D	E
1					
2	＋		＋	○	○
3	＋	＋	＋	○	○
4	＋＋	＋	＋	○	○
5		＋	＋		
6	＋	＋	＋－	－	－
		＋		－	－

附属書A
（参考）
旧図記号

ここに示す図記号は，**JIS C 0617-7**:1999 に規定されていたが，現在は削除されている図記号である。これらの図記号は，旧図記号を用いた電気回路図を読むときの単なる参考である。注記の"Obsolete from"欄の日付以後メンテナンスされていない。

第A1節　限定図記号

図記号番号 （識別番号）	図記号（Symbol）		
07-A1-04 (S00224)	◁		
項目	説明	IEC 60617 情報（参考）	
名称	自動復帰機能	Automatic return function	
別の名称	ばね復帰	Spring return	
様式	－	－	
別様式	－	－	
注釈	A00061，A00064，A00065		
適用分類	限定図記号	Qualifiers only	
機能分類	機能属性だけ（－）	－ Functional attribute only	
形状分類	正三角形	Equilateral triangles	
制限事項	－	－	
補足事項	－	－	
適用図記号	－		
被適用図記号	S00251，S00249，S00252		
キーワード	自動復帰	automatic return	
注記	－	Status level	Obsolete - for reference only
		Released on	2001-07-01
		Obsolete from	2003-01-25

第A1節　限定図記号

図記号番号 (識別番号)	図記号（Symbol）		
07-A1-05 (S00225)	・　・　・　・　・ ・　◯　・ ・　・　・　・　・		
項目	説明	IEC 60617 情報（参考）	
名称	非自動復帰機能	Non-automatic return function	
別の名称	残留機能	Stay put function	
様式	－	－	
別様式	－	－	
注釈	A00061，A00066，A00067		
適用分類	限定図記号	Qualifiers only	
機能分類	機能属性だけ（－）	－ Functional attribute only	
形状分類	円	Circles	
制限事項	－	－	
補足事項	－	－	
適用図記号	－		
被適用図記号	S00250, S00252		
キーワード	非自動復帰	non-automatic return	
注記	－	Status level	Obsolete－for reference only
		Released on	2001-07-01
		Obsolete from	2003-01-25

第A2節　2位置又は3位置接点

図記号番号 (識別番号)	図記号（Symbol）	
07-A2-02 (S00228)	（図記号）	
項目	説明	IEC 60617 情報（参考）
名称	メーク接点（一般図記号），スイッチ（一般図記号）	Make contact, general symbol; Switch, general symbol
別の名称	−	−
様式	旧様式	Old form
別様式	−	−
注釈	A00061	
適用分類	回路図，接続図，機能図，概要図	Circuit diagrams, Connection diagrams, Function diagrams, Overview diagrams
機能分類	信号又は情報の処理（K）， 制御による切替え又は変更（Q）	K Processing signals or information, Q Controlled switching or varying
形状分類	円，線	Circles, Lines
制限事項	−	−
補足事項	−	−
適用図記号	−	
被適用図記号	S00289	
キーワード	接点，電力用開閉装置，スイッチ	contacts, power switching devices, switches
注記	−	Status level	Obsolete−for reference only
		Released on	2001-07-01
		Obsolete from	2002-03-23

第 A6 節　自動復帰接点及び非自動復帰接点

図記号番号 （識別番号）	図記号（Symbol）		
07-A6-01 (S00249)			
項目	説明	IEC 60617 情報（参考）	
名称	自動復帰するメーク接点	Make contact, automatic return	
別の名称	－	－	
様式	－	－	
別様式	－	－	
注釈	A00060, A00061, A00064, A00065		
適用分類	回路図, 接続図, 機能図, 概要図	Circuit diagrams, Connection diagrams, Function diagrams, Overview diagrams	
機能分類	信号又は情報の処理（K）	K Processing signals or information	
形状分類	正三角形, 線	Equilateral triangles, Lines	
制限事項	－		
補足事項	技術的陳腐化のため廃止。	Withdrawn because of technical obsolescence.	
適用図記号	S00224, S00227		
被適用図記号	－		
キーワード	接点, スイッチ	contacts, switches	
注記	－	Status level	Obsolete－for reference only
		Released on	2001-07-01
		Obsolete from	2002-03-23

第 A6 節　自動復帰接点及び非自動復帰接点

図記号番号 (識別番号)	図記号（Symbol）		
07-A6-02 (S00250)			
項目	説明	IEC 60617 情報（参考）	
名称	残留機能付きメーク接点	Make contact, stay put	
別の名称	−	−	
様式	−	−	
別様式	−	−	
注釈	A00060, A00061, A00066, A00067		
適用分類	回路図, 接続図, 機能図, 概要図	Circuit diagrams, Connection diagrams, Function diagrams, Overview diagrams	
機能分類	信号又は情報の処理（K）	K Processing signals or information	
形状分類	円, 線	Circles, Lines	
制限事項	−	−	
補足事項	自動復帰しないメーク接点。 技術的陳腐化のため廃止。	The contact is without automatic return. Withdrawn because of technical obsolescence.	
適用図記号	S00225, S00227		
被適用図記号	S00322		
キーワード	接点, スイッチ	contacts, switches	
注記	−	Status level	Obsolete − for reference only
		Released on	2001-07-01
		Obsolete from	2002-03-23

第 A6 節　自動復帰接点及び非自動復帰接点

図記号番号 (識別番号)	図記号 (Symbol)	
07-A6-03 (S00251)		

項目	説明	IEC 60617 情報 （参考）	
名称	自動復帰するブレーク接点	Break contact, automatic return	
別の名称	－	－	
様式	－	－	
別様式	－	－	
注釈	A00060, A00061, A00064, A00065		
適用分類	回路図, 接続図, 機能図, 概要図	Circuit diagrams, Connection diagrams, Function diagrams, Overview diagrams	
機能分類	信号又は情報の処理 (K)	K Processing signals or information	
形状分類	正三角形, 線	Equilateral triangles, Lines	
制限事項	－	－	
補足事項	技術的陳腐化のため廃止。	Withdrawn because of technical obsolescence.	
適用図記号	S00224, S00229		
被適用図記号	－		
キーワード	接点, スイッチ	contacts, switches	
注記	－	Status level	Obsolete－for reference only
		Released on	2001-07-01
		Obsolete from	2002-03-23

第 A6 節　自動復帰接点及び非自動復帰接点

図記号番号 (識別番号)	図記号（Symbol）	
07-A6-04 (S00252)		

項目	説明	IEC 60617 情報（参考）	
名称	オフ位置付き切換え接点，自動復帰，残留機能付き	Change-over contact with off-position, automatic return and stay put	
別の名称	－	－	
様式	－	－	
別様式	－	－	
注釈	A00061，A00064，A00065，A00066，A00067		
適用分類	回路図，接続図，機能図，概要図	Circuit diagrams, Connection diagrams, Function diagrams, Overview diagrams	
機能分類	信号又は情報の処理（K）	K Processing signals or information	
形状分類	円，正三角形，線	Circles, Equilateral triangles, Lines	
制限事項	－	－	
補足事項	中央にオフ位置が設けられていて，一方の位置（左側）から自動復帰し，反対の位置からは自動復帰しない接点。技術的陳腐化のため廃止。	The contact is shown with an off-position in the centre, an automatic return from the left position and without an automatic return in the right position. Withdrawn because of technical obsolescence.	
適用図記号	S00224，S00225，S00231		
被適用図記号	－		
キーワード	接点，スイッチ	contacts, switches	
注記	－	Status level	Obsolete－for reference only
		Released on	2001-07-01
		Obsolete from	2002-03-23

第A11節　制御スイッチを含む多段スイッチの例

図記号番号 (識別番号)	図記号 (Symbol)
07-A11-01 (S00267)	

項目	説明	IEC 60617 情報（参考）	
名称	レバー操作式スイッチ	Switch assembly, lever-operated	
別の名称	―	―	
様式	―	―	
別様式	―	―	
注釈	A00061，A00082，A00083		
適用分類	回路図	Circuit diagrams	
機能分類	手動操作を信号に変換（S）	S Converting a manual operation into a signal	
形状分類	線	Lines	
制限事項	―	―	
補足事項	上側の位置でロックされ，下側から中央の位置に自動復帰するもので，複数の端子とともに示してある。上側の位置は，ブレーク接点 07-02-03 (S00229) 2 個と非オーバーラップ切換え接点 07-02-04 (S00230) 2 個とを含む。下側の位置は，メーク接点 07-02-01 (S00227) 3 個，非オーバーラップ切換え接点 07-02-04 (S00230) 2 個，オーバーラップ切換え接点 07-02-07 (S00233) 2 個を含む。技術的陳腐化のため廃止。	Locking in the upper position and with automatic return from the lower position to the middle one, shown with terminals. The upper position contains two breaking (S00229) and two switching (S00230) contacts. The lower position contains three closing (S00227), two switching (S00230) and two make before break (S00233) contacts. Withdrawn because of technical obsolescence.	
適用図記号	S00017, S00144, S00150, S00151, S00227, S00229, S00230, S00233		
被適用図記号	―		
キーワード	接点，スイッチ	contacts, switches	
注記	―	Status level	Obsolete－for reference only
		Released on	2001-07-01
		Obsolete from	2002-03-23

第A11節 制御スイッチを含む多段スイッチの例

図記号番号 (識別番号)	図記号（Symbol）
07-A11-02 (S00268)	

項目	説明	IEC 60617 情報（参考）	
名称	スイッチの組合せ，一組は押しボタン作動，一組はひねりボタン作動	Switch assembly, one set push operated, one set turn operatedd	
別の名称	−	−	
様式	−	−	
別様式	−	−	
注釈	A00061，A00082，A00083		
適用分類	回路図	Circuit diagrams	
機能分類	手動操作を信号に変換（S）	S Converting a manual operation into a signal	
形状分類	線	Lines	
制限事項	−	−	
補足事項	一組の接点がボタンを押すことで作動し（自動復帰），他方の一組がボタンをひねることで作動する（非自動復帰）もので，端子とともに示す。括弧は，操作部が1個だけであることを示している。上側の接点は，ブレーク接点07-02-03 (S00229) 1個とメーク接点07-02-01 (S00227) 2個とを含む。下側の接点は，メーク接点07-02-01 (S00227) 2個と非オーバーラップ切換え接点07-02-04 (S00230) 1個とを含む。技術的陳腐化のため廃止。	One set of contacts is operated by pushing the button (automatic return) and another set by turning it (non-automatic return), shown with terminals. The bracket indicates that there is only one actuator. The upper contact assembly contains one breaking (S00229) and two closing (S00227) contacts. The lower contact assembly contains two closing (S00227) and one switching (S00230) contacts. Withdrawn because of technical obsolescence.	
適用図記号	S00017，S00144，S00170，S00171，S00227，S00229，S00230		
被適用図記号	−		
キーワード	接点，スイッチ	contacts, switches	
注記		Status level	Obsolete−for reference only
		Released on	2001-07-01
		Obsolete from	2002-03-23

第A11節　制御スイッチを含む多段スイッチの例

図記号番号 （識別番号）	図記号（Symbol）		
07-A11-03 (S00269)			

項目	説明		IEC 60617 情報（参考）
名称	スイッチの組合せ（押すかひねるのいずれでも作動）		Switch assembly, push or turn operated
別の名称	―		―
様式	―		―
別様式	―		―
注釈	A00061，A00082，A00083		
適用分類	回路図		Circuit diagrams
機能分類	手動操作を信号に変換（S）		S Converting a manual operation into a signal
形状分類	線		Lines
制限事項	―		―

項目	説明	IEC 60617 情報（参考）	
補足事項	一組の接点を，異なる2方法，すなわち，ひねる（自動復帰しない）か，押す（自動復帰する）のいずれでも操作できるものを端子とともに示す。アセンブリは，非オーバーラップ切換え接点 07-02-04 (S00230) 1個，ブレーク接点 07-02-03 (S00229) 1個，メーク接点 07-02-01 (S00227) 1個を含む。技術的陳腐化のため廃止。	The same set of contacts may be operated in two different ways, either by turning (with non-automatic return) or pushing (with automatic return), shown with terminals. The assembly contains one switching (S00230), one breaking (S00229) and one closing (S00227) contacts. Withdrawn because of technical obsolescence.	
適用図記号	S00017, S00144, S00170, S00171, S00227, S00229, S00230		
被適用図記号	—		
キーワード	接点，スイッチ	contacts, switches	
注記	—	Status level	Obsolete—for reference only
		Released on	2001-07-01
		Obsolete from	2002-03-23

第A11節 制御スイッチを含む多段スイッチの例

図記号番号 (識別番号)	図記号 (Symbol)		
07-A11-04 (S00273)			

項目	説明	IEC 60617 情報 (参考)	
名称	多段スイッチ(独立した回路をもつ場合)	Multi-position switch, independent circuits	
別の名称	−	−	
様式	−	−	
別様式	−	−	
注釈	A00061, A00082, A00083		
適用分類	回路図	Circuit diagrams	
機能分類	手動操作を信号に変換 (S)	S Converting a manual operation into a signal	
形状分類	線	Lines	
制限事項	−	−	
補足事項	四つの独立した回路をもつ,手動操作式多段スイッチを示す。	Shown as manually operated, with four independent circuits	
適用図記号	S00167		
被適用図記号	−		
キーワード	接点,スイッチ	contacts, switches	
注記	−	Status level	Obsolete − for reference only
		Released on	2001-07-01
		Obsolete from	2003-08-12

第 A11 節　制御スイッチを含む多段スイッチの例

図記号番号 (識別番号)	図記号 (Symbol)		
07-A11-05 (S00274)			
項目	説明	IEC 60617 情報 (参考)	
名称	多段スイッチ (一つの位置が無効の場合)	Multi-position switch, one position disabled	
別の名称	－	－	
様式	－	－	
別様式	－	－	
注釈	A00060, A00061		
適用分類	回路図	Circuit diagrams	
機能分類	手動操作を信号に変換 (S)	S Converting a manual operation into a signal	
形状分類	線	Lines	
制限事項	－	－	
補足事項	2 番目の位置は，接続できない。	The second position cannot be connected.	
適用図記号	S00271		
被適用図記号	－		
キーワード	接点，スイッチ	contacts, switches	
注記	－	Status level	Obsolete－for reference only
		Released on	2001-07-01
		Obsolete from	2003-08-12

第A11節　制御スイッチを含む多段スイッチの例

図記号番号 （識別番号）	図記号（Symbol）		
07-A11-06 (S00275)			

項目	説明	IEC 60617 情報（参考）	
名称	多段スイッチ（ワイパー）	Multi-position switch, wiper	
別の名称	―	―	
様式	―	―	
別様式	―	―	
注釈	A00061		
適用分類	回路図	Circuit diagrams	
機能分類	手動操作を信号に変換（S）	S Converting a manual operation into a signal	
形状分類	線	Lines	
制限事項	―	―	
補足事項	ワイパーは，ある位置からとなりの位置に移る間だけ両端子を橋絡する。	A wiper bridges only while passing from one position to another.	
適用図記号	S00270		
被適用図記号	―		
キーワード	接点，スイッチ	contacts, switches	
注記	―	Status level	Obsolete－for reference only
		Released on	2001-07-01
		Obsolete from	2003-08-12

第 A11 節　制御スイッチを含む多段スイッチの例

図記号番号 （識別番号）	図記号（Symbol）	
07-A11-07 (S00276)		

項目	説明	IEC 60617 情報（参考）	
名称	多段スイッチ（連続した複数の接点を橋絡する場合）	Multi-position switch, wiping multiple consecutive contacts	
別の名称	－	－	
様式	－	－	
別様式	－	－	
注釈	A00061		
適用分類	回路図	Circuit diagrams	
機能分類	手動操作を信号に変換（S）	S Converting a manual operation into a signal	
形状分類	線	Lines	
制限事項	－	－	
補足事項	ワイパーは各々の切換え位置で，連続した三つの端子を橋絡する。	A wiper bridges three consecutive terminals in each switch position.	
適用図記号	S00270		
被適用図記号	－		
キーワード	接点，スイッチ	contacts, switches	
注記	－	Status level	Obsolete－for reference only
		Released on	2001-07-01
		Obsolete from	2003-08-12

第 A11 節　制御スイッチを含む多段スイッチの例

図記号番号 （識別番号）	図記号（Symbol）	
07-A11-08 (S00277)	（多段スイッチ図）	
項目	説明	IEC 60617 情報（参考）
名称	多段スイッチ（複数の接点を橋絡する場合）	Multi-position switch, wiping multiple contacts
別の名称	−	−
様式	−	−
別様式	−	−
注釈	A00061	
適用分類	回路図	Circuit diagrams
機能分類	手動操作を信号に変換（S）	S Converting a manual operation into a signal
形状分類	線	Lines
制限事項	−	−
補足事項	ワイパーは各々の切換え位置で、間の一つの端子を除いた、連続していない三つの端子を橋絡する。	A wiper bridges three non-consecutive terminals in each position, but omits one intermediate terminal in each switch position.
適用図記号	S00270	
被適用図記号	−	
キーワード	接点，スイッチ	contacts, switches
注記	−	Status level	Obsolete − for reference only
		Released on	2001-07-01
		Obsolete from	2003-08-12

第A11節 制御スイッチを含む多段スイッチの例

図記号番号 (識別番号)	図記号(Symbol)		
07-A11-09 (S00278)			

項目	説明	IEC 60617 情報(参考)	
名称	多段スイッチ(漸増に接点を橋絡する場合)	Multi-position switch, wiping cumulative contacts	
別の名称	—	—	
様式	—	—	
別様式	—	—	
注釈	A00061		
適用分類	回路図	Circuit diagrams	
機能分類	手動操作を信号に変換(S)	S Converting a manual operation into a signal	
形状分類	線	Lines	
制限事項	—	—	
補足事項	漸増並列接続に用いるスイッチ。技術的陳腐化のため廃止。	For cumulative parallel switching. Withdrawn because of technical obsolescence.	
適用図記号	S00270		
被適用図記号	—		
キーワード	接点,スイッチ	contacts, switches	
注記	—	Status level	Obsolete−for reference only
		Released on	2001-07-01
		Obsolete from	2002-03-23

第 A11 節　制御スイッチを含む多段スイッチの例

図記号番号 （識別番号）	図記号（Symbol）		
07-A11-10 (S00279)	（多段スイッチの図：位置1～6、位置3で早メーク接点、位置5で遅ブレーク接点を示す）		
項目	説明		IEC 60617 情報（参考）
名称	多段スイッチ（先行／遅延のメーク接点／ブレーク接点を示してある）		Multi-position switch, early/late break/make indicated
別の名称	多極スイッチの一つの極		One pole of a multi-pole switch
様式	―		―
別様式	―		―
注釈	A00061		
適用分類	回路図		Circuit diagrams
機能分類	手動操作を信号に変換（S）		S Converting a manual operation into a signal
形状分類	線		Lines
制限事項	―		
補足事項	ワイパーが位置2から位置3へ動くときは位置3の接点は早く投入され、位置5から位置6へ動くときは位置5の接点は遅く開放される。反対の移動時は逆となる。技術的陳腐化のため廃止。		When the wiper moves from position 2 to position 3, the contact at position 3 will get an early make. When the wiper moves from position 5 to position 6, the contact at position 5 will get a late break. When the wiper moves in the opposite direction, the function is reversed. Withdrawn because of technical obsolescence.
適用図記号	S00239, S00240, S00270		
被適用図記号	―		
キーワード	接点，スイッチ		contacts, switches
注記	―	Status level	Obsolete — for reference only
		Released on	2001-07-01
		Obsolete from	2002-03-23

第 A12 節　複合スイッチに用いるブロック図記号

図記号番号 (識別番号)	図記号（Symbol）
07-A12-01 (S00280)	

項目	説明	IEC 60617 情報（参考）	
名称	複合スイッチ（一般図記号）	Complex switch, general symbol	
別の名称	−	−	
様式	−	−	
別様式	−	−	
注釈	A00086		
適用分類	回路図，接続図，機能図，概要図	Circuit diagrams, Connection diagrams, Function diagrams, Overview diagrams	
機能分類	手動操作を信号に変換（S）	S Converting a manual operation into a signal	
形状分類	線，長方形	Lines, Rectangles	
制限事項	−	−	
補足事項	技術的陳腐化のため廃止。	Withdrawn because of technical obsolescence.	
適用図記号	−		
被適用図記号	S00281, S00282		
キーワード	複合スイッチ，スイッチ	complex switches, switches	
注記	−	Status level	Obsolete − for reference only
		Released on	2001-07-01
		Obsolete from	2002-03-23

第 A12 節　複合スイッチに用いるブロック図記号

図記号番号 （識別番号）	図記号（Symbol）		
07-A12-02 (S00281)	A B C D E F 18		
項目	説明	IEC 60617 情報（参考）	
名称	複合スイッチ（ウェーファ形）	Complex switch, wafer type	
別の名称	—	—	
様式	—	—	
別様式	—	—	
注釈	A00252		
適用分類	回路図，接続図，機能図，概要図	Circuit diagrams, Connection diagrams, Function diagrams, Overview diagrams	
機能分類	手動操作を信号に変換（S）	S Converting a manual operation into a signal	
形状分類	文字，線，長方形	Characters, Lines, Rectangles	
制限事項	—	—	
補足事項	ここでは A〜F と表示した 6 個の端子がある回転式 18 位置ウェーファ形スイッチで，構造は注釈 A00252 に図示したとおりである。表示されている文字は，図記号の一部ではない。技術的陳腐化のため廃止。	18-position rotary wafer switch with six terminals, here designated A to F, constructed as shown in the drawing of the application note A00252. The letters shown are not part of the symbol. Withdrawn because of technical obsolescence.	
適用図記号	S00280		
被適用図記号	—		
キーワード	複合スイッチ，スイッチ	complex switches, switches	
注記	—	Status level	Obsolete−for reference only
		Released on	2001-07-01
		Obsolete from	2002-03-23

第 A12 節　複合スイッチに用いるブロック図記号

図記号番号 （識別番号）	図記号（Symbol）	
07-A12-03 (S00282)	（図：A, B, C, D, E の5端子をもつ長方形内に「6」と記号）	
項目	説明	IEC 60617 情報（参考）
名称	複合スイッチ（回転式ドラム形）	Complex switch, rotary drum type
別の名称	－	－
様式	－	－
別様式	－	－
注釈	A00253	
適用分類	回路図，接続図，機能図，概要図	Circuit diagrams, Connection diagrams, Function diagrams, Overview diagrams
機能分類	手動操作を信号に変換（S）	S Converting a manual operation into a signal
形状分類	文字，線，長方形	Characters, Lines, Rectangles
制限事項	－	－
補足事項	5個の端子がある回転式6位置ドラム形スイッチで，構造は注釈 A00253 に図示したとおりである。表示されている文字は，図記号の一部ではない。技術的陳腐化のため廃止。	Six-position rotary drum switch with 5 terminals, constructed as shown in application note A00253. The letters shown are not part of the symbol. Withdrawn because of technical obsolescence.
適用図記号	S00280	
被適用図記号	－	
キーワード	複合スイッチ，スイッチ	complex switches, switches
注記	－	Status level	Obsolete－for reference only
		Released on	2001-07-01
		Obsolete from	2002-03-23

第 A13 節　電力用開閉装置

図記号番号 (識別番号)	図記号 (Symbol)		
07-A13-01 (S00283)			

項目	説明	IEC 60617 情報（参考）	
名称	スイッチ	Switch	
別の名称	—	—	
様式	—	—	
別様式	—	—	
注釈	—		
適用分類	回路図，接続図，機能図，概要図	Circuit diagrams, Connection diagrams, Function diagrams, Overview diagrams	
機能分類	制御による切替え又は変更（Q）	Q Controlled switching or varying	
形状分類	線	Lines	
制限事項	—	—	
補足事項	掲載ミス。図記号 S00227 又は S00228 を用いる。	Publication error－use symbol S00227 or S00228.	
適用図記号	—		
被適用図記号	—		
キーワード	電力用開閉装置	power switching devices	
注記	—	Status level	Obsolete－for reference only
		Released on	1996-05
		Obsolete from	2001-07-01

第 A15 節　作動装置

図記号番号 (識別番号)	図記号 (Symbol)		
07-A15-01 (S00306)			

項目	説明	IEC 60617 情報 (参考)	
名称	作動装置（一般図記号），継電器コイル（一般図記号）	Operating device, general symbol; Relay coil; general symbol	
別の名称	−	−	
様式	その他の様式	Other form	
別様式	S00305	S00305	
注釈	A00089		
適用分類	回路図，接続図，機能図，概要図	Circuit diagrams, Connection diagrams, Function diagrams, Overview diagrams	
機能分類	信号又は情報の処理 (K)	K Processing signals or information	
形状分類	長方形	Rectangles	
制限事項	−	−	
補足事項	−	−	
適用図記号	−		
被適用図記号	−		
キーワード	補助継電器，作動装置	all-or-nothing relays, operating devices	
注記	−	Status level	Obsolete−for reference only
		Released on	2001-07-01
		Obsolete from	2003-08-12

第A15節　作動装置

図記号番号 （識別番号）	図記号（Symbol）	
07-A15-02 (S00308)	（二巻線コイルの図記号）	
項目	説明	IEC 60617 情報（参考）
名称	作動装置，継電器コイル（結合表示）	Operating device; Relay coil (attached representation)
別の名称	—	—
様式	その他の様式	Other form
別様式	S00306	S00306
注釈	—	—
適用分類	回路図，接続図，機能図，概要図	Circuit diagrams, Connection diagrams, Function diagrams, Overview diagrams
機能分類	信号又は情報の処理（K）	K Processing signals or information
形状分類	線，長方形	Lines, Rectangles
制限事項	—	—
補足事項	二巻線をもつ作動装置で，結合表示したもの。	Shown with two separate windings, attached representation.
適用図記号	S00305	
被適用図記号	—	
キーワード	補助継電器，作動装置	all-or-nothing relays, operating devices
注記	—	Status level	Obsolete－for reference only
		Released on	2001-07-01
		Obsolete from	2003-08-12

第 A15 節　作動装置

図記号番号 (識別番号)	図記号（Symbol）	
07-A15-03 (S00309)		

項目	説明	IEC 60617 情報（参考）	
名称	作動装置，継電器コイル（分離表示）	Operating device; Relay coil (detached representation)	
別の名称	—	—	
様式	その他の様式	Other form	
別様式	S00310	S00310	
注釈	—		
適用分類	回路図，接続図，機能図，概要図	Circuit diagrams, Connection diagrams, Function diagrams, Overview diagrams	
機能分類	信号又は情報の処理（K）	K Processing signals or information	
形状分類	長方形	Rectangles	
制限事項	—	—	
補足事項	二巻線をもつ作動装置で，分離表示したもの。	Shown with two separate windings, detached representation.	
適用図記号	S00305		
被適用図記号	—		
キーワード	補助継電器，作動装置	all-or-nothing relays, operating devices	
注記	—	Status level	Obsolete－for reference only
		Released on	2001-07-01
		Obsolete from	2003-08-12

第 A15 節　作動装置

図記号番号 (識別番号)	図記号（Symbol）		
07-A15-04 (S00310)			

項目	説明	IEC 60617 情報（参考）	
名称	作動装置，継電器コイル（分離表示）	Operating device; Relay coil (detached representation)	
別の名称	—	—	
様式	その他の様式	Other form	
別様式	S00309	S00309	
注釈	—	—	
適用分類	回路図，接続図，機能図，概要図	Circuit diagrams, Connection diagrams, Function diagrams, Overview diagrams	
機能分類	信号又は情報の処理（K）	K Processing signals or information	
形状分類	線，長方形	Lines, Rectangles	
制限事項	—	—	
補足事項	二巻線をもつ作動装置で，分離表示したもの。	Shown with two separate windings, detached representation.	
適用図記号	S00305		
被適用図記号	—		
キーワード	補助継電器，作動装置	all-or-nothing relays, operating devices	
注記	—	Status level	Obsolete — for reference only
		Released on	2001-07-01
		Obsolete from	2003-08-12

第A15節　作動装置

図記号番号 （識別番号）	図記号（Symbol）		
07-A15-05 (S00322)			

項目	説明	IEC 60617 情報（参考）	
名称	安定形の有極形継電器	Polarized relay, stable positions	
別の名称	－	－	
様式	－	－	
別様式	－	－	
注釈	－		
適用分類	回路図，接続図，機能図，概要図	Circuit diagrams, Connection diagrams, Function diagrams, Overview diagrams	
機能分類	信号又は情報の処理（K）	K Processing signals or information	
形状分類	点，線，長方形	Dots (points), Lines, Rectangles	
制限事項	－	－	
補足事項	双安定形を示してある。	Shown with two stable positions.	
適用図記号	S00250, S00319		
被適用図記号	－		
キーワード	補助継電器，作動装置	all-or-nothing relays, operating devices	
注記	－	Status level	Obsolete－for reference only
		Released on	2001-07-01
		Obsolete from	2002-03-23

附属書B
（参考）
参考文献

JIS C 0452-1 電気及び関連分野－工業用システム，設備及び装置，並びに工業製品－構造化原理及び参照指定－第1部：基本原則
　注記　対応国際規格：**IEC 61346-1**, Industrial systems, installations and equipment and industrial products－Structuring principles and reference designations－Part 1: Basic rules（IDT）

JIS C 0456 電気及び関連分野－電気技術文書に用いる符号化図形文字集合
　注記　対応国際規格：**IEC 61286**, Information technology－Coded graphic character set for use in the preparation of documents used in electrotechnology and for information interchange（IDT）

JIS C 60050-551 電気技術用語－第551部：パワーエレクトロニクス
　注記　対応国際規格：**IEC 60050-551**, International Electrotechnical Vocabulary－Part 551: Power electronics（MOD）

JIS X 0221 国際符号化文字集合（UCS）
　注記　対応国際規格：**ISO/IEC 10646**, Information technology－Universal Multiple-Octet Coded Character Set (UCS)（IDT）

JIS Z 8222-2 製品技術文書に用いる図記号のデザイン－第2部：参照ライブラリ用図記号を含む電子化形式の図記号の仕様，及びその相互交換の要求事項
　注記　対応国際規格：**IEC 81714-2**, Design of graphical symbols for use in the technical documentation of products－Part 2: Specification for graphical symbols in a computer sensible form, including graphical symbols for a reference library, and requirements for their interchange（IDT）

JIS Z 8222-3 製品技術文書に用いる図記号のデザイン－第3部：接続ノード，ネットワーク及びそのコード化の分類
　注記　対応国際規格：**IEC 81714-3**, Design of graphical symbols for use in the technical documentation of products－Part 3: Classification of connect nodes, networks and their encoding（IDT）

IEC 60076 (all parts), Power transformers

IEC 60375, Conventions concerning electric and magnetic circuits

IEC 60445, Basic and safety principles for man-machine interface, marking and identification－Identification of equipment terminals and conductor terminations

IEC 60947-6-2, Low-voltage switchgear and controlgear－Part 6-2: Multiple function equipment－Control and protective switching devices (or equipment) (CPS)

IEC/TR 61352, Mnemonics and symbols for integrated circuits

IEC/TR 61734, Application of symbols for binary logic and analogue elements

日本工業規格　　　　　　　　　　　　　　　JIS
　　　　　　　　　　　　　　　　　　　　C 0617-8：2011

電気用図記号―
第8部：計器，ランプ及び信号装置

Graphical symbols for diagrams―
Part 8: Measuring instruments, lamps and signalling devices

序文

この規格は，2001年にデータベース形式規格として発行されメンテナンスされているIEC 60617の2008年時点での技術的内容を変更することなく作成した日本工業規格である。

なお，IEC 60617は，部編成であった規格の構成を一つのデータベース形式規格としたが，JISでは，規格の利便性も考慮し，これまでどおり部ごとの分冊構成とし，構成方法を変更している。

1　適用範囲

この規格は，電気用図記号のうち，計器，ランプ及び信号装置に関する図記号について規定する。

注記1　この規格はIEC 60617のうち，従来の図記号番号が08-01-01から08-10-13までのもので構成されている。附属書Aは参考情報である。

注記2　この規格の対応国際規格及びその対応の程度を表す記号を，次に示す。

　　　IEC 60617，Graphical symbols for diagrams（MOD）

　　　なお，対応の程度を表す記号"MOD"は，ISO/IEC Guide 21-1に基づき，"修正している"ことを示す。

2　引用規格

次に掲げる規格は，この規格に引用されることによって，この規格の規定の一部を構成する。これらの引用規格のうちで，西暦年を付記してあるものは，記載の年の版を適用し，その後の改正版（追補を含む。）は適用しない。西暦年の付記がない引用規格は，その最新版（追補を含む。）を適用する。

　JIS C 0452-2　電気及び関連分野―工業用システム，設備及び装置，並びに工業製品―構造化原理及び参照指定―第2部：オブジェクトの分類（クラス）及び分類コード

　　注記　対応国際規格：IEC 61346-2, Industrial systems, installations and equipment and industrial products ― Structuring principles and reference designations ― Part 2: Classification of objects and codes for classes（IDT）

　JIS C 0617-1　電気用図記号―第1部：概説

　　注記　対応国際規格：IEC 60617, Graphical symbols for diagrams（MOD）

　JIS C 1082-1:1999　電気技術文書―第1部：一般要求事項

　　注記　対応国際規格：IEC 61082-1, Preparation of documents used in electrotechnology ― Part 1: General requirements（MOD）

JIS Z 8222-1 製品技術文書に用いる図記号のデザイン－第1部：基本規則
　注記　対応国際規格：ISO 81714-1, Design of graphical symbols for use in the technical documentation of products－Part 1: Basic rules （IDT）

IEC 60027 (all parts), Letter symbols to be used in electrical technology (partly being replaced by ISO/IEC 80000)

3 概要

JIS C 0617の規格群は，次の部によって構成されている。
　第1部：概説
　第2部：図記号要素，限定図記号及びその他の一般用途図記号
　第3部：導体及び接続部品
　第4部：基礎受動部品
　第5部：半導体及び電子管
　第6部：電気エネルギーの発生及び変換
　第7部：開閉装置，制御装置及び保護装置
　第8部：計器，ランプ及び信号装置
　第9部：電気通信－交換機器及び周辺機器
　第10部：電気通信－伝送
　第11部：建築設備及び地図上の設備を示す設置平面図及び線図
　第12部：二値論理素子
　第13部：アナログ素子

図記号は，**JIS Z 8222-1** に規定する要件に従って作成している。基本単位寸法として M＝5 mm を用いた。小さな図記号は，見やすくするため2倍に拡大し，図記号欄に200％と付けた。

多数の端子を表示する必要，又はその他の配置要件に応じてスペースをとる必要がある場合は，**JIS Z 8222-1** の 7.［比率（proportion）の変更］に従い，図記号の寸法（高さなど）を変更してもよい。

拡大，縮小したり寸法を変更した場合も，線の太さは，拡縮せず，元のままとする。

図記号は，関連線間の間隔が基本単位の倍数になるよう描かれている。端子表示が必要な場合のスペースがとれるように基本単位 2M を選択した。図記号は同じグリッドを用い，分かりやすい大きさに描かれている。

図記号は，全てコンピュータ支援製図システムのグリッド内に描かれている（図記号の背景にグリッドを表示した。）。

JIS C 0617-8:1999 に規定されていたが，現在は削除された図記号を，旧図記号として，**附属書 A** に示している。

JIS C 0617 規格群で規定する全ての図記号の索引を，**JIS C 0617-1** に示す。

この規格に用いる項目名の説明を，**表 1** に示す。

なお，英文の項目名は **IEC 60617** に対応した名称である。

表 1-図記号の規定に用いる項目名の説明

項目名	説明
図記号番号	図記号の分類番号。xx-yy-zz の形式で示し,x,y,z は 0〜9 の整数と A とで表す。 xx：部番号 yy：節番号 zz：節番号中の図記号番号 **注記** 節番号に A が付いた図記号は,旧規格に規定されていたが,現在は削除されている(**附属書 A** 参照)。
識別番号 (Symbol identity number)	図記号の識別番号。Snnnnn の形式で示し,n は 0〜9 の整数である。この番号は **IEC 60617** の固有番号である識別番号(Symbol identity number)に対応しており,番号付けには意味はない。
名称 (Name)	当該図記号の概念を表す名称。
別の名称 (Alternative names)	当該図記号の名称に対する別の名称。ほぼ同意語で,従属的な特定の名称など。
様式 (Form)	当該図記号と同一の名称(意味)。形状の異なる図記号がある場合,様式 1,様式 2…として記載する。
別様式 (Alternative forms)	当該図記号と同一名称でほかの様式の図記号がある場合,その図記号の図記号番号。
注釈 (Application notes)	当該図記号の説明又は付加的な関連規定。注釈は通常,複数の図記号で共有されるため,注釈番号を記した別のページに記載されている。 注釈番号は Annnnn の形式で示し,n は 0〜9 の整数で表す。この番号は **IEC 60617** の注釈(Application notes)に対応しており,番号付けには意味はない。
適用分類 (Application class)	当該図記号が適用される文書の種類。**JIS C 1082-1** で定義されている。
機能分類 (Function class)	当該図記号が属する一つ又は複数の分類。**JIS C 0452-2** で定義されている。括弧内に示したものは,分類コード。
形状分類 (Shape class)	当該図記号を特徴付ける基本的な形状。
制限事項 (Symbol restrictions)	当該図記号の適用方法に関する制限事項。
補足事項 (Remarks)	当該図記号の付加的な情報。
適用図記号 (Applies)	当該図記号を構築するために用いている図記号(図記号要素,限定図記号及び一般図記号)の識別番号。
被適用図記号 (Applied in)	当該図記号を要素として用いている図記号の識別番号。
キーワード (Keywords)	検索を容易にするキーワードの一覧。

表1－図記号の規定に用いる項目名の説明（続き）

項目名	説明	
注記	この規格に関する注記を示す。 なお，IEC 60617 だけの参考情報としては，次の項目がある。	
	Status level	IEC 60617 連続メンテナンスに関する当該図記号の状態。 当該図記号が承認された場合，そのステータスレベルは"Standard"に設定される。 当該図記号が後に別の図記号で置き換えられた場合，又は技術的に旧式であると判断された場合，そのステータスレベルは参考としての"旧形式（Obsolete）"となる。 技術的に旧式になった場合，当該図記号は用いられるが，今後メンテナンスは行われない。
	Released on	IEC 60617 の一部として発行された年月日。
	Obsolete from	IEC 60617 に対して旧形式となった年月日。

4 電気用図記号及びその説明

この規格の節の構成は，次のとおりとする。英語は IEC 60617 によるもので参考として示す。

第1節　指示計器，記録計及び積算計（一般図記号）
第2節　指示計器の例
第3節　記録計の例
第4節　積算計の例
第5節　計数装置
第6節　熱電対
第7節　遠隔測定装置
　　　（削除された。）
第8節　電気時計
第9節　その他の測定素子及び計器
　　　（削除された。）
第10節　ランプ及び信号報知装置

第1節 指示計器，記録計及び積算計（一般図記号）

図記号番号 (識別番号)	図記号（Symbol）		
08-01-01 (S00910)	✱		

項目	説明	IEC 60617 情報（参考）	
名称	指示計器（一般図記号）	Indicating instrument, general symbol	
別の名称	計器	Instrument	
様式	－	－	
別様式	－	－	
注釈	A00144，A00145，A00146，A00147		
適用分類	回路図，接続図，機能図，据付図，概要図	Circuit diagrams, Connection diagrams, Function diagrams, Installation diagrams, Overview diagrams	
機能分類	情報の提示（P）	P Presenting information	
形状分類	文字，円	Characters, Circles	
制限事項	－	－	
補足事項	アスタリスクは，注釈 A00144 に従って置き換えなければならない。	The asterisk shall be replaced in accordance with the application note A00144.	
適用図記号	－		
被適用図記号	S01426, S01428, S01427, S00924, S00916, S00927, S00925, S00921, S00917, S00914, S00913, S00920, S00922, S00923, S00915, S00918, S00919, S00926, S01843		
キーワード	指示計器，計器，計測機器	indicating instruments, instruments, measuring instruments	
注記	－	Status level	Standard
		Released on	2001-07-01
		Obsolete from	－

第1節 指示計器,記録計及び積算計 (一般図記号)

図記号番号 (識別番号)	図記号 (Symbol)		
08-01-02 (S00911)	☐ ★		

項目	説明	IEC 60617 情報 (参考)	
名称	記録計 (一般図記号)	Recording instrument, general symbol	
別の名称	計器	Instrument	
様式	—	—	
別様式	—	—	
注釈	A00144,A00145,A00146,A00147		
適用分類	回路図,接続図,機能図,据付図,概要図	Circuit diagrams, Connection diagrams, Function diagrams, Installation diagrams, Overview diagrams	
機能分類	情報の提示 (P)	P Presenting information	
形状分類	文字,正方形	Characters, Squares	
制限事項	—	—	
補足事項	アスタリスクは,注釈 A00144 の規定に従って置き換えなければならない。	The asterisk shall be replaced in accordance with the rules in application note A00144.	
適用図記号	—		
被適用図記号	S00928,S00929,S00930		
キーワード	計器,計測機器,記録計	instruments, measuring instruments, recording instruments	
注記	—	Status level	Standard
		Released on	2001-07-01
		Obsolete from	—

第1節 指示計器，記録計及び積算計（一般図記号）

図記号番号 （識別番号）	図記号（Symbol）		
08-01-03 (S00912)	（長方形の中に＊）		

項目	説明	IEC 60617 情報（参考）	
名称	積算計（一般図記号）	Integrating instrument, general symbol	
別の名称	エネルギー計	Energy meter	
様式	—	—	
別様式	—	—	
注釈	A00144，A00145，A00146，A00147，A00148		
適用分類	回路図，接続図，機能図，据付図，概要図	Circuit diagrams, Connection diagrams, Function diagrams, Installation diagrams, Overview diagrams	
機能分類	情報の提示（P）	P Presenting information	
形状分類	文字，長方形	Characters, Rectangles	
制限事項	—	—	
補足事項	アスタリスクは，注釈 A00144 の規定に従って置き換えなければならない。	The asterisk shall be replaced in accordance with the rules given in application note A00144.	
適用図記号	—		
被適用図記号	S00935, S00940, S00942, S00931, S00937, S00944, S00932, S00939, S00936, S00941, S00934, S00933, S00943, S00945, S00938		
キーワード	計器，積算計，計測機器	instruments, integrating instruments, measuring instruments	
注記	—	Status level	Standard
		Released on	2001-07-01
		Obsolete from	—

第2節 指示計器の例

図記号番号 (識別番号)	図記号 (Symbol)		
08-02-01 (S00913)	(V)		
項目	説明	IEC 60617 情報 (参考)	
名称	電圧計	Voltmeter	
別の名称	−	−	
様式	−	−	
別様式	−	−	
注釈	A00145		
適用分類	回路図,接続図,機能図,概要図	Circuit diagrams, Connection diagrams, Function diagrams, Overview diagrams	
機能分類	情報の提示 (P)	P Presenting information	
形状分類	文字,円	Characters, Circles	
制限事項	−	−	
補足事項	−	−	
適用図記号	S00910		
被適用図記号	S01429,S01843		
キーワード	指示計器,計器,計測機器,電圧計	indicating instruments, instruments, measuring instruments, voltmeters	
注記	−	Status level	Standard
		Released on	2001-07-01
		Obsolete from	−

第2節 指示計器の例

図記号番号 (識別番号)	図記号(Symbol)	
08-02-02 (S00914)	$\begin{array}{c}A\\I\sin\varphi\end{array}$ (円内)	
項目	説明	IEC 60617 情報(参考)
名称	無効電流計	Reactive current ammeter
別の名称	—	—
様式	—	—
別様式	—	—
注釈	A00145	
適用分類	回路図,接続図,機能図,据付図,概要図	Circuit diagrams, Connection diagrams, Function diagrams, Installation diagrams, Overview diagrams
機能分類	情報の提示(P)	P Presenting information
形状分類	文字,円	Characters, Circles
制限事項	—	—
補足事項	—	—
適用図記号	S00910	
被適用図記号	—	
キーワード	指示計器,計器,計測機器,電流計	indicating instruments, instruments, measuring instruments, ammeters
注記	—	Status level — Standard Released on — 2001-07-01 Obsolete from — —

第2節 指示計器の例

図記号番号 (識別番号)	図記号 (Symbol)		
08-02-03 (S00915)	$\xrightarrow{} \left(\begin{array}{c} W \\ P_{max} \end{array}\right)$		
項目	説明	IEC 60617 情報(参考)	
名称	最大需要電力計	Maximum demand indicator	
別の名称	—	—	
様式	—	—	
別様式	—	—	
注釈	A00145		
適用分類	回路図，接続図，機能図，据付図，概要図	Circuit diagrams, Connection diagrams, Function diagrams, Installation diagrams, Overview diagrams	
機能分類	情報の提示(P)	P Presenting information	
形状分類	文字，円	Characters, Circles	
制限事項	—	—	
補足事項	積算計によって作動されるもの。	Actuated by an integrating meter.	
適用図記号	S00910		
被適用図記号	—		
キーワード	指示計器，表示器，計器，最大需要電力，計測機器	indicating instruments, indicators, instruments, maximum demand, measuring instruments	
注記	—	Status level	Standard
		Released on	2001-07-01
		Obsolete from	—

第2節　指示計器の例

図記号番号 (識別番号)	図記号（Symbol）		
08-02-04 (S00916)	var		
項目	説明	IEC 60617 情報（参考）	
名称	無効電力計	Varmeter	
別の名称	―	―	
様式	―	―	
別様式	―	―	
注釈	A00145		
適用分類	回路図，接続図，機能図，概要図	Circuit diagrams, Connection diagrams, Function diagrams, Overview diagrams	
機能分類	情報の提示（P）	P Presenting information	
形状分類	文字，円	Characters, Circles	
制限事項	―	―	
補足事項	―	―	
適用図記号	S00910		
被適用図記号	―		
キーワード	指示計器，計器，計測機器，無効電力計	indicating instruments, instruments, measuring instruments, varmeters	
注記	―	Status level	Standard
		Released on	2001-07-01
		Obsolete from	―

第2節　指示計器の例

図記号番号 (識別番号)	図記号 (Symbol)		
08-02-05 (S00917)	$\cos\varphi$（円内）		
項目	説明	IEC 60617 情報（参考）	
名称	力率計	Power-factor meter	
別の名称	－	－	
様式	－	－	
別様式	－	－	
注釈	A00145		
適用分類	回路図，接続図，機能図，据付図，概要図	Circuit diagrams, Connection diagrams, Function diagrams, Installation diagrams, Overview diagrams	
機能分類	情報の提示（P）	P Presenting information	
形状分類	文字，円	Characters, Circles	
制限事項	－	－	
補足事項	－	－	
適用図記号	S00910		
被適用図記号	－		
キーワード	指示計器，計器，計測機器，力率計	indicating instruments, instruments, measuring instruments, power-factor meters	
注記	－	Status level	Standard
		Released on	2001-07-01
		Obsolete from	－

第2節 指示計器の例

図記号番号 (識別番号)	図記号（Symbol）		
08-02-06 (S00918)	φ（円の中に φ、周囲に点）		
項目	説明	IEC 60617 情報（参考）	
名称	位相計	Phase meter	
別の名称	－	－	
様式	－	－	
別様式	－	－	
注釈	A00145		
適用分類	回路図，接続図，機能図，概要図	Circuit diagrams, Connection diagrams, Function diagrams, Overview diagrams	
機能分類	情報の提示（P）	P Presenting information	
形状分類	文字，円	Characters, Circles	
制限事項	－	－	
補足事項	－	－	
適用図記号	S00910		
被適用図記号	－		
キーワード	指示計器，計器，測定機器，位相計	indicating instruments, instruments, measuring instruments, phase meters	
注記	－	Status level	Standard
		Released on	2001-07-01
		Obsolete from	－

第2節　指示計器の例

図記号番号 (識別番号)	図記号 (Symbol)	
08-02-07 (S00919)	Hz （円の中に Hz、周囲に点線の円）	
項目	説明	IEC 60617 情報 （参考）
名称	周波数計	Frequency meter
別の名称	－	－
様式	－	－
別様式	－	－
注釈	A00145	
適用分類	回路図，接続図，機能図，据付図，概要図	Circuit diagrams, Connection diagrams, Function diagrams, Installation diagrams, Overview diagrams
機能分類	情報の提示（P）	P Presenting information
形状分類	文字，円	Characters, Circles
制限事項	－	－
補足事項	－	－
適用図記号	S00910	
被適用図記号	－	
キーワード	周波数計，指示計器，計器，測定機器	frequency meters, indicating instruments, instruments, measuring instruments
注記	－	Status level / Standard Released on / 2001-07-01 Obsolete from / －

第 2 節 指示計器の例

図記号番号 (識別番号)	図記号 (Symbol)		
08-02-08 (S00920)			

項目	説明	IEC 60617 情報 (参考)	
名称	同期検定器	Synchronoscope	
別の名称	―	―	
様式	―	―	
別様式	―	―	
注釈	A00144		
適用分類	回路図，接続図，機能図，概要図	Circuit diagrams, Connection diagrams, Function diagrams, Overview diagrams	
機能分類	情報の提示 (P)	P Presenting information	
形状分類	矢印，円	Arrows, Circles	
制限事項	―	―	
補足事項	―	―	
適用図記号	S00910		
被適用図記号	―		
キーワード	指示計器，計器，測定機器，同期検定器	indicating instruments, instruments, measuring instruments, Synchronoscopes	
注記	―	synchronoscopes	Standard
		Released on	2001-07-01
		Obsolete from	―

第2節　指示計器の例

図記号番号 （識別番号）	図記号（Symbol）		
08-02-09 (S00921)	\quad λ （円の中に λ、周囲に点の配列）		
項目	説明	IEC 60617 情報（参考）	
名称	波長計	Wavemeter	
別の名称	—	—	
様式	—	—	
別様式	—	—	
注釈	A00144		
適用分類	回路図，接続図，機能図，概要図	Circuit diagrams, Connection diagrams, Function diagrams, Overview diagrams	
機能分類	情報の提示（P）	P Presenting information	
形状分類	文字，円	Characters, Circles	
制限事項	—	—	
補足事項	—	—	
適用図記号	S00910		
被適用図記号	—		
キーワード	指示計器，計器，測定機器，波形計	indicating instruments, instruments, measuring instruments, wavemeters	
注記	—	Status level	Standard
		Released on	2001-07-01
		Obsolete from	—

第2節　指示計器の例

図記号番号 (識別番号)	図記号 (Symbol)		
08-02-10 (S00922)			

項目	説明	IEC 60617 情報 (参考)	
名称	オシロスコープ	Oscilloscope	
別の名称	－	－	
様式	－	－	
別様式	－	－	
注釈	A00144		
適用分類	回路図，接続図，機能図，概要図	Circuit diagrams, Connection diagrams, Function diagrams, Overview diagrams	
機能分類	情報の提示 (P)	P Presenting information	
形状分類	円，線	Circles, Lines	
制限事項	－	－	
補足事項	－	－	
適用図記号	S00910		
被適用図記号	－		
キーワード	指示計器，計器，測定機器，オシロスコープ	indicating instruments, instruments, measuring instruments, oscilloscopes	
注記	－	Status level	Standard
		Released on	2001-07-01
		Obsolete from	－

第2節 指示計器の例

図記号番号 (識別番号)	図記号 (Symbol)		
08-02-11 (S00923)	$\bigcirc$ V U_d		
項目	説明	IEC 60617 情報（参考）	
名称	差動形電圧計	Differential voltmeter	
別の名称	—	—	
様式	—	—	
別様式	—	—	
注釈	A00144, A00145, A00146		
適用分類	回路図，接続図，機能図，概要図	Circuit diagrams, Connection diagrams, Function diagrams, Overview diagrams	
機能分類	情報の提示（P）	P Presenting information	
形状分類	文字，円	Characters, Circles	
制限事項	—	—	
補足事項	—	—	
適用図記号	S00910		
被適用図記号	—		
キーワード	指示計器，計器，測定機器，電圧計	indicating instruments, instruments, measuring instruments, voltmeters	
注記	—	Status level	Standard
		Released on	2001-07-01
		Obsolete from	—

第2節 指示計器の例

図記号番号 (識別番号)	図記号 (Symbol)		
08-02-12 (S00924)	（丸の中に上向き矢印）		
項　目	説　明	**IEC 60617** 情報（参考）	
名称	検流計	Galvanometer	
別の名称	―	―	
様式	―	―	
別様式	―	―	
注釈	A00144，A00145		
適用分類	回路図，接続図，機能図，概要図	Circuit diagrams, Connection diagrams, Function diagrams, Overview diagrams	
機能分類	情報の提示（P）	P Presenting information	
形状分類	矢印，円	Arrows, Circles	
制限事項	―	―	
補足事項	―	―	
適用図記号	S00910		
被適用図記号	―		
キーワード	検流計，指示計器，計器，測定機器	galvanometers, indicating instruments, instruments, measuring instruments	
注記	―	Status level	Standard
		Released on	2001-07-01
		Obsolete from	―

第2節 指示計器の例

図記号番号 (識別番号)	図記号 (Symbol)		
08-02-13 (S00925)	NaCl		
項目	説明	IEC 60617 情報 (参考)	
名称	塩分計	Salinity meter	
別の名称	―	―	
様式	―	―	
別様式	―	―	
注釈	A00144		
適用分類	回路図，接続図，機能図，概要図	Circuit diagrams, Connection diagrams, Function diagrams, Overview diagrams	
機能分類	情報の提示 (P)	P Presenting information	
形状分類	文字，円	Characters, Circles	
制限事項	―	―	
補足事項	―	―	
適用図記号	S00910		
被適用図記号	―		
キーワード	指示計器，計器，測定機器	indicating instruments, instruments, measuring instruments	
注記	―	Status level	Standard
		Released on	2001-07-01
		Obsolete from	―

第2節　指示計器の例

図記号番号 (識別番号)	図記号 (Symbol)		
08-02-14 (S00926)	(円の中に Θ 記号)		

項目	説明	IEC 60617 情報 (参考)	
名称	温度計, 高温計	Thermometer, Pyrometer	
別の名称	－	－	
様式	－	－	
別様式	－	－	
注釈	A00144, A00145		
適用分類	回路図, 接続図, 機能図, 概要図	Circuit diagrams, Connection diagrams, Function diagrams, Overview diagrams	
機能分類	情報の提示 (P)	P Presenting information	
形状分類	文字, 円	Characters, Circles	
制限事項	－	－	
補足事項	－	－	
適用図記号	S00910		
被適用図記号	－		
キーワード	指示計器, 計器, 測定機器, 高温計, 温度計	indicating instruments, instruments, measuring instruments, pyrometers, thermometers	
注記	－	Status level	Standard
		Released on	2001-07-01
		Obsolete from	－

第2節 指示計器の例

図記号番号 (識別番号)	図記号（Symbol）		
08-02-15 (S00927)	n		
項目	説明	IEC 60617 情報（参考）	
名称	回転計	Tachometer	
別の名称	タコメータ	—	
様式	—	—	
別様式	—	—	
注釈	A00144		
適用分類	回路図，接続図，機能図，概要図	Circuit diagrams, Connection diagrams, Function diagrams, Overview diagrams	
機能分類	情報の提示（P）	P Presenting information	
形状分類	文字，円	Characters, Circles	
制限事項	—	—	
補足事項	—	—	
適用図記号	S00910		
被適用図記号	—		
キーワード	指示計器，計器，測定機器，回転計	indicating instruments, instruments, measuring instruments, tachometers	
注記	—	Status level	Standard
		Released on	2001-07-01
		Obsolete from	—

第3節　記録計の例

図記号番号 （識別番号）	図記号 (Symbol)		
08-03-01 (S00928)	W		
項目	説明	IEC 60617 情報（参考）	
名称	記録電力計	Recording wattmeter	
別の名称	－	－	
様式	－	－	
別様式	－	－	
注釈	A00144，A00145		
適用分類	回路図，接続図，機能図，概要図	Circuit diagrams, Connection diagrams, Function diagrams, Overview diagrams	
機能分類	情報の提示（P）	P Presenting information	
形状分類	文字，正方形	Characters, Squares	
制限事項	－	－	
補足事項	－	－	
適用図記号	S00911		
被適用図記号	－		
キーワード	計器，測定機器，記録計，電力計	instruments, measuring instruments, recording instruments, wattmeters	
注記	－	Status level	Standard
		Released on	2001-07-01
		Obsolete from	－

第3節 記録計の例

図記号番号 (識別番号)	図記号 (Symbol)		
08-03-02 (S00929)	W | var		
項目	説明	IEC 60617 情報（参考）	
名称	記録電力計（記録無効電力計付）	Combined recording wattmeter and varmeter	
別の名称	—	—	
様式	—	—	
別様式	—	—	
注釈	A00144，A00145，A00147		
適用分類	回路図，接続図，機能図，概要図	Circuit diagrams, Connection diagrams, Function diagrams, Overview diagrams	
機能分類	情報の提示（P）	P Presenting information	
形状分類	文字，正方形	Characters, Squares	
制限事項	—	—	
補足事項	—	—	
適用図記号	S00911		
被適用図記号	—		
キーワード	計器，測定機器，記録計，無効電力計，電力計	instruments, measuring instruments, recording instruments, varmeters, wattmeters	
注記	—	Status level	Standard
		Released on	2001-07-01
		Obsolete from	—

第3節　記録計の例

図記号番号 (識別番号)	図記号 (Symbol)		
08-03-03 (S00930)	(記録計のシンボル図)		
項目	説明	IEC 60617 情報（参考）	
名称	オシログラフ	Oscillograph	
別の名称	―	―	
様式	―	―	
別様式	―	―	
注釈	A00144		
適用分類	回路図，接続図，機能図，概要図	Circuit diagrams, Connection diagrams, Function diagrams, Overview diagrams	
機能分類	情報の提示（P）	P Presenting information	
形状分類	線，正方形	Lines, Squares	
制限事項	―	―	
補足事項	―	―	
適用図記号	S00911		
被適用図記号	―		
キーワード	計器，測定機器，オシログラフ，記録計	instruments, measuring instruments, oscillographs, recording instruments	
注記	―	Status level	Standard
		Released on	2001-07-01
		Obsolete from	―

第4節 積算計の例

図記号番号 (識別番号)	図記号 (Symbol)		
08-04-01 (S00931)	h		
項目	説明	IEC 60617 情報 (参考)	
名称	時間計，時間計数器	Hour meter; Hour counter	
別の名称	—	—	
様式	—	—	
別様式	—	—	
注釈	A00144		
適用分類	回路図，接続図，機能図，概要図	Circuit diagrams, Connection diagrams, Function diagrams, Overview diagrams	
機能分類	情報の提示 (P)	P Presenting information	
形状分類	文字，長方形，正方形	Characters, Rectangles, Squares	
制限事項	—	—	
補足事項	—	—	
適用図記号	S00912		
被適用図記号	—		
キーワード	時間計，計器，積算計，測定機器	hour meters, instruments, integrating instruments, measuring instruments	
注記	—	Status level	Standard
		Released on	2001-07-01
		Obsolete from	—

第4節 積算計の例

図記号番号 (識別番号)	図記号 (Symbol)		
08-04-02 (S00932)	Ah		
項目	説明	IEC 60617 情報 (参考)	
名称	積算電流計	Ampere-hour meter	
別の名称	—	—	
様式	—	—	
別様式	—	—	
注釈	A00144, A00145		
適用分類	回路図, 接続図, 機能図, 概要図	Circuit diagrams, Connection diagrams, Function diagrams, Overview diagrams	
機能分類	情報の提示 (P)	P Presenting information	
形状分類	文字, 長方形, 正方形	Characters, Rectangles, Squares	
制限事項	—	—	
補足事項	—	—	
適用図記号	S00912		
被適用図記号	—		
キーワード	積算電流計, 計器, 積算計, 測定機器	ampere-hour meters, instruments, integrating instruments, measuring instruments	
注記	—	Status level	Standard
		Released on	2001-07-01
		Obsolete from	—

第4節 積算計の例

図記号番号 (識別番号)	図記号 (Symbol)		
08-04-03 (S00933)	Wh		
項目	説明		IEC 60617 情報 (参考)
名称	電力量計		Watt-hour meter
別の名称	—		—
様式	—		—
別様式	—		—
注釈	A00144,　A00145,　A00148		
適用分類	回路図，接続図，機能図，概要図		Circuit diagrams,　Connection diagrams, Function diagrams,　Overview diagrams
機能分類	情報の提示 (P)		P Presenting information
形状分類	文字，長方形，正方形		Characters,　Rectangles,　Squares
制限事項	—		—
補足事項	—		—
適用図記号	S00912		
被適用図記号	—		
キーワード	計器，積算計，測定機器，電力量計		instruments,　integrating instruments, measuring instruments,　watt-hour meters
注記	—	Status level	Standard
		Released on	2001-07-01
		Obsolete from	—

第4節 積算計の例

図記号番号 (識別番号)	図記号(Symbol)		
08-04-04 (S00934)	→ Wh		
項目	説明	IEC 60617 情報(参考)	
名称	電力量計(一方向にだけ流れるエネルギーを測定)	Watt-hour meter, measuring energy transmitted in one direction only	
別の名称	−	−	
様式	−	−	
別様式	−	−	
注釈	A00144, A00145, A00148		
適用分類	回路図,接続図,機能図,概要図	Circuit diagrams, Connection diagrams, Function diagrams, Overview diagrams	
機能分類	情報の提示(P)	P Presenting information	
形状分類	矢印,文字,長方形,正方形	Arrows, Characters, Rectangles, Squares	
制限事項	−	−	
補足事項	一方向にだけ流れるエネルギーを測定するもの。	measuring energy transmitted in one direction only.	
適用図記号	S00099, S00912		
被適用図記号	−		
キーワード	計器,積算計,測定機器,電力量計	instruments, integrating instruments, measuring instruments, watt-hour meters	
注記	−	Status level	Standard
		Released on	2001-07-01
		Obsolete from	−

第4節 積算計の例

図記号番号 (識別番号)	図記号 (Symbol)	
08-04-05 (S00935)	→ Wh	
項目	説明	IEC 60617 情報（参考）
名称	電力量計（母線から流出するエネルギーを測定）	Watt-hour meter, counting the energy flow from the bus bars
別の名称	—	—
様式	—	—
別様式	—	—
注釈	A00144，A00145，A00148	
適用分類	回路図，接続図，機能図，概要図	Circuit diagrams, Connection diagrams, Function diagrams, Overview diagrams
機能分類	情報の提示（P）	P Presenting information
形状分類	矢印，文字，長方形，正方形	Arrows, Characters, Rectangles, Squares
制限事項	—	—
補足事項	母線から流出するエネルギーを測定するもの。	Counting the energy flow from the bus bars.
適用図記号	S00104，S00912	
被適用図記号	—	
キーワード	計器，積算計，測定機器，電力量計	instruments, integrating instruments, measuring instruments, watt-hour meters
注記	—	Status level — Standard Released on — 2001-07-01 Obsolete from — —

第4節 積算計の例

図記号番号 (識別番号)	図記号（Symbol）	
08-04-06 (S00936)	（Wh 記号図）	

項目	説明	IEC 60617 情報（参考）
名称	電力量計（母線へ流入するエネルギーを測定）	Watt-hour meter, counting the energy flow towards the bus bars
別の名称	－	－
様式	－	－
別様式	－	－
注釈	A00144，A00145，A00148	
適用分類	回路図，接続図，機能図，概要図	Circuit diagrams, Connection diagrams, Function diagrams, Overview diagrams
機能分類	情報の提示（P）	P Presenting information
形状分類	矢印，文字，長方形，正方形	Arrows, Characters, Rectangles, Squares
制限事項	－	－
補足事項	母線へ流入するエネルギーを測定するもの。	Counting the energy flow towards the bus bars.
適用図記号	S00105，S00912	
被適用図記号	－	
キーワード	計器，積算計，測定機器，電力量計	instruments, integrating instruments, measuring instruments, watt-hour meters
注記	－	Status level | Standard Released on | 2001-07-01 Obsolete from | －

第4節 積算計の例

図記号番号 (識別番号)	図記号 (Symbol)		
08-04-07 (S00937)	(記号図: 双方向矢印とWh)		
項目	説明	IEC 60617 情報 (参考)	
名称	電力量計(双方向電力量計)	Watt-hour meter, counting in both energy flow directions	
別の名称	−	−	
様式	−	−	
別様式	−	−	
注釈	A00144, A00145, A00148		
適用分類	回路図, 接続図, 機能図, 概要図	Circuit diagrams, Connection diagrams, Function diagrams, Overview diagrams	
機能分類	情報の提示 (P)	P Presenting information	
形状分類	矢印, 文字, 長方形, 正方形	Arrows, Characters, Rectangles, Squares	
制限事項	−	−	
補足事項	母線へ流入又は母線から流出。	Towards or from bus bars.	
適用図記号	S00106, S00912		
被適用図記号	−		
キーワード	計器, 積算計, 測定機器, 電力量計	instruments, integrating instruments, measuring instruments, watt-hour meters	
注記	−	Status level	Standard
		Released on	2001-07-01
		Obsolete from	−

第4節　積算計の例

図記号番号 （識別番号）	図記号（Symbol）		
08-04-08 (S00938)	Wh		

項目	説明	IEC 60617 情報（参考）	
名称	多種料率電力量計	Multi-rate watt-hour meter	
別の名称	—	—	
様式	—	—	
別様式	—	—	
注釈	A00144, A00145, A00148		
適用分類	回路図，接続図，機能図，概要図	Circuit diagrams, Connection diagrams, Function diagrams, Overview diagrams	
機能分類	情報の提示（P）	P Presenting information	
形状分類	文字，長方形，正方形	Characters, Rectangles, Squares	
制限事項	—	—	
補足事項	2種類の料率における計量値を表示するもの。	Two-rate shown.	
適用図記号	S00912		
被適用図記号	—		
キーワード	計器，積算計，測定機器，電力量計	instruments, integrating instruments, measuring instruments, watt-hour meters	
注記	—	Status level	Standard
		Released on	2001-07-01
		Obsolete from	—

第4節 積算計の例

図記号番号 (識別番号)	図記号 (Symbol)		
08-04-09 (S00939)	Wh $P>$		
項目	説明	IEC 60617 情報 (参考)	
名称	過電力量計	Excess watt-hour meter	
別の名称	—	—	
様式	—	—	
別様式	—	—	
注釈	A00144,　A00145,　A00148		
適用分類	回路図，機能図，据付図，概要図	Circuit diagrams, Function diagrams, Installation diagrams, Overview diagrams	
機能分類	情報の提示（P）	P Presenting information	
形状分類	文字，長方形，正方形	Characters, Rectangles, Squares	
制限事項	—	—	
補足事項	—	—	
適用図記号	S00912		
被適用図記号	—		
キーワード	計器，積算計，測定機器，電力量計	instruments, integrating instruments, measuring instruments, watt-hour meters	
注記	—	Status level	Standard
		Released on	2001-07-01
		Obsolete from	—

第4節　積算計の例

図記号番号 (識別番号)	図記号（Symbol）		
08-04-10 (S00940)	（電力量計Wh記号図）		
項目	説明	IEC 60617 情報（参考）	
名称	電力量計（変換器付き）	Watt-hour meter with transmitter	
別の名称	－	－	
様式	－	－	
別様式	－	－	
注釈	A00144，A00145，A00148		
適用分類	回路図，接続図，機能図，概要図	Circuit diagrams, Connection diagrams, Function diagrams, Overview diagrams	
機能分類	情報の提示（P）	P Presenting information	
形状分類	文字，長方形，正方形	Characters, Rectangles, Squares	
制限事項	－	－	
補足事項	－	－	
適用図記号	S00099，S00912		
被適用図記号	－		
キーワード	計器，積算計，測定機器，電力量計	instruments, integrating instruments, measuring instruments, watt-hour meters	
注記	－	Status level	Standard
		Released on	2001-07-01
		Obsolete from	－

第4節 積算計の例

図記号番号 (識別番号)	図記号（Symbol）		
08-04-11 (S00941)	（Wh の記号図）		

項目	説明	IEC 60617 情報（参考）	
名称	従属電力量計（表示器）	Slave watt-hour meter (repeater)	
別の名称	－	－	
様式	－	－	
別様式	－	－	
注釈	A00144，A00145，A00148		
適用分類	回路図，接続図，機能図，概要図	Circuit diagrams, Connection diagrams, Function diagrams, Overview diagrams	
機能分類	情報の提示（P）	P Presenting information	
形状分類	文字，長方形，正方形	Characters, Rectangles, Squares	
制限事項	－	－	
補足事項	－	－	
適用図記号	S00099，S00912		
被適用図記号	－		
キーワード	計器，積算計，測定機器，電力量計	instruments, integrating instruments, measuring instruments, watt-hour meters	
注記	－	Status level	Standard
		Released on	2001-07-01
		Obsolete from	－

第4節　積算計の例

図記号番号 (識別番号)	図記号（Symbol）	
08-04-12 (S00942)		

項目	説明	IEC 60617 情報（参考）
名称	従属電力量計（印字装置付，表示器）	Slave watt-hour meter (repeater) with printing device
別の名称	−	−
様式	−	−
別様式	−	−
注釈	A00144，A00146	
適用分類	回路図，接続図	Circuit diagrams, Connection diagrams
機能分類	情報の提示（P）	P Presenting information
形状分類	文字，線，長方形，正方形	Characters, Lines, Rectangles, Squares
制限事項	−	−
補足事項	−	
適用図記号	S00099，S00138，S00912	
被適用図記号	−	
キーワード	計器，積算計，測定機器，印字，電力量計	instruments, integrating instruments, measuring instruments, printing, watt-hour meters
注記	−	Status level / Standard Released on / 2001-07-01 Obsolete from / −

第4節　積算計の例

図記号番号 (識別番号)	図記号（Symbol）		
08-04-13 (S00943)	$\begin{array}{c} \text{Wh} \\ P_{\text{max}} \end{array}$		
項目	説明	IEC 60617 情報（参考）	
名称	電力量計（最大需要電力計付）	Watt-hour meter with maximum demand indicator	
別の名称	−	−	
様式	−	−	
別様式	−	−	
注釈	A00144，A00145，A00146		
適用分類	回路図，接続図	Circuit diagrams, Connection diagrams	
機能分類	情報の提示（P）	P Presenting information	
形状分類	文字，長方形，正方形	Characters, Rectangles, Squares	
制限事項	−	−	
補足事項	−	−	
適用図記号	S00912		
被適用図記号	−		
キーワード	表示器，計器，積算計，測定機器，電力量計	indicators, instruments, integrating instruments, measuring instruments, watt-hour meters	
注記	−	Status level	Standard
		Released on	2001-07-01
		Obsolete from	−

第4節　積算計の例

図記号番号 (識別番号)	図記号（Symbol）		
08-04-14 (S00944)	$$\boxed{\begin{array}{c} Wh \\ \hline P_{max} \end{array}}$$		
項目	説明	IEC 60617 情報（参考）	
名称	電力量計（最大需要電力記録計付）	Watt-hour meter with maximum demand recorder	
別の名称	─	─	
様式	─		
別様式	─	─	
注釈	A00145, A00146, A00147, A00148		
適用分類	回路図，接続図，機能図，概要図	Circuit diagrams, Connection diagrams, Function diagrams, Overview diagrams	
機能分類	情報の提示（P）	P Presenting information	
形状分類	文字，長方形，正方形	Characters, Rectangles, Squares	
制限事項	─	─	
補足事項	─	─	
適用図記号	S00912		
被適用図記号	─		
キーワード	計器，積算計，測定機器，記録計，電力量計	instruments, integrating instruments, measuring instruments, recording instruments, watt-hour meters	
注記	─	Status level	Standard
		Released on	2001-07-01
		Obsolete from	─

第4節 積算計の例

図記号番号 (識別番号)	図記号 (Symbol)	
08-04-15 (S00945)	varh	
項目	説明	IEC 60617 情報 (参考)
名称	無効電力量計	Var-hour meter
別の名称	―	―
様式	―	―
別様式	―	―
注釈	A00144, A00145, A00148	
適用分類	回路図, 接続図, 機能図, 概要図	Circuit diagrams, Connection diagrams, Function diagrams, Overview diagrams
機能分類	情報の提示 (P)	P Presenting information
形状分類	文字, 長方形, 正方形	Characters, Rectangles, Squares
制限事項	―	―
補足事項	―	―
適用図記号	S00912	
被適用図記号	―	
キーワード	計器, 積算計, 測定機器, 無効電力量計	instruments, integrating instruments, measuring instruments, var-hour meters
注記	―	Status level	Standard
		Released on	2001-07-01
		Obsolete from	―

第5節 計数装置

図記号番号 (識別番号)	図記号 (Symbol)		
08-05-01 (S00946)	▭───		
項目	説明	IEC 60617 情報（参考）	
名称	事象数計数機能	Counting function of a number of events	
別の名称	−	−	
様式	−	−	
別様式	−	−	
注釈	−		
適用分類	限定図記号	Qualifiers only	
機能分類	機能属性だけ（−）	− Functional attribute only	
形状分類	正方形	Squares	
制限事項	−	−	
補足事項	−	−	
適用図記号	−		
被適用図記号	S00196，S00949，S00948，S00947，S00951，S00950		
キーワード	カウンタ，測定機器	counters, measuring instruments	
注記	−	Status level	Standard
		Released on	2001-07-01
		Obsolete from	−

第5節 計数装置

図記号番号 (識別番号)	図記号 (Symbol)	
08-05-02 (S00947)		

項目	説明	IEC 60617 情報 (参考)	
名称	パルス計数装置	Pulse counting device	
別の名称	電気作動型計数装置	Electrically operated counting device	
様式	—	—	
別様式	—	—	
注釈	—	—	
適用分類	回路図, 接続図	Circuit diagrams, Connection diagrams	
機能分類	情報の提示 (P)	P Presenting information	
形状分類	長方形, 正方形	Rectangles, Squares	
制限事項	—	—	
補足事項	—	—	
適用図記号	S00946		
被適用図記号	S00949, S00948, S00950		
キーワード	カウンタ, 測定機器, パルスカウンタ	counters, measuring instruments, pulse counters	
注記	—	Status level	Standard
		Released on	2001-07-01
		Obsolete from	—

第5節 計数装置

図記号番号 (識別番号)	図記号 (Symbol)		
08-05-03 (S00948)	(パルス計数装置の図記号：n の表示付き)		
項目	説明	IEC 60617 情報（参考）	
名称	パルス計数装置 （手動で n にプリセット可能）	Pulse counting device, manually pre-set to n	
別の名称	手動でプリセットすることができるパルスカウンタ	Manually presettable pulse counter	
様式	—	—	
別様式	—	—	
注釈	—		
適用分類	回路図，接続図	Circuit diagrams, Connection diagrams	
機能分類	情報の提示 (P)	P Presenting information	
形状分類	線，長方形，正方形	Lines, Rectangles, Squares	
制限事項	—		
補足事項	n にプリセットすることを示す。 （$n=0$ であれば，リセットする。）	Shown with pre-set to n (reset if $n=0$)	
適用図記号	S00093, S00167, S00946, S00947		
被適用図記号	—		
キーワード	カウンタ，測定機器，パルスカウンタ	counters, measuring instruments, pulse counters	
注記	—	Status level	Standard
		Released on	2001-07-01
		Obsolete from	—

第5節 計数装置

図記号番号 (識別番号)	図記号 (Symbol)		
08-05-04 (S00949)			

項目	説明	IEC 60617 情報 (参考)	
名称	パルス計数装置 (電気的に0にリセット可能)	Pulse counting device, electrically reset to 0	
別の名称	−	−	
様式	−	−	
別様式	−	−	
注釈	−		
適用分類	回路図, 接続図	Circuit diagrams, Connection diagrams	
機能分類	情報の提示 (P)	P Presenting information	
形状分類	長方形, 正方形	Rectangles, Squares	
制限事項	−	−	
補足事項	−	−	
適用図記号	S00093, S00946, S00947		
被適用図記号	−		
キーワード	カウンタ, 測定機器, パルスカウンタ	counters, measuring instruments, pulse counters	
注記	−	Status level	Standard
		Released on	2001-07-01
		Obsolete from	−

第5節 計数装置

図記号番号 (識別番号)	図記号 (Symbol)		
08-05-05 (S00950)	10^3　10^2　10^1　10^0		
項目	説明	IEC 60617 情報 (参考)	
名称	パルス計数装置（複合接点付）	Pulse counting device with multiple contacts	
別の名称	—	—	
様式	—	—	
別様式	—	—	
注釈	—	—	
適用分類	回路図，接続図	Circuit diagrams, Connection diagrams	
機能分類	情報の提示（P）	P Presenting information	
形状分類	線，長方形，正方形	Lines, Rectangles, Squares	
制限事項	—	—	
補足事項	接点 "10^0"，"10^1"，"10^2" 及び "10^3" のそれぞれは，計数装置が事象数を 1, 10, 100 及び 1 000 記録するたびごとに 1 回閉じる。	Respective contacts close once at every unit(10 exp0), ten (10 exp1), hundred (10 exp2), thousand (10 exp3)events registered by the counter.	
適用図記号	S00227, S00946, S00947		
被適用図記号	—		
キーワード	カウンタ，測定機器，パルスカウンタ	counters, measuring instruments, pulse counters	
注記	—	Status level	Standard
		Released on	2001-07-01
		Obsolete from	—

第5節 計数装置

図記号番号 (識別番号)	図記号 (Symbol)		
08-05-06 (S00951)			

項目	説明	IEC 60617 情報 (参考)	
名称	計数装置(カム作動形)	Counting device, cam driven	
別の名称	─	─	
様式	─	─	
別様式	─	─	
注釈	─		
適用分類	回路図,接続図	Circuit diagrams, Connection diagrams	
機能分類	情報の提示 (P)	P Presenting information	
形状分類	円弧,線,長方形,正方形	Circle segments, Lines, Rectangles, Squares	
制限事項	─	─	
補足事項	事象数が n ごとに接点を閉じる。	Closing a contact for each n events.	
適用図記号	S00182,S00227,S00946		
被適用図記号	─		
キーワード	カウンタ,測定機器	counters, measuring instruments	
注記	─	Status level	Standard
		Released on	2001-07-01
		Obsolete from	─

第6節 熱電対

図記号番号 (識別番号)	図記号 (Symbol)		
08-06-01 (S00952)			

項目	説明	IEC 60617 情報 (参考)	
名称	熱電対	Thermocouple	
別の名称	―	―	
様式	―	―	
別様式	S00953	S00953	
注釈	―		
適用分類	回路図, 接続図	Circuit diagrams, Connection diagrams	
機能分類	変量を信号に変換 (B)	B Converting variable to signal	
形状分類	線	Lines	
制限事項	―	―	
補足事項	極性図記号を添えて示してある。	Shown with polarity symbols.	
適用図記号	S00016, S00077, S00078		
被適用図記号	S00955, S00954, S00957, S00903, S00904, S00956, S00905		
キーワード	温度センサ, 熱電対	temperature sensor, thermocouples	
注記	―	Status level	Standard
		Released on	2001-07-01
		Obsolete from	―

第6節　熱電対

図記号番号 (識別番号)	図記号（Symbol）	
08-06-03 (S00954)	（図記号：直熱形熱電対）	
項目	説明	IEC 60617 情報（参考）
名称	直熱形熱電対	Thermocouple with non-insulated heating element
別の名称	－	－
様式	－	－
別様式	S00955	S00955
注釈	－	
適用分類	回路図，機能図	Circuit diagrams, Function diagrams
機能分類	変量を信号に変換（B）	B Converting variable to signal
形状分類	半円，線	Half-circles, Lines
制限事項	－	－
補足事項	図記号 05-07-06（S00698）の代わりに 05-A7-02（S00699）を用いて，加熱エレメントを表示してもよい。	Symbol S00699 may be used to represent the heating element instead of symbol S00698.
適用図記号	S00698，S00952	
被適用図記号	－	
キーワード	熱電対	thermocouples
注記	－	Status level / Standard
		Released on / 2001-07-01
		Obsolete from / －

第6節 熱電対

図記号番号 (識別番号)	図記号 (Symbol)		
08-06-05 (S00956)			

項目	説明	IEC 60617 情報 (参考)	
名称	傍熱形熱電対	Thermocouple with insulated heating element	
別の名称	−	−	
様式	−	−	
別様式	S00957	S00957	
注釈	−		
適用分類	回路図, 機能図	Circuit diagrams, Function diagrams	
機能分類	変量を信号に変換 (B)	B Converting variable to signal	
形状分類	半円, 線	Half-circles, Lines	
制限事項	−		
補足事項	図記号 05-07-06 (S00698)の代わりに 05-A7-02 (S00699)を用いて, 加熱エレメントを表示してもよい。	Symbol S00699 may be used to represent the heating element instead of symbol S00698.	
適用図記号	S00698, S00952		
被適用図記号	−		
キーワード	熱電対	thermocouples	
注記	−	Status level	Standard
		Released on	2001-07-01
		Obsolete from	−

第8節 電気時計

図記号番号 (識別番号)	図記号 (Symbol)		
08-08-01 (S00959)			

項目	説明	IEC 60617 情報 (参考)	
名称	時計(一般図記号)	Clock, general symbol	
別の名称	子時計	secondary clock	
様式	―	―	
別様式	―	―	
注釈	―		
適用分類	回路図,機能図	Circuit diagrams, Function diagrams	
機能分類	情報の提示(P)	P Presenting information	
形状分類	円	Circles	
制限事項	―	―	
補足事項	―	―	
適用図記号	―		
被適用図記号	S00193, S01237, S00479, S00961, S00495, S00960		
キーワード	時計	clocks	
注記	―	Status level	Standard
		Released on	2001-07-01
		Obsolete from	―

第8節　電気時計

図記号番号 （識別番号）	図記号（Symbol）		
08-08-02 (S00960)	（時計の図記号）		
項目	説明	IEC 60617 情報（参考）	
名称	親時計	Master clock	
別の名称	－	－	
様式	－	－	
別様式	－	－	
注釈	－		
適用分類	回路図，接続図，機能図，据付図，概要図	Circuit diagrams, Connection diagrams, Function diagrams, Installation diagrams, Overview diagrams	
機能分類	情報の提示（P）	P Presenting information	
形状分類	円，線	Circles, Lines	
制限事項	－	－	
補足事項	－	－	
適用図記号	S00959		
被適用図記号	－		
キーワード	時計	clocks	
注記	－	Status level	Standard
		Released on	2001-07-01
		Obsolete from	－

第8節 電気時計

図記号番号 (識別番号)	図記号 (Symbol)		
08-08-03 (S00961)			

項目	説明	IEC 60617 情報（参考）	
名称	時計（接点付）	Clock with contact	
別の名称	—	—	
様式	—	—	
別様式	—	—	
注釈	—		
適用分類	回路図，接続図，機能図，据付図，概要図	Circuit diagrams, Connection diagrams, Function diagrams, Installation diagrams, Overview diagrams	
機能分類	情報の提示（P）	P Presenting information	
形状分類	円，線	Circles, Lines	
制限事項	—	—	
補足事項	—	—	
適用図記号	S00227, S00959		
被適用図記号	—		
キーワード	時計	clocks	
注記	—	Status level	Standard
		Released on	2001-07-01
		Obsolete from	—

第10節　ランプ及び信号報知装置

図記号番号 （識別番号）	図記号（Symbol）		
08-10-01 (S00965)			

項目	説明	IEC 60617 情報（参考）	
名称	ランプ（一般図記号）	Lamp, general symbol	
別の名称	信号ランプ（一般図記号）	signal lamp, general symbol	
様式	―	―	
別様式	―	―	
注釈	A00174		
適用分類	回路図，接続図，機能図，据付図	Circuit diagrams, Connection diagrams, Function diagrams, Installation diagrams	
機能分類	放射又は熱エネルギーの供給（E），情報の提示（P）	E Providing radiant or thermal energy, P Presenting information	
形状分類	円	Circles	
制限事項	―	―	
補足事項	―	―	
適用図記号	―		
被適用図記号	S00975，S00487，S00476，S00966，S00467，S01861		
キーワード	建物設備，ランプ，照明器具，信号ランプ，信号報知装置	installations in buildings, lamps, lighting outlets and fittings, signal lamps, signalling devices	
注記	―	Status level	Standard
		Released on	2001-07-01
		Obsolete from	―

第10節 ランプ及び信号報知装置

図記号番号 （識別番号）	図記号（Symbol）		
08-10-02 (S00966)	200 %　（信号ランプ せん光形 図記号）		
項目	説明	IEC 60617 情報（参考）	
名称	信号ランプ（せん光形）	Signal lamp, flashing type	
別の名称	－	－	
様式	－	－	
別様式	－	－	
注釈	A00174		
適用分類	回路図，接続図，機能図	Circuit diagrams, Connection diagrams, Function diagrams	
機能分類	情報の提示（P）	P Presenting information	
形状分類	円	Circles	
制限事項	－	－	
補足事項	－	－	
適用図記号	S00132, S00965		
被適用図記号	－		
キーワード	信号ランプ，信号報知装置	signal lamps, signalling devices	
注記	－	Status level	Standard
		Released on	2001-07-01
		Obsolete from	－

第10節 ランプ及び信号報知装置

図記号番号 (識別番号)	図記号 (Symbol)		
08-10-03 (S00967)			

項目	説明	IEC 60617 情報（参考）	
名称	電気機械式表示器，アナンシエータ素子	Indicator, electromechanical; annunciator element	
別の名称	－	－	
様式	－	－	
別様式	－	－	
注釈	－		
適用分類	回路図，接続図，機能図	Circuit diagrams, Connection diagrams, Function diagrams	
機能分類	情報の提示（P）	P Presenting information	
形状分類	円，線	Circles, Lines	
制限事項	－	－	
補足事項	－	－	
適用図記号	－		
被適用図記号	－		
キーワード	信号報知装置	signalling devices	
注記	－	Status level	Standard
		Released on	2001-07-01
		Obsolete from	－

第10節 ランプ及び信号報知装置

図記号番号 (識別番号)	図記号 (Symbol)	
08-10-04 (S00968)		

項目	説明	IEC 60617 情報 (参考)	
名称	電気機械式位置表示器	Electromechanical position indicator	
別の名称	−	−	
様式	−	−	
別様式	−	−	
注釈	−		
適用分類	回路図,接続図,機能図	Circuit diagrams, Connection diagrams, Function diagrams	
機能分類	情報の提示 (P)	P Presenting information	
形状分類	円	Circles	
制限事項	−	−	
補足事項	一つの停止位置と二つの動作位置とを表示する。	Shown with one deenergized and two operated positions.	
適用図記号	−		
被適用図記号	−		
キーワード	位置表示器,信号報知装置	position indicators, signalling devices	
注記	−	Status level	Standard
		Released on	2001-07-01
		Obsolete from	−

第10節 ランプ及び信号報知装置

図記号番号 (識別番号)	図記号（Symbol）		
08-10-06 (S01417)			
項目	説明	IEC 60617 情報（参考）	
名称	音響信号装置（一般図記号）	Acoustic signalling device, general symbol	
別の名称	ホーン，ベル，片打ベル，笛	Horn; Bell; Single-stroke bell; Whistle	
様式	—	—	
別様式	—	—	
注釈	—		
適用分類	回路図，接続図，機能図，据付図，概要図	Circuit diagrams, Connection diagrams, Function diagrams, Installation diagrams, Overview diagrams	
機能分類	情報の提示（P）	P Presenting information	
形状分類	半円，線	Half-circles, Lines	
制限事項	—	—	
補足事項	—	—	
適用図記号	—		
被適用図記号	—		
キーワード	ベル，ホーン，表示器，信号報知装置，笛	bells, horns, indicators, signalling devices, whistles	
注記	08-10-05 (S00969), 08-10-06 (S00970), 08-10-08 (S00971) 及び 08-10-12 (S00974)を，新たに 08-10-06 (S01417) として，一つにまとめた表記に変更。	Status level	Standard
		Released on	2003-01-24
		Obsolete from	—

第10節　ランプ及び信号報知装置

図記号番号 （識別番号）	図記号（Symbol）		
08-10-09 (S00972)			

項目	説明	IEC 60617 情報（参考）	
名称	サイレン	Siren	
別の名称	—	—	
様式	—	—	
別様式	—	—	
注釈	—		
適用分類	回路図，接続図，機能図	Circuit diagrams, Connection diagrams, Function diagrams	
機能分類	情報の提示（P）	P Presenting information	
形状分類	直角三角形	Right-angled triangle	
制限事項	—	—	
補足事項	—	—	
適用図記号	—		
被適用図記号	—		
キーワード	表示器，信号報知装置，サイレン	indicators, signalling devices, sirens	
注記	—	Status level	Standard
		Released on	2001-07-01
		Obsolete from	—

第10節 ランプ及び信号報知装置

図記号番号 (識別番号)	図記号(Symbol)		
08-10-10 (S00973)			

項目	説明	IEC 60617 情報(参考)	
名称	ブザー	Buzzer	
別の名称	—	—	
様式	—	—	
別様式	—	—	
注釈	—		
適用分類	回路図,接続図,機能図	Circuit diagrams, Connection diagrams, Function diagrams	
機能分類	情報の提示(P)	P Presenting information	
形状分類	半円	Half-circles	
制限事項	—	—	
補足事項	—	—	
適用図記号	—		
被適用図記号	—		
キーワード	ブザー,表示器,信号報知装置	buzzers, indicators, signalling devices	
注記	—	Status level	Standard
		Released on	2001-07-01
		Obsolete from	—

第 10 節　ランプ及び信号報知装置

図記号番号 （識別番号）	図記号（Symbol）	
08-10-13 (S00975)		
項目	説明	IEC 60617 情報（参考）
名称	変圧器付き信号ランプ	Signalling lamp energized by a built-in transformer
別の名称	－	－
様式	－	－
別様式	－	－
注釈	－	
適用分類	回路図，接続図，機能図	Circuit diagrams, Connection diagrams, Function diagrams
機能分類	情報の提示（P）	P Presenting information
形状分類	円	Circles
制限事項	－	－
補足事項	－	－
適用図記号	S00841，S00965	
被適用図記号	－	
キーワード	表示ランプ，信号ランプ，信号報知装置	indicator lamps, signal lamps, signalling devices
注記	－	Status level / Standard Released on / 2001-07-01 Obsolete from / －

5 注釈

当該図記号の説明及び付加的な関連規定を次に示す。注釈は通常，複数の図記号で共有されるため，注釈番号を記した別のページに記載されている。

注釈番号は Annnnn の形式で示し，n は 0〜9 の整数で表す。この番号は **IEC 60617** の注釈（Application notes）に対応しており，番号付けには意味はない。

注釈番号	注釈	被適用図記号	IEC 60617 情報（参考）
A00144	図記号の中にあるアスタリスクは，次の中の一つで置き換えなければならない。 ― 測定量の単位を表す文字記号，又はこの単位の倍数若しくは約数［例 S00913 (08-02-01) 及び S00919 (08-02-07) を参照］ ― 測定する量を表す文字記号［例 08-02-05 (S00917) 及び 08-02-06 (S00918)を参照］ ― 化学式［例 S00925 (08-02-13)を参照］ ― 図記号［例 S00920 (08-02-08)を参照］ 用いる記号又は式は，データを得るのに用いる方法に関わらず，計器に表示される情報と関係づけられていなければならない。	08-01-01, 08-01-02, 08-01-03, 08-02-08, 08-02-09, 08-02-10, 08-02-11, 08-02-12, 08-02-13, 08-02-14, 08-02-15, 08-03-01, 08-03-02, 08-03-03, 08-04-01, 08-04-02, 08-04-03, 08-04-04, 08-04-05, 08-04-06, 08-04-07, 08-04-08, 08-04-09, 08-04-10, 08-04-11, 08-04-12, 08-04-13, 08-04-15 S00910, S00911, S00912, S00920, S00921, S00922, S00923, S00924, S00925, S00926, S00927, S00928, S00929, S00930, S00931, S00932, S00933, S00934, S00935, S00936, S00937, S00938, S00939, S00940, S00941, S00942, S00943, S00945	The asterisk within the symbol shall be replaced with one of the following: ― the letter symbol for the unit of the quantity measured, or a multiple or sub-multiple thereof (see examples S00913 and S00919); ― the letter symbol for the quantity measured (see examples S00917 and S00918); ― a chemical formula (see example S00925); ― a graphical symbol (see example S00920). The symbol or formula used shall be related to the information displayed by the instrument regardless of the means used to obtain the information.
A00145	単位及び測定量を表す文字記号は，"**IEC 60027**：電気技術で用いる文字記号"の中から選択しなければならない。**IEC 60027** の規定又は化学元素を表す文字記号が適切でない場合，その他の文字記号を用いてもよい。ただし，この文字記号を，図面又は参照文書で説明してある場合に限る。	08-01-01, 08-01-02, 08-01-03, 08-02-01, 08-02-02, 08-02-03, 08-02-04, 08-02-05, 08-02-06, 08-02-07, 08-02-11, 08-02-12, 08-02-14, 08-03-01, 08-03-02, 08-04-02, 08-04-03, 08-04-04, 08-04-05, 08-04-06, 08-04-07, 08-04-08, 08-04-09, 08-04-10, 08-04-11, 08-04-13, 08-04-14, 08-04-15 S00910, S00911, S00912, S00913, S00914, S00915, S00916, S00917, S00918, S00919, S00923, S00924, S00926, S00928, S00929, S00932, S00933, S00934, S00935, S00936, S00937, S00938, S00939, S00940, S00941, S00943, S00944, S00945	The letter symbols for the units and for the quantities measured shall be selected from one of the parts of IEC 60027 Letter symbols to be used in electrical technology. Provided IEC 60027, or the letter symbols for chemical elements, do not apply, other letter symbols may be used, if they are explained on the diagram or in referenced documents.

注釈番号	注釈	被適用図記号	IEC 60617 情報（参考）
A00146	測定量の単位を表す文字記号を用いる場合，測定する量を表す文字記号を補足情報として表示することが必要になる場合がある。後者は，単位を表す文字記号の下側に記すことが望ましい［例 08-02-02 (S00914)を参照］。測定量についての補足情報及び必要な限定図記号を，測定量を表す文字記号の下側に示してもよい。	08-01-01,　08-01-02,　08-01-03, 08-02-11,　08-04-12,　08-04-13, 08-04-14 S00910,　S00911,　S00912, S00923,　S00942,　S00943, S00944	If the letter symbol for the unit of the quantity measured is used, it may be necessary to show the letter symbol for the quantity as supplementary information. It should be placed below the letter symbol (see example S00914). Supplementary information concerning the quantity measured, and any necessary qualifying symbols may be shown below the quantity letter symbol.
A00147	1 台の計器で 2 種類以上の量を指示又は記録する場合，該当する複数の記号の輪郭を，縦方向又は横方向に隣接させて記さなければならない［例 08-03-02 (S00929) 及び 08-04-14 (S00944)を参照。］	08-01-01,　08-01-02,　08-01-03, 08-03-02,　08-04-14 S00910,　S00911,　S00912, S00929,　S00944	If more than one quantity is indicated or recorded by an instrument, the appropriate symbol outlines shall be placed attached in line, horizontally or vertically (see examples S00929 and S00944).
A00148	この図記号は，積算計の表示値を再現する遠隔計器にも用いることができる。例として，図記号 08-04-11 (S00941)を参照。この図記号は，記録計を表す図記号と組合せて，複合計器を表現することができる。例として，図記号 08-04-14 (S00944)を参照。エネルギーの流れ方向を指定するのに，02-05-01 (S00099)〜02-05-08 (S00106) の図記号を用いることができる。例として，図記号 08-04-04 (S00934)〜08-04-07 (S00937)を参照。図記号の上側にある長方形の数は，多種料率計が指示する異なる積算値の種類数を示す。例として，図記号 08-04-08 (S00938)を参照。	08-01-03,　08-04-03,　08-04-04, 08-04-05,　08-04-06,　08-04-07, 08-04-08,　08-04-09,　08-04-10, 08-04-11,　08-04-14,　08-04-15 S00912,　S00933,　S00934, S00935,　S00936,　S00937, S00938,　S00939,　S00940, S00941,　S00944,　S00945	This symbol may also be used for a remote instrument, which repeats a reading transmitted from an integrating meter. For example, see S00941. This symbol may be combined with that for a recording instrument to represent a combined instrument. For example, see S00944. Symbols S00099...S00106 may be used to specify the direction of energy flow. For examples, see S00934 and S00937. The number of rectangles at the top of the symbol indicates the number of different summations by a multirate meter. For example, see S00939.

注釈番号	注釈	被適用図記号	IEC 60617 情報（参考）
A00173	アスタリスクは，特定の同期装置を表す適切な文字記号で置き換えなければならない。機能に従って用いる文字記号は，次のとおりである。 第1文字機能 　C　制御 　T　トルク 　R　回転角 第2文字機能 　D　差動 　R　受信器 　T　変圧器 　X　変換器 　B　回転可能な固定子巻線 図記号において，内側の円は回転子を表し，外側の円は固定子又は場合によって回転可能な外巻線を表す。	08-A9-01, 08-A9-02 S00962, S00963	The asterisk shall be replaced by the appropriate letters for the particular synchronous device being symbolized. The letters to be used according to the function are as follows: First letter－Function 　C　－　Control 　T　－　Torque 　R　－　Resolver Succeeding letter－Function 　D　－　Differential 　R　－　Receiver 　T　－　Transformer 　X　－　Transmitter 　B　－　Rotatable stator winding In the symbol, the inner circle represents the rotor and the outer circle the stator or, in certain instances, a rotatable outer winding.
A00174	ランプの色を表示する必要がある場合，次の符号をこの図記号の近くに表示する。 　RD　＝　赤 　YE　＝　黄 　GN　＝　緑 　BU　＝　青 　WH　＝　白 ランプの種類を表示する必要がある場合，次の符号をこの図記号の近くに表示する。 　Ne　＝　ネオン 　Xe　＝　キセノン 　Na　＝　ナトリウム 　Hg　＝　水銀 　I　＝　よう素 　IN　＝　白熱 　EL　＝　エレクトロルミネセンス 　ARC＝　アーク 　FL　＝　蛍光 　IR　＝　赤外 　UV　＝　紫外 　LED＝　発光ダイオード	08-10-01, 08-10-02 S00965, S00966	If it is desired to indicate the colour, a notation according to the following code is placed adjacent to the symbol: 　RD　＝　red 　YE　＝　yellow 　GN　＝　green 　BU　＝　blue 　WH　＝　white If it is desired to indicate the type of lamp, a notation according to the following code is placed adjacent to the symbol: 　Ne　＝　neon 　Xe　＝　xenon 　Na　＝　sodium vapour 　Hg　＝　mercury 　I　＝　iodine 　IN　＝　incandescent 　EL　＝　electroluminescent 　ARC＝　arc 　FL　＝　fluorescent 　IR　＝　infra-red 　UV　＝　ultra-violet 　LED＝　light emitting diode

附属書A
(参考)
旧図記号

ここに示す図記号は,**JIS C 0617-8**:1999 に規定されていたが,現在は削除されている図記号である。これらの図記号は,旧図記号を用いた電気回路図を読むときの単なる参考である。注記の"Obsolete from"欄の日付以後メンテナンスされていない。

第A6節 熱電対

図記号番号 (識別番号)	図記号(Symbol)	
08-A6-01 (S00953)	(熱電対の図記号)	

項目	説明	IEC 60617 情報(参考)	
名称	熱電対	Thermocouple	
別の名称	—	—	
様式	旧様式	Old form	
別様式	08-06-01	S00952	
注釈	—	—	
適用分類	回路図,接続図	Circuit diagrams, Connection diagrams	
機能分類	変量を信号に変換(B)	B Converting variable to signal	
形状分類	線	Lines	
制限事項	—	—	
補足事項	極性を直接的に表示したもの。陰極は太線で表示されている。	Direct indication of polarity, the negative pole being represented by the thick line.	
適用図記号	—		
被適用図記号	—		
キーワード	温度センサ,熱電対	temperature sensor, thermocouples	
注記	—	Status level	Obsolete−for reference only
		Released on	2001-07-01
		Obsolete from	2002-03-23

第A6節 熱電対

図記号番号 (識別番号)	図記号（Symbol）		
08-A6-02 (S00955)			

項目	説明	IEC 60617 情報（参考）	
名称	直熱形熱電対	Thermocouple with non-insulated heating element	
別の名称	－	－	
様式	旧様式	Old form	
別様式	08-06-03	S00954	
注釈	－		
適用分類	回路図，機能図	Circuit diagrams, Function diagrams	
機能分類	変量を信号に変換（B）	B Converting variable to signal	
形状分類	線	Lines	
制限事項	－	－	
補足事項	図記号 05-07-06 (S00698)の代わりに 05-A7-02 (S00699)を用いて，加熱エレメントを表示してもよい。	Symbol S00699 may be used to represent the heating element instead of symbol S00698.	
適用図記号	S00017，S00698，S00952		
被適用図記号	－		
キーワード	熱電対	thermocouples	
注記	－	Status level	Obsolete－for reference only
		Released on	2001-07-01
		Obsolete from	2002-03-23

第 A6 節　熱電対

図記号番号 (識別番号)	図記号 (Symbol)		
08-A6-03 (S00957)	（熱電対の図記号：絶縁加熱素子付き熱電対）		

項目	説明	IEC 60617 情報 (参考)	
名称	傍熱形熱電対	Thermocouple with insulated heating element	
別の名称	—	—	
様式	旧様式	Old form	
別様式	08-06-05	S00956	
注釈	—		
適用分類	回路図，機能図	Circuit diagrams, Function diagrams	
機能分類	変量を信号に変換 (B)	B Converting variable to signal	
形状分類	円，半円，線	Circles, Half-circles, Lines	
制限事項	—	—	
補足事項	図記号 05-07-06 (S00698)の代わりに 05-A7-02 (S00699)を用いて，加熱エレメントを表示してもよい。	Symbol S00699 may be used to represent the heating element instead of symbol S00698.	
適用図記号	S00017, S00698, S00952		
被適用図記号	—		
キーワード	熱電対	thermocouples	
注記	—	Status level	Obsolete – for reference only
		Released on	2001-07-01
		Obsolete from	2002-03-23

第 A7 節　遠隔測定装置

図記号番号 (識別番号)	図記号 (Symbol)		
08-A7-01 (S00958)	(正方形に対角線)		

項目	説明	IEC 60617 情報（参考）	
名称	信号変換器（一般図記号）	Signal translator, general symbol	
別の名称	−	−	
様式	−	−	
別様式	−	−	
注釈	−		
適用分類	回路図，接続図，機能図	Circuit diagrams, Connection diagrams, Function diagrams	
機能分類	信号又は情報の処理（K）	K Processing signals or information	
形状分類	正方形	Squares	
制限事項	−	−	
補足事項	−	−	
適用図記号	S00213		
被適用図記号	S01377, S01378		
キーワード	信号変換器, 遠隔測定装置	signal converters, telemetering devices	
注記	−	Status level	Obsolete−for reference only
		Released on	2001-07-01
		Obsolete from	2002-03-23

第A9節 その他の測定素子及び計器

図記号番号 (識別番号)	図記号 (Symbol)		
08-A9-01 (S00962)			

項目	説明	IEC 60617 情報 (参考)	
名称	同期装置 (一般図記号)	Synchronous device, general symbol	
別の名称	—	—	
様式	—	—	
別様式	—	—	
注釈	A00173		
適用分類	回路図，接続図，機能図	Circuit diagrams, Connection diagrams, Function diagrams	
機能分類	変量を信号に変換 (B)	B Converting variable to signal	
形状分類	文字，円	Characters, Circles	
制限事項	—	—	
補足事項	陳腐化のため廃止。	Withdrawn because of obsolescence.	
適用図記号	—		
被適用図記号	S00963		
キーワード	計器，測定機器	instruments, measuring instruments	
注記	—	Status level	Obsolete — for reference only
		Released on	2001-07-01
		Obsolete from	2003-01-24

第A9節　その他の測定素子及び計器

図記号番号 （識別番号）	図記号（Symbol）		
08-A9-02 (S00963)	（TX 記号図）		
項目	説明	IEC 60617 情報（参考）	
名称	トルク変換器	Torque transmitter	
別の名称	－	－	
様式	－	－	
別様式	－	－	
注釈	A00173		
適用分類	回路図，接続図，機能図	Circuit diagrams, Connection diagrams, Function diagrams	
機能分類	変量を信号に変換（B）	B Converting variable to signal	
形状分類	文字，円	Characters, Circles	
制限事項	－	－	
補足事項	陳腐化のため廃止。	Withdrawn because of obsolescence.	
適用図記号	S00962		
被適用図記号	－		
キーワード	計器，測定機器	instruments, measuring instruments	
注記	－	Status level	Obsolete－for reference only
		Released on	2001-07-01
		Obsolete from	2003-01-24

第A9節 その他の測定素子及び計器

図記号番号 （識別番号）	図記号 （Symbol）		
08-A9-03 (S00964)			

項目	説明	IEC 60617 情報 （参考）	
名称	ジャイロ	Gyro	
別の名称	―	―	
様式	―	―	
別様式	―	―	
注釈	―		
適用分類	回路図，機能図	Circuit diagrams, Function diagrams	
機能分類	変量を信号に変換（B）	B Converting variable to signal	
形状分類	矢印，円，長方形	Arrows, Circles, Rectangles	
制限事項	―	―	
補足事項	陳腐化のため廃止。	Withdrawn because of obsolescence.	
適用図記号	S00095		
被適用図記号	―		
キーワード	ジャイロ，計器，測定機器	gyros, instruments, measuring instruments	
注記	―	Status level	Obsolete－for reference only
		Released on	2001-07-01
		Obsolete from	2003-01-24

第A10節 ランプ及び信号報知装置

図記号番号 (識別番号)	図記号 (Symbol)		
08-A10-01 (S00969)			

項目	説明	IEC 60617 情報 (参考)	
名称	ホーン	Horn	
別の名称	―	―	
様式	―	―	
別様式	―	―	
注釈	―		
適用分類	回路図，接続図，機能図	Circuit diagrams, Connection diagrams, Function diagrams	
機能分類	情報の提示 (P)	P Presenting information	
形状分類	具象的形状又は描写的形状，長方形	Depicting shapes, Rectangles	
制限事項	―	―	
補足事項	―	―	
適用図記号	―		
被適用図記号	―		
キーワード	ホーン，信号報知装置	horns, signalling devices	
注記	08-10-06 (S01417)に置き換え	Status level	Obsolete－for reference only
		Released on	2001-07-01
		Obsolete from	2003-01-24

第A10節　ランプ及び信号報知装置

図記号番号 (識別番号)	図記号 (Symbol)		
08-A10-02 (S00970)			

項目	説明	IEC 60617 情報（参考）	
名称	ベル	Bell	
別の名称	−	−	
様式	−	−	
別様式	−	−	
注釈	−		
適用分類	回路図，接続図，機能図	Circuit diagrams, Connection diagrams, Function diagrams	
機能分類	情報の提示（P）	P Presenting information	
形状分類	半円	Half-circles	
制限事項	−	−	
補足事項	−	−	
適用図記号	−		
被適用図記号	S00971		
キーワード	ベル，表示器，信号報知装置	bells, indicators, signalling devices	
注記	08-10-06 (S01417)に置き換え	Status level	Obsolete−for reference only
		Released on	2001-07-01
		Obsolete from	2003-01-24

第A10節 ランプ及び信号報知装置

図記号番号 (識別番号)	図記号（Symbol）		
08-A10-03 (S00971)			

項目	説明	IEC 60617 情報（参考）	
名称	片打ベル	Single-stroke bell	
別の名称	－	－	
様式	－	－	
別様式	－	－	
注釈	－		
適用分類	回路図，接続図，機能図	Circuit diagrams, Connection diagrams, Function diagrams	
機能分類	情報の提示（P）	P Presenting information	
形状分類	半円，線	Half-circles, Lines	
制限事項	－	－	
補足事項	－	－	
適用図記号	S00970		
被適用図記号	－		
キーワード	ベル，表示器，信号報知装置	bells, indicators, signalling devices	
注記	08-10-06 (S01417)に置き換え	Status level	Obsolete－for reference only
		Released on	2001-07-01
		Obsolete from	2003-01-24

第A10節 ランプ及び信号報知装置

図記号番号 （識別番号）	図記号（Symbol）		
08-A10-04 (S00974)			

項目	説明	IEC 60617 情報（参考）	
名称	笛（電気式）	Whistle, electrically operated	
別の名称	−	−	
様式	−	−	
別様式	−	−	
注釈	−		
適用分類	回路図，接続図，機能図	Circuit diagrams, Connection diagrams, Function diagrams	
機能分類	情報の提示（P）	P Presenting information	
形状分類	具象的形状又は描写的形状	Depicting shapes	
制限事項	−	−	
補足事項	−	−	
適用図記号	−		
被適用図記号	−		
キーワード	表示器，信号報知装置，笛	indicators, signalling devices, whistles	
注記	08-10-06 (S01417)に置き換え	Status level	Obsolete − for reference only
		Released on	2001-07-01
		Obsolete from	2003-01-24

附属書B
（参考）
参考文献

JIS C 0452-1　電気及び関連分野－工業用システム，設備及び装置，並びに工業製品－構造化原理及び参照指定－第1部：基本原則
　注記　対応国際規格：**IEC 61346-1**, Industrial systems, installations and equipment and industrial products－Structuring principles and reference designations－Part 1: Basic rules （IDT）

JIS C 0456　電気及び関連分野－電気技術文書に用いる符号化図形文字集合
　注記　対応国際規格：**IEC 61286**, Information technology－Coded graphic character set for use in the preparation of documents used in electrotechnology and for information interchange （IDT）

JIS C 60050-551　電気技術用語－第551部：パワーエレクトロニクス
　注記　対応国際規格：**IEC 60050-551**, International Electrotechnical Vocabulary－Part 551: Power electronics （MOD）

JIS X 0221　国際符号化文字集合（UCS）
　注記　対応国際規格：**ISO/IEC 10646**, Information technology－Universal Multiple-Octet Coded Character Set (UCS) （IDT）

JIS Z 8202（規格群）　量及び単位

JIS Z 8222-2　製品技術文書に用いる図記号のデザイン－第2部：参照ライブラリ用図記号を含む電子化形式の図記号の仕様，及びその相互交換の要求事項
　注記　対応国際規格：**IEC 81714-2**, Design of graphical symbols for use in the technical documentation of products－Part 2: Specification for graphical symbols in a computer sensible form, including graphical symbols for a reference library, and requirements for their interchange （IDT）

JIS Z 8222-3　製品技術文書に用いる図記号のデザイン－第3部：接続ノード，ネットワーク及びそのコード化の分類
　注記　対応国際規格：**IEC 81714-3**, Design of graphical symbols for use in the technical documentation of products－Part 3: Classification of connect nodes, networks and their encoding （IDT）

IEC 60445, Basic and safety principles for man-machine interface, marking and identification－Identification of equipment terminals and conductor terminations

IEC/TR 61352, Mnemonics and symbols for integrated circuits

IEC/TR 61734, Application of symbols for binary logic and analogue elements

日本語索引

*索引はⅠ・Ⅱ巻共通であり，①はⅠ巻（本書），②はⅡ巻を表します．

日本語名称（JIS）	図記号番号	識別番号	ページ*
【アルファベット：A～Z】			
AGC付増幅器	02－03－12	S00092	①－44
Am入力	12－23－01	S01565	②－711
BCD－十進コード変換器	12－33－02	S01614	②－760
BCD－二進コード変換器	12－33－07	S01619	②－765
BCD－二進コード変換器	12－33－08	S01620	②－766
CMOSトランスミッションゲート	12－29－10	S01605	②－751
Cm出力	12－18－02	S01559	②－703
Cm入力	12－18－01	S01558	②－702
DC電源機能（一般図記号）	06－16－02	S01423	①－636
Dラッチ，二組	12－42－02	S01660	②－808
D入力	12－09－12	S01504	②－645
ECL-TTLレベル変換器	12－35－02	S01625	②－771
ENm入力	12－20－01	S01562	②－706
ENm入力	13－05－23	S01775	②－1041
Exclusive－OR/NOR（排他的論理和／否定論理和），二組	12－28－10	S01588	②－734
E面の窓（アパーチャ）結合器	10－10－06	S01208	②－213
Gm出力	12－14－02	S01811	②－693
Gm入力	12－14－01	S01810	②－692
Gライン	10－A7－25	S01145	②－358
H形相補開放回路出力付きOR－AND（和積論理）	12－28－05	S01583	②－729
J入力	12－09－13	S01505	②－646
K入力	12－09－14	S01506	②－647
L形開放回路出力バッファ／ドライバ	12－29－01	S01594	②－740
L形開放回路出力をもつ6ビット比較器路	12－39－07	S01650	②－798
L形開放回路出力付きNAND	12－28－04	S01582	②－728
Mm出力	12－21－02	S01564	②－709
Mm出力	13－05－22	S01774	②－1039
Mm入力	12－21－01	S01563	②－707
Mm入力	13－05－21	S01773	②－1037
M形後進波増幅管	05－A13－10	S00761	①－490
M形後進波増幅管	05－A13－11	S00762	①－491

日本語名称（JIS）	図記号番号	識別番号	ページ
M形後進波発振管	05−A13−12	S00763	①−492
M形後進波発振管	05−A13−13	S00764	①−493
M形進行波増幅管	05−A13−08	S00759	①−488
M形進行波増幅管	05−A13−09	S00760	①−489
m進カウンタ（一般図記号）	12−48−03	S01687	②−836
m相巻線（相間接続なし）	06−01−05	S00800	①−531
NANDシュミットトリガ	12−31−02	S01609	②−755
NANDバッファ（否定出力論理積バッファ）	12−29−02	S01595	②−741
Nm出力	12−16−02	S01553	②−697
Nm入力	12−16−01	S01552	②−696
NPNアバランシェトランジスタ	05−05−03	S00665	①−388
NPNトランジスタ（コレクタを外囲器と接続）	05−05−02	S00664	①−387
Nゲートターンオフサイリスタ（アノード側を制御）	05−04−08	S00656	①−379
Nゲート逆阻止3端子サイリスタ（アノード側を制御）	05−04−05	S00653	①−376
Nゲート逆伝導サイリスタ（アノード側を制御）	05−04−13	S00661	①−384
Nチャネル接合形電界効果トランジスタ	05−05−09	S00671	①−394
Nチャネル絶縁ゲートバイポーラトランジスタ（IGBT）で，エンハンスメント形	05−05−19	S00681	①−404
Nチャネル絶縁ゲートバイポーラトランジスタ（IGBT）で，デプレション形	05−05−21	S00683	①−406
Nチャネル絶縁ゲート形電界効果トランジスタ（IGFET）で，エンハンスメント形・単ゲート・サブストレートを内部でソースと接続しているもの	05−05−14	S00676	①−399
Nチャネル絶縁ゲート形電界効果トランジスタ（IGFET）で，エンハンスメント形・単ゲート・サブストレート接続のないもの	05−05−12	S00674	①−397
Nチャネル絶縁ゲート形電界効果トランジスタ（IGFET）で，デプレション形・単ゲート・サブストレート接続のないもの	05−05−15	S00677	①−400
N形ベース単接合トランジスタ	05−05−05	S00667	①−390
O形進行波増幅管	05−A13−04	S00755	①−484
O形進行波増幅管	05−A13−05	S00756	①−485
O形進行波増幅管	05−A13−06	S00757	①−486
O形進行波増幅管	05−A13−07	S00758	①−487
PNPトランジスタ	05−05−01	S00663	①−386
Pゲートターンオフサイリスタ（カソード側を制御）	05−04−09	S00657	①−380

日本語名称（JIS）	図記号番号	識別番号	ページ
Pゲート逆阻止3端子サイリスタ（カソード側を制御）	05−04−06	S00654	①−377
Pゲート逆伝導サイリスタ（カソード側を制御）	05−04−14	S00662	①−385
Pチャネル接合形電界効果トランジスタ	05−05−10	S00672	①−395
Pチャネル絶縁ゲートバイポーラトランジスタ（IGBT）で，エンハンスメント形	05−05−18	S00680	①−403
Pチャネル絶縁ゲートバイポーラトランジスタ（IGBT）で，デプレション形	05−05−20	S00682	①−405
Pチャネル絶縁ゲート形電界効果トランジスタ（IGFET）で，エンハンスメント形・単ゲート・サブストレート接続のないもの	05−05−11	S00673	①−396
Pチャネル絶縁ゲート形電界効果トランジスタ（IGFET）で，エンハンスメント形・単ゲート・サブストレート接続引出しのもの	05−05−13	S00675	①−398
Pチャネル絶縁ゲート形電界効果トランジスタ（IGFET）で，デプレション形・双ゲート・サブストレート接続引出しのもの	05−05−17	S00679	①−402
Pチャネル絶縁ゲート形電界効果トランジスタ（IGFET）で，デプレション形・単ゲート・サブストレート接続のないもの	05−05−16	S00678	①−401
P形ベース単接合トランジスタ	05−05−04	S00666	①−389
Rm入力	12−19−02	S01561	②−705
RS双安定素子	12−42−01	S01659	②−807
R入力	12−09−15	S01507	②−648
Sm入力	12−19−01	S01560	②−704
S入力	12−09−16	S01508	②−649
TTL−MOSレベル変換器，二組	12−35−01	S01624	②−770
T接続	03−02−04	S00019	①−215
T接続	03−02−05	S00020	①−216
T入力	12−09−17	S01509	②−650
T分岐	10−09−01	S01185	②−190
T分岐（シャントT，HプレーンT）	10−09−03	S01187	②−192
T分岐（シリーズT，EプレーンT）	10−09−02	S01186	②−191
T分岐（電力分配器）	10−09−04	S01188	②−193
Vm出力	12−15−02	S01551	②−695
Vm入力	12−15−01	S01550	②−694
Xm出力	12−17A−02	S01557	②−701
Xm出力	13−05−25	S01777	②−1043
Xm入力	12−17A−01	S01556	②−700
Xm入力	13−05−24	S01776	②−1042
X線管陽極	05−10−01	S00740	①−433
Zm出力	12−17−02	S01555	②−699

日本語名称（JIS）	図記号番号	識別番号	ページ
Zm 出力（出力インピーダンス）（アナログ）	13-05-15	S01767	②-1031
Zm 入力	12-17-01	S01554	②-698
Zm 入力（入力インピーダンス）（アナログ）	13-05-14	S01766	②-1030
【数字：0〜9】			
0-固定状態出力	12-09-51	S01544	②-686
1:8 デマルチプレクサ	12-37-04	S01633	②-779
1024×4 ビット ROM（読出し専用記憶素子）	12-51-01	S01711	②-863
1024×4 ビット ROM（読出し専用記憶素子）	12-51-02	S01712	②-864
10 ビット A/D コンバータ	12-56-09	S01742	②-904
10 ビット A/D コンバータ	12-56-10	S01743	②-906
12 ビット D/A コンバータ	12-56-07	S01740	②-900
12 ビット D/A コンバータ	12-56-08	S01741	②-902
14 段リップル桁上げ二進カウンタ	12-49-09	S01696	②-847
14 段二進カウンタ	12-49-10	S01697	②-848
16×5 ビット先入れ先出し記憶素子，フォースルー形	12-56-11	S01744	②-908
16384×1 ビットダイナミック RAM（ランダムアクセスメモリ）	12-51-07	S01718	②-874
16 セグメント，アルファベット及び数字表示器	12-53-06	S01729	②-886
1 ビット全加算器	12-38-08	S01643	②-791
1 ポート表面弾性波（SAW）素子	10-08-27	S01181	②-186
1 個の鉄心に 2 個の二次巻線がある変流器	06-13-04	S00882	①-613
1 個の鉄心に 2 個の二次巻線がある変流器	06-13-05	S00883	①-614
1-固定状態出力	12-09-50	S01543	②-685
1 段動作セレクタ（ホームポジションなし）	09-04-03	S01006	②-27
1 段動作セレクタ（ホームポジション付き）	09-04-04	S01007	②-28
1 段動作セレクタのアーク又はバンク	09-03-03	S00998	②-20
2m カウンタ（一般図記号）	12-48-02	S01686	②-835
2 ポートの不連続素子（一般図記号）	10-08-01	S01156	②-163
2 ポート表面弾性波（SAW）素子	10-08-30	S01184	②-189
2 ポート表面弾性波（SAW）素子（全反射する反射器及び部分反射する反射器付き）	10-08-29	S01183	②-188
2 ポート表面弾性波（SAW）素子（全反射する反射器付き）	10-08-28	S01182	②-187
2 ポジションマイクロ波スイッチ（90°ステップ）	10-09-16	S01200	②-205
2 巻線変圧器（一般図記号）	06-09-01	S00841	①-568
2 巻線変圧器（一般図記号）	06-09-02	S00842	①-569
2 巻線変圧器（瞬時電圧極性付）	06-09-03	S00843	①-570
2 極スイッチ	11-14-04	S00469	②-464

日本語名称（JIS）	図記号番号	識別番号	ページ
2段動作セレクタ（ホームポジション付き）	09-04-05	S01008	②-29
2段動作セレクタのアーク又はバンク	09-03-04	S00999	②-21
2方向シンプレックス形電気通信用受信装置	09-06-02	S01030	②-45
2方向単極スイッチ	11-14-06	S00471	②-466
32k×9ビットRAM（ランダムアクセスメモリ）	12-51-05	S01716	②-871
3アウトオブ7符号におけるパルス符号変調（PCM）	10-12-07	S01224	②-229
3ステート出力	12-09-08	S01498	②-638
3ステート出力4ビット比較器	12-39-09	S01652	②-800
3ステート出力反転バッファ，六組	12-29-05	S01598	②-744
3ポートサーキュレータ	10-09-12	S01196	②-201
3ポジションマイクロ波スイッチ（120°ステップ）	10-09-17	S01201	②-206
3巻線	06-01-02	S00797	①-528
3巻線変圧器（一般図記号）	06-09-04	S00844	①-571
3巻線変圧器（一般図記号）	06-09-05	S00845	①-572
3極6極管	05-A11-01	S00747	①-479
3増し-十進コード変換器	12-33-01A	S01612	②-758
3増し-十進コード変換器	12-33-01B	S01613	②-759
3端子サイリスタ（ゲートの種類は無指定）	05-04-04	S00057	①-375
3入力-8出力コード変換器	12-33-03	S01615	②-761
3本の一次導体をまとめて通したパルス変成器又は変流器	06-13-10	S00888	①-619
3本の一次導体をまとめて通したパルス変成器又は変流器	06-13-11	S00889	①-620
40桁2行英数ドットマトリクス形表示素子	12-56-12	S01745	②-909
4ビットルックアヘッドキャリー（先見桁上げ）発生器	12-39-04	S01647	②-795
4ビット算術論理演算器	12-39-10	S01653	②-801
4ビット全加算器	12-39-02	S01645	②-793
4ビット全減算器	12-39-03	S01646	②-794
4ビット同期式アップダウン二進カウンタ	12-49-15	S01702	②-853
4ポートサーキュレータ	10-09-13	S01197	②-202
4ポートサーキュレータ（回転方向が可逆のもの）	10-09-14	S01198	②-203
4ポジションマイクロ波スイッチ（45°ステップ）	10-09-18	S01202	②-207
4極子	05-A9-10	S00736	①-472
4線交換用クロスバスイッチ	09-04-13	S01016	②-37
4線交換用セレクタ（ホームポジション付き）	09-04-07	S01010	②-31

日本語名称（JIS）	図記号番号	識別番号	ページ
4端子ホール素子	05－06－05	S00688	①－411
4分岐	10－09－05	S01189	②－194
4分岐	10－09－06	S01190	②－195
4分岐（マジックTハイブリッド分岐）	10－09－07	S01191	②－196
4分岐（マジックTハイブリッド分岐）	10－09－08	S01192	②－197
4分岐（方向性結合器）	10－09－09	S01193	②－198
4分岐，直角位相ハイブリッド分岐	10－09－10	S01194	②－199
5×7ドット，4桁アルファベット及び数字表示器	12－53－07	S01730	②－887
512k×8ビットPROM（プログラマブル読出し専用記憶素子）	12－51－03	S01713	②－865
512k×8ビットPROM（プログラマブル読出し専用記憶素子）	12－51－04	S01714	②－867
512ビットスタティックシフトレジスタ	12－49－02	S01689	②－838
5極管	05－11－03	S00746	①－436
5単位の二進符号で時刻を表示する変換器	10－14－07	S01237	②－240
6回線のダクト内線路	11－03－05	S00411	②－413
6巻線	06－01－03	S00798	①－529
7セグメント表示デコーダ付き十進カウンタ／デバイダ	12－49－13	S01700	②－851
7セグメント表示器	12－53－02	S01725	②－882
8:1マルチプレクサ	12－37－01	S01630	②－776
8ビット入出力ポート	12－42－12	S01670	②－818
8入力－3出力バイナリ最高優先エンコーダ（符号器）（八進）	12－33－05	S01617	②－763
9入力－4出力BCD最高優先エンコーダ（符号器）	12－33－04	S01616	②－762
【あ】			
アイソレータ，断路器	07－13－06	S00288	①－719
アウトレット（電気通信用，一般図記号）	11－13－09	S00465	②－460
圧縮器	10－16－10	S01253	②－253
圧電効果	04－07－05	S01405	①－310
圧電変換器をもつ固体遅延線	04－08－04	S00607	①－314
圧電変換器をもつ水銀遅延線	04－09－04	S00611	①－318
アナログ	02－17－08	S00216	①－165
アナログオペランド入力	13－05－09	S01761	②－1025
アナログ出力	13－04－02	S01749	②－1013
アナログスイッチ	13－17－01	S01804	②－1074
アナログ／デジタル変換を行う多重化装置	10－A20－42	S01289	②－375
アナログ／デジタル変換を行う多重化装置／多重分離装置	10－A20－43	S01290	②－376

日本語名称（JIS）	図記号番号	識別番号	ページ
アナログ－ディジタル変換器（ADC）	13－11－02	S01793	②－1063
アナログデータセレクタ（マルチプレクサ／デマルチプレクサ）4チャネル，二組	12－37－06	S01635	②－782
アナログ入力	13－04－01	S01748	②－1012
アナログマルチプレクサ／デマルチプレクサ（三組）	13－17－02	S01805	②－1075
アパーチャ付き集束電極	05－08－04	S00710	①－427
安全開離機能接点	07－02－10	S01462	①－679
安定形の有極形継電器	07－A15－05	S00322	①－853
アンテナ（一般図記号）	10－04－01	S01102	②－122
【い】			
イオン拡散バリア	05－A7－05	S00706	①－450
イオン加熱陰極形アークリレー放電管	05－A14－02	S00771	①－499
イグナイトロン	05－A14－08	S00778	①－505
イコライザ	11－09－01	S00440	②－435
移相	02－04－07	S01846	①－52
位相角 a における電力	07－16－10	S00336	①－764
移相器	10－16－13	S01256	②－256
位相計	08－02－06	S00918	①－867
位相ひずみ補正器	10－16－16	S01259	②－259
位相変調搬送波	10－22－02	S01309	②－301
位相変調搬送波	10－22－03	S01310	②－302
一次電池	06－15－01	S00898	①－632
一次電池又は二次電池	06－15－01	S01342	①－634
一次巻線の役をする導体を5回通した変流器	06－13－08	S00886	①－617
一次巻線の役をする導体を5回通した変流器	06－13－09	S00887	①－618
位置スイッチ機能	07－01－06	S00223	①－669
一部又は全部が電子管の外側にある空洞共振器	05－09－10	S00733	①－432
一方向回転結合装置	02－12－19	S00162	①－111
一方向形複流／単流式電信中継器	09－A7－20	S01040	②－102
一方向性降伏ダイオード	05－03－06	S00646	①－368
一体形の受信さん孔機及び自動送信機	09－A6－18	S01037	②－100
五つのチャネル	10－22－09	S01316	②－308
イネイブル入力	12－09－11	S01503	②－643
イヤホン（一般図記号）	09－09－04	S01056	②－61
入換え	03－02－11	S00024	①－220
陰極	02－02－14	S00078	①－27
印刷（テープ）	02－11－01	S00138	①－91
印刷（ページ）	02－A11－04	S00141	①－181
インタロックスイッチ付コンセント（電力用）	11－13－07	S00463	②－458
インバータ（逆変換装置）	06－14－05	S00896	①－630

日本語名称（JIS）	図記号番号	識別番号	ページ
インバータ（反転器）（論理極性の限定図記号を用いた素子表現の場合）	12−27−12	S01577	②−723
隠蔽場所への設置	11−19−13	S01440	②−559
隠蔽場所への設置（天井裏）	11−19−14	S01441	②−560
隠蔽場所への設置（床下）	11−19−15	S01442	②−561
【う】			
動き源（一般図記号）	11−19−30	S01854	②−576
内側耐圧壁付直線部	11−17−16	S00513	②−505
内側耐火壁付直線部	11−17−19	S00516	②−508
宇宙局	10−06−09	S01133	②−146
宇宙局追尾専用の地球局	10−06−12	S01136	②−147
宇宙局との通信サービス用地球局	10−06−13	S01137	②−148
埋込接続部のある線路	11−03−07	S00413	②−415
【え】			
永久磁石	02−17−03	S00210	①−160
永久磁石付き三相同期発電機	06−07−01	S00831	①−558
永久接続部（スプライシング）	10−A23−47	S01325	②−380
映像回線，テレビ放送	10−A1−04	S01082	②−337
エキスパンションユニット（エンクロージャ用）	11−17−11	S00508	②−500
エキスパンションユニット（エンクロージャ及び導体用）	11−17−13	S00510	②−502
エキスパンションユニット（導体用）	11−17−12	S00509	②−501
エコーを抑圧して双方向増幅を行う4線式伝送回線	10−A2−14	S01092	②−347
エコーを抑圧して双方向増幅を行う4線式伝送回線	10−A2−15	S01093	②−348
エッジトリガJK双安定素子	12−42−03	S01661	②−809
エッジトリガD双安定素子	12−42−07	S01665	②−813
エッジトリガD双安定素子，二組	12−42−09	S01667	②−815
エッジトリガD双安定素子	12−42−10	S01668	②−816
エネルギーの流れ，双方向（母線へ及び母線から）	02−05−08	S00106	①−60
エラー検出／訂正素子	12−28−13	S01591	②−737
エルボ	11−17−04	S00501	②−493
円運動（一方向）	02−04−03	S00095	①−48
円運動（双方向）	02−04−04	S00096	①−49
円運動（双方向，回転制約あり）	02−04−05	S00097	①−50
延期出力	12−09−01	S01491	②−629
円形導波管	10−07−03	S01140	②−151

日本語名称（JIS）	図記号番号	識別番号	ページ
円形導波管からく（矩）形導波管へのテーパ変換	10－08－16	S01171	②－176
円形導波管からく（矩）形導波管への変換	10－08－15	S01170	②－175
煙源（一般図記号）	11－19－28	S01852	②－574
炎源（一般図記号）	11－19－29	S01853	②－575
演算増幅器	13－09－01	S01782	②－1049
演算増幅器	13－09－02	S01783	②－1050
演算増幅器	13－09－03	S01784	②－1051
演算増幅器（マルチプレックス入力付き：4入力から1入力を選択）	13－09－09	S01790	②－1057
円筒形集束電極	05－08－06	S00712	①－429
エンドカバー	11－17－03	S00500	②－492
エンハンスメント形デバイスの伝導チャネル	05－01－06	S00618	①－340
塩分計	08－02－13	S00925	①－874
円偏波	10－03－02	S01095	②－115
円偏波アンテナ	10－04－02	S01103	②－123
【お】			
オーバーラップ切換え接点	07－02－06	S00232	①－675
オーバーラップ切換え接点	07－02－07	S00233	①－676
オーバフロー表示器	12－53－03	S01726	②－883
押しボタン	11－14－10	S00475	②－470
オシログラフ	08－03－03	S00930	①－879
オシロスコープ	08－02－10	S00922	①－871
各々の鉄心に1個の二次巻線がある鉄心を2個用いる変流器	06－13－02	S00880	①－611
各々の鉄心に1個の二次巻線がある鉄心を2個用いる変流器	06－13－03	S00881	①－612
オフ位置付き切換え接点	07－02－05	S00231	①－674
オフ位置付き切換え接点，自動復帰，残留機能付き	07－A6－04	S00252	①－831
オプトカプラ	05－06－08	S00691	①－414
オペランド入力	12－09－26	S01519	②－661
親時計	08－08－02	S00960	①－905
音響検出器（一般図記号）	11－19－12	S01439	②－558
音響信号装置（一般図記号）	08－10－06	S01417	①－911
音声回線	10－A1－05	S01083	②－338
音声通話装置	11－16－05	S00497	②－489
温度依存形有極性コンデンサ	04－02－15	S00581	①－295
温度感知スイッチ（ブレーク接点）	07－09－02	S00264	①－704
温度感知スイッチ（メーク接点）	07－09－01	S00263	①－703
温度計，高温計	08－02－14	S00926	①－875

日本語名称（JIS）	図記号番号	識別番号	ページ
温度検出ダイオード	05-03-03	S00643	①-365
【か】			
ガードリング付き計数管	05-A15-09	S00791	①-516
ガードリング付き電離箱	05-A15-02	S00783	①-509
外囲器内面の導電被覆	05-07-03	S00695	①-418
回転機（一般図記号）	06-04-01	S00819	①-547
回転機の巻線（機能区別：整流用又は補償巻線）	06-A3-01	S00815	①-653
回転機の巻線（機能区別：直列巻線）	06-A3-02	S00816	①-654
回転機の巻線（機能区別：並列巻線）	06-A3-03	S00817	①-655
回転計	08-02-15	S00927	①-876
回転子の拘束検出継電器	07-17-13	S00350	①-778
外部可変形増幅器	10-A15-33	S01241	②-366
外部スクリーン（シールド）付き外囲器	05-07-02	S00694	①-417
開放回路出力（H形）	12-09-04	S01494	②-634
開放回路出力（L形）	12-09-05	S01495	②-635
開放する確実動作付きスイッチ	07-13-14	S00296	①-727
開放回路出力	12-09-03	S01493	②-633
カウンタ制御式16×5ビット先入れ先出し記憶素子	12-51-09	S01720	②-876
カウンタ制御式16×4ビット先入れ先出し記憶素子	12-51-08	S01719	②-875
カウンタポイズ	10-A5-16	S01113	②-349
カウントアップ入力	12-09-20	S01512	②-653
カウントダウン入力	12-09-21	S01513	②-654
架空線路	11-03-03	S00409	②-411
確実動作が行われる手動操作の押しボタンスイッチ（自動復帰）	07-07-05	S00257	①-697
各相の巻線の両端を引き出した三相同期発電機	06-07-04	S00834	①-561
拡張可能なAND-OR-Invert（否定出力積和論理）	12-28-06	S01584	②-730
拡張器	12-28-07	S01585	②-731
拡張出力	12-09-10	S01502	②-642
拡張入力	12-09-09	S01501	②-641
確認表示灯付点滅器	11-14-02	S00467	②-462
掛け金（掛かり状態）	02-12-13	S00156	①-105
掛け金（掛かりなし状態）	02-12-12	S00155	①-104
囲い	02-01-04	S00062	①-15
囲い	02-01-05	S00063	①-16
加算器（一般図記号）	12-38-01	S01636	②-784
ガス入り外囲器	05-07-01	S00693	①-416

日本語名称（JIS）	図記号番号	識別番号	ページ
ガス入り冷陰極放電管	05－14－01	S00769	①－440
カスケード入力4ビット比較器	12－39－08	S01651	②－799
ガス充_く（矩）形導波管	10－07－09	S01146	②－156
ガス絶縁母線	03－05－01	S01391	①－255
ガス絶縁母線（ガス貫通スペーサ）	03－05－07	S01399	①－261
ガス絶縁母線（ガス区画）	03－05－03	S01393	①－257
ガス絶縁母線（ガススルースペーサ）	03－05－11	S01458	①－263
ガス絶縁母線（気中ブッシング）	03－05－04	S01396	①－258
ガス絶縁母線（ケーブル終端）	03－05－05	S01397	①－259
ガス絶縁母線（支持絶縁体，外部モジュール）	03－05－14	S01461	①－266
ガス絶縁母線（支持絶縁体，内部モジュール）	03－05－13	S01460	①－265
ガス絶縁母線（終端部）	03－05－02	S01392	①－256
ガス絶縁母線（ストレートフランジ）	03－05－08	S01400	①－262
ガス絶縁母線（二つのコンパートメント間の仕切り）	03－05－12	S01459	①－264
ガス絶縁母線（変圧器又はリアクトルのブッシング）	03－05－06	S01398	①－260
ガス放出によって切り換える帯域フィルタ	10－08－18	S01173	②－178
ガス又は油の止め弁のある線路	11－03－09	S00415	②－417
ガス又は油の防御壁のある線路	11－03－08	S00414	②－416
ガス又は油の防御壁をう（迂）回する線路	11－03－10	S00416	②－418
片打ベル	08－A10－03	S00971	①－927
片方向バス表示子	12－55－01	S01732	②－889
活線脱着	03－02－18	S01849	①－227
活線用端子	03－02－19	S01836	①－228
滑走路距離灯	11－18－21	S00553	②－545
過電流継電器	07－17－05	S00342	①－770
過電流継電器	07－17－14	S00351	①－779
過電力量計	08－04－09	S00939	①－888
可動コイルタイプの表示，リボンタイプの表示	09－08－02	S01043	②－49
可動接点	02－17－04	S00211	①－161
可動接点形タップオフ付直線部	11－17－28	S00525	②－517
可動鉄片タイプの表示	09－08－03	S01044	②－50
可とう導波管	10－07－10	S01147	②－157
加入者用タップオフ	11－A8－01	S00437	②－589
壁敷設ケーブルチャンネル内接続部	11－19－24	S01451	②－570
壁付照明用コンセント	11－15－02	S00482	②－477
可変イコライザ	11－09－02	S00441	②－436
可変（一般図記号）	02－03－03	S00083	①－35
可変減衰器（可変アッテネータ）	10－16－02	S01245	②－245
可変コンデンサ	04－02－07	S00573	①－291

日本語名称（JIS）	図記号番号	識別番号	ページ
可変差動コンデンサ	04-02-11	S00577	①-293
可変正電圧調整器	13-13-02	S01798	②-1068
可変正電圧調整器（電流制限付き）	13-13-03	S01799	②-1069
可変調整（一般図記号）	02-03-01	S00081	①-33
可変抵抗器	04-01-03	S00557	①-278
可変平衡形コンデンサ	04-02-13	S00579	①-294
可変容量ダイオード	05-03-04	S00644	①-366
ガラス破壊検出器（窓用薄片），防犯警報器	11-19-18	S01445	②-564
火力発電所（運転中ほか）	11-02-04	S00394	②-396
火力発電所（計画中）	11-02-03	S00393	②-395
簡易検圧（検電）装置	07-18-03	S01843	①-782
感温体付き気体放電管	07-09-04	S00266	①-706
幹線分岐増幅器	11-06-02	S00431	②-429
貫通接続箱（単線表示）	03-04-04	S00053	①-251
貫通接続箱（複線表示）	03-04-03	S00052	①-250
【き】			
キースイッチ	11-14-15	S00480	②-475
キーボード	02-A11-05	S00142	①-182
キーボードさん孔機	09-A6-16	S01035	②-98
機械式開閉装置（3極）	07-13-13	S00295	①-726
機械的インターロック	02-12-11	S00154	①-103
機械的共振形継電器コイル	07-15-13	S00317	①-745
機械的結合（結合状態）	02-12-18	S00161	①-110
機械的結合（非結合状態）	02-12-17	S00160	①-109
機械的ラッチング形継電器コイル	07-15-14	S00318	①-746
機械的連結（回転）	02-12-03	S00146	①-95
機械的連結（力又は動き）	02-12-02	S00145	①-94
擬似電路遅延線	04-09-05	S00612	①-319
基準出力	13-05-06	S01758	②-1022
基準入力	13-05-05	S01757	②-1021
擬似ライン	10-16-12	S01255	②-255
奇数／偶数パリティ発生器／チェッカー	12-28-14	S01592	②-738
奇数素子（一般図記号）	12-27-07	S01572	②-718
輝度変調電極	05-08-03	S00709	①-426
機能接地	02-15-06	S01408	①-152
機能等電位結合	02-15-07	S01409	①-153
機能等電位結合	02-15-08	S01410	①-154
逆阻止2端子サイリスタ	05-04-01	S00650	①-372
逆阻止4端子サイリスタ	05-04-10	S00658	①-381

日本語名称（JIS）	図記号番号	識別番号	ページ
逆伝導3端子サイリスタ（ゲートの種類は無指定）	05－04－12	S00660	①－383
逆伝導2端子サイリスタ	05－04－02	S00651	①－373
逆電流	07－16－04	S00330	①－758
逆電流継電器	07－17－02	S00339	①－767
逆配置周波数帯域	10－21－16	S01306	②－298
逆方向ダイオード（単トンネルダイオード）	05－03－08	S00648	①－370
ギャップ付磁心入インダクタ，リアクトル	04－03－04	S00586	①－299
境界線	02－01－06	S00064	①－17
仰角可変アンテナ	10－04－05	S01106	②－126
共振器	10－07－16	S01153	②－160
共通イネイブル入力をもつ双方向切替えスイッチ，三組	12－29－11	S01606	②－752
共通永久磁石付き直流－直流回転変換機	06－05－04	S00826	①－553
共通出力素子記号枠	12－05－03	S01465	②－602
共通制御ブロック記号枠	12－05－02	S01464	②－601
共通励磁巻線付き直流－直流回転変換機	06－05－05	S00827	①－554
共電式電話機	09－05－03	S01019	②－40
共鳴発生器付き電話機	09－A5－10	S01024	②－92
極性表示子，出力	12－07－04	S01469	②－606
極性表示子，入力	12－07－03	S01468	②－605
極性表示子，右から左への出力	12－07－06	S01471	②－608
極性表示子，右から左への入力	12－07－05	S01470	②－607
極性表示子を伴うダイナミック入力	12－07－09	S01474	②－611
曲線部灯（白色1方向式ビーム，埋込形）	11－18－10	S00542	②－534
曲線部灯（緑色／緑色2方向式ビーム，埋込形）	11－18－09	S00541	②－533
記録及び再生の表示	09－08－09	S01050	②－56
記録機（一般図記号），再生機（一般図記号）	09－10－01	S01075	②－78
記録計（一般図記号）	08－01－02	S00911	①－860
記録電力計	08－03－01	S00928	①－877
記録電力計（記録無効電力計付）	08－03－02	S00929	①－878
記録の表示，再生の表示	09－08－08	S01049	②－55
近接検出装置	07－19－02	S00355	①－784
近接検出装置（静電容量形）	07－19－03	S00356	①－785
近接スイッチ	07－20－02	S00359	①－788
近接スイッチ（磁石の接近で作動）	07－20－03	S00360	①－789
近接スイッチ（鉄の接近で作動）	07－20－04	S00361	①－790
近接センサ	07－19－01	S00354	①－783
【く】			
偶数素子（一般図記号）	12－27－08	S01573	②－719

日本語名称（JIS）	図記号番号	識別番号	ページ
空洞共振器	10－08－17	S01172	②－177
空洞共振器との結合器	10－10－02	S01204	②－209
偶発的な直接接触に対する保護（一般図記号）	02－01－08	S00066	①－19
く（矩）形導波管	10－07－01	S01138	②－149
く（矩）形導波管	10－07－02	S01139	②－150
く（矩）形導波管との結合器	10－10－03	S01205	②－210
組立直線部	11－17－02	S00499	②－491
クラッチ，機械的結合	02－12－16	S00159	①－108
クラッディングモードストリッパ	10－24－08	S01333	②－318
グラフィックシステムプロセッサ	12－56－14	S01747	②－912
グリッド	05－07－13	S00705	①－424
グリッド付き円筒形集束電極	05－A8－02	S00713	①－452
グリッド付き電離箱	05－A15－01	S00782	①－508
クリッパ	10－17－01	S01267	②－267
グレイコード十進コード変換器	12－33－01	S01611	②－757
グレーディング群zで構成されている接続階てい	09－01－03	S00983	②－7
グレーデッドインデックス形光ファイバ（GI形）	10－23－04	S01321	②－313
クロスコネクション箇所	11－04－03	S00421	②－421
クロスバスイッチ（一般図記号）	09－04－11	S01014	②－35
クロスバスイッチの接続装置	09－04－12	S01015	②－36
クロス（4方向接続）	11－17－06	S00503	②－495
【け】			
計器用多段選択スイッチ（電圧回路用）	07－12－05	S01855	①－711
計器用多段選択スイッチ（電流回路用）	07－12－07	S01856	①－713
計器用変圧器	06－13－01A	S00878	①－609
計器用変圧器	06－13－01B	S00879	①－610
蛍光ターゲット	05－A7－04	S00704	①－449
警告灯（一般図記号），誘導案内灯（一般図記号）	11－18－20	S00552	②－544
計数管	05－A15－08	S00790	①－515
計数装置（カム作動形）	08－05－06	S00951	①－900
計数放電管	05－A14－05	S00774	①－502
計数放電管	05－A14－06	S00775	①－503
携帯無線局	10－A6－19	S01129	②－352
警報接点付きヒューズ	07－21－04	S00365	①－794
警報用バイパススイッチ	11－19－19	S01446	②－565
ケーブル終端（単心ケーブル）	03－04－02	S00051	①－249
ケーブル終端（複心ケーブル）	03－04－01	S00050	①－248
ケーブルトレー内接続部	11－19－23	S01450	②－569

日本語名称 (JIS)	図記号番号	識別番号	ページ
ケーブルの心線	03-01-09	S00009	①-202
ケーブルの心線	03-01-10	S00010	①-203
ケーブルラック上での接続部	11-19-22	S01449	②-568
結合器（又はフィード）（タイプは非指定）（一般図記号）	10-10-01	S01203	②-208
欠相検出継電器	07-17-12	S00349	①-777
煙感知器（イオン化式）	11-19-08	S01435	②-554
煙感知器（イオン化式）（隠蔽場所）	11-19-20	S01447	②-566
煙感知器（光学式）	11-19-09	S01436	②-555
減算器（一般図記号）	12-38-02	S01637	②-785
限時形過電流継電器	07-17-04	S00341	①-769
原子力発電所（運転中ほか）	11-02-06	S00396	②-398
原子力発電所（計画中）	11-02-05	S00395	②-397
減衰器（アッテネータ）	10-A8-29	S01167	②-362
減衰器（アッテネータ）	10-A8-30	S01168	②-363
減衰器（アッテネータ）	11-09-03	S00442	②-437
減衰等化器	10-16-15	S01258	②-258
検流計	08-02-12	S00924	①-873
【こ】			
コイル（一般図記号），巻線（一般図記号）	04-03-01	S00583	①-297
コイル装荷伝送線路，誘導装荷線路	10-A1-08	S01086	②-341
コイン（カード）式電話機	09-05-07	S01023	②-41
高域ディエンファシス器	10-16-09	S01252	②-252
高域プリエンファシス器	10-16-08	S01251	②-251
交換階てい	09-01-09	S00989	②-13
交換システムの中継方式図	09-A1-04	S00992	②-87
交換システムの中継方式図	09-A1-05	S00993	②-88
航空障害灯，警戒灯（赤色せん光全方向式ビーム）	11-18-18	S00550	②-542
航空灯火（地上形，一般図記号）	11-18-01	S00533	②-525
航空灯火（埋込形，一般図記号）	11-18-02	S00534	②-526
航空灯火（上部白色全方向式ビーム，下部白色1方向式ビーム，地上形）	11-18-11	S00543	②-535
航空灯火（上部白色全方向式ビーム，下部白色／白色2方向式ビーム，地上形）	11-18-12	S00544	②-536
航空灯火（白色／白色2方向式ビーム，埋込形）	11-18-06	S00538	②-530
航空灯火（白色／白色2方向式ビーム，地上形）	11-18-05	S00537	②-529
航空灯火（白色1方向式ビーム，埋込形）	11-18-04	S00536	②-528
航空灯火（白色1方向式ビーム，地上形）	11-18-03	S00535	②-527

日本語名称（JIS）	図記号番号	識別番号	ページ
航空灯火（白色せん光1方向式ビーム，埋込形）	11-18-14	S00546	②-538
航空灯火（白色せん光1方向式ビーム，地上形）	11-18-13	S00545	②-537
航空灯火（白色せん光全方向式ビーム）	11-18-19	S00551	②-543
航空灯火（白色全方向式ビーム，地上形）	11-18-07	S00539	②-531
航空灯火（白色全方向式ビーム，埋込形）	11-18-08	S00540	②-532
後進形発振管	05-A13-16	S00767	①-496
後進形発振管	05-A13-17	S00768	①-497
高速動作形継電器コイル	07-15-10	S00314	①-742
光電陰極	05-07-08	S00700	①-421
光電管，光電2極管	05-A14-07	S00777	①-504
交流	02-02-04	S01403	①-20
交流	02-02-19	S01404	①-32
交流	02-A2-04	S00107	①-175
交流感動形継電器コイル	07-15-12	S00316	①-744
交流（系統を表示）	02-A2-08	S00072	①-178
交流（高周波数）	02-02-11	S00075	①-24
交流（周波数の表示）	02-02-05	S00069	①-21
交流（周波数範囲の表示）	02-A2-06	S00070	①-176
交流（中間周波数）	02-02-10	S00074	①-23
交流（低周波数）	02-02-09	S00073	①-22
交流（電圧の表示）	02-A2-07	S00071	①-177
交流電力重畳通信線路	11-A3-11	S00417	②-583
交流不感動形継電器コイル	07-15-11	S00315	①-743
交流部分から整流された電流	02-02-12	S00076	①-25
コード変換器（一般図記号）	12-32-01	S01610	②-756
五組の相補出力付き Exclusive-OR（排他的論理和），1共通出力	12-28-09	S01587	②-733
個々の出線又は接点を示しているセレクタのレベル	09-03-07	S01002	②-24
個々の出線を記した1段動作セレクタ（ホームポジション付き）	09-04-09	S01012	②-33
故障	02-17-01	S00208	①-158
五進及び十進カウンタと六進カウンタの組合せ	12-49-12	S01699	②-850
誤操作防止機能付押しボタン	11-14-12	S00477	②-472
固定減衰器（アッテネータ）	10-16-01	S01244	②-244
固定正電圧調整器	13-13-01	S01797	②-1067
固定タップオフ付直線部	11-17-24	S00521	②-513
固定タップ付インダクタ，リアクトル	04-03-06	S00588	①-301
固定タップ付抵抗器	04-01-09	S00563	①-284

日本語名称（JIS）	図記号番号	識別番号	ページ
固定遅延素子	12－40－01	S01655	②－803
固定モード入力	12－09－49	S01542	②－684
異なる導電形領域の間の遷移	05－01－20	S00631	①－353
異なる導電形領域の間の真性領域	05－01－21	S00632	①－354
コネクタアセンブリ	03－03－11	S00038	①－236
コネクタ（アセンブリの可動部分）	03－03－10	S00037	①－235
コネクタ（アセンブリの固定部分）	03－03－09	S00036	①－234
個別の電流端子及び電圧端子付抵抗器	04－01－10	S00564	①－285
コレクタと，それと導電形が同じ領域との間にある真性領域	05－01－24	S00635	①－357
コレクタと，それと導電形が異なる領域との間にある真性領域	05－01－23	S00634	①－356
混合回路網	10－16－19	S01262	②－262
混合したチャネルで構成される帯域	10－21－17	S01307	②－299
コンセント（電力用，一般図記号）	11－13－01	S00457	②－452
コンデンサ（一般図記号）	04－02－01	S00567	①－288
【さ】			
再起動可能単安定素子	12－45－01	S01676	②－824
再起動可能単安定素子（一般図記号）	12－44－01	S01674	②－822
再起動不能単安定素子	12－45－02	S01677	②－825
再起動不能単安定素子（一般図記号）	12－44－02	S01675	②－823
最後に完全なパルスを出力した後で停止する非安定素子（一般図記号）	12－46－04	S01681	②－829
再生針式再生機	09－10－03	S01077	②－80
再生針式ステレオホニックの再生ヘッド	09－09－10	S01062	②－65
再生式電信中継器	09－A7－19	S01038	②－101
最大需要電力計	08－02－03	S00915	①－864
サイリスタを用いる始動調整器	07－14－08	S00304	①－736
材料（液体）	02－07－03	S00115	①－68
材料（エレクトレット）	02－07－05	S00117	①－70
材料（気体）	02－07－04	S00116	①－69
材料（固体）	02－07－02	S00114	①－67
材料（絶縁体）	02－07－07	S00119	①－72
材料（半導体）	02－07－06	S00118	①－71
材料（非指定）	02－07－01	S00113	①－66
サイレン	08－10－09	S00972	①－912
先入れ先出し記憶素子（一般図記号）	12－50－05	S01710	②－861
雑音発生器	10－A13－31	S01230	②－364
差動形電圧計	08－02－11	S00923	①－872
作動（下回った場合）	02－06－02	S00109	①－62
作動（ゼロ値になった場合）	02－06－04	S00111	①－64

日本語名称（JIS）	図記号番号	識別番号	ページ
作動装置（足踏み操作）	02-13-10	S00176	①-127
作動装置（一方向の圧縮空気操作又は水圧操作）	02-13-21	S00187	①-138
作動装置（一般図記号），継電器コイル（一般図記号）	07-15-01	S00305	①-737
作動装置（一般図記号），継電器コイル（一般図記号）	07-A15-01	S00306	①-849
作動装置（液体の流れによる駆動）	02-14-03	S00197	①-146
作動装置（液面による操作）	02-14-01	S00195	①-144
作動装置（押し操作）	02-13-05	S00171	①-122
作動装置（回転操作）	02-13-04	S00170	①-121
作動装置（カウンタによる駆動）	02-14-02	S00196	①-145
作動装置（鍵操作）	02-13-13	S00179	①-130
作動装置（カム形状板）	02-13-18	S00184	①-135
作動装置（カム形状操作）	02-13-17	S00183	①-134
作動装置（カム操作）	02-13-16	S00182	①-133
作動装置（カムとローラによる操作）	02-13-19	S00185	①-136
作動装置（機械的エネルギー蓄積による操作）	02-13-20	S00186	①-137
作動装置（気体の流れによる駆動）	02-14-04	S00198	①-147
作動装置（近隣効果操作）	02-13-06	S00172	①-123
作動装置（クランク操作）	02-13-14	S00180	①-131
作動装置，継電器コイル（結合表示）	07-15-03	S00307	①-738
作動装置，継電器コイル（結合表示）	07-A15-02	S00308	①-850
作動装置，継電器コイル（分離表示）	07-A15-03	S00309	①-851
作動装置，継電器コイル（分離表示）	07-A15-04	S00310	①-852
作動装置（手動）（一般図記号）	02-13-01	S00167	①-118
作動装置（接触操作）	02-13-07	S00173	①-124
作動装置（相対湿度による駆動）	02-14-05	S00199	①-148
作動装置（双方向の圧縮空気操作又は水圧操作）	02-13-22	S00188	①-139
作動装置（着脱可能ハンドル操作）	02-13-12	S00178	①-129
作動装置（てこ操作）	02-13-11	S00177	①-128
作動装置（電気時計操作）	02-13-27	S00193	①-142
作動装置（電磁効果による操作）	02-13-23	S00189	①-140
作動装置（電動機操作）	02-13-26	S00192	①-141
作動装置（半導体操作）	02-13-28	S00194	①-143
作動装置（ハンドル操作）	02-13-09	S00175	①-126
作動装置（引き操作）	02-13-03	S00169	①-120
作動装置（非常操作）	02-13-08	S00174	①-125
作動装置（保護付手動）	02-13-02	S00168	①-119
作動装置（ローラ操作）	02-13-15	S00181	①-132

日本語名称（JIS）	図記号番号	識別番号	ページ
作動（超過した場合）	02－06－01	S00108	①－61
作動（超過した場合，又は下回った場合）	02－06－03	S00110	①－63
差動電流	07－16－05	S00331	①－759
作動（2種類の特性量見積の絶対値が1ではなくなるときに作動する）	02－A18－09	S01832	①－187
作動（ほぼゼロ値の場合）	02－06－05	S00112	①－65
さん孔テープ	02－A11－02	S00139	①－179
算術演算機能素子（一般図記号）	13－06－01	S01778	②－1044
算術演算素子のキャリー（桁上げ）出力	12－09－42	S01535	②－677
算術演算素子のキャリー（桁上げ）伝ぱ（播）出力	12－09－44	S01537	②－679
算術演算素子のキャリー（桁上げ）伝ぱ（播）入力	12－09－43	S01536	②－678
算術演算素子のキャリー（桁上げ）入力	12－09－39	S01532	②－674
算術演算素子のキャリー（桁上げ）発生入力	12－09－40	S01533	②－675
算術演算素子のキャリー（桁上げ）発生出力	12－09－41	S01534	②－676
算術演算素子のボロー（借り）伝ぱ（播）出力	12－09－38	S01531	②－673
算術演算素子のボロー（借り）伝ぱ（播）入力	12－09－37	S01530	②－672
算術演算素子のボロー（借り）入力	12－09－33	S01526	②－668
算術演算素子のボロー（借り）発生出力	12－09－35	S01528	②－670
算術演算素子のボロー（借り）出力	12－09－36	S01529	②－671
算術演算素子のボロー（借り）発生入力	12－09－34	S01527	②－669
算術論理演算器（一般図記号）	12－38－06	S01641	②－789
三相移相器	06－10－19	S01837	①－599
三相移相器	06－10－20	S01838	①－600
三相回路	03－01－05	S00005	①－198
三相かご形誘導電動機	06－08－01	S00836	①－563
三相直巻電動機	06－06－03	S00830	①－557
三相巻線（相間接続なし）	06－01－04	S00799	①－530
三相巻線，開放三角結線（オープンデルタ結線）	06－02－06	S00807	①－538
三相巻線［V結線（60°）］	06－02－02	S00803	①－534
三相巻線形誘導電動機	06－08－03	S00838	①－565
三相巻線，三角結線（デルタ結線）	06－02－05	S00806	①－537
三相巻線，千鳥（ジグザグスター）結線，又は相互接続星形結線	06－02－09	S00810	①－541
三相巻線，T結線（スコット結線）	06－02－04	S00805	①－536
三相巻線，星形結線（スター結線）	06－02－07	S00808	①－539
三相誘導電圧調整器	06－12－01	S00876	①－607
三相誘導電圧調整器	06－12－02	S00877	①－608
三相リニア誘導電動機	06－08－05	S00840	①－567

日本語名称（JIS）	図記号番号	識別番号	ページ
残留機能付きメーク接点	07-A6-02	S00250	①-829
残留電圧	07-16-03	S00329	①-757
【し】			
磁わい（歪）効果	02-08-03	S00122	①-75
磁わい（歪）遅延線	04-09-02	S00609	①-316
磁界効果又は依存性	02-08-04	S00123	①-76
時間記録時計，タイムレコーダ	11-16-03	S00495	②-487
時間計，時間計数器	08-04-01	S00931	①-880
しきい値のプリセット機能付きベースリミッタ，しきい値のプリセット機能付きスレショルドデバイス	10-17-03	S01269	②-269
磁気記憶素子のマトリックス配列	04-A6-02	S00599	①-329
磁気結合デバイス	05-06-07	S00690	①-413
磁気消去ヘッド	09-09-17	S01069	②-72
磁気消去ヘッド	09-09-18	S01070	②-73
磁気タイプの表示	09-08-01	S01042	②-48
磁気抵抗素子	05-06-06	S00689	①-412
磁気ドラム形の記録機及び再生機	09-10-02	S01076	②-79
磁気ヘッド	09-09-13	S01065	②-68
磁気ヘッド	09-09-14	S01066	②-69
仕切り	02-01-07	S00065	①-18
磁気ロッドアンテナ	10-05-04	S01114	②-133
時限スイッチ（単極）	11-14-03	S00468	②-463
試験点表示	02-17-05	S00212	①-162
指示計器（一般図記号）	08-01-01	S00910	①-859
事象数計数機能	08-05-01	S00946	①-895
磁心入インダクタ，リアクトル	04-03-03	S00585	①-298
磁心入同軸チョーク，リアクトル	04-03-09	S00591	①-304
支線付配電柱の架線	11-19-26	S01453	②-572
磁束／電流方向の指示記号	04-A4-02	S00594	①-324
支柱付配電柱の架線	11-19-25	S01452	②-571
自動交換機	09-02-01	S00994	②-16
自動再閉路用装置，自動再閉路継電器	07-18-02	S00353	①-781
自動さん孔送信機	09-A6-15	S01034	②-97
自動制御	02-03-11	S00091	①-43
始動調整器	07-14-03	S00299	①-732
始動電極	05-A10-01	S00741	①-476
自動引外し機能	07-01-05	S00222	①-668
自動引外し装置付き電磁接触器	07-13-03	S00285	①-716
自動引外し装置付き負荷開閉器	07-13-09	S00291	①-722
自動復帰	02-12-07	S00150	①-99

日本語名称（JIS）	図記号番号	識別番号	ページ
自動復帰機能	07－A1－04	S00224	①－825
自動復帰するブレーク接点	07－A6－03	S00251	①－830
自動復帰するメーク接点	07－A6－01	S00249	①－828
シフト入力（左から右又は上から下）	12－09－18	S01510	②－651
シフト入力（右から左又は下から上）	12－09－19	S01511	②－652
シフトレジスタ（一般図記号）	12－48－01	S01685	②－834
ジャイレータ	10－08－22	S01177	②－182
ジャイロ	08－A9－03	S00964	①－924
車載無線局	10－A6－21	S01131	②－354
遮断器	07－13－05	S00287	①－718
遮断機能	07－01－02	S00219	①－665
遮蔽付同軸ケーブル	03－01－13	S00013	①－206
遮蔽付き2巻線単相変圧器	06－10－01	S00852	①－581
遮蔽付き2巻線単相変圧器	06－10－02	S00853	①－582
遮蔽導体	03－01－07	S00007	①－200
集線器	10－20－03	S01284	②－278
集線器	10－20－04	S01285	②－279
集線機能	10－20－01	S01282	②－276
従属電力量計（印字装置付，表示器）	08－04－12	S00942	①－891
従属電力量計（表示器）	08－04－11	S00941	①－890
終端装置	10－A18－36	S01272	②－369
終端装置（複雑）	10－A18－41	S01277	②－374
終端装置（平衡回路網付き）	10－A18－38	S01274	②－371
終端増幅器（分岐線又は分配線）	11－06－03	S00432	②－430
終端部給電ユニット	11－17－20	S00517	②－509
終端部給電ユニット（装置ボックス付）	11－17－22	S00519	②－511
しゅう（摺）動接点付抵抗器	04－01－05	S00559	①－280
しゅう（摺）動接点付抵抗器（開位置付）	04－01－06	S00560	①－281
しゅう（摺）動接点付ポテンショメータ	04－01－07	S00561	①－282
しゅう（摺）動接点付（半固定）ポテンショメータ	04－01－08	S00562	①－283
周波数可変正弦波発生器	10－13－05	S01229	②－234
周波数計	08－02－07	S00919	①－868
周波数逓倍器	10－14－03	S01233	②－236
周波数分割された4線式伝送回線	10－A2－13	S01091	②－346
周波数変換器（f1をf2に変換）	10－14－02	S01232	②－235
集約接続（一般図記号）	12－27－13	S01578	②－724
十六進数表示器	12－53－04	S01727	②－884
主回路直結始動器（可逆）	07－14－05	S00301	①－733
受光式ヘッドのディスクタイプ再生機	09－10－05	S01079	②－82
受光式モノホニックの再生ヘッド	09－09－11	S01063	②－66

日本語名称（JIS）	図記号番号	識別番号	ページ
受信	02-05-05	S00103	①-57
受信アンテナ付ヘッドエンド	11-05-01	S00428	②-426
受信アンテナなしのヘッドエンド	11-05-02	S00429	②-427
十進カウンタ	12-49-16	S01703	②-854
十進カウンタ	12-49-17	S01704	②-855
出中継呼が複数の接続段階を介して行われる交換階てい	09-01-10	S00990	②-14
出中継呼が異なる接続段階を介して行われる複合交換階てい	09-01-11	S00991	②-15
出中継呼が異なる接続段階を介して行われる複合マーキング階てい	09-01-08	S00988	②-12
出中継呼が複数の接続段階を介して行われるマーキング階てい	09-01-07	S00987	②-11
出力線グループ化	12-09-48	S01541	②-683
出力端子	11-08-02	S00438	②-433
出力ラッチをもつ4ビット算術論理演算器	12-39-11	S01654	②-802
受動宇宙局	10-A6-24	S01135	②-357
手動操作スイッチ（一般図記号）	07-07-01	S00253	①-693
手動操作の押しボタンスイッチ（自動復帰）	07-07-02	S00254	①-694
手動操作の引きボタンスイッチ（自動復帰）	07-07-03	S00255	①-695
手動操作のひねりスイッチ（非自動復帰）	07-07-04	S00256	①-696
手動台	09-02-02	S00995	②-17
手動発電機（磁石式発呼装置）	06-A4-01	S00822	①-656
シュミットトリガインバータ（反転器）；ヒステリシスをもつインバータ（反転器）	12-31-01	S01608	②-754
順変換装置・逆変換装置	06-14-06	S00897	①-631
消去の表示	09-08-10	S01051	②-57
消去ヘッド	09-09-12	S01064	②-67
乗算形ディジタル−アナログ変換器（DAC）	13-11-01	S01792	②-1061
乗算器	13-07-01	S01779	②-1045
乗算器（一般図記号）	12-38-04	S01639	②-787
周波数帯域	10-21-12	S01302	②-294
周波数帯域（一般図記号）	10-21-10	S01300	②-292
周波数帯域（主群）	10-21-11	S01301	②-293
小数点表示付き3桁7セグメント表示器	12-53-05	S01728	②-885
照明器具（一般図記号），蛍光灯（一般図記号）	11-15-04	S00484	②-478
照明用コンセント位置	11-15-01	S00481	②-476
初期値が1であるRS双安定素子	12-43-02	S01672	②-820
ショットキー効果	05-02-01	S00636	①-358
シングルモードステップインデックス形光ファイバ（SM形）	10-23-03	S01320	②-312

日本語名称（JIS）	図記号番号	識別番号	ページ
信号発生器（一般図記号）	10-13-01	S01225	②-230
信号変換器（一般図記号）	08-A7-01	S00958	①-921
信号用周波数	10-21-09	S01299	②-291
信号ランプ（せん光形）	08-10-02	S00966	①-908
信号レベル変換器（一般図記号）	12-34-01	S01623	②-769
真性領域に接続をもつPNINトランジスタ	05-05-08	S00670	①-393
真性領域に接続をもつPNIPトランジスタ	05-05-07	S00669	①-392
伸張器	10-16-11	S01254	②-254
シンチレーション検出器	05-A15-04	S00786	①-511
振動運動	02-04-06	S00098	①-51
振動検出器（一般図記号）	11-19-11	S01438	②-557
振動検出器，防犯警報器	11-19-17	S01444	②-563
侵入角指示灯（白色／赤色1方向式ビーム）	11-18-15	S00547	②-539
振幅変調搬送波	10-22-08	S01315	②-307
振幅変調搬送波	10-22-01	S01308	②-300
振幅変調搬送波	10-22-04	S01311	②-303
真／補，0/1素子，四組	12-28-15	S01593	②-739
【す】			
水銀陰極	05-A10-02	S00742	①-477
水中線路	11-03-02	S00408	②-410
スイッチ	07-A13-01	S00283	①-848
スイッチの確実動作	07-01-09	S00226	①-670
スイッチの組合せ，1組は押しボタン作動，1組はひねりボタン作動	07-A11-02	S00268	①-834
スイッチの組合せ（押すかひねるのいずれでも作動）	07-A11-03	S00269	①-836
水力発電所（運転中ほか）	11-02-02	S00392	②-394
水力発電所（計画中）	11-02-01	S00391	②-393
数箇所のタップオフ付直線部	11-17-25	S00522	②-514
数種類の電圧を安定させるガス入り定電圧放電管	05-A14-01	S00770	①-498
スクランブルを行った抑圧搬送波	10-22-07	S01314	②-306
スターデルタ始動器	07-14-06	S00302	①-734
ステッピングモータ（一般図記号），パルスモータ（一般図記号）	06-04-03	S00821	①-549
ステップ形の始動器	07-14-02	S00298	①-731
ステップ可動タップオフ付直線部	11-17-27	S00524	②-516
ステップ可変インダクタ，リアクトル	04-03-07	S00589	①-302
ステップ関数（正極性）	02-10-04	S00135	①-88
ステップ関数（負極性）	02-10-05	S00136	①-89
ステップ調整	02-03-08	S00088	①-40

日本語名称（JIS）	図記号番号	識別番号	ページ
ステップ動作	02－03－07	S00087	①－39
ステレオタイプの表示	09－08－04	S01045	②－51
素通し配線	11－12－03	S00452	②－447
ストライカ付き3極スイッチ	07－21－06	S00367	①－796
ストリップライン	10－07－06	S01143	②－154
ストリップライン	10－07－07	S01144	②－155
スピーカ（一般図記号）	09－09－07	S01059	②－62
スピーカ機能付き電話機	09－05－09	S01025	②－42
スピーカマイクロホン	09－09－08	S01060	②－63
スプリッタ（一般図記号）	10－24－09	S01334	②－319
スプリットビーム形二重ビームブラウン管	05－12－02	S00750	①－438
スポットライト	11－15－08	S00488	②－482
スライドカバー付コンセント（電力用）	11－13－05	S00461	②－456
スライド式短絡終端	10－08－24	S01179	②－184
ずれ防止装置	11－A4－06	S00424	②－585
ずれ防止装置付ケーブルのあるマンホール	11－A4－07	S00425	②－586
スロットアンテナ（フィーダ付き）	10－05－10	S01120	②－137
寸法データを表示した光ファイバケーブル	10－A23－44	S01322	②－377
寸法データを表示した光ファイバケーブル（例）	10－A23－45	S01323	②－378
【せ】			
制御付非安定素子（一般図記号）	12－46－02	S01679	②－827
制御無線局	10－A6－20	S01130	②－353
正弦波発生器（500 Hz）	10－13－02	S01226	②－231
整合終端	10－08－25	S01180	②－185
静止形継電器	07－26－02	S00380	①－809
静止形継電器	07－26－04	S00382	①－811
静止形継電器（一般図記号）	07－26－01	S00379	①－808
静止形スイッチ（一般図記号）	07－25－01	S00376	①－805
静止形熱動過負荷継電器	07－26－03	S00381	①－810
静止形（半導体使用）接触器	07－25－02	S00377	①－806
静電気形マイクロホン，コンデンサマイクロホン	09－A9－22	S01054	②－104
正のピーク値クリッパ	10－17－04	S01270	②－270
正配置周波数帯域	10－21－13	S01303	②－295
正配置波帯域をもつ低域搬送波	10－22－06	S01313	②－305
整流器（順変換装置）	06－14－03	S00894	①－628
整流接合	05－01－07	S00619	①－341
積算計（一般図記号）	08－01－03	S00912	①－861
積算電流計	08－04－02	S00932	①－881
積の最下位4ビットを発生する4ビット並列乗算器	12－39－05	S01648	②－796

日本語名称（JIS）	図記号番号	識別番号	ページ
積の最上位4ビットを発生する4ビット並列乗算器	12-39-06	S01649	②-797
絶縁形直流−直流変換器	13-11-04	S01795	②-1065
絶縁ゲート	05-01-13	S00624	①-346
絶縁された水銀陰極	05-A10-03	S00743	①-478
絶縁変圧器付コンセント（電力用）	11-13-08	S00464	②-459
接触センサ	07-19-04	S00357	①-786
接続（一般図記号）	03-01-01	S00001	①-193
接続階てい（一般図記号）	09-01-01	S00981	②-5
接続箇所	03-02-01	S00016	①-212
接続群	03-01-01	S00058	①-194
接続群（接続の数を表示）	03-01-02	S00002	①-195
接続群（接続の数を表示）	03-01-03	S00003	①-196
接続しない2系統の交差	11-17-07	S00504	②-496
接続箱（単線表示）	03-04-06	S00055	①-253
接続箱（複線表示）	03-04-05	S00054	①-252
接続部（露出）	11-19-21	S01448	②-567
接続ボックス，分岐ボックス	11-12-05	S00454	②-449
接続リンク（開）	03-03-19	S00046	①-244
接続リンク（閉）	03-03-17	S00044	①-242
接続リンク（閉）	03-03-18	S00045	①-243
接地（一般図記号）	02-15-01	S00200	①-149
接地極付コンセント（電力用），接地端子付コンセント（電力用）	11-13-04	S00460	②-455
接地極付コンセントをもつ固定タップオフ付直線部	11-17-31	S00528	②-520
設定した1段動作セレクタ	09-04-08	S01011	②-32
接点機能	07-01-01	S00218	①-664
接点の組合せ	07-05-06	S00248	①-692
セパレート形の受信さん孔機及び自動送信機	09-A6-17	S01036	②-99
セレクタの作動コイル	09-A3-06	S01003	②-89
セレクタのバンク又はレベル	09-03-06	S01001	②-23
セレクタのレベル（ワイパがノンブリッジ）	09-04-02	S01005	②-26
セレクタのレベル（ワイパがブリッジ）	09-04-01	S01004	②-25
セレクタのワイパ（ノンブリッジ形）	09-03-01	S00996	②-18
セレクタのワイパ（ブリッジ形）	09-03-02	S00997	②-19
全波接続（ブリッジ接続）の整流器	06-14-04	S00895	①-629
全反射する反射器	10-07-17	S01154	②-161
せん絡	02-17-02	S00209	①-159
線路集線装置（コンセントレータ），自動線路コネクタ	11-04-04	S00422	②-422

日本語名称（JIS）	図記号番号	識別番号	ページ
【そ】			
相入換ユニット	11－17－17	S00514	②－506
双しきい値入力	12－09－02	S01492	②－631
双しきい値入力と3ステート出力をもつバスドライバ，四組	12－29－04	S01597	②－743
送受信無線局	10－06－02	S01126	②－143
相順の反転	03－02－12	S00025	①－221
送信	02－05－04	S00102	①－56
送信／受信管	05－A14－10	S00780	①－507
装置ボックス	11－17－18	S00515	②－507
装置ボックス収納固定タップオフ付直線部	11－17－29	S00526	②－518
装置ボックス収納調整形タップオフ付直線部	11－17－30	S00527	②－519
双投形断路器，双投形アイソレータ	07－13－07	S00289	①－720
増幅（一般図記号）	10－25－03	S01457	②－327
増幅器（一般図記号）	13－08－01	S01781	②－1047
増幅器（一般図記号）	10－15－01	S01239	②－242
増幅器（一般図記号）	10－15－02	S01240	②－243
増幅器（サンプルホールド付き）（増幅率1）	13－09－06	S01787	②－1054
増幅器（サンプルホールド付き）（増幅率1）	13－09－08	S01789	②－1056
増幅器（増幅率選択式）	13－09－05	S01786	②－1053
増幅器として使用するメーザ	10－11－02	S01213	②－218
増幅器（入出力絶縁形）	13－09－07	S01788	②－1055
増幅機能付き電話機	09－A5－11	S01026	②－93
増幅なしバッファ	12－27－10	S01575	②－721
双方向降伏効果	05－02－04	S00639	①－361
双方向スイッチ	12－29－09	S01604	②－750
双方向性降伏ダイオード	05－03－07	S00647	①－369
双方向性3端子サイリスタ，トライアック	05－04－11	S00659	①－382
双方向性ダイオード	05－03－09	S00649	①－371
双方向性2端子サイリスタ，ダイアック	05－04－03	S00652	①－374
双方向増幅器	11－06－04	S00433	②－431
双方向増幅を行う2線式伝送回線	10－A2－10	S01088	②－343
双方向増幅を行う4線式伝送回線	10－A2－11	S01089	②－344
双方向増幅を行う4線式伝送回線	10－A2－12	S01090	②－345
双方向トランクの一つの群と相対する向きの単方向トランクの二つの群とを接続している接続階てい	09－01－05	S00985	②－9
双方向の信号の流れ	12－10－02	S01547	②－689
双方向バスドライバ，四組	12－29－06	S01599	②－745
双方向バスドライバ，8ビット並列	12－29－08	S01603	②－749
双方向バス表示子	12－55－02	S01733	②－890

日本語名称（JIS）	図記号番号	識別番号	ページ
双方向非電離コヒーレント放射	02－09－05	S00131	①－84
双方向非電離電磁放射	02－09－04	S00130	①－83
双方向マルチプレクサ／デマルチプレクサ（セレクタ）（一般図記号）	12－36－03	S01628	②－774
双方向マルチプレクサ／デマルチプレクサ（セレクタ）（一般図記号）	12－36－04	S01629	②－775
双方向4ビットシフトレジスタ	12－49－03	S01690	②－839
相補加算出力及び反転キャリー（桁上げ）出力をもつ1ビット全加算器	12－39－01	S01644	②－792
相補出力をもつパリティ発生器／チェッカー	12－28－12	S01590	②－736
測定用補助周波数	10－21－07	S01297	②－289
測定用補助周波数（要求時）	10－21－08	S01298	②－290
（ソケット又はプラグの）おす形接点	03－03－03	S00032	①－230
（ソケット又はプラグの）めす形接点	03－03－01	S00031	①－229
素子記号枠	12－05－01	S01463	②－600
ソリオンダイオード	05－A16－02	S00793	①－518
ソリオンテトロード	05－A16－03	S00794	①－519
【た】			
ターンオフサイリスタ（ゲートの種類は無指定）	05－04－07	S00655	①－378
ターンスタイルアンテナ	10－04－09	S01110	②－130
耐圧防水壁形ケーブルグランド	03－04－07	S00056	①－254
耐候性エンクロージャ（一般図記号）	11－04－01	S00419	②－419
耐候性エンクロージャ内の増幅箇所	11－04－02	S00420	②－420
対象	02－01－01	S00059	①－12
対象	02－01－02	S00060	①－13
対象	02－01－03	S00061	①－14
対称形ガス入り冷陰極形放電管	05－A14－03	S00772	①－500
対称コネクタ付きロータリジョイント	10－A7－28	S01152	②－361
対称導波管用コネクタ	10－A7－26	S01150	②－359
ダイナミック特性を伴う内部接続	12－08－03	S01477	②－615
ダイナミック特性を伴う内部入力（左側）	12－08－07	S01483	②－621
ダイナミック特性を伴う内部入力（右側）	12－08－07A	S01484	②－622
ダイナミック入力	12－07－07	S01472	②－609
ダイナミックRAM（ランダムアクセスメモリ）1 048 576×1ビット	12－51－11	S01722	②－878
ダイポール	10－05－05	S01115	②－134
タイマ	11－14－13	S00478	②－473
タイムスイッチ	11－14－14	S00479	②－474
太陽光発電所（運転中ほか）	11－02－10	S00400	②－402
太陽光発電所（計画中）	11－02－09	S00399	②－401

日本語名称（JIS）	図記号番号	識別番号	ページ
太陽光発電装置	06−18−06	S00908	①−645
多機能スイッチング装置	07−13−15	S01413	①−728
多極プラグ及びソケット（単線表示）	03−03−08	S00035	①−233
多極プラグ及びソケット（複線表示）	03−03−07	S00034	①−232
ダクト内線路，管内線路	11−03−04	S00410	②−412
多重アパーチャ電極	05−A8−03	S00714	①−453
多重化機能	10−20−05	S01286	②−280
多重化機能及び多重分離機能	10−20−07	S01288	②−282
多重分離機能	10−20−06	S01287	②−281
多種料率電力量計	08−04−08	S00938	①−887
多数決論理素子（一般図記号）	12−27−05	S01570	②−716
多段スイッチ	07−11−04	S00270	①−707
多段スイッチ（位置図を添えて示す場合）	07−11−06	S00272	①−709
多段スイッチ（最大4位置）	07−11−05	S00271	①−708
多段スイッチ（先行／遅延のメーク接点／ブレーク接点を示してある）	07−A11−10	S00279	①−844
多段スイッチ（漸増に接点を橋絡する場合）	07−A11−09	S00278	①−843
多段スイッチ（独立した回路をもつ場合）	07−A11−04	S00273	①−838
多段スイッチ（一つの位置が無効の場合）	07−A11−05	S00274	①−839
多段スイッチ（複数の接点を橋絡する場合）	07−A11−08	S00277	①−842
多段スイッチ（連続した複数の接点を橋絡する場合）	07−A11−07	S00276	①−841
多段スイッチ（ワイパー）	07−A11−06	S00275	①−840
多段遅延素子（10 ns 刻み）	12−40−03	S01657	②−805
立上げ配線	11−12−01	S00450	②−445
タップ（一般図記号）	10−24−11	S01336	②−321
タップ切換装置付き三相変圧器	06−10−13	S00864	①−593
タップ切換装置付き三相変圧器	06−10−14	S00865	①−594
単一方向性静止形スイッチ	07−25−03	S00378	①−807
単側波帯域抑圧搬送波	10−22−05	S01312	②−304
単側波帯復調器	10−19−04	S01281	②−275
単極スイッチ付コンセント（電力用）	11−13−06	S00462	②−457
段切換単極スイッチ	11−14−05	S00470	②−465
端子	03−02−02	S00017	①−213
端子に接続された同軸ケーブル	03−01−12	S00012	①−205
端子板	03−02−03	S00018	①−214
端子表示付き計器用多段選択スイッチ（電圧回路用）	07−12−06	S01858	①−712
端子表示付き計器用多段選択スイッチ（電流回路用）	07−12−08	S01857	①−714
単相かご形誘導電動機	06−08−02	S00837	①−564

日本語名称（JIS）	図記号番号	識別番号	ページ
単相単巻変圧器	06－11－01	S00870	①－601
単相単巻変圧器	06－11－02	S00871	①－602
単相直巻電動機	06－06－01	S00828	①－555
単相電圧調整変圧器	06－10－05	S00856	①－585
単相電圧調整変圧器	06－10－06	S00857	①－586
単相同期電動機	06－07－02	S00832	①－559
単相反発電動機	06－06－02	S00829	①－556
炭素積層抵抗器	04－01－11	S00565	①－286
単方向降伏効果	05－02－03	S00638	①－360
単方向増幅を行う2線式伝送回線	10－A2－09	S01087	②－342
単巻線	06－01－01	S00796	①－527
単巻変圧器（一般図記号）	06－09－06	S00846	①－573
単巻変圧器（一般図記号）	06－09－07	S00847	①－574
単巻変圧器を用いる始動器	07－14－07	S00303	①－735
端末の不連続素子	10－08－11	S01166	②－173
短絡終端	10－08－23	S01178	②－183
断路器，アイソレータ	07－13－10	S00292	①－723
断路器及び接地開閉器の複合機器	07－13－16	S01848	①－729
断路機能	07－01－03	S00220	①－666
【ち】			
チェレンコフ検出器	05－A15－05	S00787	①－512
遅延	02－08－05	S00124	①－77
遅延線（一般図記号），遅延素子（一般図記号）	04－09－01	S00608	①－315
遅延素子（100 ns）	12－40－02	S01656	②－804
遅延動作	02－12－05	S00148	①－97
遅延動作	02－12－06	S00149	①－98
遅延ひずみ補正器，遅延等化器	10－16－17	S01260	②－260
遅延ライン，5タップ	12－40－04	S01658	②－806
遅緩動作形及び遅緩復旧形継電器コイル	07－15－09	S00313	①－741
遅緩動作形継電器コイル	07－15－08	S00312	①－740
遅緩復旧形継電器コイル	07－15－07	S00311	①－739
蓄積電極	05－A8－09	S00720	①－459
地中線路	11－03－01	S00407	②－409
地熱発電所（運転中ほか）	11－02－08	S00398	②－400
地熱発電所（計画中）	11－02－07	S00397	②－399
着陸方向指示灯	11－18－17	S00549	②－541
チャネル伝導形（N形サブストレート上のPチャネル）	05－01－12	S00623	①－345
チャネル伝導形（P形サブストレート上のNチャネル）	05－01－11	S00622	①－344
中央部給電ユニット	11－17－21	S00518	②－510

日本語名称（JIS）	図記号番号	識別番号	ページ
中央部給電ユニット（装置ボックス付）	11-17-23	S00520	②-512
中間スイッチ	11-14-07	S00472	②-467
中間線	02-02-16	S00080	①-29
中間点引き出し単相変圧器	06-10-03	S00854	①-583
中間点引き出し単相変圧器	06-10-04	S00855	①-584
駐機誘導案内灯	11-18-22	S00554	②-546
柱上の線路集線装置	11-04-05	S00423	②-423
中性線	02-02-15	S00079	①-28
中性線	11-11-01	S00446	②-441
中性線及び保護導体の機能を兼用する導体	11-11-03	S00448	②-443
中性線及び保護導体をもつ三相配線	11-11-04	S00449	②-444
中性点	03-02-13	S00026	①-222
中性点電流	07-16-08	S00334	①-762
中性点引き出し付き，星形千鳥結線の三相変圧器	06-10-15	S00866	①-595
中性点引き出し付き，星形千鳥結線の三相変圧器	06-10-16	S00867	①-596
中性点を引き出した星形結線の三相同期発電機	06-07-03	S00833	①-560
中立点付き自動復帰形の有極形継電器	07-15-17	S00321	①-749
中性点を引き出した三相巻線，星形結線（スター結線）	06-02-08	S00809	①-540
超音波送受信機，水中聴音機	09-09-21	S01073	②-76
調光器	11-14-08	S00473	②-468
調整可能なE-H整合器	10-08-04	S01159	②-166
調整可能なスライド整合器	10-08-03	S01158	②-165
調整可能な整合器，調整可能な不連続素子	10-08-02	S01157	②-164
調整可能な多重スタブ整合器	10-08-05	S01160	②-167
調整端子	13-05-12	S01764	②-1028
直線運動（一方向）	02-04-01	S00093	①-46
直線運動（双方向）	02-04-02	S00094	①-47
直線部（一般図記号）	11-17-01	S00498	②-490
直熱陰極	05-07-06	S00698	①-420
直熱陰極	05-A7-02	S00699	①-447
直熱陰極形X線管	05-14-08	S00776	①-441
直熱陰極形3極管	05-11-01	S00744	①-434
直熱形熱電対	08-06-03	S00954	①-902
直熱形熱電対	08-A6-02	S00955	①-919
直流	02-02-17	S01401	①-30
直流	02-02-18	S01402	①-31
直流	02-A2-03	S00067	①-173
直流	02-A2-03	S01347	①-174

日本語名称（JIS）	図記号番号	識別番号	ページ
直流回路	03－01－04	S00004	①－197
直流直巻電動機	06－05－01	S00823	①－550
直流－直流変換装置（DC－DCコンバータ）	06－14－02	S00893	①－627
直流電力重畳通信線路	11－A3－12	S00418	②－584
直流複巻（内分巻）発電機	06－05－03	S00825	①－552
直流分巻電動機	06－05－02	S00824	①－551
直列入力相補直列出力8ビットシフトレジスタ	12－49－01	S01688	②－837
直交磁界用永久磁石	05－A9－08	S00734	①－470
直交磁界用電磁石	05－A9－09	S00735	①－471
直交方向にバイアスされたベースをもつNPNトランジスタ	05－05－06	S00668	①－391
地絡電流	07－16－07	S00333	①－761
【つ】			
突合せコネクタ	03－03－16	S00043	①－241
【て】			
ティー（3方向接続）	11－17－05	S00502	②－494
低減搬送周波数	10－21－03	S01293	②－285
抵抗器（一般図記号）	04－01－01	S00555	①－277
ディジタル	02－17－09	S00217	①－166
ディジタル出力	13－04－04	S01751	②－1015
ディジタル入力	13－04－03	S01750	②－1014
ディスクタイプの表示	09－08－05	S01046	②－52
低速波開回路	05－A9－06	S00729	①－468
低速波開回路に用いる電子非放出基部	05－A9－03	S00726	①－465
低速波結合器	05－A9－12	S00738	①－474
低速波閉回路	05－09－08	S00731	①－430
低速波閉回路に用いる電子非放出基部	05－A9－04	S00727	①－466
データロックアウトJK双安定素子	12－42－05	S01663	②－811
テープ式印刷受信機（キーボード通信機付き）	09－A6－13	S01031	②－95
テープタイプの表示，フィルムタイプの表示	09－08－06	S01047	②－53
テープの同時さん孔印刷	02－A11－03	S00140	①－180
デプレション形デバイスの伝導チャネル	05－01－05	S00617	①－339
デマルチプレクサ（一般図記号）	12－36－02	S01627	②－773
デュアルトーン多重周波数発生器（12トーンのペアを発生する）	12－56－05	S01738	②－898
デュアルトーン多重周波数発生器（12トーンのペアを発生する）	12－56－06	S01739	②－899
デュプレクス形電信中継器	09－07－02	S01039	②－47
テレファクス	09－06－05	S01033	②－46
電圧依存形有極性コンデンサ	04－02－16	S00582	①－296

日本語名称（JIS）	図記号番号	識別番号	ページ
電圧依存抵抗器	04－01－04	S00558	①－279
電圧監視器	13－18－01	S01806	②－1076
電圧計	08－02－01	S00913	①－862
電圧－周波数変換器	13－11－03	S01794	②－1064
電圧制御発振器，二組	12－47－02	S01684	②－833
電圧調整器（一般図記号）	13－12－01	S01796	②－1066
電圧調整式の単相単巻変圧器	06－11－05	S00874	①－605
電圧調整式の単相単巻変圧器	06－11－06	S00875	①－606
電圧比較器	13－15－01	S01801	②－1071
電圧比較器	13－15－02	S01802	②－1072
電圧フォロア	13－09－04	S01785	②－1052
展開機能	10－20－02	S01283	②－277
電界集束に用いる単一電極	05－A9－07	S00730	①－469
電気温水器	11－16－01	S00493	②－486
電気機械式位置表示器	08－10－04	S00968	①－910
電気機械式表示器，アナンシエータ素子	08－10－03	S00967	①－909
電気錠	11－16－04	S00496	②－488
電気通信用送信装置	09－06－01	S01029	②－44
電気的隔離による結合効果	02－08－07	S00126	①－79
電気的消去可能な 128k×8 ビット PROM（プログラマブル読出し専用記憶素子）	12－51－04A	S01715	②－869
電気的分離を伴う変換	02－03－13	S01407	①－45
電気分離形結合装置	07－27－01	S00383	①－812
電気分離形結合装置（光学的結合）	07－27－02	S00384	①－813
電極 3 個をもつ圧電結晶	04－07－02	S00601	①－307
電極 2 個をもつ圧電結晶	04－07－01	S00600	①－306
電極 2 対をもつ圧電結晶	04－07－03	S00602	①－308
電極をもつエレクトレット	04－07－04	S00603	①－309
電源供給箇所	11－10－03	S00445	②－440
電源遮断装置	11－10－02	S00444	②－439
電源装置	11－10－01	S00443	②－438
電源電圧供給端子	13－05－01	S01753	②－1017
電源電圧出力	13－05－03	S01755	②－1019
電源電流供給端子	13－05－02	S01754	②－1018
電源電流出力	13－05－04	S01756	②－1020
電子管と一体構造になっている空洞共振器	05－09－09	S00732	①－431
電磁継電器による操作	02－A13－24	S00190	①－183
電磁効果	02－08－02	S00121	①－74
電子式継電器で構成される作動装置	07－15－22	S00326	①－753
電子式チョッパ	10－16－20	S01263	②－263
電子銃組立品	05－A9－01	S00724	①－463

日本語名称（JIS）	図記号番号	識別番号	ページ
電磁接触器，電磁接触器の主メーク接点	07-13-02	S00284	①-715
電磁接触器の主ブレーク接点，電磁接触器	07-13-04	S00286	①-717
電磁偏向形ブラウン管	05-12-01	S00749	①-437
電子放出基部	05-A9-05	S00728	①-467
電信及びデータ伝送	10-A1-03	S01081	②-336
伝送形融着接続スターカプラ	10-24-13	S01338	②-323
伝送システム	10-22-10	S01317	②-309
伝送路と直列の不連続素子	10-08-07	S01162	②-169
伝送路と直列の並列共振不連続素子	10-08-10	S01165	②-172
伝送路と並列の不連続素子	10-08-06	S01161	②-168
伝送路と並列の容量性不連続素子	10-08-08	S01163	②-170
伝送路と並列の直列共振不連続素子	10-08-09	S01164	②-171
伝送路に結合したスライドプローブ	10-10-09	S01211	②-216
電動機始動器（一般図記号）	07-14-01	S00297	①-730
電動式セレクタ（ホームポジション付き）	09-04-06	S01009	②-30
伝導度測定用セル	05-A16-04	S00795	①-520
伝搬（一方向）	02-05-01	S00099	①-53
伝搬，双方向，同時	02-05-02	S00100	①-54
伝搬，双方向，同時でない	02-05-03	S00101	①-55
点滅器（一般図記号）	11-14-01	S00466	②-461
電離箱	05-15-01	S00781	①-442
電離放射	02-09-03	S00129	①-82
電流継電器	07-17-08	S00345	①-773
電量計	05-A16-01	S00792	①-517
電力量計	08-04-03	S00933	①-882
電力量計（一方向にだけ流れるエネルギーを測定）	08-04-04	S00934	①-883
電力量計（最大需要電力記録計付）	08-04-14	S00944	①-893
電力量計（最大需要電力計付）	08-04-13	S00943	①-892
電力量計（双方向電力量計）	08-04-07	S00937	①-886
電力量計（変換器付き）	08-04-10	S00940	①-889
電力量計（母線から流出するエネルギーを測定）	08-04-05	S00935	①-884
電力量計（母線へ流入するエネルギーを測定）	08-04-06	S00936	①-885
電話	10-A1-02	S01080	②-335
電話形絶縁ジャック	03-03-14	S00041	①-239
電話形プラグ及びジャック	03-03-12	S00039	①-237
電話機（一般図記号）	09-05-01	S01017	②-38
電話線，電話回線	10-A1-06	S01084	②-339

日本語名称（JIS）	図記号番号	識別番号	ページ
【と】			
同一鉄心に2個の二次巻線があるパルス変成器又は変流器	06-13-12	S00890	①-621
同一鉄心に2個の二次巻線があるパルス変成器又は変流器	06-13-13	S00891	①-622
同期検定器	08-02-08	S00920	①-869
同期式アップダウン十進カウンタ	12-49-14	S01701	②-852
同期装置（一般図記号）	08-A9-01	S00962	①-922
投光器	11-15-09	S00489	②-483
動作瞬時接点	07-03-01	S00236	①-680
動作復帰瞬時接点	07-03-03	S00238	①-682
同軸ケーブル	03-01-11	S00011	①-204
同軸遅延線	04-08-03	S00606	①-313
同軸遅延線	04-09-03	S00610	①-317
同軸導波管	10-07-05	S01142	②-153
同軸プラグ及びソケット	03-03-15	S00042	①-240
同心導体	03-01-18	S01807	①-211
導体束への接近点	03-01-17	S01415	①-210
導体断線検出継電器	07-17-11	S00348	①-776
導体の二重接続	03-02-06	S00021	①-217
導体の二重接続	03-02-07	S00022	①-218
導体非切断タップ	03-02-16	S00029	①-225
同調指示管	05-A11-02	S00748	①-480
導電形が同じ領域の間にある真性領域	05-01-22	S00633	①-355
導波コヒーレント光送信機	10-24-03	S01328	②-316
導波光受信機	10-24-02	S01327	②-315
導波光送信機	10-24-01	S01326	②-314
特殊増幅を伴う出力（ドライブ能力）	12-09-08A	S01499	②-639
特殊増幅を伴う入力（感度）	12-09-08B	S01500	②-640
特殊用途をもったプッシュボタン又はキー式電話機	09-A5-09	S01022	②-91
特定の位置を1か所設けたセレクタのアーク	09-03-05	S01000	②-22
特別な工具を必要とする接続点	03-02-17	S00030	①-226
特別な絶縁処理をした未接続の導体又はケーブルの端	03-01-15	S00015	①-208
独立した2系統の交差	11-17-08	S00505	②-497
時計（一般図記号）	08-08-01	S00959	①-904
時計（接点付）	08-08-03	S00961	①-906
ドライバ付き4相クロック発生器	12-47-01	S01683	②-831
ドライバ付き4相クロック発生器	12-56-04	S01737	②-897
ドラムタイプの表示	09-08-07	S01048	②-54

日本語名称（JIS）	図記号番号	識別番号	ページ
トルク変換器	08－A9－02	S00963	①－923
トンネル効果	05－02－02	S00637	①－359
トンネルダイオード	05－03－05	S00645	①－367
【な】			
内部出力（左側）	12－08－06A	S01482	②－620
内部出力（右側）	12－08－06	S01481	②－619
内部状態の初期値が状態0となるRS双安定素子	12－43－01	S01671	②－819
内部接続	12－08－01	S01475	②－612
内部接続	12－08－01A	S01476	②－613
内部接続における1固定出力	12－08－12	S01489	②－627
内部接続における0固定出力	12－08－13	S01490	②－628
内部にある補助回路又は回路構成部分の端子	13－05－11	S01763	②－1027
内部入力（左側）	12－08－05	S01479	②－617
内部入力（右側）	12－08－05A	S01480	②－618
内部配線を固定した直線部	11－17－10	S00507	②－499
内部プルアップ付入力	12－10－04	S01549	②－691
内部プルダウン付入力	12－10－03	S01548	②－690
内容アドレス記憶素子（一般図記号）	12－50－04	S01709	②－860
内容出力	12－09－46	S01539	②－681
内容入力	12－09－45	S01538	②－680
長さ調節可能な直線部	11－17－09	S00506	②－498
【に】			
二次電子放出グリッド	05－A8－06	S00717	①－456
二次電子放出陽極	05－A8－07	S00718	①－457
二次電池	06－15－01	S01341	①－633
二次巻線に1個のタップをもつ変流器	06－13－06	S00884	①－615
二次巻線に1個のタップをもつ変流器	06－13－07	S00885	①－616
二重ブレーク接点	07－02－09	S00235	①－678
二重放電ギャップ	07－22－02	S00372	①－801
二重メーク接点	07－02－08	S00234	①－677
二進コード－7セグメントドライバ付きデコーダ（復号器）	12－33－06	S01618	②－764
二進－BCDコード変換器	12－33－10	S01622	②－768
二進符号変換器	10－14－06	S01236	②－239
二相巻線（分離）	06－01－06	S00801	①－532
二相巻線	06－02－01	S00802	①－533
入線xと出線yとが接続している接続階てい	09－01－02	S00982	②－6
入力線グループ化	12－09－47	S01540	②－682

日本語名称（JIS）	図記号番号	識別番号	ページ
入力に同期して開始し，最後に完全なパルスを出力した後で停止する非安定素子（一般図記号）	12－46－05	S01682	②－830
入力に同期して開始する非安定素子（一般図記号）	12－46－03	S01680	②－828
入力マルチプレクサをもつD双安定素子	12－42－11	S01669	②－817
任意のコードに対するコード変換器	12－33－09	S01621	②－767
【ね】			
ねじれ導波管	10－07－11	S01148	②－158
熱感知器（一般図記号）	11－19－05	S01432	②－551
熱感知器（最大）	11－19－07	S01434	②－553
熱感知器（差動式）	11－19－06	S01433	②－552
熱継電器による操作	02－A13－25	S00191	①－184
熱源（一般図記号）	06－17－01	S00900	①－637
熱源（一般図記号）	11－19－27	S01851	②－573
熱効果	02－08－01	S00120	①－73
熱電対	08－06－01	S00952	①－901
熱電対	08－A6－01	S00953	①－918
熱動継電器で構成される作動装置	07－15－21	S00325	①－752
熱併給発電所（コージェネレーションシステム）（運転中ほか）	11－19－02	S01420	②－548
熱併給発電所（コージェネレーションシステム）（計画中）	11－19－01	S01419	②－547
熱ルミネセンス検出器	05－A15－06	S00788	①－513
燃焼による熱源	06－17－03	S00902	①－639
燃焼熱源による熱電発電装置	06－18－01	S00903	①－640
【の】			
能動宇宙局	10－A6－23	S01134	②－356
のこぎり（鋸）歯状波	02－10－06	S00137	①－90
のこぎり波発生器（500 Hz）	10－13－03	S01227	②－232
【は】			
配線2系統の直線部	11－17－32	S00529	②－521
配線2系統の直線部	11－17－33	S00530	②－522
排他的否定論理和（Exclusive NOR），四組	12－37－03	S01632	②－778
排他的論理和（Exclusive－OR）素子	12－27－09	S01574	②－720
配電盤，分電盤	11－12－07	S00456	②－451
バイパス付き増幅器	10－A15－35	S01243	②－368
ハイパスフィルタ	10－16－04	S01247	②－247
ハイブリッド円形分岐	10－09－11	S01195	②－200
ハイブリッド変成器	10－A18－39	S01275	②－372
パイロット周波数	10－21－04	S01294	②－286

索引【は】

日本語名称（JIS）	図記号番号	識別番号	ページ
パイロット周波数，超群のパイロット周波数	10－21－05	S01295	②－287
歯車のかみ合い	02－12－23	S00166	①－115
バストランシーバ，四組	12－29－03	S01596	②－742
波長計	08－02－09	S00921	①－870
バックワード効果	05－02－05	S00640	①－362
発光式ヘッドのフィルムタイプ記録機	09－10－04	S01078	②－81
発光ダイオード（LED）（一般図記号）	05－03－02	S00642	①－364
パッシブプルアップ出力	12－09－07	S01497	②－637
パッシブプルダウン出力	12－09－06	S01496	②－636
発電機の中性点（単線表示）	03－02－14	S00027	①－223
発電機の中性点（複線表示）	03－02－15	S00028	①－224
発電所（運転中ほか）	11－01－02	S00386	②－390
発電所（計画中）	11－01－01	S00385	②－389
発電装置（一般図記号）	06－16－01	S00899	①－635
発熱素子	04－01－12	S00566	①－287
ばね操作式デバイス	02－12－24	S01406	①－116
はめ込み形光コネクタ	10－A24－48	S01329	②－381
バリオメータ	04－03－08	S00590	①－303
パルス位置変調又はパルス位相変調（PPM）	10－12－01	S01218	②－223
パルスインバータ	10－14－05	S01235	②－238
パルス間隔変調（PIM）	10－12－04	S01221	②－226
パルス計数装置	08－05－02	S00947	①－896
パルス計数装置（手動でnにプリセット可能）	08－05－03	S00948	①－897
パルス計数装置（電気的に0にリセット可能）	08－05－04	S00949	①－898
パルス計数装置（複合接点付）	08－05－05	S00950	①－899
パルス（交流）	02－10－03	S00134	①－87
パルス再生器	10－14－08	S01238	②－241
パルス持続時間変調（PDM）	10－12－05	S01222	②－227
パルス周波数変調（PFM）	10－12－02	S01219	②－224
パルス振幅変調（PAM）	10－12－03	S01220	②－225
パルス（正極性）	02－10－01	S00132	①－85
パルストリガJK双安定素子	12－42－04	S01662	②－810
パルストリガRS双安定素子	12－42－08	S01666	②－814
パルス発生器	10－13－04	S01228	②－233
パルス幅変調器	13－16－01	S01803	②－1073
パルス（負極性）	02－10－02	S00133	①－86
パルス符号変調（PCM）	10－12－06	S01223	②－228
パルス符号変調器	10－19－03	S01280	②－274
パルス変成器	06－09－12	S01343	①－579
パルス変成器	06－09－13	S01344	①－580

日本語名称（JIS）	図記号番号	識別番号	ページ
半加算器	12-38-07	S01642	②-790
反限時特性	07-16-11	S00337	①-765
半固定コンデンサ	04-02-09	S00575	①-292
半固定調整	02-03-05	S00085	①-37
半固定調整	02-03-06	S00086	①-38
反射形クライストロン	05-13-03	S00753	①-439
反射形クライストロン	05-A13-01	S00751	①-481
反射形クライストロン	05-A13-02	S00752	①-482
反射形クライストロン	05-A13-03	S00754	①-483
反射形融着接続スターカプラ	10-24-14	S01339	②-324
反射電極（リフレクタ）	05-A9-02	S00725	①-464
搬送周波数	10-21-01	S01291	②-283
半導体検出器	05-15-05	S00785	①-443
半導体効果	02-08-06	S00125	①-78
半導体層に影響を及ぼす接合（N層に影響を与えるP領域）	05-01-09	S00620	①-342
半導体層に影響を及ぼす接合（P層に影響を与えるN領域）	05-01-10	S00621	①-343
半導体ダイオード（一般図記号）	05-03-01	S00641	①-363
半導体領域上にある，それと導電形が異なるエミッタ（N領域上にあるPエミッタ）	05-01-14	S00625	①-347
半導体領域上にある，それと導電形が異なるエミッタ（N領域上にある二つ以上のPエミッタ）	05-01-15	S00626	①-348
半導体領域上にある，それと導電形が異なるエミッタ（P領域上にあるNエミッタ）	05-01-16	S00627	①-349
半導体領域上にある，それと導電形が異なるコレクタ	05-01-18	S00629	①-351
半導体領域上にある，それと導電形が異なる二つ以上のエミッタ（P領域上にある二つ以上のNエミッタ）	05-01-17	S00628	①-350
半導体領域上にある，それと導電形が異なる二つ以上のコレクタ	05-01-19	S00630	①-352
バンドストップフィルタ	10-16-07	S01250	②-250
汎用デマルチプレクサ／デコーダ（復号器），二組	12-37-05	S01634	②-780
バンドパスフィルタ	10-16-06	S01249	②-249
汎用8ビットシフトレジスタ／記憶レジスタ	12-49-07	S01694	②-843
汎用8ビットシフトレジスタ／記憶レジスタ	12-49-08	S01695	②-845
【ひ】			
非安定素子（一般図記号）	12-46-01	S01678	②-826
ビーム分割電極	05-08-05	S00711	①-428

日本語名称（JIS）	図記号番号	識別番号	ページ
非オーバーラップ切換え接点	07－02－04	S00230	①－673
比較器（一般図記号）	12－38－05	S01640	②－788
比較器（一般図記号）	13－14－01	S01800	②－1070
比較器［＜（より小）出力］	13－05－19	S01771	②－1035
比較器（＞より大出力）	13－05－18	S01770	②－1034
比較器（＝等値　出力）	13－05－20	S01772	②－1036
比較器の＜（より小）出力	12－09－31	S01524	②－666
比較器の＜（より小）入力	12－09－28	S01521	②－663
比較器の＞（より大）出力	12－09－30	S01523	②－665
比較器の＞（より大）入力	12－09－27	S01520	②－662
比較器の＝（等値）出力	12－09－32	S01525	②－667
比較器の＝（等値）入力	12－09－29	S01522	②－664
比較器（不等値出力）	13－05－17	S01769	②－1033
光応答抵抗素子（LDR）；光導電素子	05－06－01	S00684	①－407
光減衰器（光アッテネータ）	10－A24－50	S01331	②－383
光合波器（一般図記号）	10－24－10	S01335	②－320
光電子放出蓄積電極	05－A8－10	S00721	①－460
光電子放出電極	05－A8－08	S00719	①－458
光導電性蓄積電極	05－A8－12	S00723	①－462
光バリア用溝付き光結合デバイス	05－06－09	S00692	①－415
光ファイバ（一般図記号），光ファイバケーブル（一般図記号）	10－23－01	S01318	②－310
光ファイバ光路の切換接点	10－A24－49	S01330	②－382
引込点（引込口装置）	11－12－06	S00455	②－450
引下げ配線	11－12－02	S00451	②－446
引外し自由機構（適用例）	07－13－12	S00294	①－725
引外し自由機構（トリップフリー）	07－13－11	S00293	①－724
非自動復帰機能	07－A1－05	S00225	①－826
非常停止スイッチ	07－07－06	S00258	①－698
非常用照明器具（電源内蔵形）	11－15－12	S00492	②－485
非常用照明器具（非常電源回路上）	11－15－11	S00491	②－484
ヒステリシスをもつ素子（一般図記号）	12－30－01	S01607	②－753
ひずみ補正器（一般図記号）	10－16－14	S01257	②－257
非線形可変	02－03－04	S00084	①－36
非線形調整	02－03－02	S00082	①－34
非対称（スキュー）ハイブリッド変成器	10－A18－40	S01276	②－373
非対称導波管用コネクタ	10－A7－27	S01151	②－360
否定及びダイナミック特性を伴う内部接続	12－08－04	S01478	②－616
否定出力積和論理（AND－OR－Invert）	12－28－03	S01581	②－727
否定入力をもつRSラッチ双安定素子	12－42－06	S01664	②－812
否定論理積（NAND）	12－28－01	S01579	②－725

日本語名称（JIS）	図記号番号	識別番号	ページ
否定論理和（NOR）	12-28-02	S01580	②-726
非電離コヒーレント放射	02-09-02	S00128	①-81
非電離電磁放射	02-09-01	S00127	①-80
非電離放射線熱源による熱電子半導体発電装置	06-18-04	S00906	①-643
非電離放射線熱源による熱電発電装置	06-18-02	S00904	①-641
一つの共通入力と相補出力をもつOR（論理和），五組	12-28-08	S01586	②-732
一つの共通入力をもつ奇数パリティ素子，二組	12-28-11	S01589	②-735
一つの群の入線と二つの群の出線とが接続されている接続階てい	09-01-04	S00984	②-8
一つの接続をもつ半導体領域	05-01-01	S00613	①-335
ヒューズ	07-21-02	S00363	①-792
ヒューズ（一般図記号）	07-21-01	S00362	①-791
ヒューズ，ストライカ付きヒューズ	07-21-03	S00364	①-793
ヒューズ付き開閉器	07-21-07	S00368	①-797
ヒューズ付き断路器，ヒューズ付きアイソレータ	07-21-08	S00369	①-798
ヒューズ付き負荷開閉器，負荷遮断用ヒューズ付き開閉器	07-21-09	S00370	①-799
表示素子（一般図記号）	12-52-01	S01723	②-879
表示ランプ付押しボタン	11-14-11	S00476	②-471
表面弾性波（SAW）の表示	09-08-11	S01052	②-58
表面弾性波（SAW）共振器	10-16-22	S01265	②-265
表面弾性波（SAW）遅延回路	10-16-23	S01266	②-266
表面弾性波（SAW）フィルタ	10-16-21	S01264	②-264
表面弾性波（SAW）変換器	09-09-22	S01074	②-77
避雷器	07-22-03	S00373	①-802
比率差電流	07-16-06	S00332	①-760
非論理接続	12-10-01	S01546	②-688
【ふ】			
ファクシミリ	02-11-06	S00143	①-92
ファラデーカップ	05-A15-07	S00789	①-514
ファン，換気扇	11-19-03	S01421	②-549
フィード付きパラボラアンテナ	10-05-13	S01123	②-140
フィルタ（一般図記号）	10-16-03	S01246	②-246
風向灯	11-18-16	S00548	②-540
風力発電所（運転中ほか）	11-02-12	S00402	②-404
風力発電所（計画中）	11-02-11	S00401	②-403
笛（電気式）	08-A10-04	S00974	①-928
フェライト磁心	04-A4-01	S00593	①-323
フェライト磁心マトリックス	04-A6-01	S00598	①-328

日本語名称（JIS）	図記号番号	識別番号	ページ
フェライトビーズ	04-03-10	S00592	①-305
フォールスルー式 16×5 ビット先入れ先出し記憶素子	12-51-10	S01721	②-877
フォトセル	05-06-03	S00686	①-409
フォトダイオード	05-06-02	S00685	①-408
フォトトランジスタ	05-06-04	S00687	①-410
負荷開閉器	07-13-08	S00290	①-721
負荷開閉機能	07-01-04	S00221	①-667
不揮発性 RS 双安定素子	12-43-03	S01673	②-821
複合機能	02-12-25	S01808	①-117
複合機能回路（グレーボックス）（一般図記号）	12-54-01	S01731	②-888
複合ケーブル	10-A23-46	S01324	②-379
複合スイッチ（一般図記号）	07-12-04	S01454	①-710
複合スイッチ（一般図記号）	07-A12-01	S00280	①-845
複合スイッチ（ウェーファ形）	07-A12-02	S00281	①-846
複合スイッチ（回転式ドラム形）	07-A12-03	S00282	①-847
複合電極	05-A7-03	S00702	①-448
複数回線用電話機	09-05-12	S01028	②-43
複数区画の直線部	11-17-34	S00531	②-523
複数区画の直線部	11-17-35	S00532	②-524
複数蛍光ランプの照明器具	11-15-05	S00485	②-479
複数蛍光ランプの照明器具	11-15-06	S00486	②-480
複数の主陽極をもつ整流器	05-A14-09	S00779	①-506
複数のチャネルからなる一つの群で構成されている正配置周波数帯域	10-21-14	S01304	②-296
複数のチャネルからなる一つの群で構成されている正配置周波数帯域	10-21-15	S01305	②-297
複流／交流式電信中継器	09-A7-21	S01041	②-103
ブザー	08-10-10	S00973	①-913
負性インピーダンス双方向増幅器	10-A15-34	S01242	②-367
不足インピーダンス継電器	07-17-09	S00346	①-774
不足電圧継電器	07-17-07	S00344	①-772
不足電力継電器	07-17-03	S00340	①-768
二つ以上の接続をもつ半導体領域	05-01-03	S00615	①-337
二つ以上の接続をもつ半導体領域	05-01-04	S00616	①-338
二つ以上の接続をもつ半導体領域	05-01-02	S00614	①-336
二つの多相系間の中性点電流	07-16-09	S00335	①-763
復帰瞬時接点	07-03-02	S00237	①-681
プッシュプルマイクロホン	09-09-03	S01055	②-60
プッシュボタン式電話機	09-A5-08	S01021	②-90
ブッシング形計器用変圧器	06-13-14	S01839	①-623

日本語名称（JIS）	図記号番号	識別番号	ページ
ブッシング形計器用変圧器	06－13－15	S01840	①－624
ブッシング形変流器	06－13－16	S01841	①－625
ブッシング形変流器	06－13－17	S01842	①－626
ブッフホルツ保護装置，気体継電器	07－18－01	S00352	①－780
負のピーク値クリッパ	10－17－05	S01271	②－271
部分反射する反射器	10－07－18	S01155	②－162
プラグ及びソケット	03－03－05	S00033	①－231
プラグ及びソケット形コネクタ（おす－おす形）	03－03－20	S00047	①－245
プラグ及びソケット形コネクタ（おす－めす形）	03－03－21	S00048	①－246
プラグ及びソケット形コネクタ（ソケットアクセス付おす－おす形）	03－03－22	S00049	①－247
ブラシ（スリップリング又は整流子に付いているもの）	06－03－04	S00818	①－546
プラズマ発電所（運転中ほか），電磁流体発電所（MHD）（運転中ほか）	11－02－14	S00404	②－406
プラズマ発電所（計画中），電磁流体発電所（MHD）（計画中）	11－02－13	S00403	②－405
プルスイッチ（単極）	11－14－09	S00474	②－469
ブレーキ	02－12－20	S00163	①－112
ブレーキ（解放状態）	02－12－22	S00165	①－114
ブレーキ（掛かり状態）	02－12－21	S00164	①－113
ブレーク接点	07－02－03	S00229	①－672
ブレーク接点（限時開路）	07－05－03	S00245	①－689
ブレーク接点（限時閉路）	07－05－04	S00246	①－690
ブレーク接点（先行開路）	07－04－04	S00242	①－686
ブレーク接点（遅延開路）	07－04－03	S00241	①－685
ブレーク接点付電話形プラグ及びジャック	03－03－13	S00040	①－238
ブレーク接点の自己動作温度スイッチ	07－09－03	S00265	①－705
フレーム接続	02－A15－04	S00203	①－186
フレーム地絡電圧，障害時のフレーム電位	07－16－02	S00328	①－756
触れ感応スイッチ	07－20－01	S00358	①－787
フレキシブル接続	03－01－06	S00006	①－199
フレキシブルユニット	11－17－14	S00511	②－503
プローブ結合器	10－10－08	S01210	②－215
プログラマブル周辺インタフェース	12－56－02	S01735	②－893
プログラマブルDMAコントローラ	12－56－03	S01736	②－895
プログラマブル読出し専用記憶素子（一般図記号）	12－50－02	S01707	②－858
プログラマブル論理デバイス（PLD）	12－56－13	S01746	②－910

日本語名称（JIS）	図記号番号	識別番号	ページ
プロジェクタ（一般図記号）	11－15－07	S00487	②－481
分岐	03－02－09	S00023	①－219
分岐器（3分岐）	11－07－02	S00435	②－432
分岐器（2分岐）	11－A7－01	S00434	②－587
分岐増幅器	11－06－01	S00430	②－428
分岐部における窓（アパーチャ）結合器	10－10－05	S01207	②－212
分周器	10－14－04	S01234	②－237
分巻励磁の三相同期回転変流機	06－07－05	S00835	①－562
【へ】			
平衡回路網	10－A18－37	S01273	②－370
平衡ユニット，バラン	10－25－02	S01418	②－326
平衡ユニット，バラン	10－A5－18	S01118	②－351
閉塞装置	02－12－14	S00157	①－106
閉塞装置（掛かり状態）	02－12－15	S00158	①－107
平方器	13－07－02	S01780	②－1046
平面偏波	10－03－01	S01094	②－114
閉ループ制御装置	06－19－01	S00909	①－646
並列出力8ビットシフトレジスタ	12－49－05	S01692	②－841
並列入出力4ビットシフトレジスタ	12－49－04	S01691	②－840
並列入力十進カウンタ	12－49－11	S01698	②－849
並列入力8ビットシフトレジスタ	12－49－06	S01693	②－842
ページ式印刷受信機	09－A6－14	S01032	②－96
ベースリミッタ，スレショルドデバイス	10－17－02	S01268	②－268
別個の警報接点付きヒューズ	07－21－05	S00366	①－795
ヘッドホン	09－A9－23	S01057	②－105
ヘッドホン	09－A9－24	S01058	②－106
ヘリカル結合器	05－A9－13	S00739	①－475
ベル	08－A10－02	S00970	①－926
変圧器付き信号ランプ	08－10－13	S00975	①－914
変換（一般図記号）	02－17－06A	S00214	①－164
変換（一般図記号）	10－08－14	S01169	②－174
変換器（一般図記号）	02－17－06	S00213	①－163
変換器（一般図記号）	10－A14－32	S01231	②－365
変換器（一般図記号）	13－10－01	S01791	②－1059
変換器ヘッド（一般図記号）	09－09－09	S01061	②－64
変換所（運転中ほか）	11－02－16	S00406	②－408
変換所（計画中）	11－02－15	S00405	②－407
変換装置（一般図記号）	06－A14－01	S00892	①－657
変調器（一般図記号），復調器（一般図記号），弁別器（一般図記号）	10－19－01	S01278	②－272
変電所（運転中ほか）	11－01－06	S00390	②－392

日本語名称（JIS）	図記号番号	識別番号	ページ
変電所（計画中）	11-01-05	S00389	②-391
偏波回転器	10-09-15	S01199	②-204
変流器（一般図記号）	06-09-10	S00850	①-577
変流器（一般図記号）	06-09-11	S00851	①-578
【ほ】			
方位アンテナ	10-04-07	S01108	②-128
方位固定アンテナ（水平偏波）	10-04-04	S01105	②-125
方位測定（ラジオビーコン）	10-03-08	S01101	②-121
方位測定アンテナ	10-04-06	S01107	②-127
方向可変アンテナ	10-04-03	S01104	②-124
方向性位相調整器	10-08-21	S01176	②-181
方向性カプラ（一般図記号）	10-24-15	S01340	②-325
方向性結合器	11-A7-03	S00436	②-588
方向性接続	03-01-16	S01414	①-209
方向探知無線受信局	10-06-03	S01127	②-144
放射方向（仰角可変）	10-03-06	S01099	②-119
放射方向（仰角固定）	10-03-05	S01098	②-118
放射方向（方位可変）	10-03-04	S01097	②-117
放射方向（方位固定）	10-03-03	S01096	②-116
放射方向（方位及び仰角固定）	10-03-07	S01100	②-120
放射方向偏向電極	05-A8-05	S00716	①-455
棒状LED（発光ダイオード）	12-53-01	S01724	②-881
防食用陽極	11-04-08	S00426	②-424
放電ギャップ	07-22-01	S00371	①-800
放電灯用安定器	11-A15-10	S00490	②-591
傍熱陰極	05-07-04	S00696	①-419
傍熱陰極	05-A7-01	S00697	①-446
傍熱陰極形ガス入り3極管	05-11-02	S00745	①-435
傍熱形熱電対	08-06-05	S00956	①-903
傍熱形熱電対	08-A6-03	S00957	①-920
ホーン	08-A10-01	S00969	①-925
ホーンアンテナ	10-05-11	S01121	②-138
ホーンフィード付きチーズ反射器	10-05-12	S01122	②-139
ホーンリフレクタアンテナ	10-05-14	S01124	②-141
保護ガス封入形放電管	07-22-04	S00374	①-803
保護ガス封入対称形放電管	07-22-05	S00375	①-804
保護継電器，保護継電器に関連する装置	07-16-01	S00327	①-755
保護接地	02-15-03	S00202	①-150
保護導体	11-11-02	S00447	②-442
保護等電位結合	02-15-05	S00204	①-151

日本語名称（JIS）	図記号番号	識別番号	ページ
星形結線の三相単巻変圧器	06－11－03	S00872	①－603
星形結線の三相単巻変圧器	06－11－04	S00873	①－604
星形結線の三相誘導電動機	06－08－04	S00839	①－566
星形三角結線の三相変圧器（スターデルタ結線）	06－10－07	S00858	①－587
星形三角結線の三相変圧器（スターデルタ結線）	06－10－08	S00859	①－588
星形三角結線の単相変圧器の三相バンク	06－10－11	S00862	①－591
星形三角結線の単相変圧器の三相バンク	06－10－12	S00863	①－592
星形星形結線の4タップ付き三相変圧器	06－10－09	S00860	①－589
星形星形結線の4タップ付き三相変圧器	06－10－10	S00861	①－590
星形星形三角結線の三相変圧器	06－10－17	S00868	①－597
星形星形三角結線の三相変圧器	06－10－18	S00869	①－598
保持入力	13－05－16	S01768	②－1032
補償形電離箱	05－A15－03	S00784	①－510
補償端子	13－05－13	S01765	②－1029
補助回路又は補助回路素子と外部接続する端子	13－05－10	S01762	②－1026
補助接続	13－04－05	S01752	②－1016
母線からのエネルギーの流れ	02－05－06	S00104	①－58
母線へのエネルギーの流れ	02－05－07	S00105	①－59
ボックス（一般図記号）	11－12－04	S00453	②－448
炎感知器	11－19－10	S01437	②－556
ホルデッドダイポール	10－05－06	S01116	②－135
ホルデッドダイポール（導波器及び反射器付き）	10－A5－17	S01117	②－350
ホルデッドダイポール（バラン及びフィーダ付き）	10－05－09	S01119	②－136
ボルトスイッチ，防犯警報器	11－19－16	S01443	②－562
ポンピング源としてキセノンランプを使用したルビーレーザ発生器	10－11－06	S01217	②－222
ポンプ	11－19－04	S01422	②－550
【ま】			
マーキング階てい	09－01－06	S00986	②－10
マイクロ波用アイソレータ	10－08－20	S01175	②－180
マイクロプロセッサ，8－bit	12－56－01	S01734	②－891
マイクロホン（一般図記号）	09－09－01	S01053	②－59
巻線1個をもつフェライト磁心	04－A4－03	S00595	①－325
巻線n個をもつフェライト磁心	04－A5－02	S00597	①－327
巻線5個をもつフェライト磁心	04－A5－01	S00596	①－326
巻線層間短絡検出継電器	07－17－10	S00347	①－775
巻線付磁わい（歪）遅延線	04－08－01	S00604	①－311

日本語名称（JIS）	図記号番号	識別番号	ページ
巻線付磁わい（歪）遅延線	04－08－02	S00605	①－312
マグネシウム製の防食用陽極	11－04－09	S00427	②－425
マグネトロン発振管	05－A13－14	S00765	①－494
マグネトロン発振管	05－A13－15	S00766	①－495
窓（アパーチャ）結合器（一般図記号）	10－10－04	S01206	②－211
マルチビット出力用ビットグループ化（一般図記号）	12－09－25	S01517	②－659
マルチビット入力用ビットグループ化（一般図記号）	12－09－24	S01516	②－657
マルチプレクサ（一般図記号）	12－36－01	S01626	②－772
マルチプレクサ，四組	12－37－02	S01631	②－777
マルチモードステップインデックス形光ファイバ	10－23－02	S01319	②－311
マンホール経由の線路	11－03－06	S00412	②－414
【み】			
右から左への信号の流れを示すダイナミック特性を伴う内部接続	12－08－10	S01487	②－625
右から左への信号の流れを示す内部接続	12－08－08	S01485	②－623
右から左への信号の流れを示す論理否定を伴う内部接続	12－08－09	S01486	②－624
右から左への信号の流れを示す論理否定とダイナミック特性を伴う内部接続	12－08－11	S01488	②－626
未接続の導体又はケーブルの端	03－01－14	S00014	①－207
【む】			
無給電中継局（一般図記号）	10－A6－22	S01132	②－355
無効電流計	08－02－02	S00914	①－863
無効電力計	08－02－04	S00916	①－865
無効電力継電器	07－17－06	S00343	①－771
無効電力量計	08－04－15	S00945	①－894
無雑音接地	02－A15－02	S00201	①－185
無線回線	10－A1－07	S01085	②－340
無線局（一般図記号）	10－06－01	S01125	②－142
無電圧継電器	07－17－01	S00338	①－766
無電池式電話機	09－A5－12	S01027	②－94
無ひずみ振幅リミッタ	10－16－18	S01261	②－261
【め】			
メーク接点（一般図記号），スイッチ（一般図記号）	07－02－01	S00227	①－671
メーク接点（一般図記号），スイッチ（一般図記号）	07－A2－02	S00228	①－827
メーク接点（限時）	07－05－05	S00247	①－691

日本語名称（JIS）	図記号番号	識別番号	ページ
メーク接点（限時開路）	07-05-02	S00244	①-688
メーク接点（限時閉路）	07-05-01	S00243	①-687
メーク接点（先行閉路）	07-04-01	S00239	①-683
メーク接点（遅延閉路）	07-04-02	S00240	①-684
メーザ（一般図記号）	10-11-01	S01212	②-217
【も】			
モードスクランブラ	10-24-07	S01332	②-317
モードフィルタ	10-08-19	S01174	②-179
モード抑圧	10-07-12	S01149	②-159
文字表示管（ガス入り多重冷陰極放電管）	05-A14-04	S00773	①-501
戻り止め	02-12-08	S00151	①-100
戻り止め（掛かり状態）	02-12-10	S00153	①-102
戻り止め（掛かりなし状態）	02-12-09	S00152	①-101
モノホニックの書込み・読取り・消去用磁気ヘッド	09-09-19	S01071	②-74
モノホニックの書込み・読取り・消去用磁気ヘッド	09-09-20	S01072	②-75
モノホニックの磁気書込みヘッド	09-09-15	S01067	②-70
モノホニックの磁気書込みヘッド	09-09-16	S01068	②-71
【や】			
矢印の方向に二次電子を放出する蓄積電極	05-A8-11	S00722	①-461
【ゆ】			
有極形継電器（安定形）	07-15-23	S01416	①-754
有極形継電器コイル	07-15-15	S00319	①-747
有極形継電器（自動復帰形）	07-15-16	S00320	①-748
有極性コンデンサ	04-02-05	S00571	①-290
融着接続形タップ	10-24-12	S01337	②-322
【よ】			
要求接続	12-09-52	S01545	②-687
陽極	02-02-13	S00077	①-26
陽極	05-07-11	S00703	①-423
抑圧パイロット周波数	10-21-06	S01296	②-288
抑圧搬送周波数	10-21-02	S01292	②-284
横方向偏向電極	05-08-01	S00707	①-425
横方向偏向電極	05-A8-01	S00708	①-451
読出し及び書込み専用アドレス付き4×4ビットRAM（ランダムアクセスメモリ）	12-51-06	S01717	②-873
読出し専用記憶素子（一般図記号）	12-50-01	S01706	②-857
より合わせ接続	03-01-08	S00008	①-201
四組の分周率をもつ分周器	12-49-18	S01705	②-856
四相巻線（中性点を引き出した）	06-02-03	S00804	①-535

日本語名称（JIS）	図記号番号	識別番号	ページ
【ら】			
ラインレシーバ	12－29－07A	S01601	②－747
ラインレシーバ，二組	12－29－07	S01600	②－746
ラインレシーバ，二組	12－29－07B	S01602	②－748
ラジオアイソトープからの熱源による熱電発電装置	06－18－03	S00905	①－642
ラジオアイソトープからの熱源による熱電子半導体発電装置	06－18－05	S00907	①－644
ラジオアイソトープによる熱源	06－17－02	S00901	①－638
ラジオビーコン送信局	10－06－04	S01128	②－145
ラベルグループ化（一般図記号）	12－09－25A	S01518	②－660
ランダムアクセス記憶素子（一般図記号）	12－50－03	S01708	②－859
ランプ（一般図記号）	08－10－01	S00965	①－907
ランプ（一般図記号）	11－A15－03	S00483	②－590
【り】			
リアクトル（一般図記号）	06－09－08	S00848	①－575
リアクトル（一般図記号）	06－09－09	S00849	①－576
リードスルーコンデンサ	04－02－03	S01411	①－289
リードスルーコンデンサ，リードスルーキャパシタ，貫通形コンデンサ，貫通形キャパシタ	04－A2－08	S00569	①－322
力率計	08－02－05	S00917	①－866
理想ジャイレータ	02－16－03	S00207	①－157
理想電圧源	02－16－02	S00206	①－156
理想電流源	02－16－01	S00205	①－155
リッジ導波管	10－07－04	S01141	②－152
リニアモータ（一般図記号）	06－04－02	S00820	①－548
リミットスイッチ（確実な開放ブレーク接点）	07－08－04	S00262	①－702
リミットスイッチ（機械的に連結される個別のメーク接点とブレーク接点）	07－08－03	S00261	①－701
リミットスイッチ（ブレーク接点）	07－08－02	S00260	①－700
リミットスイッチ（メーク接点）	07－08－01	S00259	①－699
両側波帯出力の変調器	10－19－02	S01279	②－273
量検出入力	13－05－07	S01759	②－1023
量子化電極	05－A8－04	S00715	①－454
量出力	13－05－08	S01760	②－1024
【る】			
ループアンテナ，枠形アンテナ	10－05－01	S01111	②－131
ループ結合器	10－10－07	S01209	②－214
ループ結合器付き4極子	05－A9－11	S00737	①－473
ループ線路の出力端子，直列配線の出力端子	11－08－03	S00439	②－434

日本語名称（JIS）	図記号番号	識別番号	ページ
ルックアヘッドキャリー（先見桁上げ）発生器（一般図記号）	12－38－03	S01638	②－786
ルビーレーザ発生器	10－11－05	S01216	②－221

【れ】

日本語名称（JIS）	図記号番号	識別番号	ページ
冷陰極	05－07－09	S00701	①－422
レーザ発生器	10－11－04	S01215	②－220
レーザ（光メーザ）（一般図記号）	10－11－03	S01214	②－219
レーダアンテナ	10－04－08	S01109	②－129
レジューサ	11－17－15	S00512	②－504
レバー操作式スイッチ	07－A11－01	S00267	①－832
レベルを表示している2段動作セレクタ	09－04－10	S01013	②－34
レマネント形継電器コイル	07－15－19	S00323	①－750
レマネント形継電器コイル	07－15－20	S00324	①－751
連結	02－12－01	S00144	①－93
連結	02－12－04	S00147	①－96
連接コンセント（電力用）	11－13－02	S00458	②－453
連接コンセント（電力用）	11－13－03	S00459	②－454
連想記憶問い合わせ入力	12－09－22	S01514	②－655
連想記憶比較出力	12－09－23	S01515	②－656
連続可動タップオフ付直線部	11－17－26	S00523	②－515
連続可変	02－03－09	S00089	①－41
連続可変磁心入インダクタ，リアクトル	04－03－05	S00587	①－300
連続可変（半固定）	02－03－10	S00090	①－42

【ろ】

日本語名称（JIS）	図記号番号	識別番号	ページ
ローカル電池式電話機	09－05－02	S01018	②－39
ローパスフィルタ	10－16－05	S01248	②－248
六相巻線（多角結線）	06－02－11	S00812	①－543
六相巻線（二重三角結線）	06－02－10	S00811	①－542
六相巻線（フォーク結線，中性点を引き出した）	06－02－13	S00814	①－545
六相巻線，星形結線（スター結線）	06－02－12	S00813	①－544
ロンビックアンテナ	10－05－02	S01112	②－132
論理一致素子（一般図記号）	12－27－06	S01571	②－717
論理限定素子（一般図記号）	12－27－04	S01569	②－715
論理しきい値素子（一般図記号）	12－27－03	S01568	②－714
論理積（AND）素子（一般図記号）	12－27－02	S01567	②－713
論理否定	12－27－11	S01576	②－722
論理否定，出力	12－07－02	S01467	②－604
論理否定，入力	12－07－01	S01466	②－603
論理否定を伴うダイナミック入力	12－07－08	S01473	②－610

日本語名称（JIS）	図記号番号	識別番号	ページ
論理否定を伴う内部接続	12-08-02	S01809	②-614
論理和（OR）素子（一般図記号）	12-27-01	S01566	②-712

英 語 索 引

*索引はⅠ・Ⅱ巻共通であり，①はⅠ巻（本書），②はⅡ巻を表します。

英語名称（IEC 60617）	図記号番号	識別番号	ページ*
3 - state output	12 - 09 - 08	S01498	② - 638
【A】			
AC power feeding on telecommunication lines	11 - A3 - 11	S00417	② - 583
Access chamber with a cable having anti - creepage device	11 - A4 - 07	S00425	② - 586
Acoustic detector, general symbol	11 - 19 - 12	S01439	② - 558
Acoustic signalling device, general symbol	08 - 10 - 06	S01417	① - 911
Action in steps	02 - 03 - 07	S00087	① - 39
Actuating (approximately equal to zero)	02 - 06 - 05	S00112	① - 65
Actuating (either higher than or lower than)	02 - 06 - 03	S00110	① - 63
Actuating (equal to zero)	02 - 06 - 04	S00111	① - 64
Actuating (higher than)	02 - 06 - 01	S00108	① - 61
Actuating (lower than)	02 - 06 - 02	S00109	① - 62
Actuating (when the absolute value of the quotient of two kinds of characteristic quantity deviates from 1)	02 - A18 - 09	S01832	① - 187
Actuator (actuated by a counter)	02 - 14 - 02	S00196	① - 145
Actuator (actuated by electromagnetic device)	02 - A13 - 24	S00190	① - 183
Actuator (actuated by electromagnetic effect)	02 - 13 - 23	S00189	① - 140
Actuator (actuated by fluid flow)	02 - 14 - 03	S00197	① - 146
Actuator (actuated by gas flow)	02 - 14 - 04	S00198	① - 147
Actuator (actuated by liquid level)	02 - 14 - 01	S00195	① - 144
Actuator (actuated by pneumatic or hydraulic power/ single action)	02 - 13 - 21	S00187	① - 138
Actuator (actuated by pneumatic or hydraulic power/double acting)	02 - 13 - 22	S00188	① - 139
Actuator (actuated by relative humidity)	02 - 14 - 05	S00199	① - 148
Actuator (actuated by thermal device)	02 - A13 - 25	S00191	① - 184
Actuator (operated by cam and roller)	02 - 13 - 19	S00185	① - 136
Actuator (operated by cam)	02 - 13 - 16	S00182	① - 133
Actuator (operated by cam/cam profile)	02 - 13 - 17	S00183	① - 134
Actuator (operated by cam/profile plate)	02 - 13 - 18	S00184	① - 135
Actuator (operated by crank)	02 - 13 - 14	S00180	① - 131

英語名称（IEC 60617）	図記号番号	識別番号	ページ
Actuator (operated by electric clock)	02−13−27	S00193	①−142
Actuator (operated by electric motor)	02−13−26	S00192	①−141
Actuator (operated by handwheel)	02−13−09	S00175	①−126
Actuator (operated by key)	02−13−13	S00179	①−130
Actuator (operated by lever)	02−13−11	S00177	①−128
Actuator (operated by pedal)	02−13−10	S00176	①−127
Actuator (operated by proximity effect)	02−13−06	S00172	①−123
Actuator (operated by pulling)	02−13−03	S00169	①−120
Actuator (operated by pushing)	02−13−05	S00171	①−122
Actuator (operated by removable handle)	02−13−12	S00178	①−129
Actuator (operated by roller)	02−13−15	S00181	①−132
Actuator (operated by stored mechanical energy)	02−13−20	S00186	①−137
Actuator (operated by touching)	02−13−07	S00173	①−124
Actuator (operated by turning)	02−13−04	S00170	①−121
Actuator (semiconductor)	02−13−28	S00194	①−143
Actuator, emergency	02−13−08	S00174	①−125
Actuator, manual (protected)	02−13−02	S00168	①−119
Actuator, manual, general symbol	02−13−01	S00167	①−118
Adder, general symbol	12−38−01	S01636	②−784
Additional measuring frequency	10−21−07	S01297	②−289
Additional measuring frequency (on request)	10−21−08	S01298	②−290
Adjustability step by step	02−03−08	S00088	①−40
Adjustability, general symbol	02−03−01	S00081	①−33
Adjustability, non−linear	02−03−02	S00082	①−34
Adjustability, pre−set	02−03−05	S00085	①−37
Adjustment terminal	13−05−12	S01764	②−1028
Aeronautical ground light, elevated, general symbol	11−18−01	S00533	②−525
Aeronautical ground light, surface, general symbol	11−18−02	S00534	②−526
Aeronautical ground light, white colour and omni−directional beam, elevated	11−18−07	S00539	②−531
Aeronautical ground light, white colour and omni−directional beam, surface	11−18−08	S00540	②−532
Aeronautical ground light, white colour and uni−directional beam, elevated	11−18−03	S00535	②−527
Aeronautical ground light, white colour and uni−directional beam, surface	11−18−04	S00536	②−528
Aeronautical ground light, white flashing omni−directional beam	11−18−19	S00551	②−543

英語名称（IEC 60617）	図記号番号	識別番号	ページ
Aeronautical ground light, white flashing uni-directional beam, elevated	11-18-13	S00545	②-537
Aeronautical ground light, white flashing uni-directional beam, surface	11-18-14	S00546	②-538
Aeronautical ground light, white omni-directional beam on top, and white uni-directional beam below, elevated	11-18-11	S00543	②-535
Aeronautical ground light, white omni-directional beam on top, and white/white bi-directional beam below, elevated	11-18-12	S00544	②-536
Aeronautical ground light, white/white colour and bi-directional beam, elevated	11-18-05	S00537	②-529
Aeronautical ground light, white/white colour and bi-directional beam, surface	11-18-06	S00538	②-530
Alphanumeric display, four 16-segment characters	12-53-06	S01729	②-886
Alphanumeric display, four 5x7-dot characters	12-53-07	S01730	②-887
Alternating current	02-02-04	S01403	①-20
Alternating current	02-A2-04	S00107	①-175
Alternating current (indication of frequency range)	02-A2-06	S00070	①-176
Alternating current (indication of frequency range: high)	02-02-11	S00075	①-24
Alternating current (indication of frequency range: low)	02-02-09	S00073	①-22
Alternating current (indication of frequency range: medium)	02-02-10	S00074	①-23
Alternating current (indication of frequency)	02-02-05	S00069	①-21
Alternating current (indication of system)	02-A2-08	S00072	①-178
Alternating current (indication of voltage)	02-A2-07	S00071	①-177
Alternating current /Form 2	02-02-19	S01404	①-32
Am-input	12-23-01	S01565	②-711
Ampere-hour meter	08-04-02	S00932	①-881
Amplification, general symbol	10-25-03	S01457	②-327
Amplifier with automatic gain control	02-03-12	S00092	①-44
Amplifier with by-pass	10-A15-35	S01243	②-368
Amplifier with external adjustability	10-A15-33	S01241	②-366
Amplifier with return channel	11-06-04	S00433	②-431
Amplifier with selectable amplification	13-09-05	S01786	②-1053
Amplifier, both ways, with negative impedance	10-A15-34	S01242	②-367

英語名称（IEC 60617）	図記号番号	識別番号	ページ
Amplifier, general symbol /Form 1	10−15−01	S01239	②−242
Amplifier, general symbol /Form 2	10−15−02	S01240	②−243
Amplifier, general symbol /Form 3	13−08−01	S01781	②−1047
Amplifier, isolating	13−09−07	S01788	②−1055
Amplifying point in a weather−proof enclosure	11−04−02	S00420	②−420
Amplitude limiter without distortion	10−16−18	S01261	②−261
Amplitude−modulated carrier	10−22−01	S01308	②−300
Amplitude−modulated carrier	10−22−03	S01310	②−302
Amplitude−modulated carrier	10−22−04	S01311	②−303
Amplitude−modulated carrier	10−22−08	S01315	②−307
Analog−to−digital converter, 10−bit	12−56−09	S01742	②−904
Analog−to−digital converter, 10−bit / Simplified form	12−56−10	S01743	②−906
Analogue	02−17−08	S00216	①−165
Analogue data selector (multiplexer/demultiplexer), 4−channel, dual	12−37−06	S01635	②−782
Analogue input	13−04−01	S01748	②−1012
Analogue multiplexer/demultiplexer, triple	13−17−02	S01805	②−1075
Analogue operand input	13−05−09	S01761	②−1025
Analogue output	13−04−02	S01749	②−1013
Analogue switch	13−17−01	S01804	②−1074
AND element, general symbol	12−27−02	S01567	②−713
AND with negated output (NAND)	12−28−01	S01579	②−725
AND−OR−Invert	12−28−03	S01581	②−727
AND−OR−Invert, expandable	12−28−06	S01584	②−730
Anode	05−07−11	S00703	①−423
Anode with secondary emission	05−A8−07	S00718	①−457
Antenna with circular polarization	10−04−02	S01103	②−123
Antenna with direction of radiation variable in azimuth	10−04−03	S01104	②−124
Antenna with direction of radiation variable in elevation	10−04−05	S01106	②−126
Antenna with reflector, horn type	10−05−14	S01124	②−141
Antenna, general symbol	10−04−01	S01102	②−122
Antenna, horn type	10−05−11	S01121	②−138
Antenna, loop; Antenna, frame	10−05−01	S01111	②−131
Antenna, magnetic rod	10−05−04	S01114	②−133
Antenna, parabolic, with feeder	10−05−13	S01123	②−140
Antenna, rombic	10−05−02	S01112	②−132

英語名称（IEC 60617）	図記号番号	識別番号	ページ
Antenna, slot type, with feeder	10－05－10	S01120	②－137
Antenna, turnstile	10－04－09	S01110	②－130
Anti－creepage device	11－A4－06	S00424	②－585
Arc or bank of single－motion selector	09－03－03	S00998	②－20
Arc or bank of two－motion selector	09－03－04	S00999	②－21
Arithmetic logic unit with output latches, 4－bit	12－39－11	S01654	②－802
Arithmetic logic unit, 4－bit	12－39－10	S01653	②－801
Arithmetic logic unit, general symbol	12－38－06	S01641	②－789
Artificial line	10－16－12	S01255	②－255
Assembled straight section	11－17－02	S00499	②－491
Astable element stopping after completing the last pulse, general symbol	12－46－04	S01681	②－829
Astable element, general symbol	12－46－01	S01678	②－826
Astable element, synchronously starting, general symbol	12－46－03	S01680	②－828
Astable element, synchronously starting, stopping after completing the last pulse, general symbol	12－46－05	S01682	②－830
Asymmetric (skew) hybrid transformer	10－A18－40	S01276	②－373
Attenuation equalizer	10－16－15	S01258	②－258
Attenuator	11－09－03	S00442	②－437
Attenuator /Other form	10－A8－29	S01167	②－362
Attenuator /Other form	10－A8－30	S01168	②－363
Attenuator, fixed loss	10－16－01	S01244	②－244
Attenuator, variable loss	10－16－02	S01245	②－245
Audio intercommunication equipment	11－16－05	S00497	②－489
Automatic control	02－03－11	S00091	①－43
Automatic return	02－12－07	S00150	①－99
Automatic return function	07－A1－04	S00224	①－825
Automatic switching equipment	09－02－01	S00994	②－16
Automatic transmitter using perforated tape	09－A6－15	S01034	②－97
Automatic tripping function	07－01－05	S00222	①－668
Auto－transformer, general symbol /Form 1	06－09－06	S00846	①－573
Auto－transformer, general symbol /Form 2	06－09－07	S00847	①－574
Auto－transformer, single－phase /Form 1	06－11－01	S00870	①－601
Auto－transformer, single－phase /Form 2	06－11－02	S00871	①－602
Auto－transformer, single－phase with voltage regulation /Form 1	06－11－05	S00874	①－605
Auto－transformer, single－phase with voltage regulation /Form 2	06－11－06	S00875	①－606

英語名称（IEC 60617）	図記号番号	識別番号	ページ
Auto-transformer, three-phase, connection star /Form 1	06-11-03	S00872	①-603
Auto-transformer, three-phase, connection star /Form 2	06-11-04	S00873	①-604
Auxiliary apparatus for discharge lamp	11-A15-10	S00490	②-591

【B】

英語名称（IEC 60617）	図記号番号	識別番号	ページ
Backward diode (unitunnel diode)	05-03-08	S00648	①-370
Backward effect	05-02-05	S00640	①-362
Backward travelling wave oscillator tube	05-A13-16	S00767	①-496
Backward travelling wave oscillator tube / Simplified form	05-A13-17	S00768	①-497
Balancing network	10-A18-37	S01273	②-370
Balancing unit; Balun	10-25-02	S01418	②-326
Balancing unit; Balun	10-A5-18	S01118	②-351
Band of five channels	10-22-09	S01316	②-308
Band of frequencies	10-21-12	S01302	②-294
Band of mixed channels	10-21-17	S01307	②-299
Band-pass filter	10-16-06	S01249	②-249
Band-pass filter switched by gas discharge	10-08-18	S01173	②-178
Band-stop filter	10-16-07	S01250	②-250
Base limiter with preset of the threshold adjustment; Threshold device with preset adjustment of the threshold	10-17-03	S01269	②-269
Base limiter; Threshold device	10-17-02	S01268	②-268
Battery of primary or secondary cells	06-15-01	S01342	①-634
Beam-splitting electrode	05-08-05	S00711	①-428
Bell	08-A10-02	S00970	①-926
Bidirectional breakdown effect	05-02-04	S00639	①-361
Bidirectional change-over switch with common enable, triple	12-29-11	S01606	②-752
Bidirectional diode	05-03-09	S00649	①-371
Bidirectional diode thyristor; Diac	05-04-03	S00652	①-374
Bidirectional multiplexer/demultiplexer (selector), general symbol	12-36-03	S01628	②-774
Bidirectional multiplexer/demultiplexer (selector), general symbol	12-36-04	S01629	②-775
Bidirectional signal flow	12-10-02	S01547	②-689
Bidirectional switch	12-29-09	S01604	②-750
Bidirectional triode thyristor; Triac	05-04-11	S00659	①-382
Binary counter, 14-stage /Form 2	12-49-10	S01697	②-848
Binary counter, 4-bit, synchronous up/down	12-49-15	S01702	②-853

英語名称 (IEC 60617)	図記号番号	識別番号	ページ
Binary ripple counter, 14 − stage /Form 1	12 − 49 − 09	S01696	② − 847
Bit grouping for multibit input, general symbol	12 − 09 − 24	S01516	② − 657
Bit grouping for multibit output, general symbol	12 − 09 − 25	S01517	② − 659
Bi − threshold detector with inverted output	12 − 31 − 01	S01608	② − 754
Bi − threshold input	12 − 09 − 02	S01492	② − 631
Blocking device	02 − 12 − 14	S00157	① − 106
Blocking device, engaged	02 − 12 − 15	S00158	① − 107
Bolt switch, burglar alarm	11 − 19 − 16	S01443	② − 562
Borrow − generate input of an arithmetic element	12 − 09 − 34	S01527	② − 669
Borrow − generate output of an arithmetic element	12 − 09 − 35	S01528	② − 670
Borrow − in input of an arithmetic element	12 − 09 − 33	S01526	② − 668
Borrow − out output of an arithmetic element	12 − 09 − 36	S01529	② − 671
Borrow − propagate input of an arithmetic element	12 − 09 − 37	S01530	② − 672
Borrow − propagate output of an arithmetic element	12 − 09 − 38	S01531	② − 673
Boundary	02 − 01 − 06	S00064	① − 17
Box, general symbol	11 − 12 − 04	S00453	② − 448
Brake	02 − 12 − 20	S00163	① − 112
Brake, applied	02 − 12 − 21	S00164	① − 113
Brake, released	02 − 12 − 22	S00165	① − 114
Branching	03 − 02 − 09	S00023	① − 219
Break contact	07 − 02 − 03	S00229	① − 672
Break contact, automatic return	07 − A6 − 03	S00251	① − 830
Break contact, delayed closing	07 − 05 − 04	S00246	① − 690
Break contact, delayed opening	07 − 05 − 03	S00245	① − 689
Break contact, early opening	07 − 04 − 04	S00242	① − 686
Break contact, late opening	07 − 04 − 03	S00241	① − 685
Breakdown diode, bidirectional	05 − 03 − 07	S00647	① − 369
Breakdown diode, unidirectional	05 − 03 − 06	S00646	① − 368
Bridger amplifier	11 − 06 − 01	S00430	② − 428
Brush (on slip − ring or commutator)	06 − 03 − 04	S00818	① − 546
Buchholz protective device; Gas relay	07 − 18 − 01	S00352	① − 780
Buffer without specially amplified output	12 − 27 − 10	S01575	② − 721
Buffer, inverting, with 3 − state outputs, hex	12 − 29 − 05	S01598	② − 744
Buffer/driver with inverted open − circuit output of the L − type	12 − 29 − 01	S01594	② − 740

英語名称（IEC 60617）	図記号番号	識別番号	ページ
Bus driver with bi-threshold inputs and 3-state outputs, quad	12-29-04	S01597	②-743
Bus driver, bidirectional, 8-bit parallel	12-29-08	S01603	②-749
Bus driver, bidirectional, quadruple	12-29-06	S01599	②-745
Bus indicator, bidirectional	12-55-02	S01733	②-890
Bus indicator, unidirectional	12-55-01	S01732	②-889
Bus transceiver, quadruple	12-29-03	S01596	②-742
Bushing type current transformer /Form 1	06-13-16	S01841	①-625
Bushing type current transformer /Form 2	06-13-17	S01842	①-626
Bushing type voltage transformer /Form 1	06-13-14	S01839	①-623
Bushing type voltage transformer /Form 2	06-13-15	S01840	①-624
Butt-connector	03-03-16	S00043	①-241
Buzzer	08-10-10	S00973	①-913
By-pass switch for alarm	11-19-19	S01446	②-565
【C】			
Cable sealing end (multi-core cable)	03-04-01	S00050	①-248
Cable sealing end (one-core cables)	03-04-02	S00051	①-249
Capacitor with pre-set adjustment	04-02-09	S00575	①-292
Capacitor, adjustable	04-02-07	S00573	①-291
Capacitor, differential	04-02-11	S00577	①-293
Capacitor, general symbol	04-02-01	S00567	①-288
Capacitor, lead-through	04-A2-08	S00569	①-322
Capacitor, lead-through; Capacitor, feed-through	04-02-03	S01411	①-289
Capacitor, polarized	04-02-05	S00571	①-290
Capacitor, split and adjustable	04-02-13	S00579	①-294
Capacitor, temperature dependent and polarised	04-02-15	S00581	①-295
Capacitor, voltage dependent and polarised	04-02-16	S00582	①-296
Carbon-pile resistor	04-01-11	S00565	①-286
Carrier frequency	10-21-01	S01291	②-283
Carry-generate input of an arithmetic element	12-09-40	S01533	②-675
Carry-generate output of an arithmetic element	12-09-41	S01534	②-676
Carry-in input of an arithmetic element	12-09-39	S01532	②-674
Carry-out output of an arithmetic element	12-09-42	S01535	②-677
Carry-propagate input of an arithmetic element	12-09-43	S01536	②-678
Carry-propagate output of an arithmetic element	12-09-44	S01537	②-679

英語名称 (IEC 60617)	図記号番号	識別番号	ページ
Cathode-ray tube with electromagnetic deviation	05-12-01	S00749	①-437
Cavity resonator	10-08-17	S01172	②-177
Cavity resonator forming an integral part of the tube	05-09-09	S00732	①-431
Cavity resonator, partly or wholly external to the tube	05-09-10	S00733	①-432
Central feeder unit	11-17-21	S00518	②-510
Central feeder unit with equipment box	11-17-23	S00520	②-512
Cerenkov detector	05-A15-05	S00787	①-512
Change of phase sequence	03-02-12	S00025	①-221
Change-over break before make contact	07-02-04	S00230	①-673
Change-over contact in optical fibre circuit	10-A24-49	S01330	②-382
Change-over contact with off-position	07-02-05	S00231	①-674
Change-over contact with off-position, automatic return and stay put	07-A6-04	S00252	①-831
Change-over make before break contact, both ways /Form 1	07-02-06	S00232	①-675
Change-over make before break contact, both ways /Form 2	07-02-07	S00233	①-676
Character display tube, multi cold-cathode gas-filled	05-A14-04	S00773	①-501
Circuit breaker	07-13-05	S00287	①-718
Circuit breaker function	07-01-02	S00219	①-665
Circular motion (bidirectional and limited)	02-04-05	S00097	①-50
Circular motion (bidirectional)	02-04-04	S00096	①-49
Circular motion (unidirectional)	02-04-03	S00095	①-48
Circular polarization	10-03-02	S01095	②-115
Circulator, four-port	10-09-13	S01197	②-202
Circulator, four-port, with reversible direction of circulation	10-09-14	S01198	②-203
Circulator, three-port	10-09-12	S01196	②-201
Cladding mode stripper	10-24-08	S01333	②-318
Clipper	10-17-01	S01267	②-267
Clock generator/driver, four-phase	12-47-01	S01683	②-831
Clock generator/driver, four-phase	12-56-04	S01737	②-897
Clock with contact	08-08-03	S00961	①-906
Clock, general symbol	08-08-01	S00959	①-904
Closed slow-wave structure	05-09-08	S00731	①-430
Closed-loop controller	06-19-01	S00909	①-646
Clutch; Mechanical coupling	02-12-16	S00159	①-108

英語名称（IEC 60617）	図記号番号	識別番号	ページ
Cm – input	12 – 18 – 01	S01558	② – 702
CMOS transmission gate	12 – 29 – 10	S01605	② – 751
Cm – output	12 – 18 – 02	S01559	② – 703
Coaxial choke with magnetic core	04 – 03 – 09	S00591	① – 304
Coaxial pair	03 – 01 – 11	S00011	① – 204
Coaxial pair connected to terminals	03 – 01 – 12	S00012	① – 205
Coaxial pair with screen	03 – 01 – 13	S00013	① – 206
Code converter of binary code	10 – 14 – 06	S01236	② – 239
Code converter, BCD – to – binary	12 – 33 – 07	S01619	② – 765
Code converter, BCD – to – binary /simplified form	12 – 33 – 08	S01620	② – 766
Code converter, BCD – to – decimal	12 – 33 – 02	S01614	② – 760
Code converter, binary – to – BCD	12 – 33 – 10	S01622	② – 768
Code converter, excess – 3 – to – decimal / form 1	12 – 33 – 01A	S01612	② – 758
Code converter, excess – 3 – to – decimal / form 2	12 – 33 – 01B	S01613	② – 759
Code converter, Gray – to – decimal	12 – 33 – 01	S01611	② – 757
Code converter, three – to – eight – line	12 – 33 – 03	S01615	② – 761
Coder for arbitrary code	12 – 33 – 09	S01621	② – 767
Coder, general symbol	12 – 32 – 01	S01610	② – 756
Coil, general symbol; Winding, general symbol	04 – 03 – 01	S00583	① – 297
Coil – loaded transmission line; Inductively loaded line	10 – A1 – 08	S01086	② – 341
Cold cathode	05 – 07 – 09	S00701	① – 422
Cold – cathode gas – filled tube, symmetrical	05 – A14 – 03	S00772	① – 500
Cold – cathode tube, gas – filled	05 – 14 – 01	S00769	① – 440
Collector on a region of dissimilar conductivity type	05 – 01 – 18	S00629	① – 351
Collectors on a region of dissimilar conductivity type	05 – 01 – 19	S00630	① – 352
Combined disconnector and earthing switch	07 – 13 – 16	S01848	① – 729
Combined electric and heat generated station, planned	11 – 19 – 01	S01419	② – 547
Combined electric and heat generating station, in service or unspecified	11 – 19 – 02	S01420	② – 548
Combined protective and neutral conductor	11 – 11 – 03	S00448	② – 443
Combined recording wattmeter and varmeter	08 – 03 – 02	S00929	① – 878
Combined reperforator and automatic transmitter	09 – A6 – 18	S01037	② – 100
Combiner, general symbol	10 – 24 – 10	S01335	② – 320

英語名称（IEC 60617）	図記号番号	識別番号	ページ
Combustion heat source	06-17-03	S00902	①-639
Common control block outline	12-05-02	S01464	②-601
Common output element outline	12-05-03	S01465	②-602
Comparator, general symbol	13-14-01	S01800	②-1070
Compare output of an associative memory	12-09-23	S01515	②-656
Compensation terminal	13-05-13	S01765	②-1029
Complex function	02-12-25	S01808	①-117
Complex switch, general symbol	07-12-04	S01454	①-710
Complex switch, general symbol	07-A12-01	S00280	①-845
Complex switch, rotary drum type	07-A12-03	S00282	①-847
Complex switch, wafer type	07-A12-02	S00281	①-846
Complex-function element (gray box), general symbol	12-54-01	S01731	②-888
Composite cable	10-A23-46	S01324	②-379
Composite electrode	05-A7-03	S00702	①-448
Compressor	10-16-10	S01253	②-253
Concentrating function	10-20-01	S01282	②-276
Concentrator /Form 1	10-20-03	S01284	②-278
Concentrator /Form 2	10-20-04	S01285	②-279
Concentric conductor	03-01-18	S01807	①-211
Conduction channel for depletion devices	05-01-05	S00617	①-339
Conduction channel for enhancement devices	05-01-06	S00618	①-340
Conductivity cell	05-A16-04	S00795	①-520
Conductivity type of the channel, N-type channel on a P-type substrate	05-01-11	S00622	①-344
Conductivity type of the channel, P-type channel on an N-type substrate	05-01-12	S00623	①-345
Conductor support insulator without gas boundary	03-05-07	S01399	①-261
Conductors in a cable	03-01-09	S00009	①-202
Conductors in a cable	03-01-10	S00010	①-203
Connecting link, closed /Form 1	03-03-17	S00044	①-242
Connecting link, closed /Form 2	03-03-18	S00045	①-243
Connecting link, open	03-03-19	S00046	①-244
Connecting stage composed of z grading groups	09-01-03	S00983	②-7
Connecting stage interconnecting one group of bothway trunks with two groups of unidirectional trunks of opposite sense	09-01-05	S00985	②-9
Connecting stage with one group of inlets and two groups of outlets	09-01-04	S00984	②-8

英語名称（IEC 60617）	図記号番号	識別番号	ページ
Connecting stage with x inlets and y outlets	09 − 01 − 02	S00982	② − 6
Connecting stage, general symbol	09 − 01 − 01	S00981	② − 5
Connection box; Junction box	11 − 12 − 05	S00454	② − 449
Connection on cable ladder	11 − 19 − 22	S01449	② − 568
Connection point	03 − 02 − 01	S00016	① − 212
Connection within cable tray	11 − 19 − 23	S01450	② − 569
Connection within wall mounted cable channel	11 − 19 − 24	S01451	② − 570
Connection, general symbol	03 − 01 − 01	S00001	① − 193
Connection, surface mounted	11 − 19 − 21	S01448	② − 567
Connector assembly	03 − 03 − 11	S00038	① − 236
Connector, fixed portion of an assembly	03 − 03 − 09	S00036	① − 234
Connector, movable portion of an assembly	03 − 03 − 10	S00037	① − 235
Consumers terminal, Service entrance equipment	11 − 12 − 06	S00455	② − 450
Contact assembly	07 − 05 − 06	S00248	① − 692
Contact with two breaks	07 − 02 − 09	S00235	① − 678
Contact with two makes	07 − 02 − 08	S00234	① − 677
Contact, female (of a socket or plug)	03 − 03 − 01	S00031	① − 229
Contact, male (of a socket or plug)	03 − 03 − 03	S00032	① − 230
Contactor function	07 − 01 − 01	S00218	① − 664
Contactor with automatic tripping	07 − 13 − 03	S00285	① − 716
Contactor; Main break contact of a contactor	07 − 13 − 04	S00286	① − 717
Contactor; Main make contact of a contactor	07 − 13 − 02	S00284	① − 715
Content input	12 − 09 − 45	S01538	② − 680
Content output	12 − 09 − 46	S01539	② − 681
Content − addressable memory, general symbol	12 − 50 − 04	S01709	② − 860
Continuous variability	02 − 03 − 09	S00089	① − 41
Continuous variability, pre − set	02 − 03 − 10	S00090	① − 42
Controlled astable element, general symbol	12 − 46 − 02	S01679	② − 827
Conversion with electrical separation	02 − 03 − 13	S01407	① − 45
Conversion, general symbol	02 − 17 − 06A	S00214	① − 164
Converter giving clock − time indication in five − digit binary code	10 − 14 − 07	S01237	② − 240
Converter, analogue to digital (ADC)	13 − 11 − 02	S01793	② − 1063
Converter, d.c. − to − d.c., isolating	13 − 11 − 04	S01795	② − 1065
Converter, digital to analogue (DAC), multiplying	13 − 11 − 01	S01792	② − 1061
Converter, general symbol	02 − 17 − 06	S00213	① − 163
Converter, general symbol	06 − A14 − 01	S00892	① − 657

英語名称（IEC 60617）	図記号番号	識別番号	ページ
Converter, general symbol	10−A14−32	S01231	②−365
Converter, general symbol	13−10−01	S01791	②−1059
Converter, voltage to frequency	13−11−03	S01794	②−1064
Converting substation, in service or unspecified	11−02−16	S00406	②−408
Converting substation, planned	11−02−15	S00405	②−407
Coulomb accumulator	05−A16−01	S00792	①−517
Counter tube	05−A15−08	S00790	①−515
Counter tube with guard ring	05−A15−09	S00791	①−516
Counter with cycle length 2 to the power m, general symbol	12−48−02	S01686	②−835
Counter with cycle length m, general symbol	12−48−03	S01687	②−836
Counter, decade	12−49−16	S01703	②−854
Counter, decade	12−49−17	S01704	②−855
Counter, decade, synchronous up/down	12−49−14	S01701	②−852
Counter, synchronous, decade, with parallel load	12−49−11	S01698	②−849
Counterpoise	10−A5−16	S01113	②−349
Counters, one dividing by 5 and 10 and the other by 6	12−49−12	S01699	②−850
Counting device, cam driven	08−05−06	S00951	①−900
Counting function of a number of events	08−05−01	S00946	①−895
Counting tube	05−A14−05	S00774	①−502
Counting tube /Simplified form	05−A14−06	S00775	①−503
Counting−down input	12−09−21	S01513	②−654
Counting−up input	12−09−20	S01512	②−653
Coupler (or feed) type unspecified, general symbol	10−10−01	S01203	②−208
Coupler to a cavity resonator	10−10−02	S01204	②−209
Coupler to a rectangular waveguide	10−10−03	S01205	②−210
Coupling device with electrical separation	07−27−01	S00383	①−812
Coupling device with electrical separation, optical	07−27−02	S00384	①−813
Coupling effect with electrical separation	02−08−07	S00126	①−79
Cross (four way connection)	11−17−06	S00503	②−495
Crossbar selector, four−wire switching	09−04−13	S01016	②−37
Crossbar selector, general symbol	09−04−11	S01014	②−35
Crossbar selector, single connecting unit	09−04−12	S01015	②−36
Cross−connection point	11−04−03	S00421	②−421
Crossing of two independent systems	11−17−08	S00505	②−497
Crossing of two systems without connection	11−17−07	S00504	②−496

英語名称（IEC 60617）	図記号番号	識別番号	ページ
Current between neutrals of two polyphase systems	07 – 16 – 09	S00335	① – 763
Current in the neutral conductor	07 – 16 – 08	S00334	① – 762
Current relay	07 – 17 – 08	S00345	① – 773
Current transformer with five passages of a conductor acting as a primary winding / Form 1	06 – 13 – 08	S00886	① – 617
Current transformer with five passages of a conductor acting as a primary winding / Form 2	06 – 13 – 09	S00887	① – 618
Current transformer with one secondary winding with one tap /Form 1	06 – 13 – 06	S00884	① – 615
Current transformer with one secondary winding with one tap /Form 2	06 – 13 – 07	S00885	① – 616
Current transformer with two cores with one secondary winding on each core /Form 1	06 – 13 – 02	S00880	① – 611
Current transformer with two cores with one secondary winding on each core /Form 2	06 – 13 – 03	S00881	① – 612
Current transformer with two secondary windings on one core /Form 1	06 – 13 – 04	S00882	① – 613
Current transformer with two secondary windings on one core /Form 2	06 – 13 – 05	S00883	① – 614
Current transformer, general symbol / Form 1	06 – 09 – 10	S00850	① – 577
Current transformer, general symbol / Form 2	06 – 09 – 11	S00851	① – 578
Curve light, green/green colour and bi – directional beam, surface	11 – 18 – 09	S00541	② – 533
Curve light, white colour and uni – directional beam, surface	11 – 18 – 10	S00542	② – 534
Cylindrical focusing electrode	05 – 08 – 06	S00712	① – 429
Cylindrical focusing electrode with grid	05 – A8 – 02	S00713	① – 452
【D】			
Data – lock – out JK – bistable	12 – 42 – 05	S01663	② – 811
DC power feeding on telecommunication lines	11 – A3 – 12	S00418	② – 584
DC supply function, general symbol	06 – 16 – 02	S01423	① – 636
DC/DC converter	06 – 14 – 02	S00893	① – 627
Decade counter/divider with decoded 7 – segment – display outputs	12 – 49 – 13	S01700	② – 851
Decoder/driver, binary – to – seven – segment	12 – 33 – 06	S01618	② – 764
Delay	02 – 08 – 05	S00124	① – 77
Delay distortion corrector; Delay equalizer	10 – 16 – 17	S01260	② – 260

英語名称（IEC 60617）	図記号番号	識別番号	ページ
Delay element (100 ns)	12－40－02	S01656	②－804
Delay element with specified delay times	12－40－01	S01655	②－803
Delay line, 5 taps	12－40－04	S01658	②－806
Delay line, artificial line type	04－09－05	S00612	①－319
Delay line, coaxial	04－08－03	S00606	①－313
Delay line, coaxial type	04－09－03	S00610	①－317
Delay line, general symbol; Delay element, general symbol	04－09－01	S00608	①－315
Delay line, magnetostrictive type	04－09－02	S00609	①－316
Delay line, magnetostrictive with windings / Assembled form	04－08－01	S00604	①－311
Delay line, magnetostrictive with windings / Detached form	04－08－02	S00605	①－312
Delay line, mercury type with piezoelectric transducers	04－09－04	S00611	①－318
Delay line, solid material type with piezoelectric transducers	04－08－04	S00607	①－314
Delayed action /Form 1	02－12－05	S00148	①－97
Delayed action /Form 2	02－12－06	S00149	①－98
Delayed overcurrent relay	07－17－04	S00341	①－769
Demodulator, single sideband	10－19－04	S01281	②－275
Demultiplexer (one－to－eight)	12－37－04	S01633	②－779
Demultiplexer, general symbol	12－36－02	S01627	②－773
Demultiplexer/decoder, universal, dual	12－37－05	S01634	②－780
Demultiplexing function	10－20－06	S01287	②－281
Detector, semiconductor type	05－15－05	S00785	①－443
Detent	02－12－08	S00151	①－100
Detent, disengaged	02－12－09	S00152	①－101
Detent, engaged	02－12－10	S00153	①－102
Device for auto－reclosing; Auto－reclose relay	07－18－02	S00353	①－781
Device for de－emphasis of higher frequencies	10－16－09	S01252	②－252
Device for pre－emphasis of higher frequencies	10－16－08	S01251	②－251
Differential current	07－16－05	S00331	①－759
Differential voltmeter	08－02－11	S00923	①－872
Digital	02－17－09	S00217	①－166
Digital input	13－04－03	S01750	②－1014
Digital output	13－04－04	S01751	②－1015
Digital－to－analogue converter, 12－bit	12－56－07	S01740	②－900

英語名称（IEC 60617）	図記号番号	識別番号	ページ
Digital－to－analogue converter, 12－bit / Simplified form	12－56－08	S01741	②－902
Dimmer	11－14－08	S00473	②－468
D－input	12－09－12	S01504	②－645
Dipole	10－05－05	S01115	②－134
Dipole, folded	10－05－06	S01116	②－135
Dipole, folded with directors and reflectors	10－A5－17	S01117	②－350
Dipole, folded, with balun and feeder	10－05－09	S01119	②－136
Direct current	02－A2－03	S00067	①－173
Direct current	02－A2－03	S01347	①－174
Direct current /Form 1	02－02－17	S01401	①－30
Direct current /Form 2	02－02－18	S01402	①－31
Direct current circuit	03－01－04	S00004	①－197
Directed connection	03－01－16	S01414	①－209
Direction finder; Radio beacon	10－03－08	S01101	②－121
Direction finding antenna	10－04－06	S01107	②－127
Direction of radiation fixed in azimuth	10－03－03	S01096	②－116
Direction of radiation fixed in azimuth and elevation	10－03－07	S01100	②－120
Direction of radiation fixed in elevation	10－03－05	S01098	②－118
Direction of radiation variable in azimuth	10－03－04	S01097	②－117
Direction of radiation variable in elevation	10－03－06	S01099	②－119
Directional antenna	10－04－07	S01108	②－128
Directional antenna fixed in azimuth, horizontal polarization	10－04－04	S01105	②－125
Directional coupler	11－A7－03	S00436	②－588
Directional coupler, general symbol	10－24－15	S01340	②－325
Directional phase changer	10－08－21	S01176	②－181
Direct－on－line starter, reversing	07－14－05	S00301	①－733
Disc type indication	09－08－05	S01046	②－52
Disconnector (isolator) function	07－01－03	S00220	①－666
Disconnector; Isolator	07－13－06	S00288	①－719
Disconnector; Isolator	07－13－10	S00292	①－723
Discontinuity, capacitive, in shunt with the transmission path	10－08－08	S01163	②－170
Discontinuity, in series with transmission path	10－08－07	S01162	②－169
Discontinuity, in shunt with transmission path	10－08－06	S01161	②－168
Discontinuity, parallel resonant, in series with the transmission path	10－08－10	S01165	②－172

英語名称（IEC 60617）	図記号番号	識別番号	ページ
Discontinuity, series resonant, in shunt with the transmission path	10-08-09	S01164	②-171
Discontinuity, terminal	10-08-11	S01166	②-173
Discontinuity, two-port, general symbol	10-08-01	S01156	②-163
Display element, dot matrix, alphanumeric, with two 40-character lines	12-56-12	S01745	②-909
Display element, general symbol	12-52-01	S01723	②-879
Distance warning sign	11-18-21	S00553	②-545
Distortion corrector, general symbol	10-16-14	S01257	②-257
Distributed connection, general symbol	12-27-13	S01578	②-724
Distribution centre	11-12-07	S00456	②-451
Divided-conductor detection relay	07-17-11	S00348	①-776
D-latch, dual	12-42-02	S01660	②-808
Double junction of conductors /Form 1	03-02-06	S00021	①-217
Double junction of conductors /Form 2	03-02-07	S00022	①-218
Double-beam cathode-ray tube, split-beam type	05-12-02	S00750	①-438
Drum type indication	09-08-07	S01048	②-54
Dual-tone multi-frequency generator (generates 12 tone-pairs)	12-56-05	S01738	②-898
Dual-tone multi-frequency generator (generates 12 tone-pairs)	12-56-06	S01739	②-899
Dynamic input	12-07-07	S01472	②-609
Dynamic input with logic negation	12-07-08	S01473	②-610
Dynamic input with polarity indicator	12-07-09	S01474	②-611
【E】			
Earphone, general symbol	09-09-04	S01056	②-61
Earth fault current	07-16-07	S00333	①-761
Earth station for communication with a space station	10-06-13	S01137	②-148
Earth station only for space station tracking	10-06-12	S01136	②-147
Earth, general symbol	02-15-01	S00200	①-149
Edge-triggered D-bistable	12-42-07	S01665	②-813
Edge-triggered D-bistable	12-42-10	S01668	②-816
Edge-triggered D-bistable, dual	12-42-09	S01667	②-815
Edge-triggered JK-bistable	12-42-03	S01661	②-809
Elbow	11-17-04	S00501	②-493
Electret with electrodes and connections	04-07-04	S00603	①-309
Electric lock	11-16-04	S00496	②-488
Electromagnet producing a transverse field	05-A9-09	S00735	①-471
Electromagnetic effect	02-08-02	S00121	①-74

英語名称（IEC 60617）	図記号番号	識別番号	ページ
Electromechanical position indicator	08−10−04	S00968	①−910
Electron gun assembly /Simplified form	05−A9−01	S00724	①−463
Electronic chopping device	10−16−20	S01263	②−263
Electrostatic microphone; Capacitor microphone	09−A9−22	S01054	②−104
Element outline	12−05−01	S01463	②−600
Element with hysteresis, general symbol	12−30−01	S01607	②−753
Emergency lighting luminaire on special circuit	11−15−11	S00491	②−484
Emitter on a region of dissimilar conductivity type, N emitter on a P region	05−01−16	S00627	①−349
Emitter on a region of dissimilar conductivity type, P emitter on an N region	05−01−14	S00625	①−347
Emitters on a region of dissimilar conductivity type, N emitters on a P region	05−01−17	S00628	①−350
Emitters on a region of dissimilar conductivity type, P emitters on an N region	05−01−15	S00626	①−348
Emitting sole	05−A9−05	S00728	①−467
Enable input	12−09−11	S01503	②−643
End cover	11−17−03	S00500	②−492
End feeder unit	11−17−20	S00517	②−509
End feeder unit with equipment box	11−17−22	S00519	②−511
End of a conductor or cable, not connected	03−01−14	S00014	①−207
End of a conductor or cable, not connected and specially insulated	03−01−15	S00015	①−208
End of amplifier (branch or spur feeder)	11−06−03	S00432	②−430
Energy flow from the busbars	02−05−06	S00104	①−58
Energy flow towards the busbars	02−05−07	S00105	①−59
Energy flow, bidirectional (towards and from the busbars)	02−05−08	S00106	①−60
ENm−input	12−20−01	S01562	②−706
ENm−input	13−05−23	S01775	②−1041
Envelope /Form 1	02−01−04	S00062	①−15
Envelope /Form 2	02−01−05	S00063	①−16
Envelope with external screen (shield)	05−07−02	S00694	①−417
Envelope, conductive coating on internal surface	05−07−03	S00695	①−418
E−plane window (aperture) coupler	10−10−06	S01208	②−213
Equal input of a magnitude comparator	12−09−29	S01522	②−664
Equal output of a comparator	13−05−20	S01772	②−1036
Equal output of a magnitude comparator	12−09−32	S01525	②−667

英語名称（IEC 60617）	図記号番号	識別番号	ページ
Equalizer	11−09−01	S00440	②−435
Equipment box	11−17−18	S00515	②−507
Erasing head	09−09−12	S01064	②−67
Erasing indication	09−08−10	S01051	②−57
Erect band of frequencies	10−21−13	S01303	②−295
Erect band of frequencies, a group of several channels	10−21−14	S01304	②−296
Erect band of frequencies, a group of several channels /Simplified Form	10−21−15	S01305	②−297
Error detection/correction element	12−28−13	S01591	②−737
EVEN element, general symbol	12−27−08	S01573	②−719
Excess watt−hour meter	08−04−09	S00939	①−888
Exclusive NOR, quadruple	12−37−03	S01632	②−778
Exclusive−OR element	12−27−09	S01574	②−720
Exclusive−OR, with complementary outputs and one common output, quintuple	12−28−09	S01587	②−733
Exclusive−OR/NOR, dual	12−28−10	S01588	②−734
Expander	10−16−11	S01254	②−254
Expander	12−28−07	S01585	②−731
Expanding function	10−20−02	S01283	②−277
Expansion unit for conductors	11−17−12	S00509	②−501
Expansion unit for enclosure	11−17−11	S00508	②−500
Expansion unit for enclosure and conductors	11−17−13	S00510	②−502
Extender output	12−09−10	S01502	②−642
Extension input	12−09−09	S01501	②−641
【F】			
Facsimile	02−11−06	S00143	①−92
Fan	11−19−03	S01421	②−549
Faraday cup	05−A15−07	S00789	①−514
Fault	02−17−01	S00208	①−158
Ferrite bead	04−03−10	S00592	①−305
Ferrite core	04−A4−01	S00593	①−323
Ferrite core matrix	04−A6−01	S00598	①−328
Ferrite core with five windings	04−A5−01	S00596	①−326
Ferrite core with one winding	04−A4−03	S00595	①−325
Ferrite core with one winding of n turns	04−A5−02	S00597	①−327
Field−polarization rotator	10−09−15	S01199	②−204
Filter, general symbol	10−16−03	S01246	②−246
First−in first−out memory, counter−controlled, 16x4−bit	12−51−08	S01719	②−875

英語名称（IEC 60617）	図記号番号	識別番号	ページ
First - in first - out memory, counter - controlled, 16x5 - bit	12 - 51 - 09	S01720	② - 876
First - in first - out memory, fall - through, 16x5 - bit /Form 1	12 - 51 - 10	S01721	② - 877
First - in first - out memory, fall - through, 16x5 - bit /Form 2	12 - 56 - 11	S01744	② - 908
First - in first - out memory, general symbol	12 - 50 - 05	S01710	② - 861
Fixed 0 - state output, shown at an internal connection	12 - 08 - 13	S01490	② - 628
Fixed 1 - state output, shown at an internal connection	12 - 08 - 12	S01489	② - 627
Fixed - 0 - state output	12 - 09 - 51	S01544	② - 686
Fixed - 1 - state output	12 - 09 - 50	S01543	② - 685
Fixed - mode input	12 - 09 - 49	S01542	② - 684
Flame (occurence of), general symbol	11 - 19 - 29	S01853	② - 575
Flame detector	11 - 19 - 10	S01437	② - 556
Flashover	02 - 17 - 02	S00209	① - 159
Flexible connection	03 - 01 - 06	S00006	① - 199
Flexible unit	11 - 17 - 14	S00511	② - 503
Flood light	11 - 15 - 09	S00489	② - 483
Fluorescent target	05 - A7 - 04	S00704	① - 449
Flux/current direction indicator	04 - A4 - 02	S00594	① - 324
Focusing electrode with aperture	05 - 08 - 04	S00710	① - 427
Four - phase winding with neutral brought out	06 - 02 - 03	S00804	① - 535
Four - port junction (magic T hybrid junction) /(Form 1 simplified)	10 - 09 - 08	S01192	② - 197
Four - port junction (magic T hybrid junction) /(Form 1)	10 - 09 - 07	S01191	② - 196
Four - port junction /Form 1	10 - 09 - 05	S01189	② - 194
Four - port junction /Form 2	10 - 09 - 06	S01190	② - 195
Four - port junction; Directional coupler /(Form 2)	10 - 09 - 09	S01193	② - 198
Four - port junction; Quadrature hybrid junction /(Form 2)	10 - 09 - 10	S01194	② - 199
Four - position microwave switch (45° step)	10 - 09 - 18	S01202	② - 207
Frame	02 - A15 - 04	S00203	① - 186
Frequency band, general symbol	10 - 21 - 10	S01300	② - 292
Frequency band, mastergroup	10 - 21 - 11	S01301	② - 293
Frequency converter, changing from f1 to f2	10 - 14 - 02	S01232	② - 235
Frequency divider	10 - 14 - 04	S01234	② - 237
Frequency meter	08 - 02 - 07	S00919	① - 868

英語名称（IEC 60617）	図記号番号	識別番号	ページ
Frequency multiplier	10 − 14 − 03	S01233	② − 236
Full adder, 4 − bit	12 − 39 − 02	S01645	② − 793
Full subtractor, 4 − bit	12 − 39 − 03	S01646	② − 794
Functional earthing; Functional grounding (US)	02 − 15 − 06	S01408	① − 152
Functional equipotential bonding	02 − 15 − 07	S01409	① − 153
Functional equipotential bonding /Simplified form	02 − 15 − 08	S01410	① − 154
Function − computing element, general symbol	13 − 06 − 01	S01778	② − 1044
Fuse	07 − 21 − 02	S00363	① − 792
Fuse switch − disconnector; On − load isolating fuse switch	07 − 21 − 09	S00370	① − 799
Fuse with alarm contact	07 − 21 − 04	S00365	① − 794
Fuse with separate alarm	07 − 21 − 05	S00366	① − 795
Fuse, general symbol	07 − 21 − 01	S00362	① − 791
Fuse; Striker fuse	07 − 21 − 03	S00364	① − 793
Fused star coupler, reflective type	10 − 24 − 14	S01339	② − 324
Fused star coupler, transmissive type	10 − 24 − 13	S01338	② − 323
Fused tap	10 − 24 − 12	S01337	② − 322
Fuse − disconnector; Fuse isolator	07 − 21 − 08	S00369	① − 798
Fuse − switch	07 − 21 − 07	S00368	① − 797
【G】			
Galvanometer	08 − 02 − 12	S00924	① − 873
Gas discharge tube with thermal element	07 − 09 − 04	S00266	① − 706
Gas insulated conductor − boundary with air insulated bushing	03 − 05 − 04	S01396	① − 258
Gas insulated conductor − boundary with cable sealing end	03 − 05 − 05	S01397	① − 259
Gas insulated conductor − boundary with transformer or reactor bushing	03 − 05 − 06	S01398	① − 260
Gas insulated enclosure with internal conductor	03 − 05 − 01	S01391	① − 255
Gas insulated enclosure − gas through spacer	03 − 05 − 11	S01458	① − 263
Gas insulated enclosure − gas − sealing end of compartment	03 − 05 − 02	S01392	① − 256
Gas insulated enclosure − partition between compartments	03 − 05 − 03	S01393	① − 257
Gas insulated enclosure − partition between two compartments /Form 2	03 − 05 − 12	S01459	① − 264
Gas insulated enclosure − support insulator, external module	03 − 05 − 14	S01461	① − 266

英語名称（IEC 60617）	図記号番号	識別番号	ページ
Gas insulated enclosure – support insulator, inside module	03 – 05 – 13	S01460	① – 265
Gas – filled envelope	05 – 07 – 01	S00693	① – 416
Gearing	02 – 12 – 23	S00166	① – 115
Generating station, in service or unspecified	11 – 01 – 02	S00386	② – 390
Generating station, planned	11 – 01 – 01	S00385	② – 389
Generator, DC, compound excited (short shunt)	06 – 05 – 03	S00825	① – 552
Geothermic generating station, in service or unspecified	11 – 02 – 08	S00398	② – 400
Geothermic generating station, planned	11 – 02 – 07	S00397	② – 399
Glass break detector (window foil), burglar alarm	11 – 19 – 18	S01445	② – 564
Gm – input	12 – 14 – 01	S01810	② – 692
Gm – output	12 – 14 – 02	S01811	② – 693
Goubau line	10 – A7 – 25	S01145	② – 358
Graphics system processor	12 – 56 – 14	S01747	② – 912
Greater – than input of a magnitude comparator	12 – 09 – 27	S01520	② – 662
Greater – than output of a comparator	13 – 05 – 18	S01770	② – 1034
Greater – than output of a magnitude comparator	12 – 09 – 30	S01523	② – 665
Grid	05 – 07 – 13	S00705	① – 424
Grid with secondary emission	05 – A8 – 06	S00717	① – 456
Group of connections	03 – 01 – 01	S00058	① – 194
Group of connections (number of connections indicated) /Form 1	03 – 01 – 02	S00002	① – 195
Group of connections (number of connections indicated) /Form 2	03 – 01 – 03	S00003	① – 196
Guided light receiver	10 – 24 – 02	S01327	② – 315
Guided light transmitter	10 – 24 – 01	S01326	② – 314
Guided light transmitter, coherent light	10 – 24 – 03	S01328	② – 316
Gyrator	10 – 08 – 22	S01177	② – 182
Gyro	08 – A9 – 03	S00964	① – 924
【H】			
Half adder	12 – 38 – 07	S01642	② – 790
Hall generator with four connections	05 – 06 – 05	S00688	① – 411
Hand – generator (magneto caller)	06 – A4 – 01	S00822	① – 656
Handset	09 – A9 – 24	S01058	② – 106
Head end with local antenna	11 – 05 – 01	S00428	② – 426
Head end without local antenna	11 – 05 – 02	S00429	② – 427

英語名称 (IEC 60617)	図記号番号	識別番号	ページ
Headset	09 – A9 – 23	S01057	② – 105
Heat (occurrence of), general symbol	11 – 19 – 27	S01851	② – 573
Heat detector, differentiating	11 – 19 – 06	S01433	② – 552
Heat detector, general symbol	11 – 19 – 05	S01432	② – 551
Heat detector, maximum	11 – 19 – 07	S01434	② – 553
Heat source, general symbol	06 – 17 – 01	S00900	① – 637
Heating element	04 – 01 – 12	S00566	① – 287
Helical coupler	05 – A9 – 13	S00739	① – 475
Hexadecimal display	12 – 53 – 04	S01727	② – 884
Highest – priority encoder, encoding 8 data lines to 3 – line binary (octal)	12 – 33 – 05	S01617	② – 763
Highest – priority encoder, encoding 9 data lines to 4 – line BCD	12 – 33 – 04	S01616	② – 762
High – pass filter	10 – 16 – 04	S01247	② – 247
Hold input	13 – 05 – 16	S01768	② – 1032
Horn	08 – A10 – 01	S00969	① – 925
Hot cathode, directly heated	05 – 07 – 06	S00698	① – 420
Hot cathode, directly heated /Other form	05 – A7 – 02	S00699	① – 447
Hot cathode, indirectly heated	05 – 07 – 04	S00696	① – 419
Hot cathode, indirectly heated /Other form	05 – A7 – 01	S00697	① – 446
Hot – connection terminal	03 – 02 – 19	S01836	① – 228
Hour meter; Hour counter	08 – 04 – 01	S00931	① – 880
Hybrid ring junction	10 – 09 – 11	S01195	② – 200
Hybrid transformer	10 – A18 – 39	S01275	② – 372
Hydroelectric generating station, in service or unspecified	11 – 02 – 02	S00392	② – 394
Hydroelectric generating station, planned	11 – 02 – 01	S00391	② – 393
【 I 】			
Ideal current source	02 – 16 – 01	S00205	① – 155
Ideal gyrator	02 – 16 – 03	S00207	① – 157
Ideal voltage source	02 – 16 – 02	S00206	① – 156
Ignitron	05 – A14 – 08	S00778	① – 505
Indicating instrument, general symbol	08 – 01 – 01	S00910	① – 859
Indicator, electromechanical; annunciator element	08 – 10 – 03	S00967	① – 909
Induction motor, single – phase, squirrel – cage	06 – 08 – 02	S00837	① – 564
Induction motor, three – phase, squirrel cage	06 – 08 – 01	S00836	① – 563
Induction motor, three – phase, star – connected	06 – 08 – 04	S00839	① – 566

英語名称（IEC 60617）	図記号番号	識別番号	ページ
Induction motor, three-phase, with wound rotor	06-08-03	S00838	①-565
Inductor with fixed tappings	04-03-06	S00588	①-301
Inductor with gap in magnetic core	04-03-04	S00586	①-299
Inductor with magnetic core	04-03-03	S00585	①-298
Inductor with moveable contact, variable in steps	04-03-07	S00589	①-302
Inductor, continuously variable	04-03-05	S00587	①-300
Input with internal pulldown	12-10-03	S01548	②-690
Input with internal pullup	12-10-04	S01549	②-691
Input with special amplification (sensitivity)	12-09-08B	S01500	②-640
Input/output port, 8-bit	12-42-12	S01670	②-818
Instrument multi-position selector switch for current circuit	07-12-07	S01856	①-713
Instrument multi-position selector switch for current circuit with shown terminals	07-12-08	S01857	①-714
Instrument multi-position selector switch for voltage circuit	07-12-05	S01855	①-711
Instrument multi-position selector switch for voltage circuit with shown terminals	07-12-06	S01858	①-712
Insulated gate	05-01-13	S00624	①-346
Insulated gate field effect transistor IGFET enhancement type, single gate, N-type channel with substrate internally connected to source	05-05-14	S00676	①-399
Insulated gate field effect transistor IGFET enhancement type, single gate, N-type channel without substrate connection	05-05-12	S00674	①-397
Insulated gate field effect transistor IGFET enhancement type, single gate, P-type channel with substrate connection brought out	05-05-13	S00675	①-398
Insulated gate field effect transistor IGFET enhancement type, single gate, P-type channel without substrate connection	05-05-11	S00673	①-396
Insulated gate field effect transistor IGFET, depletion type, single gate, N-type channel without substrate connection	05-05-15	S00677	①-400
Insulated gate field effect transistor IGFET, depletion type, single gate, P-type channel without substrate connection	05-05-16	S00678	①-401

英語名称（IEC 60617）	図記号番号	識別番号	ページ
Insulated gate field effect transistor IGFET, depletion type, two gates, P−type channel with substrate connection brought out	05−05−17	S00679	①−402
Insulated pool cathode	05−A10−03	S00743	①−478
Insulated−gate bipolar transistor (IGBT) depletion type, N channel	05−05−21	S00683	①−406
Insulated−gate bipolar transistor (IGBT) depletion type, P channel	05−05−20	S00682	①−405
Insulated−gate bipolar transistor (IGBT) enhancement type, N channel	05−05−19	S00681	①−404
Insulated−gate bipolar transistor (IGBT) enhancement type, P channel	05−05−18	S00680	①−403
Integrating instrument, general symbol	08−01−03	S00912	①−861
Intensity modulating electrode	05−08−03	S00709	①−426
Interchange	03−02−11	S00024	①−220
Intermediate switch	11−14−07	S00472	②−467
Internal connection	12−08−01	S01475	②−612
Internal connection /Simplified form	12−08−01A	S01476	②−613
Internal connection for signal flow from right to left	12−08−08	S01485	②−623
Internal connection with dynamic character	12−08−03	S01477	②−615
Internal connection with dynamic character for signal flow from right to left	12−08−10	S01487	②−625
Internal connection with logic negation and dynamic character for signal flow from right to left	12−08−11	S01488	②−626
Internal connection with logic negation for signal flow from right to left	12−08−09	S01486	②−624
Internal connection with negation	12−08−02	S01809	②−614
Internal connection with negation and dynamic character	12−08−04	S01478	②−616
Internal input (left hand side)	12−08−05	S01479	②−617
Internal input (right−hand side)	12−08−05A	S01480	②−618
Internal input with dynamic character (left−hand side)	12−08−07	S01483	②−621
Internal input with dynamic character (right−hand side)	12−08−07A	S01484	②−622
Internal output (left−hand side)	12−08−06A	S01482	②−620
Internal output (right−hand side)	12−08−06	S01481	②−619
Intrinsic region between a collector and a region of dissimilar conductivity type	05−01−23	S00634	①−356

英語名称（IEC 60617）	図記号番号	識別番号	ページ
Intrinsic region between a collector and a region of similar conductivity type	05－01－24	S00635	①－357
Intrinsic region between regions of similar conductivity type	05－01－22	S00633	①－355
Intrinsic region separating regions of dissimilar conductivity type	05－01－21	S00632	①－354
Inverse time－lag characteristic	07－16－11	S00337	①－765
Inverted band of frequencies	10－21－16	S01306	②－298
Inverter	06－14－05	S00896	①－630
Inverter (in the case of device representation using the qualifying symbol for logic polarity)	12－27－12	S01577	②－723
Ion diffusion barrier	05－A7－05	S00706	①－450
Ionization chamber	05－15－01	S00781	①－442
Ionization chamber with grid	05－A15－01	S00782	①－508
Ionization chamber with guard ring	05－A15－02	S00783	①－509
Ionization chamber, compensated type	05－A15－03	S00784	①－510
Isolator for microwaves	10－08－20	S01175	②－180
【J】			
J－input	12－09－13	S01505	②－646
Junction box (multi－line representation)	03－04－05	S00054	①－252
Junction box (single－line representation)	03－04－06	S00055	①－253
Junction field effect transistor with N－type channel	05－05－09	S00671	①－394
Junction field effect transistor with P－type channel	05－05－10	S00672	①－395
Junction not interrupting the conductor	03－02－16	S00029	①－225
Junction requiring a special tool	03－02－17	S00030	①－226
Junction which influences a semiconductor layer, N－region which influences a P－layer	05－01－10	S00621	①－343
Junction which influences a semiconductor layer, P－region which influences an N－layer	05－01－09	S00620	①－342
【K】			
Keyboard	02－A11－05	S00142	①－182
Keyboard perforator	09－A6－16	S01035	②－98
Key－operated switch	11－14－15	S00480	②－475
K－input	12－09－14	S01506	②－647
【L】			
Label grouping, general symbol	12－09－25A	S01518	②－660
Lamp, general symbol	08－10－01	S00965	①－907

英語名称（IEC 60617）	図記号番号	識別番号	ページ
Lamp, general symbol	11－A15－03	S00483	②－590
Landing direction indicator	11－18－17	S00549	②－541
Laser (optical maser), general symbol	10－11－03	S01214	②－219
Laser used as a generator	10－11－04	S01215	②－220
Latching device, disengaged	02－12－12	S00155	①－104
Latching device, engaged	02－12－13	S00156	①－105
Lateral deflecting electrodes	05－08－01	S00707	①－425
Lateral deflecting electrodes /Other form	05－A8－01	S00708	①－451
LED light bars	12－53－01	S01724	②－881
Less－than input of a magnitude comparator	12－09－28	S01521	②－663
Less－than output of a comparator	13－05－19	S01771	②－1035
Less－than output of a magnitude comparator	12－09－31	S01524	②－666
Level converter, ECL－to－TTL	12－35－02	S01625	②－771
Level converter, TTL－to－MOS, dual	12－35－01	S01624	②－770
Light dependent resistor (LDR); Photo resistor	05－06－01	S00684	①－407
Light emitting diode (LED), general symbol	05－03－02	S00642	①－364
Light sensitive reproducing head, monophonic	09－09－11	S01063	②－66
Lighting outlet on wall	11－15－02	S00482	②－477
Lighting outlet position	11－15－01	S00481	②－476
Line concentrator on a pole	11－04－05	S00423	②－423
Line concentrator, automatic line connector	11－04－04	S00422	②－422
Line grouping at the input side	12－09－47	S01540	②－682
Line grouping at the output side	12－09－48	S01541	②－683
Line power unit	11－10－01	S00443	②－438
Line receiver	12－29－07A	S01601	②－747
Line receiver, dual	12－29－07	S01600	②－746
Line receiver, dual	12－29－07B	S01602	②－748
Line with buried joint	11－03－07	S00413	②－415
Line with gas or oil block	11－03－08	S00414	②－416
Line with gas or oil block by－pass	11－03－10	S00416	②－418
Line with gas or oil stop valve	11－03－09	S00415	②－417
Line within a duct; Line within a pipe	11－03－04	S00410	②－412
Line within a six－way－duct	11－03－05	S00411	②－413
Linear induction motor, three－phase	06－08－05	S00840	①－567
Linear motor, general symbol	06－04－02	S00820	①－548
Link /Form 1	02－12－01	S00144	①－93
Link /Form 2	02－12－04	S00147	①－96
Live connectable, live disconnectable	03－02－18	S01849	①－227

英語名称（IEC 60617）	図記号番号	識別番号	ページ
Locked－rotor detection relay	07－17－13	S00350	①－778
LOGIC IDENTITY element, general symbol	12－27－06	S01571	②－717
Logic negation, input	12－07－01	S01466	②－603
Logic negation, output	12－07－02	S01467	②－604
Logic threshold element, general symbol	12－27－03	S01568	②－714
Look－ahead carry generator (carry, propagate and generate), general symbol	12－38－03	S01638	②－786
Look－ahead carry generator, 4－bit	12－39－04	S01647	②－795
Loop coupler	10－10－07	S01209	②－214
Looped system outlet; Serial wired outlet	11－08－03	S00439	②－434
Loudspeaker, general symbol	09－09－07	S01059	②－62
Loudspeaker－microphone	09－09－08	S01060	②－63
Low－pass filter	10－16－05	S01248	②－248
Luminaire with many fluorescent tubes / Form 1	11－15－05	S00485	②－479
Luminaire with many fluorescent tubes / Form 2	11－15－06	S00486	②－480
Luminaire, general symbol; Fluorescent lamp, general symbol	11－15－04	S00484	②－478
【M】			
m and only m element, general symbol	12－27－04	S01569	②－715
Machine, general symbol	06－04－01	S00819	①－547
Magnesium protective anode	11－04－09	S00427	②－425
Magnetic coupling device	05－06－07	S00690	①－413
Magnetic field effect or dependence	02－08－04	S00123	①－76
Magnetic head /Complete form	09－09－13	S01065	②－68
Magnetic head /Simplified form	09－09－14	S01066	②－69
Magnetic head for erasing /Complete form	09－09－17	S01069	②－72
Magnetic head for erasing /Simplified form	09－09－18	S01070	②－73
Magnetic head for writing, monophonic /Complete form	09－09－15	S01067	②－70
Magnetic head for writing, monophonic /Simplified form	09－09－16	S01068	②－71
Magnetic head for writing, reading and erasing, monophonic /Complete form	09－09－19	S01071	②－74
Magnetic head for writing, reading and erasing, monophonic /Simplified form	09－09－20	S01072	②－75
Magnetic type indication	09－08－01	S01042	②－48
Magnetoresistor	05－06－06	S00689	①－412
Magnetostrictive effect	02－08－03	S00122	①－75
Magnetron oscillator tube	05－A13－14	S00765	①－494

英語名称 (IEC 60617)	図記号番号	識別番号	ページ
Magnetron oscillator tube /Simplified form	05－A13－15	S00766	①－495
Magnitude comparator with 3－state outputs, 4－bit	12－39－09	S01652	②－800
Magnitude comparator with cascading inputs, 4－bit	12－39－08	S01651	②－799
Magnitude comparator with open－circuit output of the L－type, 6－bit	12－39－07	S01650	②－798
Magnitude comparator, general symbol	12－38－05	S01640	②－788
MAJORITY element, general symbol	12－27－05	S01570	②－716
Make contact, automatic return	07－A6－01	S00249	①－828
Make contact, delayed	07－05－05	S00247	①－691
Make contact, delayed closing	07－05－01	S00243	①－687
Make contact, delayed opening	07－05－02	S00244	①－688
Make contact, early closing	07－04－01	S00239	①－683
Make contact, general symbol; Switch, general symbol	07－02－01	S00227	①－671
Make contact, general symbol; Switch, general symbol /Old form	07－A2－02	S00228	①－827
Make contact, late closing	07－04－02	S00240	①－684
Make contact, stay put	07－A6－02	S00250	①－829
Manhole for underground chamber	11－03－06	S00412	②－414
Manual switchboard	09－02－02	S00995	②－17
Marking stage	09－01－06	S00986	②－10
Marking stage－outgoing calls via several connecting stages	09－01－07	S00987	②－11
Maser used as an amplifier	10－11－02	S01213	②－218
Maser, general symbol	10－11－01	S01212	②－217
Master clock	08－08－02	S00960	①－905
Matching device, adjustable, E－H	10－08－04	S01159	②－166
Matching device, adjustable, multi－stub	10－08－05	S01160	②－167
Matching device, adjustable, slide screw	10－08－03	S01158	②－165
Matching device, adjustable; Discontinuity, adjustable;	10－08－02	S01157	②－164
Material, electret	02－07－05	S00117	①－70
Material, gas	02－07－04	S00116	①－69
Material, insulating	02－07－07	S00119	①－72
Material, liquid	02－07－03	S00115	①－68
Material, semiconducting	02－07－06	S00118	①－71
Material, solid	02－07－02	S00114	①－67
Material, unspecified	02－07－01	S00113	①－66
Matrix arrangement of magnetic stores	04－A6－02	S00599	①－329

英語名称（IEC 60617）	図記号番号	識別番号	ページ
Maximum demand indicator	08－02－03	S00915	①－864
Measuring relay; Device related to a measuring relay	07－16－01	S00327	①－755
Mechanical coupling, disengaged	02－12－17	S00160	①－109
Mechanical coupling, engaged	02－12－18	S00161	①－110
Mechanical interlock	02－12－11	S00154	①－103
Mechanical link (force or motion)	02－12－02	S00145	①－94
Mechanical link (rotation)	02－12－03	S00146	①－95
Mechanical switching device, three－pole	07－13－13	S00295	①－726
Microphone, general symbol	09－09－01	S01053	②－59
Microphone, push－pull	09－09－03	S01055	②－60
Microprocessor, 8－bit	12－56－01	S01734	②－891
Mid－wire	02－02－16	S00080	①－29
Mirror contact	07－02－10	S01462	①－679
Mixed marking stage－outgoing calls via different connecting stages	09－01－08	S00988	②－12
Mixed switching state－outgoing calls via different connecting stages	09－01－11	S00991	②－15
Mixing network	10－16－19	S01262	②－262
Mm－input	12－21－01	S01563	②－707
Mm－input	13－05－21	S01773	②－1037
Mm－output	12－21－02	S01564	②－709
Mm－output	13－05－22	S01774	②－1039
Mode filter	10－08－19	S01174	②－179
Mode scrambler	10－24－07	S01332	②－317
Mode suppression	10－07－12	S01149	②－159
Modulator, double sideband output	10－19－02	S01279	②－273
Modulator, general symbol; Demodulator, general symbol; Discriminator, general symbol	10－19－01	S01278	②－272
Monostable, non－retriggerable	12－45－02	S01677	②－825
Monostable, non－retriggerable (during the output pulse), general symbol	12－44－02	S01675	②－823
Monostable, retriggerable	12－45－01	S01676	②－824
Monostable, retriggerable (during the output pulse), general symbol	12－44－01	S01674	②－822
Motion (occurrence of), general symbol	11－19－30	S01854	②－576
Motion detector, general symbol	11－19－11	S01438	②－557
Motor starter, general symbol	07－14－01	S00297	①－730
Mounting location in hidden space	11－19－13	S01440	②－559

英語名称 (IEC 60617)	図記号番号	識別番号	ページ
Mounting location in hidden space – above ceiling	11 – 19 – 14	S01441	② – 560
Mounting location in hidden space – beneath floor	11 – 19 – 15	S01442	② – 561
Movable contact	02 – 17 – 04	S00211	① – 161
Moving coil indication; Ribbon type indication	09 – 08 – 02	S01043	② – 49
Moving iron type indication	09 – 08 – 03	S01044	② – 50
m – phase winding, phases not interconnected	06 – 01 – 05	S00800	① – 531
M – type backward travelling wave amplifier tube	05 – A13 – 10	S00761	① – 490
M – type backward travelling wave amplifier tube /Simplified form	05 – A13 – 11	S00762	① – 491
M – type backward travelling wave oscillator tube	05 – A13 – 12	S00763	① – 492
M – type backward travelling wave oscillator tube /Simplified form	05 – A13 – 13	S00764	① – 493
M – type forward travelling wave amplifier tube	05 – A13 – 08	S00759	① – 488
M – type forward travelling wave amplifier tube /Simplified form	05 – A13 – 09	S00760	① – 489
Multi – aperture electrode	05 – A8 – 03	S00714	① – 453
Multiple socket outlet (power) /Form 1	11 – 13 – 02	S00458	② – 453
Multiple socket outlet (power) /Form 2	11 – 13 – 03	S00459	② – 454
Multiple – function switching device	07 – 13 – 15	S01413	① – 728
Multiplexer (one – of – eight)	12 – 37 – 01	S01630	② – 776
Multiplexer with analog/digital conversion	10 – A20 – 42	S01289	② – 375
Multiplexer with storage, quadruple 2 – input	12 – 42 – 11	S01669	② – 817
Multiplexer, general symbol	12 – 36 – 01	S01626	② – 772
Multiplexer, quadruple	12 – 37 – 02	S01631	② – 777
Multiplexer/demultiplexer with analog/ digital conversion	10 – A20 – 43	S01290	② – 376
Multiplexing and demultiplexing function	10 – 20 – 07	S01288	② – 282
Multiplexing function	10 – 20 – 05	S01286	② – 280
Multiplier	13 – 07 – 01	S01779	② – 1045
Multiplier, 4 – bit parallel, generating the four least significant bits of the product	12 – 39 – 05	S01648	② – 796
Multiplier, 4 – bit parallel, generating the four most significant bits of the product	12 – 39 – 06	S01649	② – 797
Multiplier, general symbol	12 – 38 – 04	S01639	② – 787

英語名称（IEC 60617）	図記号番号	識別番号	ページ
Multiposition single pole switch	11−14−05	S00470	②−465
Multi−position switch	07−11−04	S00270	①−707
Multi−position switch, early/late break/make indicated	07−A11−10	S00279	①−844
Multi−position switch, independent circuits	07−A11−04	S00273	①−838
Multi−position switch, maximum four positions	07−11−05	S00271	①−708
Multi−position switch, one position disabled	07−A11−05	S00274	①−839
Multi−position switch, wiper	07−A11−06	S00275	①−840
Multi−position switch, wiping cumulative contacts	07−A11−09	S00278	①−843
Multi−position switch, wiping multiple consecutive contacts	07−A11−07	S00276	①−841
Multi−position switch, wiping multiple contacts	07−A11−08	S00277	①−842
Multi−position switch, with position diagram	07−11−06	S00272	①−709
Multi−rate watt−hour meter	08−04−08	S00938	①−887

【N】

英語名称（IEC 60617）	図記号番号	識別番号	ページ
NAND buffer	12−29−02	S01595	②−741
NAND Schmitt−trigger	12−31−02	S01609	②−755
NAND with open−circuit output of the L−type	12−28−04	S01582	②−728
Negative peak clipper	10−17−05	S01271	②−271
Negative polarity	02−02−14	S00078	①−27
Negator	12−27−11	S01576	②−722
Neutral	02−02−15	S00079	①−28
Neutral conductor	11−11−01	S00446	②−441
Neutral point	03−02−13	S00026	①−222
Neutral point of a generator (multi−line representation)	03−02−15	S00028	①−224
Neutral point of a generator (single−line representation)	03−02−14	S00027	①−223
Nm−input	12−16−01	S01552	②−696
Nm−output	12−16−02	S01553	②−697
No voltage relay	07−17−01	S00338	①−766
Noise generator	10−A13−31	S01230	②−364
Noiseless earth	02−A15−02	S00201	①−185
Non−automatic return function	07−A1−05	S00225	①−826
Non−emitting sole for closed slow−wave structure	05−A9−04	S00727	①−466

英語名称（IEC 60617）	図記号番号	識別番号	ページ
Non－emitting sole for open slow－wave structure	05－A9－03	S00726	①－465
Non－logic connection	12－10－01	S01546	②－688
Not－equal output of a comparator	13－05－17	S01769	②－1033
NPN avalanche transistor	05－05－03	S00665	①－388
NPN transistor with collector connected to the envelope	05－05－02	S00664	①－387
NPN transistor with transverse biased base	05－05－06	S00668	①－391
Nuclear energy generating station, in service or unspecified	11－02－06	S00396	②－398
Nuclear energy generating station, planned	11－02－05	S00395	②－397
Numeric display, three 7－segment characters with decimal point	12－53－05	S01728	②－885

【O】

英語名称（IEC 60617）	図記号番号	識別番号	ページ
Object /Form 1	02－01－01	S00059	①－12
Object /Form 2	02－01－02	S00060	①－13
Object /Form 3	02－01－03	S00061	①－14
Obstacle light; Hazard light; Red flashing omni－directional beam	11－18－18	S00550	②－542
ODD element, general symbol	12－27－07	S01572	②－718
ODD element, with one common input, dual	12－28－11	S01589	②－735
One winding	06－01－01	S00796	①－527
Open slow－wave structure	05－A9－06	S00729	①－468
Open－circuit output	12－09－03	S01493	②－633
Open－circuit output (H－type)	12－09－04	S01494	②－634
Open－circuit output (L－type)	12－09－05	S01495	②－635
Operand input	12－09－26	S01519	②－661
Operating coil of a selector	09－A3－06	S01003	②－89
Operating device of a thermal relay	07－15－21	S00325	①－752
Operating device of an electronic relay	07－15－22	S00326	①－753
Operating device, general symbol; Relay coil, general symbol /Form 1	07－15－01	S00305	①－737
Operating device, general symbol; Relay coil; general symbol /Other form	07－A15－01	S00306	①－849
Operating device; Relay coil (attached representation) /Form 1	07－15－03	S00307	①－738
Operating device; Relay coil (attached representation) /Other form	07－A15－02	S00308	①－850
Operating device; Relay coil (detached representation) /Other form	07－A15－03	S00309	①－851
Operating device; Relay coil (detached representation) /Other form	07－A15－04	S00310	①－852

英語名称（IEC 60617）	図記号番号	識別番号	ページ
Operational amplifier	13 – 09 – 01	S01782	② – 1049
Operational amplifier	13 – 09 – 02	S01783	② – 1050
Operational amplifier	13 – 09 – 03	S01784	② – 1051
Operational amplifier with multiplexed inputs (one of four)	13 – 09 – 09	S01790	② – 1057
Optical attenuator	10 – A24 – 50	S01331	② – 383
Optical connection female – male	10 – A24 – 48	S01329	② – 381
Optical coupling device with slot for light – barrier	05 – 06 – 09	S00692	① – 415
Optical disc – type reproducer	09 – 10 – 05	S01079	② – 82
Optical fibre cable with dimensional data (example)	10 – A23 – 45	S01323	② – 378
Optical fibre cable with dimentional data	10 – A23 – 44	S01322	② – 377
Optical fibre, general symbol; Optical fibre cable, general symbol	10 – 23 – 01	S01318	② – 310
Optical fibre, graded index	10 – 23 – 04	S01321	② – 313
Optical fibre, multimode stepped index	10 – 23 – 02	S01319	② – 311
Optical fibre, single mode stepped index	10 – 23 – 03	S01320	② – 312
Optical file – type recorder	09 – 10 – 04	S01078	② – 81
Optocoupler	05 – 06 – 08	S00691	① – 414
OR element, general symbol	12 – 27 – 01	S01566	② – 712
OR with negated output (NOR)	12 – 28 – 02	S01580	② – 726
OR, with one common input and with complementary outputs, quintuple	12 – 28 – 08	S01586	② – 732
OR – AND with complementary open – circuit outputs of the H – type	12 – 28 – 05	S01583	② – 729
Oscillating motion	02 – 04 – 06	S00098	① – 51
Oscillograph	08 – 03 – 03	S00930	① – 879
Oscilloscope	08 – 02 – 10	S00922	① – 871
O – type forward travelling wave amplifier tube	05 – A13 – 04	S00755	① – 484
O – type forward travelling wave amplifier tube	05 – A13 – 05	S00756	① – 485
O – type forward travelling wave amplifier tube	05 – A13 – 06	S00757	① – 486
O – type forward travelling wave amplifier tube /Simplified form	05 – A13 – 07	S00758	① – 487
Output with special amplification (drive capability)	12 – 09 – 08A	S01499	② – 639
Overcurrent relay	07 – 17 – 05	S00342	① – 770
Overcurrent relay	07 – 17 – 14	S00351	① – 779
Overflow display	12 – 53 – 03	S01726	② – 883

英語名称 (IEC 60617)	図記号番号	識別番号	ページ
Overhead line	11-03-03	S00409	②-411
Overhead line on pole with stay	11-19-26	S01453	②-572
Overhead line on pole with strut	11-19-25	S01452	②-571
Overpower relay for reactive power	07-17-06	S00343	①-771
【P】			
Page-printing receiver	09-A6-14	S01032	②-96
Parity generator/checker with complementary outputs	12-28-12	S01590	②-736
Parity generator/checker, odd/even	12-28-14	S01592	②-738
Passing make contact	07-03-03	S00238	①-682
Passing make contact when actuated	07-03-01	S00236	①-680
Passing make contact when released	07-03-02	S00237	①-681
Passive relay station, general symbol	10-A6-22	S01132	②-355
Passive-pull-down output	12-09-06	S01496	②-636
Passive-pull-up output	12-09-07	S01497	②-637
Pentode	05-11-03	S00746	①-436
Percentage differential current	07-16-06	S00332	①-760
Perforating tape	02-A11-02	S00139	①-179
Period limiting switch, single pole	11-14-03	S00468	②-463
Permanent joint	10-A23-47	S01325	②-380
Permanent magnet	02-17-03	S00210	①-160
Permanent magnet producing a transverse field	05-A9-08	S00734	①-470
Phase distortion corrector	10-16-16	S01259	②-259
Phase meter	08-02-06	S00918	①-867
Phase modulated carrier	10-22-02	S01309	②-301
Phase transposition unit	11-17-17	S00514	②-506
Phase-changing network	10-16-13	S01256	②-256
Phase-failure detection relay	07-17-12	S00349	①-777
Phase-shifting	02-04-07	S01846	①-52
Phase-shifting transformer, three-phase / Form 1	06-10-19	S01837	①-599
Phase-shifting transformer, three-phase / Form 2	06-10-20	S01838	①-600
Photo-conductive storage electrode	05-A8-12	S00723	①-462
Photodiode	05-06-02	S00685	①-408
Photoelectric cathode	05-07-08	S00700	①-421
Photo-emissive electrode	05-A8-08	S00719	①-458
Photo-emissive storage electrode	05-A8-10	S00721	①-460
Phototransistor	05-06-04	S00687	①-410
Phototube; Photoemissive diode	05-A14-07	S00777	①-504

英語名称（IEC 60617）	図記号番号	識別番号	ページ
Photovoltaic cell	05－06－03	S00686	①－409
Photovoltaic generator	06－18－06	S00908	①－645
Piezoelectric crystal with three electrodes	04－07－02	S00601	①－307
Piezoelectric crystal with two electrodes	04－07－01	S00600	①－306
Piezoelectric crystal with two pairs of electrodes	04－07－03	S00602	①－308
Piezo－electric effect	04－07－05	S01405	①－310
Pilot frequency	10－21－04	S01294	②－286
Pilot frequency; Supergroup pilot frequency	10－21－05	S01295	②－287
Plane polarization	10－03－01	S01094	②－114
Plasma generating station, in service or unspecified; Magneto－hydrodynamic (MHD), in service or unspecified	11－02－14	S00404	②－406
Plasma generating station, planned; Magneto－hydrodynamic (MHD), planned	11－02－13	S00403	②－405
Plug and socket	03－03－05	S00033	①－231
Plug and socket, coaxial	03－03－15	S00042	①－240
Plug and socket, multipole (multi－line representation)	03－03－07	S00034	①－232
Plug and socket, multipole (single－line representation)	03－03－08	S00035	①－233
Plug and socket－type connector, male－female	03－03－21	S00048	①－246
Plug and socket－type connector, male－male	03－03－20	S00047	①－245
Plug and socket－type connector, male－male with socket access	03－03－22	S00049	①－247
PNIN transistor with connection to the intrinsic region	05－05－08	S00670	①－393
PNIP transistor with connection to the intrinsic region	05－05－07	S00669	①－392
PNP transistor	05－05－01	S00663	①－386
Point of access to a bundle	03－01－17	S01415	①－210
Polarity indicator, input	12－07－03	S01468	②－605
Polarity indicator, input, right to the left	12－07－05	S01470	②－607
Polarity indicator, output	12－07－04	S01469	②－606
Polarity indicator, output, right to the left	12－07－06	S01471	②－608
Polarized relay with neutral position	07－15－17	S00321	①－749
Polarized relay, self restoring	07－15－16	S00320	①－748
Polarized relay, stable positions	07－15－23	S01416	①－754
Polarized relay, stable positions	07－A15－05	S00322	①－853
Pool cathode	05－A10－02	S00742	①－477

英語名称（IEC 60617）	図記号番号	識別番号	ページ
Position switch assembly	07－08－03	S00261	①－701
Position switch function	07－01－06	S00223	①－669
Position switch, break contact	07－08－02	S00260	①－700
Position switch, break contact, positive operation	07－08－04	S00262	①－702
Position switch, make contact	07－08－01	S00259	①－699
Positive operation of a switch	07－01－09	S00226	①－670
Positive peak clipper	10－17－04	S01270	②－270
Positive polarity	02－02－13	S00077	①－26
Postponed output	12－09－01	S01491	②－629
Potentiometer with movable contact	04－01－07	S00561	①－282
Potentiometer with movable contact and pre－set adjustment	04－01－08	S00562	①－283
Power at phase angle alpha	07－16－10	S00336	①－764
Power block	11－10－02	S00444	②－439
Power feeding injection point	11－10－03	S00445	②－440
Power－factor meter	08－02－05	S00917	①－866
Precision approach path indicator white/red uni－directional beam	11－18－15	S00547	②－539
Prescaler with four scaling factors	12－49－18	S01705	②－856
Pre－set adjustability	02－03－06	S00086	①－38
Pressure－tight bulkhead cable gland	03－04－07	S00056	①－254
Primary cell	06－15－01	S00898	①－632
Printing and perforating, of one tape, simultaneous	02－A11－03	S00140	①－180
Printing, page	02－A11－04	S00141	①－181
Printing, tape	02－11－01	S00138	①－91
Probe coupler	10－10－08	S01210	②－215
Programmable DMA controller	12－56－03	S01736	②－895
Programmable logic device (PLD)	12－56－13	S01746	②－910
Programmable peripheral interface	12－56－02	S01735	②－893
Programmable read－only memory (PROM), 512kx8－bit	12－51－03	S01713	②－865
Programmable read－only memory (PROM), 512kx8－bit /Simplified form	12－51－04	S01714	②－867
Programmable read－only memory, electrically alterable, 128kx8－bit	12－51－04A	S01715	②－869
Programmable read－only memory, general symbol	12－50－02	S01707	②－858
Projector, general symbol	11－15－07	S00487	②－481
Propagation (one way)	02－05－01	S00099	①－53

英語名称（IEC 60617）	図記号番号	識別番号	ページ
Propagation, both ways, not simultaneously	02－05－03	S00101	①－55
Propagation, both ways, simultaneously	02－05－02	S00100	①－54
Protection against unintentional direct contact, general symbol	02－01－08	S00066	①－19
Protective anode	11－04－08	S00426	②－424
Protective conductor	11－11－02	S00447	②－442
Protective earthing	02－15－03	S00202	①－150
Protective equipotential bonding	02－15－05	S00204	①－151
Protective gas discharge tube	07－22－04	S00374	①－803
Protective gas discharge tube, symmetric	07－22－05	S00375	①－804
Proximity sensing device	07－19－02	S00355	①－784
Proximity sensing device, capacitive	07－19－03	S00356	①－785
Proximity sensor	07－19－01	S00354	①－783
Proximity switch	07－20－02	S00359	①－788
Proximity switch, controlled by iron	07－20－04	S00361	①－790
Proximity switch, magnetically controlled	07－20－03	S00360	①－789
Pule－code modulation in 3－out－of－7 code	10－12－07	S01224	②－229
Pull－cord single pole switch	11－14－09	S00474	②－469
Pulse code modulator	10－19－03	S01280	②－274
Pulse counting device	08－05－02	S00947	①－896
Pulse counting device with multiple contacts	08－05－05	S00950	①－899
Pulse counting device, electrically reset to 0	08－05－04	S00949	①－898
Pulse counting device, manually pre－set to n	08－05－03	S00948	①－897
Pulse generator	10－13－04	S01228	②－233
Pulse inverter	10－14－05	S01235	②－238
Pulse or current transformer with three threaded primary conductors /Form 1	06－13－10	S00888	①－619
Pulse or current transformer with three threaded primary conductors /Form 2	06－13－11	S00889	①－620
Pulse or current transformer with two secondary windings on the same core / Form 1	06－13－12	S00890	①－621
Pulse or current transformer with two secondary windings on the same core / Form 2	06－13－13	S00891	①－622
Pulse regenerator	10－14－08	S01238	②－241
Pulse transformer /Form 1	06－09－12	S01343	①－579
Pulse transformer /Form 2	06－09－13	S01344	①－580
Pulse, alternating current	02－10－03	S00134	①－87
Pulse, negative－going	02－10－02	S00133	①－86

英語名称 (IEC 60617)	図記号番号	識別番号	ページ
Pulse, positive – going	02 – 10 – 01	S00132	① – 85
Pulse – amplitude modulation	10 – 12 – 03	S01220	② – 225
Pulse – code modulation	10 – 12 – 06	S01223	② – 228
Pulse – duration modulation	10 – 12 – 05	S01222	② – 227
Pulse – frequency modulation	10 – 12 – 02	S01219	② – 224
Pulse – interval modulation	10 – 12 – 04	S01221	② – 226
Pulse – position or pulse – phase modulation	10 – 12 – 01	S01218	② – 223
Pulse – triggered JK – bistable	12 – 42 – 04	S01662	② – 810
Pulse – triggered RS – bistable	12 – 42 – 08	S01666	② – 814
Pulse – width modulator	13 – 16 – 01	S01803	② – 1073
Pump	11 – 19 – 04	S01422	② – 550
Push – button	11 – 14 – 10	S00475	② – 470
Push – button protected against unintentional operation	11 – 14 – 12	S00477	② – 472
Push – button with indicator lamp	11 – 14 – 11	S00476	② – 471
【Q】			
Quantity output	13 – 05 – 08	S01760	② – 1024
Quantity – sensing input	13 – 05 – 07	S01759	② – 1023
Quantizing electrode	05 – A8 – 04	S00715	① – 454
Query input of an associative memory	12 – 09 – 22	S01514	② – 655
【R】			
Radar antenna	10 – 04 – 08	S01109	② – 129
Radial deflecting electrodes	05 – A8 – 05	S00716	① – 455
Radiation, coherent, non – ionizing	02 – 09 – 02	S00128	① – 81
Radiation, coherent, non – ionizing, bidirectional	02 – 09 – 05	S00131	① – 84
Radiation, electromagnetic, non – ionizing	02 – 09 – 01	S00127	① – 80
Radiation, electromagnetic, non – ionizing, bidirectional	02 – 09 – 04	S00130	① – 83
Radiation, ionizing	02 – 09 – 03	S00129	① – 82
Radio link	10 – A1 – 07	S01085	② – 340
Radio station, beacon transmitting	10 – 06 – 04	S01128	② – 145
Radio station, controlling	10 – A6 – 20	S01130	② – 353
Radio station, direction finding receiving	10 – 06 – 03	S01127	② – 144
Radio station, general symbol	10 – 06 – 01	S01125	② – 142
Radio station, mobile	10 – A6 – 21	S01131	② – 354
Radio station, portable	10 – A6 – 19	S01129	② – 352
Radio station, transmitting and receiving	10 – 06 – 02	S01126	② – 143
Radio – isotope heat source	06 – 17 – 02	S00901	① – 638
Random – access memory (RAM), 32kx9 – bit	12 – 51 – 05	S01716	② – 871

英語名称 (IEC 60617)	図記号番号	識別番号	ページ
Random-access memory, 4x4-bit, with separate write and read addresses	12-51-06	S01717	②-873
Random-access memory, dynamic, 1048576x1-bit	12-51-11	S01722	②-878
Random-access memory, dynamic, 16384x1-bit	12-51-07	S01718	②-874
Random-access memory, general symbol	12-50-03	S01708	②-859
Reactive current ammeter	08-02-02	S00914	①-863
Reactor, general symbol /Form 1	06-09-08	S00848	①-575
Reactor, general symbol /Form 2	06-09-09	S00849	①-576
Read-only memory (ROM) 1024x4-bit	12-51-01	S01711	②-863
Read-only memory (ROM) 1024x4-bit / Simplified form	12-51-02	S01712	②-864
Read-only memory, general symbol	12-50-01	S01706	②-857
Reception	02-05-05	S00103	①-57
Recorder and reproducer, magnetic drum type	09-10-02	S01076	②-79
Recorder, general symbol; reproducer; general symbol	09-10-01	S01075	②-78
Recording and reproducing indication	09-08-09	S01050	②-56
Recording indication; Reproducing indication	09-08-08	S01049	②-55
Recording instrument, general symbol	08-01-02	S00911	①-860
Recording wattmeter	08-03-01	S00928	①-877
Rectified current with alternating component	02-02-12	S00076	①-25
Rectifier	06-14-03	S00894	①-628
Rectifier in full wave (bridge) connection	06-14-04	S00895	①-629
Rectifier with several main anodes	05-A14-09	S00779	①-506
Rectifier/inverter	06-14-06	S00897	①-631
Rectifying junction	05-01-07	S00619	①-341
Rectilinear motion (bidirectional)	02-04-02	S00094	①-47
Rectilinear motion (unidirectional)	02-04-01	S00093	①-46
Reduced-carrier frequency	10-21-03	S01293	②-285
Reduced-carrier wave, single erect sideband	10-22-06	S01313	②-305
Reduction unit	11-17-15	S00512	②-504
Reference input	13-05-05	S01757	②-1021
Reference output	13-05-06	S01758	②-1022
Reflector	05-A9-02	S00725	①-464
Reflector, cheese type, with horn feeder	10-05-12	S01122	②-139
Reflector, reflecting partially	10-07-18	S01155	②-162
Reflector, reflecting totally	10-07-17	S01154	②-161
Reflex klystron	05-13-03	S00753	①-439

英語名称 (IEC 60617)	図記号番号	識別番号	ページ
Reflex klystron	05 − A13 − 01	S00751	① − 481
Reflex klystron /Simplified form	05 − A13 − 02	S00752	① − 482
Reflex klystron /Simplified form	05 − A13 − 03	S00754	① − 483
Register, universal shift/storage, 8 − bit / Form 1	12 − 49 − 07	S01694	② − 843
Register, universal shift/storage, 8 − bit / Form 2	12 − 49 − 08	S01695	② − 845
Relay coil of a high speed relay	07 − 15 − 10	S00314	① − 742
Relay coil of a mechanically latched relay	07 − 15 − 14	S00318	① − 746
Relay coil of a mechanically resonant relay	07 − 15 − 13	S00317	① − 745
Relay coil of a polarized relay	07 − 15 − 15	S00319	① − 747
Relay coil of a relay unaffected by alternating current	07 − 15 − 11	S00315	① − 743
Relay coil of a remanent relay /Form 1	07 − 15 − 19	S00323	① − 750
Relay coil of a remanent relay /Form 2	07 − 15 − 20	S00324	① − 751
Relay coil of a slow − operating and slow − releasing relay	07 − 15 − 09	S00313	① − 741
Relay coil of a slow − operating relay	07 − 15 − 08	S00312	① − 740
Relay coil of a slow − releasing relay	07 − 15 − 07	S00311	① − 739
Relay coil of an alternating current relay	07 − 15 − 12	S00316	① − 744
Relay detecting short − circuits between windings	07 − 17 − 10	S00347	① − 775
Reproducing head, stereophonic, stylus operated	09 − 09 − 10	S01062	② − 65
Repulsion motor, single − phase	06 − 06 − 02	S00829	① − 556
Required connection	12 − 09 − 52	S01545	② − 687
Residual voltage	07 − 16 − 03	S00329	① − 757
Resistor with fixed tappings	04 − 01 − 09	S00563	① − 284
Resistor with movable contact	04 − 01 − 05	S00559	① − 280
Resistor with movable contact and off position	04 − 01 − 06	S00560	① − 281
Resistor with separate current and voltage terminals	04 − 01 − 10	S00564	① − 285
Resistor, adjustable	04 − 01 − 03	S00557	① − 278
Resistor, general symbol	04 − 01 − 01	S00555	① − 277
Resistor, voltage dependent	04 − 01 − 04	S00558	① − 279
Resonator	10 − 07 − 16	S01153	② − 160
Reverse blocking diode thyristor	05 − 04 − 01	S00650	① − 372
Reverse blocking thyristor, tetrode type	05 − 04 − 10	S00658	① − 381
Reverse blocking triode thyristor, N − gate (anode − side controlled)	05 − 04 − 05	S00653	① − 376

英語名称（IEC 60617）	図記号番号	識別番号	ページ
Reverse blocking triode thyristor, P − gate (cathode − side controlled)	05 − 04 − 06	S00654	① − 377
Reverse conducting diode thyristor	05 − 04 − 02	S00651	① − 373
Reverse conducting triode thyristor, gate not specified	05 − 04 − 12	S00660	① − 383
Reverse conducting triode thyristor, N − gate (anode − side controlled)	05 − 04 − 13	S00661	① − 384
Reverse conducting triode thyristor, P − gate (cathode − side controlled)	05 − 04 − 14	S00662	① − 385
Reverse current	07 − 16 − 04	S00330	① − 758
Reverse current relay	07 − 17 − 02	S00339	① − 767
R − input	12 − 09 − 15	S01507	② − 648
Rm − input	12 − 19 − 02	S01561	② − 705
Rotary converter, DC/DC with common exitation winding	06 − 05 − 05	S00827	① − 554
Rotary converter, DC/DC with common permanent magnet field	06 − 05 − 04	S00826	① − 553
Rotatable joint, symmetrical connectors	10 − A7 − 28	S01152	② − 361
RS − bistable	12 − 42 − 01	S01659	② − 807
RS − bistable with initial 0 − state	12 − 43 − 01	S01671	② − 819
RS − bistable with initial 1 − state	12 − 43 − 02	S01672	② − 820
RS − bistable, non − volatile	12 − 43 − 03	S01673	② − 821
RS − latch with negated inputs	12 − 42 − 06	S01664	② − 812
Ruby laser generator	10 − 11 − 05	S01216	② − 221
Ruby laser generator with xenon lamp as pumping source	10 − 11 − 06	S01217	② − 222
【S】			
Salinity meter	08 − 02 − 13	S00925	① − 874
Sample − and − hold amplifier with an amplification factor of one	13 − 09 − 06	S01787	② − 1054
Sample − and − hold amplifier with an amplification factor of one	13 − 09 − 08	S01789	② − 1056
Saw − tooth generator, 500 Hz	10 − 13 − 03	S01227	② − 232
Saw − tooth wave	02 − 10 − 06	S00137	① − 90
Schottky effect	05 − 02 − 01	S00636	① − 358
Scintillator detector	05 − A15 − 04	S00786	① − 511
Screen	02 − 01 − 07	S00065	① − 18
Screened conductor	03 − 01 − 07	S00007	① − 200
Secondary cell	06 − 15 − 01	S01341	① − 633
Selector arc with one special position	09 − 03 − 05	S01000	② − 22
Selector bank or level	09 − 03 − 06	S01001	② − 23
Selector for four − wire switching, homing	09 − 04 − 07	S01010	② − 31

英語名称 (IEC 60617)	図記号番号	識別番号	ページ
Selector level showing individual outlets or contacts	09−03−07	S01002	②−24
Selector level with bridging wiper	09−04−01	S01004	②−25
Selector level with non−bridging wiper	09−04−02	S01005	②−26
Selector wiper, bridging	09−03−02	S00997	②−19
Selector wiper, non−bridging	09−03−01	S00996	②−18
Selector, motor driven, homing	09−04−06	S01009	②−30
Self−contained emergency lighting luminaire	11−15−12	S00492	②−485
Semiconductor diode, general symbol	05−03−01	S00641	①−363
Semiconductor effect	02−08−06	S00125	①−78
Semiconductor region, one connection	05−01−01	S00613	①−335
Semiconductor region, several connections / Form 1	05−01−02	S00614	①−336
Semiconductor region, several connections / Form 2	05−01−03	S00615	①−337
Semiconductor region, several connections / Form 3	05−01−04	S00616	①−338
Separate reperforator and automatic transmitter	09−A6−17	S01036	②−99
Series motor, DC	06−05−01	S00823	①−550
Series motor, single−phase	06−06−01	S00828	①−555
Series motor, three−phase	06−06−03	S00830	①−557
Seven−segment display	12−53−02	S01725	②−882
Shift register with parallel load, 8−bit	12−49−06	S01693	②−842
Shift register, 4−bit, bidirectional	12−49−03	S01690	②−839
Shift register, 4−bit, parallel in/parallel out	12−49−04	S01691	②−840
Shift register, 512−bit, static	12−49−02	S01689	②−838
Shift register, 8−bit, with parallel outputs	12−49−05	S01692	②−841
Shift register, 8−bit, with serial input and complementary serial outputs	12−49−01	S01688	②−837
Shift register, general symbol	12−48−01	S01685	②−834
Shifting input, left to right or top to bottom	12−09−18	S01510	②−651
Shifting input, right to left or bottom to top	12−09−19	S01511	②−652
Shunt motor, DC	06−05−02	S00824	①−551
Signal generator, general symbol	10−13−01	S01225	②−230
Signal lamp, flashing type	08−10−02	S00966	①−908
Signal translator, general symbol	08−A7−01	S00958	①−921
Signal−level converter, general symbol	12−34−01	S01623	②−769
Signalling frequency	10−21−09	S01299	②−291

英語名称（IEC 60617）	図記号番号	識別番号	ページ
Signalling lamp energized by a built-in transformer	08-10-13	S00975	①-914
Simplicity voltage detector	07-18-03	S01843	①-782
Sine-wave generator with adjustable frequency	10-13-05	S01229	②-234
Sine-wave generator, 500 Hz	10-13-02	S01226	②-231
Single electrode for electrostatic focusing	05-A9-07	S00730	①-469
Single-bit full adder	12-38-08	S01643	②-791
Single-bit full adder with complementary sum outputs and inverted carry output	12-39-01	S01644	②-792
Single-motion homing selector with individual outlets	09-04-09	S01012	②-33
Single-motion selector, homing	09-04-04	S01007	②-28
Single-motion selector, non-homing	09-04-03	S01006	②-27
Single-motion selector, set	09-04-08	S01011	②-32
Single-sideband, suppressed carrier	10-22-05	S01312	②-304
Single-stroke bell	08-A10-03	S00971	①-927
S-input	12-09-16	S01508	②-649
Siren	08-10-09	S00972	①-912
Six separate windings	06-01-03	S00798	①-529
Six-phase winding, double delta	06-02-10	S00811	①-542
Six-phase winding, fork with neutral brought out	06-02-13	S00814	①-545
Six-phase winding, polygon	06-02-11	S00812	①-543
Six-phase winding, star	06-02-12	S00813	①-544
Slave watt-hour meter (repeater)	08-04-11	S00941	①-890
Slave watt-hour meter (repeater) with printing device	08-04-12	S00942	①-891
Sliding probe coupled to a transmission path	10-10-09	S01211	②-216
Slow-wave coupler	05-A9-12	S00738	①-474
Sm-input	12-19-01	S01560	②-704
Smoke (occurrence of), general symbol	11-19-28	S01852	②-574
Smoke detector, ionizing	11-19-08	S01435	②-554
Smoke detector, ionizing-in hidden space	11-19-20	S01447	②-566
Smoke detector, optical	11-19-09	S01436	②-555
Socket outlet (power) general symbol	11-13-01	S00457	②-452
Socket outlet (power) with interlocked switch	11-13-07	S00463	②-458
Socket outlet (power) with isolating transformer	11-13-08	S00464	②-459
Socket outlet (power) with protective contact	11-13-04	S00460	②-455

英語名称 (IEC 60617)	図記号番号	識別番号	ページ
Socket outlet (power) with single-pole switch	11-13-06	S00462	②-457
Socket outlet (power) with sliding shutter	11-13-05	S00461	②-456
Socket outlet (telecommunications), general symbol	11-13-09	S00465	②-460
Solar generating station, in service or unspecified	11-02-10	S00400	②-402
Solar generating station, planned	11-02-09	S00399	②-401
Solion diode	05-A16-02	S00793	①-518
Solion tetrode	05-A16-03	S00794	①-519
Sound channel	10-A1-05	S01083	②-338
Space station	10-06-09	S01133	②-146
Space station, active	10-A6-23	S01134	②-356
Space station, passive	10-A6-24	S01135	②-357
Spark gap	07-22-01	S00371	①-800
Spark gap, double	07-22-02	S00372	①-801
Splitter, general symbol	10-24-09	S01334	②-319
Splitter, three-way	11-07-02	S00435	②-432
Splitter, two-way	11-A7-01	S00434	②-587
Spot light	11-15-08	S00488	②-482
Spring-operated device	02-12-24	S01406	①-116
Squarer	13-07-02	S01780	②-1046
Star-delta starter	07-14-06	S00302	①-734
Starter operating in steps	07-14-02	S00298	①-731
Starter with auto-transformer	07-14-07	S00303	①-735
Starter-regulator	07-14-03	S00299	①-732
Starter-regulator with thyristors	07-14-08	S00304	①-736
Starting electrode	05-A10-01	S00741	①-476
Static (semiconductor) contactor	07-25-02	S00377	①-806
Static generator, general symbol	06-16-01	S00899	①-635
Static relay	07-26-02	S00380	①-809
Static relay	07-26-04	S00382	①-811
Static relay, general symbol	07-26-01	S00379	①-808
Static switch, general symbol	07-25-01	S00376	①-805
Static switch, unidirectional	07-25-03	S00378	①-807
Static thermal overload relay	07-26-03	S00381	①-810
Step function, negative going	02-10-05	S00136	①-89
Step function, positive going	02-10-04	S00135	①-88
Stepping motor, general symbol	06-04-03	S00821	①-549
Stereo type indication	09-08-04	S01045	②-51
Storage electrode	05-A8-09	S00720	①-459

英語名称（IEC 60617）	図記号番号	識別番号	ページ
Storage electrode with secondary emission in the direction of the arrow	05 − A8 − 11	S00722	① − 461
Straight flange	03 − 05 − 08	S01400	① − 262
Straight section adjustable in length	11 − 17 − 09	S00506	② − 498
Straight section consisting of several separate compartments	11 − 17 − 34	S00531	② − 523
Straight section consisting of several separate compartments /Simplified form	11 − 17 − 35	S00532	② − 524
Straight section consisting of two wiring systems	11 − 17 − 32	S00529	② − 521
Straight section consisting of two wiring systems /Simplified form	11 − 17 − 33	S00530	② − 522
Straight section internally anchored	11 − 17 − 10	S00507	② − 499
Straight section with adjustable tap − off with equipment box	11 − 17 − 30	S00527	② − 519
Straight section with continously movable tap − off	11 − 17 − 26	S00523	② − 515
Straight section with fixed tap − off	11 − 17 − 24	S00521	② − 513
Straight section with fixed tap − off having socket − outlet with protective contact.	11 − 17 − 31	S00528	② − 520
Straight section with fixed tap − off with equipment box	11 − 17 − 29	S00526	② − 518
Straight section with internal fire barrier	11 − 17 − 19	S00516	② − 508
Straight section with internal pressure tight barrier	11 − 17 − 16	S00513	② − 505
Straight section with several tap − offs	11 − 17 − 25	S00522	② − 514
Straight section with tap − off adjustable in steps	11 − 17 − 27	S00524	② − 516
Straight section with tap − off by movable contact	11 − 17 − 28	S00525	② − 517
Straight section, general symbol	11 − 17 − 01	S00498	② − 490
Straight − through joint box (multi − line representation)	03 − 04 − 03	S00052	① − 250
Straight − through joint box (single − line representation)	03 − 04 − 04	S00053	① − 251
Stripline	10 − 07 − 06	S01143	② − 154
Stripline	10 − 07 − 07	S01144	② − 155
Stylus − type reproducer	09 − 10 − 03	S01077	② − 80
Submarine line	11 − 03 − 02	S00408	② − 410
Subscriber's tap − off	11 − A8 − 01	S00437	② − 589
Subsidiary connection	13 − 04 − 05	S01752	② − 1016
Substation, in service or unspecified	11 − 01 − 06	S00390	② − 392

英語名称（IEC 60617）	図記号番号	識別番号	ページ
Substation, planned	11-01-05	S00389	②-391
Subtractor, general symbol	12-38-02	S01637	②-785
Supply - current output	13-05-04	S01756	②-1020
Supply - current terminal	13-05-02	S01754	②-1018
Supply - voltage output	13-05-03	S01755	②-1019
Supply - voltage terminal	13-05-01	S01753	②-1017
Suppressed pilot frequency	10-21-06	S01296	②-288
Suppressed - carrier frequency	10-21-02	S01292	②-284
Suppressed - carrier, scrambled	10-22-07	S01314	②-306
Surface acoustic wave (SAW) delay line	10-16-23	S01266	②-266
Surface acoustic wave (SAW) filter	10-16-21	S01264	②-264
Surface acoustic wave (SAW) resonator	10-16-22	S01265	②-265
Surface - acoustic - wave (SAW) device, one - port	10-08-27	S01181	②-186
Surface - acoustic - wave (SAW) device, two - port	10-08-30	S01184	②-189
Surface - acoustic - wave (SAW) device, two - port, reflecting partially and totally	10-08-29	S01183	②-188
Surface - acoustic - wave (SAW) device, two - port, reflecting totally	10-08-28	S01182	②-187
Surface - acoustic - wave (SAW) indication	09-08-11	S01052	②-58
Surface - acoustic - wave (SAW) transducer	09-09-22	S01074	②-77
Surge diverter; Lightning arrester	07-22-03	S00373	①-802
Switch	07-A13-01	S00283	①-848
Switch assembly, lever - operated	07-A11-01	S00267	①-832
Switch assembly, one set puch operated, one set turn operatedd	07-A11-02	S00268	①-834
Switch assembly, push or turn operated	07-A11-03	S00269	①-836
Switch with pilot light	11-14-02	S00467	②-462
Switch with positive opening	07-13-14	S00296	①-727
Switch, emergency stop	07-07-06	S00258	①-698
Switch, general symbol	11-14-01	S00466	②-461
Switch, manually operated with positive operation, push - button, automatic return	07-07-05	S00257	①-697
Switch, manually operated, general symbol	07-07-01	S00253	①-693
Switch, manually operated, pulling, automatic return	07-07-03	S00255	①-695
Switch, manually operated, push - button, automatic return	07-07-02	S00254	①-694
Switch, manually operated, turning, stay - put	07-07-04	S00256	①-696
Switch - disconnector function	07-01-04	S00221	①-667

英語名称（IEC 60617）	図記号番号	識別番号	ページ
Switch – disconnector, automatic release; On – load isolating switch, automatic release	07 – 13 – 09	S00291	① – 722
Switch – disconnector; On – load isolating switch	07 – 13 – 08	S00290	① – 721
Switching stage	09 – 01 – 09	S00989	② – 13
Switching stage – outgoing calls via several connecting stage	09 – 01 – 10	S00990	② – 14
Synchronoscope	08 – 02 – 08	S00920	① – 869
Synchronous device, general symbol	08 – A9 – 01	S00962	① – 922
Synchronous generator, three – phase with permanent magnet	06 – 07 – 01	S00831	① – 558
Synchronous generator, three – phase, both ends of each phase winding brought out	06 – 07 – 04	S00834	① – 561
Synchronous generator, three – phase, star connected, neutral brought out	06 – 07 – 03	S00833	① – 560
Synchronous motor, single – phase	06 – 07 – 02	S00832	① – 559
Synchronous rotary converter, three – phase, shunt – excited	06 – 07 – 05	S00835	① – 562
System outlet	11 – 08 – 02	S00438	② – 433

【T】

英語名称（IEC 60617）	図記号番号	識別番号	ページ
Tachometer	08 – 02 – 15	S00927	① – 876
Tape type indication; Film type indication	09 – 08 – 06	S01047	② – 53
Tape – printing receiver with keyboard transmitter	09 – A6 – 13	S01031	② – 95
Tap – off, general symbol	10 – 24 – 11	S01336	② – 321
Tapped delay element (in steps of 10 ns)	12 – 40 – 03	S01657	② – 805
Taxiing guidance sign	11 – 18 – 22	S00554	② – 546
T – connection /Form 1	03 – 02 – 04	S00019	① – 215
T – connection /Form 2	03 – 02 – 05	S00020	① – 216
Tee (three way connection)	11 – 17 – 05	S00502	② – 494
Telecommunication transmitting and receiving apparatus, two – way simplex	09 – 06 – 02	S01030	② – 45
Telecommunication transmitting apparatus	09 – 06 – 01	S01029	② – 44
Telefax	09 – 06 – 05	S01033	② – 46
Telegraph repeater, double – current/ alternating current	09 – A7 – 21	S01041	② – 103
Telegraph repeater, duplex	09 – 07 – 02	S01039	② – 47
Telegraph repeater, one – way, double – current/single_current	09 – A7 – 20	S01040	② – 102
Telegraph repeater, regenerative	09 – A7 – 19	S01038	② – 101
Telegraphy and transmission of data	10 – A1 – 03	S01081	② – 336
Telephone line; Telephone circuit	10 – A1 – 06	S01084	② – 339

英語名称（IEC 60617）	図記号番号	識別番号	ページ
Telephone set for several lines	09－05－12	S01028	②－43
Telephone set with amplifier	09－A5－11	S01026	②－93
Telephone set with local battery	09－05－02	S01018	②－39
Telephone set with loudspeaker	09－05－09	S01025	②－42
Telephone set with push－button dialling	09－A5－08	S01021	②－90
Telephone set with push－buttons or keys for special purposes	09－A5－09	S01022	②－91
Telephone set with ringing generator	09－A5－10	S01024	②－92
Telephone set, common battery	09－05－03	S01019	②－40
Telephone set, general symbol	09－05－01	S01017	②－38
Telephone set, paying	09－05－07	S01023	②－41
Telephone set, sound－powered	09－A5－12	S01027	②－94
Telephone type break jack, telephone type isolating jack	03－03－14	S00041	①－239
Telephone type plug and jack	03－03－12	S00039	①－237
Telephone type plug and jack with break contacts	03－03－13	S00040	①－238
Telephony	10－A1－02	S01080	②－335
Temperature sensing diode	05－03－03	S00643	①－365
Temperature sensitive switch, break contact	07－09－02	S00264	①－704
Temperature sensitive switch, make contact	07－09－01	S00263	①－703
Terminal	03－02－02	S00017	①－213
Terminal of a subsidiary internal circuit or circuit component	13－05－11	S01763	②－1027
Terminal strip	03－02－03	S00018	①－214
Terminal to be externally connected to a subsidiary circuit or circuit element	13－05－10	S01762	②－1026
Terminating set	10－A18－36	S01272	②－369
Terminating set with balancing network	10－A18－38	S01274	②－371
Termination device (complex)	10－A18－41	S01277	②－374
Termination, matched	10－08－25	S01180	②－185
Termination, short－circuit	10－08－23	S01178	②－183
Terminations, slided short circuit	10－08－24	S01179	②－184
Test point indicator	02－17－05	S00212	①－162
Tetrapole	05－A9－10	S00736	①－472
Tetrapole with loop coupler /Simplified form	05－A9－11	S00737	①－473
Thermal effect	02－08－01	S00120	①－73
Thermal switch, self－operating, break contact	07－09－03	S00265	①－705
Thermionic diode generator with non－ionizing radiation heat source	06－18－04	S00906	①－643

英語名称（IEC 60617）	図記号番号	識別番号	ページ
Thermionic diode generator with radio－isotope heat source	06－18－05	S00907	①－644
Thermocouple	08－06－01	S00952	①－901
Thermocouple /Old form	08－A6－01	S00953	①－918
Thermocouple with insulated heating element	08－06－05	S00956	①－903
Thermocouple with insulated heating element /Old form	08－A6－03	S00957	①－920
Thermocouple with non－insulated heating element	08－06－03	S00954	①－902
Thermocouple with non－insulated heating element /Old form	08－A6－02	S00955	①－919
Thermoelectric generating station, in service or unspecified	11－02－04	S00394	②－396
Thermoelectric generating station, planned	11－02－03	S00393	②－395
Thermoelectric generator with non－ionizing radiation heat source	06－18－02	S00904	①－641
Thermoelectric generator with radio－isotope heat source	06－18－03	S00905	①－642
Thermoelectric generator, with combustion heat source	06－18－01	S00903	①－640
Thermoluminescence detector	05－A15－06	S00788	①－513
Thermometer, Pyrometer	08－02－14	S00926	①－875
Three separate windings	06－01－02	S00797	①－528
Three－phase bank of single－phase transformers, connection star－delta /Form 1	06－10－11	S00862	①－591
Three－phase bank of single－phase transformers, connection star－delta /Form 2	06－10－12	S00863	①－592
Three－phase circuit	03－01－05	S00005	①－198
Three－phase induction regulator /Form 1	06－12－01	S00876	①－607
Three－phase induction regulator /Form 2	06－12－02	S00877	①－608
Three－phase transformer with four taps, connection: star－star /Form 1	06－10－09	S00860	①－589
Three－phase transformer with four taps, connection: star－star /Form 2	06－10－10	S00861	①－590
Three－phase transformer with tap changer /Form 1	06－10－13	S00864	①－593
Three－phase transformer with tap changer /Form 2	06－10－14	S00865	①－594
Three－phase transformer, connection star－delta /Form 1	06－10－07	S00858	①－587

英語名称（IEC 60617）	図記号番号	識別番号	ページ
Three－phase transformer, connection star－delta /Form 2	06－10－08	S00859	①－588
Three－phase transformer, connection star－star－delta /Form 1	06－10－17	S00868	①－597
Three－phase transformer, connection star－star－delta /Form 2	06－10－18	S00869	①－598
Three－phase transformer, connection star－zigzag with the neutral brought out / Form 1	06－10－15	S00866	①－595
Three－phase transformer, connection star－zigzag with the neutral brought out / Form 2	06－10－16	S00867	①－596
Three－phase winding, delta	06－02－05	S00806	①－537
Three－phase winding, open delta	06－02－06	S00807	①－538
Three－phase winding, phases not interconnected	06－01－04	S00799	①－530
Three－phase winding, star	06－02－07	S00808	①－539
Three－phase winding, star, with neutral brought out	06－02－08	S00809	①－540
Three－phase winding, T	06－02－04	S00805	①－536
Three－phase winding, V (60°)	06－02－02	S00803	①－534
Three－phase winding, zigzag or interconnected star	06－02－09	S00810	①－541
Three－phase wiring with neutral conductor and protective conductor	11－11－04	S00449	②－444
Three－pole switch with striker fuses	07－21－06	S00367	①－796
Three－port junction	10－09－01	S01185	②－190
Three－port junction (power divider)	10－09－04	S01188	②－193
Three－port junction (Series T, E－plane T)	10－09－02	S01186	②－191
Three－port junction (Shunt T, H－plane T)	10－09－03	S01187	②－192
Three－position microwave switch (120° step)	10－09－17	S01201	②－206
Time clock, time recorder	11－16－03	S00495	②－487
Time switch	11－14－14	S00479	②－474
Timer	11－14－13	S00478	②－473
T－input	12－09－17	S01509	②－650
Torque transmitter	08－A9－02	S00963	①－923
Touch sensitive switch	07－20－01	S00358	①－787
Touch sensor	07－19－04	S00357	①－786
Transducer head, general symbol	09－09－09	S01061	②－64
Transformer with centre tap on one winding / Form 1	06－10－03	S00854	①－583

英語名称（IEC 60617）	図記号番号	識別番号	ページ
Transformer with centre tap on one winding / Form 2	06 − 10 − 04	S00855	① − 584
Transformer with three windings, general symbol /Form 1	06 − 09 − 04	S00844	① − 571
Transformer with three windings, general symbol /Form 2	06 − 09 − 05	S00845	① − 572
Transformer with two windings (and instantaneous voltage polarity indicators) / Form 2	06 − 09 − 03	S00843	① − 570
Transformer with two windings and screen / Form 1	06 − 10 − 01	S00852	① − 581
Transformer with two windings and screen / Form 2	06 − 10 − 02	S00853	① − 582
Transformer with two windings, general symbol /Form 1	06 − 09 − 01	S00841	① − 568
Transformer with two windings, general symbol /Form 2	06 − 09 − 02	S00842	① − 569
Transformer with variable coupling /Form 1	06 − 10 − 05	S00856	① − 585
Transformer with variable coupling /Form 2	06 − 10 − 06	S00857	① − 586
Transition between regions of dissimilar conductivity types	05 − 01 − 20	S00631	① − 353
Transition, from circular to rectangular waveguide	10 − 08 − 15	S01170	② − 175
Transition, general symbol	10 − 08 − 14	S01169	② − 174
Transition, taper, from circular to rectangular waveguide	10 − 08 − 16	S01171	② − 176
Transmission	02 − 05 − 04	S00102	① − 56
Transmission circuit with both − way amplification, four wires /Form 1	10 − A2 − 11	S01089	② − 344
Transmission circuit with both − way amplification, four wires /Form 2	10 − A2 − 12	S01090	② − 345
Transmission circuit with both − way amplification, two wires	10 − A2 − 10	S01088	② − 343
Transmission circuit with both − way terminals amplification with echo suppression, four wires /Form 1	10 − A2 − 14	S01092	② − 347
Transmission circuit with both − way terminals amplification with echo suppression, four wires /Form 2	10 − A2 − 15	S01093	② − 348
Transmission circuit with frequency separation, four wires	10 − A2 − 13	S01091	② − 346
Transmission circuit with unidirectional amplification, two wires	10 − A2 − 09	S01087	② − 342

英語名称 (IEC 60617)	図記号番号	識別番号	ページ
Transmission system	10－22－10	S01317	②－309
Transmit/receive tube	05－A14－10	S00780	①－507
Trigger tube with ionically heated cathode	05－A14－02	S00771	①－499
Triode hexode	05－A11－01	S00747	①－479
Triode thyristor, type unspecified	05－04－04	S00057	①－375
Triode, gasfilled with indirectly heated cathode	05－11－02	S00745	①－435
Triode, with directly heated cathode	05－11－01	S00744	①－434
Trip－free mechanism	07－13－11	S00293	①－724
Trip－free mechanism, application	07－13－12	S00294	①－725
True/complement, zero/one element, quadruple	12－28－15	S01593	②－739
Trunk bridging amplifier assembly	11－06－02	S00431	②－429
Trunking diagram of a switching system	09－A1－04	S00992	②－87
Trunking diagram of a switching system	09－A1－05	S00993	②－88
Tuning indicator	05－A11－02	S00748	①－480
Tunnel diode	05－03－05	S00645	①－367
Tunnel effect	05－02－02	S00637	①－359
Turn－off thyristor, gate not specified	05－04－07	S00655	①－378
Turn－off triode thyristor, N－gate (anode－side)	05－04－08	S00656	①－379
Turn－off triode thyristor, P－gate (cathode－side controlled)	05－04－09	S00657	①－380
Twisted connection	03－01－08	S00008	①－201
Two pole switch	11－14－04	S00469	②－464
Two－motion selector showing levels	09－04－10	S01013	②－34
Two－motion selector, homing	09－04－05	S01008	②－29
Two－phase winding	06－02－01	S00802	①－533
Two－phase winding, four－wire	06－01－06	S00801	①－532
Two－position microwave switch (90°step)	10－09－16	S01200	②－205
Two－way disconnector; Two－way isolator	07－13－07	S00289	①－720
Two－way single pole switch	11－14－06	S00471	②－466
【U】			
Ultrasound transmitter－receiver; Hydrophone	09－09－21	S01073	②－76
Underground line	11－03－01	S00407	②－409
Under－impedance relay	07－17－09	S00346	①－774
Underpower relay	07－17－03	S00340	①－768
Undervoltage relay	07－17－07	S00344	①－772
Unidirectional breakdown effect	05－02－03	S00638	①－360
Unidirectional coupling device for rotation	02－12－19	S00162	①－111

英語名称（IEC 60617）	図記号番号	識別番号	ページ
Unijunction transistor with N-type base	05-05-05	S00667	①-390
Unijunction transistor with P-type base	05-05-04	S00666	①-389
【V】			
Var-hour meter	08-04-15	S00945	①-894
Variability, general symbol	02-03-03	S00083	①-35
Variability, non-linear	02-03-04	S00084	①-36
Variable capacitance diode	05-03-04	S00644	①-366
Variable equalizer	11-09-02	S00441	②-436
Variometer	04-03-08	S00590	①-303
Varmeter	08-02-04	S00916	①-865
Vibration switch, burglar alarm	11-19-17	S01444	②-563
Video channel; Television	10-A1-04	S01082	②-337
Vm-input	12-15-01	S01550	②-694
Vm-output	12-15-02	S01551	②-695
Voltage comparator	13-15-01	S01801	②-1071
Voltage comparator	13-15-02	S01802	②-1072
Voltage failure to frame; Frame potential in case of fault	07-16-02	S00328	①-756
Voltage follower	13-09-04	S01785	②-1052
Voltage regulator, general symbol	13-12-01	S01796	②-1066
Voltage regulator, positive, adjustable	13-13-02	S01798	②-1068
Voltage regulator, positive, adjustable, with current limiting	13-13-03	S01799	②-1069
Voltage regulator, positive, fixed	13-13-01	S01797	②-1067
Voltage stabilizer, gas-filled, stabilizing several voltages	05-A14-01	S00770	①-498
Voltage supervisor	13-18-01	S01806	②-1076
Voltage transformer /Form 1	06-13-01A	S00878	①-609
Voltage transformer /Form 2	06-13-01B	S00879	①-610
Voltage-controlled oscillator, dual	12-47-02	S01684	②-833
Voltmeter	08-02-01	S00913	①-862
【W】			
Warning sign, general symbol; Guidance sign, general symbol	11-18-20	S00552	②-544
Water heater	11-16-01	S00493	②-486
Watt-hour meter	08-04-03	S00933	①-882
Watt-hour meter with maximum demand indicator	08-04-13	S00943	①-892
Watt-hour meter with maximum demand recorder	08-04-14	S00944	①-893
Watt-hour meter with transmitter	08-04-10	S00940	①-889

英語名称 (IEC 60617)	図記号番号	識別番号	ページ
Watt – hour meter, counting in both energy flow directions	08 – 04 – 07	S00937	① – 886
Watt – hour meter, counting the energy flow from the busbars	08 – 04 – 05	S00935	① – 884
Watt – hour meter, counting the energy flow towards the busbars	08 – 04 – 06	S00936	① – 885
Watt – hour meter, measuring energy transmitted in one direction only	08 – 04 – 04	S00934	① – 883
Waveguide, asymmetric connectors	10 – A7 – 27	S01151	② – 360
Waveguide, circular	10 – 07 – 03	S01140	② – 151
Waveguide, coaxial	10 – 07 – 05	S01142	② – 153
Waveguide, flexible	10 – 07 – 10	S01147	② – 157
Waveguide, rectangular	10 – 07 – 01	S01138	② – 149
Waveguide, rectangular	10 – 07 – 02	S01139	② – 150
Waveguide, rectangular, gas – filled	10 – 07 – 09	S01146	② – 156
Waveguide, ridged	10 – 07 – 04	S01141	② – 152
Waveguide, symmetrical connectors	10 – A7 – 26	S01150	② – 359
Waveguide, twisted	10 – 07 – 11	S01148	② – 158
Wavemeter	08 – 02 – 09	S00921	① – 870
Weather – proof enclosure, general symbol	11 – 04 – 01	S00419	② – 419
Whistle, electrically operated	08 – A10 – 04	S00974	① – 928
Wind direction indicator	11 – 18 – 16	S00548	② – 540
Wind generating station, in service or unspecified	11 – 02 – 12	S00402	② – 404
Wind generating station, planned	11 – 02 – 11	S00401	② – 403
Winding of machine (different functions: commutating or compensating)	06 – A3 – 01	S00815	① – 653
Winding of machine (different functions: series winding)	06 – A3 – 02	S00816	① – 654
Winding of machine (different functions: shunt or separate winding)	06 – A3 – 03	S00817	① – 655
Window (aperture) coupler at a junction	10 – 10 – 05	S01207	② – 212
Window (aperture) coupler, general symbol	10 – 10 – 04	S01206	② – 211
Wiring going downwards	11 – 12 – 02	S00451	② – 446
Wiring going upwards	11 – 12 – 01	S00450	② – 445
Wiring passing through vertically	11 – 12 – 03	S00452	② – 447
【X】			
Xm – input	12 – 17A – 01	S01556	② – 700
Xm – input	13 – 05 – 24	S01776	② – 1042
Xm – output	12 – 17A – 02	S01557	② – 701
Xm – output	13 – 05 – 25	S01777	② – 1043

英語名称（IEC 60617）	図記号番号	識別番号	ページ
X–ray tube anode	05–10–01	S00740	①–433
X–ray tube with directly heated cathode	05–14–08	S00776	①–441
【Z】			
Zm–input	12–17–01	S01554	②–698
Zm–input (analogue)	13–05–14	S01766	②–1030
Zm–output	12–17–02	S01555	②–699
Zm–output (analogue)	13–05–15	S01767	②–1031

識別番号索引

*索引はⅠ・Ⅱ巻共通であり，①はⅠ巻（本書），②はⅡ巻を表します。

識別番号	図記号番号	日本語名称（JIS）	ページ*
S00001	03-01-01	接続（一般図記号）	①-193
S00002	03-01-02	接続群（接続の数を表示）	①-195
S00003	03-01-03	接続群（接続の数を表示）	①-196
S00004	03-01-04	直流回路	①-197
S00005	03-01-05	三相回路	①-198
S00006	03-01-06	フレキシブル接続	①-199
S00007	03-01-07	遮蔽導体	①-200
S00008	03-01-08	より合わせ接続	①-201
S00009	03-01-09	ケーブルの心線	①-202
S00010	03-01-10	ケーブルの心線	①-203
S00011	03-01-11	同軸ケーブル	①-204
S00012	03-01-12	端子に接続された同軸ケーブル	①-205
S00013	03-01-13	遮蔽付同軸ケーブル	①-206
S00014	03-01-14	未接続の導体又はケーブルの端	①-207
S00015	03-01-15	特別な絶縁処理をした未接続の導体又はケーブルの端	①-208
S00016	03-02-01	接続箇所	①-212
S00017	03-02-02	端子	①-213
S00018	03-02-03	端子板	①-214
S00019	03-02-04	T接続	①-215
S00020	03-02-05	T接続	①-216
S00021	03-02-06	導体の二重接続	①-217
S00022	03-02-07	導体の二重接続	①-218
S00023	03-02-09	分岐	①-219
S00024	03-02-11	入換え	①-220
S00025	03-02-12	相順の反転	①-221
S00026	03-02-13	中性点	①-222
S00027	03-02-14	発電機の中性点（単線表示）	①-223
S00028	03-02-15	発電機の中性点（複線表示）	①-224
S00029	03-02-16	導体非切断タップ	①-225
S00030	03-02-17	特別な工具を必要とする接続点	①-226
S00031	03-03-01	（ソケット又はプラグの）めす形接点	①-229
S00032	03-03-03	（ソケット又はプラグの）おす形接点	①-230
S00033	03-03-05	プラグ及びソケット	①-231

識別番号	図記号番号	日本語名称（JIS）	ページ
S00034	03-03-07	多極プラグ及びソケット（複線表示）	①-232
S00035	03-03-08	多極プラグ及びソケット（単線表示）	①-233
S00036	03-03-09	コネクタ（アセンブリの固定部分）	①-234
S00037	03-03-10	コネクタ（アセンブリの可動部分）	①-235
S00038	03-03-11	コネクタアセンブリ	①-236
S00039	03-03-12	電話形プラグ及びジャック	①-237
S00040	03-03-13	ブレーク接点付電話形プラグ及びジャック	①-238
S00041	03-03-14	電話形絶縁ジャック	①-239
S00042	03-03-15	同軸プラグ及びソケット	①-240
S00043	03-03-16	突合せコネクタ	①-241
S00044	03-03-17	接続リンク（閉）	①-242
S00045	03-03-18	接続リンク（閉）	①-243
S00046	03-03-19	接続リンク（開）	①-244
S00047	03-03-20	プラグ及びソケット形コネクタ（おす－おす形）	①-245
S00048	03-03-21	プラグ及びソケット形コネクタ（おす－めす形）	①-246
S00049	03-03-22	プラグ及びソケット形コネクタ（ソケットアクセス付おす－おす形）	①-247
S00050	03-04-01	ケーブル終端（複心ケーブル）	①-248
S00051	03-04-02	ケーブル終端（単心ケーブル）	①-249
S00052	03-04-03	貫通接続箱（複線表示）	①-250
S00053	03-04-04	貫通接続箱（単線表示）	①-251
S00054	03-04-05	接続箱（複線表示）	①-252
S00055	03-04-06	接続箱（単線表示）	①-253
S00056	03-04-07	耐圧防水壁形ケーブルグランド	①-254
S00057	05-04-04	3端子サイリスタ（ゲートの種類は無指定）	①-375
S00058	03-01-01	接続群	①-194
S00059	02-01-01	対象	①-12
S00060	02-01-02	対象	①-13
S00061	02-01-03	対象	①-14
S00062	02-01-04	囲い	①-15
S00063	02-01-05	囲い	①-16
S00064	02-01-06	境界線	①-17
S00065	02-01-07	仕切り	①-18
S00066	02-01-08	偶発的な直接接触に対する保護（一般図記号）	①-19
S00067	02-A2-03	直流	①-173
S00069	02-02-05	交流（周波数の表示）	①-21
S00070	02-A2-06	交流（周波数範囲の表示）	①-176
S00071	02-A2-07	交流（電圧の表示）	①-177
S00072	02-A2-08	交流（系統を表示）	①-178

識別番号	図記号番号	日本語名称（JIS）	ページ
S00073	02-02-09	交流（低周波数）	①-22
S00074	02-02-10	交流（中間周波数）	①-23
S00075	02-02-11	交流（高周波数）	①-24
S00076	02-02-12	交流部分から整流された電流	①-25
S00077	02-02-13	陽極	①-26
S00078	02-02-14	陰極	①-27
S00079	02-02-15	中性線	①-28
S00080	02-02-16	中間線	①-29
S00081	02-03-01	可変調整（一般図記号）	①-33
S00082	02-03-02	非線形調整	①-34
S00083	02-03-03	可変（一般図記号）	①-35
S00084	02-03-04	非線形可変	①-36
S00085	02-03-05	半固定調整	①-37
S00086	02-03-06	半固定調整	①-38
S00087	02-03-07	ステップ動作	①-39
S00088	02-03-08	ステップ調整	①-40
S00089	02-03-09	連続可変	①-41
S00090	02-03-10	連続可変（半固定）	①-42
S00091	02-03-11	自動制御	①-43
S00092	02-03-12	AGC付増幅器	①-44
S00093	02-04-01	直線運動（一方向）	①-46
S00094	02-04-02	直線運動（双方向）	①-47
S00095	02-04-03	円運動（一方向）	①-48
S00096	02-04-04	円運動（双方向）	①-49
S00097	02-04-05	円運動（双方向，回転制約あり）	①-50
S00098	02-04-06	振動運動	①-51
S00099	02-05-01	伝搬（一方向）	①-53
S00100	02-05-02	伝搬，双方向，同時	①-54
S00101	02-05-03	伝搬，双方向，同時でない	①-55
S00102	02-05-04	送信	①-56
S00103	02-05-05	受信	①-57
S00104	02-05-06	母線からのエネルギーの流れ	①-58
S00105	02-05-07	母線へのエネルギーの流れ	①-59
S00106	02-05-08	エネルギーの流れ，双方向（母線へ及び母線から）	①-60
S00107	02-A2-04	交流	①-175
S00108	02-06-01	作動（超過した場合）	①-61
S00109	02-06-02	作動（下回った場合）	①-62
S00110	02-06-03	作動（超過した場合，又は下回った場合）	①-63
S00111	02-06-04	作動（ゼロ値になった場合）	①-64
S00112	02-06-05	作動（ほぼゼロ値の場合）	①-65

識別番号	図記号番号	日本語名称（JIS）	ページ
S00113	02-07-01	材料（非指定）	①-66
S00114	02-07-02	材料（固体）	①-67
S00115	02-07-03	材料（液体）	①-68
S00116	02-07-04	材料（気体）	①-69
S00117	02-07-05	材料（エレクトレット）	①-70
S00118	02-07-06	材料（半導体）	①-71
S00119	02-07-07	材料（絶縁体）	①-72
S00120	02-08-01	熱効果	①-73
S00121	02-08-02	電磁効果	①-74
S00122	02-08-03	磁わい（歪）効果	①-75
S00123	02-08-04	磁界効果又は依存性	①-76
S00124	02-08-05	遅延	①-77
S00125	02-08-06	半導体効果	①-78
S00126	02-08-07	電気的隔離による結合効果	①-79
S00127	02-09-01	非電離電磁放射	①-80
S00128	02-09-02	非電離コヒーレント放射	①-81
S00129	02-09-03	電離放射	①-82
S00130	02-09-04	双方向非電離電磁放射	①-83
S00131	02-09-05	双方向非電離コヒーレント放射	①-84
S00132	02-10-01	パルス（正極性）	①-85
S00133	02-10-02	パルス（負極性）	①-86
S00134	02-10-03	パルス（交流）	①-87
S00135	02-10-04	ステップ関数（正極性）	①-88
S00136	02-10-05	ステップ関数（負極性）	①-89
S00137	02-10-06	のこぎり（鋸）歯状波	①-90
S00138	02-11-01	印刷（テープ）	①-91
S00139	02-A11-02	さん孔テープ	①-179
S00140	02-A11-03	テープの同時さん孔印刷	①-180
S00141	02-A11-04	印刷（ページ）	①-181
S00142	02-A11-05	キーボード	①-182
S00143	02-11-06	ファクシミリ	①-92
S00144	02-12-01	連結	①-93
S00145	02-12-02	機械的連結（力又は動き）	①-94
S00146	02-12-03	機械的連結（回転）	①-95
S00147	02-12-04	連結	①-96
S00148	02-12-05	遅延動作	①-97
S00149	02-12-06	遅延動作	①-98
S00150	02-12-07	自動復帰	①-99
S00151	02-12-08	戻り止め	①-100
S00152	02-12-09	戻り止め（掛かりなし状態）	①-101

識別番号	図記号番号	日本語名称（JIS）	ページ
S00153	02-12-10	戻り止め（掛かり状態）	①-102
S00154	02-12-11	機械的インターロック	①-103
S00155	02-12-12	掛け金（掛かりなし状態）	①-104
S00156	02-12-13	掛け金（掛かり状態）	①-105
S00157	02-12-14	閉塞装置	①-106
S00158	02-12-15	閉塞装置（掛かり状態）	①-107
S00159	02-12-16	クラッチ，機械的結合	①-108
S00160	02-12-17	機械的結合（非結合状態）	①-109
S00161	02-12-18	機械的結合（結合状態）	①-110
S00162	02-12-19	一方向回転結合装置	①-111
S00163	02-12-20	ブレーキ	①-112
S00164	02-12-21	ブレーキ（掛かり状態）	①-113
S00165	02-12-22	ブレーキ（解放状態）	①-114
S00166	02-12-23	歯車のかみ合い	①-115
S00167	02-13-01	作動装置（手動）（一般図記号）	①-118
S00168	02-13-02	作動装置（保護付手動）	①-119
S00169	02-13-03	作動装置（引き操作）	①-120
S00170	02-13-04	作動装置（回転操作）	①-121
S00171	02-13-05	作動装置（押し操作）	①-122
S00172	02-13-06	作動装置（近隣効果操作）	①-123
S00173	02-13-07	作動装置（接触操作）	①-124
S00174	02-13-08	作動装置（非常操作）	①-125
S00175	02-13-09	作動装置（ハンドル操作）	①-126
S00176	02-13-10	作動装置（足踏み操作）	①-127
S00177	02-13-11	作動装置（てこ操作）	①-128
S00178	02-13-12	作動装置（着脱可能ハンドル操作）	①-129
S00179	02-13-13	作動装置（鍵操作）	①-130
S00180	02-13-14	作動装置（クランク操作）	①-131
S00181	02-13-15	作動装置（ローラ操作）	①-132
S00182	02-13-16	作動装置（カム操作）	①-133
S00183	02-13-17	作動装置（カム形状操作）	①-134
S00184	02-13-18	作動装置（カム形状板）	①-135
S00185	02-13-19	作動装置（カムとローラによる操作）	①-136
S00186	02-13-20	作動装置（機械的エネルギー蓄積による操作）	①-137
S00187	02-13-21	作動装置（一方向の圧縮空気操作又は水圧操作）	①-138
S00188	02-13-22	作動装置（双方向の圧縮空気操作又は水圧操作）	①-139
S00189	02-13-23	作動装置（電磁効果による操作）	①-140
S00190	02-A13-24	電磁継電器による操作	①-183
S00191	02-A13-25	熱継電器による操作	①-184

識別番号	図記号番号	日本語名称（JIS）	ページ
S00192	02-13-26	作動装置（電動機操作）	①-141
S00193	02-13-27	作動装置（電気時計操作）	①-142
S00194	02-13-28	作動装置（半導体操作）	①-143
S00195	02-14-01	作動装置（液面による操作）	①-144
S00196	02-14-02	作動装置（カウンタによる駆動）	①-145
S00197	02-14-03	作動装置（液体の流れによる駆動）	①-146
S00198	02-14-04	作動装置（気体の流れによる駆動）	①-147
S00199	02-14-05	作動装置（相対湿度による駆動）	①-148
S00200	02-15-01	接地（一般図記号）	①-149
S00201	02-A15-02	無雑音接地	①-185
S00202	02-15-03	保護接地	①-150
S00203	02-A15-04	フレーム接続	①-186
S00204	02-15-05	保護等電位結合	①-151
S00205	02-16-01	理想電流源	①-155
S00206	02-16-02	理想電圧源	①-156
S00207	02-16-03	理想ジャイレータ	①-157
S00208	02-17-01	故障	①-158
S00209	02-17-02	せん絡	①-159
S00210	02-17-03	永久磁石	①-160
S00211	02-17-04	可動接点	①-161
S00212	02-17-05	試験点表示	①-162
S00213	02-17-06	変換器（一般図記号）	①-163
S00214	02-17-06A	変換（一般図記号）	①-164
S00216	02-17-08	アナログ	①-165
S00217	02-17-09	ディジタル	①-166
S00218	07-01-01	接点機能	①-664
S00219	07-01-02	遮断機能	①-665
S00220	07-01-03	断路機能	①-666
S00221	07-01-04	負荷開閉機能	①-667
S00222	07-01-05	自動引外し機能	①-668
S00223	07-01-06	位置スイッチ機能	①-669
S00224	07-A1-04	自動復帰機能	①-825
S00225	07-A1-05	非自動復帰機能	①-826
S00226	07-01-09	スイッチの確実動作	①-670
S00227	07-02-01	メーク接点（一般図記号），スイッチ（一般図記号）	①-671
S00228	07-A2-02	メーク接点（一般図記号），スイッチ（一般図記号）	①-827
S00229	07-02-03	ブレーク接点	①-672
S00230	07-02-04	非オーバーラップ切換え接点	①-673
S00231	07-02-05	オフ位置付き切換え接点	①-674

識別番号	図記号番号	日本語名称（JIS）	ページ
S00232	07-02-06	オーバーラップ切換え接点	①-675
S00233	07-02-07	オーバーラップ切換え接点	①-676
S00234	07-02-08	二重メーク接点	①-677
S00235	07-02-09	二重ブレーク接点	①-678
S00236	07-03-01	動作瞬時接点	①-680
S00237	07-03-02	復帰瞬時接点	①-681
S00238	07-03-03	動作復帰瞬時接点	①-682
S00239	07-04-01	メーク接点（先行閉路）	①-683
S00240	07-04-02	メーク接点（遅延閉路）	①-684
S00241	07-04-03	ブレーク接点（遅延開路）	①-685
S00242	07-04-04	ブレーク接点（先行開路）	①-686
S00243	07-05-01	メーク接点（限時閉路）	①-687
S00244	07-05-02	メーク接点（限時開路）	①-688
S00245	07-05-03	ブレーク接点（限時開路）	①-689
S00246	07-05-04	ブレーク接点（限時閉路）	①-690
S00247	07-05-05	メーク接点（限時）	①-691
S00248	07-05-06	接点の組合せ	①-692
S00249	07-A6-01	自動復帰するメーク接点	①-828
S00250	07-A6-02	残留機能付きメーク接点	①-829
S00251	07-A6-03	自動復帰するブレーク接点	①-830
S00252	07-A6-04	オフ位置付き切換え接点，自動復帰，残留機能付き	①-831
S00253	07-07-01	手動操作スイッチ（一般図記号）	①-693
S00254	07-07-02	手動操作の押しボタンスイッチ（自動復帰）	①-694
S00255	07-07-03	手動操作の引きボタンスイッチ（自動復帰）	①-695
S00256	07-07-04	手動操作のひねりスイッチ（非自動復帰）	①-696
S00257	07-07-05	確実動作が行われる手動操作の押しボタンスイッチ（自動復帰）	①-697
S00258	07-07-06	非常停止スイッチ	①-698
S00259	07-08-01	リミットスイッチ（メーク接点）	①-699
S00260	07-08-02	リミットスイッチ（ブレーク接点）	①-700
S00261	07-08-03	リミットスイッチ（機械的に連結される個別のメーク接点とブレーク接点）	①-701
S00262	07-08-04	リミットスイッチ（確実な開放ブレーク接点）	①-702
S00263	07-09-01	温度感知スイッチ（メーク接点）	①-703
S00264	07-09-02	温度感知スイッチ（ブレーク接点）	①-704
S00265	07-09-03	ブレーク接点の自己動作温度スイッチ	①-705
S00266	07-09-04	感温体付き気体放電管	①-706
S00267	07-A11-01	レバー操作式スイッチ	①-832
S00268	07-A11-02	スイッチの組合せ，1組は押しボタン作動，1組はひねりボタン作動	①-834

識別番号	図記号番号	日本語名称（JIS）	ページ
S00269	07-A11-03	スイッチの組合せ（押すかひねるのいずれでも作動）	①-836
S00270	07-11-04	多段スイッチ	①-707
S00271	07-11-05	多段スイッチ（最大4位置）	①-708
S00272	07-11-06	多段スイッチ（位置図を添えて示す場合）	①-709
S00273	07-A11-04	多段スイッチ（独立した回路をもつ場合）	①-838
S00274	07-A11-05	多段スイッチ（一つの位置が無効の場合）	①-839
S00275	07-A11-06	多段スイッチ（ワイパー）	①-840
S00276	07-A11-07	多段スイッチ（連続した複数の接点を橋絡する場合）	①-841
S00277	07-A11-08	多段スイッチ（複数の接点を橋絡する場合）	①-842
S00278	07-A11-09	多段スイッチ（漸増に接点を橋絡する場合）	①-843
S00279	07-A11-10	多段スイッチ（先行／遅延のメーク接点／ブレーク接点を示してある）	①-844
S00280	07-A12-01	複合スイッチ（一般図記号）	①-845
S00281	07-A12-02	複合スイッチ（ウェーファ形）	①-846
S00282	07-A12-03	複合スイッチ（回転式ドラム形）	①-847
S00283	07-A13-01	スイッチ	①-848
S00284	07-13-02	電磁接触器，電磁接触器の主メーク接点	①-715
S00285	07-13-03	自動引外し装置付き電磁接触器	①-716
S00286	07-13-04	電磁接触器の主ブレーク接点，電磁接触器	①-717
S00287	07-13-05	遮断器	①-718
S00288	07-13-06	アイソレータ，断路器	①-719
S00289	07-13-07	双投形断路器，双投形アイソレータ	①-720
S00290	07-13-08	負荷開閉器	①-721
S00291	07-13-09	自動引外し装置付き負荷開閉器	①-722
S00292	07-13-10	断路器，アイソレータ	①-723
S00293	07-13-11	引外し自由機構（トリップフリー）	①-724
S00294	07-13-12	引外し自由機構（適用例）	①-725
S00295	07-13-13	機械式開閉装置（3極）	①-726
S00296	07-13-14	開放する確実動作付きスイッチ	①-727
S00297	07-14-01	電動機始動器（一般図記号）	①-730
S00298	07-14-02	ステップ形の始動器	①-731
S00299	07-14-03	始動調整器	①-732
S00301	07-14-05	主回路直結始動器（可逆）	①-733
S00302	07-14-06	スターデルタ始動器	①-734
S00303	07-14-07	単巻変圧器を用いる始動器	①-735
S00304	07-14-08	サイリスタを用いる始動調整器	①-736
S00305	07-15-01	作動装置（一般図記号），継電器コイル（一般図記号）	①-737

識別番号	図記号番号	日本語名称（JIS）	ページ
S00306	07－A15－01	作動装置（一般図記号），継電器コイル（一般図記号）	①－849
S00307	07－15－03	作動装置，継電器コイル（結合表示）	①－738
S00308	07－A15－02	作動装置，継電器コイル（結合表示）	①－850
S00309	07－A15－03	作動装置，継電器コイル（分離表示）	①－851
S00310	07－A15－04	作動装置，継電器コイル（分離表示）	①－852
S00311	07－15－07	遅緩復旧形継電器コイル	①－739
S00312	07－15－08	遅緩動作形継電器コイル	①－740
S00313	07－15－09	遅緩動作形及び遅緩復旧形継電器コイル	①－741
S00314	07－15－10	高速動作形継電器コイル	①－742
S00315	07－15－11	交流不感動形継電器コイル	①－743
S00316	07－15－12	交流感動形継電器コイル	①－744
S00317	07－15－13	機械的共振形継電器コイル	①－745
S00318	07－15－14	機械的ラッチング形継電器コイル	①－746
S00319	07－15－15	有極形継電器コイル	①－747
S00320	07－15－16	有極形継電器（自動復帰形）	①－748
S00321	07－15－17	中立点付き自動復帰形の有極形継電器	①－749
S00322	07－A15－05	安定形の有極形継電器	①－853
S00323	07－15－19	レマネント形継電器コイル	①－750
S00324	07－15－20	レマネント形継電器コイル	①－751
S00325	07－15－21	熱動継電器で構成される作動装置	①－752
S00326	07－15－22	電子式継電器で構成される作動装置	①－753
S00327	07－16－01	保護継電器，保護継電器に関連する装置	①－755
S00328	07－16－02	フレーム地絡電圧，障害時のフレーム電位	①－756
S00329	07－16－03	残留電圧	①－757
S00330	07－16－04	逆電流	①－758
S00331	07－16－05	差動電流	①－759
S00332	07－16－06	比率差電流	①－760
S00333	07－16－07	地絡電流	①－761
S00334	07－16－08	中性点電流	①－762
S00335	07－16－09	二つの多相系間の中性点電流	①－763
S00336	07－16－10	位相角 a における電力	①－764
S00337	07－16－11	反限時特性	①－765
S00338	07－17－01	無電圧継電器	①－766
S00339	07－17－02	逆電流継電器	①－767
S00340	07－17－03	不足電力継電器	①－768
S00341	07－17－04	限時形過電流継電器	①－769
S00342	07－17－05	過電流継電器	①－770
S00343	07－17－06	無効電力継電器	①－771
S00344	07－17－07	不足電圧継電器	①－772
S00345	07－17－08	電流継電器	①－773

識別番号	図記号番号	日本語名称（JIS）	ページ
S00346	07-17-09	不足インピーダンス継電器	①-774
S00347	07-17-10	巻線層間短絡検出継電器	①-775
S00348	07-17-11	導体断線検出継電器	①-776
S00349	07-17-12	欠相検出継電器	①-777
S00350	07-17-13	回転子の拘束検出継電器	①-778
S00351	07-17-14	過電流継電器	①-779
S00352	07-18-01	ブッフホルツ保護装置，気体継電器	①-780
S00353	07-18-02	自動再閉路用装置，自動再閉路継電器	①-781
S00354	07-19-01	近接センサ	①-783
S00355	07-19-02	近接検出装置	①-784
S00356	07-19-03	近接検出装置（静電容量形）	①-785
S00357	07-19-04	接触センサ	①-786
S00358	07-20-01	触れ感応スイッチ	①-787
S00359	07-20-02	近接スイッチ	①-788
S00360	07-20-03	近接スイッチ（磁石の接近で作動）	①-789
S00361	07-20-04	近接スイッチ（鉄の接近で作動）	①-790
S00362	07-21-01	ヒューズ（一般図記号）	①-791
S00363	07-21-02	ヒューズ	①-792
S00364	07-21-03	ヒューズ，ストライカ付きヒューズ	①-793
S00365	07-21-04	警報接点付きヒューズ	①-794
S00366	07-21-05	別個の警報接点付きヒューズ	①-795
S00367	07-21-06	ストライカ付き3極スイッチ	①-796
S00368	07-21-07	ヒューズ付き開閉器	①-797
S00369	07-21-08	ヒューズ付き断路器，ヒューズ付きアイソレータ	①-798
S00370	07-21-09	ヒューズ付き負荷開閉器，負荷遮断用ヒューズ付き開閉器	①-799
S00371	07-22-01	放電ギャップ	①-800
S00372	07-22-02	二重放電ギャップ	①-801
S00373	07-22-03	避雷器	①-802
S00374	07-22-04	保護ガス封入形放電管	①-803
S00375	07-22-05	保護ガス封入対称形放電管	①-804
S00376	07-25-01	静止形スイッチ（一般図記号）	①-805
S00377	07-25-02	静止形（半導体使用）接触器	①-806
S00378	07-25-03	単一方向性静止形スイッチ	①-807
S00379	07-26-01	静止形継電器（一般図記号）	①-808
S00380	07-26-02	静止形継電器	①-809
S00381	07-26-03	静止形熱動過負荷継電器	①-810
S00382	07-26-04	静止形継電器	①-811
S00383	07-27-01	電気分離形結合装置	①-812
S00384	07-27-02	電気分離形結合装置（光学的結合）	①-813

識別番号	図記号番号	日本語名称（JIS）	ページ
S00385	11-01-01	発電所（計画中）	②-389
S00386	11-01-02	発電所（運転中ほか）	②-390
S00389	11-01-05	変電所（計画中）	②-391
S00390	11-01-06	変電所（運転中ほか）	②-392
S00391	11-02-01	水力発電所（計画中）	②-393
S00392	11-02-02	水力発電所（運転中ほか）	②-394
S00393	11-02-03	火力発電所（計画中）	②-395
S00394	11-02-04	火力発電所（運転中ほか）	②-396
S00395	11-02-05	原子力発電所（計画中）	②-397
S00396	11-02-06	原子力発電所（運転中ほか）	②-398
S00397	11-02-07	地熱発電所（計画中）	②-399
S00398	11-02-08	地熱発電所（運転中ほか）	②-400
S00399	11-02-09	太陽光発電所（計画中）	②-401
S00400	11-02-10	太陽光発電所（運転中ほか）	②-402
S00401	11-02-11	風力発電所（計画中）	②-403
S00402	11-02-12	風力発電所（運転中ほか）	②-404
S00403	11-02-13	プラズマ発電所（計画中），電磁流体発電所（MHD）（計画中）	②-405
S00404	11-02-14	プラズマ発電所（運転中ほか），電磁流体発電所（MHD）（運転中ほか）	②-406
S00405	11-02-15	変換所（計画中）	②-407
S00406	11-02-16	変換所（運転中ほか）	②-408
S00407	11-03-01	地中線路	②-409
S00408	11-03-02	水中線路	②-410
S00409	11-03-03	架空線路	②-411
S00410	11-03-04	ダクト内線路，管内線路	②-412
S00411	11-03-05	6回線のダクト内線路	②-413
S00412	11-03-06	マンホール経由の線路	②-414
S00413	11-03-07	埋込接続部のある線路	②-415
S00414	11-03-08	ガス又は油の防御壁のある線路	②-416
S00415	11-03-09	ガス又は油の止め弁のある線路	②-417
S00416	11-03-10	ガス又は油の防御壁をう（迂）回する線路	②-418
S00417	11-A3-11	交流電力重畳通信線路	②-583
S00418	11-A3-12	直流電力重畳通信線路	②-584
S00419	11-04-01	耐候性エンクロージャ（一般図記号）	②-419
S00420	11-04-02	耐候性エンクロージャ内の増幅箇所	②-420
S00421	11-04-03	クロスコネクション箇所	②-421
S00422	11-04-04	線路集線装置（コンセントレータ），自動線路コネクタ	②-422
S00423	11-04-05	柱上の線路集線装置	②-423
S00424	11-A4-06	ずれ防止装置	②-585

識別番号	図記号番号	日本語名称（JIS）	ページ
S00425	11-A4-07	ずれ防止装置付ケーブルのあるマンホール	②-586
S00426	11-04-08	防食用陽極	②-424
S00427	11-04-09	マグネシウム製の防食用陽極	②-425
S00428	11-05-01	受信アンテナ付ヘッドエンド	②-426
S00429	11-05-02	受信アンテナなしのヘッドエンド	②-427
S00430	11-06-01	分岐増幅器	②-428
S00431	11-06-02	幹線分岐増幅器	②-429
S00432	11-06-03	終端増幅器（分岐線又は分配線）	②-430
S00433	11-06-04	双方向増幅器	②-431
S00434	11-A7-01	分岐器（2分岐）	②-587
S00435	11-07-02	分岐器（3分岐）	②-432
S00436	11-A7-03	方向性結合器	②-588
S00437	11-A8-01	加入者用タップオフ	②-589
S00438	11-08-02	出力端子	②-433
S00439	11-08-03	ループ線路の出力端子，直列配線の出力端子	②-434
S00440	11-09-01	イコライザ	②-435
S00441	11-09-02	可変イコライザ	②-436
S00442	11-09-03	減衰器（アッテネータ）	②-437
S00443	11-10-01	電源装置	②-438
S00444	11-10-02	電源遮断装置	②-439
S00445	11-10-03	電源供給箇所	②-440
S00446	11-11-01	中性線	②-441
S00447	11-11-02	保護導体	②-442
S00448	11-11-03	中性線及び保護導体の機能を兼用する導体	②-443
S00449	11-11-04	中性線及び保護導体をもつ三相配線	②-444
S00450	11-12-01	立上げ配線	②-445
S00451	11-12-02	引下げ配線	②-446
S00452	11-12-03	素通し配線	②-447
S00453	11-12-04	ボックス（一般図記号）	②-448
S00454	11-12-05	接続ボックス，分岐ボックス	②-449
S00455	11-12-06	引込点（引込口装置）	②-450
S00456	11-12-07	配電盤，分電盤	②-451
S00457	11-13-01	コンセント（電力用，一般図記号）	②-452
S00458	11-13-02	連接コンセント（電力用）	②-453
S00459	11-13-03	連接コンセント（電力用）	②-454
S00460	11-13-04	接地極付コンセント（電力用），接地端子付コンセント（電力用）	②-455
S00461	11-13-05	スライドカバー付コンセント（電力用）	②-456
S00462	11-13-06	単極スイッチ付コンセント（電力用）	②-457
S00463	11-13-07	インタロックスイッチ付コンセント（電力用）	②-458
S00464	11-13-08	絶縁変圧器付コンセント（電力用）	②-459

識別番号	図記号番号	日本語名称（JIS）	ページ
S00465	11−13−09	アウトレット（電気通信用，一般図記号）	②−460
S00466	11−14−01	点滅器（一般図記号）	②−461
S00467	11−14−02	確認表示灯付点滅器	②−462
S00468	11−14−03	時限スイッチ（単極）	②−463
S00469	11−14−04	2極スイッチ	②−464
S00470	11−14−05	段切換単極スイッチ	②−465
S00471	11−14−06	2方向単極スイッチ	②−466
S00472	11−14−07	中間スイッチ	②−467
S00473	11−14−08	調光器	②−468
S00474	11−14−09	プルスイッチ（単極）	②−469
S00475	11−14−10	押しボタン	②−470
S00476	11−14−11	表示ランプ付押しボタン	②−471
S00477	11−14−12	誤操作防止機能付押しボタン	②−472
S00478	11−14−13	タイマ	②−473
S00479	11−14−14	タイムスイッチ	②−474
S00480	11−14−15	キースイッチ	②−475
S00481	11−15−01	照明用コンセント位置	②−476
S00482	11−15−02	壁付照明用コンセント	②−477
S00483	11−A15−03	ランプ（一般図記号）	②−590
S00484	11−15−04	照明器具（一般図記号），蛍光灯（一般図記号）	②−478
S00485	11−15−05	複数蛍光ランプの照明器具	②−479
S00486	11−15−06	複数蛍光ランプの照明器具	②−480
S00487	11−15−07	プロジェクタ（一般図記号）	②−481
S00488	11−15−08	スポットライト	②−482
S00489	11−15−09	投光器	②−483
S00490	11−A15−10	放電灯用安定器	②−591
S00491	11−15−11	非常用照明器具（非常電源回路上）	②−484
S00492	11−15−12	非常用照明器具（電源内蔵形）	②−485
S00493	11−16−01	電気温水器	②−486
S00495	11−16−03	時間記録時計，タイムレコーダ	②−487
S00496	11−16−04	電気錠	②−488
S00497	11−16−05	音声通話装置	②−489
S00498	11−17−01	直線部（一般図記号）	②−490
S00499	11−17−02	組立直線部	②−491
S00500	11−17−03	エンドカバー	②−492
S00501	11−17−04	エルボ	②−493
S00502	11−17−05	ティー（3方向接続）	②−494
S00503	11−17−06	クロス（4方向接続）	②−495
S00504	11−17−07	接続しない2系統の交差	②−496
S00505	11−17−08	独立した2系統の交差	②−497

識別番号	図記号番号	日本語名称（JIS）	ページ
S00506	11-17-09	長さ調節可能な直線部	②-498
S00507	11-17-10	内部配線を固定した直線部	②-499
S00508	11-17-11	エキスパンションユニット（エンクロージャ用）	②-500
S00509	11-17-12	エキスパンションユニット（導体用）	②-501
S00510	11-17-13	エキスパンションユニット（エンクロージャ及び導体用）	②-502
S00511	11-17-14	フレキシブルユニット	②-503
S00512	11-17-15	レジューサ	②-504
S00513	11-17-16	内側耐圧壁付直線部	②-505
S00514	11-17-17	相入換ユニット	②-506
S00515	11-17-18	装置ボックス	②-507
S00516	11-17-19	内側耐火壁付直線部	②-508
S00517	11-17-20	終端部給電ユニット	②-509
S00518	11-17-21	中央部給電ユニット	②-510
S00519	11-17-22	終端部給電ユニット（装置ボックス付）	②-511
S00520	11-17-23	中央部給電ユニット（装置ボックス付）	②-512
S00521	11-17-24	固定タップオフ付直線部	②-513
S00522	11-17-25	数箇所のタップオフ付直線部	②-514
S00523	11-17-26	連続可動タップオフ付直線部	②-515
S00524	11-17-27	ステップ可動タップオフ付直線部	②-516
S00525	11-17-28	可動接点形タップオフ付直線部	②-517
S00526	11-17-29	装置ボックス収納固定タップオフ付直線部	②-518
S00527	11-17-30	装置ボックス収納調整形タップオフ付直線部	②-519
S00528	11-17-31	接地極付コンセントをもつ固定タップオフ付直線部	②-520
S00529	11-17-32	配線2系統の直線部	②-521
S00530	11-17-33	配線2系統の直線部	②-522
S00531	11-17-34	複数区画の直線部	②-523
S00532	11-17-35	複数区画の直線部	②-524
S00533	11-18-01	航空灯火（地上形，一般図記号）	②-525
S00534	11-18-02	航空灯火（埋込形，一般図記号）	②-526
S00535	11-18-03	航空灯火（白色1方向式ビーム，地上形）	②-527
S00536	11-18-04	航空灯火（白色1方向式ビーム，埋込形）	②-528
S00537	11-18-05	航空灯火（白色／白色2方向式ビーム，地上形）	②-529
S00538	11-18-06	航空灯火（白色／白色2方向式ビーム，埋込形）	②-530
S00539	11-18-07	航空灯火（白色全方向式ビーム，地上形）	②-531
S00540	11-18-08	航空灯火（白色全方向式ビーム，埋込形）	②-532

識別番号	図記号番号	日本語名称（JIS）	ページ
S00541	11-18-09	曲線部灯（緑色／緑色2方向式ビーム，埋込形）	②-533
S00542	11-18-10	曲線部灯（白色1方向式ビーム，埋込形）	②-534
S00543	11-18-11	航空灯火（上部白色全方向式ビーム，下部白色1方向式ビーム，地上形）	②-535
S00544	11-18-12	航空灯火（上部白色全方向式ビーム，下部白色／白色2方向式ビーム，地上形）	②-536
S00545	11-18-13	航空灯火（白色せん光1方向式ビーム，地上形）	②-537
S00546	11-18-14	航空灯火（白色せん光1方向式ビーム，埋込形）	②-538
S00547	11-18-15	侵入角指示灯（白色／赤色1方向式ビーム）	②-539
S00548	11-18-16	風向灯	②-540
S00549	11-18-17	着陸方向指示灯	②-541
S00550	11-18-18	航空障害灯，警戒灯（赤色せん光全方向式ビーム）	②-542
S00551	11-18-19	航空灯火（白色せん光全方向式ビーム）	②-543
S00552	11-18-20	警告灯（一般図記号），誘導案内灯（一般図記号）	②-544
S00553	11-18-21	滑走路距離灯	②-545
S00554	11-18-22	駐機誘導案内灯	②-546
S00555	04-01-01	抵抗器（一般図記号）	①-277
S00557	04-01-03	可変抵抗器	①-278
S00558	04-01-04	電圧依存抵抗器	①-279
S00559	04-01-05	しゅう（摺）動接点付抵抗器	①-280
S00560	04-01-06	しゅう（摺）動接点付抵抗器（開位置付）	①-281
S00561	04-01-07	しゅう（摺）動接点付ポテンショメータ	①-282
S00562	04-01-08	しゅう（摺）動接点付（半固定）ポテンショメータ	①-283
S00563	04-01-09	固定タップ付抵抗器	①-284
S00564	04-01-10	個別の電流端子及び電圧端子付抵抗器	①-285
S00565	04-01-11	炭素積層抵抗器	①-286
S00566	04-01-12	発熱素子	①-287
S00567	04-02-01	コンデンサ（一般図記号）	①-288
S00569	04-A2-08	リードスルーコンデンサ，リードスルーキャパシタ，貫通形コンデンサ，貫通形キャパシタ	①-322
S00571	04-02-05	有極性コンデンサ	①-290
S00573	04-02-07	可変コンデンサ	①-291
S00575	04-02-09	半固定コンデンサ	①-292
S00577	04-02-11	可変差動コンデンサ	①-293
S00579	04-02-13	可変平衡形コンデンサ	①-294
S00581	04-02-15	温度依存形有極性コンデンサ	①-295

識別番号	図記号番号	日本語名称（JIS）	ページ
S00582	04-02-16	電圧依存形有極性コンデンサ	①-296
S00583	04-03-01	コイル（一般図記号），巻線（一般図記号）	①-297
S00585	04-03-03	磁心入インダクタ，リアクトル	①-298
S00586	04-03-04	ギャップ付磁心入インダクタ，リアクトル	①-299
S00587	04-03-05	連続可変磁心入インダクタ，リアクトル	①-300
S00588	04-03-06	固定タップ付インダクタ，リアクトル	①-301
S00589	04-03-07	ステップ可変インダクタ，リアクトル	①-302
S00590	04-03-08	バリオメータ	①-303
S00591	04-03-09	磁心入同軸チョーク，リアクトル	①-304
S00592	04-03-10	フェライトビーズ	①-305
S00593	04-A4-01	フェライト磁心	①-323
S00594	04-A4-02	磁束／電流方向の指示記号	①-324
S00595	04-A4-03	巻線1個をもつフェライト磁心	①-325
S00596	04-A5-01	巻線5個をもつフェライト磁心	①-326
S00597	04-A5-02	巻線n個をもつフェライト磁心	①-327
S00598	04-A6-01	フェライト磁心マトリックス	①-328
S00599	04-A6-02	磁気記憶素子のマトリックス配列	①-329
S00600	04-07-01	電極2個をもつ圧電結晶	①-306
S00601	04-07-02	電極3個をもつ圧電結晶	①-307
S00602	04-07-03	電極2対をもつ圧電結晶	①-308
S00603	04-07-04	電極をもつエレクトレット	①-309
S00604	04-08-01	巻線付磁わい（歪）遅延線	①-311
S00605	04-08-02	巻線付磁わい（歪）遅延線	①-312
S00606	04-08-03	同軸遅延線	①-313
S00607	04-08-04	圧電変換器をもつ固体遅延線	①-314
S00608	04-09-01	遅延線（一般図記号），遅延素子（一般図記号）	①-315
S00609	04-09-02	磁わい（歪）遅延線	①-316
S00610	04-09-03	同軸遅延線	①-317
S00611	04-09-04	圧電変換器をもつ水銀遅延線	①-318
S00612	04-09-05	擬似電路遅延線	①-319
S00613	05-01-01	一つの接続をもつ半導体領域	①-335
S00614	05-01-02	二つ以上の接続をもつ半導体領域	①-336
S00615	05-01-03	二つ以上の接続をもつ半導体領域	①-337
S00616	05-01-04	二つ以上の接続をもつ半導体領域	①-338
S00617	05-01-05	デプレション形デバイスの伝導チャネル	①-339
S00618	05-01-06	エンハンスメント形デバイスの伝導チャネル	①-340
S00619	05-01-07	整流接合	①-341
S00620	05-01-09	半導体層に影響を及ぼす接合（N層に影響を与えるP領域）	①-342
S00621	05-01-10	半導体層に影響を及ぼす接合（P層に影響を与えるN領域）	①-343

識別番号	図記号番号	日本語名称（JIS）	ページ
S00622	05-01-11	チャネル伝導形（P形サブストレート上のNチャネル）	①-344
S00623	05-01-12	チャネル伝導形（N形サブストレート上のPチャネル）	①-345
S00624	05-01-13	絶縁ゲート	①-346
S00625	05-01-14	半導体領域上にある，それと導電形が異なるエミッタ（N領域上にあるPエミッタ）	①-347
S00626	05-01-15	半導体領域上にある，それと導電形が異なるエミッタ（N領域上にある二つ以上のPエミッタ）	①-348
S00627	05-01-16	半導体領域上にある，それと導電形が異なるエミッタ（P領域上にあるNエミッタ）	①-349
S00628	05-01-17	半導体領域上にある，それと導電形が異なる二つ以上のエミッタ（P領域上にある二つ以上のNエミッタ）	①-350
S00629	05-01-18	半導体領域上にある，それと導電形が異なるコレクタ	①-351
S00630	05-01-19	半導体領域上にある，それと導電形が異なる二つ以上のコレクタ	①-352
S00631	05-01-20	異なる導電形領域の間の遷移	①-353
S00632	05-01-21	異なる導電形領域の間の真性領域	①-354
S00633	05-01-22	導電形が同じ領域の間にある真性領域	①-355
S00634	05-01-23	コレクタと，それと導電形が異なる領域との間にある真性領域	①-356
S00635	05-01-24	コレクタと，それと導電形が同じ領域との間にある真性領域	①-357
S00636	05-02-01	ショットキー効果	①-358
S00637	05-02-02	トンネル効果	①-359
S00638	05-02-03	単方向降伏効果	①-360
S00639	05-02-04	双方向降伏効果	①-361
S00640	05-02-05	バックワード効果	①-362
S00641	05-03-01	半導体ダイオード（一般図記号）	①-363
S00642	05-03-02	発光ダイオード（LED）（一般図記号）	①-364
S00643	05-03-03	温度検出ダイオード	①-365
S00644	05-03-04	可変容量ダイオード	①-366
S00645	05-03-05	トンネルダイオード	①-367
S00646	05-03-06	一方向性降伏ダイオード	①-368
S00647	05-03-07	双方向性降伏ダイオード	①-369
S00648	05-03-08	逆方向ダイオード（単トンネルダイオード）	①-370
S00649	05-03-09	双方向性ダイオード	①-371
S00650	05-04-01	逆阻止2端子サイリスタ	①-372
S00651	05-04-02	逆伝導2端子サイリスタ	①-373

識別番号	図記号番号	日本語名称（JIS）	ページ
S00652	05－04－03	双方向性2端子サイリスタ，ダイアック	①－374
S00653	05－04－05	Nゲート逆阻止3端子サイリスタ（アノード側を制御）	①－376
S00654	05－04－06	Pゲート逆阻止3端子サイリスタ（カソード側を制御）	①－377
S00655	05－04－07	ターンオフサイリスタ（ゲートの種類は無指定）	①－378
S00656	05－04－08	Nゲートターンオフサイリスタ（アノード側を制御）	①－379
S00657	05－04－09	Pゲートターンオフサイリスタ（カソード側を制御）	①－380
S00658	05－04－10	逆阻止4端子サイリスタ	①－381
S00659	05－04－11	双方向性3端子サイリスタ，トライアック	①－382
S00660	05－04－12	逆伝導3端子サイリスタ（ゲートの種類は無指定）	①－383
S00661	05－04－13	Nゲート逆伝導サイリスタ（アノード側を制御）	①－384
S00662	05－04－14	Pゲート逆伝導サイリスタ（カソード側を制御）	①－385
S00663	05－05－01	PNPトランジスタ	①－386
S00664	05－05－02	NPNトランジスタ（コレクタを外囲器と接続）	①－387
S00665	05－05－03	NPNアバランシェトランジスタ	①－388
S00666	05－05－04	P形ベース単接合トランジスタ	①－389
S00667	05－05－05	N形ベース単接合トランジスタ	①－390
S00668	05－05－06	直交方向にバイアスされたベースをもつNPNトランジスタ	①－391
S00669	05－05－07	真性領域に接続をもつPNIPトランジスタ	①－392
S00670	05－05－08	真性領域に接続をもつPNINトランジスタ	①－393
S00671	05－05－09	Nチャネル接合形電界効果トランジスタ	①－394
S00672	05－05－10	Pチャネル接合形電界効果トランジスタ	①－395
S00673	05－05－11	Pチャネル絶縁ゲート形電界効果トランジスタ（IGFET）で，エンハンスメント形・単ゲート・サブストレート接続のないもの	①－396
S00674	05－05－12	Nチャネル絶縁ゲート形電界効果トランジスタ（IGFET）で，エンハンスメント形・単ゲート・サブストレート接続のないもの	①－397
S00675	05－05－13	Pチャネル絶縁ゲート形電界効果トランジスタ（IGFET）で，エンハンスメント形・単ゲート・サブストレート接続引出しのもの	①－398
S00676	05－05－14	Nチャネル絶縁ゲート形電界効果トランジスタ（IGFET）で，エンハンスメント形・単ゲート・サブストレートを内部でソースと接続しているもの	①－399

識別番号	図記号番号	日本語名称（JIS）	ページ
S00677	05-05-15	Nチャネル絶縁ゲート形電界効果トランジスタ（IGFET）で，デプレション形・単ゲート・サブストレート接続のないもの	①-400
S00678	05-05-16	Pチャネル絶縁ゲート形電界効果トランジスタ（IGFET）で，デプレション形・単ゲート・サブストレート接続のないもの	①-401
S00679	05-05-17	Pチャネル絶縁ゲート形電界効果トランジスタ（IGFET）で，デプレション形・双ゲート・サブストレート接続引出しのもの	①-402
S00680	05-05-18	Pチャネル絶縁ゲートバイポーラトランジスタ（IGBT）で，エンハンスメント形	①-403
S00681	05-05-19	Nチャネル絶縁ゲートバイポーラトランジスタ（IGBT）で，エンハンスメント形	①-404
S00682	05-05-20	Pチャネル絶縁ゲートバイポーラトランジスタ（IGBT）で，デプレション形	①-405
S00683	05-05-21	Nチャネル絶縁ゲートバイポーラトランジスタ（IGBT）で，デプレション形	①-406
S00684	05-06-01	光応答抵抗素子（LDR）；光導電素子	①-407
S00685	05-06-02	フォトダイオード	①-408
S00686	05-06-03	フォトセル	①-409
S00687	05-06-04	フォトトランジスタ	①-410
S00688	05-06-05	4端子ホール素子	①-411
S00689	05-06-06	磁気抵抗素子	①-412
S00690	05-06-07	磁気結合デバイス	①-413
S00691	05-06-08	オプトカプラ	①-414
S00692	05-06-09	光バリア用溝付き光結合デバイス	①-415
S00693	05-07-01	ガス入り外囲器	①-416
S00694	05-07-02	外部スクリーン（シールド）付き外囲器	①-417
S00695	05-07-03	外囲器内面の導電被覆	①-418
S00696	05-07-04	傍熱陰極	①-419
S00697	05-A7-01	傍熱陰極	①-446
S00698	05-07-06	直熱陰極	①-420
S00699	05-A7-02	直熱陰極	①-447
S00700	05-07-08	光電陰極	①-421
S00701	05-07-09	冷陰極	①-422
S00702	05-A7-03	複合電極	①-448
S00703	05-07-11	陽極	①-423
S00704	05-A7-04	蛍光ターゲット	①-449
S00705	05-07-13	グリッド	①-424
S00706	05-A7-05	イオン拡散バリア	①-450
S00707	05-08-01	横方向偏向電極	①-425
S00708	05-A8-01	横方向偏向電極	①-451

識別番号	図記号番号	日本語名称（JIS）	ページ
S00709	05-08-03	輝度変調電極	①-426
S00710	05-08-04	アパーチャ付き集束電極	①-427
S00711	05-08-05	ビーム分割電極	①-428
S00712	05-08-06	円筒形集束電極	①-429
S00713	05-A8-02	グリッド付き円筒形集束電極	①-452
S00714	05-A8-03	多重アパーチャ電極	①-453
S00715	05-A8-04	量子化電極	①-454
S00716	05-A8-05	放射方向偏向電極	①-455
S00717	05-A8-06	二次電子放出グリッド	①-456
S00718	05-A8-07	二次電子放出陽極	①-457
S00719	05-A8-08	光電子放出電極	①-458
S00720	05-A8-09	蓄積電極	①-459
S00721	05-A8-10	光電子放出蓄積電極	①-460
S00722	05-A8-11	矢印の方向に二次電子を放出する蓄積電極	①-461
S00723	05-A8-12	光導電性蓄積電極	①-462
S00724	05-A9-01	電子銃組立品	①-463
S00725	05-A9-02	反射電極（リフレクタ）	①-464
S00726	05-A9-03	低速波開回路に用いる電子非放出基部	①-465
S00727	05-A9-04	低速波閉回路に用いる電子非放出基部	①-466
S00728	05-A9-05	電子放出基部	①-467
S00729	05-A9-06	低速波開回路	①-468
S00730	05-A9-07	電界集束に用いる単一電極	①-469
S00731	05-09-08	低速波閉回路	①-430
S00732	05-09-09	電子管と一体構造になっている空洞共振器	①-431
S00733	05-09-10	一部又は全部が電子管の外側にある空洞共振器	①-432
S00734	05-A9-08	直交磁界用永久磁石	①-470
S00735	05-A9-09	直交磁界用電磁石	①-471
S00736	05-A9-10	4極子	①-472
S00737	05-A9-11	ループ結合器付き4極子	①-473
S00738	05-A9-12	低速波結合器	①-474
S00739	05-A9-13	ヘリカル結合器	①-475
S00740	05-10-01	X線管陽極	①-433
S00741	05-A10-01	始動電極	①-476
S00742	05-A10-02	水銀陰極	①-477
S00743	05-A10-03	絶縁された水銀陰極	①-478
S00744	05-11-01	直熱陰極形3極管	①-434
S00745	05-11-02	傍熱陰極形ガス入り3極管	①-435
S00746	05-11-03	5極管	①-436
S00747	05-A11-01	3極6極管	①-479
S00748	05-A11-02	同調指示管	①-480

識別番号	図記号番号	日本語名称（JIS）	ページ
S00749	05-12-01	電磁偏向形ブラウン管	①-437
S00750	05-12-02	スプリットビーム形二重ビームブラウン管	①-438
S00751	05-A13-01	反射形クライストロン	①-481
S00752	05-A13-02	反射形クライストロン	①-482
S00753	05-13-03	反射形クライストロン	①-439
S00754	05-A13-03	反射形クライストロン	①-483
S00755	05-A13-04	O形進行波増幅管	①-484
S00756	05-A13-05	O形進行波増幅管	①-485
S00757	05-A13-06	O形進行波増幅管	①-486
S00758	05-A13-07	O形進行波増幅管	①-487
S00759	05-A13-08	M形進行波増幅管	①-488
S00760	05-A13-09	M形進行波増幅管	①-489
S00761	05-A13-10	M形後進波増幅管	①-490
S00762	05-A13-11	M形後進波増幅管	①-491
S00763	05-A13-12	M形後進波発振管	①-492
S00764	05-A13-13	M形後進波発振管	①-493
S00765	05-A13-14	マグネトロン発振管	①-494
S00766	05-A13-15	マグネトロン発振管	①-495
S00767	05-A13-16	後進形発振管	①-496
S00768	05-A13-17	後進形発振管	①-497
S00769	05-14-01	ガス入り冷陰極放電管	①-440
S00770	05-A14-01	数種類の電圧を安定させるガス入り定電圧放電管	①-498
S00771	05-A14-02	イオン加熱陰極形アークリレー放電管	①-499
S00772	05-A14-03	対称形ガス入り冷陰極形放電管	①-500
S00773	05-A14-04	文字表示管（ガス入り多重冷陰極放電管）	①-501
S00774	05-A14-05	計数放電管	①-502
S00775	05-A14-06	計数放電管	①-503
S00776	05-14-08	直熱陰極形X線管	①-441
S00777	05-A14-07	光電管，光電2極管	①-504
S00778	05-A14-08	イグナイトロン	①-505
S00779	05-A14-09	複数の主陽極をもつ整流器	①-506
S00780	05-A14-10	送信／受信管	①-507
S00781	05-15-01	電離箱	①-442
S00782	05-A15-01	グリッド付き電離箱	①-508
S00783	05-A15-02	ガードリング付き電離箱	①-509
S00784	05-A15-03	補償形電離箱	①-510
S00785	05-15-05	半導体検出器	①-443
S00786	05-A15-04	シンチレーション検出器	①-511
S00787	05-A15-05	チェレンコフ検出器	①-512
S00788	05-A15-06	熱ルミネセンス検出器	①-513

識別番号	図記号番号	日本語名称（JIS）	ページ
S00789	05−A15−07	ファラデーカップ	①−514
S00790	05−A15−08	計数管	①−515
S00791	05−A15−09	ガードリング付き計数管	①−516
S00792	05−A16−01	電量計	①−517
S00793	05−A16−02	ソリオンダイオード	①−518
S00794	05−A16−03	ソリオンテトロード	①−519
S00795	05−A16−04	伝導度測定用セル	①−520
S00796	06−01−01	単巻線	①−527
S00797	06−01−02	3巻線	①−528
S00798	06−01−03	6巻線	①−529
S00799	06−01−04	三相巻線（相間接続なし）	①−530
S00800	06−01−05	m相巻線（相間接続なし）	①−531
S00801	06−01−06	二相巻線（分離）	①−532
S00802	06−02−01	二相巻線	①−533
S00803	06−02−02	三相巻線［V結線（60°）］	①−534
S00804	06−02−03	四相巻線（中性点を引き出した）	①−535
S00805	06−02−04	三相巻線，T結線（スコット結線）	①−536
S00806	06−02−05	三相巻線，三角結線（デルタ結線）	①−537
S00807	06−02−06	三相巻線，開放三角結線（オープンデルタ結線）	①−538
S00808	06−02−07	三相巻線，星形結線（スター結線）	①−539
S00809	06−02−08	中性点を引き出した三相巻線，星形結線（スター結線）	①−540
S00810	06−02−09	三相巻線，千鳥（ジグザグスター）結線，又は相互接続星形結線	①−541
S00811	06−02−10	六相巻線（二重三角結線）	①−542
S00812	06−02−11	六相巻線（多角結線）	①−543
S00813	06−02−12	六相巻線，星形結線（スター結線）	①−544
S00814	06−02−13	六相巻線（フォーク結線，中性点を引き出した）	①−545
S00815	06−A3−01	回転機の巻線（機能区別：整流用又は補償巻線）	①−653
S00816	06−A3−02	回転機の巻線（機能区別：直列巻線）	①−654
S00817	06−A3−03	回転機の巻線（機能区別：並列巻線）	①−655
S00818	06−03−04	ブラシ（スリップリング又は整流子に付いているもの）	①−546
S00819	06−04−01	回転機（一般図記号）	①−547
S00820	06−04−02	リニアモータ（一般図記号）	①−548
S00821	06−04−03	ステッピングモータ（一般図記号），パルスモータ（一般図記号）	①−549
S00822	06−A4−01	手動発電機（磁石式発呼装置）	①−656

識別番号	図記号番号	日本語名称（JIS）	ページ
S00823	06-05-01	直流直巻電動機	①-550
S00824	06-05-02	直流分巻電動機	①-551
S00825	06-05-03	直流複巻（内分巻）発電機	①-552
S00826	06-05-04	共通永久磁石付き直流-直流回転変換機	①-553
S00827	06-05-05	共通励磁巻線付き直流-直流回転変換機	①-554
S00828	06-06-01	単相直巻電動機	①-555
S00829	06-06-02	単相反発電動機	①-556
S00830	06-06-03	三相直巻電動機	①-557
S00831	06-07-01	永久磁石付き三相同期発電機	①-558
S00832	06-07-02	単相同期電動機	①-559
S00833	06-07-03	中性点を引き出した星形結線の三相同期発電機	①-560
S00834	06-07-04	各相の巻線の両端を引き出した三相同期発電機	①-561
S00835	06-07-05	分巻励磁の三相同期回転変流機	①-562
S00836	06-08-01	三相かご形誘導電動機	①-563
S00837	06-08-02	単相かご形誘導電動機	①-564
S00838	06-08-03	三相巻線形誘導電動機	①-565
S00839	06-08-04	星形結線の三相誘導電動機	①-566
S00840	06-08-05	三相リニア誘導電動機	①-567
S00841	06-09-01	2巻線変圧器（一般図記号）	①-568
S00842	06-09-02	2巻線変圧器（一般図記号）	①-569
S00843	06-09-03	2巻線変圧器（瞬時電圧極性付）	①-570
S00844	06-09-04	3巻線変圧器（一般図記号）	①-571
S00845	06-09-05	3巻線変圧器（一般図記号）	①-572
S00846	06-09-06	単巻変圧器（一般図記号）	①-573
S00847	06-09-07	単巻変圧器（一般図記号）	①-574
S00848	06-09-08	リアクトル（一般図記号）	①-575
S00849	06-09-09	リアクトル（一般図記号）	①-576
S00850	06-09-10	変流器（一般図記号）	①-577
S00851	06-09-11	変流器（一般図記号）	①-578
S00852	06-10-01	遮蔽付き2巻線単相変圧器	①-581
S00853	06-10-02	遮蔽付き2巻線単相変圧器	①-582
S00854	06-10-03	中間点引き出し単相変圧器	①-583
S00855	06-10-04	中間点引き出し単相変圧器	①-584
S00856	06-10-05	単相電圧調整変圧器	①-585
S00857	06-10-06	単相電圧調整変圧器	①-586
S00858	06-10-07	星形三角結線の三相変圧器（スターデルタ結線）	①-587
S00859	06-10-08	星形三角結線の三相変圧器（スターデルタ結線）	①-588
S00860	06-10-09	星形星形結線の4タップ付き三相変圧器	①-589
S00861	06-10-10	星形星形結線の4タップ付き三相変圧器	①-590

識別番号	図記号番号	日本語名称（JIS）	ページ
S00862	06-10-11	星形三角結線の単相変圧器の三相バンク	①-591
S00863	06-10-12	星形三角結線の単相変圧器の三相バンク	①-592
S00864	06-10-13	タップ切換装置付き三相変圧器	①-593
S00865	06-10-14	タップ切換装置付き三相変圧器	①-594
S00866	06-10-15	中性点引き出し付き，星形千鳥結線の三相変圧器	①-595
S00867	06-10-16	中性点引き出し付き，星形千鳥結線の三相変圧器	①-596
S00868	06-10-17	星形星形三角結線の三相変圧器	①-597
S00869	06-10-18	星形星形三角結線の三相変圧器	①-598
S00870	06-11-01	単相単巻変圧器	①-601
S00871	06-11-02	単相単巻変圧器	①-602
S00872	06-11-03	星形結線の三相単巻変圧器	①-603
S00873	06-11-04	星形結線の三相単巻変圧器	①-604
S00874	06-11-05	電圧調整式の単相単巻変圧器	①-605
S00875	06-11-06	電圧調整式の単相単巻変圧器	①-606
S00876	06-12-01	三相誘導電圧調整器	①-607
S00877	06-12-02	三相誘導電圧調整器	①-608
S00878	06-13-01A	計器用変圧器	①-609
S00879	06-13-01B	計器用変圧器	①-610
S00880	06-13-02	各々の鉄心に1個の二次巻線がある鉄心を2個用いる変流器	①-611
S00881	06-13-03	各々の鉄心に1個の二次巻線がある鉄心を2個用いる変流器	①-612
S00882	06-13-04	1個の鉄心に2個の二次巻線がある変流器	①-613
S00883	06-13-05	1個の鉄心に2個の二次巻線がある変流器	①-614
S00884	06-13-06	二次巻線に1個のタップをもつ変流器	①-615
S00885	06-13-07	二次巻線に1個のタップをもつ変流器	①-616
S00886	06-13-08	一次巻線の役をする導体を5回通した変流器	①-617
S00887	06-13-09	一次巻線の役をする導体を5回通した変流器	①-618
S00888	06-13-10	3本の一次導体をまとめて通したパルス変成器又は変流器	①-619
S00889	06-13-11	3本の一次導体をまとめて通したパルス変成器又は変流器	①-620
S00890	06-13-12	同一鉄心に2個の二次巻線があるパルス変成器又は変流器	①-621
S00891	06-13-13	同一鉄心に2個の二次巻線があるパルス変成器又は変流器	①-622
S00892	06-A14-01	変換装置（一般図記号）	①-657
S00893	06-14-02	直流－直流変換装置（DC-DCコンバータ）	①-627
S00894	06-14-03	整流器（順変換装置）	①-628

識別番号	図記号番号	日本語名称（JIS）	ページ
S00895	06-14-04	全波接続（ブリッジ接続）の整流器	①-629
S00896	06-14-05	インバータ（逆変換装置）	①-630
S00897	06-14-06	順変換装置・逆変換装置	①-631
S00898	06-15-01	一次電池	①-632
S00899	06-16-01	発電装置（一般図記号）	①-635
S00900	06-17-01	熱源（一般図記号）	①-637
S00901	06-17-02	ラジオアイソトープによる熱源	①-638
S00902	06-17-03	燃焼による熱源	①-639
S00903	06-18-01	燃焼熱源による熱電発電装置	①-640
S00904	06-18-02	非電離放射線熱源による熱電発電装置	①-641
S00905	06-18-03	ラジオアイソトープからの熱源による熱電発電装置	①-642
S00906	06-18-04	非電離放射線熱源による熱電子半導体発電装置	①-643
S00907	06-18-05	ラジオアイソトープからの熱源による熱電子半導体発電装置	①-644
S00908	06-18-06	太陽光発電装置	①-645
S00909	06-19-01	閉ループ制御装置	①-646
S00910	08-01-01	指示計器（一般図記号）	①-859
S00911	08-01-02	記録計（一般図記号）	①-860
S00912	08-01-03	積算計（一般図記号）	①-861
S00913	08-02-01	電圧計	①-862
S00914	08-02-02	無効電流計	①-863
S00915	08-02-03	最大需要電力計	①-864
S00916	08-02-04	無効電力計	①-865
S00917	08-02-05	力率計	①-866
S00918	08-02-06	位相計	①-867
S00919	08-02-07	周波数計	①-868
S00920	08-02-08	同期検定器	①-869
S00921	08-02-09	波長計	①-870
S00922	08-02-10	オシロスコープ	①-871
S00923	08-02-11	差動形電圧計	①-872
S00924	08-02-12	検流計	①-873
S00925	08-02-13	塩分計	①-874
S00926	08-02-14	温度計，高温計	①-875
S00927	08-02-15	回転計	①-876
S00928	08-03-01	記録電力計	①-877
S00929	08-03-02	記録電力計（記録無効電力計付）	①-878
S00930	08-03-03	オシログラフ	①-879
S00931	08-04-01	時間計，時間計数器	①-880
S00932	08-04-02	積算電流計	①-881
S00933	08-04-03	電力量計	①-882

識別番号	図記号番号	日本語名称（JIS）	ページ
S00934	08-04-04	電力量計（一方向にだけ流れるエネルギーを測定）	①-883
S00935	08-04-05	電力量計（母線から流出するエネルギーを測定）	①-884
S00936	08-04-06	電力量計（母線へ流入するエネルギーを測定）	①-885
S00937	08-04-07	電力量計（双方向電力量計）	①-886
S00938	08-04-08	多種料率電力量計	①-887
S00939	08-04-09	過電力量計	①-888
S00940	08-04-10	電力量計（変換器付き）	①-889
S00941	08-04-11	従属電力量計（表示器）	①-890
S00942	08-04-12	従属電力量計（印字装置付，表示器）	①-891
S00943	08-04-13	電力量計（最大需要電力計付）	①-892
S00944	08-04-14	電力量計（最大需要電力記録計付）	①-893
S00945	08-04-15	無効電力量計	①-894
S00946	08-05-01	事象数計数機能	①-895
S00947	08-05-02	パルス計数装置	①-896
S00948	08-05-03	パルス計数装置（手動でnにプリセット可能）	①-897
S00949	08-05-04	パルス計数装置（電気的に0にリセット可能）	①-898
S00950	08-05-05	パルス計数装置（複合接点付）	①-899
S00951	08-05-06	計数装置（カム作動形）	①-900
S00952	08-06-01	熱電対	①-901
S00953	08-A6-01	熱電対	①-918
S00954	08-06-03	直熱形熱電対	①-902
S00955	08-A6-02	直熱形熱電対	①-919
S00956	08-06-05	傍熱形熱電対	①-903
S00957	08-A6-03	傍熱形熱電対	①-920
S00958	08-A7-01	信号変換器（一般図記号）	①-921
S00959	08-08-01	時計（一般図記号）	①-904
S00960	08-08-02	親時計	①-905
S00961	08-08-03	時計（接点付）	①-906
S00962	08-A9-01	同期装置（一般図記号）	①-922
S00963	08-A9-02	トルク変換器	①-923
S00964	08-A9-03	ジャイロ	①-924
S00965	08-10-01	ランプ（一般図記号）	①-907
S00966	08-10-02	信号ランプ（せん光形）	①-908
S00967	08-10-03	電気機械式表示器，アナンシエータ素子	①-909
S00968	08-10-04	電気機械式位置表示器	①-910
S00969	08-A10-01	ホーン	①-925
S00970	08-A10-02	ベル	①-926
S00971	08-A10-03	片打ベル	①-927
S00972	08-10-09	サイレン	①-912

識別番号	図記号番号	日本語名称（JIS）	ページ
S00973	08-10-10	ブザー	①-913
S00974	08-A10-04	笛（電気式）	①-928
S00975	08-10-13	変圧器付き信号ランプ	①-914
S00981	09-01-01	接続階てい（一般図記号）	②-5
S00982	09-01-02	入線 x と出線 y とが接続している接続階てい	②-6
S00983	09-01-03	グレーディング群 z で構成されている接続階てい	②-7
S00984	09-01-04	一つの群の入線と二つの群の出線とが接続されている接続階てい	②-8
S00985	09-01-05	双方向トランクの一つの群と相対する向きの単方向トランクの二つの群とを接続している接続階てい	②-9
S00986	09-01-06	マーキング階てい	②-10
S00987	09-01-07	出中継呼が複数の接続段階を介して行われるマーキング階てい	②-11
S00988	09-01-08	出中継呼が異なる接続段階を介して行われる複合マーキング階てい	②-12
S00989	09-01-09	交換階てい	②-13
S00990	09-01-10	出中継呼が複数の接続段階を介して行われる交換階てい	②-14
S00991	09-01-11	出中継呼が異なる接続段階を介して行われる複合交換階てい	②-15
S00992	09-A1-04	交換システムの中継方式図	②-87
S00993	09-A1-05	交換システムの中継方式図	②-88
S00994	09-02-01	自動交換機	②-16
S00995	09-02-02	手動台	②-17
S00996	09-03-01	セレクタのワイパ（ノンブリッジ形）	②-18
S00997	09-03-02	セレクタのワイパ（ブリッジ形）	②-19
S00998	09-03-03	1段動作セレクタのアーク又はバンク	②-20
S00999	09-03-04	2段動作セレクタのアーク又はバンク	②-21
S01000	09-03-05	特定の位置を1か所設けたセレクタのアーク	②-22
S01001	09-03-06	セレクタのバンク又はレベル	②-23
S01002	09-03-07	個々の出線又は接点を示しているセレクタのレベル	②-24
S01003	09-A3-06	セレクタの作動コイル	②-89
S01004	09-04-01	セレクタのレベル（ワイパがブリッジ）	②-25
S01005	09-04-02	セレクタのレベル（ワイパがノンブリッジ）	②-26
S01006	09-04-03	1段動作セレクタ（ホームポジションなし）	②-27
S01007	09-04-04	1段動作セレクタ（ホームポジション付き）	②-28
S01008	09-04-05	2段動作セレクタ（ホームポジション付き）	②-29
S01009	09-04-06	電動式セレクタ（ホームポジション付き）	②-30
S01010	09-04-07	4線交換用セレクタ（ホームポジション付き）	②-31

識別番号	図記号番号	日本語名称（JIS）	ページ
S01011	09-04-08	設定した1段動作セレクタ	②-32
S01012	09-04-09	個々の出線を記した1段動作セレクタ（ホームポジション付き）	②-33
S01013	09-04-10	レベルを表示している2段動作セレクタ	②-34
S01014	09-04-11	クロスバスイッチ（一般図記号）	②-35
S01015	09-04-12	クロスバスイッチの接続装置	②-36
S01016	09-04-13	4線交換用クロスバスイッチ	②-37
S01017	09-05-01	電話機（一般図記号）	②-38
S01018	09-05-02	ローカル電池式電話機	②-39
S01019	09-05-03	共電式電話機	②-40
S01021	09-A5-08	プッシュボタン式電話機	②-90
S01022	09-A5-09	特殊用途をもったプッシュボタン又はキー式電話機	②-91
S01023	09-05-07	コイン（カード）式電話機	②-41
S01024	09-A5-10	共鳴発生器付き電話機	②-92
S01025	09-05-09	スピーカ機能付き電話機	②-42
S01026	09-A5-11	増幅機能付き電話機	②-93
S01027	09-A5-12	無電池式電話機	②-94
S01028	09-05-12	複数回線用電話機	②-43
S01029	09-06-01	電気通信用送信装置	②-44
S01030	09-06-02	2方向シンプレックス形電気通信用受信装置	②-45
S01031	09-A6-13	テープ式印刷受信機（キーボード通信機付き）	②-95
S01032	09-A6-14	ページ式印刷受信機	②-96
S01033	09-06-05	テレファクス	②-46
S01034	09-A6-15	自動さん孔送信機	②-97
S01035	09-A6-16	キーボードさん孔機	②-98
S01036	09-A6-17	セパレート形の受信さん孔機及び自動送信機	②-99
S01037	09-A6-18	一体形の受信さん孔機及び自動送信機	②-100
S01038	09-A7-19	再生式電信中継器	②-101
S01039	09-07-02	デュプレックス形電信中継器	②-47
S01040	09-A7-20	一方向形複流／単流式電信中継器	②-102
S01041	09-A7-21	複流／交流式電信中継器	②-103
S01042	09-08-01	磁気タイプの表示	②-48
S01043	09-08-02	可動コイルタイプの表示，リボンタイプの表示	②-49
S01044	09-08-03	可動鉄片タイプの表示	②-50
S01045	09-08-04	ステレオタイプの表示	②-51
S01046	09-08-05	ディスクタイプの表示	②-52
S01047	09-08-06	テープタイプの表示，フィルムタイプの表示	②-53
S01048	09-08-07	ドラムタイプの表示	②-54
S01049	09-08-08	記録の表示，再生の表示	②-55
S01050	09-08-09	記録及び再生の表示	②-56

識別番号	図記号番号	日本語名称（JIS）	ページ
S01051	09-08-10	消去の表示	②-57
S01052	09-08-11	表面弾性波（SAW）の表示	②-58
S01053	09-09-01	マイクロホン（一般図記号）	②-59
S01054	09-A9-22	静電気形マイクロホン，コンデンサマイクロホン	②-104
S01055	09-09-03	プッシュプルマイクロホン	②-60
S01056	09-09-04	イヤホン（一般図記号）	②-61
S01057	09-A9-23	ヘッドホン	②-105
S01058	09-A9-24	ヘッドホン	②-106
S01059	09-09-07	スピーカ（一般図記号）	②-62
S01060	09-09-08	スピーカマイクロホン	②-63
S01061	09-09-09	変換器ヘッド（一般図記号）	②-64
S01062	09-09-10	再生針式ステレオホニックの再生ヘッド	②-65
S01063	09-09-11	受光式モノホニックの再生ヘッド	②-66
S01064	09-09-12	消去ヘッド	②-67
S01065	09-09-13	磁気ヘッド	②-68
S01066	09-09-14	磁気ヘッド	②-69
S01067	09-09-15	モノホニックの磁気書込みヘッド	②-70
S01068	09-09-16	モノホニックの磁気書込みヘッド	②-71
S01069	09-09-17	磁気消去ヘッド	②-72
S01070	09-09-18	磁気消去ヘッド	②-73
S01071	09-09-19	モノホニックの書込み・読取り・消去用磁気ヘッド	②-74
S01072	09-09-20	モノホニックの書込み・読取り・消去用磁気ヘッド	②-75
S01073	09-09-21	超音波送受信機，水中聴音機	②-76
S01074	09-09-22	表面弾性波（SAW）変換器	②-77
S01075	09-10-01	記録機（一般図記号），再生機（一般図記号）	②-78
S01076	09-10-02	磁気ドラム形の記録機及び再生機	②-79
S01077	09-10-03	再生針式再生機	②-80
S01078	09-10-04	発光式ヘッドのフィルムタイプ記録機	②-81
S01079	09-10-05	受光式ヘッドのディスクタイプ再生機	②-82
S01080	10-A1-02	電話	②-335
S01081	10-A1-03	電信及びデータ伝送	②-336
S01082	10-A1-04	映像回線，テレビ放送	②-337
S01083	10-A1-05	音声回線	②-338
S01084	10-A1-06	電話線，電話回線	②-339
S01085	10-A1-07	無線回線	②-340
S01086	10-A1-08	コイル装荷伝送線路，誘導装荷線路	②-341
S01087	10-A2-09	単方向増幅を行う2線式伝送回線	②-342
S01088	10-A2-10	双方向増幅を行う2線式伝送回線	②-343

識別番号	図記号番号	日本語名称（JIS）	ページ
S01089	10−A2−11	双方向増幅を行う4線式伝送回線	②−344
S01090	10−A2−12	双方向増幅を行う4線式伝送回線	②−345
S01091	10−A2−13	周波数分割された4線式伝送回線	②−346
S01092	10−A2−14	エコーを抑圧して双方向増幅を行う4線式伝送回線	②−347
S01093	10−A2−15	エコーを抑圧して双方向増幅を行う4線式伝送回線	②−348
S01094	10−03−01	平面偏波	②−114
S01095	10−03−02	円偏波	②−115
S01096	10−03−03	放射方向（方位固定）	②−116
S01097	10−03−04	放射方向（方位可変）	②−117
S01098	10−03−05	放射方向（仰角固定）	②−118
S01099	10−03−06	放射方向（仰角可変）	②−119
S01100	10−03−07	放射方向（方位及び仰角固定）	②−120
S01101	10−03−08	方位測定（ラジオビーコン）	②−121
S01102	10−04−01	アンテナ（一般図記号）	②−122
S01103	10−04−02	円偏波アンテナ	②−123
S01104	10−04−03	方向可変アンテナ	②−124
S01105	10−04−04	方位固定アンテナ（水平偏波）	②−125
S01106	10−04−05	仰角可変アンテナ	②−126
S01107	10−04−06	方位測定アンテナ	②−127
S01108	10−04−07	方位アンテナ	②−128
S01109	10−04−08	レーダアンテナ	②−129
S01110	10−04−09	ターンスタイルアンテナ	②−130
S01111	10−05−01	ループアンテナ，枠形アンテナ	②−131
S01112	10−05−02	ロンビックアンテナ	②−132
S01113	10−A5−16	カウンタポイズ	②−349
S01114	10−05−04	磁気ロッドアンテナ	②−133
S01115	10−05−05	ダイポール	②−134
S01116	10−05−06	ホルデッドダイポール	②−135
S01117	10−A5−17	ホルデッドダイポール（導波器及び反射器付き）	②−350
S01118	10−A5−18	平衡ユニット，バラン	②−351
S01119	10−05−09	ホルデッドダイポール（バラン及びフィーダ付き）	②−136
S01120	10−05−10	スロットアンテナ（フィーダ付き）	②−137
S01121	10−05−11	ホーンアンテナ	②−138
S01122	10−05−12	ホーンフィード付きチーズ反射器	②−139
S01123	10−05−13	フィード付きパラボラアンテナ	②−140
S01124	10−05−14	ホーンリフレクタアンテナ	②−141
S01125	10−06−01	無線局（一般図記号）	②−142

識別番号	図記号番号	日本語名称（JIS）	ページ
S01126	10-06-02	送受信無線局	②-143
S01127	10-06-03	方向探知無線受信局	②-144
S01128	10-06-04	ラジオビーコン送信局	②-145
S01129	10-A6-19	携帯無線局	②-352
S01130	10-A6-20	制御無線局	②-353
S01131	10-A6-21	車載無線局	②-354
S01132	10-A6-22	無給電中継局（一般図記号）	②-355
S01133	10-06-09	宇宙局	②-146
S01134	10-A6-23	能動宇宙局	②-356
S01135	10-A6-24	受動宇宙局	②-357
S01136	10-06-12	宇宙局追尾専用の地球局	②-147
S01137	10-06-13	宇宙局との通信サービス用地球局	②-148
S01138	10-07-01	く（矩）形導波管	②-149
S01139	10-07-02	く（矩）形導波管	②-150
S01140	10-07-03	円形導波管	②-151
S01141	10-07-04	リッジ導波管	②-152
S01142	10-07-05	同軸導波管	②-153
S01143	10-07-06	ストリップライン	②-154
S01144	10-07-07	ストリップライン	②-155
S01145	10-A7-25	Gライン	②-358
S01146	10-07-09	ガス充_く（矩）形導波管	②-156
S01147	10-07-10	可とう導波管	②-157
S01148	10-07-11	ねじれ導波管	②-158
S01149	10-07-12	モード抑圧	②-159
S01150	10-A7-26	対称導波管用コネクタ	②-359
S01151	10-A7-27	非対称導波管用コネクタ	②-360
S01152	10-A7-28	対称コネクタ付きロータリジョイント	②-361
S01153	10-07-16	共振器	②-160
S01154	10-07-17	全反射する反射器	②-161
S01155	10-07-18	部分反射する反射器	②-162
S01156	10-08-01	2ポートの不連続素子（一般図記号）	②-163
S01157	10-08-02	調整可能な整合器，調整可能な不連続素子	②-164
S01158	10-08-03	調整可能なスライド整合器	②-165
S01159	10-08-04	調整可能なE-H整合器	②-166
S01160	10-08-05	調整可能な多重スタブ整合器	②-167
S01161	10-08-06	伝送路と並列の不連続素子	②-168
S01162	10-08-07	伝送路と直列の不連続素子	②-169
S01163	10-08-08	伝送路と並列の容量性不連続素子	②-170
S01164	10-08-09	伝送路と並列の直列共振不連続素子	②-171
S01165	10-08-10	伝送路と直列の並列共振不連続素子	②-172

識別番号	図記号番号	日本語名称（JIS）	ページ
S01166	10－08－11	端末の不連続素子	②－173
S01167	10－A8－29	減衰器（アッテネータ）	②－362
S01168	10－A8－30	減衰器（アッテネータ）	②－363
S01169	10－08－14	変換（一般図記号）	②－174
S01170	10－08－15	円形導波管からく（矩）形導波管への変換	②－175
S01171	10－08－16	円形導波管からく（矩）形導波管へのテーパ変換	②－176
S01172	10－08－17	空洞共振器	②－177
S01173	10－08－18	ガス放出によって切り換える帯域フィルタ	②－178
S01174	10－08－19	モードフィルタ	②－179
S01175	10－08－20	マイクロ波用アイソレータ	②－180
S01176	10－08－21	方向性位相調整器	②－181
S01177	10－08－22	ジャイレータ	②－182
S01178	10－08－23	短絡終端	②－183
S01179	10－08－24	スライド式短絡終端	②－184
S01180	10－08－25	整合終端	②－185
S01181	10－08－27	1ポート表面弾性波（SAW）素子	②－186
S01182	10－08－28	2ポート表面弾性波（SAW）素子（全反射する反射器付き）	②－187
S01183	10－08－29	2ポート表面弾性波（SAW）素子（全反射する反射器及び部分反射する反射器付き）	②－188
S01184	10－08－30	2ポート表面弾性波（SAW）素子	②－189
S01185	10－09－01	T分岐	②－190
S01186	10－09－02	T分岐（シリーズT，EプレーンT）	②－191
S01187	10－09－03	T分岐（シャントT，HプレーンT）	②－192
S01188	10－09－04	T分岐（電力分配器）	②－193
S01189	10－09－05	4分岐	②－194
S01190	10－09－06	4分岐	②－195
S01191	10－09－07	4分岐（マジックTハイブリッド分岐）	②－196
S01192	10－09－08	4分岐（マジックTハイブリッド分岐）	②－197
S01193	10－09－09	4分岐（方向性結合器）	②－198
S01194	10－09－10	4分岐，直角位相ハイブリッド分岐	②－199
S01195	10－09－11	ハイブリッド円形分岐	②－200
S01196	10－09－12	3ポートサーキュレータ	②－201
S01197	10－09－13	4ポートサーキュレータ	②－202
S01198	10－09－14	4ポートサーキュレータ（回転方向が可逆のもの）	②－203
S01199	10－09－15	偏波回転器	②－204
S01200	10－09－16	2ポジションマイクロ波スイッチ（90°ステップ）	②－205

識別番号	図記号番号	日本語名称（JIS）	ページ
S01201	10-09-17	3ポジションマイクロ波スイッチ（120°ステップ）	②-206
S01202	10-09-18	4ポジションマイクロ波スイッチ（45°ステップ）	②-207
S01203	10-10-01	結合器（又はフィード）（タイプは非指定）（一般図記号）	②-208
S01204	10-10-02	空洞共振器との結合器	②-209
S01205	10-10-03	く（矩）形導波管との結合器	②-210
S01206	10-10-04	窓（アパーチャ）結合器（一般図記号）	②-211
S01207	10-10-05	分岐部における窓（アパーチャ）結合器	②-212
S01208	10-10-06	E面の窓（アパーチャ）結合器	②-213
S01209	10-10-07	ループ結合器	②-214
S01210	10-10-08	プローブ結合器	②-215
S01211	10-10-09	伝送路に結合したスライドプローブ	②-216
S01212	10-11-01	メーザ（一般図記号）	②-217
S01213	10-11-02	増幅器として使用するメーザ	②-218
S01214	10-11-03	レーザ（光メーザ）（一般図記号）	②-219
S01215	10-11-04	レーザ発生器	②-220
S01216	10-11-05	ルビーレーザ発生器	②-221
S01217	10-11-06	ポンピング源としてキセノンランプを使用したルビーレーザ発生器	②-222
S01218	10-12-01	パルス位置変調又はパルス位相変調（PPM）	②-223
S01219	10-12-02	パルス周波数変調（PFM）	②-224
S01220	10-12-03	パルス振幅変調（PAM）	②-225
S01221	10-12-04	パルス間隔変調（PIM）	②-226
S01222	10-12-05	パルス持続時間変調（PDM）	②-227
S01223	10-12-06	パルス符号変調（PCM）	②-228
S01224	10-12-07	3アウトオブ7符号におけるパルス符号変調（PCM）	②-229
S01225	10-13-01	信号発生器（一般図記号）	②-230
S01226	10-13-02	正弦波発生器（500 Hz）	②-231
S01227	10-13-03	のこぎり波発生器（500 Hz）	②-232
S01228	10-13-04	パルス発生器	②-233
S01229	10-13-05	周波数可変正弦波発生器	②-234
S01230	10-A13-31	雑音発生器	②-364
S01231	10-A14-32	変換器（一般図記号）	②-365
S01232	10-14-02	周波数変換器（f1をf2に変換）	②-235
S01233	10-14-03	周波数逓倍器	②-236
S01234	10-14-04	分周器	②-237
S01235	10-14-05	パルスインバータ	②-238
S01236	10-14-06	二進符号変換器	②-239

識別番号	図記号番号	日本語名称（JIS）	ページ
S01237	10−14−07	5単位の二進符号で時刻を表示する変換器	②−240
S01238	10−14−08	パルス再生器	②−241
S01239	10−15−01	増幅器（一般図記号）	②−242
S01240	10−15−02	増幅器（一般図記号）	②−243
S01241	10−A15−33	外部可変形増幅器	②−366
S01242	10−A15−34	負性インピーダンス双方向増幅器	②−367
S01243	10−A15−35	バイパス付き増幅器	②−368
S01244	10−16−01	固定減衰器（アッテネータ）	②−244
S01245	10−16−02	可変減衰器（可変アッテネータ）	②−245
S01246	10−16−03	フィルタ（一般図記号）	②−246
S01247	10−16−04	ハイパスフィルタ	②−247
S01248	10−16−05	ローパスフィルタ	②−248
S01249	10−16−06	バンドパスフィルタ	②−249
S01250	10−16−07	バンドストップフィルタ	②−250
S01251	10−16−08	高域プリエンファシス器	②−251
S01252	10−16−09	高域ディエンファシス器	②−252
S01253	10−16−10	圧縮器	②−253
S01254	10−16−11	伸張器	②−254
S01255	10−16−12	擬似ライン	②−255
S01256	10−16−13	移相器	②−256
S01257	10−16−14	ひずみ補正器（一般図記号）	②−257
S01258	10−16−15	減衰等化器	②−258
S01259	10−16−16	位相ひずみ補正器	②−259
S01260	10−16−17	遅延ひずみ補正器，遅延等化器	②−260
S01261	10−16−18	無ひずみ振幅リミッタ	②−261
S01262	10−16−19	混合回路網	②−262
S01263	10−16−20	電子式チョッパ	②−263
S01264	10−16−21	表面弾性波（SAW）フィルタ	②−264
S01265	10−16−22	表面弾性波（SAW）共振器	②−265
S01266	10−16−23	表面弾性波（SAW）遅延回路	②−266
S01267	10−17−01	クリッパ	②−267
S01268	10−17−02	ベースリミッタ，スレショルドデバイス	②−268
S01269	10−17−03	しきい値のプリセット機能付きベースリミッタ，しきい値のプリセット機能付きスレショルドデバイス	②−269
S01270	10−17−04	正のピーク値クリッパ	②−270
S01271	10−17−05	負のピーク値クリッパ	②−271
S01272	10−A18−36	終端装置	②−369
S01273	10−A18−37	平衡回路網	②−370
S01274	10−A18−38	終端装置（平衡回路網付き）	②−371
S01275	10−A18−39	ハイブリッド変成器	②−372

識別番号	図記号番号	日本語名称（JIS）	ページ
S01276	10-A18-40	非対称（スキュー）ハイブリッド変成器	②-373
S01277	10-A18-41	終端装置（複雑）	②-374
S01278	10-19-01	変調器（一般図記号），復調器（一般図記号），弁別器（一般図記号）	②-272
S01279	10-19-02	両側波帯出力の変調器	②-273
S01280	10-19-03	パルス符号変調器	②-274
S01281	10-19-04	単側波帯復調器	②-275
S01282	10-20-01	集線機能	②-276
S01283	10-20-02	展開機能	②-277
S01284	10-20-03	集線器	②-278
S01285	10-20-04	集線器	②-279
S01286	10-20-05	多重化機能	②-280
S01287	10-20-06	多重分離機能	②-281
S01288	10-20-07	多重化機能及び多重分離機能	②-282
S01289	10-A20-42	アナログ／デジタル変換を行う多重化装置	②-375
S01290	10-A20-43	アナログ／デジタル変換を行う多重化装置／多重分離装置	②-376
S01291	10-21-01	搬送周波数	②-283
S01292	10-21-02	抑圧搬送周波数	②-284
S01293	10-21-03	低減搬送周波数	②-285
S01294	10-21-04	パイロット周波数	②-286
S01295	10-21-05	パイロット周波数，超群のパイロット周波数	②-287
S01296	10-21-06	抑圧パイロット周波数	②-288
S01297	10-21-07	測定用補助周波数	②-289
S01298	10-21-08	測定用補助周波数（要求時）	②-290
S01299	10-21-09	信号用周波数	②-291
S01300	10-21-10	周波数帯域（一般図記号）	②-292
S01301	10-21-11	周波数帯域（主群）	②-293
S01302	10-21-12	周波数帯域	②-294
S01303	10-21-13	正配置周波数帯域	②-295
S01304	10-21-14	複数のチャネルからなる一つの群で構成されている正配置周波数帯域	②-296
S01305	10-21-15	複数のチャネルからなる一つの群で構成されている正配置周波数帯域	②-297
S01306	10-21-16	逆配置周波数帯域	②-298
S01307	10-21-17	混合したチャネルで構成される帯域	②-299
S01308	10-22-01	振幅変調搬送波	②-300
S01309	10-22-02	位相変調搬送波	②-301
S01310	10-22-03	位相変調搬送波	②-302
S01311	10-22-04	振幅変調搬送波	②-303
S01312	10-22-05	単側波帯域抑圧搬送波	②-304

識別番号	図記号番号	日本語名称 (JIS)	ページ
S01313	10-22-06	正配置波帯域をもつ低域搬送波	②-305
S01314	10-22-07	スクランブルを行った抑圧搬送波	②-306
S01315	10-22-08	振幅変調搬送波	②-307
S01316	10-22-09	五つのチャネル	②-308
S01317	10-22-10	伝送システム	②-309
S01318	10-23-01	光ファイバ（一般図記号），光ファイバケーブル（一般図記号）	②-310
S01319	10-23-02	マルチモードステップインデックス形光ファイバ	②-311
S01320	10-23-03	シングルモードステップインデックス形光ファイバ（SM形）	②-312
S01321	10-23-04	グレーデッドインデックス形光ファイバ（GI形）	②-313
S01322	10-A23-44	寸法データを表示した光ファイバケーブル	②-377
S01323	10-A23-45	寸法データを表示した光ファイバケーブル(例)	②-378
S01324	10-A23-46	複合ケーブル	②-379
S01325	10-A23-47	永久接続部（スプライシング）	②-380
S01326	10-24-01	導波光送信機	②-314
S01327	10-24-02	導波光受信機	②-315
S01328	10-24-03	導波コヒーレント光送信機	②-316
S01329	10-A24-48	はめ込み形光コネクタ	②-381
S01330	10-A24-49	光ファイバ光路の切換接点	②-382
S01331	10-A24-50	光減衰器（光アッテネータ）	②-383
S01332	10-24-07	モードスクランブラ	②-317
S01333	10-24-08	クラッディングモードストリッパ	②-318
S01334	10-24-09	スプリッタ（一般図記号）	②-319
S01335	10-24-10	光合波器（一般図記号）	②-320
S01336	10-24-11	タップ（一般図記号）	②-321
S01337	10-24-12	融着接続形タップ	②-322
S01338	10-24-13	伝送形融着接続スターカプラ	②-323
S01339	10-24-14	反射形融着接続スターカプラ	②-324
S01340	10-24-15	方向性カプラ（一般図記号）	②-325
S01341	06-15-01	二次電池	①-633
S01342	06-15-01	一次電池又は二次電池	①-634
S01343	06-09-12	パルス変成器	①-579
S01344	06-09-13	パルス変成器	①-580
S01347	02-A2-03	直流	①-174
S01391	03-05-01	ガス絶縁母線	①-255
S01392	03-05-02	ガス絶縁母線（終端部）	①-256
S01393	03-05-03	ガス絶縁母線（ガス区画）	①-257
S01396	03-05-04	ガス絶縁母線（気中ブッシング）	①-258

識別番号	図記号番号	日本語名称（JIS）	ページ
S01397	03－05－05	ガス絶縁母線（ケーブル終端）	①－259
S01398	03－05－06	ガス絶縁母線（変圧器又はリアクトルのブッシング）	①－260
S01399	03－05－07	ガス絶縁母線（ガス貫通スペーサ）	①－261
S01400	03－05－08	ガス絶縁母線（ストレートフランジ）	①－262
S01401	02－02－17	直流	①－30
S01402	02－02－18	直流	①－31
S01403	02－02－04	交流	①－20
S01404	02－02－19	交流	①－32
S01405	04－07－05	圧電効果	①－310
S01406	02－12－24	ばね操作式デバイス	①－116
S01407	02－03－13	電気的分離を伴う変換	①－45
S01408	02－15－06	機能接地	①－152
S01409	02－15－07	機能等電位結合	①－153
S01410	02－15－08	機能等電位結合	①－154
S01411	04－02－03	リードスルーコンデンサ	①－289
S01413	07－13－15	多機能スイッチング装置	①－728
S01414	03－01－16	方向性接続	①－209
S01415	03－01－17	導体束への接近点	①－210
S01416	07－15－23	有極形継電器（安定形）	①－754
S01417	08－10－06	音響信号装置（一般図記号）	①－911
S01418	10－25－02	平衡ユニット，バラン	②－326
S01419	11－19－01	熱併給発電所（コージェネレーションシステム）（計画中）	②－547
S01420	11－19－02	熱併給発電所（コージェネレーションシステム）（運転中ほか）	②－548
S01421	11－19－03	ファン，換気扇	②－549
S01422	11－19－04	ポンプ	②－550
S01423	06－16－02	DC電源機能（一般図記号）	①－636
S01432	11－19－05	熱感知器（一般図記号）	②－551
S01433	11－19－06	熱感知器（差動式）	②－552
S01434	11－19－07	熱感知器（最大）	②－553
S01435	11－19－08	煙感知器（イオン化式）	②－554
S01436	11－19－09	煙感知器（光学式）	②－555
S01437	11－19－10	炎感知器	②－556
S01438	11－19－11	振動検出器（一般図記号）	②－557
S01439	11－19－12	音響検出器（一般図記号）	②－558
S01440	11－19－13	隠蔽場所への設置	②－559
S01441	11－19－14	隠蔽場所への設置（天井裏）	②－560
S01442	11－19－15	隠蔽場所への設置（床下）	②－561
S01443	11－19－16	ボルトスイッチ，防犯警報器	②－562

識別番号	図記号番号	日本語名称（JIS）	ページ
S01444	11-19-17	振動検出器，防犯警報器	②-563
S01445	11-19-18	ガラス破壊検出器（窓用薄片），防犯警報器	②-564
S01446	11-19-19	警報用バイパススイッチ	②-565
S01447	11-19-20	煙感知器（イオン化式）（隠蔽場所）	②-566
S01448	11-19-21	接続部（露出）	②-567
S01449	11-19-22	ケーブルラック上での接続部	②-568
S01450	11-19-23	ケーブルトレー内接続部	②-569
S01451	11-19-24	壁敷設ケーブルチャンネル内接続部	②-570
S01452	11-19-25	支柱付配電柱の架線	②-571
S01453	11-19-26	支線付配電柱の架線	②-572
S01454	07-12-04	複合スイッチ（一般図記号）	①-710
S01457	10-25-03	増幅（一般図記号）	②-327
S01458	03-05-11	ガス絶縁母線（ガススルースペーサ）	①-263
S01459	03-05-12	ガス絶縁母線（二つのコンパートメント間の仕切り）	①-264
S01460	03-05-13	ガス絶縁母線（支持絶縁体，内部モジュール）	①-265
S01461	03-05-14	ガス絶縁母線（支持絶縁体，外部モジュール）	①-266
S01462	07-02-10	安全開離機能接点	①-679
S01463	12-05-01	素子記号枠	②-600
S01464	12-05-02	共通制御ブロック記号枠	②-601
S01465	12-05-03	共通出力素子記号枠	②-602
S01466	12-07-01	論理否定，入力	②-603
S01467	12-07-02	論理否定，出力	②-604
S01468	12-07-03	極性表示子，入力	②-605
S01469	12-07-04	極性表示子，出力	②-606
S01470	12-07-05	極性表示子，右から左への入力	②-607
S01471	12-07-06	極性表示子，右から左への出力	②-608
S01472	12-07-07	ダイナミック入力	②-609
S01473	12-07-08	論理否定を伴うダイナミック入力	②-610
S01474	12-07-09	極性表示子を伴うダイナミック入力	②-611
S01475	12-08-01	内部接続	②-612
S01476	12-08-01A	内部接続	②-613
S01477	12-08-03	ダイナミック特性を伴う内部接続	②-615
S01478	12-08-04	否定及びダイナミック特性を伴う内部接続	②-616
S01479	12-08-05	内部入力（左側）	②-617
S01480	12-08-05A	内部入力（右側）	②-618
S01481	12-08-06	内部出力（右側）	②-619
S01482	12-08-06A	内部出力（左側）	②-620
S01483	12-08-07	ダイナミック特性を伴う内部入力（左側）	②-621
S01484	12-08-07A	ダイナミック特性を伴う内部入力（右側）	②-622
S01485	12-08-08	右から左への信号の流れを示す内部接続	②-623

識別番号	図記号番号	日本語名称（JIS）	ページ
S01486	12-08-09	右から左への信号の流れを示す論理否定を伴う内部接続	②-624
S01487	12-08-10	右から左への信号の流れを示すダイナミック特性を伴う内部接続	②-625
S01488	12-08-11	右から左への信号の流れを示す論理否定とダイナミック特性を伴う内部接続	②-626
S01489	12-08-12	内部接続における1固定出力	②-627
S01490	12-08-13	内部接続における0固定出力	②-628
S01491	12-09-01	延期出力	②-629
S01492	12-09-02	双しきい値入力	②-631
S01493	12-09-03	開放回路出力	②-633
S01494	12-09-04	開放回路出力（H形）	②-634
S01495	12-09-05	開放回路出力（L形）	②-635
S01496	12-09-06	パッシブプルダウン出力	②-636
S01497	12-09-07	パッシブプルアップ出力	②-637
S01498	12-09-08	3ステート出力	②-638
S01499	12-09-08A	特殊増幅を伴う出力（ドライブ能力）	②-639
S01500	12-09-08B	特殊増幅を伴う入力（感度）	②-640
S01501	12-09-09	拡張入力	②-641
S01502	12-09-10	拡張出力	②-642
S01503	12-09-11	イネイブル入力	②-643
S01504	12-09-12	D入力	②-645
S01505	12-09-13	J入力	②-646
S01506	12-09-14	K入力	②-647
S01507	12-09-15	R入力	②-648
S01508	12-09-16	S入力	②-649
S01509	12-09-17	T入力	②-650
S01510	12-09-18	シフト入力（左から右又は上から下）	②-651
S01511	12-09-19	シフト入力（右から左又は下から上）	②-652
S01512	12-09-20	カウントアップ入力	②-653
S01513	12-09-21	カウントダウン入力	②-654
S01514	12-09-22	連想記憶問い合わせ入力	②-655
S01515	12-09-23	連想記憶比較出力	②-656
S01516	12-09-24	マルチビット入力用ビットグループ化（一般図記号）	②-657
S01517	12-09-25	マルチビット出力用ビットグループ化（一般図記号）	②-659
S01518	12-09-25A	ラベルグループ化（一般図記号）	②-660
S01519	12-09-26	オペランド入力	②-661
S01520	12-09-27	比較器の＞（より大）入力	②-662
S01521	12-09-28	比較器の＜（より小）入力	②-663

識別番号	図記号番号	日本語名称（JIS）	ページ
S01522	12-09-29	比較器の＝（等値）入力	②-664
S01523	12-09-30	比較器の＞（より大）出力	②-665
S01524	12-09-31	比較器の＜（より小）出力	②-666
S01525	12-09-32	比較器の＝（等値）出力	②-667
S01526	12-09-33	算術演算素子のボロー（借り）入力	②-668
S01527	12-09-34	算術演算素子のボロー（借り）発生入力	②-669
S01528	12-09-35	算術演算素子のボロー（借り）発生出力	②-670
S01529	12-09-36	算術演算素子のボロー（借り）出力	②-671
S01530	12-09-37	算術演算素子のボロー（借り）伝ぱ（播）入力	②-672
S01531	12-09-38	算術演算素子のボロー（借り）伝ぱ（播）出力	②-673
S01532	12-09-39	算術演算素子のキャリー（桁上げ）入力	②-674
S01533	12-09-40	算術演算素子のキャリー（桁上げ）発生入力	②-675
S01534	12-09-41	算術演算素子のキャリー（桁上げ）発生出力	②-676
S01535	12-09-42	算術演算素子のキャリー（桁上げ）出力	②-677
S01536	12-09-43	算術演算素子のキャリー（桁上げ）伝ぱ（播）入力	②-678
S01537	12-09-44	算術演算素子のキャリー（桁上げ）伝ぱ（播）出力	②-679
S01538	12-09-45	内容入力	②-680
S01539	12-09-46	内容出力	②-681
S01540	12-09-47	入力線グループ化	②-682
S01541	12-09-48	出力線グループ化	②-683
S01542	12-09-49	固定モード入力	②-684
S01543	12-09-50	1－固定状態出力	②-685
S01544	12-09-51	0－固定状態出力	②-686
S01545	12-09-52	要求接続	②-687
S01546	12-10-01	非論理接続	②-688
S01547	12-10-02	双方向の信号の流れ	②-689
S01548	12-10-03	内部プルダウン付入力	②-690
S01549	12-10-04	内部プルアップ付入力	②-691
S01550	12-15-01	Vm 入力	②-694
S01551	12-15-02	Vm 出力	②-695
S01552	12-16-01	Nm 入力	②-696
S01553	12-16-02	Nm 出力	②-697
S01554	12-17-01	Zm 入力	②-698
S01555	12-17-02	Zm 出力	②-699
S01556	12-17A-01	Xm 入力	②-700
S01557	12-17A-02	Xm 出力	②-701
S01558	12-18-01	Cm 入力	②-702
S01559	12-18-02	Cm 出力	②-703
S01560	12-19-01	Sm 入力	②-704

識別番号	図記号番号	日本語名称（JIS）	ページ
S01561	12-19-02	Rm 入力	②-705
S01562	12-20-01	ENm 入力	②-706
S01563	12-21-01	Mm 入力	②-707
S01564	12-21-02	Mm 出力	②-709
S01565	12-23-01	Am 入力	②-711
S01566	12-27-01	論理和（OR）素子（一般図記号）	②-712
S01567	12-27-02	論理積（AND）素子（一般図記号）	②-713
S01568	12-27-03	論理しきい値素子（一般図記号）	②-714
S01569	12-27-04	論理限定素子（一般図記号）	②-715
S01570	12-27-05	多数決論理素子（一般図記号）	②-716
S01571	12-27-06	論理一致素子（一般図記号）	②-717
S01572	12-27-07	奇数素子（一般図記号）	②-718
S01573	12-27-08	偶数素子（一般図記号）	②-719
S01574	12-27-09	排他的論理和（Exclusive-OR）素子	②-720
S01575	12-27-10	増幅なしバッファ	②-721
S01576	12-27-11	論理否定	②-722
S01577	12-27-12	インバータ（反転器）（論理極性の限定図記号を用いた素子表現の場合）	②-723
S01578	12-27-13	集約接続（一般図記号）	②-724
S01579	12-28-01	否定論理積（NAND）	②-725
S01580	12-28-02	否定論理和（NOR）	②-726
S01581	12-28-03	否定出力積和論理（AND-OR-Invert）	②-727
S01582	12-28-04	L形開放回路出力付き NAND	②-728
S01583	12-28-05	H形相補開放回路出力付き OR-AND（和積論理）	②-729
S01584	12-28-06	拡張可能な AND-OR-Invert（否定出力積和論理）	②-730
S01585	12-28-07	拡張器	②-731
S01586	12-28-08	一つの共通入力と相補出力をもつ OR（論理和），五組	②-732
S01587	12-28-09	五組の相補出力付き Exclusive-OR（排他的論理和），1 共通出力	②-733
S01588	12-28-10	Exclusive-OR/NOR（排他的論理和／否定論理和），二組	②-734
S01589	12-28-11	一つの共通入力をもつ奇数パリティ素子，二組	②-735
S01590	12-28-12	相補出力をもつパリティ発生器／チェッカー	②-736
S01591	12-28-13	エラー検出／訂正素子	②-737
S01592	12-28-14	奇数／偶数パリティ発生器／チェッカー	②-738
S01593	12-28-15	真／補，0/1 素子，四組	②-739
S01594	12-29-01	L形開放回路出力バッファ／ドライバ	②-740
S01595	12-29-02	NAND バッファ（否定出力論理積バッファ）	②-741

識別番号	図記号番号	日本語名称（JIS）	ページ
S01596	12-29-03	バストランシーバ，四組	②-742
S01597	12-29-04	双しきい値入力と3ステート出力をもつバスドライバ，四組	②-743
S01598	12-29-05	3ステート出力反転バッファ，六組	②-744
S01599	12-29-06	双方向バスドライバ，四組	②-745
S01600	12-29-07	ラインレシーバ，二組	②-746
S01601	12-29-07A	ラインレシーバ	②-747
S01602	12-29-07B	ラインレシーバ，二組	②-748
S01603	12-29-08	双方向バスドライバ，8ビット並列	②-749
S01604	12-29-09	双方向スイッチ	②-750
S01605	12-29-10	CMOSトランスミッションゲート	②-751
S01606	12-29-11	共通イネイブル入力をもつ双方向切替えスイッチ，三組	②-752
S01607	12-30-01	ヒステリシスをもつ素子（一般図記号）	②-753
S01608	12-31-01	シュミットトリガインバータ（反転器）；ヒステリシスをもつインバータ（反転器）	②-754
S01609	12-31-02	NANDシュミットトリガ	②-755
S01610	12-32-01	コード変換器（一般図記号）	②-756
S01611	12-33-01	グレイコード十進コード変換器	②-757
S01612	12-33-01A	3増し-十進コード変換器	②-758
S01613	12-33-01B	3増し-十進コード変換器	②-759
S01614	12-33-02	BCD-十進コード変換器	②-760
S01615	12-33-03	3入力-8出力コード変換器	②-761
S01616	12-33-04	9入力-4出力BCD最高優先エンコーダ（符号器）	②-762
S01617	12-33-05	8入力-3出力バイナリ最高優先エンコーダ（符号器）（八進）	②-763
S01618	12-33-06	二進コード-7セグメントドライバ付きデコーダ（復号器）	②-764
S01619	12-33-07	BCD-二進コード変換器	②-765
S01620	12-33-08	BCD-二進コード変換器	②-766
S01621	12-33-09	任意のコードに対するコード変換器	②-767
S01622	12-33-10	二進-BCDコード変換器	②-768
S01623	12-34-01	信号レベル変換器（一般図記号）	②-769
S01624	12-35-01	TTL-MOSレベル変換器，二組	②-770
S01625	12-35-02	ECL-TTLレベル変換器	②-771
S01626	12-36-01	マルチプレクサ（一般図記号）	②-772
S01627	12-36-02	デマルチプレクサ（一般図記号）	②-773
S01628	12-36-03	双方向マルチプレクサ／デマルチプレクサ（セレクタ）（一般図記号）	②-774

識別番号	図記号番号	日本語名称（JIS）	ページ
S01629	12-36-04	双方向マルチプレクサ／デマルチプレクサ（セレクタ）（一般図記号）	②-775
S01630	12-37-01	8:1 マルチプレクサ	②-776
S01631	12-37-02	マルチプレクサ，四組	②-777
S01632	12-37-03	排他的否定論理和（Exclusive NOR），四組	②-778
S01633	12-37-04	1:8 デマルチプレクサ	②-779
S01634	12-37-05	汎用デマルチプレクサ／デコーダ（復号器），二組	②-780
S01635	12-37-06	アナログデータセレクタ（マルチプレクサ／デマルチプレクサ）4チャネル，二組	②-782
S01636	12-38-01	加算器（一般図記号）	②-784
S01637	12-38-02	減算器（一般図記号）	②-785
S01638	12-38-03	ルックアヘッドキャリー（先見桁上げ）発生器（一般図記号）	②-786
S01639	12-38-04	乗算器（一般図記号）	②-787
S01640	12-38-05	比較器（一般図記号）	②-788
S01641	12-38-06	算術論理演算器（一般図記号）	②-789
S01642	12-38-07	半加算器	②-790
S01643	12-38-08	1ビット全加算器	②-791
S01644	12-39-01	相補加算出力及び反転キャリー（桁上げ）出力をもつ1ビット全加算器	②-792
S01645	12-39-02	4ビット全加算器	②-793
S01646	12-39-03	4ビット全減算器	②-794
S01647	12-39-04	4ビットルックアヘッドキャリー（先見桁上げ）発生器	②-795
S01648	12-39-05	積の最下位4ビットを発生する4ビット並列乗算器	②-796
S01649	12-39-06	積の最上位4ビットを発生する4ビット並列乗算器	②-797
S01650	12-39-07	L形開放回路出力をもつ6ビット比較器路	②-798
S01651	12-39-08	カスケード入力4ビット比較器	②-799
S01652	12-39-09	3ステート出力4ビット比較器	②-800
S01653	12-39-10	4ビット算術論理演算器	②-801
S01654	12-39-11	出力ラッチをもつ4ビット算術論理演算器	②-802
S01655	12-40-01	固定遅延素子	②-803
S01656	12-40-02	遅延素子（100 ns）	②-804
S01657	12-40-03	多段遅延素子（10 ns 刻み）	②-805
S01658	12-40-04	遅延ライン，5タップ	②-806
S01659	12-42-01	RS 双安定素子	②-807
S01660	12-42-02	Dラッチ，二組	②-808
S01661	12-42-03	エッジトリガ JK 双安定素子	②-809

識別番号	図記号番号	日本語名称（JIS）	ページ
S01662	12-42-04	パルストリガ JK 双安定素子	②-810
S01663	12-42-05	データロックアウト JK 双安定素子	②-811
S01664	12-42-06	否定入力をもつ RS ラッチ双安定素子	②-812
S01665	12-42-07	エッジトリガ D 双安定素子	②-813
S01666	12-42-08	パルストリガ RS 双安定素子	②-814
S01667	12-42-09	エッジトリガ D 双安定素子，二組	②-815
S01668	12-42-10	エッジトリガ D 双安定素子	②-816
S01669	12-42-11	入力マルチプレクサをもつ D 双安定素子	②-817
S01670	12-42-12	8 ビット入出力ポート	②-818
S01671	12-43-01	内部状態の初期値が状態 0 となる RS 双安定素子	②-819
S01672	12-43-02	初期値が 1 である RS 双安定素子	②-820
S01673	12-43-03	不揮発性 RS 双安定素子	②-821
S01674	12-44-01	再起動可能単安定素子（一般図記号）	②-822
S01675	12-44-02	再起動不能単安定素子（一般図記号）	②-823
S01676	12-45-01	再起動可能単安定素子	②-824
S01677	12-45-02	再起動不能単安定素子	②-825
S01678	12-46-01	非安定素子（一般図記号）	②-826
S01679	12-46-02	制御付非安定素子（一般図記号）	②-827
S01680	12-46-03	入力に同期して開始する非安定素子（一般図記号）	②-828
S01681	12-46-04	最後に完全なパルスを出力した後で停止する非安定素子（一般図記号）	②-829
S01682	12-46-05	入力に同期して開始し，最後に完全なパルスを出力した後で停止する非安定素子（一般図記号）	②-830
S01683	12-47-01	ドライバ付き 4 相クロック発生器	②-831
S01684	12-47-02	電圧制御発振器，二組	②-833
S01685	12-48-01	シフトレジスタ（一般図記号）	②-834
S01686	12-48-02	2m カウンタ（一般図記号）	②-835
S01687	12-48-03	m 進カウンタ（一般図記号）	②-836
S01688	12-49-01	直列入力相補直列出力 8 ビットシフトレジスタ	②-837
S01689	12-49-02	512 ビットスタティックシフトレジスタ	②-838
S01690	12-49-03	双方向 4 ビットシフトレジスタ	②-839
S01691	12-49-04	並列入出力 4 ビットシフトレジスタ	②-840
S01692	12-49-05	並列出力 8 ビットシフトレジスタ	②-841
S01693	12-49-06	並列入力 8 ビットシフトレジスタ	②-842
S01694	12-49-07	汎用 8 ビットシフトレジスタ／記憶レジスタ	②-843
S01695	12-49-08	汎用 8 ビットシフトレジスタ／記憶レジスタ	②-845
S01696	12-49-09	14 段リップル桁上げ二進カウンタ	②-847

識別番号	図記号番号	日本語名称（JIS）	ページ
S01697	12-49-10	14段二進カウンタ	②-848
S01698	12-49-11	並列入力十進カウンタ	②-849
S01699	12-49-12	五進及び十進カウンタと六進カウンタの組合せ	②-850
S01700	12-49-13	7セグメント表示デコーダ付き十進カウンタ／デバイダ	②-851
S01701	12-49-14	同期式アップダウン十進カウンタ	②-852
S01702	12-49-15	4ビット同期式アップダウン二進カウンタ	②-853
S01703	12-49-16	十進カウンタ	②-854
S01704	12-49-17	十進カウンタ	②-855
S01705	12-49-18	四組の分周率をもつ分周器	②-856
S01706	12-50-01	読出し専用記憶素子（一般図記号）	②-857
S01707	12-50-02	プログラマブル読出し専用記憶素子（一般図記号）	②-858
S01708	12-50-03	ランダムアクセス記憶素子（一般図記号）	②-859
S01709	12-50-04	内容アドレス記憶素子（一般図記号）	②-860
S01710	12-50-05	先入れ先出し記憶素子（一般図記号）	②-861
S01711	12-51-01	1024×4ビットROM（読出し専用記憶素子）	②-863
S01712	12-51-02	1024×4ビットROM（読出し専用記憶素子）	②-864
S01713	12-51-03	512k×8ビットPROM（プログラマブル読出し専用記憶素子）	②-865
S01714	12-51-04	512k×8ビットPROM（プログラマブル読出し専用記憶素子）	②-867
S01715	12-51-04A	電気的消去可能な128k×8ビットPROM（プログラマブル読出し専用記憶素子）	②-869
S01716	12-51-05	32k×9ビットRAM（ランダムアクセスメモリ）	②-871
S01717	12-51-06	読出し及び書込み専用アドレス付き4×4ビットRAM（ランダムアクセスメモリ）	②-873
S01718	12-51-07	16384×1ビットダイナミックRAM（ランダムアクセスメモリ）	②-874
S01719	12-51-08	カウンタ制御式16×4ビット先入れ先出し記憶素子	②-875
S01720	12-51-09	カウンタ制御式16×5ビット先入れ先出し記憶素子	②-876
S01721	12-51-10	フォールスルー式16×5ビット先入れ先出し記憶素子	②-877
S01722	12-51-11	ダイナミックRAM（ランダムアクセスメモリ）1 048 576×1ビット	②-878
S01723	12-52-01	表示素子（一般図記号）	②-879
S01724	12-53-01	棒状LED（発光ダイオード）	②-881
S01725	12-53-02	7セグメント表示器	②-882
S01726	12-53-03	オーバフロー表示器	②-883

識別番号	図記号番号	日本語名称（JIS）	ページ
S01727	12-53-04	十六進数表示器	②-884
S01728	12-53-05	小数点表示付き3桁7セグメント表示器	②-885
S01729	12-53-06	16セグメント，アルファベット及び数字表示器	②-886
S01730	12-53-07	5×7ドット，4桁アルファベット及び数字表示器	②-887
S01731	12-54-01	複合機能回路（グレーボックス）（一般図記号）	②-888
S01732	12-55-01	片方向バス表示子	②-889
S01733	12-55-02	双方向バス表示子	②-890
S01734	12-56-01	マイクロプロセッサ，8-bit	②-891
S01735	12-56-02	プログラマブル周辺インタフェース	②-893
S01736	12-56-03	プログラマブルDMAコントローラ	②-895
S01737	12-56-04	ドライバ付き4相クロック発生器	②-897
S01738	12-56-05	デュアルトーン多重周波数発生器（12トーンのペアを発生する）	②-898
S01739	12-56-06	デュアルトーン多重周波数発生器（12トーンのペアを発生する）	②-899
S01740	12-56-07	12ビットD/Aコンバータ	②-900
S01741	12-56-08	12ビットD/Aコンバータ	②-902
S01742	12-56-09	10ビットA/Dコンバータ	②-904
S01743	12-56-10	10ビットA/Dコンバータ	②-906
S01744	12-56-11	16×5ビット先入れ先出し記憶素子，フォースルー形	②-908
S01745	12-56-12	40桁2行英数ドットマトリクス形表示素子	②-909
S01746	12-56-13	プログラマブル論理デバイス（PLD）	②-910
S01747	12-56-14	グラフィックシステムプロセッサ	②-912
S01748	13-04-01	アナログ入力	②-1012
S01749	13-04-02	アナログ出力	②-1013
S01750	13-04-03	ディジタル入力	②-1014
S01751	13-04-04	ディジタル出力	②-1015
S01752	13-04-05	補助接続	②-1016
S01753	13-05-01	電源電圧供給端子	②-1017
S01754	13-05-02	電源電流供給端子	②-1018
S01755	13-05-03	電源電圧出力	②-1019
S01756	13-05-04	電源電流出力	②-1020
S01757	13-05-05	基準入力	②-1021
S01758	13-05-06	基準出力	②-1022
S01759	13-05-07	量検出入力	②-1023
S01760	13-05-08	量出力	②-1024
S01761	13-05-09	アナログオペランド入力	②-1025
S01762	13-05-10	補助回路又は補助回路素子と外部接続する端子	②-1026

識別番号	図記号番号	日本語名称（JIS）	ページ
S01763	13-05-11	内部にある補助回路又は回路構成部分の端子	②-1027
S01764	13-05-12	調整端子	②-1028
S01765	13-05-13	補償端子	②-1029
S01766	13-05-14	Zm 入力（入力インピーダンス）（アナログ）	②-1030
S01767	13-05-15	Zm 出力（出力インピーダンス）（アナログ）	②-1031
S01768	13-05-16	保持入力	②-1032
S01769	13-05-17	比較器（不等値出力）	②-1033
S01770	13-05-18	比較器（＞より大出力）	②-1034
S01771	13-05-19	比較器［＜（より小）出力］	②-1035
S01772	13-05-20	比較器（＝等値　出力）	②-1036
S01773	13-05-21	Mm 入力	②-1037
S01774	13-05-22	Mm 出力	②-1039
S01775	13-05-23	ENm 入力	②-1041
S01776	13-05-24	Xm 入力	②-1042
S01777	13-05-25	Xm 出力	②-1043
S01778	13-06-01	算術演算機能素子（一般図記号）	②-1044
S01779	13-07-01	乗算器	②-1045
S01780	13-07-02	平方器	②-1046
S01781	13-08-01	増幅器（一般図記号）	②-1047
S01782	13-09-01	演算増幅器	②-1049
S01783	13-09-02	演算増幅器	②-1050
S01784	13-09-03	演算増幅器	②-1051
S01785	13-09-04	電圧フォロア	②-1052
S01786	13-09-05	増幅器（増幅率選択式）	②-1053
S01787	13-09-06	増幅器（サンプルホールド付き）（増幅率1）	②-1054
S01788	13-09-07	増幅器（入出力絶縁形）	②-1055
S01789	13-09-08	増幅器（サンプルホールド付き）（増幅率1）	②-1056
S01790	13-09-09	演算増幅器（マルチプレックス入力付き：4入力から1入力を選択）	②-1057
S01791	13-10-01	変換器（一般図記号）	②-1059
S01792	13-11-01	乗算形ディジタル－アナログ変換器（DAC）	②-1061
S01793	13-11-02	アナログ－ディジタル変換器（ADC）	②-1063
S01794	13-11-03	電圧－周波数変換器	②-1064
S01795	13-11-04	絶縁形直流－直流変換器	②-1065
S01796	13-12-01	電圧調整器（一般図記号）	②-1066
S01797	13-13-01	固定正電圧調整器	②-1067
S01798	13-13-02	可変正電圧調整器	②-1068
S01799	13-13-03	可変正電圧調整器（電流制限付き）	②-1069
S01800	13-14-01	比較器（一般図記号）	②-1070
S01801	13-15-01	電圧比較器	②-1071
S01802	13-15-02	電圧比較器	②-1072

識別番号	図記号番号	日本語名称（JIS）	ページ
S01803	13-16-01	パルス幅変調器	②-1073
S01804	13-17-01	アナログスイッチ	②-1074
S01805	13-17-02	アナログマルチプレクサ／デマルチプレクサ（三組）	②-1075
S01806	13-18-01	電圧監視器	②-1076
S01807	03-01-18	同心導体	①-211
S01808	02-12-25	複合機能	①-117
S01809	12-08-02	論理否定を伴う内部接続	②-614
S01810	12-14-01	Gm 入力	②-692
S01811	12-14-02	Gm 出力	②-693
S01832	02-A18-09	作動（2種類の特性量見積の絶対値が1ではなくなるときに作動する）	①-187
S01836	03-02-19	活線用端子	①-228
S01837	06-10-19	三相移相器	①-599
S01838	06-10-20	三相移相器	①-600
S01839	06-13-14	ブッシング形計器用変圧器	①-623
S01840	06-13-15	ブッシング形計器用変圧器	①-624
S01841	06-13-16	ブッシング形変流器	①-625
S01842	06-13-17	ブッシング形変流器	①-626
S01843	07-18-03	簡易検圧（検電）装置	①-782
S01846	02-04-07	移相	①-52
S01848	07-13-16	断路器及び接地開閉器の複合機器	①-729
S01849	03-02-18	活線脱着	①-227
S01851	11-19-27	熱源（一般図記号）	②-573
S01852	11-19-28	煙源（一般図記号）	②-574
S01853	11-19-29	炎源（一般図記号）	②-575
S01854	11-19-30	動き源（一般図記号）	②-576
S01855	07-12-05	計器用多段選択スイッチ（電圧回路用）	①-711
S01856	07-12-07	計器用多段選択スイッチ（電流回路用）	①-713
S01857	07-12-08	端子表示付き計器用多段選択スイッチ（電流回路用）	①-714
S01858	07-12-06	端子表示付き計器用多段選択スイッチ（電圧回路用）	①-712